U0187489

二级建造师继续教育教材
——建筑工程

《二级建造师继续教育教材》编委会　编著

机 械 工 业 出 版 社

本书既包括新法规、新标准、新规范，也包括工程项目管理的新理论、新方法以及近年来工程建设的新技术、新结构、新材料及新工艺。

全书共 3 篇 12 章。第一篇为行业制度标准。从建设行业管理角度入手，扼要介绍了建造师制度的建立、注册管理，建设工程的安全、施工、造价、招标等方面的新法律、法规、标准和技术规范，以及 2017 版施工合同示范文本的重点内容，简要介绍了建筑市场信用体系建设。第二篇为公共专业知识。以建设组织新模式为主线，介绍了建设工程总承包、建设工程招标投标、全过程工程咨询和 BIM 技术应用等专业知识。第三篇为专业新技术。阐述了绿色建筑新技术、装配式建筑技术，详细介绍了建筑工程的新技术，列举了大量工程实例。

本书主要用于二级建造师（建筑工程专业）的继续教育，也可用于建造师的业务学习和建筑工程专业技术人员的培训。

图书在版编目（CIP）数据

建筑工程/《二级建造师继续教育教材》编委会编著. —北京：机械工业出版社，2020.8（2024.2重印）

二级建造师继续教育教材

ISBN 978-7-111-66285-3

Ⅰ. ①建⋯　Ⅱ. ①二⋯　Ⅲ. ①建筑工程-建筑师-继续教育-教材　Ⅳ. ①TU

中国版本图书馆 CIP 数据核字（2020）第 142129 号

机械工业出版社（北京市百万庄大街22号　邮政编码100037）
策划编辑：闫云霞　　　　　　责任编辑：闫云霞　张大勇　范秋涛
责任校对：李　伟　王　延　封面设计：张　静
责任印制：邓　博
北京盛通数码印刷有限公司印刷
2024 年 2 月第 1 版第 6 次印刷
184mm×260mm · 29 印张 · 703 千字
标准书号：ISBN 978-7-111-66285-3
定价：119.00 元

电话服务　　　　　　　　　　网络服务
客服电话：010-88361066　　机　工　官　网：www.cmpbook.com
　　　　　010-88379833　　机　工　官　博：weibo.com/cmp1952
　　　　　010-68326294　　金　书　网：www.golden-book.com
封底无防伪标均为盗版　机工教育服务网：www.cmpedu.com

《二级建造师继续教育教材——建筑工程》编委会

主　编　刘　军

副主编　王静峰　刘　辉

编著者（排名不分先后）

王静峰　陈　刚　刘　军　李守继　黄慎江

郭　峥　孙　巍　陈　钟　吴大江　刘　辉

蒋雅洁　李　黎　颜　龄　尤嘉庆　朱海平

张劲松　杨　光　邱　尚　谷利平　杨　璐

盛　宗　王玉涵　杨旻紫　梁　露　汪　浩

王力群　徐　洋　王　康

前　言

根据建设部《注册建造师管理规定》（建设部令第 153 号）和住房和城乡建设部颁发的《注册建造师继续教育管理办法》等相关规定，继续教育是注册建造师应当履行的义务，也是申请延续注册的条件之一。为进一步提高二级注册建造师综合素质和执业能力，提供继续教育条件，提升建设工程项目管理水平，保证工程质量安全，促进建设行业高质量发展，我们组织编写了《二级建造师继续教育教材——建筑工程》。

本教材编写时，充分考虑二级建造师执业涉及的法规、政策、技术、管理、经营等理论和日新月异的实践知识，以及进一步贯彻落实住房和城乡建设部关于建筑改革与发展工作会议精神，以加快建造师执业的转变，促进建筑产业现代化。同时为帮助二级建造师及时掌握、适时更新业务知识，适应建筑业新时代新发展新技术，教材编写注重政策与理论相结合，理论与实践相结合。

本教材分行业制度标准、公共专业知识、专业新技术 3 篇共 12 章，既包括执业制度、新法规、新标准、新规范，也包括工程项目管理的新理论、新方法以及近年来工程建设的新技术、新结构、新材料及新工艺。教材扼要介绍了我国建造师制度的建立、建造师的执业与注册管理，解读了建设工程最新或现行的法规、标准、规范和施工合同等，介绍了工程总承包、建设工程招标投标、全过程工程咨询及 BIM 技术应用等专业知识，详细介绍了绿色建筑新技术、装配式建筑技术、建筑工程的新技术，重点突出了新技术应用方法的介绍，列举大量案例，对实际工作具有指导意义。

教材聚焦建筑业发展前沿，具有丰富的实践性、知识性和开放性。其结构合理、体系完整、实例典型、图文并茂、简明扼要、易读易懂。在教材编写过程中，参考了大量建筑业同行先进的研究成果，汲取了多位专家的宝贵意见和建议，在此一并表示感谢。

本教材主要适用于二级建造师（建筑工程专业）的继续教育，也可用于建造师业务学习和建筑工程专业技术人员培训。

本教材虽经反复推敲核证，仍难免有不妥甚至疏漏之处，恳请广大读者提出宝贵意见。

编著者

目 录

第三篇　专业新技术

第一篇

行业制度标准

第一章　建造师管理概述

第一节　建造师执业资格制度

一、建造师执业资格制度的形成发展

建造师执业资格制度起源于 1834 年的英国，迄今为止世界上许多发达国家已经建立了该项制度。改革开放以来，在我国建设领域已建立了注册建造师、注册建筑师、注册结构工程师、注册监理工程师、注册造价工程师、注册房地产估价师等执业资格制度。我国 1997 年 11 月颁布的《中华人民共和国建筑法》明确规定：从事建筑活动的专业技术人员，应当依法取得相应的执业资格证书，并在执业资格证书许可的范围内从事建筑活动。2002 年 12 月 5 日，人事部、建设部联合印发了《建造师执业资格制度暂行规定》（人发〔2002〕111 号），这标志着我国建造师执业资格制度正式建立。该《规定》明确，我国建造师是指从事建设工程项目总承包和施工管理关键岗位的专业技术人员。

（一）国外简介

建造师制度最早起源于英国，成熟于美国，后逐步发展到其他发达国家，如德国等欧洲国家，日本、新加坡等亚洲国家。我国建造师制度主要借鉴了美国建造师和英国皇家建造师制度。

国外建造师制度从根本上看都是一种人才评价和人才管理制度。人才评价主要体现在评价内容和评价手段两个方面：评价内容主要有"知识与能力评价"和"信用评价"；评价手段主要是"评估+面试"。

1. 英国建造师制度

英国对知识与能力的评价包括被认可的专业学历教育、满足规定的管理年限、提交有关工作报告并接受面试，面试中应体现管理的能力和良好的职业道德。信用评价是对职业经理的综合评价，是建造师制度建设的重要内容。

英国的评价手段可以概括为"评估+面试"，所谓评估，就是根据建造师的教学大纲对建造师所受的高等教育专业学历进行认定，只要取得被认可的专业学历教育证书就可以，而不采取专业考试的方式。所谓面试，是由 3 名业内的专业人士（考官）当面测试应试者解决实际问题的能力。

在管理体制方面，英国对建造师进行管理的政府部门是英国贸易与工业部（简称DIT），但它不直接管理建筑业各类人员执业资格。英国建造师是由英国皇家特许建造师学会负责，该学会是一个主要由从事建筑工程管理的专业人员组织起来的社会团体，根据学会章程对会员进行管理，执业资格设置的有关情况由学会向政府设置的资格管理机构报告。

英国建造师的入门要求是具有被认可的建筑工程管理等专业的大学本科及以上学历，最少有 3 年管理实践经验。在专业划分方面，英国建造师不分专业，其原因有二：第一，要求申请人所取得的学历是被英国皇家特许建造学会认可的专业学历，学历背景大多都是工程项目管理，不是什么学历都能被认可，这从另一个侧面体现了英国建造师的专业性。第二，英国建造师具有完善的管理体制，具有良好的信誉，一般不跨专业执业。

2. 美国建造师制度

美国的建造师制度是一种自愿的、非政府的证书认证制度，对知识与能力的评价体现为被政府认可的专业学历教育、满足规定的管理年限，通过全美统一的书面考试，对建造师接受的高等教育和实践经验进行正式的认证。美国的认证制度从 1971 年开始，至今仅几十年，但发展很快。这种制度针对的是那些通过自身教育背景和实际工程管理经验而有资格获取证书的个人。由于是针对具有建筑工程专业教育背景的管理层人员，因此建造师通过多种途径而获得的学识和经验，都可使其有资格参加此考试。经验丰富的从业人员和刚刚步入建造行业的新手均有可能取得证书。建造师证书发给个人，持有证书的人员，即表明其具有管理整个工程或具体局部工程项目的实际技能与知识水平。

在管理体制方面，美国建造师认证由美国建造师学会（AIC）所属的"AIC 建造师认证委员会"负责。美国建造师学会是一个主要由从事建筑工程管理的专业人员组织起来的社会团体，学会根据学会章程对会员进行管理，是一种"个人会员制"的社会团体。"认证委员会"是指它的理事会和顾问委员会。认证委员会是个半自治性团体，在美国建造师学会（AIC）的资助下运作。美国建造师协会与政府之间有联系协调的机制，主要负责制定有关的专业标准，受政府管理制约较多。但是美国对建造师资格的认证是一种非官方的行为，这一点与我国注册建造师的考试认证和注册管理是统一由住建部、人社部组织的政府行为有很大区别。

（二）我国建造师执业资格制度的建立与发展

1995 年，建设部开始在建设工程施工管理方面推行项目法施工，印发《建筑施工企业项目经理资质管理办法》（建发〔1995〕1 号），建立了项目经理资质制度。2002 年 12 月 5 日，人事部和建设部联合下发《建造师执业资格制度暂行规定》（人发〔2002〕111 号），决定对建设工程项目总承包及施工管理的专业技术人员，实行建造师执业资格制度。

随着中央政府简化政府行政审批政策的推行，2003 年 2 月 27 日国务院在《国务院关于取消第二批行政审批项目和改变一批行政审批项目管理方式的决定》（国发〔2003〕5 号）中明确"取消建筑施工企业项目经理资质核准，由注册建造师代替并设立过渡期"。为了贯彻国务院的《决定》，建设部于 2003 年 4 月 23 日以《关于建筑业企业项目经理资质管理制度向建造师执业资格制度过渡有关问题的通知》(建市〔2003〕86号),明确了将建筑业企业项目经理资质管理制度向建造师执业资格制度过渡的有关政策。从2003年1月5日起,国家对我国境内从事建设工程项目总承包及施工管理的专业技术人员开始实行了建造师执业资格制度。建造师执业资格制度是对项目经理资质管理制度的继承和发展。2008年2月27日,5年过渡期结束,注册建造师执业资格制度正式取代已运行了十多年的建筑业企业项目经理资质行政审批制度,我国大、中型施工项目的项目经理必须由注册建造师担任。

为了加强对注册建造师的管理,规范注册建造师的执业行为,提高工程项目管理水平,保证工程质量和安全,依据《建筑法》《行政许可法》《建设工程质量管理条例》等法律、行政法规,2006年12月11日建设部发布了《注册建造师管理规定》(建设部令第153号),对于强化注册建造师的管理,规范注册建造师的执业行为,提高工程项目管理水平,保证工程质量和安全方面起到了重要作用。2008年2月26日,建设部在《注册建造师管理规定》(建设部令第153号)的基础上,发布了《注册建造师执业管理办法(试行)》(建市〔2008〕48号),进一步细化了注册建造师执业管理事项,规范了执业行为。

为促进全国建筑业健康、协调、可持续发展,2014年7月1日,住建部印发《关于推进建筑业发展和改革的若干意见》(建市〔2014〕92号)。《意见》明确指出,要推进行政审批制度改革,坚持淡化工程建设企业资质、强化个人执业资格的方向,对现有企业资质管理制度进行相应的改革,个人执业资格制度将建立健全。

二、我国建造师执业资格制度

(一)我国建造师执业资格制度的原则

我国建立建造师执业资格制度是适应市场经济对人力资源配置起基础作用的需要,是推进施工企业体制改革、提高工程质量的需要,是提高队伍素质和工程技术人员国际地位的需要。

我国建造师执业资格制度建立所遵循的原则是:统一规划、分级分专业、统分结合分级管理。统一规划是指将建造师纳入全国专业技术人员执业资格制度统一规划。分级分专业是指根据我国现行行政管理体制的实际情况,结合现行的施工企业资质管理办法,将建造师划分为两个等级,每个等级划分为若干个专业。统分结合分级管理是指人社部、住建部对全国的建造师制度实行统一的监督管理,国务院各专业部门按职责分工,负责本专业建造师制度的管理。人社部、住建部和国务院各专业部门负责全国一级建造师的管理,各省人社厅、住建厅和同级各专业部门负责本省的二级建造师的管理。

(二)我国建造师执业资格制度的定位

我国的建造师制度的定位是依法设立的政府行为,是针对个人的市场准入制度,政府对责任重大、社会通用性强、关系国家和公众利益以及人民生命财产安全的专业领域实行个人执业市场准入控制。这种控制体现的是对进入某个专业领域独立执业能力(基本准入)的基本要求,不是对执业能力的最高要求。

(三)我国建造师执业资格制度体系组成

我国建造师执业资格制度体系由"三个体系,一个监督机制"构成。

(1)三个体系 一是科学公正的评价体系,执业资格的评价体系包括三个标准,即教育评估标准，主要针对高等院校；职业实践标准，主要针对个人；资格考试标准，主要针对广大考生。二是动态管理的注册体系。建造师制度规定每三年为一个注册周期，对每个建造师而言，每个周期都有职业道德、继续教育要求。三是具有法律地位的执业责任体系。通过条例或部门规章的形式发布执业标准，明确建造师的权利、义务和责任。

（2）一个监督机制　建造师的行为要接受政府和行业的监督。

（四）我国建造师执业资格制度的主要文件

目前我国建造师执业资格制度，主要有考试制度、注册制度、继续教育制度、执业制度和信用档案制度。这些制度主要内容多以部令和规范性文件的形式予以规定和体现。从文件的作用和功能上来看，建造师制度的文件可分为两大类：建造师执业资格类文件和注册建造师管理类文件。

（1）建造师执业资格类文件　包括人事部和建设部联合发布《关于印发〈建造师执业资格制度暂行规定〉的通知》（人发〔2002〕111号）《关于建造师专业划分有关问题的通知》（建市〔2003〕232号）《关于印发〈建造师执业资格考试实施办法〉和〈建造师执业资格考试认定办法〉的通知》（国人部发〔2004〕16号）以及《关于建造师资格考试、相关科目、专业类别调整有关问题的通知》（国人厅发〔2006〕213号）等，明确了建造师的执业定位、执业资格考试制度和管理体制等，重点对建造师执业资格的获取途径、获取条件及建造师执业资格管理等进行了规定，确立了我国建造师执业资格制度。

（2）注册建造师管理类文件　包括《注册建造师管理规定》（建设部令第153号）《关于印发〈一级建造师注册实施办法〉的通知》（建市〔2007〕101号）《关于印发〈注册建造师执业工程规模标准〉（试行）的通知》（建市〔2007〕171号）《关于印发〈注册建造师施工管理签章文件目录〉（试行）的通知》（建市〔2007〕42号）《关于印发〈注册建造师执业管理办法〉的通知》（建市〔2008〕48号）《关于印发〈注册建造师施工管理签章文件表格〉（试行）的通知》（建市〔2008〕49号）以及《关于印发〈注册建造师继续教育管理暂行办法〉的通知》（建市〔2010〕192号），构成了我国注册建造师管理的系列文件，以规范注册执业、继续教育、信用档案建设等行为。

第二节　建造师的注册、执业和继续教育

一、注册建造师的定义、分类和管理机构

（一）注册建造师定义和分类

注册建造师是指通过考核认定或考试合格取得中华人民共和国建造师资格证书，并按照相关规定注册，取得中华人民共和国建造师注册证书和执业印章，担任施工单位项目负责人及从事相关活动的专业技术人员。未取得注册证书和执业印章的建造师，不得担任大、中型建设工程项目的施工单位项目负责人，不得以注册建造师的名义从事相关活动。因此，取得建造师资格证书、注册证书并处于执业状态是成为注册建造师的三个必要环节。

注册建造师实行注册执业管理制度，取得资格证书的人员，经过注册方能以注册建造师的名义执业。注册建造师类别分为一级注册建造师和二级注册建造师（一级注册建造

划分为10个专业，分别是建筑工程、公路工程、铁路工程、民航机场工程、港口与航道工程、水利水电工程、市政公用工程、通信与广电工程、矿业工程和机电工程；二级注册建造师划分为6个专业，分别是建筑工程、公路工程、水利水电工程、机电工程、矿业工程和市政公用工程）。

（二）注册建造师的管理机构

注册建造师的执业范围广泛，可以在勘察、设计、施工、监理、招标代理、造价咨询等单位执业，其工作成果的优劣对人民群众的生命财产安全乃至我国的经济建设产生影响。因此有必要加强注册建造师的注册执业活动的监督管理，确保高素质的工程建设从业人员进入注册建造师队伍，对注册建造师注册执业活动监督管理是国家行政机关的行政行为。

管理机构的职责分工：国务院建设主管部门负责全国注册建造师的注册管理监督工作，国务院交通、水利等有关部门按照国务院规定的职责分工，对有关专业注册建造师的执业活动实施监督管理。县级以上地方人民政府建设主管部门负责对本行政区域内的注册建造师的注册管理监督工作；县级以上地方人民政府交通、水利等有关部门在各自职责范围内，对本行政区域内有关专业注册建造师的执业活动实施监督管理。

二、建造师的注册

注册业务主要类型有初始注册、延续注册、变更注册、增项注册、注销注册和重新注册。

资格证书签发之日起的首次注册称为"初始注册"；初始注册者，可自资格证书签发之日起3年内提出申请。逾期未申请者，须符合本专业继续教育的要求后方可申请初始注册。

注册有效期满需继续执业应办理"延续注册"，在注册有效期届满30日前，按照《注册建造师管理规定》（以下简称《管理规定》）第七条、第八条的规定申请延续注册，延续注册有效期为3年。

在注册有效期内，注册建造师变更执业单位，应当与原聘用单位解除劳动关系，并按照《管理规定》第七条、第八条的规定办理变更注册手续，变更注册后仍延续原注册有效期。

需要增加执业专业，应办理专业"增项注册"，按照《管理规定》第七条的规定申请专业增项注册，并提供相应的资格证明。

有《管理规定》第十七条所列情形，由相关主管部门办理"注销注册"；被注销注册或者不予注册的，在重新具备注册条件后，可按规定申请"重新注册"。

三、注册建造师的执业

（一）执业规定

1）取得资格证书的人员应当受聘于一个具有建设工程勘察、设计、施工、监理、招标代理、造价咨询等一项或者多项资质的单位，经注册后方可从事相应的执业活动。担任施工单位项目负责人的，应当受聘并注册于一个具有施工资质的企业。

2）注册建造师的具体执业范围按照《注册建造师执业工程规模标准》执行。注册建造师可以从事建设工程项目总承包管理或施工管理，建设工程项目管理服务，建设工程技术经济咨询，以及法律、行政法规和国务院建设主管部门规定的其他业务。

3) 建设工程施工活动中形成的有关工程施工管理文件，应当由注册建造师签字并加盖执业印章。施工单位签署质量合格的文件上，必须有注册建造师的签字盖章。

4) 二级注册建造师可在全国范围内以二级注册建造师名义执业。工程所在地各级建设主管部门和有关部门不得增设或者变相设置跨地区承揽工程项目执业准入条件。

（二）执业范围

1) 注册建造师应当在其注册证书所注明的专业范围内从事建设工程施工管理活动，具体执业按照《注册建造师执业工程范围》执行，见表1-1。未列入或新增工程范围由国务院建设主管部门会同国务院有关部门另行规定。

表1-1 注册建造师执业工程范围

序号	注册专业	工程范围
1	建筑工程	房屋建筑、装饰装修，地基与基础、土石方、建筑装修装饰、建筑幕墙、预拌商品混凝土、混凝土预制构件、园林古建筑、钢结构、高耸建筑物、电梯安装、消防设施、建筑防水、防腐保温、附着升降脚手架、金属门窗、预应力、爆破与拆除、建筑智能化、特种专业
2	公路工程	公路，地基与基础、土石方、预拌商品混凝土、混凝土预制构件、钢结构、消防设施、建筑防水、防腐保温、预应力、爆破与拆除、公路路面、公路路基、公路交通、桥梁、隧道、附着升降脚手架、起重设备安装、特种专业
3	铁路工程	铁路，土石方、地基与基础、预拌商品混凝土、混凝土预制构件、钢结构、附着升降脚手架、预应力、爆破与拆除、铁路铺轨架梁、铁路电气化、铁路桥梁、铁路隧道、城市轨道交通、铁路电务、特种专业
4	民航机场工程	民航机场，土石方、预拌商品混凝土、混凝土预制构件、钢结构、高耸构筑物、电梯安装、消防设施、建筑防水、防腐保温、附着升降脚手架、金属门窗、预应力、爆破与拆除、建筑智能化、桥梁、机场场道、机场空管、航站楼弱电系统、机场目视助航、航油储运、暖通、空调、给水排水、特种专业
5	港口与航道工程	港口与航道，土石方、地基与基础、预拌商品混凝土、混凝土预制构件、消防设施、建筑防水、防腐保温、附着升降脚手架、爆破与拆除、港口及海岸、港口装卸设备安装、航道、航运梯级、通航设备安装、水上交通管制、水工建筑物基础处理、水工金属结构制作与安装、船台、船坞、滑道、航标、灯塔、栈桥、人工岛、筒仓、堆场道路及陆域构筑物、围堤、护岸、特种专业
6	水利水电工程	水利水电，土石方、地基与基础、预拌商品混凝土、混凝土预制构件、钢结构、建筑防水、消防设施、起重设备安装、爆破与拆除、水工建筑物基础处理、水利水电金属结构制作与安装、水利水电机电设备安装、河湖整治、堤防、水工大坝、水工隧洞、送变电、管道、无损检测、特种专业
7	矿业工程	矿山，地基与基础、土石方、高耸构筑物、消防设施、防腐保温、环保、起重设备安装、管道、预拌商品混凝土、混凝土预制构件、钢结构、建筑防水、爆破与拆除、隧道、窑炉、特种专业
8	市政公用工程	市政公用，土石方、地基与基础、预拌商品混凝土、混凝土预制构件、预应力、爆破与拆除、环保、桥梁、隧道、道路路面、道路路基、道路交通、城市轨道交通、城市及道路照明、体育场地设施、给水排水、燃气、供热、垃圾处理、园林绿化、管道、特种专业
9	通信与广电工程	通信与广电，通信线路、微波通信、传输设备、交换、卫星地球站、移动通信基站、数据通信及计算机网络、本地网、接入网、通信管道、通信电源、综合布线、信息化工程、铁路信号、特种专业
10	机电工程	机电、石油化工、电力、冶炼、钢结构、电梯安装、消防设施、防腐保温、起重设备安装、机电设备安装、建筑智能化、环保、电子、仪表安装、火电设备安装、送变电、核工业、炉窑、冶炼机电设备安装、化工石油设备、管道安装、管道、无损检测、海洋石油、体育场地设施、净化、旅游设施、特种专业

2）大中型工程施工项目负责人必须由本专业注册建造师担任。一级注册建造师可担任大、中、小型工程施工项目负责人，二级注册建造师可以承担中、小型工程施工项目负责人。各专业大、中、小型工程分类标准按《关于印发〈注册建造师执业工程规模标准〉（试行）的通知》（建市〔2007〕171号）执行。

3）注册建造师不得同时担任两个及以上建设工程施工项目负责人。发生下列情形之一的除外：

① 同一工程相邻分段发包或分期施工的。

② 合同约定的工程验收合格的。

③ 因非承包方原因致使工程项目停工超过120天（含），经建设单位同意的。

4）注册建造师担任施工项目负责人期间原则上不得更换。如发生下列情形之一的，应当办理书面交接手续后更换施工项目负责人：

① 发包方与注册建造师受聘企业已解除承包合同的。

② 发包方同意更换项目负责人的。

③ 因不可抗力等特殊情况必须更换项目负责人的。

建设工程合同履行期间变更项目负责人的，企业应当于项目负责人变更5个工作日内报建设行政主管部门和有关部门及时进行网上变更。

注册建造师担任施工项目负责人，在其承建的建设工程项目竣工验收或移交项目手续办结前，除以上规定的情形外，不得变更注册至另一企业。

（三）执业签章管理

1）担任建设工程施工项目负责人的注册建造师应当按《注册建造师施工管理签章文件目录》和配套表格要求，在建设工程施工管理相关文件上签字并加盖执业印章，签章文件作为工程竣工备案的依据。省级人民政府建设行政主管部门可根据本地实际情况，制定担任施工项目负责人的注册建造师签章文件补充目录。

2）担任建设工程施工项目负责人的注册建造师对其签署的工程管理文件承担相应责任。注册建造师签章完整的工程施工管理文件方为有效。注册建造师有权拒绝在不合格或者有弄虚作假内容的建设工程施工管理文件上签字并加盖执业印章。

3）担任建设工程施工项目负责人的注册建造师在执业过程中，应当及时、独立完成建设工程施工管理文件签章，无正当理由不得拒绝在文件上签字并加盖执业印章。担任工程项目技术、质量、安全等岗位的注册建造师，是否在有关文件上签章，由企业根据实际情况自行规定。

4）建设工程合同包含多个专业工程的，担任施工项目负责人的注册建造师，负责该工程施工管理文件签章。专业工程独立发包时，注册建造师执业范围涵盖该专业工程的，可担任该专业工程施工项目负责人。分包工程施工管理文件应当由分包企业注册建造师签章。分包企业签署质量合格的文件上，必须由担任总包项目负责人的注册建造师签章。

5）因续期注册、企业名称变更或印章污损遗失不能及时盖章的，经注册建造师聘用企业出具书面证明后，可先在规定文件上签字后补盖执业印章，完成签章手续。

6）修改注册建造师签字并加盖执业印章的工程施工管理文件，应当征得所在企业同意后，由注册建造师本人进行修改；注册建造师本人不能进行修改的，应当由企业指定同等资格条件的注册建造师修改，由其签字并加盖执业印章。

（四）注册建造师的权利和义务

1. 注册建造师的权利

1）使用注册建造师名称。

2）在规定范围内从事执业活动。

3）在本人执业活动中形成的文件上签字并加盖执业印章。

4）保管和使用本人注册证书、执业印章。

5）对本人执业活动进行解释和辩护。

6）接受继续教育。

7）获得相应的劳动报酬。

8）对侵犯本人权利的行为进行申述。

2. 注册建造师的义务

1）遵守法律、法规和有关管理规定，恪守职业道德。

2）执行技术标准、规范和规程。

3）保证执业成果的质量，并承担相应责任。

4）接受继续教育，努力提高执业水准。

5）保守在执业中知悉的国家秘密和他人的商业、技术等秘密。

6）与当事人有利害关系的，应当主动回避。

7）协助注册管理机关完成相关工作。

四、建造师的继续教育

为进一步提高注册建造师职业素质，根据《注册建造师管理规定》（建设部令第153号），住房和城乡建设部于2010年11月印发了《注册建造师继续教育管理暂行办法》（建市〔2010〕192号）。《注册建造师继续教育管理暂行办法》指出注册建造师按规定参加继续教育，是申请初始注册、延续注册、增项注册和重新注册（以下统称注册）的必要条件。注册建造师应通过继续教育，掌握工程建设有关法律法规、标准规范，增强职业道德和诚信守法意识，熟悉工程建设项目管理新方法、新技术，总结工作中的经验教训，不断提高综合素质和执业能力。

（一）组织管理

国务院住房城乡建设主管部门对全国注册建造师的继续教育工作实施统一监督管理，国务院有关部门负责本专业注册建造师继续教育工作的监督管理，省级住房城乡建设主管部门负责本地区注册建造师继续教育工作的监督管理。

建造师参加继续教育的组织工作采取分级与分专业相结合的原则。国务院住房城乡建设、铁路、交通、水利、工业信息化、民航等部门或其委托的行业协会（以下统称为专业牵头部门），组织本专业一级注册建造师参加继续教育，各省级住房城乡建设主管部门组织二级注册建造师参加继续教育。

（二）学时要求

建造师在每一个注册有效期内应当达到国务院建设主管部门规定的继续教育要求。继续教育分为必修课和选修课，在每一注册有效期内各为60学时。注册一个专业的建造师在每一注册有效期内应参加继续教育不少于120学时，其中必修课60学时，选修课60学时。

注册两个及以上专业的，每增加一个专业还应参加所增加专业 60 学时的继续教育，其中必修课 30 学时，选修课 30 学时。

（三）学习权利

注册建造师在参加继续教育期间享有国家规定的工资、保险、福利待遇。建筑业企业及勘察、设计、监理、招标代理、造价咨询等用人单位应重视注册建造师继续教育工作，督促其按期接受继续教育。其中建筑业企业应为从事在建工程项目管理工作的注册建造师提供经费和时间支持。

第三节　建造师的法律责任和执业行为管理

一、建造师的法律责任

1. 注册违法行为应承担的法律责任

《注册建造师管理规定》中规定，隐瞒有关情况或者提供虚假材料申请注册的，建设主管部门不予受理或者不予注册，并给予警告，申请人 1 年内不得再次申请注册。以欺骗、贿赂等不正当手段取得注册证书的，由注册机关撤销其注册，3 年内不得再次申请注册，并由县级以上地方人民政府建设主管部门处以罚款。其中没有违法所得的，处以 1 万元以下的罚款；有违法所得的，处以违法所得 3 倍以下且不超过 3 万元的罚款。聘用单位为申请人提供虚假注册材料的，由县级以上地方人民政府建设主管部门或者其他有关部门给予警告，责令限期改正；逾期未改正的，可处以 1 万元以上 3 万元以下的罚款。

2. 继续教育违法行为应承担的法律责任

建造师应按规定参加继续教育，接受培训测试，不参加继续教育或继续教育不合格的不予注册。对于采取弄虚作假等手段取得《注册建造师继续教育证书》的，一经发现，立即取消其继续教育记录，并记入不良信用记录，对社会公布。

3. 无证或未办理变更注册执业应承担的法律责任

根据《注册建造师管理规定》，未取得注册证书和执业印章，担任大、中型建设工程项目施工单位项目负责人，或者以注册建造师的名义从事相关活动的，其所签署的工程文件无效，由县级以上地方人民政府建设主管部门或者其他有关部门给予警告，责令停止违法活动，并可处以 1 万元以上 3 万元以下的罚款。

未办理变更注册而继续执业的，由县级以上地方人民政府建设主管部门或者其他有关部门责令限期改正；逾期不改正的，可处以 5000 元以下的罚款。

4. 执业活动中违法行为应承担的法律责任

根据《注册建造师管理规定》，注册建造师在执业活动中有下列行为之一的，由县级以上地方人民政府建设主管部门或者其他有关部门给予警告，责令改正，没有违法所得的，处以 1 万元以下的罚款；有违法所得的，处以违法所得 3 倍以下且不超过 3 万元的罚款：①不履行注册建造师义务；②在执业过程中，索贿、受贿或者谋取合同约定费用外的其他利益；③在执业过程中实施商业贿赂；④签署有虚假记载等不合格的文件；⑤允许他人以自己的名义从事执业活动；⑥同时在两个或者两个以上单位受聘或者执业；⑦涂改、倒卖、出租、出借或以其他形式非法转让资格证书、注册证书和执业印章；⑧超出执业范围和聘用单位业务范围从事执业活动；⑨法律、法规、规章禁止的其他行为。

5. 未提供注册建造师信用档案信息应承担的法律责任

根据《注册建造师管理规定》，注册建造师或者其聘用单位未按照要求提供注册建造师信用档案信息的，由县级以上地方人民政府建设主管部门或者其他有关部门责令限期改正；逾期未改正的，可处以 1000 元以上 1 万元以下的罚款。

6. 注册执业人员因过错造成质量安全事故应承担的法律责任

《建设工程质量管理条例》的规定，注册建筑师、注册建造师、注册结构工程师、注册监理工程师等注册执业人员，因过错造成质量事故的，责令停止执业 1 年；造成重大质量事故的，吊销执业资格证书，5 年以内不予注册；情节特别恶劣的，终身不予注册。《注册建造师管理规定》明确注册建造师承担的行政责任主要有：停止执业、吊销执业资格、限制注册、没收违法所得、行政罚款和行政警告。《建设工程安全管理条例》规定设计单位和注册建筑师等注册执业人员应当对其设计负责；施工单位的项目负责人应当由取得相应执业资格的人员担任；施工单位的主要负责人、项目负责人、专职安全生产管理人员应当经建设行政主管部门或者其他有关部门考核合格后方可任职；注册执业人员未执行法律法规和工程建设强制性标准的，责令停止执业 3 个月以上 1 年以下；情节严重的，吊销职业资格证书，5 年内不予注册；造成重大安全事故的，终身不予注册；构成犯罪的，依照刑法有关规定追究刑事责任。

7. 政府主管部门及其工作人员违法行为应承担的法律责任

《注册建造师管理规定》的规定，县级以上人民政府建设主管部门及其工作人员，在注册建造师管理工作中，有下列情形之一的，由其上级行政机关或者监察机关责令改正，对直接负责的主管人员和其他直接责任人员依法给予处分；构成犯罪的，依法追究刑事责任：①对不符合法定条件的申请人准予注册的；②对符合法定条件的申请人不予注册或者不在法定期限内做出准予注册决定的；③对符合法定条件的申请不予受理或者未在法定期限内初审完毕的；④利用职务上的便利，收受他人财物或者其他好处的；⑤不依法履行监督管理职责或者监督不力，造成严重后果的。

二、注册建造师的执业行为管理

为进一步规范建筑市场秩序，健全建筑市场诚信体系，加强对建筑市场各方主体的监管，营造诚实守信的市场环境，住建部于 2007 年 1 月 12 日发布《建筑市场诚信行为信息管理办法》（建市〔2007〕9 号），进一步明确了诚信行为信息类型、定义以及公布制度。

诚信行为信息包括良好行为记录和不良行为记录。良好行为记录是指建筑市场各方主体在工程建设过程中严格遵守有关工程建设的法律、法规、规章或强制性标准，行为规范，诚信经营，自觉维护建筑市场秩序，受到各级建设行政主管部门和相关专业部门的奖励和表彰，所形成的良好行为记录。不良行为记录是指建筑市场各方主体在工程建设过程中违反有关工程建设的法律、法规、规章或强制性标准和执业行为规范，经县级以上建设行政主管部门或其委托的执法监督机构查实和行政处罚，形成的不良行为记录。《全国建筑市场各方主体不良行为记录认定标准》（建办市〔2011〕38 号）由住建部制定和颁布。

诚信行为记录实行公布制度。诚信行为记录由各省、自治区、直辖市建设行政主管部门在当地建筑市场诚信信息平台上统一公布。其中，不良行为记录信息的公布时间为行政处罚决定做出后7日内，公布期限一般为6个月至3年；良好行为记录信息公布期限一般为3年，法律、法规另有规定的从其规定。公布内容应与建筑市场监管信息系统中的企业、人员和项目管理数据库相结合，形成信用档案，内部长期保留。

（一）注册执业人员不良行为记录认定标准

为了完善建筑市场注册执业人员诚信体系建设，规范执业行为和市场秩序，依据相关法律、法规和部门规章，根据各行业特点，2007年住建部发布了《全国建筑市场注册执业人员不良行为记录认定标准》。该标准所涉及的执业人员包括注册建筑师、勘察设计注册工程师、注册建造师、注册监理工程师。标准所列不良行为，是指违反相关法律、法规、部门规章，被实施行政处罚的不良行为。行为代码的编制参照《全国建筑市场各方主体不良行为记录认定标准》，注册建造师代码为P1。

该标准依据的法律、法规、规章主要有：

1)《中华人民共和国行政许可法》。

2)《中华人民共和国建筑法》。

3)《中华人民共和国注册建筑师条例》。

4)《中华人民共和国注册建筑师条例实施细则》。

5)《建设工程勘察设计管理条例》。

6)《建设工程安全生产管理条例》。

7)《建设工程质量管理条例》。

8)《勘察设计注册工程师管理规定》。

9)《注册建造师管理规定》。

10)《注册监理工程师管理规定》。

（二）注册建造师不良行为及处罚

注册建造师的不良行为分为资质（J-1）、执业（J-2）和其他（J-3）三种类别。具体的不良行为认定为16种。

1)（行为代码J-1-01）未取得相应的资质，擅自承担《注册建造师执业工程规模标准》规定执业范围的工程。

注册建造师具体执业范围按照《注册建造师执业工程规模标准》执行。未取得注册证书和执业印章，担任大、中型建设工程项目施工单位项目负责人，或者以注册建造师的名义从事相关活动的，其所签署的工程文件无效，由县级以上地方人民政府建设主管部门或者其他有关部门给予警告，责令停止违法活动，并可处以1万元以上3万元以下的罚款。

（法律依据：《建筑法》第十四条、《注册建造师管理规定》第二十一条；处罚依据：《注册建造师管理规定》第三十五条）

2)（行为代码J-1-02）超出执业范围和聘用单位业务范围从事执业活动。

注册建造师在执业活动中有此不良行为的，由县级以上地方人民政府建设主管部门或者其他有关部门给予警告，责令改正，没有违法所得的，处以1万元以下的罚款；有违法所得的，处以违法所得3倍以下且不超过3万元的罚款。

（法律依据：《注册建造师管理规定》第二十一条；处罚依据：《注册建造师管理规定》第二十七条）

3）（行为代码 J-1-03）隐瞒有关情况或者提供虚假材料申请注册的。

隐瞒有关情况或者提供虚假材料申请注册的，建设主管部门不予受理或者不予注册，并给予警告，申请人 1 年内不得再次申请注册。

（处罚依据：《注册建造师管理规定》第三十三条）

4）（行为代码 J-1-04）以欺骗、贿赂等不正当手段取得注册证书的。

以欺骗、贿赂等不正当手段取得注册证书的，由注册机关撤销其注册，3 年内不得再次申请注册，并由县级以上地方人民政府建设主管部门处以罚款。其中没有违法所得的，处以 1 万元以下的罚款；有违法所得的，处以违法所得 3 倍以下且不超过 3 万元的罚款。

（处罚依据：《注册建造师管理规定》第三十四条）

5）（行为代码 J-1-05）拒绝接受继续教育的。

注册建造师在每一个注册有效期内应当达到国务院建设主管部门规定的继续教育要求。注册建造师有义务接受继续教育，努力提高执业水准。未达到注册建造师继续教育要求的，不予续期注册。

（法律依据：《注册建造师管理规定》第二十三条、第二十五条；处罚依据：《注册建造师管理规定》第十五条）

6）（行为代码 J-1-06）涂改、倒卖、出租、出借或以其他形式非法转让资格证书、注册证书和执业印章的。

注册建造师在执业活动中有此不良行为的，由县级以上地方人民政府建设主管部门或者其他有关部门给予警告，责令改正，没有违法所得的，处以 1 万元以下的罚款；有违法所得的，处以违法所得 3 倍以下且不超过 3 万元的罚款。

（法律依据：《注册建造师管理规定》第二十六条；处罚依据：《注册建造师管理规定》第三十七条）

7）（行为代码 J-1-07）聘用单位破产、聘用单位被吊销营业执照、聘用单位被吊销或者撤回资质证书、已与聘用单位解除聘用合同关系、注册有效期满且未延续注册、年龄超过 65 周岁、死亡或不具有完全民事行为能力以及其他导致注册失效的情形下，未办理变更注册而继续执业的。

违反规定未办理变更注册而继续执业的，由县级以上地方人民政府建设主管部门或者其他有关部门责令限期改正；逾期不改正的，可处以 5000 元以下的罚款。

（法律依据：《注册建造师管理规定》第十六条；处罚依据：《注册建造师管理规定》第三十六条）

8）（行为代码 J-2-01）泄露在执业中知悉的国家秘密和他人的商业、技术等秘密的。

（法律依据：《注册建造师管理规定》第二十五条）

9）（行为代码 J-2-02）执业与当事人有利害关系的项目的。

（法律依据：《注册建造师管理规定》第二十五条）

10）（行为代码 J-2-03）索贿、受贿或者谋取合同约定费用外的其他利益的。

（法律依据：《注册建造师管理规定》第二十六条）

11）（行为代码 J-2-04）实施商业贿赂的。

（法律依据：《注册建造师管理规定》第二十六条）

12）（行为代码 J-2-05）签署有虚假记载等不合格的文件的。

（法律依据：《注册建造师管理规定》第二十六条）

13）（行为代码 J-2-06）允许他人以自己的名义从事执业活动的。

（法律依据：《注册建造师管理规定》第二十六条）

14）（行为代码 J-2-07）同时在两个或者两个以上单位受聘或者执业的。

（法律依据：《注册建造师管理规定》）

注册建造师在执业活动中有上述第 8）种至第 14）种不良行为的，由县级以上地方人民政府建设主管部门或者其他有关部门给予警告，责令改正，没有违法所得的，处以 1 万元以下的罚款；有违法所得的，处以违法所得 3 倍以下且不超过 3 万元的罚款。

（法律依据：《注册建造师管理规定》第二十一条；处罚依据：《注册建造师管理规定》第十六条）

15）（行为代码 J-2-08）未向注册机关提供准确、完整的注册建造师信用档案信息的。

注册建造师或其聘用单位未按照要求提供注册建造师信用档案信息的，由县级以上地方人民政府建设主管部门或者其他有关部门责令限期改正；逾期未改正的，可处以 1000 元以上 1 万元以下的罚款。

（法律依据：《注册建造师管理规定》；处罚依据：《注册建造师管理规定》第三十八条）

16）（行为代码 J-3-01）在注册、执业和继续教育活动中，有法律法规及国务院建设主管部门相关规定中禁止的行为，对于违反法律、法规规定的不良行为按照相关法律、法规及国务院建设主管部门相关规定处理。

（法律依据：法律、法规及国务院建设主管部门相关规定；处罚依据：法律、法规及国务院建设主管部门相关规定）

（三）安徽省建筑市场信用管理暂行办法（建市〔2019〕89 号）简介

为建立健全安徽省建筑市场信用体系，规范全省建筑市场秩序，营造"守信联合激励、失信联合惩戒"的市场环境，安徽省住房和城乡建设厅制定《安徽省建筑市场信用管理暂行办法》（建市〔2019〕89 号），主要内容有：

1）适用范围。安徽省行政区域内建筑市场信用管理。建筑市场信用管理是指在房屋建筑和市政基础设施工程建设活动中，对建筑市场各方主体信用信息的认定、归集、公开、评价、使用及监督管理。建筑市场各方主体，包括从事工程建设活动、招标投标活动的建设单位和勘察、设计、施工、监理、招标代理、施工图审查、造价咨询、质量检测等单位及相关从业人员。相关从业人员是指从事工程建设活动的注册建筑师、勘察设计注册工程师、注册建造师、注册监理工程师、注册造价工程师等注册执业人员，以及企业法定代表人、项目负责人、项目总监、技术负责人等技术经济管理人员。

2）监督管理。安徽省住房城乡建设主管部门负责本省行政区域内建筑市场各方主体的信用管理工作，制定建筑市场信用管理制度并组织实施，完善本省行业公共信用信息管理系统对建筑市场各方主体信用信息认定、归集、交换、公开、评价和使用进行监督管理，并向全国建筑市场监管公共服务平台推送建筑市场各方主体信用信息。

市级住房城乡建设主管部门负责本行政区域内建筑市场各方主体的信用管理工作，对本地县级住房城乡建设主管部门建筑市场信用管理工作进行监督指导。

县级住房城乡建设主管部门负责本行政区域内建筑市场各方主体的信用管理工作。

按照"谁监管、谁负责,谁产生、谁负责"的原则,做出信用信息认定的部门,负责审核建筑市场各方主体信用信息的及时性、真实性和完整性。

3)信用信息类别和定义。信用信息由基本信息、优良信用信息、不良信用信息构成,不再由企业基本分和企业项目信用分构成。

基本信息:包括单位名称、统一社会信用代码等注册登记(备案)信息、资质信息、工程项目信息、企业社会贡献度(包括吸纳本地就业人数、年度纳税等);从业人员身份信息、注册信息、执业信息等。基本信息以本省系统企业及个人相关数据为基础,其他信息由各级住房城乡建设主管部门负责归集。

优良信用信息:企业和个人的优良信用信息可以由企业或各级住房城乡建设主管部门及其委托的各级建筑市场监督、质量安全监督机构等单位,依据良好行为事实,按照规定的程序进行申报,经审核、确认等程序完成信用信息的归集。

不良信用信息:企业和个人的不良信用信息由各级住房城乡建设行政主管部门及其委托的各级建筑市场监督、质量安全监督机构等单位,通过开展日常监督检查、组织各类执法检查和督查活动、建筑生产安全事故调查、事故安全生产条件复核以及群众举报、书面及网上投诉等途径,依据不良行为事实,对建筑市场相关企业和个人的不良信用信息进行系统录入、审核、确认等程序完成信用信息的归集。

4)列入建筑市场主体"黑名单"的情形有:利用虚假材料、以欺骗手段取得企业资质的;发生转包、出借资质,受到行政处罚的;发生重大及以上工程质量安全事故,或1年内累计发生2次及以上较大工程质量安全事故,或发生性质恶劣、危害性严重、社会影响大的较大工程质量安全事故,受到行政处罚的;经法院判决或仲裁机构裁决,认定为拖欠工程款,且拒不履行生效法律文书确定的义务的。

5)信息公开。各级住房城乡建设主管部门应当建立健全信用信息公开制度,及时公开建筑市场各方主体的信用信息。建筑市场各方主体的信用信息公开期限为:基本信用信息长期公开;优良信用信息公开期限为3年;不良信用信息公开期限为6个月至3年,并不得低于相关行政处罚期限。具体公开期限由不良信用信息的认定部门确定;对"黑名单"企业,在管理期限内未再次发生符合列入"黑名单"情形行为的,由原列入部门将其从"黑名单"移出,转为不良信用信息,公开期限为3年,并不得低于相关行政处罚、处理期限。

三、注册建造师执业不良行为处理处罚案例

(一)申报二级建造师注册弄虚作假行为

案例:安徽省铜陵市王某提供虚假毕业证书取得执业资格,申请二级建造师注册。为加强注册执业管理,根据《行政许可法》第六十九条、第七十九条以及《注册建造师管理规定》(建设部令第153号)第三十四条的规定,安徽省住房和城乡建设厅决定撤销王某的二级建造师执业资格注册,且3年内不得再次申请注册。

(二)违法分包建设工程违法行为

案例:2016年4月,被告建筑公司从某新农村投资建设有限公司处承包一集中居住区建筑工程后,将该工程承包给无施工资质的被告杨某,杨某及其父又将该工程混凝土浇筑、砌筑、内外粉刷等项目分包给无施工资质的原告夏某。夏某按约进行了施工。2017年4月,

原告夏某因追要工程欠款以及工人工资等事宜与被告发生矛盾告上法庭。

审理：

本案中没有证据证明杨某父子是被告建筑公司的工作人员，故表明被告杨某父子共同承接了该工程，其相对于建筑公司是实际施工人。杨某父子又将部分工程分包给原告夏某，原告相对于杨某父子是实际施工人。因原告及被告杨某父子均无施工资质，且分包行为违反法律法规强制性规定，故原、被告之间的合同是无效合同，但原告已按合同约定完成了施工任务，并已确定了工程价款。实际施工人要求参照合同约定支付工程款的，法院应予支持。据此，法院判决被告杨某父子给付原告工程欠款33万元，被告建筑公司承担连带责任。

法律评析：

第一，我国对从事建筑活动的建设工程企业实行资质等级许可制度。《建筑法》第13条规定："从事建筑活动的建筑施工企业、勘察单位、设计单位和工程监理单位，按照其拥有的注册资本、专业技术人员、技术装备和已完成的建筑工程业绩等资质条件，划分为不同的资质等级，经资质审查合格，取得相应等级的资质证书后，方可在其资质等级许可的范围内从事建筑活动。"因此，承包建筑工程的单位应当持有依法取得的资质证书，并在其资质等级许可的业务范围内承揽工程。

第二，违法分包建设工程应承担连带责任。我国《合同法》第272条规定："……承包人不得将其承包的全部建设工程转包给第三人或者将其承包的全部建设工程肢解以后以分包的名义分别转包给第三人。禁止承包人将工程分包给不具备相应资质条件的单位。禁止分包单位将其承包的工程再分包。建设工程主体结构的施工必须由承包人自行完成。"总承包人明知建筑施工承包人没有相应的资质，具有过错，应当承担连带责任。

第三，当前建筑业领域资质挂靠、非法转包等现象问题突出。一些资质较低甚至没有资质的建筑企业、工程队乃至个人，挂靠具有较高建筑资质的企业，参与竞标并成功竞标现象比较常见。尽管法律法规对建设工程分包有严格的限制，但在实际运作中，具有相应资质的建筑公司在中标后，往往将工程分包或转包给资质较低或没有资质的建筑企业、工程队甚至个人。此类现象，轻则影响工程质量，重则关系民生安全，比如工程款纠纷往往涉及拖欠农民工工资等问题，处理不当易影响民生及社会稳定。

（三）出借资质违法行为

案例：某商品住宅工程建筑面积96953m²，由A开发公司开发，施工总承包单位为B工程公司，施工合同价款为12768万元。该工程于2015年6月5日开工。当地住房城乡建设主管部门接到上级住房城乡建设主管部门转来举报人反映该工程涉嫌存在违法违规问题的转办材料后，随即进行了调查。

查处情况：

B公司授权委托的第五分公司经理甲承认，乙于2015年春节后主动找上门，以交1.5%管理费的名义由乙承揽该工程，乙是实际施工人；B公司未与乙签订劳务合同，未帮其缴纳社保。甲提供了内部承包合同、B公司转账给乙的凭证、乙支付有关设备材料的租赁采购费用的明细。

处理结果：

当地住房城乡建设主管部门责令B公司改正出借资质行为，并处以已完工的工程合同价款 3078 万元的 2% 的罚款, 人民币陆拾壹万伍仟陆佰元整（￥615600 元）。

处理依据：

B 公司的行为符合《建筑工程施工转包违法发包等违法行为认定查处管理办法（试行）》第十一条第（一）项关于"没有资质的单位或个人借用其他施工单位的资质承揽工程"和第（七）项关于"合同约定由施工总承包单位或专业承包单位负责采购或租赁的主要建筑材料、构配件及工程设备或租赁的施工机械设备，由其他单位或个人采购、租赁，或者施工单位不能提供有关采购、租赁合同及发票等证明，又不能进行合理解释并提供材料证明"的情形。

依据《建筑法》第六十六条关于"建筑施工企业转让、出借资质证书或者以其他方式允许他人以本企业的名义承揽工程的，责令改正，没收违法所得，并处罚款，可以责令停业整顿，降低资质等级；情节严重的，吊销资质证书"。

《建设工程质量管理条例》第六十一条关于"违反本条例规定，勘察、设计、施工、工程监理单位允许其他单位或者个人以本单位名义承揽工程的，责令改正，没收违法所得，……，对施工单位处工程合同价款 2% 以上 4% 以下的罚款；可以责令停业整顿，降低资质等级；情节严重的，吊销资质证书"。

（四）无施工机构无资质违法行为

上海"莲花河畔景苑"倒楼案：2009 年 6 月 27 日 5 时 30 分许，上海市闵行区莲花南路罗阳路口西侧，"莲花河畔景苑"小区一栋在建的 13 层住宅楼整体倾倒，造成 1 名工人被压死亡、经济损失 1900 余万元的重大事故（无人受伤），事故现场附近 130 多户居民被疏散至临时安置点。

法院经审理查明，被告人秦永林作为建设方上海梅都房地产开发有限公司的现场负责人，秉承张志琴（上海梅都房地产开发有限公司董事长、另案处理）的指令将属于施工方总包范围的地下车库开挖工程，直接交给没有公司机构且不具备资质的被告人张耀雄组织施工，并违规指令施工人员开挖、堆土，对本案倒楼事故的发生负有现场管理责任。

被告人张耀杰身为施工方上海众欣建筑有限公司主要负责人，违规使用他人专业资质证书投标承接工程，致使工程项目的专业管理缺位，且放任建设单位违规分包土方工程给其没有专业资质的亲属，对本案倒楼事故的发生负有领导和管理责任。

被告人陆卫英虽然挂名担任工程项目经理，实际未从事相应管理工作，但其任由施工方在工程招标投标及施工管理中以其名义充任项目经理，默许甚至配合施工方以此应付监管部门的监督管理和检查，致使工程施工脱离专业管理，由此造成施工隐患难以通过监管被发现、制止，因而对本案倒楼事故的发生仍负有不可推卸的责任。

被告人张耀雄没有专业施工队伍及资质，违规承接工程项目，并盲从建设方指令违反工程安全管理规范进行土方开挖和堆土施工，最终导致倒楼事故发生，是本案事故发生的直接责任人员。

被告人乔磊作为监理方上海光启建设监理有限公司的总监，对工程项目经理名实不符的违规情况审查不严，对建设方违规发包土方工程疏于审查，在对违规开挖、堆土提出异议未果后，未能有效制止，对本案倒楼事故发生负有未尽监理职责的责任。

被告人夏建刚作为施工方的现场负责人，施工现场的安全管理是其应负的职责，但其任由工程施工在没有项目经理实施专业管理的状态下进行，且放任建设方违规分包土方工程、违规堆土，致使工程管理脱节，对倒楼事故的发生也负有现场管理责任。

法院认为，作为工程建设单位、施工单位、监理单位的工作人员以及土方施工的具体实施者，6名被告人在"莲花河畔景苑"工程项目的不同岗位和环节中，本应上下衔接、互相制约，却违反安全管理规定，不履行、不能正确履行或者消极履行各自的职责、义务，最终导致"莲花河畔景苑"7号楼整体倾倒、1人被压死亡和经济损失1900余万元的重大事故的发生。据此，认为6名被告人均已构成重大责任事故罪，且属情节特别恶劣。

第四节 建造师的职业道德建设

一、职业道德基本范畴

职业道德具有相对独立的规范体系，形成独特的规范模式。一般来说，职业道德的基本范畴包括职业理想、职业态度、职业责任、职业纪律、职业良心、职业荣誉和职业作风等，这些因素又从特定的方面反映出职业道德的特定本质和规律，同时又相互配合，形成一个严谨的职业道德模式。

1. 职业理想

理想是人生的奋斗目标，是对未来有实现可能的设想，是对美好未来的向往和追求。职业理想应建立在个人的专业知识与能力、兴趣和职业激情的基础上，只有这几项内容重叠的部分，才可确立为自己的职业理想。职业理想是一种职业人生的认识和态度。职业理想是职业道德的灵魂，在职业生活中，只有树立崇高合理的职业理想，才能正确对待自己从事的职业，做到敬业、乐业、勤业，在职业工作中表现出良好的道德品质，对社会做出应有的贡献。建造师的职业理想应从发展社会生产力，和社会的整体利益出发，在职业工作中努力做好本职工作，全心全意为人民服务，为社会主义现代化建设服务。

2. 职业态度

职业态度是指人们对职业所持的评价和行为倾向，是从业者对社会、对其他职业和广大社会成员，履行职业义务的基础，包括职业认知、职业情感和职业行为。影响职业态度的因素大致分为四大类：自我因素，包括个人的兴趣、能力、抱负、价值观、自我期望等；职业因素，包括职业市场的需求、职业的薪水待遇、工作环境、发展机会等；家庭因素，包括家庭的社会地位、父母期望、家庭背景等；社会因素，包括同学关系、社会地位、社会期望等。一个人的成功因素中，积极主动、努力、毅力、乐观、信心、爱心和责任等积极的因素占80%左右，无论从事何种工作，成功的基础均取决于职业态度。

3. 职业责任

职业责任是指从事一定职业的人们，对社会和他人所负的职责。职业责任是社会义务、使命、任务的具体体现，它规定了职业人员的职业行为的具体内容，是其进行职业义务的依据，具有差异性、独立性和强制性三方面的特征。人们对职业责任的认识体验，就产生了职业责任感、职业义务感，这对人们在职业活动中道德行为的产生有重大的影响，职业人员只有认识到自己所担负的责任，把它变成自己内心的道德情感和信念，才能自觉地从事本职工作，并在职业活动中克服困难，努力做好本职工作，表现出良好的职业道德行为。

4. 职业纪律

职业纪律是指人们在特定的职业范围内从事职业活动时，为了维持职业活动的正常秩序，保证职业责任的履行，必须遵守的规矩和准则，具有一致性、特殊性和法规强制性三方面的特征。要遵守好职业纪律，必须从三方面做起：①熟知职业纪律，避免无知违纪；②严守职业纪律，不能明知故犯；③自觉遵守职业纪律，养成严于律己的习惯。

5. 职业良心

职业良心是指在履行职业义务的过程中，人们内心所形成的职业道德责任感和对自己职业道德行为的自我评价、自我调节能力。它是职业人员对职业责任的自觉意识，具有时代性、内隐性和自育性的特点。在职业劳动中，人们把应尽的职业责任变为内心的道德情感、道德信念，这就形成了职业良心。职业良心一旦形成，往往左右着人们职业道德的各个方面，贯穿在职业行为过程的各个阶段，对人们的职业活动有着巨大的作用。培养职业良心要贯穿于执业活动的全过程，职业活动前要进行导向分选，职业活动中要进行监督调节，职业活动后要进行总结评判。对于符合职业道德要求的行为，加以肯定并发扬光大；对于不符合职业道德的行为坚决抛弃，对于偏离职业道德的行为予以纠正。

6. 职业荣誉

职业荣誉是对职业行为的社会价值所做出的公认的客观评价及正确的主观认识。从客观方面说，职业荣誉是社会对一个人履行义务的德行和贡献的评价和赞赏；从主观方面看，职业荣誉是职业良心中知耻心、自尊心、自爱心的表现。职业荣誉是职业道德的重要范畴，要树立正确的职业荣誉观，应从以下几个方面做努力：一是坚持社会主义核心价值观，树立正确的职业荣辱观；二是争取职业荣誉的动机要纯洁；三是获取职业荣誉的手段要正当，通过认真履行职业义务，自觉遵守职业纪律，尽职尽责完成本职工作，做出更大的贡献，赢得肯定；四是对待职业荣誉的态度要谦虚，懂得获得职业成功时集体的重要性。

7. 职业作风

职业作风是职业群体在职业生活中，从整体上形成的一种普遍的、稳定的职业态度和职业行为倾向，它不是职业群体内部个体成员作风的简单叠加，而是个体在相互影响，相互作用的过程中，形成的一种整体形象。人们的职业活动中，职业作风作为一种习惯力量，支配着职业劳动者的思想和行为。职业作风是职业道德的重要范畴，社会主义的优良职业作风具有积极的潜移默化的教育作用，它好比一个职业道德的大熔炉，把新的成员迅速锻炼成良好的职业道德的从业者，使老的从业者继续保持优良的职业道德传统。树立良好的职业作风，必须做到实事求是、坚持真理、工作积极、认真负责、忠诚坦白、平等待人、发扬民主、团结互助。劳动者在职业实践活动中既为社会、为人民提供了服务，实现了社会价值，同时也实现了自我价值。

二、职业道德基本规范

1. 爱岗敬业

爱岗敬业是指立足岗位，忠于职守，认真负责，努力完成自己的本职工作。爱岗敬业首先是爱岗，就是热爱自己的工作岗位，热爱本职工作。爱岗是对人们工作态度的一种普遍要求。热爱本职工作，就是职业工作者以正确的态度对待各种职业劳动，努力培养热爱自己所从事的工作的幸福感、荣誉感。其次是敬业，就是用一种严肃的态度对待自己的工作，勤勤恳恳，兢兢业业，忠于职守，尽职尽责。爱岗与敬业精神是相通的，是相互联系在一起的。爱岗是敬业的基础，敬业是爱岗的具体表现，不爱岗就很难做到敬业，不敬业也很难说是真正的爱岗。要做到爱岗敬业，应从以下几点着力：一是要正确处理职业理想和理想职业的关系；二是要正确处理国家需要与个人兴趣爱好的关系；三是要正确处理职业选择与个人自身条件的关系；四是要正确处理所从事的职业与物质利益的关系。

2. 诚实守信

诚实守信是在职业活动中，诚实对人、诚实办事、恪守信誉。诚实的人能忠实于事物的本来面目，不歪曲、不篡改事实，同时也不隐瞒自己的真实思想，光明磊落，言语真切，处事实在。诚实的人反对投机取巧，趋炎附势，吹拍奉迎，见风使舵，争功诿过，弄虚作假，口是心非。守信，就是信守诺言，说话算数，讲信誉，重信用，履行自己应承担的义务。诚实和守信两者意思是相通的，是互相联系在一起的。诚实是守信的基础，守信是诚实的具体表现，不诚实很难做到守信，不守信也很难说是真正的诚实。诚和信是内心和外部行为合一的道德修养境界，即"知行合一"。要做到诚实守信，应从以下几点着力：一是重质量，重服务，重信誉；二是诚实劳动，合法经营；三是实事求是，不讲假话；四是提高技能，创造名牌产品。

3. 办事公道

办事公道是指从业人员在办理事情处理问题时，要站在公正的立场上，按照同一标准和同一原则办事的职业道德规范。人们生活在世界上，就要与人打交道，就要处理各种关系，这就存在办事是否公道的问题，每个从业人员都有一个办事公道问题。办事公道不公道，关键在于是否以"群众方便不方便""群众满意不满意""群众答应不答应"为标准来衡量自己的工作。要做到办事公道，应从以下几点着力：一是要热爱真理，追求真理；二是要坚持原则，不徇私情；三是要不谋私利，反腐倡廉；四是要有一定的辨识能力。

4. 服务群众

服务群众就是在自己的岗位上全心全意为人民服务，把人民群众的需要作为一切工作的出发点，把群众最迫切需要解决的问题作为工作的着力点，把群众最关心的问题作为工作的出发点。时时刻刻为群众着想，急群众所急，忧群众所忧，乐群众所乐。要做到服务群众，应从以下几点着力：一是要树立服务群众的观念；二是要真心对待群众；三是要尊重群众；四是做每件事都要方便群众。

5. 奉献社会

奉献社会就是全心全意为社会做贡献，是为人民服务精神的最高体现。奉献就是不计较个人得失，兢兢业业，任劳任怨。一个人不论从事什么行业的工作，不论在什么岗位，都可以做到奉献社会。奉献社会是一种人生境界，是一种融在一生事业中的高尚人格。

奉献社会与爱岗敬业、诚实守信、办事公道、服务群众这四项规范相比较，是职业道德中的最高境界，同时也是做人的最高境界。爱岗敬业、诚实守信是对从业人员的职业行为的基础要求，是首先应当做到的。做不到这两项要求，就很难做好工作。办事公道、服务群众比前两项要求高了一些，需要有一定的道德修养作基础。奉献社会，则是这五项要求中最高的境界。

第二章 建设工程新法规解读

第一节 《中华人民共和国安全生产法》解读及案例

一、总况

（一）制定的目的

《中华人民共和国安全生产法》（以下简称《安全生产法》）是为了加强安全生产工作，防止和减少生产安全事故，保障人民群众生命和财产安全，促进经济社会持续健康发展而制定的。

（二）《安全生产法》变迁史

《安全生产法》由中华人民共和国第九届全国人民代表大会常务委员会第二十八次会议于 2002 年 6 月 29 日通过公布，自 2002 年 11 月 1 日起施行。2014 年 8 月 31 日第十二届全国人民代表大会常务委员会第十次会议通过《全国人民代表大会常务委员会关于修改〈中华人民共和国安全生产法〉的决定》，自 2014 年 12 月 1 日起施行。

（三）《安全生产法》的内容

《安全生产法》共 7 章 114 条。第一章总则（第一条~第十六条），第二章生产经营单位的安全生产保障（第十七条~第四十八条），第三章从业人员的安全生产权利义务（第四十九条~第五十八条），第四章安全生产的监督管理（第四十九条~第七十五条），第五章生产安全事故的应急救援与调查处理（第七十六条~第八十六条），第六章法律责任（第八十七条~第一百一十一条），第七章附则（第一百一十二条~第一百一十四条）。

（四）《安全生产法》的十大重点内容

（1）以人为本，坚持安全发展 本法明确提出安全生产工作应当以人为本，将坚持安全发展写入了总则，对于坚守红线意识、进一步加强安全生产工作、实现安全生产形势根本性好转的奋斗目标具有重要意义。（第三条）

（2）建立完善安全生产方针和工作机制 将安全生产工作方针完善为"安全第一、预防为主、综合治理"，进一步明确了安全生产的重要地位、主体任务和实现安全生产的根本途径。本法提出要建立生产经营单位负责、职工参与、政府监管、行业自律、社会监督的工作机制，进一步明确了各方安全职责。（第三条）

（3）落实"三个必须"，确立安全生产监管执法部门地位 按照安全生产管理行业必须管安全、管业务必须管安全、管生产经营必须管安全的要求，本法一是规定国务院和县级以上地方人民政府应当建立健全安全生产工作协调机制，及时协调、解决安全生产监督管理中的重大问题。二是明确各级政府安全生产监督管理部门实施综合监督管理，有关部门在各自职责范围内对有关"行业、领域"的安全生产工作实施监督管理。三是明确各级安全生产监督管理部门和其他负有安全生产监督管理职责的部门作为行政执法部门，依法开展安全生产行政执法工作，对生产经营单位执行法律、法规、国家标准或者行业标准的情况进行监督检查。（第八条、第九条、第六十二条）

（4）强化乡镇人民政府以及街道办事处、开发区管理机构安全生产职责　乡镇街道是安全生产工作的重要基础，有必要在立法层面明确其安全生产职责，同时针对各地经济技术开发区、工业园区的安全监管体制不顺、监管人员配备不足、事故隐患集中、事故多发等突出问题，本法明确乡镇人民政府以及街道办事处、开发区管理机构等地方人民政府的派出机关应当按照职责，加强对本行政区域内生产经营单位安全生产状况的监督检查，协助上级人民政府有关部门依法履行安全生产监督管理职责。（第八条）

（5）明确生产经营单位安全生产管理机构、人员的设置、配备标准和工作职责　本法一是明确矿山、金属冶炼、建筑施工、道路运输单位和危险物品的生产、经营、储存单位，应当设置安全生产管理机构或者配备专职安全生产管理人员，将其他生产经营单位设置专门机构或者配备专职人员的从业人员下限由300人调整为100人。二是规定了安全生产管理机构以及管理人员的七项职责，主要包括拟定本单位安全生产规章制度、操作规程、应急救援预案，组织宣传贯彻安全生产法律、法规，组织安全生产教育和培训，制止和纠正违章指挥、强令冒险作业、违反操作规程的行为，督促落实本单位安全生产整改措施等。三是明确生产经营单位做出涉及安全生产的经营决策，应当听取安全生产管理机构以及安全生产管理人员的意见。（第二十一条~第二十三条）

（6）明确了劳务派遣单位和用工单位的职责和劳动者的权利义务　一是规定生产经营单位应当将被派遣劳动者纳入本单位从业人员统一管理，对被派遣劳动者进行岗位安全操作规程和安全操作技能的教育和培训。劳务派遣单位应当对被派遣劳动者进行必要的安全生产教育和培训。二是明确被派遣劳动者享有本法规定的从业人员的权利，并应当履行本法规定的从业人员的义务。（第二十五条、第五十八条）

（7）建立事故隐患排查治理制度　本法把加强事前预防、强化隐患排查治理作为一项重要内容：一是生产经营单位必须建立事故隐患排查治理制度，采取技术、管理措施消除事故隐患。二是政府有关部门要建立健全重大事故隐患治理督办制度，督促生产经营单位消除重大事故隐患。三是对未建立隐患排查治理制度、未采取有效措施消除事故隐患的行为，设定了严格的行政处罚。（第三十八条、第九十八条、第九十九条）

（8）推进安全生产标准化建设　结合多年来的实践经验，本法在总则部分明确生产经营单位应当推进安全生产标准化工作，提高安全生产水平。（第四条）

（9）推行注册安全工程师制度　本法确立了注册安全工程师制度，并从两个方面加以推进：一是危险物品的生产、储存单位以及矿山、金属冶炼单位应当有注册安全工程师从事安全生产管理工作，鼓励其他单位聘用注册安全工程师。二是建立注册安全工程师按专业分类管理制度，授权国务院人力资源和社会保障部门、安全生产监督管理等部门制定具体实施办法。（第二十四条）

（10）推进安全生产责任保险

二、重点条文解读

第二条　在中华人民共和国领域内从事生产经营活动的单位（以下统称生产经营单位）的安全生产，适用本法；有关法律、行政法规对消防安全和道路交通安全、铁路交通安全、水上交通安全、民用航空安全以及核与辐射安全、特种设备安全另有规定的，适用其规定。

【解读】 本条不仅限定安全生产法的适用范围是生产经营单位的安全生产，同时还对特定领域安全管理的法律适用做出灵活处理，本条规定不是适用除外的规定，并没有排除《安全生产法》在这些领域的适用，只是明确相关法律优先适用，当这些领域法律、行政法规中未做规定的，仍然要适用本法的规定。

第三条　安全生产工作应当以人为本，坚持安全发展，坚持安全第一、预防为主、综合治理的方针，强化和落实生产经营单位的主体责任，建立生产经营单位负责、职工参与、政府监管、行业自律和社会监督的机制。

【解读】 本条是关于安全生产工作的理念、方针和机制等内容的规定；内容进一步完善了安全生产工作方针，重申了强化和落实生产经营单位主体责任，补充了有关安全生产工作机制的内容，条文中五个方面互相配合、互相促进，共同构成五位一体的安全生产工作机制。

第五条　生产经营单位的主要负责人对本单位的安全生产工作全面负责。

【解读】 生产经营单位的主要负责人是生产经营活动的决策者和指挥者，是生产经营单位的最高领导者和管理者。一般情况下，生产经营单位的主要负责人就是其法定代表人。需要注意的是，实践中存在法定代表人和实际经营决策人相分离的情况，不具体负责企业的日常生产经营，或者生产经营单位的法定代表人因生病或学习等原因长期缺位，由其他负责人主持生产经营单位的全面工作。在这种情况下，那些真正全面组织、领导企业生产经营活动的实际负责人就是本条所说的生产经营单位的主要负责人。

第六条　生产经营单位的从业人员有依法获得安全生产保障的权利，并应当依法履行安全生产方面的义务。

【解读】 从业人员是生产经营活动的直接操作者，既是安全生产保护的对象，又是实现安全生产的基本要素，在安全生产工作中居于核心和关键的地位。加强安全生产工作的首要目的是保障广大从业人员的人身安全，这是以人为本原则的基本要求。无论从安全生产工作的目的还是客观需要出发，都必须保障从业人员安全生产方面的权利，明确其应当履行的义务。

第十条　国务院有关部门应当按照保障安全生产的要求，依法及时制定有关的国家标准或者行业标准，并根据科技进步和经济发展适时修订。

生产经营单位必须执行依法制定保障安全生产的国家标准或者行业标准。

【解读】 保障安全生产的国家标准或者行业标准，是做好安全生产工作的重要技术规范，是安全生产监督管理的重要依据，在规范生产经营单位的行为、保障安全生产工作中具有十分重要的作用。国家标准和行业标准可以分为强制性标准和推荐性标准。保障人体健康、人身、财产安全的标准和法律、行政法规规定强制执行的标准是强制性标准，其他标准是推荐性标准。《安全生产法》中规定的保障安全生产的国家标准和行业标准，属于强制性标准，具有强制执行的效力。

第十八条　生产经营单位的主要负责人对本单位安全生产工作负有下列职责：

（1）建立、健全本单位安全生产责任制。

（2）组织制订本单位安全生产规章制度和操作规程。

（3）组织制订并实施本单位安全生产教育和培训计划。

（4）保证本单位安全生产投入的有效实施。

（5）督促、检查本单位的安全生产工作，及时消除生产安全事故隐患。

（6）组织制订并实施本单位的生产安全事故应急救援预案。

（7）及时、如实报告生产安全事故。

【解读】本条是关于生产经营单位的主要负责人对本单位安全生产工作所负职责的规定；要求生产经营单位的主要负责人不仅要建立、健全企业安全制度同时又要保证各项制度的有效落实。

【案例】2019年7月8日11时28分许，位于深圳市福田区的深圳市体育中心改造提升拆除工程工地发生一起坍塌事故，造成3人死亡，3人受伤。该项目施工单位董事长王某未认真履行公司安全生产第一责任人职责、未及时消除生产安全隐患，事故发生后，组织相关人员统一口径对抗调查，对事故发生负有主要管理责任；其行为违反了本法第十八条规定，最终受到相应处罚。

第十九条　生产经营单位的安全生产责任制应当明确各岗位的责任人员、责任范围和考核标准等内容。

生产经营单位应当建立相应的机制，加强对安全生产责任制落实情况的监督考核，保证安全生产责任制的落实。

【解读】安全生产责任制是生产经营单位安全生产管理的核心制度；安全生产责任制真正落实到位，关键是内容是否明确、监督考核机制是否完备。安全生产责任制主要内容应当包括以下五个方面：一是生产经营单位的各级负责生产和经营的管理人员，在完成生产或者经营任务的同时，对保证生产安全负责。二是各职能部门的人员，对自己业务范围内有关的安全生产负责。三是班组长、特种作业人员对其岗位的安全生产工作负责。四是所有从业人员应在自己本职工作范围内做到安全生产。五是各类安全责任的考核标准以及奖惩措施。

第二十条　生产经营单位应当具备的安全生产条件所必需的资金投入，由生产经营单位的决策机构、主要负责人或者个人经营的投资人予以保证，并对由于安全生产所必需的资金投入不足导致的后果承担责任。

有关生产经营单位应当按照规定提取和使用安全生产费用，专门用于改善安全生产条件。安全生产费用在成本中据实列支。安全生产费用提取、使用和监督管理的具体办法由国务院财政部门会同国务院安全生产监督管理部门征求国务院有关部门意见后制定。

【解读】生产经营单位要具备安全生产条件特别是持续具备安全生产条件，必须有相应的资金投入。实施安全生产费用提取和使用制度的效果比较明显，对于建立企业安全生产长效投入机制发挥了积极作用。为了进一步提升这项制度的权威性，更好地规范安全生产费用的提取和使用，这次修改《安全生产法》将其上升为一项法律制度，明确规定有关生产经营单位应当按照规定提取和使用安全生产费用，专门用于改善安全生产条件。

第二十一条　矿山、金属冶炼、建筑施工、道路运输单位和危险物品的生产、经营、储存单位，应当设置安全生产管理机构或者配备专职安全生产管理人员。

前款规定以外的其他生产经营单位，从业人员超过一百人的，应当设置安全生产管理机构或者配备专职安全生产管理人员；从业人员在一百人以下的，应当配备专职或者兼职的安全生产管理人员。

【解读】 因为安全生产涉及社会公共安全和公共利益，所以生产经营单位安全生产管理机构的设置和安全生产管理人员的配备，政府需要进行管理和干预。安全生产的局面不会自然出现，必须有人具体管、具体负责。落实生产经营单位的安全生产主体责任，需要生产经营单位在内部组织架构和人员配置上对安全生产工作予以保障。安全生产管理机构和安全生产管理人员，是生产经营单位开展安全生产管理工作的重要前提，在生产经营单位的安全生产中发挥着不可或缺的重要作用。

【案例】 某建筑工程公司因效益不好，公司领导决定进行改革，减负增效。经研究将公司安全部撤销，安全管理人员8人中，4人下岗，4人转岗，原安全部承担的工作转由工会中的2人负责。由于公司领导撤销安全部门，整个公司的安全工作仅仅由2名负责工会工作的人员兼任，致使该公司上下对安全生产工作普遍不重视，安全生产管理混乱，经常发生人员伤亡事故。

本案中建筑公司出现的情况是很常见的，建筑施工单位本来就是事故多发、危险性较大、生产安全问题比较突出的领域，更应当将安全生产放在首要位置来抓，否则难免出现安全问题甚至发生事故。

第二十五条 生产经营单位应当对从业人员进行安全生产教育和培训，保证从业人员具备必要的安全生产知识，熟悉有关的安全生产规章制度和安全操作规程，掌握本岗位的安全操作技能，了解事故应急处置措施，知悉自身在安全生产方面的权利和义务。未经安全生产教育和培训合格的从业人员，不得上岗作业。

生产经营单位使用被派遣劳动者的，应当将被派遣劳动者纳入本单位从业人员统一管理，对被派遣劳动者进行岗位安全操作规程和安全操作技能的教育和培训。劳务派遣单位应当对被派遣劳动者进行必要的安全生产教育和培训。

生产经营单位接收中等职业学校、高等学校学生实习的，应当对实习学生进行相应的安全生产教育和培训，提供必要的劳动防护用品。学校应当协助生产经营单位对实习学生进行安全生产教育和培训。

生产经营单位应当建立安全生产教育和培训档案，如实记录安全生产教育和培训的时间、内容、参加人员以及考核结果等情况。

【解读】 本条不仅要求生产经营单位对派遣劳动者进行岗位安全操作规程和安全操作技能的教育和培训，也要求生产经营单位对接收的实习学生进行相应的安全生产教育和培训，提供必要的劳动防护用品，还明确要求了学校要协助生产经营单位做好安全生产教育和培训工作。

本条还明确了生产经营单位应当建立安全生产教育和培训档案，如实记录安全生产教育和培训的时间、内容、参加人员以及考核结果等情况。信息记录和档案管理制度有利于提高培训的计划性和针对性，保障培训效果。同时，也便于负有安全生产监督管理职责的部门通过查阅档案记录，加强监督检查，适时掌握生产经营单位安全生产教育和培训的实际情况。

【案例】2018 年 7 月 17 日 15 时 50 分许，位于长沙经济技术开发区的湖南某包装印务有限公司在改造仓库照明设施过程中发生一起高处坠落事故，造成 1 人死亡。经调查，事故直接原因是黎某安全意识淡薄，违反安全操作规程，在未戴安全帽、未系安全带的情况下进行高处作业，间接原因为该公司未依法对其进行安全教育和培训；未对高处作业进行审批；未安排专门人员进行现场安全管理；未采取技术、管理措施，及时发现消除黎某高处作业时未戴安全帽、未系安全带的安全隐患。

第二十七条　生产经营单位的特种作业人员必须按照国家有关规定经专门的安全作业培训，取得相应资格，方可上岗作业。

特种作业人员的范围由国务院安全生产监督管理部门会同国务院有关部门确定。

【解读】由于特种作业人员所从事的工作潜在危险性较大，一旦发生事故不仅会给作业人员自身的生命安全造成危害，而且也容易对其他从业人员以至人民群众的生命和财产安全造成威胁。因此，本条规定特种作业人员必须经过专门安全作业培训，取得相应资格，才能上岗作业。

【案例】2018 年 6 月 7 日，南昌市安全生产监督管理局执法人员对江西某电气有限公司进行检查时，发现该公司特种作业人焊工王某未进行安全作业培训，未取得上岗作业证进行焊接作业。上述事实违反了《安全生产法》第二十七条的规定，执法人员于 2018 年 6 月 15 日对该公司开具了行政处罚决定书。

第三十二条　生产经营单位应当在有较大危险因素的生产经营场所和有关设施、设备上，设置明显的安全警示标志。

【解读】在有较大危险因素的生产经营场所或者有关设施、设备上设置明显的安全警示标志，可以提醒、警告作业人员或其他有关人员时刻清醒认识所处环境的危险，提高注意力，加强自身安全保护，严格遵守操作规程，减少生产安全事故的发生。

【案例】2019 年 6 月 29 日 11 时许，合肥市某废旧物资回收有限公司在废旧材料堆放场吊装废旧钢材时，一名作业人员被吊装的钢筋砸中身亡。事故原因为该公司未严格落实企业安全生产主体责任，吊装时未设置安全警示标志，未安排专门人员进行现场管理，在作业区域有人的情况下违规进行吊装。起重机驾驶人周某被立案侦查，同时合肥市应急管理局依据《安全生产法》给予回收公司行政处罚。

第三十四条　生产经营单位使用的危险物品的容器、运输工具，以及涉及人身安全、危险性较大的海洋石油开采特种设备和矿山井下特种设备，必须按照国家有关规定，由专业生产单位生产，并经具有专业资质的检测、检验机构检测、检验合格，取得安全使用证或者安全标志，方可投入使用。检测、检验机构对检测、检验结果负责。

【解读】本条对这两类产品的安全规定了双重保障要求：首先，这两类产品必须根据国家有关规定，由专业生产单位生产，其他任何单位和个人不得生产。其次，在投入使用前，还必须经取得专业资质的检测、检验机构检测、检验合格，取得安全使用证或者安全标志，未经检测、检验或者经检测、检验不合格的，不得投入使用。

【案例】2017 年 11 月 8 日福建省某科技有限公司年产 60 万 t 己内酰胺项目一期工程动力站项目处于正常施工状态，已进入动力部烟囱 80m 段施工阶段，正常施工时间为上午 6 时至 11 时，下午 1 时至 5 时。事故当天动力站项目烟囱施工模板工班组共 11 人计划提前上工，于上午 11 时左右进入施工现场，并分三批乘升降机上往施工平台。前两批模板工乘坐配备防坠系统的升降机安全到达施工平台后，11时20分第三批乘坐另一台未配备防坠系统的升降机（据了解此设备专为运料设备，非载人设备）上往施工平台，上升途中罐笼失去控制，并沿导轨坠落至地面。坠落冲击力造成事故升降机罐笼严重变形，罐笼内三名模板工坠落受伤，经医院抢救无效死亡。事故间接原因为施工单位安全生产主体责任履行不够到位，施工升降设备进场未严格把关，且未对施工升降机维护保养情况进行有效监督管理，该设备未经过相关专业机构检验、检测即投入使用。

第四十一条 生产经营单位应当教育和督促从业人员严格执行本单位的安全生产规章制度和安全操作规程；并向从业人员如实告知作业场所和工作岗位存在的危险因素、防范措施以及事故应急措施。

【解读】生产经营单位的安全生产规章制度和安全操作规程具有很强的针对性和可操作性，对保障安全生产意义重大。一方面生产经营单位要对从业人员进行安全生产规章制度和安全操作规程教育和培训；另一方面，也应当教育和督促从业人员严格执行本单位的安全生产规章制度和安全操作规程。要结合本单位实际，制订有针对性的制度，采取多种有效的措施（包括奖惩措施），监督、促使从业人员严格遵守本单位的安全生产规章制度和安全操作规程。

【案例】2019年7月5日16时38分左右，在宝钢股份公司钢管条钢事业部内，上海某钢管作业服务有限公司在作业过程中发生一起物体打击事故，造成1人死亡，事故原因为该公司安全生产主体责任未落实，各级管理人员未能及时发现、制止违章作业，主要负责人未能督促、检查本单位安全生产工作，及时消除生产安全事故隐患。该公司未能教育和督促从业人员严格执行本单位的安全生产规章制度和安全操作规程；未能采取技术、管理措施，及时发现并消除事故隐患；上海市应急管理局于2019年9月25日对该公司做出行政处罚决定。

第四十二条 生产经营单位必须为从业人员提供符合国家标准或者行业标准的劳动防护用品，并监督、教育从业人员按照使用规则佩戴、使用。

【解读】本条从保护从业人员的角度规定了生产经营单位不仅要为从业人员提供符合国家标准或行业标准的劳动防护用品，同时还有监督、教育从业人员佩戴、使用的责任。

【案例】2019年4月30日16时许，某公司位于翔安区华论国际大厦9楼的装修工程项目部内，电工高某在调整室内照明线路时，从该公司自制的便携式木折梯上摔落至地面，头部流血且无法动弹。在场的地板装修工苏某以及空调安装工徐某、曾某听到摔落声后即过来查看，苏某随即拨打了120急救和110报警电话。120急救人员到达现场后，判断高某已经死亡。本次事故的直接原因是死者高某在进行高处作业的时候未配备防护措施，同时生产经营单位安全生产主体责任落实不到位，安全生产管理机构和人员缺失，不能有效监督、教育从业人员按照使用规则佩戴、使用劳动防护用品。

第五十四条 从业人员在作业过程中，应当严格遵守本单位的安全生产规章制度和操作规程，服从管理，正确佩戴和使用劳动防护用品。

【解读】从业人员除应严格遵守有关安全生产的法律、法规外，还应当严格遵守生产经营单位的安全生产规章制度和操作规程。这是从业人员在安全生产方面的一项法定义务。从业人员必须增强遵章守纪意识，不折不扣地遵守安全生产规章制度和操作规程，确保安全。

【案例】2019年9月4日下午10时10分左右雷某帮贵州省某新型材料厂运输138块规格为2480mm×600mm×200mm的ALC板（蒸压加气混凝土板）到柳州市，该厂帮装好车后，雷某就驾驶桂BX77XX拖桂BY7XX挂回柳州市，途经柳江区三都镇，其妻子韦某上车一同前往柳石路4××号莲花城保障房施工工地。9月5日上午8时左右，雷某从工地东面（临柳石路）大门进入工地，右转弯沿着工地的北面行驶至北面中段，然后停下来，等待前面的货车排队卸货30~40min，继续行驶至工地的西面，解松挂车绑绳，转弯行驶至9号楼的北面停下，将挂车上的绑绳全部解开，从挂车左侧甩往右侧，上午10时10分左右，雷某在移动倒车调整车辆位置时，挂车上右后部一块重约240kg的ALC板从约3m高坠落至地面，砸中正在观察倒车情况的韦某，造成韦某重伤。经过调查查明事故是由于雷某安全生产意识不强，违反操作规程，在未开始卸车时就解松挂车绑绳，ALC板之间和ALC单体处于不稳定状态，加上雷某倒车调整车辆位置，致使ALC板从挂车后部约3m高坠落至地面，造成事故发生，雷某的不安全的驾驶行为是造成此次事故发生的重要原因，ALC板坠落是造成此次事故发生的直接原因。

第七十九条　危险物品的生产、经营、储存单位以及矿山、金属冶炼、城市轨道交通运营、建筑施工单位应当建立应急救援组织；生产经营规模较小的，可以不建立应急救援组织，但应当指定兼职的应急救援人员。

危险物品的生产、经营、储存、运输单位以及矿山、金属冶炼、城市轨道交通运营、建筑施工单位应当配备必要的应急救援器材、设备和物资，并进行经常性维护、保养，保证正常运转。

【解读】危险物品的生产、经营、储存单位以及矿山、建筑施工单位的生产经营活动具有较高的风险，事故发生概率相对较高，影响面也较大。对这些单位的应急救援能力建设提出了更高的要求。

【案例】某建筑施工单位有从业人员1000多人。该单位安全部门的负责人多次向主要负责人提出要建立应急救援组织。但单位负责人另有看法，认为建立这样一个组织，平时用不上，还总得花钱养着，划不来。真有了事情，可以向上级报告，请求他们支援就行了。由于单位主要负责人有这样的认识，该建筑施工单位一直没有建立应急救援组织。后受到有关部门行政处罚。

第九十四条　生产经营单位有下列行为之一的，责令限期改正，可以处五万元以下的罚款；逾期未改正的，责令停产停业整顿，并处五万元以上十万元以下的罚款，对其直接负责的主管人员和其他直接责任人员处一万元以上两万元以下的罚款：

（1）未按照规定设置安全生产管理机构或者配备安全生产管理人员的。

（2）危险物品的生产、经营、储存单位以及矿山、金属冶炼、建筑施工、道路运输单位的主要负责人和安全生产管理人员未按照规定经考核合格的。

（3）未按照规定对从业人员、被派遣劳动者、实习学生进行安全生产教育和培训，或者未按照规定如实告知有关的安全生产事项的。

（4）未如实记录安全生产教育和培训情况的。

（5）未将事故隐患排查治理情况如实记录或者未向从业人员通报的。

（6）未按照规定制订生产安全事故应急救援预案或者未定期组织演练的。

（7）特种作业人员未按照规定经专门的安全作业培训并取得相应资格，上岗作业的。

【解读】本条是关于生产经营单位未依法履行有关安全生产义务的法律责任的规定。一是明确了处罚范围，二是明确了处罚的尺度。

【案例1】2017年11月22日0时20分左右，柳州市某工贸有限公司摇纸工人姚某在纸机车间二层操控行吊将重约1t的纸品从1号造纸机吊运至地面，在此过程中粗麻制吊绳断裂，"L"形载货铁架发生倾覆并砸中地面工人蓝某头部，吊装的纸品、木架及"L"形载货铁架将蓝某压住。事故发生后，现场工人立即推开压在蓝某身上的重物，并拨打公司负责人和120医疗急救中心电话。事故间接原因是该工贸有限公司未对姚某等从业人员进行安全生产教育和培训，未能保证其具备必要的安全生产知识和熟悉有关行吊的安全操作规程；在进行吊装危险作业时，未安排人员进行现场管理、指挥；未能按照劳动服务公司制订的《行吊安全操作规程》向从业人员提供符合规范要求的吊具（即钢丝绳），从而酿成事故。

【案例2】2019年1月25日13时13分许，浙江某建设集团有限公司总承包的东阳市某家居用品市场建设工地，在进行三楼屋面构架混凝土浇筑施工时发生一起坍塌事故，造成5人死亡，5人受伤。经调查，该建设集团有限公司存在以经济责任制承包方式成立花园家居用品市场施工项目部，项目部主要关键岗位人员未到岗履职，特种作业人员无证上岗，模板钢管扣件支撑作业人员未取得上岗证；施工项目部未按照要求编制专项方案；对东阳市建设工程质量安全监督站及监理单位下达的上述安全隐患整改要求未认真组织整改，在未按规定完成整改情况下擅自施工等违法行为。

第二节 《安徽省建设工程安全生产管理办法》解读

2016年2月15日，李锦斌省长签署第265号省政府令，公布《安徽省建设工程安全生产管理办法》（以下简称《办法》），《办法》于2016年4月1日起施行，2018年11月19日省人民政府第31次常务会议通过《安徽省人民政府关于修改部分规章的决定》，将办法第三十条删去。

（一）《办法》出台的必要性

《安徽省建筑安全生产管理办法》（以下简称《旧办法》）于2000年9月20日由省政府颁布，该办法施行16年多，对加强建筑安全生产管理、保障人民群众生命和财产安全发挥了重要作用。由于国家2014年12月1日新修订施行《安全生产法》，对安全生产方针、监督体制、制度措施等方面做出了新规范，为此有必要根据上位法，结合安徽省实际，以解决建设工程领域建筑体量增大、技术工艺复杂、施工难度和风险大的安全问题，在《旧办法》的基础上，修订形成新的《办法》。

（二）《办法》的内容

该办法共5章35条，第一章总则7条，第二章主体责任16条，第三章监督管理5条，第四章法律责任5条，第五章附则2条。

一、重点条文解读

第二条 本办法适用于本省行政区域内从事建设工程的新建、扩建、改建和拆除等有关活动及其安全生产监督管理。

本办法所称建设工程，是指土木工程、建筑工程、线路管道和设备安装工程及装修工程。

【解读】明确办法使用范围。适用于安徽省行政区域内从事土木工程、建筑工程、线路管道和设备安装工程及装修工程的新建、扩建、改建和拆除等有关活动及其安全生产监督管理。

第三条　建设工程安全生产工作应当以人为本，坚持安全发展的理念，坚持安全第一、预防为主、综合治理的方针，坚持管生产必须管安全和谁主管谁负责的原则。

【解读】此条是贯彻习近平总书记"始终把人民生命安全放在首位""发展决不能以牺牲人的生命为代价""这必须作为一条不可逾越的红线"的要求。落实李克强总理"安全生产是人命关天的大事，是不能踩的'红线'"的要求。也是根据新《安全生产法》第三条：安全生产工作应当以人为本制定本条。强化了安全生产人命关天、生命至上理念。

第四条　建设单位、勘察单位、设计单位、施工单位、工程监理单位及其他与建设工程安全生产有关的单位是建设工程安全生产的责任主体，依法承担建设工程安全生产的相关责任。

【解读】本条明确了参建主体的责任：建设单位、勘察设计、施工单位、监理单位等责任主体单位依法履职。本条明确了参与工程建设活动主体的义务，就是必须遵守安全生产法律、法规的规定，保证建设工程安全生产。本条规定的安全生产法律、法规，是指国家有关安全生产的法律、行政法规、地方性法规、自治条例、单行条例，这些都是所有参与工程建设活动的主体所必须遵守的，条例其他条款规定必须遵守的法律、法规，也都是指这个范围。

第八条　建设单位应当将建设工程发包给具有相应资质等级的勘察、设计、施工、工程监理等单位，并依照法律、行政法规的规定，在合同中明确双方的安全责任。

建设单位不得对勘察、设计、施工、工程监理等单位提出不符合建设工程安全生产法律、法规和强制性标准规定的要求，不得压缩合同约定的工期。

【解读】此条根据《建筑法》第十五条、第二十二条及《建设工程安全生产条例》第七条规定制定，是对建设单位在依法发包、明确双方安全责任和在施工活动中进行干预的限制性规定。

建设单位对整个工程建设活动有着主导作用，但并不意味着建设单位可以想怎么干就怎么干，必须遵守国家有关的法律法规和标准。建设单位在选择勘察、设计、施工、工程监理单位时，必须按照法律法规的规定，选择有相应资质的单位，同时要在合同中明确各自的安全责任，相互监督、相互督促。

建设单位无论是在选择承包单位，还是在工程建设活动过程中，都不得提出违反法律、法规和强制性标准的要求。

本条还规定了建设单位不得压缩合同约定的工期。建设单位不能为了早日发挥项目的效益，迫使施工单位大量增加人力、物力投入、简化施工程序、赶工期，损害施工单位的利益，甚至造成生产安全事故。

第十条　建设单位在申请领取施工许可证或者办理安全监督手续时，应当提供危险性较大的分部分项工程清单和安全管理措施。

建设单位应当督促施工单位落实危险性较大的分部分项工程安全管理措施。

【解读】本条是关于建设单位在办理施工许可证或者开工报告时，必须报送安全施工措施的规定。《建筑法》第八条对申请领取施工许可证的条件做了明确规定，其中第（六）项规定：有保证工程质量和安全的具体措施。危险性较大的分部分项工程（以下简称"危大工程"），是指房屋建筑和市政基础设施工程在施工过程中，容易导致人员群死群伤或者造成重大经济损失的分部分项工程。安全施工措施是工程施工中，针对工程的特点、施工现场环境、施工方法、劳动组织、作业方法、使用的机械、动力设备、变配电设施、驾设工具以及各项安全防护设施等制订的确保安全施工的措施，是施工组织设计的一项重要内容。

此条最后明确在危大工程实施时负有的责任：督促施工单位落实危险性较大的分部分项工程安全管理措施，说明建设单位并不只是需要提供危大工程清单和安全管理措施，在危大工程实施过程中依然要进行监督管理。

第十一条　危险性较大的分部分项工程施工前，施工单位应当按照国家规定编制、论证安全专项施工方案，组织安全专项施工方案交底、实施、验收和监测。

勘察、设计单位应当配合施工单位制订超过一定规模的危险性较大的分部分项工程安全专项施工方案，参与方案论证。

施工单位应当在施工现场公示危险性较大的分部分项工程，对超过一定规模的危险性较大的分部分项工程，应当明确专职安全生产管理人员进行现场监督。

工程监理单位应当对危险性较大的分部分项工程实施现场监理，对超过一定规模的危险性较大的分部分项工程实施旁站监理。

【解读】此条是依据《建设工程安全生产条例》和《危险性较大的分部分项工程安全管理规定》中的内容制定，明确勘察、设计、施工、工程监理单位在危大工程管理中的责任。一是规定施工单位应当按照国家规定编制、论证危险性较大的分部分项工程安全专项施工方案，组织安全专项施工方案交底、实施、验收和监测，在施工现场公示危险性较大的分部分项工程，并安排专职安全生产管理人员进行现场监督；二是规定勘察、设计单位应当配合施工单位制定超过一定规模的危险性较大的分部分项工程安全专项施工方案并参与方案论证；三是规定工程监理单位应当对危险性较大的分部分项工程实施现场监理，对超过一定规模的危险性较大的分部分项工程实施旁站监理。

第十二条　勘察、设计单位应当按照法律法规和强制性标准进行勘察、设计，对基坑开挖、地下暗挖、吊装、爆破、高大模板和高边坡作业等涉及施工安全的重点部位和环节在勘察、设计文件中予以注明，提出防范生产安全事故的指导意见，并在开工前向施工单位交底。

【解读】此条是依据《建筑法》第五十六条和《建设工程安全生产条例》第十二条、第十三条制定，工程建设强制性标准是工程建设技术和经验的总结、积累，对保证建设工程质量和安全起着重要作用。勘察单位在进行勘察作业时，也易发生安全事故。为了保证勘察作业人员的安全，要求勘察人员必须严格执行操作规程；同时，还应当采取措施保证各类管线、设施和周边建筑物、构筑物的安全，这也是保证作业人员安全的需要。设计单位应当考虑施工安全操作和防护的需要，对涉及施工安全的重点部位和环节在设计文件中注明，并对防范生产安全事故提出指导意见。设计单位的工程设计文件对保证建筑结构安全非常重要；同时，设计单位在编制设计文件时，应当结合建设工程的具体特点和实际情况，考虑施工安全作业和安全防护的需要，为施工单位制订安全防护措施提供技术保障。重点部位和环节在施工单位作业前，勘察单位要对勘察情况，设计单位应当就设计意图、设计文件向施工单位做出说明和技术交底，并对防范生产安全事故提出指导意见。

第十三条　施工现场的安全由施工单位负责。实行施工总承包的，由总承包单位负责。

总承包单位依法将建设工程分包给其他单位的，分包合同中应当明确各自在安全生产方面的权利、义务。总承包单位和分包单位对分包工程的安全生产承担连带责任。

分包单位应当服从总承包单位的安全生产管理，分包单位不服从管理导致生产安全事故的，由分包单位承担主要责任。

【解读】此条是依据《建筑法》第四十五条和《建设工程安全生产条例》第二十四条制定，是关于实行施工总承包的，总承包单位与分包单位安全责任划分的规定。施工总承包是指发包单位将建设工程的施工任务，包括土建施工和有关设施、设备安装调试的施工任务，全部发包给一家具备相应的施工总承包资质条件的承包单位，由该施工总承包单位对全过程向建设单位负责，直到工程竣工，向建设单位交付符合设计要求和合同约定的建设工程的承包方式。实行施工总承包的，施工现场由总承包单位全面统一负责，包括工程质量、建设工期、造价控制、施工组织等，由此，施工现场的安全生产也应当由施工总承包单位负责。

分包合同是确定总承包单位与分包单位权利与义务的依据。分包合同是总承包合同的承包人（分包合同的发包人）与分包人之间订立的合同。分包合同中对于分包单位承担的工程任务、工期、款项、质量责任、安全责任等都要依法做出明确约定，这是双方进行工程施工的依据，也是双方确定相应责任的依据。就施工总承包而言，对于分包工程发生的安全责任以及违约责任，受损害方可以向总承包单位请求赔偿，也可以向分包单位请求赔偿，总承包单位进行赔偿后，有权对不属于自己的责任赔偿依据分包合同向分包单位追偿；同样的，分包单位先赔偿的，也有权就不属于自己的责任赔偿依据分包合同向总承包单位追偿。这样规定，一方面强化了总承包单位和分包单位的安全责任意识，另一方面有利于保护受损害者的合法权益。

总承包单位既然对施工现场的安全生产负总责，就要求分包单位服从总承包单位的管理。施工现场情况复杂，有的一个施工工地，会同时有几个不同的分包单位在施工，因此，针对安全生产来说，就是要服从总承包单位的安全生产管理，包括制订安全生产责任制度，遵守相关的规章制度和操作规程等。如果由于分包单位不服从总承包单位的管理，导致生产安全事故的发生，应当由分包单位承担主要责任。

第二十条　施工作业人员应当履行下列安全生产义务：

（1）依法取得相应的岗位证书。

（2）遵守安全生产标准、制度和操作规程。

（3）正确使用安全防护用品、机械设备。

（4）服从安全生产管理。

（5）接受安全生产教育和培训，参加安全应急演练。

（6）法律、法规规定的其他安全生产义务。

【解读】根据《建筑法》第四十七条、《安全生产法》第六条和《建设工程安全生产条例》第三十三条制定，是对作业人员的安全责任的规定。

施工现场的作业人员是安全施工的主体，施工单位要保障作业人员的安全，同时，作业人员也必须遵守有关的规章制度，做到安全生产。安全施工的强制性标准是针对施工过程中的安全管理和安全技术所制订的标准，是必须强制执行的。安全生产的规章制度是施工单位根据本单位的实际情况和工程的特点，依据法律、法规的要求所制订的有关安全生产的具体制度。安全生产的操作规程是施工单位为保障安全生产而对各工种的操作技术和具体程序所做的规定，是具体指导从业人员进行安全生产的重要技术准则。

作业人员能否安全、熟练地操作各种设施设备，能否认识到生产作业活动中的危险源和安全隐患、服从安全管理、是否接受安全教育培训等，往往决定一个生产经营单位的安全水平。做好安全生产工作，必须充分发挥作业人员的主观能动性，不断提高从业人员的安全意识和安全素质。无论从安全生产工作的目的还是客观需要出发，都必须保障作业人员安全生产方面的权利，明确其应当履行的义务。

第二十三条 工程监理单位应当对施工单位的下列安全管理事项进行审查：

(1) 项目负责人、专职安全生产管理人员和特种作业人员的资格。

(2) 安全生产管理制度落实情况。

(3) 安全文明施工费使用情况。

(4) 安全技术措施、安全专项施工方案及实施情况。

(5) 分包单位的安全生产许可证和资质，相关从业人员的资格。

(6) 机械设备和施工机具的维护、保养、使用情况。

(7) 安全生产教育培训情况。

(8) 法律、法规和强制性标准规定的其他事项。

【解读】根据《建设工程安全生产条例》第十四条和《建设工程监理规范》中的要求制定，是对工程监理单位应该审查施工单位安全管理事项内容的规定。

工程监理单位对施工安全的责任主要体现在审查施工组织设计中的安全技术措施或者专项施工方案是否符合工程建设强制性标准，审查关键岗位人员资格、安全文明措施费用使用落实情况等。

第二十五条 监督检查人员应将检查的时间、地点、内容、发现的问题及其处理情况，做出书面记录，由监督检查人员和被监督检查单位的负责人或者项目负责人确认。

监督检查机构及其监督检查人员负责督促被监督检查单位对检查中发现的安全隐患进行整改。

监督检查情况和查处结果应当按照规定向社会公布，接受社会监督。

【解读】根据《安全生产法》第六十五条和《国务院办公厅关于推广随机抽查规范事中事后监管的通知》第二条第（四）项的要求制定，是对监督检查人员应当对检查的有关情况做出书面记录并请被检查单位负责人共同签字、督促被检查单位进行隐患整改和监督结果向社会公布的规定。

要求安全生产监督检查人员将检查时间、地点、内容、发现的问题及其处理情况做出书面记录，并由检查人员和被检查单位负责人签字，其目的在于使每次检查都有据可查，更好地规范检查行为，确保检查效果。

检查人员和被检查单位的负责人在书面记录上签字，是对其行为的一种有效的监督和制约，有利于促使他们提高工作责任心，保证检查的效果；同时，签字也为发生生产安全事故时确定和分清责任提供了有效的依据。因此，检查人员和被检查单位的负责人都应当在检查记录上签字。

督促监督检查单位对检查中发现的安全隐患进行整改是检查工作的闭合环节，是真正落实企业主体责任的结果。

向社会公布是把安全生产工作置于全社会的监督之下，群防群治，才能真正做好监督检查工作。

第二十六条 县级以上人民政府住房和城乡建设、交通运输、水利等行政主管部门应当按照国家和省社会信用体系建设的规定，建立本行业建设工程安全生产信用信息系统，记录并依法公开市场主体的信用信息。

【解读】此条是对监管结果公布制度和信用信息公示制度的规定。

安徽省《关于进一步加强社会信用体系建设的意见》中规定：加强公共信用信息应用。政府部门要发挥带头示范作用，在公共资源交易、招标投标、行政审批、市场准入、资质审核、政府性资金安排、就业服务、评优评先等行政与社会管理事项中，以及食品药品安全、环境保护、教育和科研、国土资源开发利用、水利建设、安全生产、社会治安、产品质量、工程建设、旅游管理、电子商务、证券期货、融资担保、股权投资、中介服务等关系人民群众切身利益、经济健康发展、社会和谐稳定的重点领域，充分应用公共信用信息，加强事中事后监管。健全失信联合惩戒机制。行政、司法和社会管理机构要依法依规建立失信黑名单制度，通过自身信息系统、省企业信用信息公示系统和省公共信用信息共享服务平台，交换发布制假售假、偷逃税费、逃废债务、恶意欠薪、消防违法、安全生产违法、严重交通违法、失信被执行人等失信信息。制定失信行为惩戒办法，综合运用市场性、行政监管性、行业性、司法性、社会性等约束和惩戒手段，对失信主体实行多部门、跨地区联合惩戒，使失信者寸步难行。

第二十七条 建设工程安全事故的调查处理依照有关法律、法规和本省有关规定实施，依法及时向社会公布事故调查报告，并告知相关部门。

依法需要对事故发生单位和有关人员实施行政处罚、处分的，事故调查组应当自事故调查报告批复之日起 15 日内，将违法违纪行为的事实、证据等相关材料，移送有处罚、处分权的机关。

县级以上人民政府住房和城乡建设、交通运输、水利等行政主管部门应当做好本行政区域内建设工程安全事故的统计、报告工作，建立建设工程安全事故约谈制度，并定期发布建设工程安全生产动态。

【解读】本条是对事故处理情况向社会公布、事故调查报告批复时间以及定期统计分析生产安全事故情况的规定。

将生产安全事故的有关情况向社会公布，有几个方面的意义：①这是公众知情权的体现和要求；②有利于提高群众的安全生产意识；③有利于发挥社会各界对安全生产工作的监督作用；④可以促使负有安全生产监督管理职责的部门和有关生产经营单位（特别是发生事故的单位）进一步增强责任心，认真依法履行安全生产监督管理职责，加强安全生产工作。

事故调查报告只有经过有关人民政府批复后，才具有效力，才能被执行和落实。重大事故、较大事故、一般事故的调查报告的批复时限为 15 日，起算时间是接到事故调查报告之日，这是一个硬性规定，在任何情况下，15 日的期限不得延长。

定期统计分析生产安全事故的情况，对于全面把握和了解某一地区的安全生产状况，及时总结经验教训，做好安全生产决策，加强安全生产管理等，具有重要意义。在全面、准确地对事故进行统计的基础上，需要认真地对事故进行分析，即对事故的种类、原因、特点以及造成的伤亡、损失等进行研究、分析、归纳，总结事故经验教训，为有关安全生产决策提供依据。

第三十条 建设单位违反本办法第十条规定，未按规定提供危险性较大的分部分项工程清单和安全管理措施的，由县级以上人民政府住房和城乡建设、交通运输、水利等行政主管部门责令限期改正；逾期未改正的，处10000元以上30000元以下罚款。

【解读】此条在2018年11月7日发布的《安徽省人民政府关于修改部分规章的决定》（安徽省人民政府令第285号）中已删，删去的原因是提供危险性较大的分部分项工程清单和安全管理措施是建设单位办理施工许可证的必要条件之一，未提供建设行政主管部门就不会下发施工许可证，因此不存在逾期未改正。

第三十二条 施工单位负责项目管理的技术人员违反本办法第十八条规定，未告知施工班组、作业人员安全施工技术要求的，由县级以上人民政府住房和城乡建设、交通运输、水利等行政主管部门责令限期改正；逾期未改正的，处5000元以上10000元以下罚款。

【解读】此条是对应第十八条的罚则，规定了行使处罚权力的主体是县级以上人民政府住房和城乡建设、交通运输、水利等行政主管部门，被处罚的主体是施工单位负责项目管理的技术人员。

第三节 《中华人民共和国消防法》解读

一、立法的目的和意义

《中华人民共和国消防法》（以下简称《消防法》）是全国人民代表大会常务委员会批准的中国国家法律文件，共7章，74条。

《消防法》的制定是为了进一步加强我国的消防工作，其宗旨有三个方面：一是预防火灾和减少火灾危害；二是保护公民人身、公共财产和公民财产的安全，维护公共安全；三是保障社会主义现代化建设的顺利进行。特别是该法把保护公民人身安全放在首位，体现了生命安全第一宝贵的原则。

《消防法》作为我国历史上第一部完整、科学、权威的消防法律，自1998年施行以来，有力地推动了我国消防法治建设、社会化消防管理、公共消防设施建设以及消防监督执法规范化、提升政府应急救援能力、火灾隐患整改等方面的工作，对预防和减少火灾危害，保护人身、财产安全，维护公共安全，发挥了重要作用。

二、2019年修正《消防法》的背景和主要变化

2019年新修正的《消防法》是根据国务院关于开展工程建设项目审批制度改革、精简审批环节的要求和《中共中央办公厅国务院办公厅关于调整住房和城乡建设部职责机构编制的通知》等文件中关于将公安部指导建设工程消防设计审查验收职责划入住房和城乡建

设部的规定，对相应条款进行修改，调整建设工程消防设计审查验收的主管部门，并对建设工程消防设计验收审查的具体规定进行了调整和完善。新《消防法》实施，意味着建筑业步入新消防时代。与原《消防法》相比，主要变化有：

1）原由消防机构承担的建设工程消防设计审核和消防验收许可或备案职能划转至住房城乡建设部门。审验哪些工程，具体的审验和备案等行政审批、备案抽查、监督管理等，均由住房城乡建设部门负责。

2）原由消防机构承担的对建设工程行政处罚职能划转至住房城乡建设部门。对在建筑工程审验、检查等过程中发现的违法行为，住房城乡建设部门依照《消防法》进行罚款、三停、强制执行等行政处罚。

3）住房城乡建设部门承担部分信息报送工作。责令停产停业，对经济和社会生活影响较大的，由住房和城乡建设主管部门或者应急管理部门报请本级人民政府依法决定。

4）应急管理部门被赋予新的职能。如对辖区的消防工作进行监督管理；应当加强消防法律、法规的宣传，并督促、指导、协助有关单位做好消防宣传教育工作；对消防安全重点单位报本级人民政府备案；制定和公布消防产品相关政策；向本级人民政府书面报告重大火灾隐患等。

5）新的称谓变化，在新法中分别用"消防救援机构"和"国家综合性消防救援队"取代了原法中的"公安机关消防机构"和"公安消防队"，"应急管理部门"取代了原法中的"公安机关"，统一了改革后新机构称谓。

三、消防工作方针

我国消防工作应贯彻"预防为主、防消结合"的方针，即把同火灾做斗争的两个基本手段，预防火灾和扑救火灾结合起来。在消防工作中，要把火灾预防放在首位，积极贯彻落实各项防火措施，力求防止火灾的发生。

消防工作要坚持专门机关与群众相结合的原则，按照政府统一领导、部门依法监管、单位全面负责、公民积极参与的原则，实行消防安全责任制，建立健全社会化的消防工作网络。

四、建设工程火灾预防相关规定

（一）建设工程消防质量责任

建设单位、设计单位、施工单位、工程监理单位为建设工程消防质量责任的四方责任主体，具体是：

（1）建设单位　建设工程的建设单位应当选用具有国家规定资质等级的消防设计、施工单位，选用合格的消防产品和满足防火性能要求的建筑构件、建筑材料及室内装修装饰材料；实行工程监理的建设工程，应当将消防施工质量一并委托监理。

（2）设计单位　设计单位应当按照国家工程建筑消防技术标准进行设计，编制符合要求的消防设计文件，选用的消防产品和有防火性能的建筑构件、建筑材料及室内装饰装修材料应当注明规格、性能等技术指标，其质量要求必须符合国家标准、行业标准。

目前，我国已经发布的这类标准有《建筑设计防火规范》《高层民用建筑设计防火规范》《建筑内部装修设计防火规范》《火灾自动报警系统设计规范》《自动喷水灭火系统设计规范》《建筑灭火器配置设计规范》等涉及建筑防火设计、消防设施设计、自动消防设施施工及验收等方面的国家标准 20 多部。这些标准都是国家强制性标准。

（3）施工单位 施工单位应当按照国家工程建设消防技术标准和经消防设计审核合格或者备案的消防设计文件组织施工，查验消防产品和有防火性能要求的建筑构件、建筑材料及室内装修装饰材料的质量，保证消防施工质量。

（4）工程监理单位 工程监理单位应当按照国家工程建设消防技术标准和经消防设计审核合格或者备案的消防设计文件实施工程监理，核查消防产品和有防火性能要求的建筑构件、建筑材料及室内装修装饰材料的证明文件。

（二）建设工程的消防验收

对按照国家工程建设消防技术标准需要进行消防设计的建设工程，实行建设工程消防设计审查验收制度。

国务院住房和城乡建设主管部门规定应当申请消防验收的建设工程竣工，建设单位应当向住房和城乡建设主管部门申请消防验收。依法应当进行消防验收的建设工程，未经消防验收或者消防验收不合格的，禁止投入使用；其他建设工程经依法抽查不合格的，应当停止使用。

（三）消防产品核查检验和检测

建筑构件、建筑材料和室内装修、装饰材料的防火性能必须符合国家标准；没有国家标准的，必须符合行业标准。人员密集场所室内装修、装饰，应当按照消防技术标准的要求，使用不燃、难燃材料。

电器产品、燃气用具的产品标准，应当符合消防安全的要求。电器产品、燃气用具的安装、使用及其线路、管路的设计、敷设、维护保养、检测，必须符合消防技术标准和管理规定。

在建工程的建设单位或施工单位应当组织对消防产品实施安装前的核查、检验，保存核查记录和检验报告备案，核查、检验不合格的不得安装。建设工程竣工验收前，建设单位应当委托具备相应资质的检测机构对自动消防系统进行技术检测。

（四）消防安全责任人职责

单位的主要负责人是本单位的消防安全责任人，应当履行下列职责：

1）落实消防安全责任制，制订本单位的消防安全制度、消防安全操作规程，制订灭火和应急疏散预案。

2）按照国家标准、行业标准配置消防设施、器材，设置消防安全标志，并定期组织检验、维修，确保完好有效。

3）对建筑消防设施每年至少进行一次全面检测，确保完好有效，检测记录应当完整准确，存档备查。

4）保障疏散通道、安全出口、消防车通道畅通，保证防火防烟分区、防火间距符合消防技术标准。

5）组织防火检查，及时消除火灾隐患。

6）组织进行有针对性的消防演练。

7）法律、法规规定的其他消防安全职责。

重点工程的施工现场多为消防安全重点单位，除应当履行所有单位都应当履行的职责外，还应当履行下列消防安全职责：

1）确定消防安全管理人，组织实施本单位的消防安全管理工作。

2）建立消防档案，确定消防安全重点部位，设置防火标志，实行严格管理。

3）实行每日防火巡查，并建立巡查记录。

4）对职工进行岗前消防安全培训，定期组织消防安全培训和消防演练。

（五）消防安全制度

单位应当结合本单位的特点，建立健全各项消防安全制度和保障消防安全的操作规程，并公布执行。

单位消防安全制度主要包括下列内容：

1）消防安全教育、培训、消防演练。

2）消防（控制室）值班，防火巡查、检查，火灾隐患整改。

3）消防设施、器材检测、维修，安全疏散设施管理，电器产品，燃气用具及其线路、管路的检测和管理。

4）用火、用电、易燃易爆危险品安全管理。

5）专职消防队和志愿消防队的组织、管理。

6）消防安全工作考评和奖惩。

（六）施工现场管理责任

建设工程施工现场的消防安全由施工单位负责。实行施工总承包的，由总承包单位负责，分包单位向总承包单位负责，服从总承包单位对施工现场的消防安全管理。

因施工等特殊情况需要使用明火作业的，应当按照规定事先办理审批手续，采取相应的消防安全措施；作业人员应当遵守消防安全规定。进行电焊、气焊等具有火灾危险作业的人员和自动消防系统的操作人员，必须持证上岗，并遵守消防安全操作规程。

建筑物局部改造扩建或装修时，建设单位和施工单位应当在合同中明确消防安全责任，配置消防器材专人监护，共同采取措施，保证施工及使用区域的消防安全。施工单位应当在施工组织设计中编制消防安全技术措施和专项施工方案，并由专职安全管理人员进行现场监督。

（七）制定应急预案

县级以上地方人民政府应当针对本行政区域内灾害事故性质、特点和可能造成的社会危害，组织有关部门制定应急预案。

应急预案主要包括应急管理工作的组织管理体系和职责；灾害事故的防护与预警机制；灾害事故的报告、现场紧急处置、安全防护救护等处置程序；公安、发展改革、财政、交通运输、民政、安全监督、环境保护等部门和医疗救护、供水电气、通信等单位的应急保障措施等。应急预案应适应最不利情况下应急救援的需要，并根据实际情况适时组织修订和完善。

五、监督检查

《消防法》第五章规定政府及政府各部门依法履行监督的职责。

1）按照法定的职权和程序进行消防设计审查、消防验收、备案抽查和消防安全检查，做到公正、严格、文明、高效。

2）进行消防设计审查、消防验收、备案抽查和消防安全检查等，不得收取费用，不得利用职务谋取利益；不得利用职务为用户、建设单位指定或者变相指定消防产品的品牌、销售单位或者消防技术服务机构、消防设施施工单位。

3）在执行职务时，应当自觉接受社会和公民的监督。

六、法律责任

《消防法》第六章规定了违反本法规定的具体行为及应受何种处罚，处罚的对象，处罚的裁决机关。

1. 对不符合消防设计审查、消防验收要求的行为处罚

有下列行为之一的，由住房和城乡建设主管部门、消防救援机构按照各自职权责令停止施工、停止使用或者停产停业，并处三万元以上三十万元以下罚款：

1）依法应当进行消防设计审查的建设工程，未经依法审查或者审查不合格，擅自施工的。

2）依法应当进行消防验收的建设工程，未经消防验收或者消防验收不合格，擅自投入使用的。

3）本法第十三条规定的其他建设工程验收后经依法抽查不合格，不停止使用的。

建设单位未依照本法规定在验收后报住房和城乡建设主管部门备案的，由住房和城乡建设主管部门责令改正，处五千元以下罚款。

2. 对不按消防技术标准设计、施工的行为处罚

有下列行为之一的，由住房和城乡建设主管部门责令改正或者停止施工，并处一万元以上十万元以下罚款：

1）建设单位要求建筑设计单位或者建筑施工企业降低消防技术标准设计、施工的。

2）建筑设计单位不按照消防技术标准强制性要求进行消防设计的。

3）建筑施工企业不按照消防设计文件和消防技术标准施工，降低消防施工质量的。

4）工程监理单位与建设单位或者建筑施工企业串通，弄虚作假，降低消防施工质量的。

第四节　建设工程其他新规章解读

一、《建筑工程施工许可管理办法》（中华人民共和国住房和城乡建设部令第18号）修改对照

为了加强对建筑活动的监督管理，维护建筑市场秩序，保证建筑工程的质量和安全，中华人民共和国住房和城乡建设部制定《建筑工程施工许可管理办法》（中华人民共和国住房和城乡建设部令第18号，本节简称《新办法》），自2014年10月25日起施行。同时，1999年10月15日建设部令第71号发布、2001年7月4日建设部令第91号修正的《建筑工程施工许可管理办法》废止。

《新办法》的条文表述更规范，内容更注重工程监管、信息公开、责任到人、量化处罚标准，主要变化如下：

（1）规范办理程序　《新办法》规定在办理许可证时证明文件不齐全或失效的情况下，

应当当场或 5 日内一次告知建设单位需要补正的全部内容。《新办法》规定的申领施工许可证的条件，还规定县级以上地方住建部门不得增设办理施工许可证的其他条件。

（2）建立事后检查制度 《新办法》规定发证机关应当建立颁发施工许可证后的监督检查制度，对取得施工许可证后条件发生变化、延期开工、中止施工等行为进行监督检查，发现违法违规行为及时处理。

（3）加强信息公开、公示 《新办法》规定施工许可证应在施工现场公开。发证机关应当将办理施工许可证的依据、条件、程序、期限以及需要提交的全部材料等，在办公场所和有关网站予以公示。发证机关做出的施工许可决定，应当予以公开，公众有权查阅。

（4）量化处罚标准 《新办法》规定对于未取得施工许可证或者为规避办理施工许可证将工程项目分解后擅自施工的，对建设单位处以工程合同价款 1% 以上 2% 以下罚款；对施工单位处以 3 万元以下罚款。

（5）责任到人，处罚到人 《新办法》规定建立工程质量安全责任制并落实到人。规定单位罚款处罚的，对单位直接负责的主管人员和其他直接责任人员处单位罚款数额 5% 以上 10% 以下罚款。单位及相关责任人受到处罚的，作为不良行为记录予以通报。

《建筑工程施工许可管理办法》重点修改对照见表 2-1（黑体字为修改部分）。

表 2-1 《建筑工程施工许可管理办法》重点修改对照

住建部令第 18 号 2014 年	建设部令第 91 号 2001 年
第四条 建设单位申请领取施工许可证,应当具备下列条件,并提交相应的证明文件: **(一)依法应当办理用地批准手续的**,已经办理该建筑工程用地批准手续 （二）在城市、镇规划区的建筑工程,已经取得建设工程规划许可证 （三）施工场地已经基本具备施工条件,**需要征收房屋的,其进度符合施工要求** （四）已经确定施工企业。按照规定应当招标的工程没有招标,应当公开招标的工程没有公开招标,或者肢解发包工程,以及将工程发包给不具备相应资质条件的企业的,所确定的施工企业无效 （五）有满足施工需要的技术资料,施工图设计文件已**按规定审查合格** （六）有保证工程质量和安全的具体措施。施工企业编制的施工组织设计中有根据建筑工程特点制订的相应质量、安全技术措施。建立工程质量安全责任制并落实到人。专业性较强的工程项目编制了专项质量、安全施工组织设计,并按照规定办理了工程质量、安全监督手续 （七）按照规定应当委托监理的工程已委托监理 （八）建设资金已经落实。建设工期不足一年的,到位资金原则上不得少于工程合同价的 50%,建设工期超过一年的,到位资金原则上不得少于工程合同价的 30%。建设单位应当提供**本单位截至申请之日无拖欠工程款情形的承诺书或者能够表明其无拖欠工程款情形的其他材料**,以及银行出具的到位资金证明,有条件的可以实行银行付款保函或者其他第三方担保 （九）法律、行政法规规定的其他条件 县级以上地方人民政府住房城乡建设主管部门不得违反法律法规规定,增设办理施工许可证的其他条件	第四条 建设单位申请领取施工许可证,应当具备下列条件,并提交相应的证明文件: （一）已经办理该建筑工程用地批准手续 （二）在城市规划区的建筑工程,已经取得建设工程规划许可证 （三）施工场地已经基本具备施工条件,需要拆迁的,其拆迁进度符合施工要求 （四）已经确定施工企业。按照规定应该招标的工程没有招标,应该公开招标的工程没有公开招标,或者肢解发包工程,以及将工程发包给不具备相应资质条件的,所确定的施工企业无效 （五）有满足施工需要的施工图纸及技术资料,施工图设计文件已按规定进行了审查 （六）有保证工程质量和安全的具体措施。施工企业编制的施工组织设计中有根据建筑工程特点制订的相应质量、安全技术措施,专业性较强的工程项目编制的专项质量、安全施工组织设计,并按照规定办理了工程质量、安全监督手续 （七）按照规定应该委托监理的工程已委托监理 （八）建设资金已经落实。建设工期不足一年的,到位资金原则上不得少于工程合同价的 50%,建设工期超过一年的,到位资金原则上不得少于工程合同价的 30%。建设单位应当提供银行出具的到位资金证明,有条件的可以实行银行付款保函或者其他第三方担保 （九）法律、行政法规规定的其他条件

（续）

住建部令第 18 号　2014 年	建设部令第 91 号　2001 年
第五条　申请办理施工许可证,应当按照下列程序进行: (一)建设单位向发证机关领取《建筑工程施工许可证申请表》 (二)建设单位持加盖单位及法定代表人印鉴的《建筑工程施工许可证申请表》,并附本办法第四条规定的证明文件,向发证机关提出申请 (三)发证机关在收到建设单位报送的《建筑工程施工许可证申请表》和所附证明文件后,对于符合条件的,应当自收到申请之日起十五日内颁发施工许可证;对于证明文件不齐全或者失效的,应当当场或者五日内一次告知建设单位需要补正的全部内容,审批时间可以自证明文件补正齐全后做相应顺延;对于不符合条件的,应当自收到申请之日起十五日内书面通知建设单位,并说明理由 建筑工程在施工过程中,建设单位或者施工单位发生变更的,应当重新申请领取施工许可证	**第五条**　申请办理施工许可证,应当按照下列程序进行: (一)建设单位向发证机关领取《建筑工程施工许可证申请表》 (二)建设单位持加盖单位及法定代表人印鉴的《建筑工程施工许可证申请表》,并附本办法第四条规定的证明文件,向发证机关提出申请 (三)发证机关在收到建设单位报送的《建筑工程施工许可证申请表》和所附证明文件后,对于符合条件的,应当自收到申请之日起十五日内颁发施工许可证;对于证明文件不齐全或者失效的,应当限期要求建设单位补正,审批时间可以自证明文件补正齐全后做相应顺延;对于不符合条件的,应当自收到申请之日起十五日内书面通知建设单位,并说明理由 建筑工程在施工过程中,建设单位或者施工单位发生变更的,应当重新申请领取施工许可证
第六条　建设单位申请领取施工许可证的工程名称、地点、规模,应当符合依法签订的施工承包合同 施工许可证应当放置在施工现场备查,并按规定在施工现场公开	**第六条**　建设单位申请领取施工许可证的工程名称、地点、规模,应当与依法签订的施工承包合同一致 施工许可证应当放置在施工现场备查
第十条　发证机关应当将办理施工许可证的依据、条件、程序、期限以及需要提交的全部材料和申请表示范文本等,在办公场所和有关网站予以公示 发证机关做出的施工许可决定,应当予以公开,公众有权查阅	
第十一条　发证机关应当建立颁发施工许可证后的监督检查制度,对取得施工许可证后条件发生变化、延期开工、中止施工等行为进行监督检查,发现违法违规行为及时处理	
第十二条　对于未取得施工许可证或者为规避办理施工许可证将工程项目分解后擅自施工的,由有管辖权的发证机关责令停止施工,限期改正,对建设单位处工程合同价款 1% 以上 2% 以下罚款;对施工单位处 3 万元以下罚款	**第十条**　对于未取得施工许可证或者为规避办理施工许可证将工程项目分解后擅自施工的,由有管辖权的发证机关责令改正,对于不符合开工条件的责令停止施工,并对建设单位和施工单位分别处以罚款
第十三条　建设单位采用欺骗、贿赂等不正当手段取得施工许可证的,由原发证机关撤销施工许可证,责令停止施工,并处 1 万元以上 3 万元以下罚款;构成犯罪的,依法追究刑事责任	**第十一条**　对于采用虚假证明文件骗取施工许可证的,由原发证机关收回施工许可证,责令停止施工,并对责任单位处以罚款;构成犯罪的,依法追究刑事责任
第十四条　建设单位隐瞒有关情况或者提供虚假材料申请施工许可证的,发证机关不予受理或者不予许可,并处 1 万元以上 3 万元以下罚款;构成犯罪的,依法追究刑事责任 建设单位伪造或者涂改施工许可证的,由发证机关责令停止施工,并处 1 万元以上 3 万元以下罚款;构成犯罪的,依法追究刑事责任	**第十二条**　对于伪造施工许可证的,该施工许可证无效,由发证机关责令停止施工,并对责任单位处以罚款;构成犯罪的,依法追究刑事责任 对于涂改施工许可证的,由原发证机关责令改正,并对责任单位处以罚款;构成犯罪的,依法追究刑事责任

（续）

住建部令第 18 号　2014 年	建设部令第 91 号　2001 年
第十五条　依照本办法规定，给予单位罚款处罚的，对单位直接负责的主管人员和其他直接责任人员处单位罚款数额 5% 以上 10% 以下罚款 单位及相关责任人受到处罚的，作为不良行为记录予以通报	第十三条　本办法中的罚款，法律、法规有幅度规定的从其规定。无幅度规定的，有违法所得的处 5000 元以上 30000 元以下的罚款，没有违法所得的处 5000 元以上 10000 元以下的罚款
第十六条　发证机关及其工作人员，违反本办法，有下列情形之一的，由其上级行政机关或者监察机关责令改正；情节严重的，对直接负责的主管人员和其他直接责任人员，依法给予行政处分： 　　（一）对不符合条件的申请人准予施工许可的 　　（二）对符合条件的申请人不予施工许可或者未在法定期限内做出准予许可决定的 　　（三）对符合条件的申请不予受理的 　　（四）利用职务上的便利，收受他人财物或者谋取其他利益的 　　（五）不依法履行监督职责或者监督不力，造成严重后果的	第十四条　发证机关及其工作人员对不符合施工条件的建筑工程颁发施工许可证的，由其上级机关责令改正，对责任人员给予行政处分；徇私舞弊、滥用职权的，不得继续从事施工许可管理工作；构成犯罪的，依法追究刑事责任 　　对于符合条件、证明文件齐全有效的建筑工程，发证机关在规定时间内不予颁发施工许可证的，建设单位可以依法申请行政复议或者提起行政诉讼
第十八条　本办法关于施工许可管理的规定适用于其他专业建筑工程。有关法律、行政法规有明确规定的，从其规定 《中华人民共和国建筑法》第八十三条第三款规定的建筑活动，不适用本办法 军事房屋建筑工程施工许可的管理，按国务院、中央军事委员会制定的办法执行 【说明】《建筑法》第八十三条第三款规定的建筑活动："抢险救灾及其他临时性房屋建筑和农民自建低层住宅的建筑活动"	第十六条　本办法关于施工许可管理的规定适用于其他专业建筑工程。有关法律、行政法规有明确规定的，从其规定 　　抢险救灾工程、临时性建筑工程、农民自建两层以下（含两层）住宅工程，不适用本办法 　　军事房屋建筑工程施工许可的管理，按国务院、中央军事委员会制定的办法执行
第二十条　本办法自 2014 年 10 月 25 日起施行。1999 年 10 月 15 日建设部令第 71 号发布，2001 年 7 月 4 日建设部令第 91 号修正的《建筑工程施工许可管理办法》同时废止	第十九条　本办法自 1999 年 12 月 1 日起施行

二、《建筑工程施工发包与承包计价管理办法》（中华人民共和国住房和城乡建设部令第 16 号）修改对照

为了规范建筑工程施工发包与承包计价行为，维护建筑工程发包与承包双方的合法权益，促进建筑市场的健康发展，中华人民共和国住房和城乡建设部制定《建筑工程施工发包与承包计价管理办法》（中华人民共和国住房和城乡建设部令第 16 号）。该《办法》共 27 条，自 2014 年 2 月 1 日起施行。建设部 2001 年 11 月 5 日发布的《建筑工程施工发包与承包计价管理办法》（建设部令第 107 号）予以废止。

《建筑工程施工发包和承包计价管理办法》重点修改对照见表 2-2 所示（黑体字为修改部分）。

表 2-2　《建筑工程施工发包和承包计价管理办法》重点修改对照

住建部令　第 16 号　2014 年	建设部令　第 107 号　2001 年
第二条　在中华人民共和国境内的建筑工程施工发包与承包计价(以下简称工程发承包计价)管理,适用本办法 本办法所称建筑工程是指房屋建筑和市政基础设施工程 **本办法所称工程发承包计价包括编制工程量清单、最高投标限价、招标标底、投标报价,进行工程结算,以及签订和调整合同价款等活动** 【说明】去掉了"房屋建设工程"和"市政基础设施工程"定义。重新定义了"工程发包承包计价"	**第二条**　在中华人民共和国境内的建筑工程施工发包与承包计价(以下简称工程发承包计价)管理,适用本办法 本办法所称建筑工程是指房屋建筑和市政基础设施工程 本办法所称房屋建筑工程,是指各类房屋建筑及其附属设施和与其配套的线路、管道、设备安装工程及室内外装饰装修工程 本办法所称市政基础设施工程,是指城市道路、公共交通、供水、排水、燃气、热力、园林、环卫、污水处理、垃圾处理、防洪、地下公共设施及附属设施的土建、管道、设备安装工程 工程发承包计价包括编制施工图预算、招标标底、投标报价、工程结算和签订合同价等活动
第五条　国家推广工程造价咨询制度,对建筑工程项目实行全过程造价管理 【说明】去掉了原发包与承包管理办法第五条。从工料单价法和综合单价法转向"工程量清单"	**第五条**　施工图预算、招标标底和投标报价由成本(直接费、间接费)、利润和税金构成。其编制可以采用以下计价方法: (一)工料单价法。分部分项工程量的单价为直接费。直接费以人工、材料、机械的消耗量及其相应价格确定。间接费、利润、税金按照有关规定另行计算 (二)综合单价法。分部分项工程量的单价为全费用单价。全费用单价综合计算完成分部分项工程所发生的直接费、间接费、利润、税金
【说明】去掉原发包与承包管理办法第六条	**第六条**　招标标底编制的依据为: (一)国务院和省、自治区、直辖市人民政府建设行政主管部门制定的工程造价计价办法以及其他有关规定 (二)市场价格信息
第六条　全部使用国有资金投资或者以国有资金投资为主的建筑工程(以下简称国有资金投资的建筑工程),应当采用工程量清单计价;非国有资金投资的建筑工程,鼓励采用工程量清单计价 国有资金投资的建筑工程招标的,应当设有最高投标限价;非国有资金投资的建筑工程招标的,可以设有最高投标限价或者招标标底 最高投标限价及其成果文件,应当由招标人报工程所在地县级以上地方人民政府住房城乡建设主管部门备案	
第七条　工程量清单应当依据国家制定的工程量清单计价规范、工程量计算规范等编制。工程量清单应当作为招标文件的组成部分	
第八条　最高投标限价应当依据工程量清单、工程计价有关规定和市场价格信息等编制。招标人设有最高投标限价的,应当在招标时公布最高投标限价的总价,以及各单位工程的分部分项工程费、措施项目费、其他项目费、规费和税金	
第九条　招标标底应当依据工程计价有关规定和市场价格信息等编制	**第九条**　招标标底和工程量清单由具有编制招标文件能力的招标人或其委托的具有相应资质的工程造价咨询机构、招标代理机构编制 投标报价由投标人或其委托的具有相应资质的工程造价咨询机构编制

（续）

住建部令 第16号 2014年	建设部令 第107号 2001年
第十条 投标报价不得低于工程成本,不得高于最高投标限价 投标报价应当依据工程量清单、工程计价有关规定、企业定额和市场价格信息等编制	**第七条** 投标报价应当满足招标文件要求 投标报价应当依据企业定额和市场价格信息,并按照国务院和省、自治区、直辖市人民政府建设行政主管部门发布的工程造价计价办法进行编制
第十一条 投标报价低于工程成本或者高于最高投标限价价的,评标委员会应当否决投标人的投标 对是否低于工程成本报价的异议,评标委员会可以参照国务院住房城乡建设主管部门和省、自治区、直辖市人民政府住房城乡建设主管部门发布的有关规定进行评审	**第十条** 对是否低于成本报价的异议,评标委员会可以参照建设行政主管部门发布的计价办法和有关规定进行评审
第十二条 招标人与中标人应当根据中标价订立合同。不实行招标投标的工程由发承包双方协商订立合同 合同价款的有关事项由发承包双方约定,一般包括合同价款约定方式,预付工程款、工程进度款、工程竣工价款的支付和结算方式,以及合同价款的调整情形等 【说明】新发包与承包管理办法去掉了"在承包方编制的施工图预算的基础上"	**第十一条** 招标人与中标人应当根据中标价订立合同 不实行招标投标的工程,在承包方编制的施工图预算的基础上,由发承包双方协商订立合同
第十三条 发承包双方在确定合同价款时,应当考虑市场环境和生产要素价格变化对合同价款的影响 实行工程量清单计价的建筑工程,鼓励发承包双方采用单价方式确定合同价款 建设规模较小、技术难度较低、工期较短的建筑工程,发承包双方可以采用总价方式确定合同价款 紧急抢险、救灾以及施工技术特别复杂的建筑工程,发承包双方可以采用成本加酬金方式确定合同价款	**第十二条** 合同价可以采用以下方式: (一)固定价。合同总价或者单价在合同约定的风险范围内不可调整 (二)可调价。合同总价或者单价在合同实施期内,根据合同约定的办法调整 (三)成本加酬金
第十四条 发承包双方应当在合同中约定,发生下列情形时合同价款的调整方法: (一)法律、法规、规章或者国家有关政策变化影响合同价款的 (二)工程造价管理机构发布价格调整信息的 (三)经批准变更设计的 (四)发包方更改经审定批准的施工组织设计造成费用增加的 (五)双方约定的其他因素	**第十三条** 发承包双方在确定合同价时,应当考虑市场环境和生产要素价格变化对合同价的影响
第十五条 发承包双方应当根据国务院住房城乡建设主管部门和省、自治区、直辖市人民政府住房城乡建设主管部门的规定,结合工程款、建设工期等情况在合同中约定预付工程款的具体事宜 预付工程款按照合同价款或者年度工程计划额度的一定比例确定和支付,并在工程进度款中予以抵扣 【说明】新发包与承包管理办法去掉了"包工包料情况"	**第十四条** 建筑工程的发承包双方应当根据建设行政主管部门的规定,结合工程款、建设工期和包工包料情况在合同中约定预付工程款的具体事宜
第十六条 承包方应当按照合同约定向发包方提交已完成工程量报告。发包方收到工程量报告后,应当按照合同约定及时核对并确认	
第十七条 发承包双方应当按照合同约定,定期或者按照工程进度分段进行工程款结算和支付	**第十五条** 建筑工程发承包双方应当按照合同约定定期或者按照工程进度分段进行工程款结算

（续）

住建部令 第16号 2014年	建设部令 第107号 2001年
第十八条 工程完工后,应当按照下列规定进行竣工结算: （一）承包方应当在工程完工后的约定期限内提交竣工结算文件 （二）国有资金投资建筑工程的发包方,应当委托具有相应资质的工程造价咨询企业对竣工结算文件进行审核,并在收到竣工结算文件后的约定期限内向承包方提出由工程造价咨询企业出具的竣工结算文件审核意见;逾期未答复的,按照合同约定处理,合同没有约定的,竣工结算文件视为已被认可 非国有资金投资的建筑工程发包方,应当在收到竣工结算文件后的约定期限内予以答复,逾期未答复的,按照合同约定处理,合同没有约定的,竣工结算文件视为已被认可;发包方对竣工结算文件有异议的,应当在答复期内向承包方提出,并可以在提出异议之日起的约定期限内与承包方协商;发包方在协商期内未与承包方协商或者经协商未能与承包方达成协议的,应当委托工程造价咨询企业进行竣工结算审核,并在协商期满后的约定期限内向承包方提出由工程造价咨询企业出具的竣工结算文件审核意见 （三）承包方对发包方提出的工程造价咨询企业竣工结算审核意见有异议的,在接到该审核意见后一个月内,可以向有关工程造价管理机构或者有关行业组织申请调解,调解不成的,可以依法申请仲裁或者向人民法院提起诉讼 发承包双方在合同中对本条第（一）项、第（二）项的期限没有明确约定的,应当按照国家有关规定执行;国家没有规定的,可认为其约定期限均为28日	第十六条 工程竣工验收合格,应当按照下列规定进行竣工结算: （一）承包方应当在工程竣工验收合格后的约定期限内提交竣工结算文件 （二）发包方应当在收到竣工结算文件后的约定期限内予以答复。逾期未答复的,竣工结算文件视为已被认可 （三）发包方对竣工结算文件有异议的,应当在答复期内向承包方提出,并可以在提出之日起的约定期限内与承包方协商 （四）发包方在协商期内未与承包方协商或者经协商未能与承包方达成协议的,应当委托工程造价咨询单位进行竣工结算审核 （五）发包方应当在协商期满后的约定期限内向承包方提出工程造价咨询单位出具的竣工结算审核意见 发承包双方在合同中对上述事项的期限没有明确约定的,可认为其约定期限均为28日 发承包双方对工程造价咨询单位出具的竣工结算审核意见仍有异议的,在接到该审核意见后一个月内可以向县级以上地方人民政府建设行政主管部门申请调解,调解不成的,可以依法申请仲裁或者向人民法院提起诉讼 工程竣工结算文件经发包方与承包方确认即应当作为工程决算的依据
第十九条 工程竣工结算文件经发承包双方签字确认的,应当作为工程决算的依据,未经对方同意,另一方不得就已生效的竣工结算文件委托工程造价咨询企业重复审核。发包方应当按照竣工结算文件及时支付竣工结算款 竣工结算文件应当由发包方报工程所在地县级以上地方人民政府住房城乡建设主管部门备案 【说明】新发包与承包管理办法第十九条拓展了旧发包与承包管理办法第十六条规定"工程竣工结算文件经发包方与承包方确认,即应当作为工程决算的依据"	
第二十条 造价工程师编制工程量清单、最高投标限价、招标标底、投标报价、工程结算审核和工程造价鉴定文件,应当签字并加盖造价工程师执业专用章	第十七条 招标标底、投标报价、工程结算审核和工程造价鉴定文件应当由造价工程师签字,并加盖造价工程师执业专用章
第二十一条 县级以上地方人民政府住房城乡建设主管部门应当依照有关法律、法规和本办法规定,加强对建筑工程发承包计价活动的监督检查和投诉举报的核查,并有权采取下列措施: （一）要求被检查单位提供有关文件和资料 （二）就有关问题询问签署文件的人员 （三）要求改正违反有关法律、法规、本办法或者工程建设强制性标准的行为 县级以上地方人民政府住房城乡建设主管部门应当将监督检查的处理结果向社会公开	第十八条 县级以上地方人民政府建设行政主管部门应当加强对建筑工程发承包计价活动的监督检查

（续）

住建部令 第16号 2014年	建设部令 第107号 2001年
第二十二条 造价工程师在最高投标限价、招标标底或者投标报价编制、工程结算审核和工程造价鉴定中，签署**有虚假记载、误导性陈述**的工程造价成果文件的，记入造价工程师信用档案，依照《注册造价工程师管理办法》进行查处；构成犯罪的，依法追究刑事责任	第十九条 造价工程师在招标标底或者投标报价编制、工程结算审核和工程造价鉴定中，有意抬高、压低价格，情节严重的，由造价工程师注册管理机构注销其执业资格
第二十三条 工程造价咨询企业在建筑工程计价活动中，出具有虚假记载、误导性陈述的工程造价成果文件的，记入工程造价咨询企业信用档案，由县级以上地方人民政府住房城乡建设主管部门责令改正，处1万元以上3万元以下的罚款，并予以通报	
第二十六条 省、自治区、直辖市人民政府住房城乡建设主管部门可以根据本办法制定实施细则	第二十三条 本办法由国务院建设行政主管部门负责解释
第二十七条 本办法自2014年2月1日起施行。建设部2001年11月5日发布的《建筑工程施工发包与承包计价管理办法》（建设部令第107号）同时废止	第二十四条 本办法自2001年12月1日起施行

三、《房屋建筑和市政基础设施工程竣工验收规定》（建质〔2013〕171号）修改对照

为规范房屋建筑和市政基础设施工程的竣工验收，保证工程质量，住房和城乡建设部制定《房屋建筑和市政基础设施工程竣工验收规定》（建质〔2013〕171号）。该《规定》共14条，自2013年12月2日起施行。原《房屋建筑工程和市政基础设施工程竣工验收暂行规定》（建建〔2000〕142号）予以废止。新旧验收规定重点修改对照见表2-3（黑体字为修改部分）。

表2-3 新旧验收规定重点修改对照

《房屋建筑和市政基础设施工程竣工验收规定》（建质〔2013〕171号）	《房屋建筑工程和市政基础设施工程竣工验收暂行规定》（建建〔2000〕142号）
第三条 国务院住房和城乡建设主管部门负责全国工程竣工验收的监督管理 县级以上地方人民政府建设主管部门负责本行政区域内工程竣工验收的监督管理，**具体工作可以委托所属的工程质量监督机构实施**	第三条 国务院建设行政主管部门负责全国工程竣工验收的监督管理工作 县级以上地方人民政府建设行政主管部门负责本行政区域内工程竣工验收的监督管理工作
第四条 工程竣工验收由建设单位负责组织实施 【说明】去掉原验收规定中"县级以上地方人民政府建设行政主管部门应当委托工程质量监督机构对工程竣工验收实施监督"	第四条 工程竣工验收工作，由建设单位负责组织实施 县级以上地方人民政府建设行政主管部门应当委托工程质量监督机构对工程竣工验收实施监督

（续）

《房屋建筑和市政基础设施工程竣工验收规定》 （建质〔2013〕171号）	《房屋建筑工程和市政基础设施工程竣工验收暂行规定》 （建建〔2000〕142号）
第五条 工程符合下列要求方可进行竣工验收： （一）完成工程设计和合同约定的各项内容 （二）施工单位在工程完工后对工程质量进行了检查，确认工程质量符合有关法律、法规和工程建设强制性标准，符合设计文件及合同要求，并提出工程竣工报告。工程竣工报告应经项目经理和施工单位有关负责人审核签字 （三）对于委托监理的工程项目，监理单位对工程进行了质量评估，具有完整的监理资料，并提出工程质量评估报告。工程质量评估报告应经总监理工程师和监理单位有关负责人审核签字 （四）勘察、设计单位对勘察、设计文件及施工过程中由设计单位签署的设计变更通知书进行了检查，并提出质量检查报告。质量检查报告应该项目勘察、设计负责人和勘察、设计单位有关负责人审核签字 （五）有完整的技术档案和施工管理资料 （六）有工程使用的主要建筑材料、建筑构配件和设备的进场试验报告，**以及工程质量检测和功能性试验资料** （七）建设单位已按合同约定支付工程款 （八）有施工单位签署的工程质量保修书 **（九）对于住宅工程，进行分户验收并验收合格，建设单位按户出具《住宅工程质量分户验收表》** （十）建设主管部门及工程质量监督机构责令整改的问题全部整改完毕 **（十一）法律、法规规定的其他条件** 【说明】去掉原验收规定中的（九）、（十）款	第五条 工程符合下列要求方可进行竣工验收： （一）完成工程设计和合同约定的各项内容 （二）施工单位在工程完工后对工程质量进行了检查，确认工程质量符合有关法律。法规和工程建设强制性标准，符合设计文件及合同要求，并提出工程竣工报告。工程竣工报告应经项目经理和施工单位有关负责人审核签字 （三）对于委托监理的工程项目，监理单位对工程进行了质量评估，具有完整的监理资料，并提出工程质量评估报告。工程质量评估报告应经总监理工程师和监理单位有关负责人审核签字 （四）勘察、设计单位对勘察、设计文件及施工过程中由设计单位签署的设计变更通知书进行了检查，并提出质量检查报告。质量检查报告应该项目勘察、设计负责人和勘察、设计单位有关负责人审核签字 （五）有完整的技术档案和施工管理资料 （六）有工程使用的主要建筑材料、建筑构配件和设备的进场试验报告 （七）建设单位已按合同约定支付工程款 （八）有施工单位签署的工程质量保修书 （九）城乡规划行政主管部门对工程是否符合规划设计要求进行检查，并出具认可文件 （十）有公安消防、环保等部门出具的认可文件或者准许使用文件 （十一）建设行政主管部门及其委托的工程质量监督机构等有关部门责令整改的问题全部整改完毕
第六条 工程竣工验收应当按以下程序进行： （一）工程完工后，施工单位向建设单位提交工程竣工报告，申请工程竣工验收。实行监理的工程，工程竣工报告须经总监理工程师签署意见 （二）建设单位收到工程竣工报告后，对符合竣工验收要求的工程，组织勘察、设计、施工、监理等单位组成验收组，制订验收方案。**对于重大工程和技术复杂工程，根据需要可邀请有关专家参加验收组** （三）建设单位应当在工程竣工验收7个工作日前将验收的时间、地点及验收组名单书面通知负责监督该工程的工程质量监督机构 （四）建设单位组织工程竣工验收 1. 建设、勘察、设计、施工、监理单位分别汇报工程合同履约情况和在工程建设各个环节执行法律、法规和工程建设强制性标准的情况 2. 审阅建设、勘察、设计、施工、监理单位的工程档案资料 3. 实地查验工程质量 4. 对工程勘察、设计、施工、设备安装质量和各管理环节等方面做出全面评价，形成经验收组人员签署的工程竣工验收意见 参与工程竣工验收的建设、勘察、设计、施工、监理等各方不能形成一致意见时，应当协商提出解决的方法，待意见一致后，重新组织工程竣工验收	第六条 工程竣工验收应当按以下程序进行： （一）工程完工后，施工单位向建设单位提交工程竣工报告，申请工程竣工验收。实行监理的工程，工程竣工报告须经总监理工程师签署意见 （二）建设单位收到工程竣工报告后，对符合竣工验收要求的工程，组织勘察、设计、施工、监理等单位和其他有关方面的专家组成验收组，制订验收方案 （三）建设单位应当在工程竣工验收7个工作日前将验收的时间、地点及验收组名单书面通知负责监督该工程的工程质量监督机构 （四）建设单位组织工程竣工验收 1. 建设、勘察、设计、施工、监理单位分别汇报工程合同履约情况和在工程建设各个环节执行法律、法规和工程建设强制性标准的情况 2. 审阅建设、勘察、设计、施工、监理单位的工程档案资料 3. 实地查验工程质量 4. 对工程勘察、设计、施工、设备安装质量和各管理环节等方面做出全面评价，形成经验收组人员签署的工程竣工验收意见 参与工程竣工验收的建设、勘察、设计、施工、监理等各方不能形成一致意见时，应当协商提出解决的方法，待意见一致后，重新组织工程竣工验收

（续）

《房屋建筑和市政基础设施工程竣工验收规定》 （建质〔2013〕171 号）	《房屋建筑工程和市政基础设施工程竣工验收暂行规定》 （建建〔2000〕142 号）
第七条　工程竣工验收合格后，建设单位应当及时提出工程竣工验收报告。工程竣工验收报告主要包括工程概况、建设单位执行基本建设程序情况，对工程勘察、设计、施工、监理等方面的评价，工程竣工验收时间、程序、内容和组织形式，工程竣工验收意见等内容 工程竣工验收报告还应附有下列文件： （一）施工许可证 （二）施工图设计文件审查意见 （三）本规定第五条（二）、（三）、（四）、（八）项规定的文件 （四）验收组人员签署的工程竣工验收意见 （五）法规、规章规定的其他有关文件 【说明】去掉了原规定中的（五）、（六）款	第七条　工程竣工验收合格后，建设单位应当及时提出工程竣工验收报告。工程竣工验收报告主要包括工程概况，建设单位执行基本建设程序情况，对工程勘察、设计、施工、监理等方面的评价，工程竣工验收时间、程序、内容和组织形式，工程竣工验收意见等内容 工程竣工验收报告还应附有下列文件： （一）施工许可证 （二）施工图设计文件审查意见 （三）本规定第五条（二）、（三）、（四）、（九）、（十）项规定的文件 （四）验收组人员签署的工程竣工验收意见 （五）市政基础设施工程应附有质量检测和功能性试验资料 （六）施工单位签署的工程质量保修书 （七）法规、规章规定的其他有关文件
第九条　建设单位应当自工程竣工验收合格之日起15日内，依照《房屋建筑和市政基础设施工程竣工验收备案管理办法》（住房和城乡建设部令第 2 号）的规定，向工程所在地的县级以上地方人民政府建设主管部门备案	第九条　建设单位应当自工程竣工验收合格之日起15日内，依照《房屋建筑工程和市政基础设施工程竣工验收备案管理暂行办法》的规定，向工程所在地的县级以上地方人民政府建设行政主管部门备案
第十二条　省、自治区、直辖市人民政府**住房和城乡建设主管部门**可以根据本规定制定实施细则	第十二条　省、自治区、直辖市人民政府建设行政主管部门可以根据本规定制定实施细则
第十三条　本规定由国务院**住房和城乡建设主管部门**负责解释	第十三条　本规定由国务院建设行政主管部门负责解释
第十四条　本规定自发布之日起施行。《房屋建筑工程和市政基础设施工程竣工验收暂行规定》（建建〔2000〕142 号）同时废止	第十四条　本规定自发布之日起施行

四、《建筑工程施工发包与承包违法行为认定查处管理办法》（建市规〔2019〕1 号）解读

住房和城乡建设部根据相关法律法规，结合建筑活动实践，制定《建筑工程施工发包与承包违法行为认定查处管理办法》（建市规〔2019〕1 号，以下简称《办法》）。该《办法》共20条，自 2019 年 1 月 1 日起施行。

第一条　为规范建筑工程施工发包与承包活动中违法行为的认定、查处和管理，保证工程质量和施工安全，有效遏制发包与承包活动中的违法行为，维护建筑市场秩序和建筑工程主要参与方的合法权益，根据《中华人民共和国建筑法》《中华人民共和国招标投标法》《中华人民共和国合同法》《建设工程质量管理条例》《建设工程安全生产管理条例》《中华人民共和国招标投标法实施条例》等法律法规，以及《全国人大法工委关于对建筑施工企业母公司承接工程后交由子公司实施是否属于转包以及行政处罚两年追溯期认定法律适用问题的意见》（法工办发〔2017〕223 号），结合建筑活动实践，制定本办法。

　　【解读】该《办法》是住建部在建市〔2014〕118号《建筑工程施工转包违法分包等违法行为认定查处管理办法（试行）》（以下简称《办法（试行）》）的基础上，结合建筑领域的改革及试行过程中发现的问题，进行的修订完善并调整规范了文件名称。该《办法》的颁布实施，对进一步规范建筑业市场秩序，加强建筑工程质量安全保障，起到更加积极的作用。

　　第二条　本办法所称建筑工程，是指房屋建筑和市政基础设施工程及其附属设施和与其配套的线路、管道、设备安装工程。

　　第五条　本办法所称违法发包，是指建设单位将工程发包给个人或不具有相应资质的单位、肢解发包、违反法定程序发包及其他违反法律法规规定发包的行为。

　　第六条　存在下列情形之一的，属于违法发包：

　　（1）建设单位将工程发包给个人的。

　　（2）建设单位将工程发包给不具有相应资质的单位的。

　　（3）依法应当招标未招标或未按照法定招标程序发包的。

　　（4）建设单位设置不合理的招标投标条件，限制、排斥潜在投标人或者投标人的。

　　（5）建设单位将一个单位工程的施工分解成若干部分发包给不同的施工总承包或专业承包单位的。

　　【解读】删除了《办法（试行）》规定的违法发包情形中的"建设单位将施工合同范围内的单位工程或分部分项工程又另行发包的"及"建设单位违反施工合同约定，通过各种形式要求承包单位选择其指定分包单位的"的违法发包情形。民事法律规范的"违约"不纳入违法发包情形。

　　1）建设单位将施工合同范围内的单位工程或分部分项工程又另行发包，如构成肢解发包，基于肢解发包已在《办法》中有明确禁止性规定，不必重复规定；如不构成肢解发包，则属于双方施工合同调整范畴，不宜纳入行政管理违法行为查处。

　　2）对于技术性要求较高的专业工程，建设单位指定或限定专业施工单位，有利于工程质量保证和提高建设效率，禁止指定分包无明确上位法依据；结合国际惯例FIDIC合同体系规定，指定分包在国际工程中并不禁止，为了与国际惯例接轨，适应一带一路战略需要，不宜将指定分包纳入违法处理。

　　第七条　本办法所称转包，是指承包单位承包工程后，不履行合同约定的责任和义务，将其承包的全部工程或者将其承包的全部工程肢解后以分包的名义分别转给其他单位或个人施工的行为。

　　第八条　存在下列情形之一的，应当认定为转包，但有证据证明属于挂靠或者其他违法行为的除外：

　　（1）承包单位将其承包的全部工程转给其他单位（包括母公司承接建筑工程后将所承接工程交由具有独立法人资格的子公司施工的情形）或个人施工的。

　　（2）承包单位将其承包的全部工程肢解以后，以分包的名义分别转给其他单位或个人施工的。

　　（3）施工总承包单位或专业承包单位未派驻项目负责人、技术负责人、质量管理负责人、安全管理负责人等主要管理人员，或派驻的项目负责人、技术负责人、质量管理负责人、安全管理负责人中一人及以上与施工单位没有订立劳动合同且没有建立劳动工资和社会养老保险关系，或派驻的项目负责人未对该工程的施工活动进行组织管理，又不能进行合理解释并提供相应证明的。

（4）合同约定由承包单位负责采购的主要建筑材料、构配件及工程设备或租赁的施工机械设备，由其他单位或个人采购、租赁，或施工单位不能提供有关采购、租赁合同及发票等证明，又不能进行合理解释并提供相应证明的。

（5）专业作业承包人承包的范围是承包单位承包的全部工程，专业作业承包人计取的是除上缴给承包单位"管理费"之外的全部工程价款的。

（6）承包单位通过采取合作、联营、个人承包等形式或名义，直接或变相将其承包的全部工程转给其他单位或个人施工的。

（7）专业工程的发包单位不是该工程的施工总承包或专业承包单位的，但建设单位依约作为发包单位的除外。

（8）专业作业的发包单位不是该工程承包单位的。

（9）施工合同主体之间没有工程款收付关系，或者承包单位收到款项后又将款项转拨给其他单位和个人，又不能进行合理解释并提供材料证明的。

两个以上的单位组成联合体承包工程，在联合体分工协议中约定或者在项目实际实施过程中，联合体一方不进行施工也未对施工活动进行组织管理的，并且向联合体其他方收取管理费或者其他类似费用的，视为联合体一方将承包的工程转包给联合体其他方。

【解读】1）明确母公司承接工程后交由子公司实施认定转包的情形。目前建筑业存在建筑施工单位将其承包的工程交由其集团下属独立法人资格的子公司施工的情形，根据《公司法》规定，子公司相对于母公司而言，不同于分公司相对于总公司，分公司不具有法人资格，其民事责任由总公司承担，子公司有着自己的法人治理结构、管理体制和资质资格条件，独立承担民事责任，子公司应当属于《建设工程质量管理条例》第七十八条转包定义中的"他人"。母公司通过自身资质、能力和业绩等优势中标或承接工程后，转给子公司实施，损害了招标人、其他投标人的利益，不利于项目建设的质量、安全管控，扰乱了建筑市场的管理。所以《办法》转包情形中规定：承包单位将其承包的全部工程转给其他单位（包括母公司承接建筑工程后将所承接工程交由具有独立法人资格的子公司实施的情形）或个人施工的认定为转包。

2）主要管理人员特定阶段尚未签订劳动合同的不视为转包。按照《办法（试行）》规定："施工单位在施工现场派驻的项目负责人、技术负责人、质量管理负责人、安全管理负责人中一人以上与施工单位没有订立劳动合同，或没有建立劳动工资或社会养老保险关系"的将认定为挂靠。考虑到根据《劳动合同法》和《社会保险法》规定，用人单位应当在用工之日起30日内签署劳动合同并缴纳社会保险，所以此类情况下如果施工单位主要管理人员已经同用人单位建立用工关系，但尚在法律规定签署劳动合同和缴纳社会保险的期限内，可以进行合理解释并提供相应证明的，该期间不宜以未订立劳动合同未发生工资和社会养老保险关系而认定为转包。因此修订后的《办法》将该情形调整纳入转包后，增加了"又不能进行合理解释并提供相应证明的"的条件规定。

3）新增承包单位"转付"工程款认定为转包的情形。在正常、合法的施工承包关系中，施工单位在承接工程之后，工程款一般情况下应当由建设单位支付给承包单位，两者之间应当存在直接的工程款收付关系。在专业分包工程的工程款支付主体也是如此。如果工程款支付上不是上述情况，或者工程款支付给承包单位后，该承包单位又将款项转拨或收取管理费等类似费用后转拨给其他单位和个人的，又不能进行合理解释的，应当认定为转包。

4）新增联合体内部认定转包的情形。联合体承包指的是某承包单位为了承揽不适于自己单独承包的工程项目而与其他单位联合，以一个承包人的身份去承包的行为，两个以上法人或者其他组织可以组成一个联合体，以一个承包人的身份共同承包。一般适用于大型、复杂结构工程建设项目。联合体承包模式本身并不被法律禁止，且在一些技术复杂、大型项目中强强联合的联合体模式有利于提高项目实施能力。但在实践中，有些施工企业在投标时与其他单位组成联合体，然后通过联合体协议或者在实际施工过程中，工程的所有施工及组织管理等均由联合体其他单位来完成和履行，联合体一方既不进行施工也不对施工活动进行组织管理，并且还收取联合体其他单位的管理费或其他类似费用。这种情形实质上是以联合体为名的承包单位之间实施的变相转包行为，扰乱了建筑市场招标投标和项目管理秩序，损害了招标人和其他投标人利益，对这种情形《办法》规定视为转包予以查处。

5）以"专业作业承包人"的称谓替代"劳务分包单位"。《国务院办公厅关于促进建筑业持续健康发展的意见》（国办发〔2017〕19号）指出："推动建筑业劳务企业转型，大力发展木工、电工、砌筑、钢筋制作等以作业为主的专业企业。"住建部《关于培育新时期建筑产业工人队伍的指导意见（征求意见稿）》提出，将逐步取消"劳务分包"的概念与劳务分包资质审批，鼓励设立专业作业企业，促进建筑业农民工向技术工人转型。为了与建筑业改革新政相适应，推进建筑业劳务企业转型，《办法》将"劳务分包单位"改成"专业作业承包人"，意味着建筑业专业作业将不再强制要求劳务分包资质。

第九条 本办法所称挂靠，是指单位或个人以其他有资质的施工单位的名义承揽工程的行为。

前款所称承揽工程，包括参与投标、订立合同、办理有关施工手续、从事施工等活动。

第十条 存在下列情形之一的，属于挂靠：

（1）没有资质的单位或个人借用其他施工单位的资质承揽工程的。

（2）有资质的施工单位相互借用资质承揽工程的，包括资质等级低的借用资质等级高的，资质等级高的借用资质等级低的，相同资质等级相互借用的。

（3）本办法第八条第一款第（1）至（9）项规定的情形，有证据证明属于挂靠的。

第十一条 本办法所称违法分包，是指承包单位承包工程后违反法律法规规定，把单位工程或分部分项工程分包给其他单位或个人施工的行为。

第十二条 存在下列情形之一的，属于违法分包：

（1）承包单位将其承包的工程分包给个人的。

（2）施工总承包单位或专业承包单位将工程分包给不具备相应资质单位的。

（3）施工总承包单位将施工总承包合同范围内工程主体结构的施工分包给其他单位的，钢结构工程除外。

（4）专业分包单位将其承包的专业工程中非劳务作业部分再分包的。

（5）专业作业承包人将其承包的劳务再分包的。

（6）专业作业承包人除计取劳务作业费用外，还计取主要建筑材料款和大中型施工机械设备、主要周转材料费用的。

【解读】删除了《办法（试行）》中"施工合同中没有约定，又未经建设单位认可，施工单位将其承包的部分工程交由其他单位施工的"违法分包情形。总承包商对部分工程进行分包，除了涉及主体结构和资质管理等法律特别限制外，应由承包商自主决定或通过发承包双方在合同中进行约定，即便承包商未按合同约定进行分包或未经建设单位同意分包，应由发承包双方通过合同关系进行处理或追究违约责任，不宜作为违法情形进行认定处罚。

第十四条　县级以上地方人民政府住房和城乡建设主管部门如接到人民法院、检察机关、仲裁机构、审计机关、纪检监察等部门转交或移送的涉及本行政区域内建筑工程发包与承包违法行为的建议或相关案件的线索或证据，应当依法受理、调查、认定和处理，并把处理结果及时反馈给转交或移送机构。

【解读】此为新增条款。施工过程中有关当事人往往为了掩饰违法行为，采取签订阴阳合同、制作虚假材料等应对行政机关的检查，而行政主管机关基于行政调查的措施和权限限制，往往无法发现和认定施工单位的违法行为。而施工当事人在不同阶段基于不同利益需求，又会在合同纠纷或民事争议过程中，主动提出项目实施过程中存在违法发包、转包、挂靠、违法分包等违法行为及证据，法院、审计等机关在审理和调查处理相关案件时，对发现存在发包与承包违法行为时，如将相关证据、线索或生效法律文书移送建设行政主管部门的，此时建设行政主管部门应当及时受理和查处。建立该联动机制，有利于进一步扼制建筑市场违法行为的发生。

第十五条　县级以上人民政府住房和城乡建设主管部门对本行政区域内发现的违法发包、转包、违法分包及挂靠等违法行为，应当依法进行调查，按照本办法进行认定，并依法予以行政处罚。

（1）对建设单位存在本办法第五条规定的违法发包情形的处罚：

1）依据本办法第六条（1）（2）项规定认定的，依据《中华人民共和国建筑法》第六十五条、《建设工程质量管理条例》第五十四条规定进行处罚。

2）依据本办法第六条（3）项规定认定的，依据《中华人民共和国招标投标法》第四十九条、《中华人民共和国招标投标法实施条例》第六十四条规定进行处罚。

3）依据本办法第六条（4）项规定认定的，依据《中华人民共和国招标投标法》第五十一条、《中华人民共和国招标投标法实施条例》第六十三条规定进行处罚。

4）依据本办法第六条（5）项规定认定的，依据《中华人民共和国建筑法》第六十五条、《建设工程质量管理条例》第五十五条规定进行处罚。

5）建设单位违法发包，拒不整改或者整改后仍达不到要求的，视为没有依法确定施工企业，将其违法行为记入诚信档案，实行联合惩戒。对全部或部分使用国有资金的项目，同时将建设单位违法发包的行为告知其上级主管部门及纪检监察部门，并建议对建设单位直接负责的主管人员和其他直接责任人员给予相应的行政处分。

（2）对认定有转包、违法分包违法行为的施工单位，依据《中华人民共和国建筑法》第六十七条、《建设工程质量管理条例》第六十二条规定进行处罚。

（3）对认定有挂靠行为的施工单位或个人，依据《中华人民共和国招标投标法》第五十四条、《中华人民共和国建筑法》第六十五条和《建设工程质量管理条例》第六十条规定进行处罚。

（4）对认定有转让、出借资质证书或者以其他方式允许他人以本单位的名义承揽工程的施工单位，依据《中华人民共和国建筑法》第六十六条、《建设工程质量管理条例》第六十一条规定进行处罚。

（5）对建设单位、施工单位给予单位罚款处罚的，依据《建设工程质量管理条例》第七十三条、《中华人民共和国招标投标法》第四十九条、《中华人民共和国招标投标法实施条例》第六十四条规定，对单位直接负责的主管人员和其他直接责任人员进行处罚。

（6）对认定有转包、违法分包、挂靠、转让出借资质证书或者以其他方式允许他人以本单位的名义承揽工程等违法行为的施工单位，可依法限制其参加工程投标活动、承揽新的工程项目，并对其企业资质是否满足资质标准条件进行核查，对达不到资质标准要求的限期整改，整改后仍达不到要求的，资质审批机关撤回其资质证书。

对2年内发生2次及以上转包、违法分包、挂靠、转让出借资质证书或者以其他方式允许他人以本单位的名义承揽工程的施工单位，应当依法按照情节严重情形给予处罚。

（7）因违法发包、转包、违法分包、挂靠等违法行为导致发生质量安全事故的，应当依法按照情节严重情形给予处罚。

第十六条 对于违法发包、转包、违法分包、挂靠等违法行为的行政处罚追溯期限，应当按照法工办发〔2017〕223号文件的规定，从存在违法发包、转包、违法分包、挂靠的建筑工程竣工验收之日起计算；合同工程量未全部完成而解除或终止履行合同的，自合同解除或终止之日起计算。

【解读】此为新增条款。《行政处罚法》第二十九条规定："违法行为在两年内未被发现的，不再给予行政处罚。法律另有规定的除外。前款规定的期限，从违法行为发生之日起计算；违法行为有连续或者继续状态的，从行为终了之日起计算。"建设工程由于其特殊性，建设周期长，若存在违法发包、转包、违法分包、挂靠等违法行为的，该违法行为处于连续或继续状态的特征比较明显。竣工验收是工程完成建设目标的标志，是全面考核基本建设成果，检验设计和工程质量的重要步骤，竣工验收合格的项目经备案后即从基本建设转入生产或使用。因此，建设工程若存在违法发包、转包、违法分包、挂靠等行为，其行为终了之日应界定为建设工程竣工验收合格之日。有些工程因特殊情况出现工程完工前双方解除或终止合同的情形，此时的"终了之日"为合同解除或终止之日。

第十七条 县级以上人民政府住房和城乡建设主管部门应将查处的违法发包、转包、违法分包、挂靠等违法行为和处罚结果记入相关单位或个人信用档案，同时向社会公示，并逐级上报至住房和城乡建设部，在全国建筑市场监管公共服务平台公示。

第十九条 本办法中施工总承包单位、专业承包单位均指直接承接建设单位发包的工程的单位；专业分包单位是指承接施工总承包或专业承包企业分包专业工程的单位；承包单位包括施工总承包单位、专业承包单位和专业分包单位。

第二十一条 本办法自2019年1月1日起施行。2014年10月1日起施行的《建筑工程施工转包违法分包等违法行为认定查处管理办法（试行）》（建市〔2014〕118号）同时废止。

五、《危险性较大的分部分项工程安全管理规定》（住房和城乡建设部令第37号）解读

为加强对房屋建筑和市政基础设施工程中危险性较大的分部分项工程安全管理，有效防范生产安全事故，住房和城乡建设部依据《中华人民共和国建筑法》《中华人民共和国安全生产法》《建设工程安全生产管理条例》等法律法规，制定发布《危险性较大的分部分项工程安全管理规定》（住房和城乡建设部令第37号，以下简称《规定》）。该规定共7章40条，自2018年6月1日起施行。

（一）发布背景

十九大报告指出，要树立安全发展理念，弘扬生命至上、安全第一的思想，健全公共安全体系，完善安全生产责任制，坚决遏制重特大安全事故。施工过程中，危险性较大的分部分项工程（以下简称危大工程）具有数量多、分布广、管控难、危害大等特征，一旦发生事故，将会造成严重后果和不良社会影响。据有关数据统计，近年来全国房屋建筑和市政基础设施工程领域死亡3人以上的较大安全事故中，大多数发生在基坑工程、模板工程及支撑体系、起重吊装及安装拆卸工程等危大工程范围内。为切实做好危大工程安全管理，减少群死群伤事故发生，从根本上促进建筑施工安全形势的好转，维护人民群众生命财产的安全，住房和城乡建设部研究制定该规定。

该规定在《危险性较大工程安全专项施工方案编制及专家论证审查办法》和《危险性较大的分部分项工程安全管理办法》的基础上，针对近年来危大工程安全管理面临的新问题、新形势，重点解决危大工程安全管理体系不健全、危大工程安全管理责任不落实以及法律责任和处罚措施不完善三个方面问题。

（二）主要内容

1. 明确危大工程定义及范围

危大工程是指房屋建筑和市政基础设施工程在施工过程中，容易导致人员群死群伤或造成重大经济损失的分部分项工程。危大工程及超过一定规模的危大工程范围将由国务院住房城乡建设主管部门另行制定。省级住房城乡建设主管部门可以结合本地区实际情况，补充本地区危大工程范围。

2. 强化危大工程参与各方主体的责任

勘察单位应根据工程实际及工程周边环境资料，在勘察文件中说明地质条件可能造成的工程风险。设计单位应当在设计文件中注明涉及危大工程的重点部位和环节，提出保障工程周边环境安全和工程施工安全的意见，必要时进行专项设计。建设单位应当组织勘察、设计等单位在施工招标文件中列出危大工程清单，要求施工单位在投标时补充完善危大工程清单并明确相应的安全管理措施；应当按照施工合同约定及时支付危大工程施工技术措施费以及相应的安全防护文明施工措施费，保障危大工程施工安全。

3. 确立危大工程专项施工方案的编制和论证

1）施工单位应当在危大工程施工前组织工程技术人员编制专项施工方案。实行施工总承包的，专项施工方案应当由施工总承包单位组织编制。危大工程实行分包的，专项施工方案可以由相关专业分包单位组织编制。

2）专项施工方案应当由施工单位技术负责人审核签字、加盖单位公章，并由总监理工程师审查签字、加盖执业印章后方可实施。危大工程实行分包并由分包单位编制专项施工方案的，专项施工方案应当由总承包单位技术负责人及分包单位技术负责人共同审核签字并加盖单位公章。

3）对于超过一定规模的危大工程，施工单位应当组织召开专家论证会对专项施工方案进行论证。实行施工总承包的，由施工总承包单位组织召开专家论证会。专家论证前专项施工方案应当通过施工单位审核和总监理工程师审查。专家应当从地方人民政府住房城乡建设主管部门建立的专家库中选取，符合专业要求且人数不得少于 5 名。与本工程有利害关系的人员不得以专家身份参加专家论证会。

4）专家论证会后，应当形成论证报告，对专项施工方案提出通过、修改后通过或者不通过的一致意见。专家对论证报告负责并签字确认。专项施工方案经论证需修改后通过的，施工单位应当根据论证报告修改完善后，重新履行本规定相关程序。专项施工方案经论证不通过的，施工单位修改后应当按照本规定的要求重新组织专家论证。

4. 完善现场安全管理措施

1）施工单位应当在施工现场显著位置公告危大工程名称、施工时间和具体责任人员，并在危险区域设置安全警示标志。

2）专项施工方案实施前，编制人员或者项目技术负责人应当向施工现场管理人员进行方案交底。施工现场管理人员应当向作业人员进行安全技术交底，并由双方和项目专职安全生产管理人员共同签字确认。

3）施工单位应当严格按照专项施工方案组织施工，不得擅自修改专项施工方案。因规划调整、设计变更等原因确需调整的，修改后的专项施工方案应当按照本规定重新审核和论证。涉及资金或者工期调整的，建设单位应当按照约定予以调整。

4）施工单位应当对危大工程施工作业人员进行登记，项目负责人应当在施工现场履职。项目专职安全生产管理人员应当对专项施工方案实施情况进行现场监督，对未按照专项施工方案施工的，应当要求立即整改，并及时报告项目负责人，项目负责人应当及时组织限期整改。施工单位应当按照规定对危大工程进行施工监测和安全巡视，发现危及人身安全的紧急情况，应当立即组织作业人员撤离危险区域。

5）监理单位应当结合危大工程专项施工方案编制监理实施细则，并对危大工程施工实施专项巡视检查。

6）监理单位发现施工单位未按照专项施工方案施工的，应当要求其进行整改；情节严重的，应当要求其暂停施工，并及时报告建设单位。施工单位拒不整改或者不停止施工的，监理单位应当及时报告建设单位和工程所在地住房城乡建设主管部门。

7）对于按照规定需要进行第三方监测的危大工程，建设单位应当委托具有相应勘察资质的单位进行监测。监测单位应当编制监测方案。监测方案由监测单位技术负责人审核签字并加盖单位公章，报送监理单位后方可实施。监测单位应当按照监测方案开展监测，及时向建设单位报送监测成果，并对监测成果负责；发现异常时，及时向建设、设计、施工、监理单位报告，建设单位应当立即组织相关单位采取处置措施。

8）对于按照规定需要验收的危大工程，施工单位、监理单位应当组织相关人员进行验收。验收合格的，经施工单位项目技术负责人及总监理工程师签字确认后，方可进入下一道工序。危大工程验收合格后，施工单位应当在施工现场明显位置设置验收标识牌，公示验收时间及责任人员。

9）危大工程发生险情或者事故时，施工单位应当立即采取应急处置措施，并报告工程所在地住房城乡建设主管部门。建设、勘察、设计、监理等单位应当配合施工单位开展应急抢险工作。

10）危大工程应急抢险结束后，建设单位应当组织勘察、设计、施工、监理等单位制订工程恢复方案，并对应急抢险工作进行后评估。

11）施工、监理单位应当建立危大工程安全管理档案。施工单位应当将专项施工方案及审核、专家论证、交底、现场检查、验收及整改等相关资料纳入档案管理。监理单位应当将监理实施细则、专项施工方案审查、专项巡视检查、验收及整改等相关资料纳入档案管理。

（三）惩戒措施

该规定共有 11 条罚则，对危大工程参与各方违法违规行为分门别类明确了处罚措施。

（1）建设单位有下列行为之一的，责令限期改正，并处 1 万元以上 3 万元以下的罚款；对直接负责的主管人员和其他直接责任人员处 1000 元以上 5000 元以下的罚款。

1）未按照本规定提供工程周边环境等资料的。

2）未按照本规定在招标文件中列出危大工程清单的。

3）未按照施工合同约定及时支付危大工程施工技术措施费或者相应的安全防护文明施工措施费的。

4）未按照本规定委托具有相应勘察资质的单位进行第三方监测的。

5）未对第三方监测单位报告的异常情况组织采取处置措施的。

（2）勘察单位未在勘察文件中说明地质条件可能造成的工程风险的，责令限期改正，依照《建设工程安全生产管理条例》对单位进行处罚；对直接负责的主管人员和其他直接责任人员处 1000 元以上 5000 元以下的罚款。

（3）设计单位未在设计文件中注明涉及危大工程的重点部位和环节，未提出保障工程周边环境安全和工程施工安全的意见的，责令限期改正，并处 1 万元以上 3 万元以下的罚款；对直接负责的主管人员和其他直接责任人员处 1000 元以上 5000 元以下的罚款。

（4）施工单位未按照本规定编制并审核危大工程专项施工方案的，依照《建设工程安全生产管理条例》对单位进行处罚，并暂扣安全生产许可证 30 日；对直接负责的主管人员和其他直接责任人员处 1000 元以上 5000 元以下的罚款。

（5）施工单位有下列行为之一的，依照《中华人民共和国安全生产法》《建设工程安全生产管理条例》对单位和相关责任人员进行处罚：

1）未向施工现场管理人员和作业人员进行方案交底和安全技术交底的。

2）未在施工现场显著位置公告危大工程，并在危险区域设置安全警示标志的。

3）项目专职安全生产管理人员未对专项施工方案实施情况进行现场监督的。

（6）施工单位有下列行为之一的，责令限期改正，处 1 万元以上 3 万元以下的罚款，并暂扣安全生产许可证 30 日；对直接负责的主管人员和其他直接责任人员处 1000 元以上 5000 元以下的罚款：

1）未对超过一定规模的危大工程专项施工方案进行专家论证的。

2）未根据专家论证报告对超过一定规模的危大工程专项施工方案进行修改，或者未按照本规定重新组织专家论证的。

3）未严格按照专项施工方案组织施工，或者擅自修改专项施工方案的。

（7）施工单位有下列行为之一的，责令限期改正，并处 1 万元以上 3 万元以下的罚款；对直接负责的主管人员和其他直接责任人员处 1000 元以上 5000 元以下的罚款：

1）项目负责人未按照本规定现场履职或者组织限期整改的。

2）施工单位未按照本规定进行施工监测和安全巡视的。

3）未按照本规定组织危大工程验收的。

4）发生险情或者事故时，未采取应急处置措施的。

5）未按照本规定建立危大工程安全管理档案的。

（8）监理单位有下列行为之一的，依照《中华人民共和国安全生产法》《建设工程安全生产管理条例》对单位进行处罚；对直接负责的主管人员和其他直接责任人员处 1000 元以上 5000 元以下的罚款：

1）总监理工程师未按照本规定审查危大工程专项施工方案的。

2）发现施工单位未按照专项施工方案实施，未要求其整改或者停工的。

3）施工单位拒不整改或者不停止施工时，未向建设单位和工程所在地住房城乡建设主管部门报告的。

（9）监理单位有下列行为之一的，责令限期改正，并处 1 万元以上 3 万元以下的罚款；对直接负责的主管人员和其他直接责任人员处 1000 元以上 5000 元以下的罚款：

1）未按照本规定编制监理实施细则的。

2）未对危大工程施工实施专项巡视检查的。

3）未按照本规定参与组织危大工程验收的。

4）未按照本规定建立危大工程安全管理档案的。

（10）监测单位有下列行为之一的，责令限期改正，并处 1 万元以上 3 万元以下的罚款；对直接负责的主管人员和其他直接责任人员处 1000 元以上 5000 元以下的罚款：

1）未取得相应勘察资质从事第三方监测的。

2）未按照本规定编制监测方案的。

3）未按照监测方案开展监测的。

4）发现异常未及时报告的。

（11）县级以上地方人民政府住房城乡建设主管部门或者所属施工安全监督机构的工作人员，未依法履行危大工程安全监督管理职责的，依照有关规定给予处分。

六、《建筑工程五方责任主体项目负责人质量终身责任追究暂行办法》（建质〔2014〕124 号）解读

为加强房屋建筑和市政基础设施工程（以下简称建筑工程）质量管理，提高质量责任意识，强化质量责任追究，保证工程建设质量，住房和城乡建设部根据《中华人民共和国建筑法》《建设工程质量管理条例》等法律法规，制定《建筑工程五方责任主体项目负责人质量终身责任追究暂行办法》（建质〔2014〕124 号）。该《办法》共 20 条，自 2014 年 8 月 25 日起施行。

（一）明确定义

建筑工程五方责任主体项目负责人是指承担建筑工程项目建设的建设单位项目负责人、勘察单位项目负责人、设计单位项目负责人、施工单位项目经理、监理单位总监理工程师。建筑工程开工建设前，建设、勘察、设计、施工、监理单位法定代表人应当签署授权书，明确本单位项目负责人。

建筑工程五方责任主体项目负责人质量终身责任，是指参与新建、扩建、改建的建筑工程项目负责人按照国家法律法规和有关规定，在工程设计使用年限内对工程质量承担相应责任。

（二）监督管理

国务院住房城乡建设主管部门负责对全国建筑工程项目负责人质量终身责任追究工作进行指导和监督管理。县级以上地方人民政府住房城乡建设主管部门负责对本行政区域内的建筑工程项目负责人质量终身责任追究工作实施监督管理。

（三）五方主体责任

建设单位项目负责人对工程质量承担全面责任，不得违法发包、肢解发包，不得以任何理由要求勘察、设计、施工、监理单位违反法律法规和工程建设标准，降低工程质量，其违法违规或不当行为造成工程质量事故或质量问题应当承担责任。

勘察、设计单位项目负责人应当保证勘察设计文件符合法律法规和工程建设强制性标准的要求，对因勘察、设计导致的工程质量事故或质量问题承担责任。

施工单位项目经理应当按照经审查合格的施工图设计文件和施工技术标准进行施工，对因施工导致的工程质量事故或质量问题承担责任。

监理单位总监理工程师应当按照法律法规、有关技术标准、设计文件和工程承包合同进行监理，对施工质量承担监理责任。

（四）质量终身责任

（1）符合下列情形之一的，县级以上地方人民政府住房城乡建设主管部门应当依法追究项目负责人的质量终身责任：

1）发生工程质量事故。

2）发生投诉、举报、群体性事件、媒体报道并造成恶劣社会影响的严重工程质量问题。

3）由于勘察、设计或施工原因造成尚在设计使用年限内的建筑工程不能正常使用。

4）存在其他需追究责任的违法违规行为。

（2）工程质量终身责任实行书面承诺和竣工后永久性标牌等制度。

（3）项目负责人应当在办理工程质量监督手续前签署工程质量终身责任承诺书，连同法定代表人授权书，报工程质量监督机构备案。项目负责人如有更换的，应当按规定办理变更程序，重新签署工程质量终身责任承诺书，连同法定代表人授权书，报工程质量监督机构备案。

（4）建筑工程竣工验收合格后，建设单位应当在建筑物明显部位设置永久性标牌，载明建设、勘察、设计、施工、监理单位名称和项目负责人姓名。

（五）质量终身责任信息档案

建设单位应当建立建筑工程各方主体项目负责人质量终身责任信息档案，工程竣工验收合格后移交城建档案管理部门。项目负责人质量终身责任信息档案包括下列内容：

（1）建设、勘察、设计、施工、监理单位项目负责人姓名，身份证号码，执业资格，所在单位，变更情况等。

（2）建设、勘察、设计、施工、监理单位项目负责人签署的工程质量终身责任承诺书。

（3）法定代表人授权书。

（六）责任追究

（1）发生该办法第六条所列情形之一的，对建设单位项目负责人按以下方式进行责任追究：

1）项目负责人为国家公职人员的，将其违法违规行为告知其上级主管部门及纪检监察部门，并建议对项目负责人给予相应的行政、纪律处分。

2）构成犯罪的，移送司法机关依法追究刑事责任。

3）处单位罚款数额 5%以上 10%以下的罚款。

4）向社会公布曝光。

（2）发生该办法第六条所列情形之一的，对勘察单位项目负责人、设计单位项目负责人按以下方式进行责任追究：

1）项目负责人为注册建筑师、勘察设计注册工程师的，责令停止执业 1 年；造成重大质量事故的，吊销执业资格证书，5 年以内不予注册；情节特别恶劣的，终身不予注册。

2）构成犯罪的，移送司法机关依法追究刑事责任。

3）处单位罚款数额 5%以上 10%以下的罚款。

4）向社会公布曝光。

（3）发生该办法第六条所列情形之一的，对施工单位项目经理按以下方式进行责任追究：

1）项目经理为相关注册执业人员的，责令停止执业 1 年；造成重大质量事故的，吊销执业资格证书，5 年以内不予注册；情节特别恶劣的，终身不予注册。

2）构成犯罪的，移送司法机关依法追究刑事责任。

3）处单位罚款数额 5%以上 10%以下的罚款。

4）向社会公布曝光。

（4）发生该办法第六条所列情形之一的，对监理单位总监理工程师按以下方式进行责任追究：

1）责令停止注册监理工程师执业 1 年；造成重大质量事故的，吊销执业资格证书，5 年以内不予注册；情节特别恶劣的，终身不予注册。

2）构成犯罪的，移送司法机关依法追究刑事责任。

3）处单位罚款数额 5%以上 10%以下的罚款。

4）向社会公布曝光。

七、《建筑工程设计招标投标管理办法》解读

《建筑工程设计招标投标管理办法》（住房和城乡建设部令第 33 号）（以下简称《办法》），由住房和城乡建设部 2017 年 1 月 24 日发布，并于 2017 年 5 月 1 日施行。该办法共 38 条，是在原《建筑工程设计招标投标管理办法》（建设部令第 82 号）基础上进行修订的。

（一）修订的必要性

招标投标制度是社会主义市场经济体制的重要组成部分，建筑工程设计招标投标的规章是规范建筑设计市场健康有序发展的重要保障，原《建筑工程设计招标投标管理办法》（建设部令第 82 号）于 2000 年发布实施，对规范建筑工程设计招标投标活动发挥了重要

作用。

但随着建筑设计市场的发展变化，在建筑设计招标投标过程中，招标项目范围过宽、招标办法单一、建筑设计特点体现不足、评标制度不完善、评标质量不高等问题逐渐凸显。

为解决上述问题，繁荣建筑设计创作，提升建筑设计水平，建立符合建筑工程设计活动内在要求、适应设计特点、鼓励高水平方案胜出的招标方式方法。住房和城乡建设部做出在已经建立了建筑设计招标投标的基本法规框架上，对原《建筑工程设计招标投标管理办法》进行了修订。

（二）修订的内容

1. 新增的内容

（1）新增设计团队招标方式 《办法》第六条规定："建筑工程设计招标可以采用设计方案招标或者设计团队招标，招标人可以根据项目特点和实际需要选择。"

（2）鼓励建筑工程实行设计总包 《办法》第九条规定："鼓励建筑工程实行设计总包。实行设计总包的，按照合同约定或者经招标人同意，设计单位可以不通过招标方式将建筑工程非主体部分的设计进行分包。"

（3）新增关于联合体投标的相关规定 《办法》第十一条规定："招标人应当在资格预审公告、招标公告或者投标邀请书中载明是否接受联合体投标。采用联合体形式投标的，联合体各方应当签订共同投标协议，明确约定各方承担的工作和责任，就中标项目向招标人承担连带责任。"

（4）新增关于设计团队评审内容的相关规定 《办法》第十八条规定："采用设计团队招标的，评标委员会应当对投标人拟从事项目设计的人员构成、人员业绩、人员从业经历、项目解读、设计构思、投标人信用情况和业绩等进行评审。"

（5）新增关于使用未中标方案的相关规定 《办法》第二十六条规定："招标人、中标人使用未中标方案的，应当征得提交方案的投标人同意并付给使用费。"

（6）加快推进电子招标投标 《办法》第二十八条规定："住房城乡建设主管部门应当加快推进电子招标投标，完善招标投标信息平台建设，促进建筑工程设计招标投标信息化监管。"

2. 调整的内容

（1）增加了可以不进行招标的情形范围 《办法》第四条规定："建筑工程设计招标范围和规模标准按照国家有关规定执行，有下列情形之一的，可以不进行招标：①采用不可替代的专利或者专有技术的；②对建筑艺术造型有特殊要求，并经有关主管部门批准的；③建设单位依法能够自行设计的；④建筑工程项目的改建、扩建或者技术改造，需要由原设计单位设计，否则将影响功能配套要求的；⑤国家规定的其他特殊情形。"

（2）关于招标文件内容的调整 《办法》第十条规定了招标文件应该包括的内容，其中明确规定，招标文件中应该包含"设计费或者计费方法"的内容。要求招标人明示价格，潜在投标人可根据设计费或计费方法确定是否参加投标。

（3）对投标文件提交期限进行了调整 原《办法》按照工程等级对投标文件提交时间予以分别规定。《办法》第十三条规定："招标人应当确定投标人编制投标文件所需要的合理时间，自招标文件开始发出之日起至投标人提交投标文件截止之日止，时限最短不少于20日。"

(4) 对评标委员会专家构成进行了调整 《办法》第十六条规定："评标由评标委员会负责。评标委员会由招标人代表和有关专家组成。评标委员会人数为 5 人以上单数，其中技术和经济方面的专家不得少于成员总数的 2/3。建筑工程设计方案评标时，建筑专业专家不得少于技术和经济方面专家总数的 2/3。评标专家一般从专家库随机抽取，对于技术复杂、专业性强或者国家有特殊要求的项目，招标人也可以直接邀请相应专业的中国科学院院士、中国工程院院士、全国工程勘察设计大师以及境外具有相应资历的专家参加评标。投标人或者与投标人有利害关系的人员不得参加评标委员会。"

(5) 园林工程设计招标投标参照本办法执行 《办法》第三十七条规定："市政公用工程及园林工程设计招标投标参照本办法执行。"

3. 删除的内容

取消招标备案制度。原《办法》第七条规定："依法必须招标的建筑工程项目，招标人自行组织招标的，应当在发布招标公告或者发出招标邀请书 15 日前，持有关材料到县级以上地方人民政府建设行政主管部门备案；招标人委托招标代理机构进行招标的，招标人应当在委托合同签订后 15 日内，持有关材料到县级以上地方人民政府建筑行政主管部门备案。备案机关应当在接受备案之日起 5 日内进行审核，发现招标人不具备自行招标条件、代理机构无相应资格、招标前期条件不具备、招标公告或者招标邀请书有重大瑕疵的，可以责令招标人暂时停止招标活动。备案机关逾期未提出异议的，招标人可以实施招标活动。"《办法》取消了关于招标备案的相关规定，这也是政府简政放权的重要的体现。

第三章 建设工程标准规范解析

第一节 建筑工程施工质量验收统一标准
（GB 50300—2013）解析

一、建筑工程施工质量系列验收规范概述

（一）建筑工程施工质量验收规范的发展过程

1）1966年原国家建筑工程部批准试行《建筑安装工程质量检验评定标准》（GBJ 22—1966），该评定标准是在1956年颁布的《建筑安装工程施工及验收暂行技术规定》（翻译苏联的工程建设标准）的基础上增、减、修、补而成，共16个分项，每个分项内容包括"质量要求""检验方法"和"质量评定"三个部分，工程质量分为优良、合格、不合格三个等级。

2）1974年由原国家基本建设委员会完成对GBJ 22—1966的重大修订，颁布实施了《建筑安装工程质量检验评定标准》（TJ 301—1974），按专业工程进行分册，分为《建筑工程》（TJ 301—1974）《管道工程》（TJ 302—1974）《电气工程》（TJ 303—1975）《通风工程》（TJ 304—1974）《通用机械设备安装工程》（TJ 305—1975）《钢筋混凝土预制构件工程》（TJ 321—1976）等。建筑工程的分项工程增加到32个，每个分项工程按照主要项目、一般项目、允许偏差项目检验评定等级。

3）改革开放以后，为了适应新的需求，原城乡建设环境保护部建筑工程标准研究中心组织对TJ 301—1974进行修订，对各专业质量验收内容进行重新归并，形成了一个建筑安装工程质量检验评定标准系列，1988年11月由原城乡建设环境保护部颁布，1989年9月1日起施行。该评定标准系列包括《建筑安装工程质量检验评定统一标准》（GBJ 300—1988）《建筑工程质量检验评定标准》（GBJ 301—1988）《建筑采暖卫生和煤气工程质量检验评定标准》（GBJ 302—1988）《建筑电气安装工程质量检验评定标准》（GBJ 303—1988）《通风与空调工程质量检验评定标准》（GBJ 304—1988）《电梯安装工程质量检验评定标准》（GBJ 310—1988）。《建筑安装工程质量检验评定统一标准》（GBJ 300—1988）规定，建筑安装工程质量应按分项、分部和单位工程进行检验评定，分为合格、优良两个等级。单位工程质量由企业技术负责人组织企业有关部门进行检验评定，并将有关评定资料提交当地工程质量监督部门或主管部门核定。

4）进入21世纪以后，随着我国经济建设的发展，市场经济逐步形成，标准规范适用环境发生巨大变化，原系列标准政企不分、责任不明、施工类规范和检验标准不统一等弊

端日益显现。同时，工程质量管理制度也发生了变革，2000 年 1 月，《建设工程质量管理条例》颁布实施，工程质量管理由核验制改为备案制。2001 年 7 月，建设部颁布实施了《建筑工程施工质量验收统一标准》（GB 50300—2001），并相继颁布了《建筑装饰装修工程质量验收规范》（GB 50210—2001）《建筑地基基础施工质量验收规范》（GB 50202—2002）等专业验收规范，共同组成全新的工程质量验收规范体系。该验收规范将有关建筑工程的施工及验收规范和工程质量检验评定标准合并，统一建筑工程施工质量的验收方法、质量标准和程序；强调过程控制，增加过程检测项目；明确施工责任，增加了建筑工程施工现场质量管理和质量控制要求；明确质量责任，增加对验收人员资格要求。明确工程验收应在施工单位自行检查评定的基础上，参与建设活动的有关单位共同对检验批、分项、分部、单位工程的质量进行抽样复检，工程质量只规定了合格等级。

5）随着工程建设新技术、新工艺、新材料的较快发展，《建筑工程施工质量验收统一标准》（GB 50300—2001）在实施过程中仍有很多需要改进完善的空间，根据建设部《关于印发〈2007 工程建设标准制定、修订计划（第一批）〉的通知》（建标〔2007〕125 号）要求，由中国建筑科学研究院会同有关单位对该标准进行了修订。编制组经过大量调查研究，总结了原统一标准的实施经验，改进、完善、丰富了标准内容，在征求各专业验收规范主编单位和其他方面的意见，对标准的具体内容进行反复讨论、协调和修改完善后形成《建筑工程施工质量验收统一标准》（GB 50300—2013）送审稿。2013 年 11 月 1 日，住建部批准发布了《建筑工程施工质量验收统一标准》（GB 50300—2013），该标准自 2014 年 6 月 1 日起正式实施，原《建筑工程施工质量验收统一标准》（GB 50300—2001）同时废止。

建筑工程施工质量验收规范的每一次修订，都是顺应经济建设发展的需求，对我国建设工程施工管理工作和工程质量管理工作起到积极的推动作用，使我国工程建设标准化工作得到完善，为工程建设的顺利进行提供技术保证。

（二）建筑工程施工质量系列验收规范的指导原则

建筑工程施工质量系列验收规范编制的指导原则是"验评分离、强化验收、完善手段、过程控制"。

1. 验评分离

将以前验评标准中的质量检验与质量评定的内容分开，将以前施工及验收规范中的施工工艺和质量验收的内容分开，将验评标准中的质量检验与施工规范中的质量验收衔接，形成工程质量验收规范。施工及验收规范中的施工工艺部分作为企业标准或行业推荐性标准；验评标准中的评定部分，主要是为企业操作工艺水平进行评价，可作为行业推荐性标准，为社会及企业的创优评价提供依据。

2. 强化验收

将施工规范中的验收部分与验评标准中的质量检验内容合并起来，形成一个完整的工程质量验收规范，是建设工程必须完成的最低质量标准，是施工单位必须达到的施工质量标准，也是建设单位验收工程质量所必须遵守的规定，其规定的质量指标都必须达到。强化验收还体现只设合格一个质量等级、增加过程检测项目等方面。

3. 完善手段

以往不论是施工规范还是验评标准，对质量指标的科学检测重视不够，以至评定及验收中，科学的数据较少。为量化质量指标，《建筑工程施工质量验收统一标准》（GB

50300—2013）统一了工程质量检测的程序、方法、仪器设备等，主要是从三个方面着手改进。一是完善材料、设备的检测；二是改进施工阶段的施工试验；三是增加分部工程、单位工程的抽测项目，减少或避免人为因素的干扰和主观评价的影响。工程质量检测作为验收手段，可分为基本试验、施工试验和竣工工程有关安全、使用功能抽样检测三个部分。基本试验具有法定性，其质量指标、检测方法都有相应的国家或行业标准，其方法、程序、设备仪器以及人员素质都应符合有关标准的规定，其试验一定要符合相应标准方法的程序及要求，要有复演性，其数据要有可比性。施工试验是施工单位进行的质量控制，判定质量时，要注意试验的技术条件，试验程序需要第三方见证，以保证其统一性和公正性。竣工抽样检测是为了确认施工检测的程序、方法、数据的规范性和有效性，为保证工程的结构安全和使用功能提供数据。

4. 过程控制

过程控制是根据工程质量的特点进行的质量管理。工程质量验收体现在施工质量全过程控制的基础上。一是体现在建立过程控制的各项制度；二是体现在基本规定中关于控制设置的要求，如强化中间控制和合格控制，强调施工必须有操作依据，并提出了把综合施工质量水平的考核作为质量验收的要求；三是体现在验收的本身，检验批、分项、分部、单位工程的验收，就是过程控制。

（三）建筑工程施工质量系列验收规范体系

目前常用的施工质量系列验收规范包括：

1. 《建筑工程施工质量验收统一标准》（GB 50300）

2. 《建筑地基基础工程施工质量验收规范》（GB 50202）

3. 《砌体工程施工质量验收规范》（GB 50203）

4. 《混凝土结构工程施工质量验收规范》（GB 50204）

5. 《钢结构工程施工质量验收规范》（GB 50205）

6. 《木结构工程施工质量验收规范》（GB 50206）

7. 《屋面工程质量验收规范》（GB 50207）

8. 《地下防水工程质量验收规范》（GB 50208）

9. 《建筑地面工程施工质量验收规范》（GB 50209）

10. 《建筑装饰装修工程质量验收标准》（GB 50210）

11. 《建筑给水排水及采暖工程施工质量验收规范》（GB 50242）

12. 《通风与空调工程施工质量验收规范》（GB 50243）

13. 《建筑电气工程施工质量验收规范》（GB 50303）

14. 《电梯工程施工质量验收规范》（GB 50310）

15. 《智能建筑工程施工质量验收规范》（GB 50339）

16. 《建筑节能工程施工质量验收标准》（GB 50411）

17. 《铝合金结构工程施工质量验收规范》（GB 50576）

18. 《建筑防腐蚀工程施工质量验收规范》（GB 50224）

19. 《钢管混凝土工程施工质量验收规范》（GB 50628）

标准规范体系的落实和执行，还需要有关标准的支持，主要包括施工技术标准、操作规程、管理标准和有关企业标准、试验方法标准、检测技术标准、施工质量评价标准等。

（四）《建筑工程施工质量验收统一标准》的作用

《建筑工程施工质量验收统一标准》的作用主要有：

1. 指导专业规范的编制

《建筑工程施工质量验收统一标准》规定了房屋建筑工程各专业工程施工质量验收规范编制的统一准则，对检验批、分项、分部、单位工程的划分、质量指标的设置和要求、验收程序和组织提出了原则要求，用以指导各专业施工质量验收规范的编制，使系列规范统一协调。

2. 配套用于工程验收

《建筑工程施工质量验收统一标准》规定了单位工程的划分和组成、质量指标的设置、验收的程序和组织；各专业工程质量验收规范规定了检验批、分项工程和分部工程质量验收指标的具体内容。所以，在进行单位工程施工质量验收时，必须执行统一标准和各专业质量验收规范，相互协调，同时满足二者的要求，共同来完成一个单位工程的质量验收。

二、《建筑工程施工质量验收统一标准》（GB 50300—2013）要点解析

（一）施工现场质量管理总体要求

【标准条文】 3.0.1 施工现场应具有健全的质量管理体系、相应的施工技术标准、施工质量检验制度和综合施工质量水平评定考核制度。施工现场质量管理可按本标准附录 A 的要求进行检查记录。

【条文说明】 3.0.1 建筑工程施工单位应建立必要的质量责任制度，应推行生产控制和合格控制的全过程质量控制，应有健全的生产控制和合格控制的质量管理体系。不仅包括原材料控制、工艺流程控制、施工操作控制、每道工序质量检查、相关工序间的交接检验以及专业工种之间等中间交接环节的质量管理和控制要求，还应包括满足施工图设计和功能要求的抽样检验制度等。施工单位还应通过内部的审核与管理者的评审，找出质量管理体系中存在的问题和薄弱环节，并制订改进的措施和跟踪检查落实等措施，使质量管理体系不断健全和完善，是使施工单位不断提高建筑工程施工质量的基本保证。

【解析】 本条是对施工现场施工单位质量管理的总体要求，施工单位应按照国家现行有关质量管理的法律法规和《建设工程项目管理规范》（GB/T 50326）《工程建设施工企业质量管理规范》（GB/T 50430）、施工质量系列验收规范等，履行质量管理职责，对建设工程的施工质量负责。施工企业应坚持预防为主的原则，按照策划、实施、检查、处置的循环方式进行系统运作。施工企业应在各管理层次中明确质量管理的组织协调部门和岗位，并规定其职责。施工合同签订后 30 日内，项目部根据施工合同和企业要求确定质量目标，编制完成质量策划书，报企业技术负责人审批后实施。施工企业应对项目质量目标实施情况进行考核，并留有记录。

施工现场质量管理检查内容包括项目部质量管理体系、现场质量责任制、主要专业工种操作岗位证书、图纸会审记录、地质勘查资料、施工技术标准、施工组织设计、施工方案编制及审批、物资采购管理制度、施工设施和机械设备管理制度、计量设备配备、检测试验管理制度、工程质量检查验收制度等。施工单位自检完成后，填写《施工现场质量管理检查记录》，项目负责人签字后报监理单位，监理单位检查后，由总监签检查

结论。

　　施工现场应建立健全质量管理制度，如质量责任制，明确各级管理人员质量责任制，每月进行考核评价；质量例会制度，一般分为周例会、月例会和质量专题会，由项目经理组织召开，并留有书面记录；质量检查制度，施工过程中应加强质量检查，质量检查分为日常检查、定期检查、不定期检查、隐蔽工程检查、工序质量检查等，检查应有详细的检查记录和明确的检查结论，对不符合要求的期限整改，并留有书面整改及复查记录；质量改进制度，对质量检查中发现的质量偏差定期或按节点进行统计分析，制订纠正措施和预防措施，避免相同问题重复出现；质量奖罚制度，施工企业和项目部对项目质量控制的过程和结果进行考核和奖罚；资料管理制度，明确专人负责工程质量资料的收集、整理、保存和管理，工程资料应归类整理，编目清楚，做到及时、齐全、真实、签章有效、书写工整，施工日志必须详细记录当日的天气、施工部位、施工质量、施工安全、质量问题的处理、原材料进场、验收、试块制作等情况；关键工序质量控制制度，项目技术负责人应明确关键工序，针对关键工序划分质量控制点，制订质量控制措施，质量控制点包括工程施工的重点、难点以及涉及结构安全和重要使用功能的部位，在关键工序质量控制中应留有相应的质量记录，项目结束后对质量记录进行收集、整理并归档保存；成品保护制度，根据工程特点，编制成品保护方案，在施工过程中对成品、半成品进行保护管理；样板引路制度，施工前，在施工现场做样板，经验收合格再进行大面积施工；持证上岗制度，建立专业工种人员及证书登记台账，并造册管理，定期更新，组织专业工种人员培训取证，做到持证上岗等。

　　（二）施工质量控制

　　【标准条文】　3.0.3　建筑工程的施工质量控制应符合下列规定：

　　1）建筑工程采用的主要材料、半成品、成品、建筑构配件、器具和设备应进行进场检验。凡涉及安全、节能、环境保护和主要使用功能的重要材料、产品，应按各专业工程施工规范、验收规范和设计文件等规定进行复验，并应经监理工程师检查认可。

　　2）各施工工序应按施工技术标准进行质量控制，每道施工工序完成后，经施工单位自检符合规定后，才能进行下道工序施工。各专业工种之间的相关工序应进行交接检验，并应记录。

　　3）对于监理单位提出检查要求的重要工序，应经监理工程师检查认可，才能进行下道工序施工。

　　【条文说明】　3.0.3　本条规定了建筑工程施工质量控制的主要方面：

　　1）用于建筑工程的主要材料、半成品、成品、建筑构配件、器具和设备的进场检验和重要建筑材料、产品的复验。为把握重点环节，要求对涉及安全、节能、环境保护和主要使用功能的重要材料、产品进行复检，体现了以人为本、节能、环保的理念和原则。

　　2）为保障工程整体质量，应控制每道工序的质量。目前各专业的施工技术规范正在编制，并陆续实施，施工单位可按照执行。考虑到企业标准的控制指标应严格于行业和国家标准指标，鼓励有能力的施工单位编制企业标准，并按照企业标准的要求控制每道工序的施工质量。施工单位完成每道工序后，除了自检、专职质量检查员检查外，还应进行工序交接检查，上道工序应满足下道工序的施工条件和要求；同样相关专业工序之间也应进行交接检验，使各工序之间和各相关专业工程之间形成有机的整体。

3）工序是建筑工程施工的基本组成部分，一个检验批可能由一道或多道工序组成。根据目前的验收要求，监理单位对工程质量控制到检验批，对工序的质量一般由施工单位通过自检予以控制，但为保证工程质量，对监理单位有要求的重要工序，应经监理工程师检查认可，才能进行下道工序施工。

【解析】本条对施工现场的质量控制从建筑材料、施工工序以及重要工序三个方面提出具体要求。

1. 建筑材料质量控制

建筑材料应进场检验，重要材料应复验。

进场检验是指对进入施工现场的建筑材料、构配件、设备及器具，按相关标准的要求进行检验，并对其质量、规格及型号等是否符合要求做出确认的活动。施工单位采购和建设单位提供的建筑材料、半成品、成品、建筑构配件、器具和设备均应进行进场检验，未经验收的不得用于工程施工。进场验收应有建设单位、监理单位、施工单位共同参加，主要检查材质证明和产品合格证明、随行技术资料、质量、外观、型号、数量等，验收过程、记录和标识应符合相关规定，验收完成后应签字确认。

复验是指建筑材料、设备等进入施工现场后，在外观质量检查和质量证明文件核查符合要求的基础上，按照有关规定从施工现场抽取试样送至实验室进行检验的活动。对需要复验确认的材料应及时按照相关检验标准现场取样，并报具有检验资质的单位进行检验，检验合格后方可使用。施工企业应按照规定的职责、权限和方式对验收不合格的材料、构配件进行处理，并记录处理结果。

进场材料经验收后，应按照平面布置及材料储存、运输、使用加工的要求合理堆码，分类存放，堆放时需标识生产厂家，出厂（进场）时间、技术状态等信息。

2. 施工工序质量控制

工序施工前，项目技术负责人应根据施工组织设计或专项方案的要求，向质量管理人员、班组长进行技术交底，并办理签字手续。在施工过程中应认真落实三检制度，三检制度是指自检、互检、交接检。自检是指一道工序结束后，由操作者按照质量标准，对本工序的工艺质量进行检查。互检是指由施工员组织在同一工程中的有关班组进行相互检查。交接检是指由质量检查员组织的前后工序班组参加的交接检查。对检查中发现的问题，应进行整改，整改应留有书面记录。未整改完毕的不可进行下一工序施工。

3. 重要工序检查认可

工序是施工过程的基本单元，由生产者控制其质量。监理单位应参加工程全部实体的验收，但难以控制每道工序，对于涉及结构安全或重要使用功能的工序，监理单位应予以控制，要求施工单位在经过监理工程师检查认可后，才能进行下道工序施工。未实行监理的建筑工程，建设单位相关人员应履行本标准涉及的监理职责。

（三）施工质量验收

1. 验收的定义

【标准条文】 2.0.7 验收

建筑工程质量在施工单位自行检查合格的基础上，由工程质量验收责任方组织，工程建设相关单位参加，对检验批、分项、分部、单位工程及其隐蔽工程的质量进行抽样检验，对技术文件进行审核，并根据设计文件和相关标准以书面形式对工程质量是否达到合格做出确认。

【解析】验收是该标准的核心内容，在术语中给出了验收的定义，阐明了验收的条件、组织、层次、方法、依据、结论等。

验收的条件：施工单位自行检查合格。标准强调了施工单位在验收前应进行自检，除本条外，标准第3.0.3、3.0.6、6.0.4、6.0.5条都要求施工单位自检，自检是验收的基础，任何验收必须先自检，后验收。本条还要求自检合格，即自检发现的问题已进行整改，达到合格标准。

验收的组织：工程质量验收责任方组织，工程建设相关单位参加。不同的过程质量验收，组织和参加人员也不同，本标准规定检验批验收应由专业监理工程师组织施工单位项目专业质量检查员、专业工长等进行验收；分项工程验收应由专业监理工程师组织施工单位项目专业技术负责人等进行验收；分部工程验收应由总监理工程师组织施工单位项目负责人和项目技术、质量负责人等进行验收。勘察、设计单位项目负责人和施工单位技术、质量部门负责人应参加地基与基础部分工程的验收。设计单位项目负责人和施工单位技术、质量部门负责人应参加主体结构、节能分部工程的验收。建设单位收到工程竣工报告后，应由建设单位项目负责人组织监理、施工、设计、勘察等单位项目负责人进行单位工程验收。

验收的层次：检验批、分项、分部、单位工程验收及其隐蔽工程。建筑工程施工质量验收应划分为单位工程、分部工程、分项工程和检验批。检验批可根据施工、质量控制和专业验收的需要，按工程量、楼层、施工段、变形缝等进行划分。建筑工程的分部、分项工程划分宜按标准附录B采用。分部工程可按专业性质、工程部位确定，当分部工程较大或较复杂时，可按材料种类、施工特点、施工程序、专业系统及类别等将分部工程划分为若干子分部工程。具备独立施工条件并能形成独立使用功能的建筑物或构筑物为一个单位工程，对于规模较大的单位工程，可将其能形成独立使用功能的部分划分为一个子单位工程。

验收的方法：抽样检验，对技术文件进行审核。对工程实体进行抽样检验，对施工过程中形成的技术文件、资料进行审核。如在检验批验收中应对工程实体的主控项目、一般项目进行抽样检验，对施工操作依据、质量验收记录等进行审核。

验收的依据：设计文件和相关标准。标准第3.0.7条规定建筑工程施工质量验收合格应符合工程勘察、设计文件的规定和本标准及相关专业验收规范的规定。勘察、设计文件是施工的依据，必须按经施工图审查合格的设计文件施工，施工中不得随意变更设计文件，如必须修改时，应按程序由原设计单位进行修改，并出具正式的变更手续。重大设计变更，还必须经原施工图审查机构审查合格后方可实施。

验收的结论：书面形式确认工程质量是否合格。一是要求验收结果应采用书面形式，验收应形成资料，由参与验收的人员签字认可；二是工程质量验收结论要么合格，要么不合格。

2. 验收方案

【标准条文】　3.0.5 当专业验收规范对工程中的验收项目未做出相应规定时，应由建设单位组织监理、设计、施工等相关单位制订专项验收要求。涉及安全、节能、环境保护等项目的专项验收要求应由建设单位组织专家论证。

4.0.7 施工前，应由施工单位制订分项工程和检验批的划分方案，并由监理单位审核。对于附录 B 及相关专业验收规范未涵盖的分项工程和检验批，可由建设单位组织监理、施工等单位协商确定。

【条文说明】 3.0.5 为适应建筑工程行业的发展，鼓励"四新"技术的推广应用，保证建筑工程验收的顺利进行，本条规定对国家、行业、地方标准没有具体验收要求的分项工程及检验批，可由建设单位组织制订专项验收要求，专项验收要求应符合设计意图，包括分项工程及检验批的划分、抽样方案、验收方法、判定指标等内容，监理、设计、施工等单位可参与制订。为保证工程质量，重要的专项验收要求应在实施前组织专家论证。

4.0.7 随着建筑工程领域的技术进步和建筑功能要求的提升，会出现一些新的验收项目，并需要有专门的分项工程和检验批与之相对应。对于本标准附录 B 及相关专业验收规范未涵盖的分项工程、检验批，可由建设单位组织监理、施工等单位在施工前根据工程具体情况协商确定，并据此整理施工技术资料和进行验收。

【解析】 以上两条要求施工单位施工前依据标准和各专业验收规范的规定，划分分项工程和检验批，并由监理单位审核，施工过程中根据经审核的检验批和分项工程划分方案进行验收。对国家、行业、地方标准没有具体验收要求的分项工程及检验批，可由建设单位组织监理、设计、施工单位制订专项验收要求，专项验收要求应符合设计意图，包括分项工程及检验批的划分、抽样方案、验收方法、判定指标等内容。检验批和分项工程的划分方案确定后，不得随意更改。

3. 验收总体要求

【标准条文】 3.0.6 建筑工程施工质量应按下列要求进行验收：

1）工程质量验收均应在施工单位自检合格的基础上进行。

2）参加工程施工质量验收的各方人员应具备相应的资格。

3）检验批的质量应按主控项目和一般项目验收。

4）对涉及结构安全、节能、环境保护和主要使用功能的试块、试件及材料，应在进场时或施工中按规定进行见证检验。

5）隐蔽工程在隐蔽前应由施工单位通知监理单位进行验收，并应形成验收文件，验收合格后方可继续施工。

6）对涉及结构安全、节能、环境保护和使用功能的重要分部工程应在验收前按规定进行抽样检验。

7）工程的观感质量应由验收人员现场检查，并应共同确认。

【条文说明】 3.0.6 本条规定了建筑工程施工质量验收的基本要求：

1）工程质量验收的前提条件为施工单位自检合格，验收时施工单位对自检中发现的问题已完成整改。

2）参加工程施工质量验收的各方人员资格包括岗位、专业和技术职称等要求，具体要求应符合国家、行业和地方有关法律、法规及标准、规范的规定，尚无规定时可由参加验收的单位协商确定。

3）主控项目和一般项目的划分应符合各专业验收规范的规定。

4）见证检验的项目、内容、程序、抽样数量等应符合国家、行业和地方有关规范的规定。

5）考虑到隐蔽工程在隐蔽后难以检验，因此隐蔽工程在隐蔽前应进行验收，验收合格后方可继续施工。

6）本标准修订适当扩大抽样检验的范围，不仅包括涉及结构安全和使用功能的分部工程，还包括涉及节能、环境保护等的分部工程，具体内容可由各专业验收规范确定，抽样检验和实体检验结果应符合有关专业验收规范的规定。

7）观感质量可通过观察和简单的测试确定，观感质量的综合评价结果应由验收各方共同确认并达成一致。对影响观感及使用功能或质量评价为差的项目应进行返修。

【解析】对验收的要求是本标准的核心内容，不论哪一个专业施工质量验收规范中有着什么样的具体要求，这一条是关于施工质量验收活动必须遵循的。本条集中提出七点具体要求，下面逐条说明。

1）施工单位自检合格是验收的前提条件，目的是为了落实施工单位对质量管理的直接责任。

2）工程质量验收应由具有一定工程技术理论、工程实践经验并且熟悉验收规范和工程情况的人来执行，所以规定了验收人员应具备相应资格，包括岗位、专业和技术职称等要求。

3）检验批是指按同一生产条件或按规定的方式汇总起来供检验用的，由一定数量样本组成的检验体，是工程质量验收最基本的单元，其他各层次的质量验收均建立在检验批的基础上。检验批质量按照各专业验收规范规定的主控项目、一般项目进行验收，达到相应规定，检验批即通过验收，不能随意扩大内容范围。

主控项目是指建筑工程中对安全、卫生、环境保护和公众利益起决定性作用的检验项目。主控项目的条文是必须达到的要求，是确定该检验批主要性能的，如果达不到规定的质量指标，降低要求就相当于降低该工程项目的性能指标，就会严重影响工程的安全性能。如混凝土、砂浆的强度等级是保证混凝土结构、砌体工程强度的重要性能必须全部达到要求。

一般项目是指除主控项目以外的检验项目。虽然对安全、卫生、环境保护和公众利益不起决定性作用，但对工程使用功能和美观等有一定的影响，对这些项目的要求也是应该达到的，只是可以适当放宽一些。如钢筋安装、模板安装允许偏差、施工缝留置及处理、防水层表面质量等。

4）见证取样制度是工程质量管理的一项重要制度。《房屋建筑工程和市政基础设施工程实行见证取样和送检的规定》中要求涉及结构安全的试块、试件和材料见证取样和送检的比例不得低于有关技术标准中规定应取样数量的30%。具体送检试块、试件及材料种类和数量应在施工前制订见证取样检测计划，下列试块、试件和材料必须实施见证取样和送检：用于承重结构的混凝土试块；用于承重墙体的砌筑砂浆试块；用于承重结构的钢筋及连接接头试件；用于承重墙的砖和混凝土小型砌块；用于拌制混凝土和砌筑砂浆的水泥；用于承重结构的混凝土中使用的掺加剂；地下、屋面、厕浴间使用的防水材料；国家规定必须实行见证取样和送检的其他试块、试件和材料。见证人员应由建设单位或监理单位具备建筑施工试验知识的专业技术人员担任。在施工过程中，见证人员应按照见证取样和送检计划，对施工现场的取样和送检进行见证，取样人员应在试样或其包装上做出标识、封志。标识和封志应标明工程名称、取样部位、取样日期、样品名称和样品数量，并由见证人员和取样人员签字。见证人员应制作见证记录，并将见证记录归入施工技术档案。见证人员和取样人员应对试样的代表性和真实性负责。承担见证取样检测的单位应具有相应资质。

5）有关工序完成后，将被下道工序覆盖，在覆盖前，应对其质量进行检查验收，确保不留隐患。隐蔽工程施工完毕后，由施工单位自检合格并通知监理单位进行验收，项目专业监理工程师组织施工单位项目专业技术负责人、施工员（专业工长）、专业质量检查员进行验收并在隐蔽工程验收记录上签署意见，隐蔽验收记录应留存影像资料。

6）有关工序完成后，有可能改变前道工序原来的质量情况，对一些特别重要的质量指标，如混凝土强度、防水效果等，也需要进行验证性检测。一般采用非破损或微破损检测。具体检测内容、数量等可由各专业验收规范确定。

7）观感质量是指通过观察和必要的量测所反映的工程外在质量。观感质量评价是全面评价一个分部、单位工程的外观及使用功能质量，能够促进施工过程管理和成品保护。观感质量检查不是单纯的外观检查，而是实地对工程的一个全面检查，一是核查分项、分部工程验收的正确性，如工程完工，绝大部分的安全可靠性能和使用功能已达到要求，但如果出现不应出现的缺陷和严重影响使用功能的情况，如地面严重空鼓、起砂、墙面空鼓粗糙、门窗开关不灵、关闭不严等质量缺陷，就说明在分项、分部工程验收时，掌握标准不严。二是对分项、分部无法测定和不便测定的项目进行检查，如在单位工程观感评价中，建筑物的全高垂直度、上下窗位置偏移及一些线角顺直等项目，只有在单位工程质量最终检查时，才能了解得更确切。

4. 验收抽样

【标准条文】 3.0.4 符合下列条件之一时，可按相关专业验收规范的规定适当调整抽样复验、试验数量，调整后的抽样复验、试验方案应由施工单位编制，并报监理单位审核确认。

1）同一项目中由相同施工单位施工的多个单位工程，使用同一生产厂家的同品种、同规格、同批次的材料、构配件、设备。

2）同一施工单位在现场加工的成品、半成品、构配件用于同一项目中的多个单位工程。

3）在同一项目中，针对同一抽样对象已有检验成果可以重复利用。

3.0.8 检验批的质量检验，可根据检验项目的特点在下列抽样方案中选取：

1）计量、计数或计量 计数的抽样方案。

2）一次、二次或多次抽样方案。

3）对重要的检验项目，当有简易快速的检验方法时，选用全数检验方案。

4）根据生产连续性和生产控制稳定性情况，采用调整型抽样方案。

5）经实践证明有效的抽样方案。

3.0.9 检验批抽样样本应随机抽取，满足分布均匀、具有代表性的要求，抽样数量应符合有关专业验收规范的规定。当采用计数抽样时，最小抽样数量尚应符合表3-1的要求。

明显不合格的个体可不纳入检验批，但应进行处理，使其满足有关专业验收规范的规定，对处理的情况应予以记录并重新验收。

表 3-1 检验批最小抽样数量

检验批的容量	最小抽样数量	检验批的容量	最小抽样数量
2~15	2	151~280	13
16~25	3	281~500	20
26~90	5	501~1200	32
91~150	8	1201~3200	50

3.0.10 计量抽样的错判概率 α 和漏判概率 β 可按下列规定采取：

1）主控项目：对应于合格质量水平的 α 和 β 均不宜超过 5%。

2）一般项目：对应于合格质量水平的 α 不宜超过 5%，β 不宜超过 10%。

【条文说明】 3.0.4 本条规定了可适当调整抽样复验、试验数量的条件和要求。

1）相同施工单位在同一项目中施工的多个单位工程，使用的材料、构配件、设备等往往属于同一批次，如果按每一个单位工程分别进行复验、试验势必会造成重复，且必要性不大，因此规定可适当调整抽样复检、试验数量，具体要求可根据相关专业验收规范的规定执行。

2）施工现场加工的成品、半成品、构配件等符合条件时，可适当调整抽样复验、试验数量。但对施工安装后的工程质量应按分部工程的要求进行检测试验，不能减少抽样数量，如结构实体混凝土强度检测、钢筋保护层厚度检测等。

3）在实际工程中，同一专业内或不同专业之间对同一对象有重复检验的情况，只需分别填写验收资料。例如混凝土结构隐蔽工程检验批和钢筋工程检验批，装饰装修工程和节能工程中对门窗的气密性试验等。因此本条规定可避免对同一对象的重复检验，可重复利用检验成果。

调整抽样复验、试验数量或重复利用已有检验成果应有具体的实施方案，实施方案应符合各专业验收规范的规定，并事先报监理单位认可。施工或监理单位认为必要时，也可不调整抽样复验、试验数量或不重复利用已有检验成果。

3.0.8 对检验批的抽样方案可根据检验项目的特点进行选择。计量、计数检验可分为全数检验和抽样检验两类。对于重要且易于检查的项目，可采用简易快速的非破损检验方法时，宜选用全数检验。

本条在计量、计数抽样时引入了概率统计学的方法，提高抽样检验的理论水平，作为可采用的抽样方案之一。鉴于目前各专业验收规范在确定抽样数量时仍普遍采用基于经验的方法，本标准仍允许采用"经实践证明有效的抽样方案"。

3.0.9 条规定了检验批的抽样要求。目前对施工质量的检验大多没有具体的抽样方案，样本选取的随意性较大，有时不能代表母体的质量情况。因此本条规定随机抽样应满足样本分布均匀、抽样具有代表性等要求。

对抽样数量的规定依据国家标准《计数抽样检验程序第 1 部分：按接收质量限（AQL）检索的逐批检验抽样计划》（GB/T 2828.1—2012），给出了检验批验收时的最小抽样数量，其目的是要保证验收检验具有一定的抽样量，并符合统计学原理，使抽样更具代表性。最小抽样数量有时不是最佳的抽样数量，因此本条规定抽样数量尚应符合有关专业验收规范的规定。3.0.9 适用于计数抽样的检验批，对计量—计数混合抽样的检验批可参考使用。

检验批中明显不合格的个体主要可通过肉眼观察或简单的测试确定，这些个体的检验指标往往与其他个体存在较大差异，纳入检验批后会增大验收结果的离散性，影响整体质量水平的统计。同时，也为了避免对明显不合格个体的人为忽略情况，本条规定对明显不合格的个体可不纳入检验批，但必须进行处理，使其符合规定。

3.0.10 关于合格质量水平的错判概率 α，是指合格批被判为不合格的概率，即合格批被拒收的概率；漏判概率 β 为不合格批被判为合格批的概率，即不合格批被误收的概率。抽样检验必然存在这两类风险，通过抽样检验的方法使检验批 100% 合格是不合理的也是不可能的，在抽样检验中，两类风险一般控制范围是：$\alpha = 1\% \sim 5\%$；$\beta = 5\% \sim 10\%$。对于主控项目，其 α、β 均不宜超过 5%；对于一般项目，α 不宜超过 5%，β 不宜超过 10%。

【解析】标准第 2.0.7 条验收中要求"对检验批、分项、分部、单位工程及其隐蔽工程的质量进行抽样检验"，以上条款就是对如何抽样进行的规定。

第 3.0.4 条是本次标准修订的特色之一，解决重复抽样验收的问题。当符合规定的条件时，适当调整（主要是减少）抽样复验、试验的数量，可降低检验成本，节约时间。在实际工程中，同一专业内或不同专业之间对同一对象难免会有重复检验的情况，每次检验都需要分别填写验收资料。例如主体结构分部对混凝土结构墙体已验收，节能工程分部也需对墙体验收；装饰装修工程和节能工程中对门窗的气密性试验等。因此本条规定可避免对同一对象的重复检验，可重复利用检验成果，只需复制后分别归档即可。

第 3.0.8 条规定对检验批的抽样方案可根据检验项目的特点进行选择。本条在计量、计数抽样时引入了概率统计学的方法，作为可采用的抽样方案之一。鉴于目前各专业验收规范在确定抽样数量时仍采用基于经验的方法，本标准仍允许采用"经实践证明有效的抽样方案"。

第 3.0.9 条规定了检验批的抽样要求，目的是使抽样满足样本分布均匀、抽样具有代表性等要求。检验批中"明显不合格的个体"（统计学中称为"异常值"），按照《数据的统计处理和解释正态样本异常值的判定和处理》（GB/T 4883）的规定，对异常值可剔除。这些个体的异常值往往与其他个体存在较大差异，纳入检验批统计后会增大验收结果的离散性，影响整体质量水平的评估。异常值可能是总体固有的随机变异性的极端表现，也可能是由于试验条件和试验方法的偶然偏离所致，或产生于检测过程人为失误。异常值主要可通过肉眼观察或较简便的测试确定。为了避免出于某种目的的对异常值的人为剔除，对任何异常值，若无从技术上、物理上说明其异常的充分理由，则不得剔除或进行修正。剔除的异常值应进行处理，使其满足有关专业验收规范的规定，对处理的情况应予以记录并重新验收。

第 3.0.10 条规定了计量抽样的风险控制。错判概率 α 和漏判概率 β 在质量检验中是难以避免的客观存在，需要运用统计方法理论进行评定。

（四）检验批验收

检验批是工程质量验收最基本的单元，分项工程可由一个或若干检验批组成，分项工程划分成检验批有助及时纠正施工中出现的质量问题，其他各层次的质量验收均建立在检验批验收的基础上，因此关于检验批的质量验收就显得尤为重要。

1. 检验批划分

【标准条文】 4.0.5 检验批可根据施工、质量控制和专业验收需要，按工程量、楼层、施工段、变形缝等进行划分。

【条文说明】 4.0.5 多层及高层建筑的分项工程可按楼层或施工段来划分检验批，单层建筑的分项工程可按变形缝等划分检验批；地基基础的分项工程一般划分为一个检验批，有地下层的基础工程可按不同地下层划分检验批；屋面工程的分项工程可按不同楼层屋面划分为不同的检验批；其他分部工程中的分项工程，一般按楼层划分检验批；对于工程量较少的分项工程可划分为一个检验批。安装工程一般按一个设计系统或设备组别划分为一个检验批。室外工程一般划分为一个检验批。散水、台阶、明沟等含在地面检验批中。

按检验批验收有助于及时发现和处理施工中出现的质量问题，确保工程质量，也符合施工实际需要。

地基基础中的土方工程、基坑支护工程及混凝土结构工程中的模板工程，虽不构成建筑工程实体，但因其是建筑工程施工中不可缺少的重要环节和必要条件，其质量关系到建筑工程的质量和施工安全，因此将其列入施工验收的内容。

【解析】 本标准第 4.0.7 规定，施工前，应由施工单位制订分项工程和检验批的划分方案，并由监理单位审核。对于附录 B 及相关专业验收规范未涵盖的分项工程和检验批，可由建设单位组织监理、施工等单位协商确定。检验批通常按以下规定划分：主体分部的分项工程：多层及高层建筑工程中可按楼层或施工段来划分检验批，单层建筑工程中的分项工程可按变形缝等划分。屋面分部工程中的分项工程按不同楼层屋面可划分为不同的检验批。其他分部工程中的分项工程，一般按楼层划分检验批。安装工程一般按一个设计系统或设备组别划分。散水、台阶、明沟等含在地面检验批中。幕墙子分部工程各分项工程的检验批应按下列规定划分：①相同设计、材料、工艺和施工条件的幕墙工程每 $1000m^2$ 应划分为一个验收批，不足 $1000m^2$ 也应划分为一个检验批（一般情况下按楼层划分，如一层或东立面一至二层等）。②同一单位工程的不连续的幕墙工程应单独划分检验批。③对于异形或有特殊要求的幕墙，检验批的划分应根据幕墙的结构、工艺特点及幕墙工程规模，由监理单位（或建设单位）和施工单位协商确定。钢结构子分部工程检验批划分的原则：①单层钢结构可按变形缝划分。②多层及高层钢结构可按楼层或施工段划分。③钢结构制作可按构件类型划分。④压型金属板工程可按屋面、墙面、楼面划分。⑤对原材料及成品进行的验收，可以根据工程规模及进料实际情况合并或分批划分。⑥复杂结构可按独立的空间刚度单元划分。外墙保温工程应按以下规定划分：①采用相同材料、工艺施工做法的墙面，扣除门窗洞口后的保温墙面面积每 $1000m^2$ 划分为一个检验批。②检验批的划分也可根据与施工流程相一致且方便施工与验收的原则，由施工单位与监理单位双方协商确定。室外工程可统一划分为一个检验批。

2. 检验批验收的程序和组织

【标准条文】 6.0.1 检验批应由专业监理工程师组织施工单位项目专业质量检查员、专业工长等进行验收。

【条文说明】 6.0.1 检验批验收是建筑工程施工质量验收的最基本层次，是单位工程质量验收的基础，所有检验批均应由专业监理工程师组织验收。验收前，施工单位应完成自检，对存在的问题自行整改处理，然后申请专业监理工程师组织验收。

【解析】 检验批的质量验收应该由专业质量检查员进行检查，符合要求后，认真填写检验批验收表，提交监理或建设单位验收，同时应提交涉及本检验批的质量控制资料。专业监理工程师或建设单位项目专业技术负责人进行验收，填写有关结论并签字。没有实行监理的项目，由建设单位项目专业技术负责人签字；实行监理的项目，由专业监理工程师签字即可，不必监理单位和建设单位同时签字。

检验批验收程序如图 3-1 所示。

图 3-1 检验批验收程序

3. 检验批验收合格标准

【标准条文】 5.0.1 检验批质量验收合格应符合下列规定：

1）主控项目的质量经抽样检验均应合格。

2）一般项目的质量经抽样检验合格。当采用计数抽样时，合格点率应符合有关专业验收规范的规定，且不得存在严重缺陷。对于计数抽样的一般项目，正常检验一次、二次抽样可按本标准附录 D 判定。

3）具有完整的施工操作依据、质量验收记录。

【条文说明】 5.0.1 检验批是施工过程中条件相同并有一定数量的材料、构配件或安装项目，由于其质量水平基本均匀一致，因此可以作为检验的基本单元，并按批验收。

检验批是工程验收的最小单位，是分项工程、分部工程、单位工程质量验收的基础。检验批验收包括资料检查、主控项目和一般项目检验。质量控制资料反映了检验批从原材料到最终验收的各施工工序的操作依据、检查情况以及保证质量所必需的管理制度等。对其完整性的检查，实际是对过程控制的确认，是检验批合格的前提。

检验批的合格与否主要取决于对主控项目和一般项目的检验结果。主控项目是对检验批的基本质量起决定性影响的检验项目，须从严要求，因此要求主控项目必须全部符合有关专业验收规范的规定，这意味着主控项目不允许有不符合要求的检验结果。对于一般项目，虽然允许存在一定数量的不合格点，但某些不合格点的指标与合格要求偏差较大或存在严重缺陷时，仍将影响使用功能或观感质量，对这些部位应进行维修处理。

为了使检验批的质量满足安全和功能的基本要求，保证建筑工程质量，各专业验收规范应对各检验批的主控项目、一般项目的合格质量给予明确的规定。

依据《计数抽样检验程序第1部分：按接收质量限（AQL）检索的逐批检验抽样计划》（GB/T 2828.1—2012）给出了计数抽样正常检验一次抽样、二次抽样结果的判定方法。具体的抽样方案应按有关专业验收规范执行。如有关规范无明确规定时，可采用一次抽样方案，也可由建设、设计、监理、施工等单位根据检验对象的特征协商采用二次抽样方案。

举例说明表 D.0.1-1 和表 D.0.1-2 的使用方法：对于一般项目正常检验一次抽样，假设样本容量为 20，在 20 个试样中如果有 5 个或 5 个以下试样被判为不合格时，该检验批可判定为合格；当 20 个试样中有 6 个或 6 个以上试样被判为不合格时，则该检验批可判定为不合格。对于一般项目正常检验二次抽样，假设样本容量为 20，当 20 个试样中有 3 个或 3 个以下试样被判为不合格时，该检验批可判定为合格；当有 6 个或 6 个以上试样被判为不合格时，该检验批可判定为不合格；当有 4 或 5 个试样被判为不合格时，应进行第二次抽样，样本容量也为 20 个，两次抽样的样本容量为 40，当两次不合格试样之和为 9 或小于 9 时，该检验批可判定为合格，当两次不合格试样之和为 10 或大于 10 时，该检验批可判定为不合格。

表 D.0.1-1 和表 D.0.1-2 给出的样本容量不连续，对合格判定数有时需要进行取整处理。例如样本容量为 15，按表 D.0.1-1 插值得出的合格判定数为 3.571，取整可得合格判定数为 4，不合格判定数为 5。

【解析】本条规定了检验批的合格标准，条文说明做了详尽的解释。检验批质量验收内容和具体判定标准见国家颁布的各项专业工程质量验收规范，专业验收规范中对不同分项工程的主控项目和一般项目都有明确的质量规定。主控项目必须全部合格，一般项目应达到专业验收规范规定的合格标准，施工过程中形成的质量控制资料应完整。

检验批质量验收记录可按本标准附录 E 的规定填写，表中工程名称、施工单位、分包单位等，均应填写全称，并应与合同文件上的名称及图章相一致，不得出现简写或略写。项目经理、分包项目经理应是合同中指定的项目负责人（如有变更，应有书面委托，并经施工单位、建设或监理单位认可）。"分项工程名称"应具体填写本检验批所在的分项工程的名称，如"钢筋""模板""砖砌体"等；"检验批部位"的填写应具体到层次、轴线，如"三层 11 轴~26 轴"。监理（建设）单位在收到施工单位的验收记录后，应立即组织有关人员对该检验批进行验收。在施工单位自行验收评定的基础上，结合日常通过平行检查、旁站或巡视等手段的检查，对主控项目和一般项目逐项进行验收。对符合施工质量验收规范要求的项目，可以填写"符合要求"等，对不符合要求的项目，暂不填写，待处理后再验收填写。检验批验收不合格应及时处理，否则将影响后续检验批和相关的分项工程、分部工程的验收。

（五）分项工程验收

分项工程质量验收是在检验批验收合格的基础上进行，是归纳整理的作用，没有实质性的验收内容。

1. 分项工程划分

【标准条文】 4.0.4 分项工程可按主要工种、材料、施工工艺设备类别等进行划分。

4.0.6 建筑工程的分部、分项工程划分宜按本标准附录 B 采用。

【条文说明】 4.0.4 分项工程是分部工程的组成部分，由一个或若干个检验批组成。

4.0.6 本次修订对分部工程、分项工程的设置进行了适当调整。

【解析】标准第 4.0.7 规定，施工前，应由施工单位制订分项工程和检验批的划分方案，并由监理单位审核。对于附录 B 及相关专业验收规范未涵盖的分项工程和检验批，可由建设单位组织监理、施工等单位协商确定。建筑和结构工程分项工程的划分可以按主要工种划分，也可按施工程序的先后和使用材料的不同划分。按工种划分，如瓦工的砌砖工程，木工的模板工程，油漆工的涂饰工程；按使用材料的不同划分，玻璃幕墙与石材幕墙工程等；按施工顺序先后划分：地面基层、水泥砂浆面层等；设备安装工程的分项工程一般应按工种种类及设备组别等划分，同时也可按系统、区段来划分；其他分部工程的分项工程划分不需强行统一，可以按楼层、分区、分段划分。要根据工程的具体类型和情况划定大小适度的分项工程，保证同一工序各段的分项工程划分的统一性，克服随意性。分项工程的划分应既便于质量管理和工程质量控制，又便于质量验收。

2. 分项工程验收的程序和组织

【标准条文】 6.0.2 分项工程应由专业监理工程师组织施工单位项目专业技术负责人等进行验收。

【条文说明】 6.0.2 分项工程由若干个检验批组成，也是单位工程质量验收的基础。验收时在专业监理工程师组织下，可由施工单位项目技术负责人对所有检验批验收记录进行汇总，核查无误后报专业监理工程师审查，确认符合要求后，由项目专业技术负责人在分项工程质量验收记录中签字，然后由专业监理工程师签字通过验收。

在分项工程验收中，如果对检验批验收结论有怀疑或异议时，应进行相应的现场检查核实。

【解析】施工单位项目专业质量检查员填写分项工程验收记录表，由施工单位的项目专业技术负责人检查后做出评价并签字，交监理单位或建设单位验收。分项工程质量验收由监理工程师（或建设单位的专业负责人）组织项目专业技术负责人等进行验收。验收合格后，在验收结论栏填写"合格或符合要求"并签字；不同意则暂不填写，待处理后再验收。

分项工程验收程序如图 3-2 所示。

3. 分项工程验收合格标准

【标准条文】 5.0.2 分项工程质量验收合格应符合下列规定：

1）所含检验批的质量均应验收合格。

2）所含检验批的质量验收记录应完整。

【条文说明】 5.0.2 分项工程的验收是以检验批为基础进行的。一般情况下，检验批和分项工程两者具有相同或相近的性质，只是批量的大小不同而已。分项工程质量合格的条件是构成分项工程的各检验批验收资料齐全完整，且各检验批均已验收合格。

【解析】分项工程验收时应注意以下两点：①检查检验批是否将整个工程覆盖。②检查有混凝土、砂浆强度要求的检验批，到龄期后是否达到规范规定。

图 3-2　分项工程验收程序

分项工程质量验收记录可按本标准附录 F 的规定填写，分项工程表头部分应注明本分项工程名称，以及本分项工程所在的分部（子分部）工程的名称，如主体分部混凝土结构子分部钢筋分项工程质量验收记录。在分项工程验收合格的基础上，由监理单位的专业监理工程师或建设单位的项目专业技术负责人在监理单位验收结论中可填写"本分项工程经验收符合规范和设计要求，验收合格"。

（六）分部工程验收

由于分项工程的体系较小，工种比较单一，不易反映出工程中的全部质量全貌，所以按工程的重要部位、专业划分为分部（子分部）工程。分部工程是一个中间环节，是一个阶段的工程质量的汇总，通过对阶段性分部（子分部）工程的质量验收，可以在过程中找出质量问题，及时纠偏，制订防范措施，落实质量责任，以便准确地判断其工程质量水平。

1. 分部工程划分

【标准条文】　4.0.3 分部工程应按下列原则划分：

1）可按专业性质、工程部位确定。

2）当分部工程较大或较复杂时，可按材料种类、施工特点、施工程序、专业系统及类别等将分部工程划分为若干子分部工程。

【条文说明】　4.0.3 分部工程是单位工程的组成部分，一个单位工程往往由多个分部工程组成。

当分部工程较大且较复杂时，为便于验收，可将其中相同部分的工程或能形成独立专业体系的工程划分成若干个子分部工程。

本次修订，增加了建筑节能分部工程。

【解析】建筑与结构按主要部位划分为地基与基础工程、主体结构工程、建筑装饰装修工程和建筑屋面工程共四个分部工程。建筑设备与安装工程按专业划分为建筑给水排水及采暖工程、建筑电气工程、智能建筑工程、通风与空调工程、电梯工程共五个分部工程。本次修订增加了建筑节能分部工程。根据分部工程的划分原则，将每个分部工程能形成专业体系的工程又划分为若干个子分部工程。如主体结构分部工程可以划分为混凝土结构、砌体结构、钢结构等子分部工程。

2. 分部工程验收的程序和组织

【标准条文】　6.0.3 分部工程应由总监理工程师组织施工单位项目负责人和项目技术、质量负责人等进行验收。

勘察、设计单位项目负责人和施工单位技术、质量部门负责人应参加地基与基础部分工程的验收。

设计单位项目负责人和施工单位技术、质量部门负责人应参加主体结构、节能分部工程的验收。

【条文说明】　6.0.3 本条给出了分部工程验收组织的基本规定。就房屋建筑工程而言，在所包含的十个分部工程中，参加验收的人员可有以下三种情况：

1）除地基基础、主体结构和建筑节能三个分部工程外，其他七个分部工程的验收组织相同，即由总监理工程师组织，施工单位项目负责人和项目技术负责人等参加。

2）由于地基与基础分部工程情况复杂，专业性强，且关系到整个工程的安全，为保证质量，严格把关，规定勘察、设计单位项目负责人应参加验收，并要求施工单位技术、质量部门负责人也应参加验收。

3）由于主体结构直接影响使用安全，建筑节能是基本国策，直接关系到国家资源战略、可持续发展等，故这两个分部工程，规定设计单位项目负责人应参加验收，并要求施工单位技术、质量部门负责人也应参加验收。

参加验收的人员，除指定的人员必须参加验收外，允许其他相关人员共同参加验收。

由于各施工单位的机构和岗位设置不同，施工单位技术、质量负责人允许是两位人员，也可以是一位人员。

勘察、设计单位项目负责人应为勘察、设计单位负责本工程项目的专业负责人，不应由与本项目无关或不了解本项目情况的其他人员、非专业人员代替。

【解析】　分部工程的验收由施工单位的质量、技术部门负责人先组织检查验收，自检合格后填写验收记录，并将本分部工程所涉及的相关质量控制资料提交监理（建设）单位申请验收，其质量控制资料应包括各子分部、分项、检验批中所含的资料。建设（监理）单位在收到施工单位的验收申请后，由总监理工程师或建设单位项目负责人组织相关人员进行验收，所有参加验收的各方人员都必须具有相应的验收资格。验收组应对施工单位所报的质量控制资料进行核查，检查安全和功能检验（检测）报告是否符合有关规范的要求，并对观感质量进行检查，全部内容符合要求后，对分部（子分部）工程做出综合验收结论。

分部工程验收程序如图 3-3 所示。

3. 分部工程验收合格标准

【标准条文】　5.0.3 分部工程质量验收合格应符合下列规定：

1）所含分项工程的质量均应验收合格。

2）质量控制资料应完整。

图 3-3　分部工程验收程序

3）有关安全、节能、环境保护和主要使用功能的抽样检验结果应符合相应规定。

4）观感质量应符合要求。

【条文说明】　5.0.3 分部工程的验收是以所含各分项工程验收为基础进行的。首先，组成分部工程的各分项工程已验收合格且相应的质量控制资料齐全、完整。此外，由于各分项工程的性质不尽相同，因此作为分部工程不能简单地组合而加以验收，尚须进行以下两类检查项目：

1）涉及安全、节能、环境保护和主要使用功能的地基与基础、主体结构和设备安装等分部工程应进行有关的见证检验或抽样检验。

2）以观察、触摸或简单量测的方式进行观感质量验收，并结合验收人的主观判断，检查结果并不给出"合格"或"不合格"的结论，而是综合给出"好""一般""差"的质量评价结果。对于"差"的检查点应进行返修处理。

【解析】分部工程质量验收记录可按本标准附录 G 的规定填写，对于质量控制资料应核查和归纳各检验批、分项工程的验收记录资料，施工操作依据、质量检查记录是否配套完整，包括原材料、构配件出厂合格证及按规定进行的试验的资料；各专业施工质量验收规范所规定必需的质量控制资料；核对各种资料的内容、数据及验收人员的签字是否规范。各专业施工质量验收规范中所规定有关安全、节能、环境保护和主要使用功能的抽样检验结果应符合相应规定，在核查时应注意，在开工之前确定的项目是否都进行了检测；逐一检查每个检测报告，核查每个检测项目的检测方法、程序是否符合有关标准规定；检测结果是否达到规范的要求；检测报告的审批程序签字是否完整。观感质量验收时，尽可能将工程的各个部位全部查到，以全面了解该分部（子分部）的实物质量。其目的是检查工程本身有无质量缺陷，是否有因成品保护不足以及工序交叉、子分部交叉施工所造成的观感缺陷。验收时，可以根据实际情况宏观掌握。质量较好，可以填写"好"；如果没有较明显达不到要求的，可以填写"一般"；如果某些部位达不到要求的，有明显缺陷，填写"差"。对于"差"的检查点应进行返工处理。

（七）竣工预验收

【标准条文】 6.0.5 单位工程完工后，应组织有关人员进行自检。总监理工程师应组织各专业监理工程师对工程质量进行竣工预验收。存在施工质量问题时，应由施工单位及时整改。整改完毕后，由施工单位向建设单位提交工程竣工报告，申请工程竣工验收。

【条文说明】 6.0.5 单位工程完成后，施工单位应首先依据验收规范、设计图纸等组织有关人员进行自检，对检查发现的问题进行必要的整改。监理单位应根据本标准和《建设工程监理规范》（GB/T 50319）的要求对工程进行竣工预验收。符合规定后由施工单位向建设单位提交工程竣工报告和完整的质量控制资料，申请建设单位组织竣工验收。

工程竣工预验收由总监理工程师组织，各专业监理工程师参加，施工单位由项目经理、项目技术负责人等参加，其他各单位人员可不参加。工程预验收除参加人员与竣工验收不同外，其方法、程序、要求等均应与工程竣工验收相同。竣工预验收的表格格式可参照工程竣工验收的表格格式。

【解析】 本标准修订后增加了在申请工程竣工验收之前，总监理工程师应组织工程竣工预验收的规定，组织竣工预验收可以及时发现并整改存在的质量问题，提高竣工验收通过率，是加强质量控制、提高验收效率的有效措施。因为单位工程竣工验收参加单位及人员较多，组织难度大，如果不能顺利通过验收会导致时间上的延误，竣工预验收作为竣工验收前的一次演练，可以提前发现工程实体或资料中存在的问题并及时整改。竣工预验收的方法同正式竣工验收，只是参加人员仅为监理和施工两方。

（八）竣工验收

竣工验收是全面考核建设工作，检查是否符合设计要求和工程质量标准规范的重要环节，建设工程经验收合格的，方可交付使用。建设工程竣工验收应当具备下列条件：完成建设工程设计和合同约定的各项内容；有完整的技术档案和施工管理资料；有工程使用的主要建筑材料、建筑构配件和设备的进场试验报告；有勘察、设计、施工、工程监理等单位分别签署的质量合格文件；有施工单位签署的工程保修书。

1. 单位工程划分

【标准条文】 4.0.2 单位工程应按下列原则划分：

1）具备独立施工条件并能形成独立使用功能的建筑物或构筑物为一个单位工程。

2）对于规模较大的单位工程，可将其能形成独立使用功能的部分划分为一个子单位工程。

【条文说明】 4.0.2 单位工程应具有独立的施工条件和能形成独立的使用功能。在施工前可由建设、监理、施工单位商议确定，并据此收集整理施工技术资料和进行验收。

【解析】 单位工程要具有独立施工条件并能形成独立使用功能。在工程开工前可由建设、监理、施工单位共同商议，根据工程的建筑设计分区、结构缝的设置、使用功能差异等情况来确定是否要划分及划分若干子单位工程。

2. 竣工验收的程序和组织

【标准条文】 6.0.6 建设单位收到工程竣工报告后,应由建设单位项目负责人组织监理、施工、设计、勘察等单位项目负责人进行单位工程验收。(强制性条文)

【条文说明】 6.0.6 单位工程竣工验收是依据国家有关法律、法规及规范、标准的规定,全面考核建设工作成果,检查工程质量是否符合设计文件和合同约定的各项要求。竣工验收通过后,工程将投入使用,发挥其投资效应,也将与使用者的人身健康或财产安全密切相关。因此工程建设的参与单位应对竣工验收给予足够的重视。

单位工程质量验收应由建设单位项目负责人组织,由于勘察、设计、施工、监理单位都是责任主体,因此各单位项目负责人应参加验收,考虑到施工单位对工程负有直接生产责任,而施工项目部不是法人单位,故施工单位的技术、质量负责人也应参加验收。

在一个单位工程中,对满足生产要求或具备使用条件,施工单位已自行检验,监理单位已预验收的子单位工程,建设单位可组织进行验收。由几个施工单位负责施工的单位工程,当其中的子单位工程已按设计要求完成,并经自行检验,也可按规定的程序组织正式验收,办理交工手续。在整个单位工程验收时,已验收的子单位工程验收资料应作为单位工程验收的附件。

【解析】 工程完工经竣工预验收后,施工单位向建设单位提交《工程竣工报告》,申请工程竣工验收,实行监理的工程,《工程竣工报告》必须经总监理工程师签署意见。建设单位收到《工程竣工报告》后,对符合竣工验收条件的工程,组织勘察、设计、施工、监理等单位和其他有关方面专家组成验收组,制订验收方案。工程竣工验收组可根据工程特点,划分为若干专业小组。验收组审阅工程档案资料,实地查验工程实体是否符合设计文件和质量标准要求,并对观感质量进行评估,综合各方面的评价,形成验收组人员签署的工程竣工验收意见。

该条关于勘察单位应参加单位工程验收的规定,对于工程地质和地下水水文情况复杂的工程十分必要。此外,随着城市地下空间应用的发展,越来越多的工程涉及地下复杂的工程地质和水文地质,勘察单位参加单位工程验收是工程质量的保障条件之一。

单位工程竣工验收程序如图3-4所示。

3. 单位工程质量合格标准

【标准条文】 5.0.4 单位工程质量验收合格应符合下列规定:

1)所含分部工程的质量均应验收合格。

2)质量控制资料应完整。

3)所含分部工程中有关安全、节能、环境保护和主要使用功能的检验资料应完整。

4)主要使用功能的抽查结果应符合相关专业验收规范的规定。

5)观感质量应符合要求。

【条文说明】 5.0.4 单位工程质量验收也称质量竣工验收,是建筑工程投入使用前的最后一次验收,也是最重要的一次验收。验收合格的条件有以下五个方面:

1)构成单位工程的各分部工程应验收合格。

2)有关的质量控制资料应完整。

3)涉及安全、节能、环境保护和主要使用功能的分部工程检验资料应复查合格,这些检验资料与质量控制资料同等重要。资料复查要全面检查其完整性,不得有漏检缺项,其

图 3-4 单位工程竣工验收程序

次复核分部工程验收时要补充进行的见证抽样检验报告，这体现了对安全和主要使用功能等的重视。

4）对主要使用功能应进行抽查。这是对建筑工程和设备安装工程质量的综合检验，也是用户最为关心的内容，体现了本标准完善手段、过程控制的原则，也将减少工程投入使用后的质量投诉和纠纷。因此，在分项、分部工程验收合格的基础上，竣工验收时再做全面检查。抽查项目是在检查资料文件的基础上由参加验收的各方人员商定，并用计量、计数的方法抽样检验，检验结果应符合有关专业验收规范的规定。

5）观感质量应通过验收。观感质量检查须由参加验收的各方人员共同进行，最后共同协商确定是否通过验收。

【解析】单位工程质量竣工验收记录、质量控制资料核查记录、安全和功能检验资料核查记录及观感质量检查记录应按本标准附录 H 的规定填写。由施工单位的质量（技术）部门负责人对各个分部进行检查评定，所含的全部分部工程检查合格后，注明共验收几个分部，经验收符合标准及设计要求几个分部，如"共7个分部，经查7个分部，符合标准及设计要求7个分部"。

本标准第5.0.7条规定，工程质量控制资料应齐全完整，当部分资料缺失时，应委托有资质的检测机构按有关标准进行相应的实体检验或抽样检验。在实际工程中偶尔会遇到遗漏检验或资料丢失而导致部分施工验收资料不全的情况，使工程无法正常验收，由有资质的检测机构完成的检测报告可用于施工质量验收，给出了解决问题的办法。

观感质量检查的方法同分部（子分部）工程。单位工程观感质量验收是一个综合性验收。实际上是复查各分部（子分部）工程验收后，到单位工程竣工时的质量变化，成品保护情况，以及在分部（子分部）验收时还没有形成的观感质量等。单位工程观感质量验收时，应根据单位工程质量检查记录中所列的检查项目，对工程的外围，有代表性的房间、部位以及设备等都要检查到。可以逐点进行评价，然后再综合评价；也可以逐项进行评价；还可以按大的方面综合评价。评价时，由现场参加检查验收的人员共同确定，其中总监理工程师的意见具有主导性，确定过程中，应多听取验收组其他成员的意见，最后给出"好""一般""差"的评价。在"观感质量综合评价"栏填写"好""一般""差"。

建设单位项目负责人在以上所有检查评价的基础上，与验收组各方成员共同协商，对工程质量是否符合设计和规范要求以及总体质量水平做出综合评价。

（九）质量不符合要求的处理方式

【标准条文】　2.0.16　返修

对施工质量不符合标准规定的部位采取的整修等措施。

2.0.17　返工

对施工质量不符合标准规定的部位采取的更换、重新制作、重新施工等措施。

5.0.6　当建筑工程施工质量不符合规定时，应按下列规定进行处理：

1）经返工或返修的检验批，应重新进行验收。

2）经有资质的检测机构检测鉴定能够达到设计要求的检验批，应予以验收。

3）经有资质的检测机构检测鉴定达不到设计要求，但经原设计单位核算认可能够满足安全和使用功能的检验批，可予以验收。

4）经返修或加固处理的分项、分部工程，满足安全及使用功能要求时，可按技术处理方案和协商文件的要求予以验收。

5.0.8　经返修或加固处理仍不能满足安全或使用要求的分部工程及单位工程，严禁验收。（强制性条文）

【条文说明】　5.0.6　一般情况下，不合格现象在检验批验收时就应发现并及时处理，但实际工程中不能完全避免不合格情况的出现，本条给出了当质量不符合要求时的处理办法：

1）检验批验收时，对于主控项目不能满足验收规范规定或一般项目超过偏差限值的样本数量不符合验收规定时，应及时进行处理。其中，对于严重的缺陷应重新施工，一般的缺陷可通过返修、更换予以解决，允许施工单位在采取相应的措施后重新验收。如能够符合相应的专业验收规范要求，应认为该检验批合格。

2）当个别检验批发现问题，难以确定能否验收时，应请具有资质的法定检测机构进行检测鉴定。当鉴定结果认为能够达到设计要求时，该检验批应可以通过验收。这种情况通常出现在某检验批的材料试块强度不满足设计要求时。

3）如经检测鉴定达不到设计要求，但经原设计单位核算、鉴定，仍可满足相关设计规范和使用功能要求时，该检验批可予以验收。这主要是因为一般情况下，标准、规范的规定是满足安全和功能的最低要求，而设计往往在此基础上留有一些余量。在一定范围内，会出现不满足设计要求而符合相应规范要求的情况，两者并不矛盾。

4）经法定检测机构检测鉴定后认为达不到规范的相应要求，即不能满足最低限度的安全储备和使用功能时，则必须进行加固或处理，使之能满足安全使用的基本要求。这样可能会造成一些永久性的影响，如增大结构外形尺寸，影响一些次要的使用功能。但为了避免建筑物的整体或局部拆除，避免社会财富更大的损失，在不影响安全和主要使用功能条件下，可按技术处理方案和协商文件进行验收，责任方应按法律法规承担相应的经济责任和接受处罚。需要特别注意的是，这种方法不能作为降低质量要求、变相通过验收的一种出路。

5.0.8 分部工程及单位工程经返修或加固处理后仍不能满足安全或重要的使用功能时，表明工程质量存在严重的缺陷。重要的使用功能不满足要求时，将导致建筑物无法正常使用，安全不满足要求时，将危及人身健康或财产安全，严重时会给社会带来巨大的安全隐患，因此对这类工程严禁通过验收，更不得擅自投入使用，需要专门研究处置方案。

【解析】 5.0.6 条给出了当质量不符合要求时的处理办法：

返工返修，重新验收。在检验批验收时，其主控项目不能满足验收规范规定或一般项目超过偏差限值时，对严重的质量缺陷应推倒重来；一般的质量缺陷通过翻修或更换器具、设备予以解决。施工单位在采取相应措施处理完毕后，可以重新按程序验收，如能够符合相应的专业工程质量验收规范，则认为该检验批合格，通过验收。如某住宅楼一层①~⑨轴砖砌体工程作为一个检验批在验收时，检查砖的出厂合格证和试验报告，发现砖的强度等级为 MU5，达不到设计要求的 MU10，施工单位拆除一层①~⑨轴砖砌体后重新用 MU10 砖砌筑，则该砖砌体工程的质量可以重新按程序进行验收。

检测合格，应予验收。当检验批验收时发现不能确定能否满足标准规范或设计要求时，应请具有资质的法定检测单位进行检测，当鉴定结果能够达到设计要求时，该检验批仍应予以验收。如某住宅楼一层①~⑨轴砖砌体工程作为一个检验批在验收时，发现施工过程中施工单位未留置砂浆试块，不能确定其强度能否达到设计要求，施工单位请具有资质的法定检测单位对住宅楼一层①~⑨轴砖砌体的砂浆强度进行了检测，结果表明砂浆强度能够达到设计要求，则该检验批应认为通过验收。

设计认可，可以验收。在检验批验收时发现某项质量指标达不到规范的要求，委托具有资质的法定检测单位进行检测，经检测鉴定仍达不到设计要求，但经过原设计单位核算，认为仍能满足结构安全和使用功能，可以不进行加固补强等措施，该检验批可以予以验收。这是因为在一般情况下，规范标准给出了满足安全和功能的最低限度要求，而设计往往在此基础上留有一些余量，因而当某项质量指标达不到设计要求，只要差距不大，仍在设计预先留的余量范围内，则仍可满足结构安全和使用功能。如经设计计算，混凝土强度为26MPa 即可满足结构要求，设计图实际采用 C30 混凝土，施工单位的混凝土试块试验报告表明达不到设计要求 C30，请具有资质的法定检测单位进行检测，其检测结果为 28MPa，虽然仍未达到设计要求 C30，经过原设计单位核算能够大于原设计计算的 26MPa，设计认为是安全的，可以不返工或加固处理。由设计单位出具正式的认可证明文件后，则可以进行验收。

加固处理，让步验收。这种情况是指在验收中发现了更为严重的质量缺陷，经过有资质的法定检测单位检测鉴定后，认为达不到规范标准的相应要求，再经设计单位核算，也达不到设计要求，就是说这些缺陷造成工程质量不能满足最低限度的安全储备和使用功能。这时应对发现的问题调查和分析，找出原因，经过建设单位、施工单位、监理单位、设计单位等共同协商，同意按一定的技术方案进行加固处理，使之能保证其满足安全使用的基本要求。这样会造成一些永久性的缺陷，如改变结构外形尺寸，影响一些次要的使用功能等。为了避免社会财富更大的损失，在不影响安全和主要使用功能条件下可按处理技术方案和协商文件进行验收，这是有条件的验收，责任方应承担经济损失或赔偿等经济责任。所谓改变结构外形尺寸，是指使原设计的结构外形尺寸有了改变，如为了满足安全和使用功能进行加固补强后，加厚了墙体，缩小了房间的使用面积，降低建筑物高度；增设支柱、牛腿梁，改变了房间形状或建筑物外形等。

第5.0.8为强制性条文，对于出现这种情况的极个别工程，验收规范以强制性条文形式加以规定，严禁验收，必须坚决贯彻执行。

第二节　建设工程工程量清单计价规范
（GB 50500—2013）解析

一、我国工程量清单的产生与发展

（一）我国清单计价模式的发展历程

工程量清单计价模式的发展历程以工程量清单计价规范为标志。分为以下三个历程：

1）第一个历程2003—2008年第1版工程量清单计价规范（2003版）颁布实施。

2）第二个历程2008—2013年第2版工程量清单计价规范（2008版）颁布实施。

3）第三个历程2013年至今第3版工程量清单计价规范（2013版）颁布实施（以下简称"13规范"）。

（二）工程量清单计价的特点

（1）规定性　通过制定统一的建设工程工程量清单计价方法，达到规范计价行为的目的。这些规则和办法是强制性的，工程建设各方面都应该遵守。一是规定全部使用国有资金或国有资金投资为主的大中型建设工程应按计价规范规定执行；二是明确工程量清单是招标文件的组成部分，并规定了招标人在编制工程量清单时必须做到项目编码、项目名称、计量单位、工程量计算规则等四统一，并且要用规定的标准格式来表述。

（2）实用性　计价规范附录中工程量清单项目及计算规则的项目名称表现的是工程实体项目，项目名称明确清晰，工程量计算规则简洁明了，特别还列有项目特征和工程内容。易于编制工程量清单时确定具体项目名称和投标报价。

（3）竞争性　一是《建设工程工程量清单计价规范》中的措施项目，在工程量清单中只列"措施项目"一栏，具体采用什么措施，如模板、脚手架、临时设施、施工排水等详细内容由投标人根据企业的施工组织设计，视具体情况报价，是企业竞争项目，是留给企业的竞争空间。二是《建设工程工程量清单计价规范》中人工、材料和施工机械没有具体的消耗量，将工程消耗量定额中的工、料、机价格和利润、管理费全面放开，由市场的供求关系自行确定价格。投标企业可以依据企业的定额和市场价格信息，也可以参照建设行政主管部门发布的社会平均消耗量定额进行报价。

二、《建设工程工程量清单计价规范》（GB 50500—2013）要点解析

（一）总则

总则共 7 条，从整体上叙述了规范的编制依据和编制原则。

（二）术语

（1）工程量清单　载明建设工程的分部分项工程项目、措施项目、其他项目、规费项目和税金项目等的名称和相应数量的明细清单。

（2）招标工程量清单　招标人依据国家标准、招标文件、设计文件以及施工现场实际情况编制的，随招标文件发布供投标报价的工程量清单。

（3）已标价工程量清单　构成合同文件组成部分的投标文件中已标明价格，经算术性错误修正（如有）且承包人已确认的工程量清单，包括对其的说明和表格。

（4）分部分项工程　分部分项工程是单项或单位工程的组成部分，是按结构部位、路段长度及施工特点或施工任务将单项或单位工程划分为若干分部的工程；分项工程是分部工程的组成部分，是按不同施工方法、材料、工序及路段长度等分部工程划分为若干个分项的工程。

（5）措施项目　为完成工程项目施工，发生于该工程施工准备和施工过程中的技术、生活、安全、环境保护等方面项目。

（6）项目编码　分部分项工程和措施项目清单名称的阿拉伯数字标识。

（7）项目特征　构成分部分项工程项目、措施项目自身价值的本质特征。

（8）综合单价　完成一个规定计量单位的分部分项工程和措施清单项目所需的人工费、材料和工程设备费、施工机具使用费和企业管理费、利润以及一定范围内的风险费用。

（9）风险费用　隐含于已标价工程量清单综合单价中，用于化解发承包双方在工程合同中约定内容和范围内的市场波动风险的费用。

（10）工程成本　承包人为实施合同工程并达到质量标准，在确保安全施工的前提下，必须消耗或使用的人工、材料、工程设备、施工机械台班及其管理等方面发生的费用和按规定缴纳的规费和税金。

（11）单价合同　发承包双方约定以工程量清单及其综合单价进行合同价款计算、调整和确认的建设工程施工合同。

（12）总价合同　发承包双方约定以施工图及预算和有关条件进行合同价款计算、调整和确认的建设工程施工合同。

（13）成本加酬金合同　发承包双方约定以施工工程成本再加合同约定酬金进行合同价款计算、调整和确认的建设工程施工合同。

（14）工程造价信息　工程造价管理机构根据调查和测算发布的建设工程人工、材料、工程设备、施工机械台班的价格信息，以及各类工程的造价指数、指标。

（15）工程变更　合同工程实施过程中由发包人提出或由承包人提出经发包人批准的合同工程任何一项工作的增、减、取消或施工工艺、顺序、时间的改变；设计图纸的修改；施工条件的改变；招标工程量清单的错、漏从而引起合同条件的改变或工程量的增减变化。

（16）暂列金额 招标人在工程量清单中暂定并包括在合同价款中的一笔款项。用于施工合同签订时尚未确定或者不可预见的所需材料、设备、服务的采购，施工中可能发生的工程变更、合同约定调整因素出现时的工程价款调整以及发生的索赔、现场签证确认等的费用。

（17）暂估价 招标人在工程量清单中提供的用于支付必然发生但暂时不能确定价格的材料、工程设备的单价以及专业工程的金额。

（18）计日工 在施工过程中，承包人完成发包人提出的施工图纸以外的零星项目或工作，按合同中约定的综合单价计价的一种方式。

（19）总承包服务费 总承包人为配合协调发包人进行的专业工程分包，发包人自行采购的设备、材料等进行保管以及施工现场管理、竣工资料汇总整理等服务所需的费用。

（20）安全文明施工费 承包人按照国家法律、法规等规定，在合同履行中为保证安全施工、文明施工、保护现场内外环境等所采用的措施发生的费用。

（21）索赔 在工程合同履行过程中，合同当事人一方因非己方的原因而遭受损失，按合同约定或法规规定应由对方承担责任，从而向对方提出补偿的要求。

（22）现场签证 发包人现场代表（及其授权的监理人、工程造价咨询人）与承包人现场代表就施工过程中涉及的责任事件所做的签认证明。

（23）提前竣工（赶工）费 承包人应发包人的要求，采取加快工程进度的措施，使合同工程工期缩短产生的，应由发包人支付的费用。

（24）误期赔偿费 承包人未按照合同工程的计划进度施工，导致实际工期大于合同工期与发包人批准的延长工期之和，承包人应向发包人赔偿损失发生的费用。

（25）单价项目 工程量清单中以单价计价的项目，即根据合同工程图纸（含设计变更）和相关工程现行国家计量规范规定的工程量计算规则进行计量，与已标价工程量清单相应综合单价进行价款计算的项目。

（26）总价项目 工程量清单中以总价计价的项目，即此类项目在相关工程现行国家计量规范中无工程量计算规则，以总价（或计算基础乘费率）计算的项目。

（27）工程计量 发承包双方根据合同约定，对承包人完成合同工程的数量进行的计算和确认。

（28）工程结算 发承包双方根据合同约定，对合同工程在实施中、终止时、已完工后进行的合同价款计算、调整和确认。包括期中结算、终止结算、竣工结算。

（29）招标控制价（又称最高投标限价） 招标人根据国家或省级.行业建设主管部门颁发的有关计价依据和办法，以及拟定的招标文件和招标工程量清单，编制的招标工程的最高限价。

（30）投标价 投标人投标时报出的工程合同价。

（31）签约合同价（合同价款） 发承包双方在施工合同中约定的，即包括了分部分项工程费、措施项目费、其他项目费、规费和税金的合同总额。

（32）合同价款调整 在合同价款调整因素出现后，发承包双方根据合同约定，对合同价款进行变动的提出、计算和确认。

（三）一般规定

1. 计价方式

1）规范规定了建设工程的计价方式。该条为强制性条文，规定使用国有资金投资的建设工程发承包必须采用工程量清单计价，非国有资金投资的建设工程发承包宜采用工程量清单计价。规定了不采用工程量清单方式计价的非国有投资工程建设项目，除不执行工程量清单计价的专门性规定外，其他条文均应执行。

2）工程量清单应采用综合单价计价。该条为强制性条文，即约定包括除规费和税金以外的全部费用，均应采用综合单价法计价。

3）措施项目清单中的安全文明施工费应按照国家或省级、行业建设主管部门的规定计价，不得作为竞争性费用，该条规定了安全文明施工费的计价原则，是强制性条文。

4）规费和税金应按国家或省级、行业建设主管部门的规定计算，不得作为竞争性费用。本条规定了规费和税金的计价原则，是强制性条文，其费用内容和计取标准都不是发承包人能自主确定的，更不是由市场竞争决定的。主要内容包括社会保险费、养老保险费、医疗保险费、失业保险费、工伤保险费、生育保险费、住房公积金、工程排污费。

2. 发包人提供材料和工程设备

该条款为新增条款，共5条，依据《建设工程质量管理条例》等编写。

1）发包人提供的材料和工程设备（以下简称甲供材料）应在招标文件中按照规范规定填写《发包人提供材料和工程设备一览表》，写明甲供材料的名称、规格、数量、单价、交货方式、交货地点。承包人投标时，甲供材料单价应计入相应项目的综合单价中，签约后，发包人应按合同约定扣除甲供材料款，不予支付。

承包人投标时，甲供材料单价应计入相应项目的综合单价中，签约后，发包人应按合同约定扣除甲供材料款，不予支付。

2）承包人应根据合同工程进度计划的安排，向发包人提交甲供材料交货的日期计划，发包人应按计划提供。

3）发包人提供的甲供材料如规格、数量或质量不符合合同要求，或由于发包人原因发生交货日期延误、交货地点及交货方式变更等情况的，发包人应承担由此增加的费用和（或）工期延误，并应向承包人支付合理利润。

4）发承包双方对甲供材料的数量发生争议不能达成一致的，应按照相关工程的计价定额同类项目规定的材料消耗量计算。

5）若发包人要求承包人采购已在招标文件中确定为甲供材料的，材料价格应由发承包双方根据市场调查确定，并应另行签订补充协议。

3. 承包人提供材料和工程设备

1）除合同约定的发包人提供的甲供材料外，合同工程所需的材料和工程设备应由承包人提供，承包人提供的材料和工程设备均应由承包人负责采购、运输和保管。本条规定了承包人提供材料、工程设备的要求。

2）承包人应按合同约定将采购材料和工程设备的供货人及品种、规格、数量和供货时间等提交发包人确认，并负责提供材料和工程设备的质量证明文件。

3）对承包人提供的材料和工程设备检测不符合合同约定的质量标准，承包人应立即更换，由此增加的费用（或）工期延误由承包人承担。

4. 计价风险

该部分条款共5条。主要条款内容解析如下：

1）计价风险分担原则：建设工程发承包必须在招标文件、合同中明确计价中的风险内容和范围，不得采用无限风险、所有风险或类似语句规定计价中的风险内容和范围。根据我国工程建设特点，投标人应完全承担的风险是技术风险和管理风险，应不完全承担的是法律、法规、规章和政策变化的风险。该条款进一步明确了工程计价的风险范围，此条为强制性条文。

2）发包人承担的风险：国家法律、法规、规章和政策发生的变化；省级或行业建设主管部门发布的人工费调整，但承包人对人工费或人工单价的报价高于发布的除外；由政府定价或政府指导价管理的原材料等价格进行了调整。

3）由于市场物价波动影响合同价款，应由发承包双方合理分摊并在合同中约定。合同中没有约定，发承包双方发生争议时的调整原则：材料、工程设备的涨幅超过招标时基准价格5%以上由发包人承担；施工机械使用费涨幅超过招标时的基准价格10%以上由发包人承担。

由于承包人使用机械设备、施工技术以及组织管理水平等自身原因造成施工费用增加的，应由承包人全部承担。

不可抗力发生时，影响合同价款的调整原则：工程本身的损害、因工程损害导致第三方人员伤亡和财产损失以及运至施工场地用于施工的材料和待安装的设备的损害，由发包人承担；发包人、承包人人员伤亡由其所在单位负责，并承担相应费用；承包人的施工机械设备损坏及停工损失，由承包人承担；停工期间，承包人应发包人要求留在施工场地的必要的管理人员及保卫人员的费用由发包人承担；工程所需清理、修复费用，由发包人承担。

（四）工程量清单编制

该部分条款共6节19条，其中4条为强制性条文。主要条款内容解析如下：

1. 一般规定

1）明确了招标工程量清单应该由具有编制能力的招标人或受其委托具有相应资质的工程造价咨询人编制。作为招标文件的组成部分其准确性和完整性应由招标人负责，并作为编制招标控制价、投标报价、计算或调整工程量、索赔等的依据之一。

2）招标工程量清单应以单位（项）工程为单位编制，应由分部分项工程项目清单、措施项目清单、其他项目清单、规费和税金项目清单组成。

3）编制工程量清单应依据：计价规范和相关工程的国家计量规范；国家或省级、行业建设主管部门颁发的计价依据和办法；建设工程设计文件；与建设工程有关的标准、规范、技术资料；拟定的招标文件；施工现场情况、地勘水文资料、工程特点及常规施工方案；其他相关资料。

2. 分部分项工程项目

分部分项工程项目清单必须载明五个构成要素：项目编码、项目名称、项目特征、计量单位和工程量。必须根据相关工程现行国家计量规范规定的项目编码、项目名称、项目特征、计量单位和工程量计算规则进行编制。

3. 措施项目

措施项目必须根据相关工程现行国家计量规范的规定编制，该条为强制性条文。鉴于工程建设施工特点和承包人组织施工采用的施工措施并不完全一致，规定应根据拟建项目的实际情况列项。

4. 其他项目

项目清单应按照下列内容列项：暂列金额；暂估价（包括材料暂估单价、工程设备暂估单价、专业工程暂估价）；计日工；总承包服务费。

由于工程建设标准的高低、工程建设的复杂程度、施工工期的长短都影响其他项目清单具体内容，不足部分编制人应根据工程的具体情况进行补充。暂列金额应根据工程特点按有关计价规定进行估算。暂估价中的材料、工程设备暂估单价应根据工程造价信息或参照市场价格估算，列出明细表；专业工程暂估价应按不同专业、按有关计价规定估算，列出明细表。计日工应列出项目名称、计量单位和暂估数量；总包服务费应列出服务项目及其内容。

5. 规费

规费项目清单应按照下列内容列项：社会保险费（包括养老保险费、失业保险费、医疗保险费、工伤保险费、生育保险费）；住房公积金；工程排污费。

规费是政府和权力部门规定必须缴纳的费用，政府和权力部门可根据形势发展的需要对规范项目进行调整，因此对未列的项目，应根据省级政府或省级有关权力部门的规定进行列项。

6. 税金

税金项目清单应包括下列内容：营业税；城市维护建设税；教育费附加；地方教育附加。出现本条未列的项目，应根据税务部门的规定列项。

（五）招标控制价

招标控制价部分共3节21条，其中强制性条文2条。

1. 一般规定

国有资金投资的工程建设项目必须编制招标控制价，招标控制价应由具有编制能力的招标人或受其委托具有相应资质的工程造价咨询人编制和复核。当招标控制价超过批准概算时，招标人应将其报原概算审批部门审核。招标人应在发布招标文件时公布招标控制价，同时应将招标控制价及有关资料报送工程所在地或有该工程管辖权的行业管理部门工程造价管理机构备查。

2. 编制与复核

（1）编制与复核依据　计价规范；国家或省级、行业建设主管部门颁发的计价定额和计价办法；建设工程设计文件及相关资料；拟定的招标文件及招标工程量清单；与建设项目相关的标准、规范、技术资料；施工现场情况、工程特点及常规施工方案；工程造价管理机构发布的工程造价信息；工程造价信息没有发布的，参照市场价；其他的相关资料。

（2）编制原则

1）明确综合单价风险费用的责任人：综合单价中应包括拟定的招标文件中划分的应由投标人承担的风险范围和费用。招标文件没有明确的，如是工程造价咨询人编制，应提请招标人明确。如是招标人编制，应予明确。

2）规定了编制招标文件时，单价项目的计价原则：分部分项工程和措施项目中的单价项目，应根据拟定的招标文件和招标工程量清单项目中的特征描述及有关要求确定综合单价计算。招标文件中提供了暂估单价的材料和工程设备，按暂估的单价计入综合单价。综合单价应包括招标文件要求投标人所承担的风险内容及其范围产生的风险费用。

3）规定了编制招标文件时，措施项目费中的总价项目计价原则：措施项目费应根据拟定的招标文件和常规施工方案按规定计价。

4) 其他项目费和税金的计价原则：暂列金额应按招标工程量清单中列出的金额填写；暂估价中的材料、工程设备单价应按招标工程量清单中列出的单价计入综合单价；暂估价中的专业工程金额应按招标工程量清单中列出的金额填写；计日工应按招标工程量清单中列出的项目根据工程特点和有关计价依据确定综合单价计算；总承包服务费应根据招标工程量清单列出的内容和要求估算。

3. 投诉与处理

规定赋予了投标人对招标人不按计价规范规定编制招标控制价进行投诉的权利；对工程造价管理机构是否受理投诉的条件、审查期限及是否受理投诉的处理期限、受理投诉后的复查及期限进行了规定。

招标人根据招标控制价复查结论，需要修改公布的招标控制价的，且最终招标控制价的发布时间至投标截止时间不足15天的，应当延长投标文件的截止时间。

（六）投标报价

投标报价部分共2节13条，其中强制性条文2条。

1. 一般规定

本规定对投标报价的编制主体、报价原则等做了专门性的规定。

1) 投标报价的编制主体：应由投标人或受其委托具有相应资质的工程造价咨询人编制。

2) 投标报价的基本要求：编制投标报价的最基本特征是投标人自主报价，这是市场竞争形成价格的体现。投标报价不得低于工程成本，这是投标报价的基本原则。投标报价高于招标控制价应予废标。

投标人应该根据招标工程量清单填报价格，项目编码、项目名称、项目特征、计量单位、工程量必须与招标工程量清单一致。

2. 编制与复核

1) 投标报价的编制和复核依据：计价规范；国家或省级、行业建设主管部门颁发的计价办法；企业定额，国家或省级、行业建设主管部门颁发的计价定额；招标文件、工程量清单及其补充通知、答疑纪要；建设工程设计文件及相关资料；施工现场情况、工程特点及拟定的投标施工组织设计或施工方案；与建设项目相关的标准、规范等技术资料；市场价格信息或工程造价管理机构发布的工程造价信息；其他的相关资料。

2) 分部分项工程费应依据招标文件及其招标工程量清单中分部分项工程量清单项目的特征描述确定综合单价计算。综合单价中应考虑招标文件中要求投标人承担的风险范围和费用，在施工过程中当出现的风险内容和范围（幅度）在招标文件规定的范围内时，合同价款不做调整。

3) 措施项目费应根据招标文件中的措施项目清单及投标时拟定的施工组织设计或施工方案按规范规定自主确定。其中安全文明施工费应按照国家、行业建设主管部门的规定计算。

4) 其他项目费应按规定报价：暂列金额应按招标工程量清单中列出的金额填写；材料、工程设备暂估价应按招标工程量清单中列出的单价计入综合单价；专业工程暂估价应按招标工程量清单中列出的金额填写；计日工应按招标工程量清单中列出的项目和数量，自主确定综合单价并计算计日工总额；总承包服务费应根据招标工程量清单中列出的内容和提出的要求自主确定。

5）规费和税金应按国家、行业建设主管部门的规定计算。

6）投标人填报单价合同的注意事项：招标工程量清单与计价表中列明的所有需要填写的单价和合价的项目，投标人均应填写且只允许有一个报价。未填写单价和合价的项目，视为此项费用已包含在已标价工程量清单中其他项目的单价和合价之中。竣工结算时，此项目不得重新组价予以调整。

7）投标总价的计算原则：应当与分部分项工程费、措施项目费、其他项目费和规费、税金的合计金额一致。

（七）合同价款约定

该部分共2节5条。主要对工程合同价款的约定做了原则规定，保证合同价款结算的依法进行。

（1）一般规定　对不同发包方式的合同约定以及采用的合同形式做了规定，实行招标的工程合同价款应在中标通知书发出之日起30日内，由发承包双方依据招标文件和中标人的投标文件在书面合同中约定。合同约定不得违背招标投标文件中关于工期、造价、质量等方面的实质性内容。招标文件与中标人投标文件不一致的地方，以投标文件为准；不实行招标的工程合同价款，在发承包双方认可的工程价款基础上，由发承包双方在合同中约定；实行工程量清单计价的工程，应当采用单价合同；合同工期较短、建设规模较小，技术难度较低，且施工图设计已审查完备的建设工程可以采用总价合同；紧急抢险、救灾以及施工技术特别复杂的建设工程可以采用成本加酬金合同。

（2）约定内容　发承包双方应在合同条款中对下列事项进行约定：预付工程款的数额、支付时间及抵扣方式；安全文明施工措施的支付计划、使用要求等；工程计量与支付工程进度款的方式、数额及时间；工程价款的调整因素、方法、程序、支付及时间；施工索赔与现场签证的程序、金额确认与支付时间；承担计价风险的内容、范围以及超出约定内容、范围的调整办法；工程竣工价款结算编制与核对、支付及时间；工程质量保证（保修）金的数额、预留方式及时间；违约责任以及发生工程价款争议的解决方法及时间；与履行合同、支付价款有关的其他事项等。

（3）合同约定不明时的处理方式　合同中没有按照上述约定内容约定或约定不明的，若发承包双方在合同履行中发生争议由双方协商确定；协商不能达成一致的，按本规范的规定执行。

（八）工程计量

该部分共3节15条，其中强制性条文2条。明确规定了工程计量的原则，不同合同形式下工程计量的要求等。

1. 一般规定

规定了工程量计算的根本原则，并确定了工程计量和成本加酬金的计量方式：工程量应当按照相关工程的现行国家计量规范规定的工程量计算规则计算。工程计量可选择按月或按工程形象进度分段计量，具体计量周期在合同中约定。因承包人原因造成的超范围施工或返工的工程量，发包人不予计量。

2. 单价合同的计量

1）工程量确定的原则：工程量必须以承包人完成合同工程应予计量的工程量确定。工程计量时，若发现招标工程量清单中出现缺项、工程量偏差，或因工程变更引起工程量的增减，应按承包人在履行合同过程中实际完成的工程量计算。进一步明确了招标人或其委托的工程造价咨询人编制的工程量清单的责任，体现了权、责对等的原则。

2）承包人应当按照合同约定的计量周期和时间，向发包人提交当期已完工程量报告。发包人应在收到报告后 7 天内核实，并将核实计量结果通知承包人。发包人未在约定时间内进行核实的，则承包人提交的计量报告中所列的工程量视为承包人实际完成的工程量。

3）发包人认为需要进行现场计量核实时，应在计量前 24h 通知承包人，承包人应为计量提供便利条件并派人参加。双方均同意核实结果时，则双方应在上述记录上签字确认。承包人收到通知后不派人参加计量，视为认可发包人的计量核实结果。发包人不按照约定时间通知承包人，致使承包人未能派人参加计量，计量核实结果无效。

4）如承包人认为发包人的计量结果有误，应在收到计量结果通知后的 7 天内向发包人提出书面意见，并附上其认为正确的计量结果和详细的计算资料。发包人收到书面意见后，应对承包人的计量结果进行复核后通知承包人。承包人对复核计量结果仍有异议的，按照合同约定的争议解决办法处理。

5）承包人完成已标价工程量清单中每个项目的工程量后，发包人应要求承包人派人共同对每个项目的历次计量报表进行汇总，以核实最终结算工程量。发承包双方应在汇总表上签字确认。

3. 总价合同的计量

1）总价合同的计量原则：采用工程量清单方式招标形成的总价合同，其招标工程量清单与合同工程实施中工程量的差异应予调整。采用经审定批准的施工图纸及其预算方式发包形成的总价合同，除按照工程变更规定的工程量增减外，总价合同各项目的工程量应为承包人用于结算的最终工程量。

2）总价合同计量的依据：总价合同项目的计量应以合同工程经审定批准的施工图纸为依据，发承包双方应在合同中约定工程计量的形象目标或时间节点承包人实际完成的工程量，是进行工程目标管理和控制进度支付的依据。

3）总价合同的计量和复核程序：承包人应在合同约定的每个计量周期内，对已完成的工程进行计量，并向发包人提交达到工程形象目标完成的工程量和有关计量资料的报告。

（九）合同价款调整

该部分共 15 节 59 条。对所有涉及合同价款调整、变动的因素或其范围进行了归纳，包括索赔、现场签证等内容。

1. 一般规定

1）发承包双方应当按照合同约定调整合同价款的事项（但不限于）：法律法规变化、工程变更、项目特征描述不符、工程量清单缺项、工程量偏差、物价变化、暂估价、计日工、现场签证、不可抗力、提前竣工（赶工补偿）、误期赔偿、施工索赔、暂列金额、发承包双方约定的其他调整事项。

2）出现合同价款调增事项（不含工程量偏差、计日工、现场签证、施工索赔）后的 14 天内，承包人应向发包人提交合同价款调增报告并附上相关资料，若承包人在 14 天内未提交合同价款调增报告的，视为承包人对该事项不存在调整价款。

3）出现合同价款调减事项（不含工程量偏差、计日工、现场签证、施工索赔）后的

14天内，发包人应向承包人提交合同价款调增报告并附相关资料，发包人在14天内未提交合同价款调减报告的，应视为发包人对该事项不存在调整价款。

4）发（承）包人应在收到承（发）包人合同价款调增（减）报告及相关资料之日起14日内对其核实，予以确认的应书面通知承（发）包人。当有疑问时，应向承（发）包人提出协商意见。发（承）包人在收到合同价款调增（减）报告之日起14天内未确认也未提出协商意见的，应视为承（发）包人提出的合同价款调增（减）报告已被发（承）包人认可。发（承）包人提出协商意见的，承（发）包人应在收到协商意见后的14天内对其核实，予以确认的应书面通知发（承）包人。承（发）包人在收到发（承）包人的协商意见后14天内既不确认也未提出不同意见的，应视为发（承）包人提出的意见已被承（发）包人认可。

发包人与承包人对合同价款调整的不同意见不能达成一致的，只要对发承包双方履约不产生实质影响，双方应继续履行合同义务，直到其按照合同约定的争议解决方式得到处理。

经发承包双方确认调整的合同价款，作为追加（减）合同价款，应与工程进度款或结算款同期支付。

2. 法律法规变化

法律法规发生变化时合同价款的调整原则：招标工程以投标截止日前28天，非招标工程以合同签订前28天为基准日，其后国家的法律、法规、规章和政策发生变化引起工程造价增减变化的，发承包双方应当按照省级或行业建设主管部门或其授权的工程造价管理机构据此发布的规定调整合同价款。

3. 工程变更

建设工程施工合同签订时是以静态的承包范围、设计标准、施工条件为前提的，发承包双方权利和义务也是以此为基础的。随着施工条件变化和发包人要求变化等原因可能会引起已标价工程量清单项目或其工程量、措施项目发生变化，统称工程变更，因此会产生合同价款的调整。

1）工程变更的具体调整原则和方法如下：

①当工程变更引起已标价工程量清单项目或其工程数量发生变化，应按照下列规定调整：已标价工程量清单中有适用于变更工程项目的，采用该项目的单价；但当工程变更导致该清单项目的工程数量发生变化，且工程量偏差超过15%，此时，该项目单价的调整应按照工程量偏差的规定调整。

②已标价工程量清单中没有适用，但有类似于变更工程项目的，可在合理范围内参照类似项目的单价。

③已标价工程量清单中没有适用也没有类似于变更工程项目的，由承包人根据变更工程资料、计量规则和计价办法、工程造价管理机构发布的信息价格和承包人报价浮动率提出变更工程项目的单价，报发包人确认后调整。承包人报价浮动率可按下列公式计算：

招标工程：承包人报价浮动率 $L = (1-中标价/招标控制价) \times 100\%$

非招标工程：承包人报价浮动率 $L = (1-报价值/施工图预算) \times 100\%$

④已标价工程量清单中没有适用也没有类似于变更工程项目，且工程造价管理机构发布的信息价格缺价的，由承包人根据变更工程资料、计量规则、计价办法和通过市场调查等取得有合法依据的市场价格提出变更工程项目的单价，报发包人确认后调整。

2）工程变更引起施工方案改变，并使措施项目发生变化的，承包人提出调整措施项目费的，应事先将拟实施的方案提交发包人确认，并详细说明与原方案措施项目相比的变化情况。拟实施的方案经发承包双方确认后执行，应按照下列规定调整措施项目费：

①安全文明施工费，按照实际发生变化的措施项目调整。

②采用单价计算的措施项目费，按照实际发生变化的措施项目按本规范的规定确定单价。

③按总价（或系数）计算的措施项目费，按照实际发生变化的措施项目调整，但应考虑承包人报价浮动因素，即调整金额按照实际调整金额乘以本规范规定的承包人报价浮动率计算。

如果承包人未事先将拟实施的方案提交给发包人确认，则视为工程变更不引起措施项目费的调整或承包人放弃调整措施项目费的权利。

3）如果工程变更项目出现承包人在工程量清单中填报的综合单价与发包人招标控制价或施工图预算相应清单项目的综合单价偏差超过15%，则工程变更项目的综合单价可由发承包双方按照下列规定调整：

①当 $P_0 < P_1(1-L) \times (1-15\%)$ 时，该类项目的综合单价按照 $P_1(1-L) \times (1-15\%)$ 调整。

②当 $P_0 > P_1 \times (1+15\%)$ 时，该类项目的综合单价按照 $P_1 \times (1+15\%)$ 调整。

式中　　P_0——承包人在工程量清单中填报的综合单价；

　　　　P_1——发包人招标控制价或施工预算相应清单项目的综合单价；

　　　　L——承包人报价浮动率。

4）如果发包人提出的工程变更，因为非承包人原因删减了合同中的某项原定工作或工程，致使承包人发生的费用或（和）得到的收益不能被包括在其他已支付或应支付的项目中，也未被包含在任何替代的工作或工程中，则承包人有权提出并得到合理的利润补偿。

4. 项目特征描述不符

工程项目特征是用来表述分部分项清单项目的实质内容，用于区别计价规范中同一清单条目下各个具体的清单项目。项目特征是确定综合单价的前提，是履行合同义务的基础。

1）发包人在招标工程量清单中对项目特征的描述，应被认为是准确和全面的，并且与实际施工要求相符。承包人应按照发包人提供的工程量清单，根据其项目特征描述的内容及有关要求实施合同工程，直到其被改变为止。

2）合同履行期间，出现实际施工设计图纸（含设计变更）与招标工程量清单任一项目的特征描述不符，且该变化引起该项目的工程造价增减变化的，应按照实际施工的项目特征重新确定相应工程量清单项目的综合单价，计算调整的合同价款。

5. 工程量清单缺项

1）合同履行期间，由于招标工程量清单中的缺项，新增分部分项工程清单项目的，应按照清单规范规定确定单价并调整合同价款。

2）新增分部分项工程清单项目，引起措施项目发生变化的，应按照本规范的规定，在承包人提交的实施方案被发包人批准后调整合同价款。

3）由于招标工程量清单中分部分项工程出现缺项，引起措施项目发生变化的，应按照本规范的规定，在承包人提交的实施方案被发包人批准后，计算调整的措施费。

6. 工程量偏差

1）合同履行期间，出现工程量偏差，且符合本规范规定的，发承包双方应调整合同价款。

2）对于任一招标工程量清单项目，如果因本条规定的工程量偏差和第9.3条规定的工程变更等原因导致工程量偏差超过15%，调整的原则为：当工程量增加15%以上时，其增加部分工程量的综合单价应予调低；当工程量减少15%以上时，减少后剩余部分的工程量的综合单价应予调高。

3）如果工程量出现本规范的变化，且该变化引起相关措施项目相应发生变化，如按系数或单一总价方式计价的，工程量增加的措施项目费调增，工程量减少的措施项目费适当调减。

【案例1】某工程项目的招标控制价为2300万元，中标人的投标报价为1945万元。其中：楼地面工程中铺贴地砖项目招标工程量清单数量为8950m²，施工过程中调整为11500m²，假设地砖的投标单价为150元/m²。外墙涂料的工程量为10800m²，后为提高外立面效果，将外墙涂料变更为外墙真石漆，且清单项目中无类似项目，当地工程造价管理机构发布的当月施工材料信息价为56元/m²，合同约定的价格调整系数为0.9，问该如何调整该工程的工程价款？

【解】（1）本工程的报价浮动率 $L = (1-中标价/招标控制价) \times 100\%$

$$= (1-1945/2300) \times 100\%$$

$$= 15.43\%$$

（2）该子目的工程单价是否调整，如何调整？

1）确定该工程量偏差是否影响工程单价调整

$$（11500 \div 8950 - 1） \times 100\% = 28.5\% > 15\%，$$

故需要调整综合单价。

2）调整后的综合单价 $150 \times (1-15.43\%) = 126.85$（元/m²）

（3）因地砖数量变化引起的工程价款的调整

1）因工程量变更15%以内的工程价款调整：

$$895m² \times 15\% \times 150 元/m² = 20.1 万元$$

2）因工程量变更15%以外的工程价款调整：

$$[11500m² - 8950m² \times （1+15\%）] \times 150 元/m² \times 0.9 = 16.3 万元$$

3）因工程量变更引起的工程价款调整：

$$20.1 + 16.3 = 36.4 （万元）$$

（4）外墙乳胶漆变更为外墙真石漆的工程价款调整

1）外墙乳胶漆的定额人工费为3.55元/m²

乳胶漆主材费为14.83元/m²

其他材料费为0.84元/m²

管理费和利润为1.73元/m²

该子目优惠后的综合单价 $= (3.55+14.83+0.84+1.73) \times (1-15.43\%)$

$$= 17.71 （元/m²）$$

2）外墙真石漆的定额人工费为2.51元/m²

乳胶漆主材费为65.1元/m²

其他材料费为1.94元/m²

管理费和利润为1.15元/m²

该子目优惠后的综合单价 = (2.51+65.1+1.94+1.15)×(1-15.43%)
$$= 59.79 （元/m^2）$$

3）因工程材料变更引起的工程价款调整：
$$10800×(59.79-17.71) = 45.45 （万元）$$

（5）故调整后的该工程价款为：1945+36.4+45.45=2026.85（万元）。

7. 计日工

计日工是在施工过程中，合同工程范围以外出现零星工程或工作，按合同中约定的单价计价的一种方式。发包人通知承包人以计日工方式实施的零星工作，承包人应予执行。

8. 物价变化

在合同履行期间，出现工程造价管理机构发布的人工、材料、工程设备和机械台班价格波动影响合同价格变化时应根据合同约定的价格调整方式调整合同价款。承包人采购材料和工程设备的，应在合同中约定可调材料、工程设备单价变化超过 5%，超过部分的价格应予调整。应按照价格系数调整法或价格差额调整法计算调整的材料设备费和施工机械费。

1）价格指数法：即价格调整公式法。因人工、材料和工程设备、施工机械台班等价格波动影响合同价格时，根据招标人提供，并由投标人在投标函附录中的价格指数和权重表约定的数据，按下列公式计算差额并调整合同价款：

$$\Delta P = P_0\left[A + \left(B_1\frac{F_{t1}}{F_{01}} + B_2\frac{F_{t2}}{F_{02}} + B_3\frac{F_{t3}}{F_{03}} + \cdots + B_n\frac{F_{tn}}{F_{0n}}\right) - 1\right] \tag{3-1}$$

式中　　　　　ΔP——需调整的价格差额；

P_0——约定的付款证书中承包人应得到的已完成工程量的金额，此项金额应不包括价格调整、不计质量保证金的扣留和支付、预付款的支付和扣回，约定的变更及其他金额已按现行价格计价的，也不在内；

A——定值权重（即不调部分的权重）；

B_1、B_2、B_3、$\cdots$、B_n——各可调因子的变值权重（即可调部分的权重），为各可调因子在投标函投标总报价中所占的比例；

F_{t1}、F_{t2}、F_{t3}、$\cdots$、F_{tn}——各可调因子的现行价格指数，是指约定的付款证书相关周期最后一天的前 42 天的各可调因子的价格指数；

F_{01}、F_{02}、F_{03}、$\cdots$、F_{0n}——各可调因子的基本价格指数，是指基准日期的各可调因子的价格指数。

以上价格调整公式中的各可调因子、定值和变量权重，以及基本价格指数及其来源在投标函附录价格指数和权重表中约定。价格指数应首先采用工程造价管理机构提供的价格指数，缺乏上述价格指数时，可采用工程造价管理机构提供的价格代替。

2）暂时确定调整差额。在计算调整差额时得不到现行价格指数，可暂用上一次价格指数计算，并在以后的付款中再按实际价格指数进行调整。

3）权重的调整。约定的变更导致原定合同中的权重不合理时，由承包人和发包人协商后进行调整。

4）承包人工期延误后的价格调整。由于承包人原因未在约定的工期内竣工的，对原约定竣工日期后继续施工的工程，使用公式调整价格时，应采用原约定竣工日期与实际竣工日期的两个价格指数中较低的一个作为现行价格指数。

5）若可调因子包括了人工在内，则不再对其进行单项调整。

【案例2】 ××工程约定采用价格指数法调整合同价款，具体约定见表3-2，本期完成合同价款为：2361245.33元，其中：已按现行价格计算的计日工价款8000元，发承包双方确认应增加索赔金额6030.21元，请计算应调整的合同价款差额。

表3-2 承包人提供材料和工程设备一览表
（适用于价格指数调整法）

工程名称：××工程　　　　　　　　标段：　　　　　　　　第1页共1页

序号	名称、规格、型号	变值权重 B	基本价格指数	现行价格指数	备注
1	人工费	0.18	110%	121%	
2	钢材	0.11	4000 元/t	4320 元/t	
3	预拌混凝土 C30	0.16	340 元/m³	353 元/m³	
4	煤矸石砖	0.05	78 元/百块	120 元/百块	
5	机械费	0.08	100%	100%	
	定值权重 A	0.42	—	—	
	合计	1	—	—	

【解】（1）本期完成合同价款应扣除已按现行价格计算的计日工价款和确认的索赔额：

$$2361245.33 - 8000 - 6030.21 = 2347215.12 （元）$$

（2）用式（3-1）计算：

$$\Delta P = 2347215.12 \times \left[0.42 + \left(0.18 \times \frac{121}{110} + 0.11 \times \frac{4320}{4000} + 0.16 \times \frac{353}{340} + 0.05 \times \frac{120}{78} + 0.08 \times \frac{100}{100} \right) - 1 \right]$$

$$= 2347215.12 \times \left[0.42 + （0.18 \times 1.1 + 0.11 \times 1.08 + 0.16 \times 1.04 + 0.05 \times 1.54 + 0.08 \times 1） - 1 \right]$$

$$= 2347215.12 \times \left[0.42 + （0.198 + 0.1188 + 0.1664 + 0.077 + 0.08） - 1 \right]$$

$$= 2347215.12 \times 0.0602$$

$$= 141302.35$$

本期应增加合同价款141302.35元。

9. 暂估价

暂估价是指招标人在工程量清单中提供的用于支付必须发生但暂时不能确定价格的材料、工程设备的单价以及专业工程的金额。

（1）材料和工程设备暂估价　当发包人在招标工程量清单中给定暂估价的材料、工程设备属于依法必须招标的，由发承包双方以招标的方式选择供应商，确定价格，并应以此为依据取代暂估价，调整合同价款。

发包人在招标工程量清单中给定暂估价的材料和工程设备不属于依法必须招标的，应按照规范的相应条款规定确定专业工程价款，并以此为依据取代专业工程暂估价，调整合同价款。

（2）专业工程暂估价　发包人在招标工程量清单中给定暂估价的专业工程依法必须招标的，应当由发承包双方依法组织招标选择专业分包人，并接受有管辖权的建设工程招标投标管理机构的监督。

除合同另有约定外，承包人不参与投标的专业工程分包招标，应由承包人作为招标人，但招标文件评标工作、评标结果应报送发包人批准。与组织招标工作有关的费用应当被认为已经包括在承包人的签约合同价（投标总报价）中。

承包人参加投标的专业工程分包招标，应由发包人作为招标人，与组织招标工作有关的费用由发包人承担。同等条件下，应优先选择承包人中标。

以专业工程发包中标价为依据取代专业工程暂估价，调整合同价款。

10. 提前竣工（赶工补偿）

招标人应当根据相关工程的工期定额计算工期，压缩的工期天数不得超过定额工期的20%，超过者，应在招标文件中明示增加赶工费用。

发包人要求承包人提前竣工，应征得承包人同意后与承包人商定采取加快工程进度的措施，并修订合同工程进度计划。合同工程提前竣工，发包人应承担承包人由此增加的费用，并按照合同约定向承包人支付提前竣工（赶工补偿）费。

发承包双方应在合同中约定提前竣工每日历天应补偿额度。此项费用列入竣工结算文件中，与结算款一并支付。赶工费用包括：

1）人工费的增加，例如新增加投入人工的报酬，不经济使用人工的补贴等。

2）材料费的增加，例如可能造成不经济使用材料而损耗过大，材料提前交货可能增加的费用、材料运输费的增加。

3）机械费的增加，例如可能增加机械设备投入，不经济的使用机械等。

11. 误期赔偿

规定了如果承包人未按照合同约定施工，导致实际进度迟于计划进度的，承包人应该加快进度，实现合同工期。其由此产生的赶工费由承包人承担。如合同工期仍然误期，承包人应赔偿发包人由此造成的损失，并按照合同约定向发包人支付误期赔偿费。即使承包人支付误期赔偿费，也不能免除承包人按照合同约定应承担的任何责任和应履行的任何义务。

发承包双方应在合同中约定误期赔偿费，明确每日历天应赔额度。误期赔偿费列入竣工结算文件中，在结算款中扣除。

如果在工程竣工之前，合同工程内的某单项（位）工程已通过了竣工验收，且该单项（位）工程接收证书中表明的竣工日期并未延误，而是合同工程的其他部分产生了工期延误，误期赔偿费应按照已颁发工程接收证书的单位工程造价占合同价款的比例幅度予以扣减。

12. 索赔

索赔是合同双方依据合同约定维护自身合法利益的行为，其性质属于经济补偿行为，而非惩罚。

（1）索赔条件　合同一方向另一方提出索赔时，应有正当的索赔理由和有效证据，并应符合合同的相关约定。索赔的三要素是：正当的索赔理由；有效的索赔证据；在合同约定的时间内提出。

（2）承包人提出的索赔要求　根据合同约定，承包人认为非承包人原因发生的事件造成了承包人的损失，应按以下程序向发包人提出索赔：

1）承包人应在索赔事件发生后28天内，向发包人提交索赔意向通知书，说明发生索赔事件的事由。承包人逾期未发出索赔意向通知书的，丧失索赔的权利。

2）承包人应在发出索赔意向通知书后28天内，向发包人正式提交索赔通知书。索赔通知书应详细说明索赔理由和要求，并附必要的记录和证明材料。

3）索赔事件具有连续影响的，承包人应继续提交延续索赔通知，说明连续影响的实际情况和记录。

4）在索赔事件影响结束后的28天内，承包人应向发包人提交最终索赔通知书，说明最终索赔要求，并附必要的记录和证明材料。

根据合同约定，发包人认为由于承包人的原因造成发包人的损失，应参照承包人索赔的程序进行赔偿。

（3）承包人索赔的处理程序

1）发包人收到承包人的索赔通知书后，应及时查验承包人的记录和证明材料。

2）发包人应在收到索赔通知书或有关索赔的进一步证明材料后的28天内，将索赔处理结果答复承包人，如果发包人逾期未做出答复，视为承包人索赔要求已经发包人认可。

3）承包人接受索赔处理结果的，索赔款项在当期进度款中进行支付；承包人不接受索赔处理结果的，按合同约定的争议解决方式办理。

（4）承包人要求的赔偿方式

1）延长工期。

2）要求发包人支付实际发生的额外费用。

3）要求发包人支付合理的预期利润。

4）要求发包人按合同的约定支付违约金。

若承包人的费用索赔与工期索赔要求相关联时，发包人在做出费用索赔的批准决定时，应结合工程延期，综合做出费用赔偿和工程延期的决定。

（5）承包人提出索赔的时间限制　发承包双方在按合同约定办理了竣工结算后，应被认为承包人已无权再提出竣工结算前所发生的任何索赔。承包人在提交的最终结清申请中，只限于提出竣工结算后的索赔，提出索赔的期限自发承包双方最终结清时终止。

（6）发包人提出索赔的程序　根据合同约定，发包人认为由于承包人的原因造成发包人的损失，应参照承包人索赔的程序进行索赔。

（7）发包方要求索赔的方式　可以选择以下一项或几项方式获得赔偿：

1）延长质量缺陷修复期限。

2）要求承包人支付实际发生的额外费用。

3）要求承包人按合同的约定支付违约金。

承包人应付给发包人的索赔金额可从拟支付给承包人的合同价款中扣除，或由承包人以其他方式支付给发包人。

【案例3】某施工单位与建设单位按《建设工程施工合同（示范文本）》签订了可调整价格施工承包合同，合同工期390天，合同总价5000万元。合同中约定按建标〔2003〕06号文综合单价法计价程序计价，其中间接费率为20%，规费费率为5%，取费基数为：人工费与机械费之和。

【解】 该工程在施工过程中出现了如下事件。

事件（1）：因地质勘探报告不详，出现图纸中未标明的地下障碍物，处理该障碍物导致工作 A 持续时间延长 10 天（该工作处于非关键线路上且延长时间未超过总时差），增加人工费 2 万元、材料费 4 万元、机械费 3 万元。

事件（2）：因不可抗力而引起施工单位的供电设施发生火灾，使工作 C 持续时间延长 10 天（该工作处于非关键线路上且延长时间未超过总时差），增加人工费 1.5 万元、其他损失费用 5 万元。

事件（3）：结构施工阶段因建设单位提出工程变更，导致施工单位增加人工费 4 万元、材料费 6 万元、机械费 5 万元，工作 E 持续时间延长 30 天（该工作处于关键线路上）。针对上述事件，施工单位按程序提出了工期索赔和费用索赔。

本案例中事件（1）因为图纸未标明的地下障碍物属于建设单位风险的范畴，根据《标准施工招标文件》中合同条款 4.11.2 规定当承包人遇到不利物质条件时可以合理得到工期和费用补偿；事件（2）根据《标准施工招标文件》中合同条款 21.3.1 规定建设单位承担不可抗力的工期风险，发生的费用由双方分别承担各自的费用损失，因此只能合理获得工期补偿；事件（3）建设单位工程变更属于建设单位的责任，可以获得工期和费用补偿。又因为事件（1）和事件（2）的施工内容都位于非关键线路上，且延期都未超过该工作的总时差。故本案例中施工单位得到的工期补偿为事件（3）中工作 E 的延期 30 天。得到的费用补偿有事件（1）9 万元、事件（3）15 万元、企业管理费 $(2+4+3+5) \times (20\% + 5\%) = 3.5$（万元），共 27.5 万元。

13. 现场签证

由于施工生产的特殊性，在施工过程中往往会出现一些与合同工程或合同约定不一致或未约定的情形，这时发承包双方用书面形式记录下来。现场签证有多种情形，如何处理好现场签证，是衡量一个工程管理水平高低的标准，是有效减少合同纠纷的手段。对现场签证规定如下：

1）承包人应发包人要求完成合同以外的零星项目、非承包人责任事件等工作的，发包人应及时以书面形式向承包人发出指令，提供所需的相关资料；承包人在收到指令后，应及时向发包人提出现场签证要求。

2）承包人应在收到发包人指令后的 7 天内，向发包人提交现场签证报告，报告中应写明所需的人工、材料和施工机械台班的消耗量等内容。发包人应在收到现场签证报告后的 48h 内对报告内容进行核实，予以确认或提出修改意见。发包人在收到承包人现场签证报告后的 48h 内未确认也未提出修改意见的，视为承包人提交的现场签证报告已被发包人认可。

3）现场签证的工作如已有相应的计日工单价，则现场签证中应列明完成该类项目所需的人工、材料、工程设备和施工机械台班的数量。如现场签证的工作没有相应的计日工单价，应在现场签证报告中列明完成该签证工作所需的人工、材料设备和施工机械台班的数量及其单价。

4）合同工程发生现场签证事项，未经发包人签证确认，承包人便擅自施工的，除非征得发包人同意，否则发生的费用由承包人承担。

5）现场签证工作完成后的 7 天内，承包人应按照现场签证内容计算价款，报送发包人确认后，作为追加合同价款，与工程进度款同期支付。

14. 暂列金额

已签约合同价中的暂列金额，该笔金额只能按发包人的指示使用，并不属于承包人所有，也不必然发生。规定如下：

1）已签约合同价中的暂列金额由发包人掌握使用。

2）发包人按照本规范的规定所做支付后，暂列金额如有余额归发包人。

（十）合同价款期中支付

该部分共3节24条规定了预付款、安全文明施工费、进度款的支付以及违约的责任。

1. 预付款

（1）定义 预付款是发包人因承包人为准备施工而履行的协助义务。用于承包人为合同工程施工购置材料、工程设备，购置或租赁施工设备，修建临时设施以及组织施工队伍进场等所需的款项。

（2）支付比例和方式

1）预付款的支付比例不宜高于合同价款的30%。承包人对预付款必须专用于合同工程。

2）承包人应在签订合同或向发包人提供与预付款等额的预付款保函（如有）后向发包人提交预付款支付申请。发包人应在收到支付申请的7天内进行核实后向承包人发出预付款支付证书，并在签发支付证书后的7天内向承包人支付预付款。

3）发包人没有按时支付预付款的，承包人可催告发包人支付；发包人在付款期满后的7天内仍未支付的，承包人可在付款期满后的第8天起暂停施工。发包人应承担由此增加的费用和（或）延误的工期，并向承包人支付合理利润。

4）预付款应从每支付期应支付给承包人的工程进度款中扣回，直到扣回的金额达到合同约定的预付款金额为止。

5）承包人的预付款保函（如有）的担保金额根据预付款扣回的数额相应递减，但在预付款全部扣回之前一直保持有效。发包人应在预付款扣完后的14天内将预付款保函退还给承包人。

2. 安全文明施工费

1）定义：安全文明施工费全称是安全防护、文明施工措施费，是按照财政部、国家安全生产监督管理总局印发的《企业安全生产费用提取和使用管理办法》的规定编写的。其包括的内容和使用范围应符合国家现行文件规定和计量规范。

2）安全文明施工费的支付：发包人应在工程开工后的28天内预付不低于当年的安全文明施工费总额的60%，其余部分按提取安排的原则进行分级，与进度款同期支付。

3）发包人没有按时支付安全文明施工费的，承包人可催告发包人支付；发包人在付款期满后的7天内仍未支付的，若发生安全事故的，发包人应承担连带责任。

4）安全文明施工费的使用原则：承包人应对安全文明施工费专款专用，在财务账目中单独列项备查，不得挪作他用，否则发包人有权要求其限期改正；逾期未改正的，造成的损失和（或）延误的工期由承包人承担。

《建设工程安全生产管理条例》第六十三条规定：施工单位挪用列入建设工程概算的安全生产作业环境及安全施工措施所需费用，责令限期整改，处挪用费用20%以上50%以下的罚款；造成损失的，依法承担赔偿责任。

3. 进度款

由于建设工程通常具有投资额大、施工期长等特点，合同价款的履行顺序主要通过"阶段小结、最终结清"的方法结清。当承包人完成一定阶段工程量后，发包人应按合同约定履行支付进度款的义务。

（1）基本原则

1）发承包双方应按照合同约定的时间、程序和方法，根据工程计量结果，办理期中价款结算，支付进度款。

2）进度款支付周期应与合同约定的工程计量周期一致。故工程量的正确计量是支付的前提和依据，结算方式可分为：按月结算与支付，分段结算与支付。

3）已标价的工程量清单中的单价项目，承包人应按工程计量确认的工程量与综合单价计算；综合单价发生调整的以发承包双方确认调整的综合单价计算进度款。已标价工程量清单中的总价项目，承包人应按合同中约定的进度款支付方式分解，分别列入进度款支付申请中的安全文明施工费和本周期应支付的总价项目的金额中。

4）发包人提供的甲供材料金额，应按照发包人签约提供的单价和数量从进度款支付中扣除，列入本周期应扣减的金额中。承包人现场签证和得到发包人确认的索赔金额应列入本周期应增加的金额中。进度款的支付比例按照合同约定，按期中结算价款总额计，不低于60%，不高于90%。

（2）支付程序　承包人应在每个计量周期到期后7天内向发包人提交已完工程进度款支付申请表一式四份，详细说明此周期认为有权得到的款项，包括分包人已完工程的价款。支付申请的内容包括：

1）累计已完成工程的工程价款。

2）累计已实际支付的工程价款。

3）本周期合计完成的工程价款。

① 本周期已完成单价项目的金额。

② 本周期应支付的总价项目的金额。

③ 本周期已完成的计日工价款。

④ 本周期应支付的安全文明施工费。

⑤ 本周期应增加的金额。

4）本周期合计应扣减的金额。

① 本周期应扣回的预付款。

② 本周期应扣减的金额。

5）本周期应支付的合同价款。

（3）支付方法　发包人应在收到承包人进度款支付申请后的14天内根据计量结果和合同约定对申请内容予以核实。确认后向承包人出具进度款支付证书。若发承包双方对部分清单项目的计量结果出现争议，发包人应对无争议部分的工程计量结果向承包人出具进度款支付证书。

发包人应在签发进度款支付证书后的14天内，按照支付证书列明的金额向承包人支付进度款。若发包人逾期未签发进度款支付证书，则视为承包人提交的进度款支付申请已被发包人认可，承包人可向发包人发出催告付款的通知。发包人应在收到通知后的14天内，按照承包人支付申请阐明的金额向承包人支付进度款。

发包人未按照本规范规定支付进度款的，承包人可催告发包人支付，并有权获得延迟支付的利息；发包人在付款期满后的 7 天内仍未支付的，承包人可在付款期满后的第 8 天起暂停施工。发包人应承担由此增加的费用和（或）延误的工期，向承包人支付合理利润，并承担违约责任。发现已签发的任何支付证书有错、漏或重复的数额，发包人有权予以修正，承包人也有权提出修正申请。经发承包双方复核同意修正的，应在本次到期的进度款中支付或扣除。

【案例 4】某建筑安装工程施工合同总价 6000 万元，合同工期为 6 个月，合同签订日期为 1 月初，从当年 2 月份开始施工。

（1）合同规定的商务条款：

1）预付款按合同价款的 20%，累计支付工程进度款达施工合同总价 40% 后的下月起至竣工各月平均扣回。

2）从每次工程款中扣留 10% 作为预扣质量保证金，竣工结算时将 5% 的质量保证金退还给承包商。

3）合同规定，当人工或材料价格比签订合同时上涨 5% 及以上时，按如下公式调整合同价格：

$$P = P_0(0.15A/A_0 + 0.60B/B_0 + 0.25)$$

其中 0.15 为人工费在合同总价中比重，0.60 为材料费在合同总价中比重。

人工或材料费上涨幅度<5%者，不予调整，其他情况均不予调整。

（2）工程如期开工，该工程每月实际完成合同产值和价格指数见表 3-3 和表 3-4。

表 3-3　产值表　　　　　　　　　（单位：万元）

月份	2	3	4	5	6	7
完成合同产值	1000	1200	1200	1200	800	600

表 3-4　各月价格指数

月份	1	2	3	4	5	6	7
人工	110	110	110	115	115	120	110

问题：

1. 该工程预付款为多少？预付款起扣点是多少？从哪月开始起扣？每月扣回多少？

2. 每月实际应支付工程款为多少？

3. 竣工结算时尚应支付承包商多少万元，共支付承包商进度款多少万元？

【解】问题 1：

（1）该工程预付款为 6000×20% = 1200（万元）

（2）起扣点为 6000×40% = 2400（万元）

（3）2~4 月产值：（1000+1200+1200）×90% = 3060（万元）>2400（万元），故从 5 月份开始扣回预付款。

（4）每月扣回预付款：1200÷3 = 400（万元）

问题 2：

2月份：完成合同价1000万元，预扣质量保证金1000×10%＝100（万元）

支付工程款1000万元×90%＝900万元

累计支付工程款900万元，累计预扣质量保证金100万元。

3月份：完成合同价1200万元，预扣质量保证金1200×10%＝120（万元）

支付工程款1200万元×90%＝1080万元

累计支付工程款900+1080＝1980（万元），累计预扣质量保证金100+120＝220（万元）

4月份：完成合同价1200万元，预扣质量保证金1200×10%＝120（万元）

支付工程款1200万元×90%＝1080万元

累计支付工程款1980+1080＝3060（万元）

累计预扣质量保证金220+120＝340（万元）

5月份：完成合同价1200万元

材料价格上涨：$(140-130)/130 \times 100\% = 7.69\% > 5\%$，故应调整价款。

调整后当月完成合同价款：

$1200 \times (0.15 + 0.60 \times 140/130 + 0.25) = 1255$（万元）

预扣质量保证金1255×10%＝125（万元）

支付工程款1255×90%－400＝729.5（万元）

累计支付工程款3060+729.5＝3789.5（万元）

累计预扣质量保证金340+125＝465（万元）

6月份：完成合同价800万元

人工价格上涨：$(120-110) \div 110 \times 100\% = 9.09\% > 5\%$，应调整价款。

调整后当月完成合同价款：

$800 \times (0.15 \times 120/110 \times 0.6 + 0.25) = 810.91$（万元）

预扣质量保证金810.91×10%＝81.091（万元）

支付工程款810.91×90%－400＝329.819（万元）

累计支付工程款3789.5+329.819＝4119.319（万元）

累计预扣质量保证金465+81.091＝546.091（万元）

7月份：完成合同价600万元

预扣质量保证金600×10%＝60（万元）

支付工程款600×90%－400＝140（万元）

累计支付工程款4119.319+140＝4259.319（万元）

累计预扣质量保证金546.091+60＝606.091（万元）

问题3：

退还预扣质量保证金：606.091÷2＝303.046（万元）

竣工结算时共支付承包商：1200+4259.319+303.415＝5762.365（万元）

（十一）竣工结算与支付

1. 一般规定

（1）办理原则　工程完工后，发承包双方必须在合同约定时间内办理工程竣工结算。工程竣工结算应由承包人或受其委托具有相应资质的工程造价咨询人编制，并应由发包人或受其委托具有相应资质的工程造价咨询人核对。

（2）编制和核对主体 发承包双方或一方对工程造价咨询人出具的竣工结算文件有异议时，可向工程造价管理机构投诉，申请对其进行执业质量鉴定。

（3）备案要求 竣工结算办理完毕，发包人应当将竣工结算文件报送工程所在地或有该工程管辖权的行业管理部门的工程造价管理机构备案，竣工结算文件应作为工程竣工验收备案、交付使用的必备文件。

2. 编制与复核

（1）编制与复核依据 《建设工程工程量清单计价规范》（GB 50500—2013）；工程合同；发承包双方实施过程中已确认的工程量及其结算的合同价款；发承包双方实施过程中已确认调整后追加（减）的合同价款；建设工程设计文件及相关资料；投标文件；其他依据。

（2）计价原则 分部分项和措施项目中的单价项目应依据发承包双方确认的工程量与已标价工程量清单的综合单价计算；发生调整的，应以发承包双方确认调整的综合单价计算。

措施项目中的总价项目应依据已标价工程量清单的项目和金额计算；发生调整的，应以发承包双方确认调整的金额计算。其中安全文明施工费应按相关规定计算。

其他项目应按下列规定计价：计日工应按发包人实际签证确认的事项计算；暂估价应按清单规范规定计算，总承包服务费应依据已标价工程量清单的金额计算；发生调整的，应以发承包双方确认调整的金额计算；索赔费用应依据发承包双方确认的索赔事项和金额计算；现场签证费用应按照发承包双方签证资料确认的金额计算；暂列金额应减去合同价款调整（包括索赔、现场签证）金额计算，如有余额归发包人。

规费和税金按本规范的规定计算。规费的工程排污费应按工程所在地环境保护部门规定的标准缴纳后按实列入。发承包双方在合同工程实施中已经确认的工程量计量结果和合同价款，在竣工结算办理中应直接进入结算。

3. 竣工结算

（1）编制要求 合同工程完工后，承包人应在经发承包双方确认的合同工程期中价款结算的基础上汇总编制完成竣工结算文件，并在提交竣工验收申请的同时向发包人提交竣工结算文件。

承包人未在合同约定的时间内提交竣工结算文件，经发包人催告后14天内仍未提交或没有明确答复，发包人有权根据已有资料编制竣工结算文件，作为办理竣工结算文件，作为办理竣工结算和支付结算款的依据，承包人应予以认可。

（2）核对要求 发包人应在收到承包人提交的竣工结算文件后的28天内核对。发包人经核实，认为承包人还应进一步补充资料和修改结算文件，应在上述时限内向承包人提出核实意见，承包人在收到核实意见后的28天内按照发包人提出的合理要求补充资料，修改竣工结算文件，并再次提交给发包人复核后批准。

（3）复核处理要求 发包人应在收到承包人再次提交的竣工结算文件后的28天内予以复核，将复核结果通知承包人。发包人、承包人对复核结果无异议的，应在7天内在竣工结算文件上签字确认，竣工结算办理完毕；发包人或承包人对复核结果认为有误的，无异议部分按照规定办理不完全竣工结算，有异议部分由发承包双方协商解决，协商不成的按合同约定的争议解决方式处理。

（4）责任后果 发包人在收到承包人竣工结算文件后的28天内，不核对竣工结算或未提出核对意见的，应视为承包人提交的竣工结算文件已被发包人认可，竣工结算办理完毕。

承包人在收到发包人提出的核实意见后 28 天内，不确认也未提出异议的，应视为发包人提出的核实意见已被承包人认可，竣工结算办理完毕。

（5）对工程咨询人的相关要求　发包人委托造价咨询人核对竣工结算的，工程造价咨询人应在 28 天内核对完毕，核对结论与承包人竣工结算文件不一致的，应提交给承包人复核；承包人应在 14 天内将同意审核结论或不同意见的说明提交工程造价咨询人。工程造价咨询人收到承包人提出的异议后，应再次复核，复核无异议的，按本规范规定办理，复核后仍有异议的，按本规范规定办理。

对发包人或发包人委托的工程造价咨询人指派的专业人员与承包人指派的专业人员经审核后无异议并签名确认的竣工结算文件，除非发包人能提出具体、详细的不同意见，发包人应在竣工结算文件上签名确认。如发包人拒不签认的，承包人可不提供竣工验收备案资料，并有权拒绝与发包人或其上级部门委托的工程造价咨询人重新核对竣工结算文件。若承包人拒不签认的，发包人要求办理竣工验收备案的，承包人不得拒绝提供竣工验收资料。否则，由此造成的损失，承包人承担相应责任。交付的竣工工程，承包人并有权拒绝与发包人或其上级部门委托的工程造价咨询人重新核对竣工结算文件。

合同工程竣工结算核对完成，发承包双方签字确认后，禁止发包人又要求承包人与另一个或多个工程造价咨询人重复核对竣工结算。

（6）发包人对工程质量有异议时竣工结算的办理原则　发包人对工程质量有异议，拒绝办理竣工结算的，已竣工验收或已竣工未验收但实际投入使用的工程，其质量争议按该工程保修合同执行，竣工结算按合同约定办理；已竣工未验收且未实际投入使用的工程以及停工、停建工程的质量争议，双方应就有争议的部分委托有资质的检测鉴定机构进行检测，并应根据检测结果确定解决方案，或按工程质量监督机构的处理决定执行和办理竣工结算，无争议部分的竣工结算按合同约定办理。

4. 结算价款支付

（1）竣工结算申请　承包人应根据办理的竣工结算文件向发包人提出竣工结算款支付申请。该申请应包括下列内容：竣工结算合同价款总额；累计已实际支付的合同价款；应扣留的质量保证金；实际应支付的竣工结算款金额。

（2）竣工结算支付程序　发包人应在收到承包人提交竣工结算款支付申请后 7 天内予以核实，向承包人签发竣工结算支付证书。发包人签发竣工结算支付证书后的 14 天内，按照竣工结算支付证书列明的金额向承包人支付结算款。

发包人在收到承包人提交的竣工结算款支付申请后 7 天内不予核实，不向承包人签发竣工结算支付证书的，视为承包人的竣工结算支付申请已被发包人认可；发包人应在收到承包人提交的竣工结算款支付申请 7 天后的 14 天内，按照承包人提交的竣工结算支付申请列明的金额向承包人支付结算款。

发包人未及时支付竣工结算款的，承包人可催告发包人支付，并有权获得延迟支付的利息。发包人在竣工结算支付证书签发后或者在收到承包人提交的竣工结算款支付申请 7 天后的 56 天内仍未支付的，除法律另有规定外，承包人可与发包人协商将工程折价，也可直接向人民法院申请将该工程依法拍卖。承包人就该工程折价或拍卖的价款优先受偿。

5. 质量保证金

质量保证金是指承包人用于保证在缺陷责任期内履行缺陷修复义务的金额。质量保证金由发承包双方在工程合同中约定，从应付合同价款中预留，用以保证承包人在缺陷责任期内履行缺陷修复义务的金额。

发包人应按照合同约定的质量保证金比例从结算款中扣留质量保证金。承包人未按照合同约定履行属于自身责任的工程缺陷修复义务的，发包人有权从质量保证金中扣留用于缺陷修复的各项支出，若经查验，工程缺陷属于发包人原因造成的，应由发包人承担查验和缺陷修复的费用。

在合同约定的缺陷责任期终止后的 14 天内，发包人应将剩余的质量保证金返还承包人。剩余质量保证金的返还，并不能免除承包人按照合同约定应承担的质量保修责任和应履行的质量保修义务。

6. 最终结清

缺陷责任期结束后，承包人应按照合同约定的期限向发包人提交最终结清支付申请。发包人对最终结清支付申请有异议的，有权要求承包人进行修正和提供补充资料。承包人修正后，应再次向发包人提交修正后的最终结清支付申请。

发包人应在收到最终结清支付申请后的 14 天内予以核实，向承包人签发最终结清证书。发包人应在签发最终结清支付证书后的 14 天内，按照最终结清支付证书列明的金额向承包人支付最终结清款。

发包人未在约定的时间内核实，又未提出具体意见的，视为承包人提交的最终结清支付申请已被发包人认可。发包人未按期最终结清支付的，承包人可催告发包人支付，并有权获得延迟支付的利息。

承包人对发包人支付的最终结清款有异议的，按照合同约定的争议解决方式处理。

（十二）合同价款争议的解决

该章共 5 节 19 条，根据当前我国工程建设领域解决争议的实践总结形式成文。由于建设工程具有施工周期长、不确定因素多等特点，在施工合同履行过程中难免出现争议，因此及时有效地解决施工过程中的合同价款争议，是工程建设顺利进行的必要保证。

1. 监理或造价工程师暂定

若发包人和承包人之间就工程质量、进度、价款支付与扣除、工期延期、索赔、价款调整等发生任何法律上、经济上或技术上的争议，首先应根据已签约合同的规定，提交合同约定职责范围内的总监理工程师或造价工程师解决，并抄给另一方。总监理工程师或造价工程师在收到此提交件后 14 天之内应将暂定结果通知发包人和承包人。发承包双方对暂定结果认可的，应以书面形式予以确认，暂定结果成为最终决定。

发承包双方在收到总监理工程师或造价工程师的暂定结果通知之后的 14 天内，未对暂定结果予以确认也未提出不同意见的，视为发承包双方已认可该暂定结果。

发承包双方或一方不同意暂定结果的，应以书面形式向总监理工程师或造价工程师提出，说明自己认为正确的结果，同时抄送另一方，此时该暂定结果成为争议。在暂定结果不实质影响发承包双方当事人履约的前提下，发承包双方应实施该结果，直到其被改变为止。

2. 管理机构的解释或认定

1）合同价款争议发生后，发承包双方可就下列事项以书面形式提请下列机构对争议做出解释或认定：在工程计价中，对工程造价计价依据、办法以及相关政策规定发生争议事项的，由工程造价管理机构负责解释。工程造价管理机构应在收到申请 10 个工作日内就发承包双方提请的争议问题进行解释或认定。

2）发承包双方或一方在收到管理机构书面解释或认定后仍可按照合同约定的争议解决方式提请仲裁或诉讼。除工程造价管理机构的上级管理部门做出了不同的解释或认定，或在仲裁裁决或法院判决中不予采信的外，工程造价管理机构做出的书面解释或认定是最终结果，对发承包双方均有约束力。

3. 协商和解

1）合同价款争议发生后，发承包双方任何时候都可以进行协商。协商达成一致的，双方应签订书面和解协议，和解协议对发承包双方均有约束力。

2）如果协商不能达成一致协议，发包人或承包人都可以按合同约定的其他方式解决争议。

4. 调解

1）发承包双方应在合同中约定或在合同签订后共同约定争议调解人，负责双方在合同履行过程中发生争议的调解。

2）合同履行期间，发承包双方可协议调换或终止任何调解人，但发包人或承包人都不能单独采取行动。除非双方另有协议，在最终结清支付证书生效后，调解人的任期应即终止。

3）如果发承包双方发生了争议，任何一方可将该争议以书面形式提交调解人，并将副本抄送另一方，委托调解人调解。

4）发承包双方应按照调解人提出的要求，给调解人提供所需要的资料、现场进入权及相应设施。调解人应视为不是在进行仲裁人的工作。

5）调解人应在收到调解委托后28天内或由调解人建议并经发承包双方认可的其他期限内提出调解书，发承包双方接受调解书的，经双方签字后作为合同的补充文件，对发承包双方均有约束力，双方都应遵照执行。

6）当发承包双方任一方对调解人的调解书有异议时，应在收到调解书后28天内向另一方发出异议通知，并应说明争议的事项和理由。但除非并直到调解书在协商和解或仲裁裁决、诉讼判决中做出修改，或合同已经解除，承包人应继续按照合同实施工程。

7）当调解人已就争议事项向发承包双方提交了调解书，而任一方在收到调解书28天内均未发出表示异议的通知时，调解书对发承包双方应均具有约束力。

5. 仲裁、诉讼

1）如果发承包双方的协商或调解均未达成一致意见，其中的一方已就此争议事项根据合同约定的仲裁协议申请仲裁，应同时通知另一方。

2）仲裁可在竣工之前或之后进行，但发包人、承包人、调解人各自的义务不得因在工程实施期间进行仲裁而有所改变。当仲裁是在仲裁机构要求停止施工的情况下进行，承包人应对合同工程采取保护措施，由此增加的费用由败诉方承担。

3）在本规范规定的期限之内，暂定或友好协议或调解书已经有约束力的情况下，当发承包中一方未能遵守暂定或友好协议或调解决定，另一方可在不损害他可能具有的任何其他权利的情况下，将未能遵守暂定或不执行友好协议或调解达成书面协议的事项提交仲裁。

4）发包人、承包人在履行合同时发生争议，双方不愿和解、调解或者和解、调解不成，又没有达成仲裁协议的，可依法向人民法院提起诉讼。

三、工程量清单计价示例

（一）工程背景资料

某栋住宅建筑地处 A 县某住宅区地段，总建筑面积 4881.96m^2，框架结构，12 层，建筑高度 34.8m，砖基础、灰土回填、墙体为多孔砖墙，厚度为 200mm 和 120mm 等。

（二）编制的范围及有关说明

本项目主要编制依据施工图纸、《建设工程工程量清单计价规范》（GB 50500—2013）《2018 版安徽省建设工程工程量清单计价办法》《2018 版安徽省建筑工程计价定额》《2018 版安徽省装饰装修工程计价定额》和《2018 版安徽省建筑工程费用定额》等。接受业主委托完成×楼项目建筑工程施工图清单及控制价编制。

在清单及控制价编制的过程中，对土方类别、运距、模板、混凝土等的考虑如下：土壤类别按三类土考虑；土方运距按 1km 考虑；本工程挖土时采用桩支护；模板采用木模板；预算采用商品混凝土和预拌砂浆，本工程未计取其他项目费。

（三）清单计价说明

工程量清单由分部分项工程量清单、措施项目清单、不可竞争项目清单、其他项目清单、税金组成，以该建筑的基础工程和砌筑工程为例，见表 3-5 ~ 表 3-10。

表 3-5 单位工程最高投标限价汇总表

工程名称：某住宅工程　　　　　　　　　　标段：　　　　　　　　　　第 1 页　共 1 页

序号	汇总内容	金额/元	其中:材料、设备暂估价/元
1	分部分项工程费	561602.99	
1.1	土石方工程	207236.06	
1.2	砌筑工程	354366.93	
2	措施项目费	16267.31	
2.1	夜间施工增加费	1311.88	
2.2	二次搬运费	2623.76	
2.3	冬雨期施工增加费	2099.01	
2.4	已完工程及设备保护费	262.38	
2.5	工程定位复测费	2623.76	
2.6	非夜间施工照明费	1049.50	
2.7	临时保护设施费	524.75	
2.8	赶工措施费	5772.27	
3	不可竞争费	37782.15	
3.1	安全文明施工费	37782.15	
3.2	工程排污费		
4	其他项目		
4.1	暂列金额		
4.2	专业工程暂估价		
4.3	计日工		
4.4	总承包服务费		
5	税金	67721.77	
	工程造价 = 1+2+3+4+5	683374.22	

表 3-6 分部分项工程量清单计价表

工程名称：某住宅工程　　　　　　　　　标段：　　　　　　　　第 1 页 共 2 页

序号	项目编码	项目名称	项目特征描述	计量单位	工程量	金额/元				
						综合单价	合价	其中		暂估价
								定额人工费	定额机械费	
	0101		土石方工程							
1	010101001001	平整场地	1)土壤类别:详见地质勘查报告 2)弃土运距:自行考虑 3)取土运距:自行考虑 4)场地平整方式:自行考虑 5)详见图纸	m²	404.340	0.77	311.34	32.35	214.30	
2	010101003001	挖基础土方	1)土壤类别:详见地质勘查报告 2)基础类型:带形基础、独立基础、基础梁 3)挖土尺寸:见图纸 4)挖土深度:见图纸 5)弃土运距:自行考虑 6)挖土方式:自行考虑 7)基槽采用机械开挖,只挖至基础设计标高以上300mm,余下由人工开挖,以保证基底置于未扰动的土层	m³	4830.940	4.53	21884.16	8115.98	9227.10	
3	010103001001	土(石)方回填-基础回填土	1)土质要求:地下室外墙周边1500mm范围内采用2:8灰土回填 2)夯填要求:详见图纸及国家施工规范要求 3)取运方式:自行考虑 4)回填方式:自行考虑 5)详见结构设计说明	m³	215.480	234.23	50471.88	21810.89	249.96	
4	010103001002	土(石)方回填-基础回填土	1)土质要求:素土回填 2)夯填要求:详见图纸及国家施工规范要求 3)取运方式:自行考虑 4)回填方式:自行考虑 5)详见结构设计说明	m³	3670.430	34.58	126923.47	93008.70	7707.90	
5	010103002001	余方弃置	1)运输方式及运距自行考虑 2)中标后不调整	m³	945.020	8.09	7645.21	264.61	5802.42	
			分部小计				207236.06			

（续）

序号	项目编码	项目名称	项目特征描述	计量单位	工程量	金额/元				
						综合单价	合价	其中		
								定额人工费	定额机械费	暂估价
	0104		砌筑工程							
6	010401001002	砖基础	1）混凝土实心砖 2）M7.5 水泥砂浆砌砖 3）部位:坡道	m³	13.130	545.80	7166.35	1852.91	110.29	
7	010401004001	多孔砖墙	1）墙体类型:内墙、外墙 2）墙体厚度:200mm 厚 3）品种、规格、强度等级:MU5.0 非承重混凝土空心砖(重度<13kN/m³) 4）砂浆强度等级、配合比:预拌 M5.0 混合砂浆 5）详见图纸	m³	736.500	470.59	346589.54	110430.81	3328.98	
8	010401004002	多孔砖墙	1）墙体类型:内墙、外墙 2）墙体厚度:120mm 厚 3）品种、规格、强度等级:MU5.0 非承重混凝土空心砖(重度<13kN/m³) 4）砂浆强度等级、配合比:预拌 M5.0 混合砂浆 5）详见图纸	m³	1.250	488.83	611.04	212.10	6.73	
			分部小计				354366.93			

表3-7 措施项目清单计价表

工程名称：某住宅工程　　　　　　　标段：　　　　　　　第1页 共1页

序号	项目编码	项目名称	计算基础	费率（%）	金额/元
1	JC-01	夜间施工增加费	262376.03	0.500	1311.88
2	JC-02	二次搬运费	262376.03	1.000	2623.76
3	JC-03	冬、雨期施工增加费	262376.03	0.800	2099.01
4	JC-04	已完工程及设备保护费	262376.03	0.100	262.38
5	JC-05	工程定位复测费	262376.03	1.000	2623.76
6	JC-06	非夜间施工照明费	262376.03	0.400	1049.50
7	JC-07	临时保护设施费	262376.03	0.200	524.75
8	JC-08	赶工措施费	262376.03	2.200	5772.27

（续）

序号	项目编码	项目名称	计算基础	费率（%）	金额/元
		合　计			16267.31

表 3-8　不可竞争项目清单与计价表

工程名称：某住宅工程　　　　　　　　　标段：　　　　　　　第 1 页　共 1 页

序号	项目编码	项目名称	计算基础	费率（%）	金额/元
1	JF-01	环境保护费	262376.03	1.000	2623.76
2	JF-02	文明施工费	262376.03	4.000	10495.04
3	JF-03	安全施工费	262376.03	3.300	8658.41
4	JF-04	临时设施费	262376.03	6.100	16004.94
5	JF-05	工程排污费	262376.03		
		合　计			37782.15

表 3-9　其他项目清单与计价汇总表

工程名称：某住宅工程　　　　　　　　　标段：　　　　　　　第 1 页　共 1 页

序号	项目名称	金额/元
1	暂列金额	
2	专业工程暂估价	
3	清单及控制价编制费	
4	计日工	
5	总承包服务费	
	合　计	

表 3-10 税金计价表

工程名称：某住宅工程　　　　　　　　标段：　　　　　　　第 1 页　共 1 页

序号	项目名称	计算基础	计算基数	费率(%)	金额/元
1	增值税	分部分项工程费+措施项目费+不可竞争费+其他项目费	615652.45	11.000	67721.77
合　计					67721.77

第三节　绿色建筑评价标准（GB／T 50378—2019）解析

一、绿色建筑评价标准概述

《绿色建筑评价标准》自 2006 年发布实施及 2014 年修编以来，有效指导了我国绿色建筑实践工作。但随着绿色建筑各项工作的逐步推进，绿色建筑的内涵和外延不断丰富，各行业、各类别建筑践行绿色理念的需求不断提出，该标准已不能完全适应现阶段绿色建筑实践及评价工作的需要。

住房和城乡建设部于 2019 年 3 月 13 日发布第 61 号公告，批准《绿色建筑评价标准》为国家标准，编号为 GB/T 50378—2019，自 2019 年 8 月 1 日起施行。原《绿色建筑评价标准》（GB/T 50378—2014）同时废止。《绿色建筑评价标准》（GB/T 50378—2019）是根据住房和城乡建设部标准定额司《关于开展〈绿色建筑评价标准〉修订工作的函》（建标标函〔2018〕164 号）的要求，由中国建筑科学研究院和上海市建筑科学研究院会同有关单位在原国家标准基础上进行修订完成的。

《绿色建筑评价标准》（GB/T 50378—2019）共分 9 章，主要技术内容是：①总则；②术语；③基本规定；④安全耐久；⑤健康舒适；⑥生活便利；⑦资源节约；⑧环境宜居；⑨提高与创新。

该标准修订的主要技术内容是：①重新构建了绿色建筑评价技术指标体系；②调整了绿色建筑的评价时间节点；③增加了绿色建筑等级；④拓展了绿色建筑内涵；⑤提高了绿色建筑性能要求。

其对于原 2006 版、2014 版修订的重点包括：

（1）构建了新的指标体系 新的指标体系为：安全耐久、健康舒适、生活便利、资源节约、环境宜居。

（2）拓展了绿色建筑内涵 以"四节一环保"为基本约束，同时将建筑工业化、海绵城市、健康建筑、建筑信息模型等高新建筑技术和理念融入绿色建筑要求中，同时通过考虑建筑的安全、耐久、服务、健康、宜居、全龄友好等内容而设置技术要求，进一步引导绿色生活、绿色家庭、绿色社区、绿色出行等，拓展了绿色建筑的内涵。

（3）更新了绿色建筑术语 结合构建的绿色建筑指标体系及绿色建筑新内涵，对绿色建筑的术语进行了更新，使其更加确切地阐明新时代的绿色建筑定义。将绿色建筑术语更新为：在全寿命期内，节约资源、保护环境、减少污染，为人们提供健康、适用、高效的使用空间，最大限度地实现人与自然和谐共生的高质量建筑。

（4）重设了绿色建筑评价时间节点 绿色建筑发展需要解决从速度发展到质量发展的诉求，而解决新时代绿色建筑发展诉求的关键途径之一则是重新定位绿色建筑的评价阶段。且以运行实效为导向是绿色建筑发展的方向，评价阶段是引导发展方向的关键途径。将绿色建筑评价的节点设定在建设工程竣工后，规定"绿色建筑评价应在建筑工程竣工后进行"，可有效保证绿色建筑技术落地。同时，将设计评价改为预评价，并规定"在建筑工程施工图设计完成后，可进行预评价"。

（5）增加了绿色建筑"基本级" 作为划分绿色建筑性能档次的评价工具，既要体现其性能评定、技术引领的行业地位，又要兼顾我国绿色建筑地域发展的不平衡性和推广普及绿色建筑的重要作用，同时还要与国际上主要绿色建筑评价技术标准接轨。因此，在原有绿色建筑一星级、二星级和三星级基础上增加"基本级"，扩大绿色建筑覆盖面的同时，也便于国际交流。"基本级"与在编的全文强制国家规范相适应，满足标准所有"控制项"的要求即为"基本级"。

（6）增强了评价的可操作性 计分方式由 2006 年版的条目法、2014 年版的权重打分法改变为 2019 年版的绝对分值累加法，简便、易于操作。条文的设置综合考虑了气候、地域及建筑类型的适用性，通过条款的合理设置，避免了评分项的不参评项，整体条文数量也较 2014 年版大幅减少，进一步增强了评价的可操作性。

（7）分层级设置绿色建筑星级性能要求 为提升绿色建筑性能和品质，对一星级、二星级和三星级绿色建筑的等级认定分四个层级提出了不同的性能要求：①满足所有控制项要求且每类指标设置最低得分；②应进行全装修；③总得分达到 60 分/70 分/85 分；④满足对应星级在围护结构热工性能、节水器具用水效率、住宅建筑隔声性能、室内主要空气污染物浓度、外窗气密性能等附加技术要求。当同时满足上述四个层级要求时，方能认定为对应星级的绿色建筑。

（8）提升了绿色建筑性能　更新和提升建筑在安全耐久、节约能源、节约资源等方面的技术性能要求，提高和新增全装修、室内空气质量、水质、健身设施、垃圾分类、全龄友好、服务等的有关要求，综合提升了绿色建筑的性能要求。

二、绿色建筑评价与等级划分

1. 绿色建筑评价

绿色建筑评价应遵循因地制宜的原则，结合建筑所在地域的气候、环境、资源、经济和文化等特点，对建筑全寿命期内的安全耐久、健康舒适、生活便利、资源节约、环境宜居等性能进行综合评价。

2. 绿色建筑评价一般规定

针对绿色建筑的评价，《绿色建筑评价标准》（GB/T 50378—2019）规定，绿色建筑评价应以单栋建筑或建筑群为评价对象，评价对象应落实并深化上位法定规划及相关专项规划提出的绿色发展要求；涉及系统性、整体性的指标，应基于建筑所属工程项目内总体进行评价。绿色建筑评价应在建筑工程竣工后进行，在建筑工程施工图设计完成后，可进行预评价。

设计评价时，申请评价方应对参评建筑进行全寿命期技术和经济分析，选用适宜技术、设备和材料，对规划、设计、施工、运行阶段进行全过程控制，并应在评价时提交相应分析、测试报告和相关文件。申请评价方应对所提交资料的真实性和完整性负责。评价机构应对申请评价方提交的分析、测试报告和相关文件进行审查，出具评价报告，确定等级。申请绿色金融服务的建筑项目，应对节能措施、节水措施、建筑能耗和碳排放等进行计算和说明，并应形成专项报告。

3. 绿色建筑评价要求

绿色建筑评价指标体系应由安全耐久、健康舒适、生活便利、资源节约、环境宜居五类指标组成，且每类指标均包括控制项和评分项；评价指标体系还统一设置加分项。控制项的评定结果应为达标或不达标；评分项和加分项的评定结果应为分值。对于多功能的综合性单体建筑，应按本标准全部评价条文逐条对适用的区域进行评价，确定各评价条文的得分。

4. 绿色建筑评价评分

绿色建筑评价的分值设定应符合表 3-11 的规定。

表 3-11　《绿色建筑评价标准》（GB/T 50378—2019）绿色建筑评分分值

	控制项基础分值	评价指标评分项满分值					提高与创新加分项满分值
		安全耐久	健康舒适	生活便利	资源节约	环境宜居	
预评价分值	400	100	100	70	200	100	100
评价分值	400	100	100	100	200	100	100

对于绿色建筑的评分，《绿色建筑评价标准》（GB/T 50378—2019）规定，绿色建筑评价的总得分应按下式进行计算：

$$Q = (Q_0 + Q_1 + Q_2 + Q_3 + Q_4 + Q_5 + Q_A)/10$$

式中　Q——总得分；

Q_0——控制项基础分值，当满足所有控制项的要求时取 400 分；

$Q_1 \sim Q_5$——评价指标体系五类指标（安全耐久、健康舒适、生活便利、资源节约、环境宜居）评分项得分；

Q_A——提高与创新加分项得分。

5. 绿色建筑评价等级

绿色建筑划分应为基本级、一星级、二星级、三星级四个等级。当满足全部控制项要求时，绿色建筑等级应为基本级。

绿色建筑星级等级应按下列规定确定：

1）一星级、二星级、三星级三个等级的绿色建筑均应满足本标准全部控制项的要求，且每类指标的评分项得分不应小于其评分项满分值的 30%。

2）一星级、二星级、三星级三个等级的绿色建筑均应进行全装修，全装修工程质量、选用材料及产品质量应符合国家现行有关标准的规定。

3）当总得分分别达到 60 分、70 分、85 分且满足表 3-12 的要求时，绿色建筑等级分别为一星级、二星级、三星级。

表 3-12　一星级、二星级、三星级绿色建筑的技术要求

	一星级	二星级	三星级
围护结构热工性能的提高比例或建筑供暖空调负荷降低比例	围护结构提高 5%，或负荷降低 5%	围护结构提高 10%，或负荷降低 10%	围护结构提高 20%，或负荷降低 15%
严寒和寒冷地区住宅建筑外窗传热系数降低比例	5%	10%	20%
节水器具用水效率	3 级	2 级	2 级
住宅建筑隔声性能		室外与卧室之间、分户墙（楼板）两侧卧室之间的空气声隔声性能以及卧室楼板的撞击声隔声性能达到低限标准限值和高要求标准限值的平均值	室外与卧室之间、分户墙（楼板）两侧卧室之间的空气声隔声性能以及卧室楼板的撞击声隔声性能达到高要求标准限值
室内主要空气污染物浓度降低比例	10%	20%	20%
外窗气密性能	符合国家现行相关节能设计标准的规定，且外窗洞口与外窗本体的结合部位应严密		

注：1. 围护结构热工性能的提高基准、严寒和寒冷地区住宅建筑外窗传热系数降低基准均为国家现行相关建筑节能设计标准的要求。

2. 住宅建筑隔声性能对应的标准为现行国家标准《民用建筑隔声设计规范》（GB 50118）。

3. 室内主要空气污染物包括氨、甲醛、苯、总挥发性有机物、氡、可吸入颗粒物等，其浓度降低基准为现行国家标准《室内空气质量标准》（GB/T 18883）的有关要求。

三、绿色建筑基本级要求

《绿色建筑评价标准》（GB/T 50378—2019）规定，基本级与在编的全文强制国家规范相适应，满足标准所有控制项的要求即为绿色建筑基本级，见表 3-13。

表 3-13　绿色建筑基本级要求

安全耐久	4.1.1 场地应避开滑坡、泥石流等地质危险地段，易发生洪涝地区应有可靠的防洪涝基础设施；场地应无危险化学品、易燃易爆危险源的威胁，应无电磁辐射、含氡土壤的危害
	4.1.2 建筑结构应满足承载力和建筑使用功能要求。建筑外墙、屋面、门窗、幕墙及外保温等围护结构应满足安全、耐久和防护的要求
	4.1.3 外遮阳、太阳能设施、空调室外机位、外墙花池等外部设施应与建筑主体结构统一设计、施工，并应具备安装、检修与维护条件
	4.1.4 建筑内部的非结构构件、设备及附属设施等应连接牢固并能适应主体结构变形
	4.1.5 建筑外门窗必须安装牢固，其抗风压性能和水密性能应符合国家现行有关标准的规定
	4.1.6 卫生间、浴室的地面应设置防水层，墙面、顶棚应设置防潮层
	4.1.7 走廊、疏散通道等通行空间应满足紧急疏散、应急救护等要求，且应保持畅通
	4.1.8 应具有安全防护的警示和引导标识系统
健康舒适	5.1.1 室内空气中的氨、甲醛、苯、总挥发性有机物、氡等污染物浓度应符合现行国家标准《室内空气质量标准》（GB/T 18883）的有关规定。建筑室内和建筑主出入口处应禁止吸烟，并在醒目位置设置禁烟标志
	5.1.2 应采取措施避免厨房、餐厅、打印复印室、卫生间、地下车库等区域的空气和污染物串通到其他空间；应防止厨房、卫生间的排气倒灌
	5.1.3 给水排水系统的设置应符合下列规定： 　1. 生活饮用水水质应满足现行国家标准《生活饮用水卫生标准》（GB 5749）的要求 　2. 应制订水池、水箱等储水设施定期清洗消毒计划并实施，且生活饮用水储水设施每半年清洗消毒不应少于 1 次 　3. 应使用构造内自带水封的便器，自带水封深度不应小于 50mm 　4. 非传统水源管道和设备应设置明确、清晰的永久性标识
	5.1.4 主要功能房间的室内噪声级和隔声性能应符合下列规定： 　1. 室内噪声级应满足现行国家标准《民用建筑隔声设计规范》（GB 50118）中的低限要求 　2. 外墙、隔墙、楼板和门窗的隔声性能应满足现行国家标准《民用建筑隔声设计规范》（GB 50118）中的低限要求
	5.1.5 建筑照明应符合下列规定： 　1. 照明数量和质量应符合现行国家标准《建筑照明设计标准》（GB 50034）的规定 　2. 人员长期停留的场所应采用符合现行国家标准《灯和灯系统的光生物安全性》（GB/T 20145）规定的无危险类照明产品 　3. 选用 LED 照明产品的光输出波形的波动深度应满足现行国家标准《LED 室内照明应用技术要求》（GB/T 31831）的规定
	5.1.6 应采取措施保障室内热环境。采用集中供暖空调系统的建筑，房间内的温度、湿度、新风量等设计参数应符合现行国家标准《民用建筑供暖通风与空气调节设计规范》（GB 50736）的有关规定；采用非集中供暖空调系统的建筑，应具有保障室内热环境的措施或预留条件
	5.1.7 围护结构热工性能应符合下列规定： 　1. 在室内设计温度、湿度条件下，建筑非透光围护结构内表面不得结露 　2. 供暖建筑的屋面、外墙内部不应产生冷凝 　3. 屋顶和外墙隔热性能应满足现行国家标准《民用建筑热工设计规范》（GB 50176）的要求
	5.1.8 主要功能房间应具有现场独立控制的热环境调节装置
	5.1.9 地下车库应设置与排风设备联动的一氧化碳浓度监测装置
生活便利	6.1.1 建筑、室外场地、公共绿地、城市道路相互之间应设置连贯的无障碍步行系统
	6.1.2 场地人行出入口 500m 内应设有公共交通站点或配备联系公共交通站点的专用接驳车
	6.1.3 停车场应具有电动汽车充电设施或具备充电设施的安装条件，并应合理设置电动汽车和无障碍汽车停车位
	6.1.4 自行车停车场所应位置合理、方便出入
	6.1.5 建筑设备管理系统应具有自动监控管理功能
	6.1.6 建筑应设置信息网络系统

（续）

环境宜居	7.1.1 应结合场地自然条件和建筑功能需求,对建筑的体形、平面布局、空间尺度、围护结构等进行节能设计,且应符合国家有关节能设计的要求 7.1.2 应采取措施降低部分负荷、部分空间使用下的供暖、空调系统能耗,并应符合下列规定: 　　1. 应区分房间的朝向细分供暖、空调区域,并应对系统进行分区控制 　　2. 空调冷源的部分负荷性能系数($IPLV$)、电冷源综合制冷性能系数($SCOP$)应符合现行国家标准《公共建筑节能设计标准》(GB 50189)的规定 7.1.3 应根据建筑空间功能设置分区温度,合理降低室内过渡区空间的温度设定标准。 7.1.4 主要功能房间的照明功率密度值不应高于现行国家标准《建筑照明设计标准》(GB 50034)规定的现行值;公共区域的照明系统应采用分区、定时、感应等节能控制;采光区域的照明控制应独立于其他区域的照明控制 7.1.5 冷热源、输配系统和照明等各部分能耗应进行独立分项计量 7.1.6 垂直电梯应采取群控、变频调速或能量反馈等节能措施;自动扶梯应采用变频感应启动等节能控制措施 7.1.7 应制订水资源利用方案,统筹利用各种水资源,并应符合下列规定: 　　1. 应按使用用途、付费或管理单元,分别设置用水计量装置 　　2. 用水点处水压大于 0.2MPa 的配水支管应设置减压设施,并应满足给水配件最低工作压力的要求 　　3. 用水器具和设备应满足节水产品的要求 7.1.8 不应采用建筑形体和布置严重不规则的建筑结构 7.1.9 建筑造型要素应简约,应无大量装饰性构件,并应符合下列规定: 　　1. 住宅建筑的装饰性构件造价占建筑总造价的比例不应大于 2% 　　2. 公共建筑的装饰性构件造价占建筑总造价的比例不应大于 1% 7.1.10 选用的建筑材料应符合下列规定: 　　1. 500km 以内生产的建筑材料重量占建筑材料总重量的比例应大于 60% 　　2. 现浇混凝土应采用预拌混凝土,建筑砂浆应采用预拌砂浆
资源节约	8.1.1 建筑规划布局应满足日照标准,且不得降低周边建筑的日照标准 8.1.2 室外热环境应满足国家现行有关标准的要求 8.1.3 配建的绿地应符合所在地城乡规划的要求,应合理选择绿化方式,植物种植应适应当地气候和土壤,且应无毒害、易维护,种植区域覆土深度和排水能力应满足植物生长需求,并应采用复层绿化方式 8.1.4 场地的竖向设计应有利于雨水的收集或排放,应有效组织雨水的下渗、滞蓄或再利用;对大于 $10hm^2$ 的场地应进行雨水控制利用专项设计 8.1.5 建筑内外均应设置便于识别和使用的标识系统 8.1.6 场地内不应有排放超标的污染源 8.1.7 生活垃圾应分类收集,垃圾容器和收集点的设置应合理并应与周围景观协调

第四节 建筑工程绿色施工规范（GB/T 50905—2014）解析

一、施工规范概述

住房和城乡建设部 2014 年 1 月 29 日第 321 号公告,批准《建筑工程绿色施工规范》为国家标准,编号为 GB/T 50905—2014,自 2014 年 10 月 1 日起实施。规范的主要技术内容是:①总则;②术语;③基本规定;④施工准备;⑤施工场地;⑥地基与基础工程;⑦主体结构工程;⑧装饰装修工程;⑨保温和防水工程;⑩机电安装工程;⑪拆除工程。

《建筑工程绿色施工规范》（GB/T 50905—2014）目标是规范建筑工程绿色施工,做到节约资源、保护环境以及保障施工人员的安全与健康,适用于新建、扩建、改建及拆除等建筑工程的绿色施工。

《建筑工程绿色施工规范》（GB/T 50905—2014）以绿色施工组织设计为重点，明确了建设单位、设计单位、监理单位、施工单位在绿色施工中的主要职责。尤其是施工单位应履行的职责：①施工单位是建筑工程绿色施工的实施主体，应组织绿色施工的全面实施。②实行总承包管理的建设工程，总承包单位应对绿色施工负总责。③总承包单位应对专业承包单位的绿色施工实施管理，专业承包单位应对工程承包范围的绿色施工负责。④施工单位应建立以项目经理为第一责任人的绿色施工管理体系，制订绿色施工管理制度，负责绿色施工的组织实施，进行绿色施工教育培训，定期开展自检、联检和评价工作。⑤绿色施工组织设计、绿色施工方案或绿色施工专项方案编制前，应进行绿色施工影响因素分析，并据此制订实施对策和绿色施工评价方案。

二、主要的绿色施工技术

《建筑工程绿色施工规范》（GB/T 50905—2014）按照分部分项工程划分章节，提出了资源节约和环境保护要求。表 3-14 列出了资源节约和环境保护相关要求。

绿色施工技术主要集中在地基与基础工程、主体结构工程、拆除工程等章节。表 3-15 列出了规范中主要提到的绿色施工技术。

表 3-14 建筑工程绿色施工规范中资源节约和环境保护相关要求

内容	相关要求
资源节约：节材及材料利用	1. 应根据施工进度、材料使用时点、库存情况等制订材料的采购和使用计划 2. 现场材料应堆放有序，并满足材料储存及质量保持的要求 3. 工程施工使用的材料宜选用距施工现场 500km 以内生产的建筑材料
资源节约：节水及水资源利用	1. 现场应结合给水排水点位置进行管线线路和阀门预设位置的设计，并采取管网和用水器具防渗漏的措施 2. 施工现场办公区、生活区的生活用水应采用节水器具 3. 宜建立雨水、中水或其他可利用水资源的收集利用系统 4. 应按生活用水与工程用水的定额指标进行控制 5. 施工现场喷洒路面、绿化浇灌不宜使用自来水
资源节约：节能及能源利用	1. 应合理安排施工顺序及施工区域，减少作业区机械设备数量 2. 应选择功率与负荷相匹配的施工机械设备，机械设备不宜低负荷运行，不宜采用自备电源 3. 应制订施工能耗指标，明确节能措施 4. 应建立施工机械设备档案和管理制度，机械设备应定期保养维修 5. 生产、生活、办公区域及主要机械设备宜分别进行耗能、耗水及排污计量，并做好相应记录 6. 应合理布置临时用电线路，选用节能器具，采用声控、光控和节能灯具；照明照度宜按最低照度设计 7. 宜利用太阳能、地热能、风能等可再生能源 8. 施工现场宜错峰用电
资源节约：节地及土地资源保护	1. 应根据工程规模及施工要求布置施工临时设施 2. 施工临时设施不宜占用绿地、耕地以及规划红线以外场地 3. 施工现场应避让、保护场区及周边的古树名木
环境保护：施工现场扬尘控制	1. 施工现场宜搭设封闭式垃圾站 2. 细散颗粒材料、易扬尘材料应封闭堆放、存储和运输 3. 施工现场出口应设冲洗池，施工场地、道路应采取定期洒水抑尘措施 4. 土石方作业区内扬尘目测高度应小于 1.5m，结构施工、安装、装饰装修阶段目测扬尘高度应小于 0.5m，不得扩散到工作区域外 5. 施工现场使用的热水锅炉等宜使用清洁燃料。不得在施工现场熔化沥青或焚烧油毡、油漆以及其他产生有毒、有害烟尘和恶臭气体的物质

（续）

内容	相关要求
环境保护：噪声控制	1. 施工现场宜对噪声进行实时监测；施工场界环境噪声排放昼间不应超过70dB（A），夜间不应超过55dB（A）。噪声测量方法应符合现行国家标准《建筑施工场界环境噪声排放标准》（GB 12523）的规定 2. 施工过程宜使用低噪声、低振动的施工机械设备，对噪声控制要求较高的区域应采取隔声措施 3. 施工车辆进出现场，不宜鸣笛
环境保护：光污染控制	1. 应根据现场和周边环境采取限时施工、遮光和全封闭等避免或减少施工过程中光污染的措施 2. 夜间室外照明灯应加设灯罩，光照方向应集中在施工范围内 3. 在光线作用敏感区域施工时，电焊作业和大型照明灯具应采取防光外泄措施
环境保护：水污染控制	1. 污水排放应符合现行行业标准《污水排入城镇下水道水质标准》（CJ 343）的有关要求 2. 使用非传统水源和现场循环水时，宜根据实际情况对水质进行检测 3. 施工现场存放的油料和化学溶剂等物品应设专门库房，地面应做防渗漏处理。废弃的油料和化学溶剂应集中处理，不得随意倾倒 4. 易挥发、易污染的液态材料，应使用密闭容器存放 5. 施工机械设备使用和检修时，应控制油料污染；清洗机具的废水和废油不得直接排放 6. 食堂、盥洗室、淋浴间的下水管线应设置过滤网，食堂应另设隔油池 7. 施工现场宜采用移动式厕所，并应定期清理。固定厕所应设化粪池 8. 隔油池和化粪池应做防渗处理，并应进行定期清运和消毒
环境保护：施工现场垃圾处理	1. 垃圾应分类存放、按时处置 2. 应制订建筑垃圾减量计划，建筑垃圾的回收利用应符合现行国家标准《工程施工废弃物再生利用技术规范》（GB/T 50743）的规定 3. 有毒有害废弃物的分类率应达到100%；对有可能造成二次污染的废弃物应单独储存，并设置醒目标识 4. 现场清理时，应采用封闭式运输，不得将施工垃圾从窗口、洞口、阳台等处抛撒
环境保护：危险品化学品隔离	施工使用的乙炔、氧气、油漆、防腐剂等危险品、化学品的运输和储存应采取隔离措施

表 3-15　建筑工程绿色施工规范中列举的绿色施工技术

规范中相关条款	备　注
6 地基与基础工程 6.3 桩基工程 6.3.2 混凝土灌注桩施工应符合下列规定：①灌注桩采用泥浆护壁成孔时，应采取导流沟和泥浆池等排浆及储浆措施。②施工现场应设置专用泥浆池，并及时清理沉淀的废渣 6.3.3 工程桩不宜采用人工挖孔成桩。当特殊情况采用时，应采取护壁、通风和防坠落措施 6.3.4 在城区或人口密集地区施工混凝土预制桩和钢桩时，宜采用静压沉桩工艺。静力压桩宜选择液压式和绳索式压桩工艺 6.5 地下水控制 6.5.1 基坑降水宜采用基坑封闭降水方法 6.5.2 基坑施工排出的地下水应加以利用 6.5.3 采用井点降水施工时，地下水位与作业面高差宜控制在250mm以内，并应根据施工进度进行水位自动控制 6.5.4 当无法采用基坑封闭降水，且基坑抽水对周围环境可能造成不良影响时，应采用对地下水无污染的回灌方法	桩基施工技术选择 控制地下水位的措施

（续）

规范中相关条款	备 注
7 主体结构工程 **7.2 混凝土结构工程** 7.2.20 在混凝土配合比设计时,应减少水泥用量,增加工业废料、矿山废渣的掺量;当混凝土中添加粉煤灰时,宜利用其后期强度 7.2.21 混凝土宜采用泵送、布料机布料浇筑;地下大体积混凝土宜采用溜槽或串筒浇筑 7.2.22 超长无缝混凝土结构宜采用滑动支座法、跳仓法和综合治理法施工;当裂缝控制要求较高时,可采用低温补仓法施工 7.2.23 混凝土振捣应采用低噪声振捣设备,也可采取围挡等降噪措施;在噪声敏感环境或钢筋密集时,宜采用自密实混凝土 7.2.24 混凝土宜采用塑料薄膜加保温材料覆盖保湿、保温养护;当采用洒水或喷雾养护时,养护用水宜使用回收的基坑降水或雨水;混凝土竖向构件宜采用养护剂进行养护 7.2.27 清洗泵送设备和管道的污水应经沉淀后回收利用,浆料分离后可作室外道路、地面等垫层的回填材料	混凝土施工与养护
7 主体结构工程 **7.4 钢结构工程** 7.4.3 大跨度钢结构安装宜采用起重机吊装、整体提升、顶升和滑移等机械化程度高、劳动强度低的方法 7.4.4 钢结构加工应制订废料减量计划,优化下料,综合利用余料,废料应分类收集、集中堆放、定期回收处理 7.4.7 钢结构现场涂料应采用无污染、耐候性好的材料。防火涂料喷涂施工时,应采取防止涂料外泄的专项措施	施工管理
8 装饰装修工程 8.3.3 门窗框周围的缝隙填充应采用憎水保温材料 8.5.1 隔墙材料宜采用轻质砌块砌体或轻质墙板,严禁采用实心烧结黏土砖 8.5.2 预制板或轻质隔墙板间的填塞材料应采用弹性或微膨胀的材料 8.5.3 抹灰墙面宜采用喷雾方法进行养护	装修工程
9 保温和防水工程 9.2.2 采用外保温材料的墙面和屋顶,不宜进行焊接、钻孔等施工作业。确需施工作业时,应采取防火保护措施,并应在施工完成后,及时对裸露的外保温材料进行防护处理 9.2.3 应在外门窗安装,水暖及装饰工程需要的管卡、挂件,电气工程的暗管、接线盒和穿线等施工完成后,进行内保温施工 9.3.1 基层清理应采取控制扬尘的措施 9.3.6 防水层应采取成品保护措施	保温施工 防水施工
11 拆除工程 11.3.1 人工拆除前应制订安全防护和降尘措施。拆除管道及容器时,应查清残留物性质并采取相应安全措施,方可进行拆除施工 11.3.3 在爆破拆除前,应进行试爆,并根据试爆结果,对拆除方案进行完善 11.4.1 建筑拆除物分类和处理应符合现行国家标准《工程施工废弃物再生利用技术规范》(GB/T 50743)的规定;剩余的废弃物应做无害化处理 11.4.2 不得将建筑拆除物混入生活垃圾,不得将危险废弃物混入建筑拆除物 11.4.3 拆除的门窗、管材、电线、设备等材料应回收利用 11.4.4 拆除的钢筋和型材应经分拣后再生利用	拆除施工技术 建筑废弃物利用

第五节　建设项目工程总承包管理规范
（GB／T 50358—2017）解析

一、《建设项目工程总承包管理规范》概述

《建设项目工程总承包管理规范》（GB/T 50358—2005）发布实施以来，有效指导了建设项目工程总承包管理工作，促进建设项目工程总承包管理的科学化、规范化和法制化，提高了建设项目工程总承包的管理水平。但随着建设项目工程总承包的不断推进，工程总承包模式的多样化，该标准已不能完全适应现阶段建设项目工程总承包管理工作的需要。

住房和城乡建设部于2017年5月4日发布第1535号公告，批准《建设项目工程总承包管理规范》为国家标准，编号为GB/T 50358—2017，自2018年1月1日起实施。原国家标准《建设项目工程总承包管理规范》（GB/T 50358—2005）同时废止。《建设项目工程总承包管理规范》（GB/T 50358—2017）是根据住建部《关于〈印发2014年工程建设标准规范制订修订计划〉的通知》（建标〔2013〕169号）的要求进行修订编制。

《建设项目工程总承包管理规范》（GB/T 50358—2017）共17章，内容包括总则，术语，工程总承包管理的组织，项目策划，项目设计管理，项目采购管理，项目施工管理，项目试运行管理，项目风险管理，项目进度管理，项目质量管理，项目费用管理，项目安全、职业健康与环境管理，项目资源管理，项目沟通与信息管理，项目合同管理和项目收尾。

二、《建设项目工程总承包管理规范》（GB／T 50358—2017）要点解析

（一）总则

该章叙述了规范的目标是提高建设项目工程总承包管理水平，促进建设项目工程总承包管理的规范化，推进建设项目工程总承包管理与国际接轨。明确了规范作为建设项目工程总承包管理活动的基本依据。规定了建设项目工程总承包管理除应符合本规范外，尚应符合国家现行有关标准的规定。定义了工程总承包项目过程管理是产品实现过程和项目管理过程的管理。其中产品实现过程的管理包括设计、采购、施工和试运行的管理；项目管理过程的管理包括项目启动、项目策划、项目实施、项目控制和项目收尾的管理。

（二）术语

本规范术语共33条，该章对工程总承包、项目部、项目管理、项目管理体系等做了术语标准定义以及英文注释。

（三）工程总承包管理的组织

该章要求工程总承包企业应建立与工程总承包项目相适应的项目管理组织，工程总承包管理的组织是由工程总承包企业法定代表人授权和支持下，为实现项目目标，由项目经理组建并领导的项目管理组织。

项目组织的建立应结合项目特点，确定组织形式。如项目部可成立设计组、采购组、

施工组和试运行组进行项目管理。本规范对项目部的职能、岗位设置以及负责人的素养、权责都做了明确阐述。

明确项目部应具有工程总承包项目组织实施和控制职能以及内外部沟通协调管理职能，对项目质量、安全、费用、进度、职业健康和环境保护目标负责。明确项目经理在管理过程中的职能和权责。

（四）项目策划

该章指出项目策划是由项目经理组织编制的项目管理计划和项目实施计划。

项目管理计划需体现企业对项目实施的要求和项目经理对项目的总体规划和实施方案，由工程总承包企业相关负责人审批，该计划属企业内部文件一般不对外发放。

项目实施计划是实现项目合同目标、项目策划目标和企业目标的具体措施和手段，也是反映项目经理和项目部落实工程总承包企业对项目管理的要求。项目经理组织项目部人员进行编制经项目发包人认可后实施，应当具有可操作性。

（五）项目设计管理

该章强调工程总承包项目的设计应由具备相应设计资质和能力的企业承担，同时应符合其他相关法律、法规规定。

设计管理内容包含设计执行计划的编制、设计实施、设计控制以及设计收尾，其中将采购纳入设计程序是工程总承包项目设计的重要特点之一，较施工总承包就体现其优越性，避免了设计和施工不匹配的问题。

（六）项目采购管理

该章明确了项目采购管理由采购经理负责，接受项目经理和工程总承包企业采购管理部门的管理。项目采购管理过程包括编制采购执行计划，采购计划实施，催交与验收，运输与交付，仓储管理，现场服务管理，采购收尾。

（七）项目施工管理

该章强调项目工程总承包项目的施工应由具备相应施工资质和能力的企业承担，同时应符合其他相关法律、法规规定。

项目施工管理包括施工执行计划编制、施工费用控制、施工质量控制、施工进度控制、施工质量控制、施工安全管理、施工现场管理、施工变更管理。

（八）项目试运行管理

该章明确项目试运行管理和服务要根据合同约定进行，试运行经理负责。项目试运行包括试运行执行计划应由试运行经理负责组织编制，试运行实施。

（九）项目风险管理

该章要求工程总承包企业应加强项目风险管理，制订风险管理规定，明确职责与要求。项目风险管理内容有：风险的识别、风险评估、风险控制。其中风险识别可采用依据合同约定对设计、采购、施工和试运行阶段的风险进行识别，形成项目风险识别清单，输出项目风险识别结果。项目风险识别一般采用专家调查法、初始清单法、风险调查法、经验数据法和图解法等方法。项目风险评估一般采用调查和专家打分法、层次分析法、模糊数学法、统计和概率法、敏感性分析法、故障树分析法、蒙特卡洛模拟分析和影响图法等方法。项目风险控制一般采用审核检查法、费用偏差分析法和风险图表表示法等方法。

（十）项目进度管理

该章要求项目部应建立项目进度管理体系，按合理交叉、相互协调、资源优化的原则，对项目进度进行控制管理。项目进度管理内容包括进度计划编制、进度控制。项目进度管理过程中常用赢得值法管理技术在项目进度管理中的运用，主要是控制进度偏差和时间偏差。网络计划技术在进度管理中的运用主要是关键线路法。用控制关键活动，分析总时差和自由时差来控制进度。用控制基本活动的进度来达到控制整个项目的进度。

（十一）项目质量管理

该章要求工程总承包企业应按质量管理体系要求，规范工程总承包项目的质量管理。指出项目进度管理应包括质量计划、质量控制和质量改进。项目质量管理应贯穿项目管理的全过程，按策划、实施、检查、处置循环的工作方法进行全过程的质量控制。

（十二）项目费用管理

该章要求工程总承包企业应建立项目费用管理系统以满足工程总承包管理的需要。项目费用管理：编制不同深度的项目费用估算、项目费用计划应由控制经理组织编制，经项目经理批准后实施和项目部应采用目标管理方法对项目实施期间的费用进行过程控制。费用控制与进度控制、质量控制相互协调，防止对费用偏差采取不当的应对措施，而对质量和进度产生影响，或引起项目在后期出现较大风险。在项目实施过程中，通常应编制初期控制估算、批准的控制估算、首次核定估算和二次核定估算。费用控制是工程总承包项目费用管理的核心内容。

（十三）项目安全、职业健康与环境管理

该章要求工程总承包企业应按职业健康安全管理和环境管理体系要求，规范工程总承包项目的职业健康安全和环境管理，项目经理应为项目安全生产主要负责人，负责项目安全、职业健康与环境管理。

（十四）项目资源管理

该章要求工程总承包企业应建立并完善项目资源管理机制，工程总承包企业应建立并完善项目资源管理机制，使项目人力、设备、材料、机具、技术和资金等资源适应工程总承包项目管理的需要。

（十五）项目沟通与信息管理

该章要求工程总承包企业应建立项目沟通与信息管理系统，制订沟通与信息管理程序和制度。项目沟通与信息管理：项目沟通的内容包括项目建设有关的所有信息，项目部需做好与政府相关主管部门的沟通协调工作，按照相关主管部门的管理要求，提供项目信息，办理与设计、采购、施工和试运行相关的法定手续，获得审批或许可。做好与设计、采购、施工和试运行有直接关系的社会公用性单位的沟通协调工作，获取和提交相关的资料，办理相关的手续及审批。信息管理包括文件管理、信息安全及保密等。

（十六）项目合同管理

该章要求工程总承包企业应建立项目工程总承包合同管理制度，工程总承包合同管理是指对合同订立并生效后所进行的履行、变更、违约、索赔、争议处理、终止或结束的全部活动的管理；分包合同管理是指对分包项目的招标、评标、谈判、合同订立，以及生效后的履行、变更、违约、索赔、争议处理、终止或结束的全部活动的管理。工程总承包项目合同管理应包括工程总承包合同和分包合同管理。

（十七）项目收尾

该章明确项目收尾工作一般包括竣工验收、项目结算、项目总结、考核与审计。项目收尾应由项目经理负责。项目竣工验收应由项目发包人负责。项目部应依据合同约定，编制项目结算报告。项目经理应组织相关人员进行项目总结并编制项目总结报告。工程总承包企业应依据项目管理目标责任书对项目部进行考核。

第四章　施工合同解读

第一节　《建设工程施工合同（示范文本）》
（GF—2017—0201）解读

为了指导建设工程施工合同当事人的签约行为，维护合同当事人的合法权益，依据《中华人民共和国合同法》《中华人民共和国建筑法》《中华人民共和国招标投标法》以及相关法律法规，住建部、国家工商行政管理总局对《建设工程施工合同（示范文本）》（GF—2013—0201）进行了修订，制定了《建设工程施工合同（示范文本）》（GF—2017—0201）（以下简称"2017版施工合同"）。

2017版施工合同为非强制性使用文本，适用于房屋建筑工程、土木工程、线路管道和设备安装工程、装修工程等建设工程的施工承发包活动。合同当事人可结合建设工程具体情况，根据2017版施工合同订立合同，并按照法律法规规定和合同约定承担相应的法律责任及合同权利义务。

一、2017版施工合同组成

2017版施工合同由合同协议书、通用合同条款和专用合同条款三部分组成。

（一）合同协议书

2017版施工合同协议书共计13条，主要包括工程概况、合同工期、质量标准、签约合同价和合同价格形式、项目经理、合同文件构成、承诺以及合同生效条件等重要内容，集中约定了合同当事人基本的合同权利义务。

（二）通用合同条款

通用合同条款是合同当事人根据《中华人民共和国建筑法》《中华人民共和国合同法》等法律法规的规定，就工程建设的实施及相关事项，对合同当事人的权利义务做出的原则性约定。

通用合同条款共计20条，具体条款分别为：一般约定、发包人、承包人、监理人、工程质量、安全文明施工与环境保护、工期和进度、材料与设备、试验与检验、变更、价格调整、合同价格、计量与支付、验收和工程试车、竣工结算、缺陷责任与保修、违约、不可抗力、保险、索赔和争议解决。前述条款安排既考虑了现行法律法规对工程建设的有关要求，也考虑了建设工程施工管理的特殊需要。

（三）专用合同条款

专用合同条款是对通用合同条款原则性约定的细化、完善、补充、修改或另行约定的条款。合同当事人可以根据不同建设工程的特点及具体情况，通过双方的谈判、协商对相应的专用合同条款进行修改补充。在使用专用合同条款时，应注意以下事项：

1）专用合同条款的编号应与相应的通用合同条款的编号一致。

2）合同当事人可以通过对专用合同条款的修改，满足具体建设工程的特殊要求，避免直接修改通用合同条款。

3）在专用合同条款中有横道线的地方，合同当事人可针对相应的通用合同条款进行细化、完善、补充、修改或另行约定；如无细化、完善、补充、修改或另行约定，则填写"无"或画"/"。

二、2017版与2013版建设工程施工合同示范文本条款对照

施工合同示范文本条款修改对照表见表4-1。（黑体加粗部分为修订要点）

表4-1 施工合同示范文本条款修改对照表

2013版施工合同示范文本	2017版施工合同示范文本
第二部分 通用合同条款	
1.1.4.4 缺陷责任期：是指承包人按照合同约定承担缺陷修复义务，且发包人预留质量保证金的期限，自工程实际竣工日期起计算	1.1.4.4 缺陷责任期：是指承包人按照合同约定承担缺陷修复义务，且发包人预留质量保证金(**已缴纳履约保证金的除外**)的期限，自工程实际竣工日期起计算
14.1 竣工结算申请 除专用合同条款另有约定外，承包人应在工程竣工验收合格后28天内向发包人和监理人提交竣工结算申请单，并提交完整的结算资料，有关竣工结算申请单的资料清单和份数等要求由合同当事人在专用合同条款中约定 除专用合同条款另有约定外，竣工结算申请单应包括以下内容： (1)竣工结算合同价格 (2)发包人已支付承包人的款项 (3)应扣留的质量保证金 (4)发包人应支付承包人的合同价款	14.1 竣工结算申请 除专用合同条款另有约定外，承包人应在工程竣工验收合格后28天内向发包人和监理人提交竣工结算申请单，并提交完整的结算资料，有关竣工结算申请单的资料清单和份数等要求由合同当事人在专用合同条款中约定 除专用合同条款另有约定外，竣工结算申请单应包括以下内容： (1)竣工结算合同价格 (2)发包人已支付承包人的款项 (3)应扣留的质量保证金。**已缴纳履约保证金的或提供其他工程质量担保方式的除外** (4)发包人应支付承包人的合同价款
15.2 缺陷责任期 15.2.1 缺陷责任期自实际竣工日期起计算，合同当事人应在专用合同条款约定缺陷责任期的具体期限，但该期限最长不超过24个月 单位工程先于全部工程进行验收，经验收合格并交付使用的，该单位工程缺陷责任期自单位工程验收合格之日起算。因发包人原因导致工程无法按合同约定期限进行竣工验收的，缺陷责任期自承包人提交竣工验收申请报告之日起开始计算；发包人未经竣工验收擅自使用工程的，缺陷责任期自工程转移占有之日起开始计算	15.2 缺陷责任期 15.2.1 **缺陷责任期从工程通过竣工验收之日起计算**，合同当事人应在专用合同条款约定缺陷责任期的具体期限，但该期限最长不超过24个月 单位工程先于全部工程进行验收，经验收合格并交付使用的，该单位工程缺陷责任期自单位工程验收合格之日起算。因承包人原因导致工程无法按合同约定期限进行竣工验收的，缺陷责任期从实际通过竣工验收之日计算。因发包人原因导致工程无法按合同约定期限进行竣工验收的，**在承包人提交竣工验收报告90天后，工程自动进入缺陷责任期**；发包人未经竣工验收擅自使用工程的，缺陷责任期自工程转移占有之日起开始计算

（续）

2013 版施工合同示范文本	2017 版施工合同示范文本
第二部分　通用合同条款	
15.2.2 工程竣工验收合格后，因承包人原因导致的缺陷或损坏致使工程、单位工程或某项主要设备不能按原定目的使用的，则发包人有权要求承包人延长缺陷责任期，并应在原缺陷责任期届满前发出延长通知，但缺陷责任期最长不能超过 24 个月	**15.2.2 缺陷责任期内，由承包人原因造成的缺陷，承包人应负责维修，并承担鉴定及维修费用。如承包人不维修也不承担费用，发包人可按合同约定从保证金或银行保函中扣除，费用超出保证金额的，发包人可按合同约定向承包人进行索赔。承包人维修并承担相应费用后，不免除对工程的损失赔偿责任。发包人有权要求承包人延长缺陷责任期，并应在原缺陷责任期届满前发出延长通知。但缺陷责任期(含延长部分)最长不能超过 24 个月** **由他人原因造成的缺陷，发包人负责组织维修，承包人不承担费用，且发包人不得从保证金中扣除费用**
15.3 质量保证金 　经合同当事人协商一致扣留质量保证金的，应在专用合同条款中予以明确	15.3 质量保证金 　经合同当事人协商一致扣留质量保证金的，应在专用合同条款中予以明确。**在工程项目竣工前，承包人已经提供履约担保的，发包人不得同时预留工程质量保证金**
15.3.2 质量保证金的扣留 　质量保证金的扣留有以下三种方式： 　(1)在支付工程进度款时逐次扣留，在此情形下，质量保证金的计算基数不包括预付款的支付、扣回以及价格调整的金额 　(2)工程竣工结算时一次性扣留质量保证金 　(3)双方约定的其他扣留方式 　除专用合同条款另有约定外，质量保证金的扣留原则上采用上述第(1)种方式 　发包人累计扣留的质量保证金不得超过结算合同价格的5%，如承包人在发包人签发竣工付款证书后 28 天内提交质量保证金保函，发包人应同时退还扣留的作为质量保证金的工程价款	15.3.2 质量保证金的扣留 　质量保证金的扣留有以下三种方式： 　(1)在支付工程进度款时逐次扣留，在此情形下，质量保证金的计算基数不包括预付款的支付、扣回以及价格调整的金额 　(2)工程竣工结算时一次性扣留质量保证金 　(3)双方约定的其他扣留方式 　除专用合同条款另有约定外，质量保证金的扣留原则上采用上述第(1)种方式 　发包人累计扣留的质量保证金不得超过**工程价款结算总额的3%**。如承包人在发包人签发竣工付款证书后 28天内提交质量保证金保函，发包人应同时退还扣留的作为质量保证金的工程价款;**保函金额不得超过工程价款结算总额的3%。发包人在退还质量保证金的同时按照中国人民银行发布的同期同类贷款基准利率支付利息**
15.3.3 质量保证金的退还 　发包人应按 14.4 款(最终结清)的约定退还质量保证金	15.3.3 质量保证金的退还 　**缺陷责任期内，承包人认真履行合同约定的责任，到期后，承包人可向发包人申请返还保证金** 　**发包人在接到承包人返还保证金申请后，应于 14 天内会同承包人按照合同约定的内容进行核实。如无异议，发包人应当按照约定将保证金返还给承包人。对返还期限没有约定或者约定不明确的，发包人应当在核实后 14天内将保证金返还承包人，逾期未返还的，依法承担违约责任。发包人在接到承包人返还保证金申请后 4 天内不予答复，经催告后 14 天内仍不予答复，视同认可承包人的返还保证金申请** 　**发包人和承包人对保证金预留、返还以及工程维修质量、费用有争议的，按本合同第 20 条约定的争议和纠纷解决程序处理**

（续）

2013 版施工合同示范文本	2017 版施工合同示范文本
第三部分　专用合同条款	
15.3 质量保证金 关于是否扣留质量保证金的约定	15.3 质量保证金 关于是否扣留质量保证金的约定。**在工程项目竣工前，承包人按专用合同条款第 3.7 条提供履约担保的，发包人不得同时预留工程质量保证金**
附件三	
三、缺陷责任期 　工程缺陷责任期为　　个月，缺陷责任期自工程实际竣工之日起计算。单位工程先于全部工程进行验收，单位工程缺陷责任期自单位工程验收合格之日起算 　缺陷责任期终止后，发包人应退还剩余的质量保证金	三、缺陷责任期 　工程缺陷责任期为　　个月，**缺陷责任期自工程通过竣工验收之日起计算**。单位工程先于全部工程进行验收，单位工程缺陷责任期自单位工程验收合格之日起算 　缺陷责任期终止后，发包人应退还剩余的质量保证金

三、2017 版施工合同修订要点解读

2017 版施工合同根据《建设工程质量保证金管理办法》（建质〔2017〕138 号）文中与缺陷责任期及工程质量保证金相关的条款，对 2013 版施工合同的九个条文进行了修订。

（一）关于质量保证金的修订及解读

1. 预留质量保证金的条件

《建设工程质量保证金管理办法》（建质〔2017〕138 号）文第六条规定：在工程项目竣工前，已经缴纳履约保证金的，发包人不得同时预留工程质量保证金。采用工程质量保证担保、工程质量保险等其他保证方式的，发包人不得再预留保证金。

2017 版施工合同通用合同条款第 1.1.4.4 条关于缺陷责任期的定义中，在"预留质量保证金"后增加"（已缴纳履约保证金的除外）"。通用合同条款第 14.1 条及专用合同条款第 14.1 条均在"应扣留的质量保证金"后增加"已缴纳履约保证金的或提供其他工程质量担保方式的除外"。通用合同条款第 15.3 条明确规定在工程项目竣工前承包人已经提供履约担保的，发包人不得同时预留工程质量保证金。

"已经缴纳履约保证金""采用工程质量保证担保、工程质量保险等其他保证方式"或"已经提供履约担保"是与预留质量保证金为相互否定的条件。一是履约保证金覆盖期间对发包人预留质量保证金要求的否定：在工程项目竣工验收前，承包人缴纳履约保证金的，因为履约保证金处于有效期间，发包人不得另行要求预留质量保证金。二是已采取其他质量保证及履约担保方式情形下对发包人预留质量保证金要求的否定：在已采取工程质量保证担保和工程质量保险等履约保证方式的情况下，发包人不得再预留保证金。

2. 质量保证金的扣留金额

《建设工程质量保证金管理办法》（建质〔2017〕138 号）文第七条：发包人应按照合同约定方式预留保证金，保证金总预留比例不得高于工程价款结算总额的 3%。合同约定由承包人以银行保函替代预留保证金的，保函金额不得高于工程价款结算总额的 3%。

2017 版施工合同通用合同条款第 15.3.2 条据此进行了相应修改，保证金总预留比例最高值由 5% 降低为 3%，明确规定"发包人累计扣留的质量保证金不得超过工程价款结算总额的 3%""保函金额不得超过工程价款结算总额的 3%"。

3. 质量保证金的退还

《建设工程质量保证金管理办法》（建质〔2017〕138号）号文第十一条规定：发包人在接到承包人返还保证金申请后，应于14天内会同承包人按照合同约定的内容进行核实。如无异议，发包人应当按照约定将保证金返还给承包人。对返还期限没有约定或者约定不明确的，发包人应当在核实后14天内将保证金返还承包人，逾期未返还的，依法承担违约责任。发包人在接到承包人返还保证金申请后14天内不予答复，经催告后14天内仍不予答复，视同认可承包人的返还保证金申请。

2017版施工合同通用合同条款第15.3.3条完全引用了上述条款。明确了质量保证金退还的时限为合同约定时限或不超过14天。

4. 质量保证金的计息方式、质量保证金争议的处理程序

《建设工程质量保证金管理办法》（建质〔2017〕138号）文第三条规定，应在合同中约定质量保证金的计息方式和质量保证金争议的处理程序。

2017版施工合同通用合同条款第15.3.2条，明确了发包人在退还质量保证金的同时按照中国人民银行发布的同期同类贷款基准利率支付利息。第15.3.3条，明确了质量保证金争议，按合同第20条约定的争议和纠纷解决程序处理。

（二）关于缺陷责任期的修订及解读

1. 缺陷责任期的期限

《建设工程质量保证金管理办法》（建质〔2017〕138号）文第二条第三款规定：缺陷责任期一般为1年，最长不超过2年，由发、承包双方在合同中约定。

2017版施工合同通用合同条款15.2款与2013版施工合同通用合同条款15.2款对于缺陷责任期的期限的规定基本一致，在2017版施工合同通用合同条款第15.2.2款中明确"缺陷责任期（含延长部分）最长不能超过24个月"与2013版施工合同通用合同条款15.2款相比较，仅表述有所不同，实际意义没有变化。

2. 关于缺陷责任期的起算点

《建设工程质量保证金管理办法》（建质〔2017〕138号）文第八条规定：缺陷责任期从工程通过竣工验收之日起计。由于承包人原因导致工程无法按规定期限进行竣工验收的，缺陷责任期从实际通过竣工验收之日起计。由于发包人原因导致工程无法按规定期限进行竣工验收的，在承包人提交竣工验收报告90天后，工程自动进入缺陷责任期。

2017版施工合同通用合同条款第15.2.1条第一款中将2013版示范文本通用合同条款第15.2.1款中的"缺陷责任期自实际竣工日期起计算"修改为"缺陷责任期从工程通过竣工验收之日起计算"。强化了缺陷责任期从工程"通过竣工验收之日"起计算，与《建设工程质量保证金管理办法》（建质〔2017〕138号）文保持一致。

2017版施工合同通用合同条款第15.2.1条第二款为特殊情形下的起算点，相对2013版示范文本增加了一种情形，即"因承包人原因导致工程无法按合同约定期限进行竣工验收的"，此时缺陷责任期从实际通过竣工验收之日起计算；同时将"因发包人原因导致工程无法按合同约定期限进行竣工验收的"情形下，缺陷责任期的起算点由"提交竣工验收报告之日起"修订为"在承包人提交竣工验收报告90天后，工程自动进入缺陷责任期"。

3. 关于缺陷责任期内出现缺陷的索赔方式

《建设工程质量保证金管理办法》（建质〔2017〕138号）文第九条规定：缺陷责任

内，由承包人原因造成的缺陷，承包人应负责维修，并承担鉴定及维修费用。如承包人不维修也不承担费用，发包人可按合同约定从保证金或银行保函中扣除，费用超出保证金额的，发包人可按合同约定向承包人进行索赔。承包人维修并承担相应费用后，不免除对工程的损失赔偿责任。由他人原因造成的缺陷，发包人负责组织维修，承包人不承担费用，且发包人不得从保证金中扣除费用。

2017 版施工合同通用合同条款第 15.2.2 条完全引入了上述条款。明确了承包人在缺陷责任期内承担责任，包括维修责任、鉴定和维修等相应费用；明确了发包人可从保证金里扣费的及可对超出的费用和缺陷对工程造成的损失向承包人索赔等情形；同时明确由他人原因造成的缺陷，发包人负责组织维修，承包人不承担费用，且发包人不得从保证金中扣除费用。

第二节 《建设工程专业承包合同》解读

一、2017 版分包合同的主要特点

（一）2017 版分包合同反映了现行工程法律规范的要求

与 2003 版分包合同相比较，2017 版分包合同继续强调对建设工程安全、质量的严格监管，进一步突出了合同当事人在建设工程合同中的主体地位，以加强市场的自主作用，推动建设市场高效、公平以及可持续发展，对建设市场的规范发展具有更好更强的管理和引导作用。

2017 版分包合同传承了现行法律法规中的先进理念，在全面梳理和分析我国现行的与工程建设相关的法律、行政法规、部门规章及各类规范性文件的基础上，将我国在建设工程领域现行的法律法规，特别是近十余年来的立法成果，充分体现在 2017 版分包合同中，并将有关的具体规定转化为合同条款，以促进法律法规的贯彻实施，同时引导专业分包工程实践的发展方向。

1）根据 2013 版《建设工程工程量清单计价规范》和《建设工程价款结算暂行办法》等，2017 版分包合同将合同价格形式设置为总价合同和单价合同，并予以分别约定。该种约定不仅符合现行法律法规及国家标准的要求，而且符合专业分包工程的实践，通过相关条款的履行更能够达到引导专业分包工程实践的作用。

2）为了更好地落实《房屋建筑和市政基础设施工程施工分包管理办法》中关于禁止转包和再分包的规定，2017 版分包合同专门设置了"不得转包和再分包"条款，将前述法规中的原则性规定转化成可量化、可执行的管理手段，以杜绝分包工程转包和再分包现象。

3）根据《建设工程质量保证金管理暂行办法》，在 2017 版分包合同中引入缺陷责任期术语，与质量保修期相衔接，便于解决工程质量保证金久拖不退的问题。

4）根据修订后的《中华人民共和国建筑法》，2017 版分包合同在保险条款中明确约定分包人为其雇员办理工伤保险的义务。

（二）承继 2017 版施工合同的先进理念

2017 版分包合同的内容充分承继了 2017 版施工合同的编制思想和先进理念。此外，

2017 版分包合同在体例上沿用了合同协议书、通用合同条款和专用合同条款的模式，其合同要素的展开顺序也借鉴了 2017 版施工合同的合同要素安排顺序，以方便统一使用。主要表现在：

1）重视示范文本指导作用，同时尊重分包合同当事人的意思自治。2017 版分包合同突出了对建设工程安全与质量的严格要求，并强化了合同当事人在分包合同管理过程中的安全、质量义务和责任。同时，2017 版分包合同充分考虑了专业分包工程项目专业性强和管理复杂的特点，在合同条款的设置上，对于承包人和分包人双方的权利义务进行妥善的安排，积极引导双方按照现行法律法规及合同的规定，合法行使各项权利，切实履行各项义务。此外，考虑到专业分包工程项目的特殊性和专业性，在条款的具体内容安排上给合同当事人预留了充分的协商空间，双方当事人可以根据工程项目的特点，在专用合同条款中对通用合同条款进行有针对性的补充和完善，兼顾效率和公平。

2）词语定义最大限度地与 2017 版施工合同保持一致。为了使 2017 版分包合同能够与 2017 版施工合同配套使用，前述两个文本应在内容上相互衔接并形成相互关联的体系。为此，在 2017 版分包合同的词语定义部分，对于 2017 版施工合同的成果给予了最大限度的沿袭。

（三）解决当前专业工程分包领域的常见问题

当前专业分包工程领域中的主要问题包括以业主支付为前提的工程款支付问题、挂靠问题、交叉作业问题、施工人员管理问题、民工工资支付问题等。2017 版分包合同为解决前述问题专门设计了相应条款，例如：

1）以业主支付为前提的工程款支付问题是困扰总包与分包企业合同支付的主要难题。为解决该问题，2017 版分包合同没有将业主支付设置为承包人向分包人支付分包合同价款的条件，保持了分包工程款价款结算和支付的独立性。

2）挂靠问题是承包合同中常见的问题，分包合同也不例外。为解决该问题，2017 版分包合同从挂靠行为特点入手，要求分包人必须设立管理分包工程的项目管理机构，并对分包人主要现场管理人员的劳动关系和社会保险关系等方面做出具体要求，以确保项目管理机构组成人员为分包人的雇员。同时，通过分包人项目经理及主要管理人员锁定、分包人擅自更换分包人项目经理及主要施工人员违约责任等条款，保证分包人实际施工管理人员与合同文件中载明的人员保持一致。

3）在分包合同履行中，因各种因素导致的交叉作业管理是比较常见的施工管理问题，极易引起工期延误和质量、安全事件，因此在不同的分包人之间以及分包人与承包人之间的责任界定成为必须予以规范的问题，为此，2017 版分包合同专门设置了"交叉作业中的工期管理"等条款，明确约定了承包人和分包人在交叉作业过程中的权利义务。

4）民工工资支付问题是一个具有普遍影响的社会问题，当前对于民工有支付义务的主体主要是专业工程分包人和劳务分包人。通过在合同示范文本中设置相关条款对于解决民工工资拖欠问题具有重要意义。为此，2017 版分包合同专门设置了"保障支付"条款。

（四）基于对未来建设工程市场发展方向的展望，合理安排承包人和分包人的权利义务

进一步加强总包的管理责任是建设工程市场健康发展的总体要求，也是行政机关进行建设工程监管的重要方面。为了体现行政管理机关对于分包合同当事人的管理要求，2017 版分包合同对于承包人和分包人的合同权利义务进行了适当的调整，在合理的限度内强调

了承包人的总包管理义务。

二、2017版分包合同通用合同条款的主要内容

为了与2017版施工合同保持一致，2017版分包合同仍由协议书、通用合同条款、专用合同条款三部分组成。协议书主要包括分包工程概况、分包合同工期、质量标准、签约合同价与合同价格形式、合同文件构成及承诺等内容。通用合同条款和专用合同条款均为25条，包括一般约定、承包人、分包人、总包合同、分包工程质量、安全文明施工、环境保护与劳动用工管理、工期和进度、材料与设备、试验和检验、合同价格、价格调整、计量、工程款支付、成品保护、试车、完工验收、分包工程移交、结算、缺陷责任期与保修期、违约、保险、索赔、争议解决。

与2003版分包合同相比较，2017版分包合同不仅在体系上做了比较大的调整，同时也对2003版分包合同通用合同条款的部分内容进行了修改，并增加了一些新的约定，使合同的内容更加全面、更加符合目前建设市场形式的需要。本节仅介绍2017版分包合同修改后的主要内容和新增的部分条款约定。

（一）合同文件构成及优先顺序

2017版分包合同文件由下列文件构成：

1）分包合同协议书。

2）中标通知书（如果有）。

3）投标函及其附录（如果有）。

4）专用合同条款及其附件。

5）通用合同条款。

6）技术标准和要求。

7）图纸。

8）已标价工程量清单或预算书。

9）其他分包合同文件。

在分包合同订立及履行过程中分包合同当事人签署的与分包合同有关的文件均构成分包合同文件组成部分。

上述各项分包合同文件包括合同当事人就该项分包合同文件做出的补充和修改，属于同一类内容的文件，应以最新签署的为准。

组成分包合同的各项文件应互相解释、互为说明。以上合同文件的顺序也是解释分包合同文件的优先顺序。

（二）合同当事人的权利和义务

2017版分包合同基本保留了2003版分包合同中关于合同双方当事人的权利和义务，例如要求承包人应当在移交施工场地前向分包人提供分包工程施工所必需的地下管线资料、地质勘查资料、相邻建筑物、构筑物和地下工程等有关基础资料，应最迟于实际开工日期3天前向分包人移交施工场地并提供水、电接驳点和正常施工所需要的进入施工场地的交通条件等，要求分包人在分包合同签订后7天内，最迟不得晚于实际开工日期前7天向承包人提交分包工程详细施工组织设计、按法律规定和分包合同约定完成分包工程，对所有施工作业和施工方法的完备性和安全可靠性负责。在保修期内履行保修义务，同时加大了承

包人对分包工程的管理力度，具体体现在以下几个方面：

1）分包人应在收到开工通知后 7 天内向承包人提交分包人项目管理机构及施工人员安排的报告。分包人项目管理机构包括分包人项目经理和其他主要项目管理人员。分包合同当事人应在专用合同条款中约定分包人项目经理的姓名、职称、联系方式及授权范围等事项，并在专用合同条款中列明其他主要项目管理人员的姓名和岗位。合同当事人通过招标投标方式订立分包合同的，专用合同条款中载明的分包人项目经理和其他主要项目管理人员应与分包人投标文件保持一致。

分包人应在收到开工通知后 7 天内向承包人提交分包人为前述人员缴纳社会保险的有效证明。分包人不提交上述文件的，前述人员无权履行职责，承包人有权要求更换，由此增加的费用和（或）延误的工期由分包人承担。

2）分包人项目经理为分包人派驻施工场地的负责人，在分包人授权范围内决定分包合同履行过程中与分包人有关的具体事宜。除专用合同条款另有约定外，分包人项目经理不得同时担任其他项目的项目经理，否则，分包人应按专用合同条款的约定承担违约责任。

3）分包人项目经理和其他主要项目管理人员应常驻施工场地。前述人员因故需要离开施工场地时，应事先取得承包人的书面同意，否则，分包人应按照专用合同条款的约定承担违约责任。

4）分包人需要更换分包人项目经理或其他主要项目管理人员的，应提前 7 天书面通知承包人，并征得承包人书面同意。未经承包人书面同意，分包人不得擅自更换。分包人擅自更换的，应按照专用合同条款的约定承担违约责任。

5）承包人有权书面通知分包人更换不称职的分包人项目经理或其他主要项目管理人员，分包人应在接到更换通知后 7 天内进行更换。分包人无正当理由拒绝更换，应按照专用合同条款的约定承担违约责任。

6）法律规定需要持证上岗的特殊工种作业人员，必须具有行政管理部门颁发的相应岗位的特殊工种上岗证，并在相应作业人员进场前报送承包人审核并备案。特殊工种作业人员不具备上岗证的，分包人应按专用合同条款的约定承担违约责任。

（三）关于转包和再分包

2017 版分包合同增加了禁止转包和再分包的条款，删除了允许分包人经承包人同意后可以将劳务作业再分包的有关规定，同时增加了联合体的有关规定。具体规定如下：

1）分包人不得将分包工程转包给第三人。分包人转包分包工程的，应按专用合同条款的约定承担违约责任。

2）分包人不得将分包工程的任何部分违法分包给任何第三人。分包人违法分包工程的，应按专用合同条款的约定承担违约责任。

3）联合体各方应共同与承包人签订合同协议书，联合体各方应为履行分包合同向承包人承担连带责任。

4）联合体协议经承包人确认后作为专用合同条款附件。在履行分包合同过程中，未经承包人书面同意，不得修改联合体协议。

2017 版分包合同通过合同条款的约定，要求分包人对分包的项目加强管理，通过设立管理分包工程的项目管理机构、稳定分包项目的管理人员等措施，确保分包人实际施工管理人员与合同文件中载明的人员保持一致，以遏制目前存在的违法分包、挂靠等违法行为以及由此而造成的拖欠劳务人员工资等一系列社会问题。

（四）工期和进度

2017版分包合同要求分包人按照经承包人批准的施工组织设计进行施工，保证在施工过程中的劳动力投入，并细化了暂停施工的管理措施，增加了关于交叉作业的工期管理条款。

1. 交叉作业的工期管理

承包人应严格按总包工程施工组织设计对分包工程及其他工程的工期进行管理，并按分包工程施工组织设计向分包人提供正常施工所需的施工条件，因其他工程原因影响分包工程正常施工时，承包人应及时通知分包人，分包人应立即调整施工组织设计并取得承包人批准，因此产生的费用和（或）延误的工期由承包人承担。

分包人应按经批准的施工组织设计组织分包工程的施工，在施工过程中应配合其他工程的施工。由于分包人原因造成分包工程施工影响其他工程正常施工的，分包人应立即通知承包人，调整施工组织设计并取得承包人批准，因此产生的费用和（或）延误的工期由分包人承担。

2. 劳动力保障

分包人应按照经批准的施工组织设计保证劳动力投入。因分包人劳动力短缺导致分包工程进度滞后的，分包人应在收到承包人书面通知后7日内补足劳动力，否则，承包人有权解除分包合同或取消分包人部分工作，且分包人应按照专用合同条款的约定承担违约责任。

3. 暂停施工

发包人指示暂停施工或因承包人原因引起暂停施工，承包人应及时下达暂停施工指令，分包人应按承包人指令暂停施工，承包人应承担由此增加的费用和（或）延误的工期，并支付分包人合理的利润。

因分包人原因引起的暂停施工，分包人应承担由此增加的费用和（或）延误的工期，且分包人在收到承包人复工指示后28天内仍未复工的，视为分包人无法继续履行分包合同。

暂停施工期间，分包人应负责妥善照管分包工程并提供安全保障，由此增加的费用由造成暂停施工的责任方承担。

暂停施工后，承包人和分包人应采取有效措施积极消除暂停施工的影响。在分包工程复工前，承包人和分包人应确定因暂停施工造成的损失，并确定工程复工条件。当工程具备复工条件时，承包人向分包人发出复工通知，分包人应按照复工通知的要求复工。

分包人无故拖延或拒绝复工的，分包人承担由此增加的费用和（或）延误的工期。因承包人原因无法按时复工的，承包人应承担由此增加的费用和（或）延误的工期，并支付分包人合理的利润。

如果不是因分包人原因或因为不可抗力引起的暂停施工，承包人发出暂停施工指示后56天内未向分包人发出复工通知，分包人可向承包人提交书面通知，要求承包人在收到书面通知后28天内准许已暂停施工的部分或全部工程继续施工。承包人逾期不予批准的，且暂停施工已经影响到整体分包工程以及分包合同的实现的，分包人有权提出价格调整要求或者解除合同，分包人要求解除合同时，承包人应承担相应的违约责任。

（五）合同变更

与2003版分包合同相比较，2017版分包合同明确了分包合同变更的范围，并适当调整了变更估价原则及变更估价程序。

1．分包合同变更的范围

除专用合同条款另有约定外，分包合同履行过程中发生的以下情形属于变更：

1）增加或减少分包合同中任何工作，或追加额外的工作。

2）取消分包合同中任何工作，但转由他人实施的工作除外。

3）改变分包合同中任何工作的质量标准或其他特性。

4）改变分包工程的基线、标高、位置和尺寸。

5）改变分包工程的时间安排或实施顺序。

2．分包合同变更的提出和执行

分包人收到经承包人确认的发包人发出的变更指令或承包人发出的变更指令后，方可实施变更。未经许可，分包人不得擅自对工程的任何部分进行变更。涉及设计变更的，应由承包人提供设计人签署的变更后的图纸和说明。

分包人收到承包人下达的变更指令后，认为不能执行的，应在收到变更指令后24h内提出不能执行的理由。分包人认为可以执行变更的，应根据变更估价原则及变更估价程序确定变更估价。

3．变更估价原则

除专用合同条款另有约定外，变更估价按照下列约定执行：

1）已标价工程量清单或预算书有相同项目的，按照相同项目单价认定。

2）自己标价工程量清单或预算书中无相同项目，但有类似项目的，参照类似项目的单价认定。

3）变更导致实际完成的工程量与已标价工程量清单或预算书中列明的该项目工程量的变化幅度超过15%的，或已标价工程量清单或预算书中无相同项目及类似项目单价的，由合同当事人按照成本加合理利润的原则认定。

4．变更估价程序

与2003版分包合同相比较，2017版分包合同的变更估价程序基本相同，但适当调整了审查估价申请的期限，其约定如下：

分包人应在收到变更指令后7天内（2003版分包合同约定为11天）向承包人提交变更估价申请。承包人应在收到变更估价申请后21天内（2003版分包合同约定为17天）审查完毕，承包人对变更估价申请有异议的，应通知分包人修改后重新提交。承包人逾期未完成审批或未提出异议的，视为认可分包人提交的变更估价申请。因变更引起的价格调整应计入最近一期的进度款中支付。

5．变更引起的工期调整

因变更引起工期变化的，合同当事人均可要求调整分包合同工期，由合同当事人按专用合同条款约定的方法确定增减工期天数。

（六）工程量计量及进度款支付

2017版分包合同基本保留了2003版分包合同关于工程预付款及进度款的有关约定，但适当延长了承包人审核进度付款申清单的期限，同时增加了进度付款的修正约定。

1．工程量计量

工程量按月计量，并按下列规定程序执行：

1）分包人应按总包合同约定的每月计量的起止日期进行计量，并于总包合同约定的承包人每月提交工程量报告的期限届满 3 天前向承包人报送当月工程量报告，并附具进度付款申请单、已完成工程量报表和有关资料。

2）承包人应在收到分包人提交的工程量报告后 10 天内完成对分包人提交的工程量报表的审核，以确定当月实际完成的工程量。承包人对工程量有异议的，有权要求分包人进行共同复核或抽样复测。分包人应协助承包人进行复核或抽样复测，并按承包人要求提供补充计量资料。分包人未按承包人要求参加复核或抽样复测的，承包人复核或修正的工程量视为分包人实际完成的工程量。

3）承包人在收到分包人提交的工程量报表后的 10 天内未完成审核的或未提出异议的，分包人报送的工程量视为分包人实际完成的工程量。

2. 进度款审核和支付

承包人应在收到分包人进度付款申请单后 21 天内完成审核并签发进度款支付证书。承包人逾期未完成审批且未提出异议的，视为已签发进度款支付证书。

承包人对分包人的进度付款申请单有异议的，有权要求分包人修正和提供补充资料，分包人应提交修正后的进度付款申请单。承包人应在收到分包人修正后的进度付款申请单及相关资料后 21 天内完成审核，向分包人签发无异议部分的临时进度款支付证书。存在争议的部分，按照"争议解决"的约定处理。

承包人应在进度款支付证书或临时进度款支付证书签发后 7 天内完成支付，承包人逾期支付进度款的，应按照中国人民银行发布的同期同类贷款基准利率支付违约金。

3. 进度付款的修正

在对已签发的进度款支付证书进行阶段汇总和复核中发现错误、遗漏或重复的，承包人和分包人均有权提出修正申请。经承包人和分包人同意的修正，应在下期进度付款中支付或扣除。

（七）完工验收

2017 版分包合同将分包工程的验收期限延长至 49 天，并增加了完工退场的约定。

1. 完工验收程序

根据 2017 版分包合同的约定，分包工程具备完工验收条件后，由分包人向承包人报送完工验收申请报告，承包人应在收到完工验收申请报告后 21 天内完成审查，承包人审查后认为不具备验收条件的，应通知分包人还需完成的工作内容，分包人应在完成承包人通知的全部工作内容后，再次提交完工验收申请报告。

承包人审查后认为已具备完工验收条件的，应在收到完工验收申请报告后 28 天内按分部分项工程验收要求组织相关单位进行完工验收。

完工验收不合格的，承包人应按照验收意见发出指示，要求分包人对不合格工程返工、修复或采取其他补救措施，由此增加的费用和（或）延误的工期由分包人承担。分包人完成不合格工程的返工、修复或采取其他补救措施后，应重新提交完工验收申请报告，并按本款约定的程序重新进行验收。

分包工程未经验收或验收不合格，承包人或发包人擅自使用的，自转移占有分包工程之日起，分包工程应被视为完工验收合格。

2. 完工退场

分包工程完工验收合格后，分包人应在专用合同条款约定的期限内对施工场地进行清理后退场，逾期未完成清理并退场的，承包人有权出售或另行处理分包人遗留的物品，由此发生的费用由分包人承担。经承包人书面同意，分包人可在承包人指定的地点保留分包人履行缺陷责任期内的各项义务所需要的材料、施工设备和临时工程。

（八）结算

2003 版分包合同第二十四条"竣工结算及移交"第三款的约定为："承包人在收到分包工程竣工结算报告及结算资料后 28 天内无正当理由不支付工程竣工结算价款，从第 29 天起按分包人同期向银行贷款利率支付拖欠工程价款的利息，并承担违约责任。"2017 版分包合同删除了其中"无正当理由"，并增加了"承包人在收到分包人提交结算申请单后 28 天内未完成审核且未提出异议的，视为承包人认可分包人提交的结算申请单"的约定。2017 版分包合同约定的完工结算程序和要求为：

分包人应在分包工程完工验收合格后 28 天内向承包人提交分包工程结算申请单，并提交完整的结算资料。承包人应在收到结算申请单后 28 天内完成审核，并向分包人签发完工付款证书。承包人对结算申请单有异议的，有权要求分包人进行修正和提供补充资料，分包人应提交修正后的结算申请单。

承包人在收到分包人提交结算申请单后 28 天内未完成审核且未提出异议的，视为承包人认可分包人提交的结算申请单，并自承包人收到分包人提交的结算申请单后第 29 天起视为已签发完工付款证书。

承包人应在签发完工付款证书后 14 天内，完成对分包人的完工付款。承包人逾期支付的，按照中国人民银行发布的同期同类贷款基准利率支付违约金。

分包人对承包人签发的完工付款证书有异议的，对于有异议部分应在收到承包人签发的完工付款证书后 7 天内提出异议，按照"争议解决"的约定处理。分包人逾期未提出异议的，视为认可承包人签发的完工付款证书。

三、2017 版分包合同专用合同条款的主要内容

2017 版分包合同的专用合同条款部分共计 25 条，各条款的内容与通用合同条款完全相对应。与 2003 版分包合同相比较，2017 版分包合同专用合同条款部分主要增加了 10 个附件，使专用合同条款约定的内容更加一致和具体。

专用合同条款的附件包括分包工程一览表，承包人供应材料、设备一览表，工程质量保修书，主要建设工程文件目录，分包人用于分包工程施工的机械设备表，分包人主要项目管理人员表，履约担保格式，预付款担保格式，暂估价材料、设备一览表，安全文明措施分配表。

第三节 《建设工程劳务分包合同》解读

一、2017 版劳务分包合同的主要特点

（一）2017 版劳务分包合同结构体系更为完备

2017 版劳务分包合同相对 2003 版劳务分包合同，在合同结构安排和合同要素的设置上

更为科学合理，对合同体系进行了全面、系统地梳理，在合同要素上进行优化和补充，充分适应施工合同。

（二）强调了承包人的全面管理义务

2017版劳务分包合同强调了承包人的现场管理义务，由承包人编制施工组织设计，劳务分包人根据承包人的施工组织设计编制劳动力供应计划报承包人审批，承包人全面负责现场的安全生产、质量管理以及工期计划等，承包人有权随时检查劳务作业人员的持证上岗情况，通过合同引导承包人加强现场管理。

（三）强调了劳务分包人对劳务作业人员的管理义务

2017版劳务分包合同中强调了劳务分包人对劳务作业人员的管理义务，合同约定劳务分包人应当向承包人提交劳务作业人员花名册、与劳务作业人员签订的劳动合同、出勤情况、工资发放记录以及社会保险缴纳记录等，通过合同引导当事人合法履约，并有效缓解目前广泛存在的拖欠劳务人员工资以及不依法为劳务人员缴纳社会保险引发的社会稳定问题。

（四）完善了以劳务分包之名进行专业分包至转包的防范措施，以促进劳务市场的有序发展

针对目前劳务市场存在较多的以劳务分包之名进行专业分包甚至转包的违法行为，2017版劳务分包合同明确约定，承包人不得要求劳务分包人提供或采购大型机械、主要材料，承包人不得要求劳务分包人提供或租赁周转性材料，以此强化劳务分包人仅提供劳务作业的合同实质，以促进劳务市场的有序发展。

（五）从引导劳务分包企业提高劳务管理水平角度出发，在示范文本中设置逾期索赔失权条款

从引导劳务分包企业提高劳务管理水平角度出发，同时也是为了与2017版施工合同有效衔接，2017版劳务分包合同设置了逾期索赔失权条款，从而督促劳务分包人加强现场管理措施，及时申请索赔，避免由此给劳务分包人造成经济损失。

（六）强调劳务分包人的质量合格义务

劳务分包人应保证其劳务作业质量符合合同约定要求，在隐蔽工程验收、分部分项工程验收以及工程竣工验收结果表明劳务分包人劳务作业质量不合格时，劳务分包人应承担整改责任。

（七）对劳务合同价格列明了多种计价方式，赋予合同当事人自主选择权

2017版劳务分包合同按价格形式包括单价合同、总价合同以及双方当事人在专用合同条款中约定的其他价格形式合同，其中单价合同又包括工程量清单劳务费综合单价合同、工种工日单价合同、综合工日单价合同以及建筑面积综合单价合同，并对不同价格形式分别约定了计量及支付方式，便于当事人选择使用。

二、2017版劳务分包合同有关条款的主要内容

2017版劳务分包合同由合同协议书、通用合同条款、专用合同条款三大部分组成。其中协议书共计9条，通用合同条款共计19条，通用合同条款的具体条款分别为一般约定、承包人、劳务分包人、劳务作业人员管理、安全文明施工与环境保护、工期和进度、机具、设备及材料供应、劳务作业变化、价格调整、合同价格形式、计量与支付、验收与交付、

完工结算与支付、违约、不可抗力、保险、索赔、合同解除以及争议解决。上述条款安排既考虑劳务分包管理的需要，同时也照顾到现行法律法规对劳务分包的特殊要求，较好地平衡了劳务分包各方当事人的权利义务。本节主要介绍 2017 版劳务分包合同与 2003 版劳务分包合同条款约定有较大变化的部分条款内容以及新增的部分条款内容。

（一）合同文件的构成及优先解释顺序

劳务分包合同文件由以下文件构成：

1）合同协议书。

2）中标通知书（如果有）。

3）投标函及其附录（如果有）。

4）专用合同条款及其附件。

5）通用合同条款。

6）技术标准和要求。

7）图纸。

8）已标价工作量清单或预算书（如果有）。

9）其他合同文件。

上述各项文件应互相解释、互为说明。各项合同文件中包括合同当事人就该项合同文件所做出的补充和修改，属于同一类型内容的文件应以最新签署的为准。

以上顺序即为解释合同文件的优先顺序。在合同订立及履行过程中形成的与合同有关的文件均构成合同文件组成部分，并根据其性质确定优先解释顺序。

（二）合同当事人的权利和义务

2017 版劳务分包合同基本上保留了 2003 版劳务分包合同中关于承包人与分包人的一般权利和义务（例如，承包人应提供承包合同供劳务分包人查阅，向劳务分包人交付具备劳务作业条件的劳务作业现场，负责提供劳务作业所需要的劳务作业条件等。劳务分包人应按照合同、图纸、标准和规范、有关技术要求及劳务作业方案组织劳务作业人员进场作业，并负责成品保护工作，承担由于自身原因造成的质量缺陷、工作期限延误、安全事故等责任）。为了加强对劳务人员管理以及劳务人员工资支付及社会保险的缴纳方面的管理，2017 版劳务分包合同加强了劳务分包人的义务，新增了对劳务作业人员管理的条款。

1. 关于劳务分包项目负责人的条款内容

劳务分包人应在专用合同条款中明确其派驻劳务作业现场的项目负责人的姓名、身份证号、联系方式及授权范围等事项，项目负责人经劳务分包人授权后代表劳务分包人履行合同。

项目负责人应是劳务分包人正式聘用的员工，劳务分包人应向承包人提交项目负责人与劳务分包人之间的劳动合同，以及劳务分包人为项目负责人缴纳社会保险的有效证明。

项目负责人应常驻劳务作业现场，每月在劳务作业现场时间不得少于专用合同条款约定的天数。

劳务分包人违反上述约定的，应按照专用合同条款的约定，承担违约责任。

2. 关于劳务作业管理人员的条款内容

劳务分包人应在接到劳务作业通知后 7 天内，向承包人提交劳务分包人现场劳务作业管理机构及劳务作业管理人员安排的报告，其内容应包括主要劳务作业管理人员名单及其岗位等，并同时提交主要劳务作业管理人员与劳务分包人之间的劳动关系证明和缴纳社会保险的有效证明。

劳务分包人派驻到劳务作业现场的主要劳务作业管理人员应相对稳定。劳务分包人更换主要劳务作业管理人员时，应提前 7 天书面通知承包人，并征得承包人书面同意，通知中应当载明继任人员的执业资格、管理经验等资料。

3. 关于签订书面劳动合同的条款内容

劳务分包人应当与劳务作业人员签订书面劳动合同，并每月向承包人提供上月劳务分包人在本工程上所有劳务作业人员的劳动合同签署情况、出勤情况、工资核算支付情况以及人员变动情况的书面记录。除上述书面记录的用工行为外，劳务分包人承诺在本工程不存在其他劳务用工行为。

4. 关于支付劳务作业人员工资的条款内容

劳务分包人应当每月按时足额支付劳务作业人员工资并支付法定社会保险，劳务作业人员工资不得低于工程所在地最低工资标准，并于每月 25 日之前将上月的工资发放及社会保险支付情况书面提交承包人。否则，承包人有权暂停支付最近一期及以后各期劳务分包合同价款。

劳务分包人未如期支付劳务作业人员工资及法定社会保险费用，导致劳务作业人员投诉或引发纠纷的，承包人有权书面通知劳务分包人从尚未支付的劳务分包合同价款中代劳务分包人支付上述费用，并扣除因此而产生的经济损失及违约金，剩余的劳务分包合同价款向劳务分包人支付。书面通知应载明代付的劳务作业人员名单、代付的金额，劳务分包人应当在收到书面通知之日起 7 天内确认或提出异议，逾期未确认且未提出异议的，视为同意承包人代付。

5. 关于劳务作业人员管理的条款内容

劳务分包人应当根据承包人编制的施工组织设计，编制与施工组织设计相适应的劳动力安排计划，劳动力安排计划应当包括劳务作业人员数量、工种、进场时间、退场时间以及劳务费支付计划等，劳动力安排计划应当经承包人批准后实施。

劳务分包人应当组织具有相应资格证书和符合本合同劳务作业要求的劳务作业人员投入工作。劳务分包人应当对劳务作业人员进行实名制管理，包括但不限于进出场管理、登记造册管理、工资支付管理以及各种证照的办理。

承包人有权随时检查劳务作业人员的有效证件及持证上岗情况。特种作业人员必须按照法律规定取得相应职业资格证书，否则承包人有权禁止未获得相应资格证书的特种作业人员进入劳务作业现场。

承包人要求撤换不能按照合同约定履行职责及义务的劳务作业人员，劳务分包人应当撤换。劳务分包人无正当理由拒绝撤换的，应按照专用合同条款的约定承担违约责任。

(三) 作业安全与环境保护

2017 版劳务分包合同要求劳务分包人加强对分包项目的作业安全与环境保护，强调对劳务作业人员的职业健康保护。

1. 作业安全

承包人应认真执行安全技术规范，严格遵守安全制度，制订安全防护措施，提供安全防护设备，确保施工安全，不得要求劳务分包人违反安全管理的规定进行劳务作业。对于承包人违反工程建设安全生产有关管理规定的指示，劳务分包人有权拒绝。

劳务分包人应遵守工程建设安全生产有关管理规定，严格按照安全标准进行作业，并随时接受行业安全检查人员依法实施的监督检查，采取必要的安全防护措施，消除事故隐患。发生安全事故后，劳务分包人应立即通知承包人，并迅速采取有效措施，组织抢救，防止事故扩大，减少人员伤亡和财产损失。

劳务分包人应按承包人统一规划堆放材料、机具，按承包人标准化工地要求设置标牌，负责其生活区的管理工作。

2. 环境保护

在合同履行期间，劳务分包人应采取合理措施保护劳务作业现场环境。对劳务作业过程中可能引起的大气、水、噪声以及固体废物等污染采取具体可行的防范措施。劳务分包人应当遵守承包人关于劳务作业现场环境保护的要求。

劳务分包人应承担因其原因引起的环境污染侵权损害赔偿责任，因上述环境污染引起纠纷而导致劳务作业暂停的，由此增加的费用和（或）延误的期限由劳务分包人承担。

3. 职业健康

劳务分包人应当服从承包人的现场安全管理，并根据承包人的指示及国家和地方有关劳动保护的规定，采取有效的劳动保护措施。劳务分包人应依法为其履行合同所雇用的人员办理必要的证件、许可、保险和注册等，劳务作业人员在作业中受到伤害的，劳务分包人应立即采取有效措施进行抢救和治疗。

劳务分包人应按法律规定安排劳务作业人员的劳动和休息时间，保证其雇佣人员享有休息和休假的权利。

承包人最迟应于开始工作日期 7 天前为劳务分包人雇用的劳务作业人员提供必要的膳宿条件和生活环境；膳宿条件和生活环境应达到工程所在地行政管理机关的标准、要求。承包人应按工程所在地行政管理机关的标准和要求对劳务作业人员的宿舍和食堂进行管理。

劳务分包人应按照行政管理机关的要求为外来务工人员办理暂住证等一切所需证件。

（四）劳务作业管理

2003 版劳务分包合同中关于劳务作业管理方面约定内容较少，仅有施工安全、施工配合和施工验收几项内容，对于在合同履行过程中遇到的意外情况，也仅有遇到"不可抗力"和"文物与地下障碍物"两种情况的约定。2017 版劳务分包合同强化了劳务作业管理的内容，明确约定了因承包人或劳务分包人导致作业期限延误时合同当事人双方的责任和义务，增加了关于劳务作业暂停、不利作业条件等情况的约定。

1. 劳务作业方案

承包人负责编制施工组织设计，施工组织设计应当包括施工方案、施工现场平面布置图、施工进度计划和保证措施、劳动力及材料供应计划、施工机械设备的选用、质量保证体系及措施、安全生产与文明施工措施、环境保护与成本控制措施等内容，在劳务作业过程中，施工组织设计修订的，承包人应及时通知劳务分包人。

劳务分包人应当根据承包人要求及施工组织设计，编制及修订劳务作业方案，劳务作业方案应包括劳动力安排计划、机具、设备及材料供应计划等。合同当事人应在专用合同条款中约定劳务分包人提供劳务作业方案的时间。

2. 劳务作业准备

在劳务开始前，合同当事人应按约定完成如下劳务作业准备工作：

1）承包人负责工程测量定位、沉降观测、技术交底，组织图纸会审。

2）劳务分包人应根据施工组织设计及劳务作业方案，组织劳务作业人员。

3. 劳务作业通知

合同当事人应按照法律规定和合同约定获得劳务作业所需的许可。承包人应在计划开始工作日期 7 天前向劳务分包人发出劳务作业通知，作业期限自劳务作业通知中载明的开始工作日期起算。

4. 作业期限延误

在合同履行过程中，因下列情况导致费用增加和（或）作业期限延误的，由承包人承担由此增加的费用和（或）延误的期限，且承包人应支付劳务分包人合理的利润：

1）承包人未能按合同约定提供图纸或所提供图纸不符合合同约定的。

2）承包人未能提供合同约定的劳务作业条件，影响劳务分包人劳务作业的。

3）承包人未能在合理时间内做出指示，致使劳务作业不能正常进行的。

4）承包人未能按合同约定提供材料、设备、机具等，影响劳务分包人劳务作业的。

5）承包人未能按合同约定支付劳务分包合同价款的。

因承包人原因未按计划开始工作日期开始工作的，承包人应按实际开始工作日期顺延作业期限，确保实际作业期限不低于合同约定的作业总日历天数。因承包人原因导致未能在计划开始工作日期之日开始工作的，劳务分包人有权提出价格调整要求，延误期限超过 90 天的，劳务分包人有权解除合同。承包人应当承担由此增加的费用和（或）延误的期限，并向劳务分包人支付合理利润。

因劳务分包人原因造成作业期限延误的，劳务分包人应承担由此给承包人造成的损失，当事人也可在专用合同条款中约定逾期完工违约金的计算方法和逾期完工违约金的上限。劳务分包人支付逾期完工违约金后，不免除劳务分包人继续完成劳务作业及整改的义务。

5. 不利作业条件

在合同履行过程中，出现不利作业条件的，劳务分包人应按照承包人指示，采取措施继续进行劳务作业，由此增加的费用和（或）延误的期限由承包人承担。不利作业条件包括不利物质条件、异常恶劣的气候条件以及合同当事人在专用合同条款中约定的其他不利作业条件。

6. 劳务作业暂停

（1）承包人原因引起的劳务作业暂停　因承包人原因引起劳务作业暂停的，承包人应当承担由此增加的费用和（或）延误的期限，并支付劳务分包人合理的利润。合同当事人也可在专用合同条款中按照合理成本加利润原则约定劳务分包人窝工、停工补偿费用的计算标准及方法。

（2）劳务分包人原因引起的劳务作业暂停　因劳务分包人原因引起的劳务作业暂停，由此增加的费用和（或）延误的期限由劳务分包人承担。

（3）劳务作业暂停后的复工　劳务作业暂停后，承包人和劳务分包人应积极采取有效措施以消除劳务作业暂停的影响。在复工前，承包人和劳务分包人应确定劳务作业暂停造成的损失，并确定复工条件。当复工条件具备时，承包人应向劳务分包人发出复工通知，劳务分包人应按照复工通知的要求复工。

劳务分包人无故拖延或拒绝复工的，劳务分包人承担由此增加的费用和（或）延误的期限。因承包人原因无法按时复工的，按照因承包人原因导致作业期限延误的约定办理。

（4）劳务作业暂停持续 56 天以上　劳务作业暂停持续 56 天以上不复工的，且不属于劳务分包人原因引起的劳务作业暂停以及"不可抗力"约定的情形时，劳务分包人有权提出价格调整要求。

7. 提前完工

承包人要求劳务分包人提前完工的，承包人应向劳务分包人下达提前完工指示，劳务分包人应向承包人提交提前完工建议书，提前完工建议书应包括劳动力安排计划、缩短的时间、增加的合同价格等内容。承包人接受该提前完工建议书的，承包人和劳务分包人应协商采取加快工作进度的措施，由此增加的费用由承包人承担。劳务分包人认为提前完工指示无法执行的，应向承包人提出书面异议，承包人应在收到异议后 7 天内予以答复。任何情况下，承包人不得压缩合理作业期限。

（五）劳务作业变化

2017 版劳务分包合同中，用"劳务作业变化"取代了 2003 版劳务分包合同中的"施工变更"的词语，并明确了劳务作业变化的估价原则和估价程序，增加了临时性用工劳务管理的约定，以强化承包人对劳务分包项目的管理责任。

劳务分包合同履行过程中发生以下情形影响劳务作业的，应按照约定进行相应调整：

1）增加或减少合同中任何工作，或追加额外的工作。

2）取消合同中任何工作，但转由他人实施的工作除外。

3）改变合同中任何工作的质量标准或其他特性。

4）改变工程的基线、标高、位置和尺寸。

5）改变劳务作业的时间安排或实施顺序。

合同履行过程中如需对原工作内容进行调整，承包人应提前 7 天以书面形式向劳务分包人发出劳务作业变化通知，并提供调整后的相应图纸和说明。

1. 劳务作业变化估价原则

因合同履行过程中发生劳务作业变化导致价格调整的，劳务作业变化估价按照以下约定处理：

1）已标价工作量清单或预算书有相同作业项目的，按照相同项目单价认定。

2）已标价工作量清单或预算书中无相同项目，但有类似项目的，参照类似项目的工艺复杂程度、劳动力市场状况以及原单价的相应组价比例认定。

3）已标价工作量清单或预算书中无相同项目及类似项目单价的，按照合理的成本与利润构成的原则，由合同当事人协商确定作业单价。

2. 劳务作业变化估价程序

劳务分包人应在收到劳务作业变化通知后 7 天内，先行向承包人提交劳务作业变化估价申请。承包人应在收到劳务作业变化估价申请后 7 天内审查完毕，承包人对劳务作业变化估价申请有异议，通知劳务分包人修改后重新提交。承包人逾期未完成审批或未提出异议的，视为认可劳务分包人提交的劳务作业变化估价申请。

因劳务作业变化引起的价格调整应计入最近一期的进度款中支付。

（六）劳务作业计量与支付

与 2003 版劳务分包合同相比较，2017 版劳务分包合同细化了劳务分包合同的计量与支付程序。

根据 2017 版劳务分包合同的约定，劳务作业工作量的计量按月进行。劳务分包人每月 22 日前向承包人报送上月 20 日至当月 19 日已完成的工作量报告，并附具进度款付款申请单、已完的工作量报表和有关资料。进度款付款申请单的内容包括应支付的预付款和扣减的返还预付款、因劳务作业变化应增加或扣减的金额、因索赔而增加或扣减的金额、根据合同约定应增加或扣减的其他金额。

承包人收到劳务分包人提交的工作量报告后 7 天内完成对工作量报表的审核并书面答复劳务分包人。承包人对工作量有异议的，有权要求劳务分包人进行共同复核或抽样检测。劳务分包人未按承包人要求参加复核或抽样检测的，承包人复核或修正的工作量视为劳务分包人实际完成的工作量。承包人未在收到劳务分包人提交的工作量报告后 7 天内完成审核的，劳务分包人报送的工作量报告中工作量视为劳务分包人实际完成的工作量，据此计算劳务分包合同价款。

承包人和劳务分包人应在专用合同条款约定预付款的支付方法。承包人逾期支付预付款的，承包人按专用合同条款的约定承担违约责任。预付款在进度款付款中同比例扣回。在劳务作业完工验收前，提前解除劳务分包合同的，尚未扣完的预付款应与劳务分包合同价款一并结算。

承包人收到进度款付款申请单后 7 天内审核确认并书面答复劳务分包人，逾期不答复的，视为同意劳务分包人提交的进度款付款申请单。承包人对劳务分包人的进度款付款申请单有异议的，有权要求劳务分包人修正和提供补充资料。

承包人应在审核确认或视为同意劳务分包人提交的进度款付款申请单之日起 7 天内向劳务分包人支付进度款。劳务分包人应向承包人出具合法有效的收款凭证。

（七）劳务作业完工结算

2017 版劳务分包合同基本保留了 2003 版劳务分包合同关于完工结算的有关约定，但适当放宽了劳务分包人提交完工结算申请单的时限和承包人审核确认劳务分包人提交的完工结算申请单的时限。

劳务分包人应自劳务分包作业完工并经承包人验收合格之日起 28 天内，向承包人提交完工结算申请单，并提交完整的结算资料。承包人应自收到劳务分包人提交的完工结算申请单之日起 28 天内审核确认，并向劳务分包人签发完工付款证书。承包人对完工结算申请单有异议的，有权要求劳务分包人进行修正和提供补充资料，劳务分包人应提交修正后的完工结算申请单。

承包人在收到劳务分包人提交完工结算申请书后 28 天内未完成审核且未提出异议的，视为承包人认可劳务分包人提交的完工结算申请单，并自承包人收到劳务分包人提交的完工结算申请单后第 29 天起视为已签发完工付款证书。

承包人应在签发完工付款证书后的 14 天内，完成对劳务分包人的完工付款。劳务分包人应向承包人出具合法有效的收款凭证。

第五章 建筑市场信用体系建设

孔子曰："人而无信，不知其可也。大车无輗，小车无軏，其何以行之哉？"。自古以来，我国就极为重视诚信建设，诚信不仅是个人安身立命的根本，也是社会良序发展的基石。当前，随着改革开放和社会主义经济大发展，诚信问题已成为我国社会治理中的关键问题之一，建立和完善社会信用体系已成为我国社会主义市场经济不断走向成熟的重要标志。国务院2014年颁布了《社会信用体系建设规划纲要（2014—2020）》，开启了社会信用体系建设的新阶段，加快推进社会信用体系建设，具有鲜明的时代特征和重大的现实意义。

第一节 信用体系建设概述

一、欧美国家信用体系建设情况

世界主要发达国家经过近200年的实践，已经建立了相对比较完善的社会信用体系。其信用体系建设主要有三种模式：一是以美国为代表的信用中介机构为主导的模式；二是以欧洲为代表的以政府和中央银行为主导的模式；三是以日本"会员制"为主导的模式。

（一）美国模式

以美国为代表的"信用中介机构为主导"的模式，主要特征是信用服务全部由私营机构提供，完全依靠市场经济的法则和信用管理行业的自我管理来运作，政府仅负责提供立法支持和监管信用管理体系的运转。在这种运作模式中，信用中介机构发挥着主要作用，其运作的核心是经济利益。其框架包括以下几方面内容：

1）相关法律体系的建立是信用行业健康发展的基础。20世纪60年代末以来，美国在原有信用管理法律、法规的基础上，进一步制定与信用管理相关的法律，经过不断完善，目前已形成了比较完整的框架体系，如《公平信用法》《平等信用机会法》。

2）信用中介服务机构在信用体系中发挥重要作用。美国有许多专门从事征信、信用评价、商账追收、信用管理等业务的信用中介服务机构，在很大程度上避免了因信用交易额的扩大而带来的更多的信用风险。在企业征信领域最具影响力的邓白氏公司拥有世界上最大的数据库，覆盖了过亿的企业信息，全方位向企业提供信用服务。美国还建立了专门从事个人信用评估和中小企业信用数据收集的信用局，主要通过公民从出生便一直拥有的社会保障号来收集记录保存公民的信用额度、房屋贷款还款、银行开户记录等信息。资信评价行业有穆迪、惠誉、标准普尔世界三大评价公司。

3）市场主体较强的信用意识促进了信用体系的发展。美国信用交易十分普遍，缺乏信用记录或信用记录历史很差的企业很难在业界生存和发展，而信用记录差的个人在信用消费、求职等诸多方面都会受到很大制约。如《公平信用法》规定，破产记录保存年限为 10 年，偷漏税和刑事诉讼记录等其他信息则保存 7 年。失信者会受到惩罚，而守信者则会获得种种便利和好处。《诚实借贷法》规定，如果授信人没有按规定披露信息或披露的信息不正确，他将为由此所产生的任何经济损失而遭到起诉。

4）对信用行业有较好的管理。尽管政府在对信用行业管理中所起的作用比较有限，但美国的有关政府部门和法院仍然起到信用监督中所起的作用，其中联邦贸易委员会是信用管理行业的主要监管部门，司法部、财政部货币监理局和联邦储备系统等在监管方面也发挥着重要作用。而且美国信用管理协会、信用报告协会、美国收账协会等一些民间机构，在信用行业的自律管理等方面发挥了重要作用，他们采取行业自律的特色监管方式，行业协会还代表行业进行政府公关，为本行业争取利益，在有关政府部门和法院监管中具有一定的影响力。

加拿大、英国和北欧国家均采用这种模式。

（二）欧洲模式

以德国为代表的"政府和中央银行为主导"的欧洲模式，这种模式是以政府为主导，建立了非营利性、隶属于中央银行的消费信贷登记系统，形成了覆盖全国的社会信用信息网络数据库。以政府强制力为保证，强制性向金融机构征集企业信贷信息和消费者个人贷款信息，使信息高效集中，并通过立法保证这些数据的真实性。在这种模式中政府起主导作用，其建设的效率比较高，它同美国模式存在一定的差别，主要表现在三个方面：

1）中央银行建立的"信贷登记系统"和私营信用服务机构并存。

2）中央银行信贷系统是由政府出资建立全国数据库，直接隶属于中央银行，主要征集企业信贷信息和个人信贷信息，需要依法向信用信息局提供相关信用信息；而私营信用服务机构主要是弥补中央信贷信息的缺陷。

3）中央银行服务于商业银行防范贷款风险，并承担主要的监管职能。私营信用服务机构则满足于社会化的信用服务需求。

法国、比利时、意大利、奥地利、西班牙等国采取这种模式。

（三）日本模式

不同于美国和以德国为代表的欧洲国家，日本的社会信用体系的独特之处在于"会员制"模式。日本银行协会和其他会员制机构一起建立了非盈利的银行个人信用信息中心，要求协会会员定期向信息中心提交要求的详细信息，建立了一个只在会员内部实现信息共享和信息查询服务的平台。其征信体系的发展很具特点：

1）由不被认知到经济活动不可或缺的润滑剂。日本最早的企业征信公司为商业兴会所，成立于 1892 年。经过一百多年的发展，日本征信市场目前已发展到相当规模，征信在维持国民经济正常运转上发挥着重要的调节作用。征信公司调查报告成为企业开拓新客户、提供信用额度的重要衡量指标，是政府有关部门对参加政府采购企业的资格审查的重要项目，同时也是银行对外贷款的重要判定条件。

2）被征信企业由态度消极到理解配合。企业对于早期的信用调查普遍持警惕、排斥、拒绝态度，其中不乏将调查员拒之门外、侮辱漫骂等行为，表现出社会整体的不信任感。今天，企业已普遍认同其在经济生活中的作用，将其作为参与经济活动的游戏规则，态度转为理解和配合。

3）由分散经营到集中垄断。在征信业出现之初，大量企业和个人涌入，鱼龙混杂，价格竞争激烈。伴随市场的成熟化，20世纪60年代起寡头集中的趋势日益明显，帝国数据银行和东京商工两家占据了市场份额的60%~70%，并将这一态势保持至今，呈现出集中垄断的长期性、稳定性。分析其中原因，则主要源于其智力劳动密集型、资料经验积累型的行业特征，即需要大量的调查员、分析员、全国网络和大量企业的长期资料等，对此一般公司难以逾越。

4）由手工操作到数据集成。科技的发展对征信业的促进是巨大的。计算机使征信公司于20世纪60年代末摆脱手工操作进行数据积累、计算，此后着手建立数据库，又引进数理分析概念，对企业大量的财务报表等进行集成分析，总结出预测企业偿还能力、破产风险评估模型，实现了定量分析，极大地提高了预测精度，更提高了行业整体的信誉度。

5）服务内容由单一到多样。相较发展初期的以提供企业简单资信情况为主，日本征信目前已经发展到产品系列化、定期化、深入化、高附加值化，转型为综合情报产业。

6）由政府资助到自由经营。帝国数据银行创业百年史表明：对于行业的发展日本政府在初期给予了一定扶持，特别是在资金和协助银行进行资信调查方面。目前日本征信业已经步入正轨，政府参与的痕迹几乎难以寻觅。而两者间定位更接近主顾关系，政府对外免费公开信息，同时有偿使用业界的服务，如破产分析、行业预测等；政府不干预业界的经营，同时在立法方面也没有特别针对性的法律、法规。对此，日本的业界人士表示，自由经营有利于保持信用调查的公平、独立，保证调查结果的客观、公正，从而促进行业的长久健康发展。

7）政府对信息的披露逐渐走向开放。政府对其掌握信息的开放程度是决定征信业发展的关键要素。日本政府从扩大社会知情权的角度出发，对其掌握的信息逐步采取开放的做法。特别是在2001年《政府信息公开法》实施后，大量信息免费向社会公开。

8）外国资本由单独开拓到与当地资本合作。面对日本庞大的征信需求，有些世界巨头的跨国公司曾计划单独进入日本市场。但鉴于帝国数据银行和东京商工两强已具备相当实力，同时日本社会又讲求人际关系，这些因素迫使其放弃最初计划，最终被迫以委托东京商工代为调查的方式间接开展对日业务。

9）行业发展随经济波动而起伏。分析日本征信业发展历程，可以发现其随经济起伏而成长或停滞。特别是在经济下滑时，其需求反而逆向上扬，充分证明了其对经济活动的润滑功能，即在经济活动新陈代谢活跃时，对其需求则大；平稳时，则需求较少。二战时期，日本的征信行业进入了一个停滞时期。一直到20世纪50年代，受到国家经济发展的影响才逐渐有所回暖。1950年到2000年，是日本征信行业高速发展的时期。

从总体上看，目前日本企业征信业已经步入成熟发展的轨道，与经济整体的融合度相当密切，在市场经济中扮演着难以替代的角色。但是，受制于国情等因素，也存在薄弱环节：一是跨国经营的欲望不强；二是政府信息披露网络化程度不高；三是银行不能对外提供企业信用记录，这与西方金融机构截然迥异，削弱了银行在征信调查中的作用。

二、我国信用体系发展现状

我国社会信用体系建设试点工作于2003年10月中国共产党第十六届中央委员会第三次全体会议通过《中共中央关于完善社会主义市场经济体制若干问题的决定》时开始启动，

我国的信用服务业正逐步发展，信用需求日益增加，信用服务行业已成为一个新型的服务行业。2005 年 3 月，劳动和社会保障部将信用管理师定为新职业，并颁布了《信用管理师的行业标准》。目前，我国有各类信用调查机构一百多家，资信评价机构近五百家，信用担保机构两千多家。

有关地区、部门和单位探索推进，社会信用体系建设取得积极进展。国务院建立社会信用体系建设部际联席会议制度统筹推进信用体系建设，2013 年公布实施《征信业管理条例》，一批信用体系建设的规章和标准相继出台。全国集中统一的金融信用信息基础数据库建成，小微企业和农村信用体系建设积极推进；各部门推动信用信息公开，开展行业信用评价，实施信用分类监管；各行业积极开展诚信宣传教育和诚信自律活动；各地区探索建立综合性信用信息共享平台，促进本地区各部门、各单位的信用信息整合应用；社会对信用服务产品的需求日益上升，信用服务市场规模不断扩大。

2014 年 6 月，国务院印发《社会信用体系建设规划纲要（2014—2020 年）》，部署加快建设社会信用体系、构筑诚实守信的经济社会环境。《纲要》提出三个阶段目标涉及四大领域，分别为政务诚信、商务诚信、社会诚信、司法公信建设，涵盖了方方面面。

2010 年 5 月最高人民法院发布了《最高人民法院关于限制被执行人高消费的若干规定》（法释〔2010〕8 号）文件，并于 2015 年 7 月 6 日由最高人民法院审判委员会第 1657 次会议通过了《最高人民法院关于修改〈最高人民法院关于限制被执行人高消费的若干规定〉的决定》。规定要求被执行人为自然人的，被采取限制消费措施后，不得有：①乘坐交通工具时，选择飞机、列车软卧、轮船二等以上舱位；②在星级以上宾馆、酒店、夜总会、高尔夫球场等场所进行高消费；③购买不动产或者新建、扩建、高档装修房屋；④租赁高档写字楼、宾馆、公寓等场所办公；⑤购买非经营必需车辆；⑥旅游、度假；⑦子女就读高收费私立学校；⑧支付高额保费购买保险理财产品；⑨乘坐 G 字头动车组列车全部座位、其他动车组列车一等以上座位等其他非生活和工作必需的消费行为等高消费及非生活和工作必需的消费行为。规定还要求被执行人为单位的，被采取限制消费措施后，被执行人及其法定代表人、主要负责人、影响债务履行的直接责任人员、实际控制人不得实施前款规定的行为。因私消费以个人财产实施前款规定行为的，可以向执行法院提出申请。执行法院审查属实的，应予准许。

2016 年 6 月发布了《国务院关于建立完善守信联合激励和失信联合惩戒制度加快推进社会诚信建设的指导意见》（国发〔2016〕33 号），该意见要求本着：①褒扬诚信，惩戒失信，即充分运用信用激励和约束手段，加大对诚信主体激励和对严重失信主体惩戒力度，让守信者受益、失信者受限，形成褒扬诚信、惩戒失信的制度机制。②部门联动，社会协同。通过信用信息公开和共享，建立跨地区、跨部门、跨领域的联合激励与惩戒机制，形成政府部门协同联动、行业组织自律管理、信用服务机构积极参与、社会舆论广泛监督的共同治理格局。③依法依规，保护权益。严格依照法律法规和政策规定，科学界定守信和失信行为，开展守信联合激励和失信联合惩戒。建立健全信用修复、异议申诉等机制，保护当事人合法权益。④突出重点，统筹推进。坚持问题导向，着力解决当前危害公共利益和公共安全、人民群众反映强烈、对经济社会发展造成重大负面影响的重点领域失信问题。鼓励支持地方人民政府和有关部门创新示范，逐步将守信激励和失信惩戒机制推广到经济社会各领域。

国发〔2016〕33号文还对以下几个方面提出了指导意见：

1. 健全褒扬和激励诚信行为机制

1）多渠道选树诚信典型。将有关部门和社会组织实施信用分类监管确定的信用状况良好的行政相对人、诚信道德模范、优秀青年志愿者，行业协会商会推荐的诚信会员，新闻媒体挖掘的诚信主体等树立为诚信典型。鼓励有关部门和社会组织在监管和服务中建立各类主体信用记录，向社会推介无不良信用记录者和有关诚信典型，联合其他部门和社会组织实施守信激励。鼓励行业协会商会完善会员企业信用评价机制。引导企业主动发布综合信用承诺或产品服务质量等专项承诺，开展产品服务标准等自我声明公开，接受社会监督，形成企业争做诚信模范的良好氛围。

2）探索建立行政审批"绿色通道"。在办理行政许可过程中，对诚信典型和连续三年无不良信用记录的行政相对人，可根据实际情况实施"绿色通道"和"容缺受理"等便利服务措施。对符合条件的行政相对人，除法律法规要求提供的材料外，部分申报材料不齐备的，如其书面承诺在规定期限内提供，应先行受理，加快办理进度。

3）优先提供公共服务便利。在实施财政性资金项目安排、招商引资配套优惠政策等各类政府优惠政策中，优先考虑诚信市场主体，加大扶持力度。在教育、就业、创业、社会保障等领域对诚信个人给予重点支持和优先便利。在有关公共资源交易活动中，提倡依法依约对诚信市场主体采取信用加分等措施。

4）优化诚信企业行政监管安排。各级市场监管部门应根据监管对象的信用记录和信用评价分类，注重运用大数据手段，完善事中事后监管措施，为市场主体提供便利化服务。对符合一定条件的诚信企业，在日常检查、专项检查中优化检查频次。

5）降低市场交易成本。鼓励有关部门和单位开发"税易贷""信易贷""信易债"等守信激励产品，引导金融机构和商业销售机构等市场服务机构参考使用市场主体信用信息、信用积分和信用评价结果，对诚信市场主体给予优惠和便利，使守信者在市场中获得更多机会和实惠。

6）大力推介诚信市场主体。各级人民政府有关部门应将诚信市场主体优良信用信息及时在政府网站和"信用中国"网站进行公示，在会展、银企对接等活动中重点推介诚信企业，让信用成为市场配置资源的重要考量因素。引导征信机构加强对市场主体正面信息的采集，在诚信问题反映较为集中的行业领域，对守信者加大激励性评分比重。推动行业协会商会加强诚信建设和行业自律，表彰诚信会员，讲好行业"诚信故事"。

2. 健全约束和惩戒失信行为机制

1）对重点领域和严重失信行为实施联合惩戒。在有关部门和社会组织依法依规对本领域失信行为做出处理和评价基础上，通过信息共享，推动其他部门和社会组织依法依规对严重失信行为采取联合惩戒措施。重点包括：一是严重危害人民群众身体健康和生命安全的行为，包括食品药品、生态环境、工程质量、安全生产、消防安全、强制性产品认证等领域的严重失信行为。二是严重破坏市场公平竞争秩序和社会正常秩序的行为，包括贿赂、逃税骗税、恶意逃废债务、恶意拖欠货款或服务费、恶意欠薪、非法集资、合同欺诈、传销、无证照经营、制售假冒伪劣产品和故意侵犯知识产权、出借和借用资质投标、围标串标、虚假广告、侵害消费者或证券期货投资者合法权益、严重破坏网络空间传播秩序、聚众扰乱社会秩序等严重失信行为。三是拒不履行法定义务，严重影响司法机关、行政机关公信力的行为，包括当事人在司法机关、行政机关做出判决或决定后，有履行能力但拒不履行、逃避执行等严重失信行为。四是拒不履行国防义务，拒绝、逃避兵役，拒绝、拖延民用资源征用或者阻碍对被征用的民用资源进行改造，危害国防利益，破坏国防设施等行为。

2）依法依规加强对失信行为的行政性约束和惩戒。对严重失信主体，各地区、各有关部门应将其列为重点监管对象，依法依规采取行政性约束和惩戒措施。从严审核行政许可审批项目，从严控制生产许可证发放，限制新增项目审批、核准，限制股票发行上市融资或发行债券，限制在全国股份转让系统挂牌、融资，限制发起设立或参股金融机构以及小额贷款公司、融资担保公司、创业投资公司、互联网融资平台等机构，限制从事互联网信息服务等。严格限制申请财政性资金项目，限制参与有关公共资源交易活动，限制参与基础设施和公用事业特许经营。对严重失信企业及其法定代表人、主要负责人和对失信行为负有直接责任的注册执业人员等实施市场和行业禁入措施。及时撤销严重失信企业及其法定代表人、负责人、高级管理人员和对失信行为负有直接责任的董事、股东等人员的荣誉称号，取消参加评先评优资格。

3）加强对失信行为的市场性约束和惩戒。对严重失信主体，有关部门和机构应以统一社会信用代码为索引，及时公开披露相关信息，便于市场识别失信行为，防范信用风险。督促有关企业和个人履行法定义务，对有履行能力但拒不履行的严重失信主体实施限制出境和限制购买不动产、乘坐飞机、乘坐高等级列车和席次、旅游度假、入住星级以上宾馆及其他高消费行为等措施。支持征信机构采集严重失信行为信息，纳入信用记录和信用报告。引导商业银行、证券期货经营机构、保险公司等金融机构按照风险定价原则，对严重失信主体提高贷款利率和财产保险费率，或者限制向其提供贷款、保荐、承销、保险等服务。

4）加强对失信行为的行业性约束和惩戒。建立健全行业自律公约和职业道德准则，推动行业信用建设。引导行业协会商会完善行业内部信用信息采集、共享机制，将严重失信行为记入会员信用档案。鼓励行业协会商会与有资质的第三方信用服务机构合作，开展会员企业信用等级评价。支持行业协会商会按照行业标准、行规、行约等，视情节轻重对失信会员实行警告、行业内通报批评、公开谴责、不予接纳、劝退等惩戒措施。

5）加强对失信行为的社会性约束和惩戒。充分发挥各类社会组织作用，引导社会力量广泛参与失信联合惩戒。建立完善失信举报制度，鼓励公众举报企业严重失信行为，对举报人信息严格保密。支持有关社会组织依法对污染环境、侵害消费者或公众投资者合法权益等群体性侵权行为提起公益诉讼。鼓励公正、独立、有条件的社会机构开展失信行为大数据舆情监测，编制发布地区、行业信用分析报告。

6）完善个人信用记录，推动联合惩戒措施落实到人。对企事业单位严重失信行为，在记入企事业单位信用记录的同时，记入其法定代表人、主要负责人和其他负有直接责任人员的个人信用记录。在对失信企事业单位进行联合惩戒的同时，依照法律法规和政策规定对相关责任人员采取相应的联合惩戒措施。通过建立完整的个人信用记录数据库及联合惩戒机制，使失信惩戒措施落实到人。

3. 构建守信联合激励和失信联合惩戒协同机制

1）建立触发反馈机制。在社会信用体系建设部际联席会议制度下，建立守信联合激励和失信联合惩戒的发起与响应机制。各领域守信联合激励和失信联合惩戒的发起部门负责确定激励和惩戒对象，实施部门负责对有关主体采取相应的联合激励和联合惩戒措施。

2）实施部省协同和跨区域联动。鼓励各地区对本行政区域内确定的诚信典型和严重失信主体，发起部省协同和跨区域联合激励与惩戒。充分发挥社会信用体系建设部际联席会议制度的指导作用，建立健全跨地区、跨部门、跨领域的信用体系建设合作机制，加强信用信息共享和信用评价结果互认。

3）建立健全信用信息公示机制。推动政务信用信息公开，全面落实行政许可和行政处罚信息上网公开制度。除法律法规另有规定外，县级以上人民政府及其部门要将各类自然人、法人和其他组织的行政许可、行政处罚等信息在7个工作日内通过政府网站公开，并及时归集至"信用中国"网站，为社会提供"一站式"查询服务。涉及企业的相关信息按照企业信息公示暂行条例规定在企业信用信息公示系统公示。推动司法机关在"信用中国"网站公示司法判决、失信被执行人名单等信用信息。

4）建立健全信用信息归集共享和使用机制。依托国家电子政务外网，建立全国信用信息共享平台，发挥信用信息归集共享枢纽作用。加快建立健全各省（区、市）信用信息共享平台和各行业信用信息系统，推动青年志愿者信用信息系统等项目建设，归集整合本地区、本行业信用信息，与全国信用信息共享平台实现互联互通和信息共享。依托全国信用信息共享平台，根据有关部门签署的合作备忘录，建立守信联合激励和失信联合惩戒的信用信息管理系统，实现发起响应、信息推送、执行反馈、信用修复、异议处理等动态协同功能。各级人民政府及其部门应将全国信用信息共享平台信用信息查询使用嵌入审批、监管工作流程中，确保"应查必查""奖惩到位"。健全政府与征信机构、金融机构、行业协会商会等组织的信息共享机制，促进政务信用信息与社会信用信息互动融合，最大限度发挥守信联合激励和失信联合惩戒作用。

5）规范信用红黑名单制度。不断完善诚信典型"红名单"制度和严重失信主体"黑名单"制度，依法依规规范各领域红黑名单产生和发布行为，建立健全退出机制。在保证独立、公正、客观前提下，鼓励有关群众团体、金融机构、征信机构、评级机构、行业协会商会等将产生的"红名单"和"黑名单"信息提供给政府部门参考使用。

6）建立激励和惩戒措施清单制度。在有关领域合作备忘录基础上，梳理法律法规和政策规定明确的联合激励和惩戒事项，建立守信联合激励和失信联合惩戒措施清单，主要分为两类：一类是强制性措施，即依法必须联合执行的激励和惩戒措施；另一类是推荐性措施，即由参与各方推荐的，符合褒扬诚信、惩戒失信政策导向，各地区、各部门可根据实际情况实施的措施。社会信用体系建设部际联席会议应总结经验，不断完善两类措施清单，并推动相关法律法规建设。

7）建立健全信用修复机制。联合惩戒措施的发起部门和实施部门应按照法律法规和政策规定明确各类失信行为的联合惩戒期限。在规定期限内纠正失信行为、消除不良影响的，不再作为联合惩戒对象。建立有利于自我纠错、主动自新的社会鼓励与关爱机制，支持有失信行为的个人通过社会公益服务等方式修复个人信用。

8）建立健全信用主体权益保护机制。建立健全信用信息异议、投诉制度。有关部门和单位在执行失信联合惩戒措施时主动发现、经市场主体提出异议申请或投诉发现信息不实的，应及时告知信息提供单位核实，信息提供单位应尽快核实并反馈。联合惩戒措施在信息核实期间暂不执行。经核实有误的信息应及时更正或撤销。因错误采取联合惩戒措施损害有关主体合法权益的,有关部门和单位应积极采取措施恢复其信誉、消除不良影响。支持有关主体通过行政复议、行政诉讼等方式维护自身合法权益。

9) 建立跟踪问效机制。各地区、各有关部门要建立完善信用联合激励惩戒工作的各项制度,充分利用全国信用信息共享平台的相关信用信息管理系统,建立健全信用联合激励惩戒的跟踪、监测、统计、评估机制并建立相应的督查、考核制度。对信用信息归集、共享和激励惩戒措施落实不力的部门和单位,进行通报和督促整改,切实把各项联合激励和联合惩戒措施落到实处。

4. 加强法规制度和诚信文化建设

1) 完善相关法律法规。继续研究论证社会信用领域立法。加快研究推进信用信息归集、共享、公开和使用,以及失信行为联合惩戒等方面的立法工作。按照强化信用约束和协同监管要求,各地区、各部门应对现行法律、法规、规章和规范性文件有关规定提出修订建议或进行有针对性的修改。

2) 建立健全标准规范。制定信用信息采集、存储、共享、公开、使用和信用评价、信用分类管理等标准。确定各级信用信息共享平台建设规范,统一数据格式、数据接口等技术要求。各地区、各部门要结合实际,制定信用信息归集、共享、公开、使用和守信联合激励、失信联合惩戒的工作流程和操作规范。

3) 加强诚信教育和诚信文化建设。组织社会各方面力量,引导广大市场主体依法诚信经营,树立"诚信兴商"理念,组织新闻媒体多渠道宣传诚信企业和个人,营造浓厚社会氛围。加强对失信行为的道德约束,完善社会舆论监督机制,通过报刊、广播、电视、网络等媒体加大对失信主体的监督力度,依法曝光社会影响恶劣、情节严重的失信案件,开展群众评议、讨论、批评等活动,形成对严重失信行为的舆论压力和道德约束。通过学校、单位、社区、家庭等,加强对失信个人的教育和帮助,引导其及时纠正失信行为。加强对企业负责人、学生和青年群体的诚信宣传教育,加强会计审计人员、导游、保险经纪人、公职人员等重点人群以诚信为重要内容的职业道德建设。加大对守信联合激励和失信联合惩戒的宣传报道和案例剖析力度,弘扬社会主义核心价值观。

4) 加强组织实施和督促检查。各地区、各有关部门要把实施守信联合激励和失信联合惩戒作为推进社会信用体系建设的重要举措,认真贯彻落实本意见并制定具体实施方案,切实加强组织领导,落实工作机构、人员编制、项目经费等必要保障,确保各项联合激励和联合惩戒措施落实到位。鼓励有关地区和部门先行先试,通过签署合作备忘录或出台规范性文件等多种方式,建立长效机制,不断丰富信用激励内容,强化信用约束措施。国家发展改革委要加强统筹协调,及时跟踪掌握工作进展,督促检查任务落实情况并报告国务院。

综上,随着国家政策、法规的健全,以往分布于工商、质监、税务、银行、交通、建设等各领域的诚信行为监管会进一步得到规范,并最终实现诚信"一张网"(即互联网)"一平台"(即信用平台)等联合统一的社会主义信用诚信体系建设系统。

三、建设行业信用体系推进

作为国民经济的支柱性产业,建筑业的稳定发展对于经济的发展和社会的安定都有着举足轻重的影响。但从整体上看，由于建筑市场涉及面广，交易额大，可变因素多，又缺乏必要的制度约束，造成我国建筑市场目前信用缺失现象还十分普遍。建筑市场的信用缺失和失信行为，不仅对我国国民经济和投资建设效益造成了重大影响，而且加大了企业的经营成本与风险，更使全社会资源利用率低下，成为制约生产力发展的"瓶颈"。因此，建立和完善建筑市场信用体系建设已经刻不容缓。

（一）建筑市场信用现状

1）从项目发包情况来看，体现在有些建设单位不按工程建设程序办事，在建设资金没有到位的情况下，利用建筑市场"僧多粥少"的现状，对施工单位压级压价，提出垫资施工等不合理要求。有资料表明，由于建设单位失信行为，每年造成的直接损失约800亿元，累计拖欠的工程资金总额已达6000亿元。

2）从工程承包情况来看，体现在有些建筑企业在招标投标过程采取不正当竞争方式，如出借企业资质以达到非法获利等，等到中标后，又采取层层转包的方式来赚取"管理费"，最后工程实际承包者，因工程项目无利润可言，导致在施工过程中偷工减料、粗制滥造。这些问题的存在，直接导致工程质量低下，安全事故频发。

3）从政府部门监管的情况来看，政府部门作为公共权力的代理人，行使建筑市场监管职能，但是以经济建设为中心的思想，使得政府部门同时承担招商引资的任务，这就迫使政府部门不得不产生希望工程项目赶快上马的心理，从而导致带头违规监管不力等一系列失信行为的出现。

（二）建筑行业监管概况

2014年9月，住建部启动工程质量治理两年行动，计划在全国范围内分三批推进各地建筑市场监管与诚信信息基础数据库建设，建立互联互通的建筑市场监管与诚信信息系统，加快推进全国建筑市场诚信体系建设。

两年行动开展以来，住建部通过开发省级通用版一体化工作平台系统、签订目标责任书、委派专业服务组等多种方式，指导和督促各地加快建筑市场监管与诚信基础数据库建设，限期实现部省建筑市场监管与诚信信息的互联互通。各地住房城乡建设主管部门按照统一数据标准，打造覆盖省、市、县三级企业、人员、项目和关联核心业务信息，横向互联、纵向互通的综合监管服务与诚信信息一体化工作平台，推行工程项目全生命周期线上运作。目前，全国31个省级建筑市场监管与诚信信息基础数据库与住建部中央数据库实现实时互联互通，初步实现建筑市场"数据一个库、监管一张网、管理一条线"的信息化监管目标。

1. 住建部加强对建筑市场信用体系的管理

（1）出台《关于加快推进建筑市场信用体系建设工作的意见》（建市〔2015〕138号）

提出推进政府对市场主体的守法诚信评价是当前工作的重点。为此，各地建设行政主管部门要共同努力，使建筑市场信用体系建设实现四个统一。

1）统一的诚信信息平台。完善的诚信信息系统是诚信体系的基本组成部分，是建立建筑市场诚信体系的基础性工作，能够确保诚信信息收集整理及时准确和实现共享。在现有诚信档案系统的基础上，首先要推动南北两大区域诚信信息平台的建设和试点工作；即以上海市、江苏省、浙江省、安徽省四地为主构建一个统一的长三角地区诚信信息平台，以北京市、天津市、石家庄市、济南市、沈阳市等地为主构建一个区域性城市间联合诚信信息平台；全国各直辖市、省会城市、计划单列市以及其他一些基础条件较好的地级城市要在诚信信息平台的建设方面起到示范和带头作用；在试点经验的基础上，逐步推动其他区域诚信信息平台的建设；待条件成熟时，研究逐步将区域间的诚信信息平台实现互联，以点带面、稳步推进，逐步实现全国联网，构建全国性的建筑市场诚信信息平台，并在住建部"中国工程建设信息网"上设立诚信信息交流、发布的窗口，逐步实现诚信信息的互通、互用和互认。在建立和完善建筑市场监管综合信息系统的基础上，逐步建立可向社会开放的建筑市场守法诚信信息平台；相关业务监管部门把对建筑市场主体违法违规行为的日常处罚决定和不良行为记录及时整理，并按照各自权限通过监管综合信息系统自行上网记录，形成基础性诚信信息，为诚信评价提供信息保障。

2）统一的诚信评价标准。根据进一步整顿和规范建筑市场秩序的实际需要，制定发布建筑市场责任主体行为诚信标准。针对当前建筑市场中存在的突出问题，依据国家有关建筑市场的法律、法规及相关政策，本着先易后难、简便易行、科学实用的原则，制定建筑市场各方主体行为的诚信标准。重点评价在建筑市场内从事建筑活动的企业和执业资格人员的诚信行为。要结合日常建设行政监管和执法工作的需要，对建筑市场各方主体在执行法定建设程序、招标投标交易、合同签订履行、业主工程款支付、农民工工资支付、质量安全管理等方面，提出应达到的最基本诚信要求。对建筑市场的执业资格人员（注册建造师等各类注册人员），也要开展诚信行为的评价。

3）统一的诚信法规体系。建立建筑市场诚信体系要有法律保障，各地建设行政主管部门要根据国家有关诚信法律法规，制定与建筑市场诚信体系相配套的部门规章和规范性文件，使诚信体系的建设和运行实现制度化、规范化，具体内容包括对诚信信息的采集、整理、应用和发布，对诚信状况的评价，对征信机构的管理，特别是运用失信惩戒机制对存在失信行为的主体进行适当的惩罚等。

4）统一的诚信奖惩机制。诚信奖惩机制是诚信体系的重要组成部分，是对守信者进行保护，对失信者进行惩罚，发挥社会监督和约束的制度保障。各地建设行政主管部门要将诚信建设与招标投标、资质监管、市场稽查、评优评奖等相结合，逐步建立诚信奖惩机制。对于一般失信行为，要对相关单位和人员进行诚信法制教育，促使其知法、懂法、守法；对有严重失信行为的企业和人员，要会同有关部门，采取行政、经济、法律和社会舆论等综合惩治措施，对其依法公布、曝光或予以行政处罚、经济制裁；行为特别恶劣的，要坚决追究失信者的法律责任，提高失信成本，使失信者得不偿失。诚信体系建设要注意调动建筑市场各方主体参与的积极性，在招标投标、资质监管、市场稽查、评优评奖等建筑市场监管的各个环节，要研究出台对诚实守信的企业和人员给予鼓励的政策和措施，并加大正面宣传力度，使建筑市场形成诚实光荣和守信受益的良好环境。

（2）出台《住房和城乡建设部关于印发建筑市场信用管理暂行办法的通知》（建市〔2017〕241号）

1）制定依据。该办法是为贯彻落实《国务院办公厅关于促进建筑业持续健康发展的意见》（国办发〔2017〕19号），加快推进建筑市场信用体系建设，规范建筑市场秩序，营造公平竞争、诚信守法的市场环境，根据《中华人民共和国建筑法》《中华人民共和国招标投标法》《企业信息公示暂行条例》《社会信用体系建设规划纲要（2014—2020年）》等制定。

2）信息分类。信用信息由基本信息、优良信用信息、不良信用信息构成。基本信息是指注册登记信息、资质信息、工程项目信息、注册执业人员信息等；优良信用信息是指建筑市场各方主体在工程建设活动中获得的县级以上行政机关或群团组织表彰奖励等信息；不良信用信息是指建筑市场各方主体在工程建设活动中违反有关法律、法规、规章或工程建设强制性标准等，受到县级以上住房城乡建设主管部门行政处罚的信息，以及经有关部门认定的其他不良信用信息。

3）管理职责。按照"谁监管、谁负责，谁产生、谁负责"的原则，工程项目所在地住房城乡建设主管部门依据职责，采集工程项目信息并审核其真实性。

4）信用信息公开期限。建筑市场各方主体的信用信息公开期限为：①基本信息长期公开；②优良信用信息公开期限一般为 3 年；③不良信用信息公开期限一般为 6 个月至 3 年，并不得低于相关行政处罚期限。具体公开期限由不良信用信息的认定部门确定。

5）建筑市场主体"黑名单"。县级以上住房城乡建设主管部门按照"谁处罚、谁列入"的原则，将存在下列情形的建筑市场各方主体，列入建筑市场主体"黑名单"：①利用虚假材料、以欺骗手段取得企业资质的；②发生转包、出借资质，受到行政处罚的；③发生重大及以上工程质量安全事故，或 1 年内累计发生 2 次及以上较大工程质量安全事故，或发生性质恶劣、危害性严重、社会影响大的较大工程质量安全事故，受到行政处罚的；④经法院判决或仲裁机构裁决，认定为拖欠工程款，且拒不履行生效法律文书确定的义务的。

各级住房城乡建设主管部门应当参照建筑市场主体"黑名单"，对被人力资源社会保障主管部门列入拖欠农民工工资"黑名单"的建筑市场各方主体加强监管。

对被列入建筑市场主体"黑名单"的建筑市场各方主体，地方各级住房城乡建设主管部门应当通过省级建筑市场监管一体化工作平台向社会公布相关信息，包括单位名称、机构代码、个人姓名、证件号码、行政处罚决定、列入部门、管理期限等。

各级住房城乡建设主管部门应当将列入建筑市场主体"黑名单"和拖欠农民工工资"黑名单"的建筑市场各方主体作为重点监管对象，在市场准入、资质资格管理、招标投标等方面依法给予限制。

各级住房城乡建设主管部门不得将列入建筑市场主体"黑名单"的建筑市场各方主体作为评优表彰、政策试点和项目扶持对象。

2. 安徽省积极推进诚信体系建设

(1) 安徽省人民政府办公厅印发《关于加快推进失信被执行人信用监督、警示和惩戒机制建设的实施意见》

1）建设目标。到 2018 年，全省各级人民法院执行工作能力显著增强，执行联动体制便捷、顺畅、高效运行。失信被执行人名单制度更加科学、完善，失信被执行人信息管理、推送、公开、屏蔽、撤销等合法高效、准确及时。失信被执行人信息与各类信用信息互联共享，以联合惩戒为核心的失信被执行人信用监督、警示和惩戒机制高效运行。有效促进被执行人自觉履行人民法院生效裁判确定的义务，执行难问题基本解决，司法公信力大幅提升，诚实守信成为全社会共同的价值追求和行为准则，"法治安徽""信用安徽"建设迈上新台阶。

2）实施联合惩戒。省高级人民法院及时准确更新失信被执行人名单信息，通过全省法院失信被执行人名单数据库，实时推送至省公共信用信息共享服务平台。

2017年9月底前，各地各有关部门按照加强失信被执行人联合惩戒的要求，结合权责清单和负面清单，制定联合惩戒实施细则，确定责任单位和责任人，明确实施时间表、路线图；利用或改造提升现有信息系统，与省公共信用信息共享服务平台实现网络对接，通过信息技术手段自动获取失信被执行人名单信息，同时将名单信息嵌入单位管理、审批、工作系统，实现自动比对、提醒、拦截、监督和惩戒，并及时反馈惩戒情况。依托省公共信用信息共享服务平台，建立完善全省失信被执行人联合惩戒信用信息管理系统，实现发起响应、信息推送、执行反馈、信用修复、异议处理等动态协同功能。

对失信被执行人联合惩戒包括从事特定行业或项目限制（如设立金融类公司、发行债券、股权激励、股票发行或挂牌转让、设立社会组织、参与政府投资项目或主要使用财政性资金项目等）、政府支持或补贴限制、任职资格限制（如担任国企高管、担任事业单位法定代表人、担任金融机构高管、担任社会组织负责人、招录（聘）为公务人员、入党、担任党代表、人大代表和政协委员、入伍服役等）、准入资格限制、荣誉和授信限制、特殊市场交易限制、限制高消费及有关消费、协助查询、控制及出境限制等。

3）失信信息公开与共享。

① 失信被执行人信息公开：

A. 公开失信被执行人名单。全省各级人民法院通过全国法院失信被执行人名单信息公布与查询平台、部门网站、信用网站、移动客户端、户外媒体等多种渠道，依法及时向社会公开失信被执行人名单信息，供公众免费查询；对依法不宜公开失信信息的被执行人，向其所在单位通报，由其所在单位依纪依法处理。

B. 公开失信被执行人信用监督、警示和惩戒信息。2017年9月底前，各地各部门按照中共安徽省委办公厅、安徽省人民政府办公厅《关于全面推进政务公开工作的实施意见》有关要求，将失信被执行人信用监督、警示和惩戒信息列入政务公开事项，对失信被执行人信用监督、警示和惩戒要依据部门权责清单和负面清单依法开展。

② 失信被执行人信息共享：

各地各部门要进一步打破信息壁垒，实现信息共享。通过省公共信用信息共享服务平台，加快推进失信被执行人信息与公安、民政、人力资源社会保障、国土资源、住房城乡建设、财政、金融、税务、工商、安全监管、证券、科技等其他部门信用信息资源交换共享。依法依规推进失信被执行人信息与有关人民团体、社会组织、企事业单位信用信息资源共享。通过信息合作、购买产品和服务等方式，共享征信、信用评价等信用服务机构的信用信息。建立完善市场主体信用档案，推进第三方信用服务机构将失信被执行人信息作为重要指标纳入社会信用评价体系。

(2)《安徽省住房城乡建设系统信用体系建设实施方案》（建审〔2017〕214号）

1）工作目标。2018年年底前，全省住房城乡建设领域信用制度体系初步建立，建成全省统一住房城乡建设信用信息系统，信用信息实现互联共享，信用产品在住房城乡建设领域得到有效应用，守信联合激励和失信联合惩戒机制进一步健全，"一处失信、处处受限"得到切实体现，政务诚信有效推进。

2020年年底前，全省住房城乡建设信用监管机制基本健全，诚信意识普遍增强，守信激励和失信惩戒制度全面发挥作用，政务诚信建设取得实质性进展，市场主体和社会满意度大幅提升，住房城乡建设信用环境显著改善。

2）实施范围。依据有关法律、法规、规章及规范性文件，结合全省住房城乡建设行业特点，实施范围主要包括城乡规划、勘察设计、建筑业、房地产、城市建设、市政公用及住房城乡建设中介服务等行业，重点是对市场参与主体（含企业和从业人员）是否依法依规取得资质（资格）、项目，是否诚信经营、严格履行合同约定义务，从业行为是否规范等实施信用信息归集、应用以及监管。

3）推进信用信息应用。

① 加强信用分类监管。依据市场主体信用情况，实行"差异化"管理。将失信被执行人列为日常监管重点，由各市、省直管县住房城乡建设系统行业主管部门按照"双随机、一公开"的要求加大日常监管力度，提高随机抽查的比例和频次，并依法依规组织相关部门开展联合监管，提高监管精准度。

② 制定奖惩措施。按照"守信激励、失信惩戒"的原则，制定资质许可、人员注册、职称评定、招标投标、评优评先、财政资金补助、市场准入（包括特许经营、经营许可）等方面的奖惩措施。对房地产领域开发经营活动中存在失信行为的相关机构及人员等责任主体以及人民法院司法程序认定的失信被执行人及其法定代表人、主要负责人、实际控制人、影响债务履行和对失信行为负有直接责任的人员，要在企业资质、房地产交易、新扩建高档装修房屋、招标投标、评比达标表彰等方面实施市场和行业限制、禁入措施。贯彻落实国家有关部委合作备忘录，对失信行为实施联合激励和联合惩戒措施。

③ 建立"红黑榜"发布制度。在省、市、县住房城乡建设主管部门网站开辟专栏，定期向社会发布行政奖励、评先评优、行政处理、行政处罚等信用信息。

（3）关于印发《安徽省建筑施工企业信用评分内容和评分标准（2018版）》的通知（建市函〔2018〕76号）

建筑施工企业信用分由企业基本信用分和企业项目信用分构成。

1）建筑施工企业基本信用分。

① 建筑施工企业基本信用分由建筑施工企业优良信用信息分和建筑施工企业不良信用信息分构成。

建筑施工企业优良信用信息和企业不良信用信息分值标准由各市主管部门负责制定。

② 建筑施工企业优良信用信息是指建筑施工企业在工程建设活动中获得的国家或省级表彰奖励项目目录中所列的奖项。

③ 建筑施工企业不良信用信息是指建筑施工企业在工程建设活动中违反有关法律、法规、规章或工程建设强制性标准等，受到县级以上住房城乡建设主管部门行政处罚的信息，以及经有关部门认定的其他不良信用信息。

2）建筑施工企业项目信用分。

建筑施工企业项目信用分由建筑施工企业所有单个项目信用分的平均分构成。

单个项目信用分＝安徽省工程建设监管检查系统中单个项目分值＋单个项目优良信用加分。

单个项目优良信用加分由建筑市场（含招标投标）、质量、安全文明施工构成，每部分最高加20分。

单个项目监督检查原则上每3个月一次，各地监管部门应实行差别化管理，根据项目实施情况，加大或减少现场检查频次。

第二节 建筑业企业信用评价标准和等级划分

信用是社会经济发展的必然产物，是现代经济社会运行中必不可少的一环。维持和发展信用关系，是保护社会经济秩序的重要前提。资信评价即由专业的机构或部门按照一定的方法和程序在对企业进行全面了解、考察调研和分析的基础上，做出有关其信用行为的可靠性、安全性程度的评价，并以专用符号或简单的文字形式来表达的一种管理活动。现在，随着我国市场经济体制的建立，为防范信用风险，维护正常的经济秩序，信用评价的重要性日趋明显。

一、中国建筑业协会印发《建筑业企业信用评价办法》

2015 年 3 月中国建筑业协会印发了《建筑业企业信用评价办法》，明确了建筑业企业的信用评价标准和等级划分。

（1）评价内容 建筑业企业信用评价包括企业基本素质、经营能力及财务指标、管理指标、竞争力指标、信用记录指标等内容，按照《建筑业企业信用评价指标》（表 5-1）评分，其中信用记录指标按照《建筑业企业不良行为记分标准》（表 5-2）进行评分。

表 5-1 建筑业企业信用评价指标

评价内容	主要评价指标	标准	分数	评分办法
一、基本素质 15 分	1. 企业资质等	取得营业执照、资质证书、安全生产许可证、组织机构代码证等且在有效期内	3 分	取得相应证书且在有效期内者得 3 分，缺一项不得分
	2. 公司组织机构及各项规章制度建设	组织机构健全、合理 规章制度完备，运行有效	7 分	组织机构健全、合理，职责明确；各项规章制度严谨、健全，能认真执行并持续改进者得 7 分。质量、安全、合同、财务、设备、材料采购、劳资等管理制度，每缺少一项减 1 分，减完为止
	3. 管理体系建立	质量管理体系认证 环境管理体系认证 职业健康安全管理体系认证	3 分	获得国家认可的认证证书，实施效果良好，能持续改进者得 3 分，缺一项不得分
	4. 管理、技术人员专业结构配置	配置齐全、合理	2 分	工程技术人员、项目经理、建造师等符合资质管理要求，专业结构配置齐全、合理；大专以上学历者占职工总数大于 40% 者得 2 分；大专以上学历者占职工总数每降低 5% 减 0.5 分，减完为止
二、经营能力及财务指标 20 分	1. 企业净资产	符合相应的资质标准	5 分	达到相应的资质标准得 5 分，低于相应资质标准的不得分
	2. 工程结算收入	符合相应的资质标准	5 分	达到相应的资质标准得 5 分，低于相应资质标准的不得分
	3. 净资产收益率	大于 8%	5 分	净资产收益率大于 8% 者得 5 分，每降低 1% 减 1 分，减完为止
	4. 资产负债率	小于 75%	5 分	资产负债率小于 75% 者得 5 分，每增加 5% 减 1 分，大于 90% 者不得分

（续）

评价内容	主要评价指标	标准	分数	评分办法
三、管理指标 15分	1. 工程质量管理	工程质量合格率100%；无直接经济损失50万元以上的质量事故	3分	工程质量合格率低于100%者不得分；每发生一起经济损失50万元以上的质量事故者减1分，减完为止
	2. 安全生产、文明施工管理	无生产安全较大事故发生；企业建立文明施工的标准、监督、考评制度；无环保、卫生、治安、消防等部门的重大处罚	3分	发生生产安全较大事故者不得分；企业未建立文明施工的标准、监督、考评制度的不得分；每受到一次环保、卫生、治安、消防等重大处罚的减1分，减完为止
	3. 劳资管理	依法与劳动者签订劳动合同，按照规定为劳动者投保，不拖欠或克扣劳动者工资	2分	每发生1人次未签订劳动合同或未投保的，扣0.5分，减完为止。因劳资纠纷发生重大群体事件且负有责任者，不得分
	4. 材料采购、构配件管理	材料采购、构配件检验验收制度健全	2分	有材料采购、构配件检验管理制度和专门的检验验收机构，记录真实、完整者得2分。无专门机构者不得分；无管理制度，检验、试验记录不完整、不真实者不得分
	5. 人力资源管理	职工继续教育经费占企业总产值比率大于0.5%；建立职工绩效考核与激励制度；劳务作业分包必须使用有资质的劳务企业	3分	职工继续教育经费占企业总产值比率大于0.5%，建立合理有效的职工绩效考核与激励制度，劳务作业分包使用有资质的劳务企业者得3分。每一项不合格减1分，减完为止
	6. 信息化管理	建立办公自动化系统及单位网站，信息发布及时、有效	2分	建立办公自动化系统及单位网站，信息沟通渠道顺畅者得2分。缺少一项减1分
四、竞争力指标 20分	1. 企业发展战略	建立企业发展战略	3分	建立企业发展战略，规划科学，目标明确，且有支撑保障体系者得3分。无企业发展战略者不得分
	2. 技术与管理创新规划	有技术创新规划或年度技术与管理创新措施，有技术开发机构	4分	有技术创新规划、年度技术创新措施、技术开发机构者得4分。每缺少一项减2分
	3. 研发经费投入	研发经费投入占企业总产值大于0.5%	4分	研发经费投入占企业总产值大于0.5%者得4分。每降低0.1%减1分
	4. 技术与管理创新成果	有科技进步奖、工法、建设工程优秀项目管理成果	4分	近3年曾获得省（部）级工法者得4分，没有者不得分。近3年曾获得省（部）级以上科技进步奖、国家级工法或建设工程优秀项目管理成果者，另加2分
	5. 标准化工作	企业具有科学严谨的技术和管理标准，并得到有效实施；参与过部级或部级以上标准的制定	5分	无科学严谨的技术和管理标准者，减3分。近3年未参与部级标准的制定者，减2分。近3年参与过国家标准制定者另加3分
	6. 加分项	鲁班奖、全国建筑业新技术应用示范工程、全国建筑业绿色施工示范工程；省级诚信企业；社会责任相关奖项（抗震救灾、公益助学、社会救助等）		近3年曾获得鲁班奖者（仅限承建单位）加3分；近3年曾获得全国建筑业新技术应用示范工程或全国建筑业绿色施工示范工程者加2分；近3年曾获得省级诚信企业或社会责任相关奖项者加1分

（续）

评价内容	主要评价指标	标准	分数	评分办法
五、信用记录指标 30分	具体指标见《建筑业企业不良行为记分标准》（附件2）		30分	信用记录指标得分＝（100－企业因不良行为累计记分）×30%

注：本表所称生产安全较大事故，是指《生产安全事故报告和调查处理条例》（国务院令第493号）规定的"造成3人（含3人）以上10人以下死亡，或者10人（含10人）以上50人以下重伤，或者1000万元以上5000万元以下直接经济损失的事故"。

表5-2　建筑业企业不良行为记分标准

行为类别	序号	不良行为	记分标准
资质	1	未取得资质证书承揽工程的，或超越本单位资质等级承揽工程的	10
	2	以欺骗手段取得资质证书承揽工程的	10
	3	允许其他单位或个人以本单位名义承揽工程的	10
	4	未在规定期限内办理资质变更手续的	2
	5	涂改、伪造、出借、转让《建筑企业资质证书》的	
	6	按照国家规定需要持证上岗的管理和作业人员持证率未达到100%的	持证率每降低10%减5分
承揽业务	7	利用向发包单位及其工作人员行贿、提供回扣或者给予其他好处等不正当手段承揽工程的	10
	8	相互串通投标或者与招标人串通投标的	10
	9	以向招标人或者评标委员会成员行贿的手段谋取中标的	10
	10	以他人名义投标或者以其他方式弄虚作假，骗取中标的	10
履行合同	11	不按照与招标人订立的合同履行义务，情节严重的	10
	12	将承包的工程转包或者违法分包的	10
	13	违反合同约定拖欠分包商及材料商工程款的	5
	14	对分包单位不进行监督管理的	5
工程质量	15	在施工中偷工减料的，使用不合格的建筑材料、建筑构配件和设备的	10
	16	不按照工程设计图纸或者施工技术标准施工的	5
	17	未按照节能设计进行施工的	5
	18	未对建筑材料、建筑构配件、设备和商品混凝土进行检验，或者未对涉及结构安全的试块、试件以及有关材料取样检测的	5
	19	工程竣工验收后，不向建设单位出具质量保修书，或质量保修的内容、期限违反规定的	3
	20	不履行保修义务或者拖延履行保修义务的	5
工程安全	21	主要负责人在本单位发生重大生产安全事故时，不立即组织抢救或者在事故调查处理期间擅离职守或者逃匿的；主要负责人对生产安全事故隐瞒不报、谎报或者拖延不报的	10
	22	对建筑安全事故隐患不采取措施予以消除的	5
	23	未设立安全生产管理机构、配备专职安全生产管理人员或者分部分项工程施工时无专职安全生产管理人员现场监督的	10
	24	主要负责人、项目负责人、专职安全生产管理人员、作业人员，未经安全教育培训或者虽经安全教育培训但考核不合格即从事相关工作的	5

（续）

行为类别	序号	不良行为	记分标准
工程安全	25	未在施工现场的危险部位设置明显的安全警示标志,或者未按照国家有关规定在施工现场设置消防通道、消防水源、配备消防设施和灭火器材的	5
	26	未向作业人员提供安全防护用具和安全防护服装的	5
	27	未按照规定在施工起重机械和整体提升脚手架、模板等自升式架设设施验收合格后登记的	2
	28	使用国家明令淘汰、禁止使用的危及施工安全的工艺、设备、材料的	10
	29	违法挪用列入建设工程概算的安全生产作业环境及安全施工措施所需费用的	5
	30	施工前未对有关安全施工的技术要求做出详细交底的	4
	31	未根据不同施工阶段和周围环境及季节、气候的变化,在施工现场采取相应的安全施工措施,或者在城市市区内的建设工程的施工现场未实行封闭围挡的	2
	32	在尚未竣工的建筑物内设置员工集体宿舍的	2
	33	施工现场临时搭建的建筑物不符合安全使用要求的	2
	34	未对因建设工程施工可能造成损害的毗邻建筑物、构筑物和地下管线等采取专项防护措施的	2
	35	安全防护用具、机械设备、施工机具及配件在进入施工现场前未经查验或者查验不合格即投入使用的	10
	36	使用未经验收或者验收不合格的施工起重机械和整体提升脚手架、模板等自升式架设设施的	10
	37	委托不具有相应资质的单位承担施工现场安装、拆卸施工起重机械和整体提升脚手架、模板等自升式架设设施的	10
	38	在施工组织设计中未编制安全技术措施、施工现场临时用电方案或者专项施工方案的	2
	39	主要负责人、项目负责人未履行安全生产管理职责的,或操作人员不服从管理、违反规章制度和操作规程冒险作业的	10
	40	施工单位取得资质证书后,降低安全生产条件的;或经整改仍未达到与其资质等级相适应的安全生产条件的	10
	41	取得安全生产许可证发生生产安全事故的	每发生一起较大事故记10分,每发生一起一般事故记5分
	42	未取得安全生产许可证擅自进行生产的	10
	43	安全生产许可证有效期满未办理延期手续,继续进行生产的,或逾期不办理延期手续,继续进行生产的	10
	44	转让安全生产许可证的;接受转让的;冒用或者使用伪造的安全生产许可证的	10
劳动者权益	45	拖欠或克扣劳动者工资	记3分;总包单位负有直接责任,造成集体上访事件,影响恶劣的记10分
	46	企业与劳动者发生劳动合同纠纷,企业负有主要责任的	每发生一起记1分
	47	不按规定按时足额为劳动者投保的	5

（续）

行为类别	序号	不良行为	记分标准
纳税	48	不照章纳税,有偷税漏税行为的	10
银行信贷	49	编造虚假材料,骗取银行贷款的	10
	50	不履行借贷合同,逾期未还贷款的	5
其他	51	发布虚假信息,情节严重的	10
	52	伪造检测数据,提供虚假检测报告的	10
	53	不及时建立、收集工程文件资料,采取事后补填、补签文件资料的或工程档案日常管理工作没有纳入项目管理中的,没有进行日常归档的	2

不良行为是指建筑业企业在工程建设过程中,违反有关工程建设的法律、法规、规章或强制性标准和执业行为规范,经县级以上建设主管部门或其委托的执法监督机构查实并做出行政处罚的行为。

（2）评价等级　建筑业企业信用等级分为 AAA、AA、A、B、C 三等五级。

AAA 级：信用很好。表示受信单位诚信度很高,各项指标优秀,企业素质很高、诚信意识很强、经营状况很好、履约能力很强、社会信誉很好。

AA 级：信用良好。表示受信单位诚信度高,各项指标先进,企业素质、诚信意识强、经营状况好、履约能力强、社会信誉好。

A 级：信用较好。表示受信单位诚信度较高,各项指标较先进,企业素质较高、诚信意识较强、经营状况较好、履约能力较强、社会信誉较好。

B 级：信用一般。表示受信单位诚信度一般,各项指标一般,企业素质一般、诚信意识一般、经营状况一般、履约能力一般、社会信誉一般。

C 级：信用差。表示受信单位诚信度差,各项指标落后,企业素质低、诚信意识淡薄、经营状况不良、履约能力弱、社会信誉差。

（3）评价标准　建筑业企业信用等级划分标准为：

AAA 级信用企业：企业综合得分在 90 分（含）以上,且评价期内不得发生《建筑业企业不良行为记分标准》中单项为 10 分的不良行为。

AA 级信用企业：企业综合得分在 80（含）~90 分,且评价期内不得发生《建筑业企业不良行为记分标准》中单项为 10 分的不良行为。

A 级信用企业：企业综合得分在 70（含）~80 分,且评价期内不得发生《建筑业企业不良行为记分标准》中单项为 10 分的不良行为。

B 级信用企业：企业综合得分在 60（含）~70 分。

C 级信用企业：企业综合得分在 60 分以下。

二、《安徽省建筑施工企业信用评分内容和评分标准（2018 版）》

《安徽省建筑施工企业信用评分内容和评分标准（2018 版）》见表 5-3、表 5-4。

表 5-3　安徽省建筑施工企业不良信用信息清单

类别	代码	违法违规的不良信用信息	法律法规依据	处罚依据
D1-1 资质	D1-1-01	未取得资质证书承揽工程的,或超越本单位资质等级承揽工程的	《建筑法》第十三条、第二十六条,《建设工程质量管理条例》第二十五条	《建筑法》第六十五条,《建设工程质量管理条例》第六十条
	D1-1-02	以欺骗手段取得资质证书承揽工程的	《建筑法》第十三条,《建设工程质量管理条例》第二十五条	《建设工程质量管理条例》第六十条
	D1-1-03	允许其他单位或个人以本单位名义承揽工程的	《建筑法》第二十六条,《建设工程质量管理条例》第二十五条	《建设工程质量管理条例》第六十一条
	D1-1-04	未在规定期限内办理资质变更手续的	《建筑业企业资质管理规定》第三十一条	《建筑业企业资质管理规定》第三十六条
	D1-1-05	涂改、伪造、出借、转让《建筑企业资质证书》	《建筑业企业资质管理规定》第十六条	《建筑业企业资质管理规定》第三十二条、第三十五条
	D1-1-06	按照国家规定需要持证上岗的技术工种的作业人员未经培训、考核,未取得证书上岗,情节严重	《建筑业企业资质管理规定》第十四条	《建筑业企业资质管理规定》第三十八条
D1-2 承揽业务	D1-2-01	利用向发包单位及其工作人员行贿、提供回扣或者给予其他好处等不正当手段承揽的	《建筑法》第十七条	《建筑法》第六十八条
	D1-2-02	相互串通投标或者与招标人串通投标的;以向招标人或者评标委员会成员行贿的手段谋取中标的	《招标投标法》第三十二条	《招标投标法》第五十三条
	D1-2-03	以他人名义投标或者以其他方式弄虚作假,骗取中标的	《招标投标法》第三十三条	《招标投标法》第五十四条
	D1-2-04	不按照与招标人订立的合同履行义务,情节严重的	《招标投标法》第四十八条	《招标投标法》第六十条
	D1-2-05	将承包的工程转包或者违法分包的	《建筑法》第二十八条,《建设工程质量管理条例》第二十五条,《建筑工程施工转包违法分包等违法行为认定查处管理办法(试行)》(住建部建市〔2014〕118号)第七条、第九条	《建筑法》第六十七条,《建设工程质量管理条例》第六十二条,《建筑工程施工转包违法分包等违法行为认定查处管理办法(试行)》(住建部建市〔2014〕118号)第十三条

（续）

类别	代码	违法违规的不良信用信息	法律法规依据	处罚依据
D1-2 承揽业务	D1-2-06	存在下列情形之一的，属于挂靠： 1) 没有资质的单位或个人借用其他施工单位的资质承揽工程的 2) 有资质的施工单位相互借用资质承揽工程的，包括资质等级低的借用资质等级高的，资质等级高的借用资质等级低的，相同资质等级相互借用的 3) 专业分包的发包单位不是该工程的施工总承包或专业承包单位的，但建设单位依约作为发包单位的除外 4) 劳务分包的发包单位不是该工程的施工总承包、专业承包单位或专业分包单位的 5) 施工单位在施工现场派驻的项目负责人、技术负责人、质量管理负责人、安全管理负责人一人以上与施工单位没有订立劳动合同，或没有建立劳动工资或社会养老保险关系的 6) 实际施工总承包单位或专业承包单位与建设单位之间没有工程款收付关系，或者工程款支付凭证上载明的单位与施工合同中载明的承包单位不一致，又不能进行合理解释并提供材料证明的 7) 合同约定由施工总承包单位或专业承包单位负责采购或租赁的主要建筑材料、构配件及工程设备或租赁的施工机械设备，由其他单位或个人采购、租赁，或者施工单位不能提供有关采购、租赁合同及发票等证明，又不能进行合理解释并提供材料证明的 8) 法律法规规定的其他挂靠行为	《建筑工程施工转包违法分包等违法行为认定查处管理办法（试行）》（住建部建市〔2014〕118号）第十一条	《建筑工程施工转包违法分包等违法行为认定查处管理办法（试行）》（住建部建市〔2014〕118号）第十三条
D1-3 工程质量	D1-3-01	在施工中偷工减料的，使用不合格的建筑材料、建筑构配件和设备的，或者有不按照工程设计图纸或者施工技术标准施工的其他行为的	《建筑法》第五十八条、第五十九条 《建设工程质量管理条例》第二十八条	《建筑法》第七十四条，《建设工程质量管理条例》第六十四条
	D1-3-02	未按照节能设计进行施工的	《民用建筑节能管理规定》第二十条	《民用建筑节能管理规定》第二十七条
	D1-3-03	未对建筑材料、建筑构配件、设备和商品混凝土进行检验，或者未对涉及结构安全的试块、试件以及有关材料取样检测的	《建筑法》第五十九条，《建设工程质量管理条例》第三十一条	《建筑法》第七十四条，《建设工程质量管理条例》第六十五条
	D1-3-04	工程竣工验收后，不向建设单位出具质量保修书的，或质量保修的内容、期限违反规定的	《建设工程质量管理条例》第三十九条	《房屋建筑工程质量保修办法》第十八条
	D1-3-05	不履行保修义务或者拖延履行保修义务的	《建设工程质量管理条例》第四十一条	《建设工程质量管理条例》第六十六条

（续）

类别	代码	违法违规的不良信用信息	法律法规依据	处罚依据
D1-4	D1-4-01	主要负责人在本单位发生重大生产安全事故时，不立即组织抢救或者在事故调查处理期间擅离职守或者逃匿的；主要负责人对生产安全事故隐瞒不报、谎报或者拖延不报的	《安全生产法》第七十条，《建设工程安全生产管理条例》第五十条、第五十一条	《安全生产法》第九十一条
	D1-4-02	对建筑安全事故隐患不采取措施予以消除的	《建筑法》第四十四条	《建筑法》第七十一条
	D1-4-03	未设立安全生产管理机构、配备专职安全生产管理人员或者分部分项工程施工时无专职安全生产管理人员现场监督的	《建设工程安全生产管理条例》第二十三条、第二十六条	《安全生产法》第八十二条，《建设工程安全生产管理条例》第六十二条
	D1-4-04	主要负责人、项目负责人、专职安全生产管理人员、作业人员或者特种作业人员，未经安全教育培训或者经考核不合格即从事相关工作的	《建筑法》第四十六条，《建设工程安全生产管理条例》第三十六条、第三十七条、第二十五条	《安全生产法》第八十二条，《建设工程安全生产管理条例》第六十二条
	D1-4-05	未在施工现场的危险部位设置明显的安全警示标志，或者未按照国家有关规定在施工现场设置消防通道、消防水源、配备消防设施和灭火器材的	《建设工程安全生产管理条例》第二十八条、第三十一条	《安全生产法》第八十三条，《建设工程安全生产管理条例》第六十二条
	D1-4-06	未向作业人员提供安全防护用具和安全防护服装的	《建设工程安全生产管理条例》第三十二条	《安全生产法》第八十三条，《建设工程安全生产管理条例》第六十二条
	D1-4-07	未按照规定在施工起重机械和整体提升脚手架、模板等自升式架设设施验收合格后登记的	《建设工程安全生产管理条例》第三十五条	《安全生产法》第八十三条，《建设工程安全生产管理条例》第六十二条
	D1-4-08	使用国家明令淘汰、禁止使用的危及施工安全的工艺、设备、材料的	《建设工程安全生产管理条例》第三十四条	《安全生产法》第八十三条，《建设工程安全生产管理条例》第六十二条
	D1-4-09	违法挪用列入建设工程概算的安全生产作业环境及安全施工措施所需费用	《建设工程安全生产管理条例》第二十二条	《建设工程安全生产管理条例》第六十三条
	D1-4-10	施工前未对有关安全施工的技术要求做出详细说明的	《建设工程安全生产管理条例》第二十七条	《建设工程安全生产管理条例》第六十四条
	D1-4-11	未根据不同施工阶段和周围环境及季节、气候的变化，在施工现场采取相应的安全施工措施，或者在城市市区内的建设工程的施工现场未实行封闭围挡的	《建设工程安全生产管理条例》第二十八条、第三十条	《建设工程安全生产管理条例》第六十四条
	D1-4-12	在尚未竣工的建筑物内设置员工集体宿舍的	《建设工程安全生产管理条例》第二十九条	《建设工程安全生产管理条例》第六十四条
	D1-4-13	施工现场临时搭建的建筑物不符合安全使用要求的	《建设工程安全生产管理条例》第二十九条	《建设工程安全生产管理条例》第六十四条

（续）

类别	代码	违法违规的不良信用信息	法律法规依据	处罚依据
D1-4	D1-4-14	未对因建设工程施工可能造成损害的毗邻建筑物、构筑物和地下管线等采取专项防护措施的	《建设工程安全生产管理条例》第三十条	《建设工程安全生产管理条例》第六十四条
	D1-4-15	安全防护用具、机械设备、施工机具及配件在进入施工现场前未经查验或者查验不合格即投入使用的	《建设工程安全生产管理条例》第三十四条	《建设工程安全生产管理条例》第六十五条
	D1-4-16	使用未经验收或者验收不合格的施工起重机械和整体提升脚手架、模板等自升式架设设施的	《建设工程安全生产管理条例》第三十五条	《建设工程安全生产管理条例》第六十五条
	D1-4-17	委托不具有相应资质的单位承担施工现场安装、拆卸施工起重机械和整体提升脚手架、模板等自升式架设设施的	《建设工程安全生产管理条例》第十七条	《建设工程安全生产管理条例》第六十五条
	D1-4-18	在施工组织设计中未编制安全技术措施、施工现场临时用电方案或者专项施工方案的	《建设工程安全生产管理条例》第二十六条	《建设工程安全生产管理条例》第六十五条
	D1-4-19	主要负责人、项目负责人未履行安全生产管理职责的，或不服管理、违反规章制度和操作规程冒险作业的	《建设工程安全生产管理条例》第二十一条、第三十三条	《建设工程安全生产管理条例》第六十六条
	D1-4-20	施工单位取得资质证书后，降低安全生产条件的；或经整改仍未达到与其资质等级相适应的安全生产条件的	《安全生产许可证条例》第十四条	《建设工程安全生产管理条例》第六十七条，《建筑施工企业安全生产许可证管理规定》第二十三条
	D1-4-21	取得安全生产许可证发生重大安全事故的	《安全生产许可证条例》第十四条	《建筑施工企业安全生产许可证管理规定》第二十二条
	D1-4-22	未取得安全生产许可证擅自进行生产的	《安全生产许可证条例》第二条	《安全生产许可证条例》第十九条，《建筑施工企业安全生产许可证管理规定》第二十四条
	D1-4-23	安全生产许可证有效期满未办理延期手续，继续进行生产的，或逾期不办理延期手续，继续进行生产的	《安全生产许可证条例》第九条	《安全生产许可证条例》第二十条、第十九条，《建筑施工企业安全生产许可证管理规定》第二十五条、第二十四条
	D1-4-24	转让安全生产许可证的；接受转让的；冒用或者使用伪造的安全生产许可证的	《安全生产许可证条例》第十三条	《安全生产许可证条例》第二十一条、第十九条，《建筑施工企业安全生产许可证管理规定》第二十六条、二十四条
	D1-4-25	发生安全生产责任事故，被暂扣安全生产许可证的	《生产安全事故报告和调查处理条例》第四十条	《生产安全事故报告和调查处理条例》第四十条

（续）

类别	代码	违法违规的不良信用信息	法律法规依据	处罚依据
D1-5 拖欠 工程款 或工人 工资	D1-5-01	恶意拖欠或克扣劳动者工资	《劳动法》第五十条	《劳动法》第九十一条,《劳动保障监察条例》第二十六条
D1-6 文明施工 （扬尘）	D1-6-01	施工单位未按照工地扬尘污染防治方案的要求,采取扬尘污染防治措施的	《安徽省大气污染防治条例》第六十三条	《安徽省大气污染防治条例》第九十一条
	D1-6-02	生产预拌混凝土、预拌砂浆未采取密闭、围挡、洒水、冲洗等防尘措施的	《安徽省大气污染防治条例》第六十四条	《安徽省大气污染防治条例》第九十一条
	D1-6-03	运输垃圾、渣土、砂石、土方、灰浆等散装、流体物料的单位,未使用符合条件的车辆,且未安装卫星定位系统的 建筑土方、工程渣土、建筑垃圾未及时运输到指定场所进行处置;在场地内堆存的,未有效覆盖的	《安徽省大气污染防治条例》第六十五条	《安徽省大气污染防治条例》第九十二条

表5-4　安徽省单个项目优良信用加分内容和分值标准

（建筑市场含招标投标、质量、安全文明施工）

优良信用类别	最高分值	加分内容和分值标准	有效期
建筑市场 （含招标投标）	20分	1）受到设区市政府或省住建厅表彰的,加4分;受到县级人民政府表彰的,加2分 2）在岗的项目经理、技术负责人与投标文件一致的,加2分 3）项目关键管理岗位人员配置到位、到岗履职的,加3分	三年
质量	20分	1）获鲁班奖、黄山杯等国家级、省级、市级质量奖的,分别加8分、6分、2分 2）获省、市建设工程施工质量标准化工程（工地）的,分别加2分、1分 3）在省、市、县（区）建设主管部门组织的工程质量检查中名列前茅,并获通报表扬,分别加3分、2分、1分 4）省、市、县（区）建设主管部门在项目现场召开质量管理经验交流观摩会的,分别加3分、2分、1分 5）经市或县（区）建设主管部门认定施工单位能认真执行样板引路制度,质量通病防治方案明确、措施得力、效果明显的,加2分	三年
安全文明 施工	20分	1）获国家AAA级安全文明诚信工地等国家级、省、市安全标准化示范工地的,分别加4分、3分、1分 2）获国家、省、市级安全生产先进单位的,分别加3分、2分、1分 3）在省、市、县（区）建设主管部门组织的工程安全检查中名列前茅,并获通报表扬,分别加3分、2分、1分 4）省、市、县（区）建设主管部门在项目现场召开安全管理经验交流观摩会的,分别加3分、2分、1分	

注：国家、省、市、县同类奖项按最高奖项加分,不累计加分。

第三节　信用评价的应用

建筑市场信用是工程建筑市场信用，不是简单的借贷或赊销，工程建筑市场信用是工程建设市场领域里一种广义的信用。它是工程建设市场主体各方在建设工程产品交易中的经济关系，是建筑市场主体各方履行工程建设产品交易合同规定的权利和义务而产生的一种信用关系。属于建筑市场中所涉及的各个主体间的商业信用关系。

一、信用评价的作用

工程建设企业信用评价的作用主要有：

1）及时、客观地揭示工程建设企业信用风险，有效地预防和控制企业违法、违规事件的发生。

2）改善和提高行业监管水平。

3）强化工程建设企业的信用意识，促进企业加强内部管理，提高服务水平和工程质量。

4）有利于在我国建筑领域营造一个公正、公平、透明的建筑市场环境。

5）有利于推动我国社会信用体系的建立和完善。

二、信用评价激励与惩戒案例

（一）工程质量案例

2018年2月17日，有网友拍摄视频曝光湖南省×地沟渠工程质量"手捏成渣"问题。

（1）项目基本情况　视频中的沟渠位于×地，是该地农业技术推广中心负责实施的新增粮食产能田间工程建设项目第二标段。该项目于2016年12月1日在××市公共资源交易中心进行公开挂网招标投标，中标单位是××建设集团有限公司，中标价为136.78万元。该沟渠结构为现浇混凝土，深为0.4m，底宽为0.4m。工程由长沙市××监理咨询有限公司负责监理。该项目于2017年1月开始动工，目前尚未组织验收。

（2）整改工作情况　2018年2月20日，施工队伍组织施工设备、原料和施工人员进场，将质量不合格沟渠全部拆除，并同步进行重建。业主单位县农业委安排专业技术人员及××村两委安排专人，驻守工地，会同监理人员进行全程质量监管，确保严格按照设计规范施工，确保3月底前保质保量完成整改重建任务。

（3）问责处理情况　一是对负有直接责任的施工和监理企业进行处理。向上级呈报降低施工单位××建设集团有限公司水利建设资质等级，降低监理单位长沙市××监理咨询有限公司的企业资质等级。向上级行政主管部门呈报，依法按规定将上述两个企业列入××建设领域黑名单，停止两个企业在××县内的招标投标活动。依法按合同约定，对施工方和监理方进行相应条款约定的经济处罚。二是县纪委县监察委迅速立案调查，启动问责程序，对业主和主管部门相关责任人进行问责。免去蒋某县农业委党组书记、主任职务（按程序办理），免去谭某县农业委综合调研股股长、项目负责人职务，免去谭某农业委项目办副主任职务；给予二人党内严重警告处分；给予二人和县农业委项目办工作人员何某降低岗位等级处分。

(二) 招标投标案例

关于对安徽 A 建设工程有限公司等 16 家企业

串通投标的处理通报

六公管〔2016〕68 号

各有关单位:

2016 年 3 月 23 日,"×市×乡中心幼儿园新建工程"项目在×市公共资源交易中心开标,经评审,安徽 A 建设工程有限公司被确定为第一中标候选人。在公示期内,×市公安局金安分局经济犯罪侦查大队根据举报线索查明,安徽 A 建设工程有限公司、安徽 B 建筑有限公司、安徽 C 建筑工程有限公司等 16 家企业参与串通投标,其中安徽 B 建筑有限公司和安徽 C 建筑工程有限公司法定代表人对其公司参与为别人投标明确知情。

上述 16 家企业串通投标的行为违反了《中华人民共和国招标投标法》第三十二条、《中华人民共和国招标投标法实施条例》第三十九条和相关规范性文件规定。现给予上述串通投标企业下列处理:①依据国家发展和改革委员会等十部委印发的发改法规〔2008〕1531 号文和《安徽省建筑施工企业投标不良行为认定标准和扣分标准》(建市〔2014〕131 号) 规定对安徽 A 建设工程有限公司等 16 家参与串通投标企业记不良行为记录一次,扣诚信分 10 分;②依据《中华人民共和国招标投标法》第五十三条和《中华人民共和国招标投标法实施条例》第六十七条第 (四) 款规定给予安徽 B 建筑有限公司和安徽 C 建筑工程有限公司 2 年 (自 2016 年 9 月 26 日至 2018 年 9 月 25 日) 在×市参加依法必须招标项目的投标资格限制处理,给予安徽 A 建设工程有限公司等其他 14 家公司 1 年 6 个月 (自 2016 年 9 月 26 日至 2018 年 3 月 25 日) 在×市参加依法必须招标项目的投标资格限制处理 (详见附表)。

特此通报

×市公共资源交易监督管理局

2016 年 9 月 26 日

(三) 建造师执业案例

1. 安徽省典型案例

决定书 (建注执撤字〔2017〕1 号)

卜某:

经调查核实,你在 2015 年存在提供虚假证明材料取得二级建造师执业资格的行为。我厅于 2017 年 3 月 6 日向你发出了《安徽省住房和城乡建设厅告知书》(建注执撤告字〔2017〕1 号),你于 2017 年 3 月 16 日签收,未在规定时间内提出书面陈述、申辩和听证。

根据《注册建造师管理规定》(建设部令第 153 号) 第三十四条的规定,我厅决定撤销你的二级建造师执业资格注册,且 3 年内不得再次申请注册。

如对本决定不服,你可以在收到本决定书之日起 60 日内向安徽省人民政府或中华人民共和国住房和城乡建设部申请行政复议,或者在收到本决定书之日起六个月内向合肥市包河区人民法院提起行政诉讼。

2017 年 5 月

2. 住建部典型案例

建市行撤字〔2018〕1 号

李某：

经调查核实，你于 2013 年 12 月申请一级注册结构工程师注册期间，工作单位是某县住房和城乡规划建设局，注册单位是某市 A 建筑工程技术咨询有限公司，后于 2015 年 11 月变更注册在 B 建筑设计有限公司、2016 年 9 月变更注册在 C 工程设计与顾问有限公司，存在以欺骗手段取得注册的行为。

因《住房和城乡建设部撤销行政许可意见告知书》（建市行撤告字〔2016〕103 号）无法送达你本人，我部于 2017 年 9 月 30 日在部网站向你公告送达了撤销行政许可意见告知书，现公告期已满 3 个月。你未在规定时间内提出书面陈述、申辩。

依据《中华人民共和国行政许可法》第六十九条、第七十九条和《勘察设计注册工程师管理规定》（建设部令第 137 号）第二十九条之规定，我部决定撤销你的一级注册结构工程师注册，3 年内不得再次申请注册。请你在收到本决定书之日起 15 日内，持一级注册结构工程师注册证书和执业印章到北京市规划和国土资源管理委员会办理相关手续。

如对本决定不服，你可自收到本决定书之日起 60 日内向我部申请行政复议或 6 个月内向人民法院提起行政诉讼。

中华人民共和国住房和城乡建设部
2018 年 1 月 30 日

第二篇

公共专业知识

第六章 工程总承包

　　我国传统的建设项目生产和管理模式长期采取业主自营管理体制，设计与施工相分离，各环节相互独立，存在责任主体不清，相关环节衔接沟通障碍等不足。1982年化工部制定了《关于改革现行基本建设管理体制，实行以设计为主的工程总承包制的意见》，开始了我国建设工程总承包模式的探索。在20世纪80年代中期到2005年，国家相关部委陆续出台了一系列工程总承包规范文件，不断促进建设项目工程总承包管理的科学化和规范化，提高建设项目工程总承包的管理水平。特别是在党的十八大以后，随着建筑业深化改革不断推进，工程总承包模式得到进一步发展，住房和城乡建设部等部委出台了相关配套性文件，完善工程总承包管理制度，修订了《建设项目工程总承包管理规范》，制定了《房屋建筑和市政基础设施项目工程总承包管理办法》，不断推进工程总承包模式向纵深发展。

第一节 工程总承包概述

一、工程总承包的概念

　　总承包通常可以分为工程总承包和施工总承包两大类。

　　工程总承包是指承包单位按照与建设单位签订的合同，对工程设计、采购、施工或者设计、施工等阶段实行总承包，并对工程的质量、安全、工期和造价等全面负责的工程建设组织实施方式，如图6-1所示。按照《房屋建筑和市政基础设施项目工程总承包管理办法》的规定，工程总承包应采用设计—采购—施工（EPC）总承

图 6-1　工程总承包结构

包或者设计—施工（DB）总承包模式。工程总承包与施工总承包不同，施工总承包是指发包人将全部施工任务发包给具有施工总承包资质的建筑业企业，由施工总承包企业按照合同的约定向建设单位负责，承包完成施工任务。本章主要介绍工程总承包的相关内容。

二、工程总承包模式

工程总承包是国际通行的工程建设项目组织实施方式。它有利于充分发挥那些在工程建设方面具有较强的技术力量、丰富的经验和组织管理能力的大承包商的专业优势，综合协调工程建设中的各种关系，强化对工程建设的统一指挥和组织管理，保证工程质量和进度，提高投资效益。在建设工程发承包中采用总承包的方式，对那些缺乏工程建设方面的专门技术力量，难以对建设项目实施具体组织管理的建设单位来说，更具有明显的优势，也符合社会化大生产专业分工的要求。

房屋建筑和市政基础设施工程总承包的模式主要是设计—采购—施工（EPC）总承包或者设计—施工（DB）总承包。从能源、交通、水利等领域来看，其模式不限于上述两种，按照 2003 年建设部发布的《关于培育发展工程总承包和工程项目管理企业的指导意见》，工程总承包有四种方式：

1. 设计—采购—施工（EPC）\ 交钥匙总承包

设计—采购—施工总承包是指工程总承包企业按照合同约定，承担工程项目的设计、采购、施工、试运行服务等工作，并对承包工程的质量、安全、工期、造价全面负责。

交钥匙总承包是设计—采购—施工总承包业务和责任的延伸，最终是向建设单位提交一个满足使用功能、具备使用条件的工程项目。

2. 设计—施工总承包（DB）

设计—施工总承包是指工程总承包企业按照合同约定，承担工程项目设计和施工，并对承包工程的设计和施工的质量、安全、工期、造价负责。

3. 设计—采购总承包（EP）

设计—采购总承包是指工程总承包企业按照合同约定，承担工程项目设计和采购工作，并对工程项目设计和采购的质量、进度等负责。

4. 采购—施工总承包（PC）

采购—施工总承包是指工程总承包企业按照合同约定，承担工程项目的采购和施工，并对承包工程的采购和施工的质量、安全、工期、造价负责。

三、我国工程总承包的发展历程

我国工程总承包模式最早可以追溯到 20 世纪 80 年代初期，1982 年化工部制定了《关于改革现行基本建设管理体制，实行以设计为主的工程总承包制的意见》，同年在四川乐山化工厂联碱工程、江西氨厂尿素工程开展了工程总承包试点并取得了成功。1984 年，国家计委《关于工程建设改革的几点意见》指出，承包公司可以从项目可行性研究开始，直到建成试车投产的全过程实行总承包，也可以实行单项承包。1987 年 7 月国家计委等五部委发布了《关于批准第一批推广鲁布革工程管理经验试点企业有关问题的通知》，通知中指出："试点企业可对工程项目实行设计、采购、施工全过程的总承包，对于设计能力不适应所承包工程需要的，可采取与设计单位联合或委托设计的方式，共同完成总承包业务"。

1997 年 11 月 1 日第八届全国人民代表大会常务委员会第二十八次会议通过《中华人民共和国建筑法》，明确规定，提倡对建筑工程实行总承包，禁止将建筑工程肢解发包，建筑工程的发包单位可以将建筑工程的勘察、设计、施工、设备采购一并发包给一个工程总承包单位，也可以将建筑工程勘察、设计、施工、设备采购的一项或者多项发包给一个工程总承包单位。

2003 年 2 月，建设部颁发《关于培育发展工程总承包和工程项目管理企业的指导意见》，鼓励具有工程勘察、设计、施工总承包资质的企业，通过改造重组，在其资质许可范围以内开展工程总承包业务，要在经济转型过程中大力发展 EPC 总承包模式。2005 年 8 月，建设部颁发了《工程建设总承包项目管理规范》，总结了我国近二十年来开展建设项目工程总承包和推行工程建设项目管理体制改革的经验，借鉴国际上的通行做法，促进建设项目工程总承包管理的科学化和规范化，提高建设项目工程总承包的管理水平。

党的十八大以后，工程总承包模式得到进一步推进，住房和城乡建设部 2014 年发布了《推进建筑业发展和改革的若干意见》（建市〔2014〕92 号），要求加大工程总承包推行力度。同年 8 月批准了浙江省为工程总承包试点省份，截至 2015 年 9 月，浙江省新建工程总承包项目 30 个，工程总造价 49.5 亿元，试点企业新承接工程总承包项目 71 个，合同金额 168.9 亿元。2016 年，中共中央、国务院发布了《关于进一步加强城市规划建设管理工作的若干意见》（2016 年 2 月 6 日），要求深化建设项目组织实施方式改革，推广工程总承包制。2016 年 5 月，住房和城乡建设部发布《关于进一步推进工程总承包发展的若干意见》（建市〔2016〕93 号），要求大力推进工程总承包完善工程总承包管理制度，提升企业工程总承包能力和水平。

2017 年 2 月 24 日，国务院办公厅发布了《国务院办公厅关于促进建筑业持续健康发展的意见》（国办发〔2017〕19 号），要求完善工程建设组织模式，装配式建筑原则上应采用工程总承包模式。政府投资工程应完善建设管理模式，带头推行工程总承包。加快完善工程总承包相关的招标投标、施工许可、竣工验收等制度规定。按照总承包负总责的原则，落实工程总承包单位在工程质量安全、进度控制、成本管理等方面的责任。2017 年 4 月，住房和城乡建设部、国家发展改革委等 19 个部委局办联合发布了《关于印发贯彻实施促进建筑业持续健康发展意见重点任务分工方案的通知》（建市〔2017〕137 号），提出加快推行工程总承包。

2017 年 5 月 4 日，住房和城乡建设部、国家质量监督检验检疫总局联合发布了修订的《建设项目工程总承包管理规范》（GB/T 50358—2017），新规范自 2018 年 1 月 1 日起实施。2019 年 12 月 23 日，住房和城乡建设部、国家发展改革委联合印发了《房屋建筑和市政基础设施项目工程总承包管理办法》（建市规〔2019〕12 号），明确了工程总承包的模式、工程总承包项目的发包和承包、工程总承包企业的资质要求、工程总承包项目经理的条件、工程总承包模式下的风险分配等内容。

四、工程总承包企业的基本条件

我国对工程总承包未设立专门的资质。按照《房屋建筑和市政基础设施项目工程总承包管理办法》的规定，从事房屋建筑和市政基础设施项目的工程总承包，总承包单位应当同时具有与工程规模相适应的工程设计资质和施工资质，或者由具有相应资质的设计单位和施工单位组成联合体。工程总承包单位应当具有相应的项目管理体系和项目管理能力、财务和风险承担能力，以及与发包工程相类似的设计、施工或者工程总承包业绩。设计单位和施工单位组成联合体的，应当根据项目的特点和复杂程度，合理确定牵头单位，并在联合体协议中明确联合体成员单位的责任和权利。联合体各方应当共同与建设单位签订工程总承包合同，就工程总承包项目承担连带责任。

为保证有满足市场需要工程总承包市场主体，《房屋建筑和市政基础设施项目工程总承包管理办法》还提出，鼓励设计单位申请取得施工资质，已取得工程设计综合资质、行业甲级资质、建筑工程专业甲级资质的单位，可以直接申请相应类别施工总承包一级资质；鼓励施工单位申请取得工程设计资质，具有一级及以上施工总承包资质的单位可以直接申请相应类别的工程设计甲级资质。完成的相应规模工程总承包业绩可以作为设计、施工业绩申报。

《关于培育发展工程总承包和工程项目管理企业的指导意见》中提出，鼓励具有工程勘察、设计或施工总承包资质的勘察、设计和施工企业，通过改造和重组，建立与工程总承包业务相适应的组织机构、项目管理体系，充实项目管理专业人员，提高融资能力，发展成为具有设计、采购、施工（施工管理）综合功能的工程公司，在其勘察、设计或施工总承包资质等级许可的工程项目范围内开展工程总承包业务。工程勘察、设计、施工企业也可以组成联合体对工程项目进行联合总承包。

《工程设计资质标准》（建市〔2007〕86号）规定，取得工程设计资质证书的企业，可以承担与资质证书许可范围相应的建设工程总承包、工程项目管理和相关的技术、咨询与管理服务业务。《建筑业企业资质标准》（建市〔2014〕159号）也规定，取得建筑业企业资质证书的企业，可以从事资质许可范围相应等级的建设工程总承包、工程项目管理等业务。

综上所述，按照从2020年3月1日开始实施的《房屋建筑和市政基础设施项目工程总承包管理办法》的规定，房屋建筑和市政基础设施项目的工程总承包企业，应同时具备工程设计资质和施工资质，或者由设计单位和施工单位组成联合体，方能承担房屋建筑和市政基础设施项目的工程总承包业务。

五、EPC总承包

EPC总承包模式起源于20世纪60年代的美国，当时工艺技术日趋复杂，大型工程项目增多，工程实施难度增加，项目投资对工期和成本控制要求更严格。传统设计—采购—施工相互分离的承包方式使业主难以对工程项目的总工期进行有效控制。另外，设计分包商、采购供应商、施工分包商在项目各环节独立的计价模式也加大了业主对项目总投资的控制难度。但是EPC总承包模式强调总承包商的集成优势，总承包商可以站在整个项目的高度进行全面的总体构思和策划，可以有效缓解分离式承包方式所出现的问题。EPC模式到20世纪70年代进入快速发展期；到80年代逐步发展成熟，并被广泛推广；到90年代，在国际工程承包中，已成为主流的承包模式，并于1999年国际土木工程师联合会（FIDIC）特别发布了专门的EPC合同范本。

（一）EPC合同的概念和内涵

EPC工程管理是指把设计、采购与施工作为一个整体，在一个管理主体的管理下组织实施。EPC工程总承包是指项目业主将整个工程的设计、采购、施工乃至试车服务工作，全部委托给一家工程公司或者具有相应工程能力的设计公司来负责组织实施。

E、P、C 分别是 Engineering、Procurement 和 Construction 这 3 个单词开头字母的缩写。

与 Design 单指具体设计工作相比，Engineering 的含义要广泛得多。在 EPC 模式中，它不仅包括具体的设计工作，而且极可能包括整个建设工程内容的总体策划以及整个建设工程实施组织管理的策划和具体组织工作。Engineering 使得总承包商的职责进一步向工程前期延伸，要沟通、领略并准确理解业主的投资意图、总体考虑和具体要求。Procurement 译为采购，按照世界银行的定义，采购包括工程采购（通常是指施工招标）、服务采购和货物采购；而在 EPC 模式中，则主要是指货物采购，包括材料和工程设备。这部分采购应该完全由 EPC 总承包商负责。Construction 与 Build 相比也有区别。Build 与 Building 相联系，Building 多指建筑物，特别是房屋建筑；而 Construction 并没有特定的工程对象词汇。在 EPC 模式中，则特别强调适用于工厂、发电厂、石油开发和基础设施等工程。

《房屋建筑和市政基础设施项目工程总承包管理办法》第七条规定：建设单位应当在发包前完成项目审批、核准或者备案程序。采用工程总承包方式的企业投资项目，应当在核准或者备案后进行工程总承包项目发包。采用工程总承包方式的政府投资项目，原则上应当在初步设计审批完成后进行工程总承包项目发包；其中，按照国家有关规定简化报批文件和审批程序的政府投资项目，应当在完成相应的投资决策审批后进行工程总承包项目发包。从该项规定来看，我国现行的房屋建筑和市政基础设施 EPC 项目中的"设计"，更倾向于具体的设计工作。

（二）EPC 总承包的优势

1. 有利于理清项目各参与主体之间的复杂关系

工程建设中业主与承包商、勘察设计与业主、总包与分包、执法机构与市场主体之间的各种关系十分复杂，比如，在工程总承包条件下，业主选定总承包商后，勘察、设计以及采购、工程分包等环节直接由总承包商确定分包，从而业主不必再实行平行发包，避免了发包主体主次不分的混乱状态，也避免了执法机构过去在一个工程中要对多个市场主体实施监管的复杂关系。

2. 有利于优化资源配置

国外经验证明，实行工程总承包减少了资源占用与管理成本。在我国，则可以从三个层面予以体现。业主方摆脱了工程建设过程中的杂乱事务，避免了人员与资金的浪费；主包方减少了变更、争议、纠纷和索赔的耗费，使资金、技术、管理各个环节衔接更加紧密；分包方的社会分工专业化程度由此得以提高。

3. 有利于优化组织结构并形成规模经济

一是能够重构工程总承包、施工承包、分包三大梯度塔式结构形态；二是可以在组织形式上实现从单一型向综合型、现代开放型的转变，最终整合成资金、技术、管理密集型的大型企业集团；三是便于扩大市场份额；四是增强了参与 BOT 的能力。

4. 有利于控制工程造价

在强化设计责任的前提下，通过概念设计与价格的双重竞标，把工程投资超支风险消灭在工程发包之中；另外，由于实行整体性发包，招标成本可以大幅度降低。

5. 有利于提高全面履约能力

实践证明，工程总承包最便于充分发挥大承包商所具有的较强技术力量、管理能力和丰富经验的优势。同时，由于各建设环节均置于总承包商的指挥下，因此各环节的综合协调余地大大增强，这对于确保质量和进度是十分有利的。

6. 有利于推动管理现代化

工程总承包模式作为协调中枢必须建立起计算机系统，使各项工作实现了电子化、信息化、自动化和规范化，提高了管理水平和效率，大力增强我国企业的国际承包竞争力。

（三）EPC 合同体系

（1）工程施工合同　可能是业主与工程总承包单位签订的工程合同，也可能是工程总承包单位与各施工单位签订的施工合同。一个项目根据承发包模式的不同可能涉及多种不同的施工合同，如施工总包合同、专业分包合同、劳务分包合同等；从专业性质分，又可分为建筑、安装、装饰等工程施工，其中又可根据项目的规模和专业特点进一步分为若干个施工合同。

（2）材料设备采购合同　主要是指业主与材料和设备供应单位签订材料设备采购合同。

（3）工程咨询合同　即业主与工程咨询单位签订的合同。这些咨询单位可为业主提供包括项目前期的策划、可行性研究、勘察设计、建设监理、招标代理、工程造价、项目管理等某一项或几项工作。

（4）专业分包合同　施工总承包单位在相关法律法规允许的范围将施工合同中的部分施工任务委托给具备专业施工资质的分包单位来完成，并与之签订专业分包合同。

（5）劳务分包合同　即施工总承包单位与劳务单位签订劳务分包合同。

（6）材料设备采购合同　为提供施工合同规定的需施工单位自行采购的材料设备，施工单位与材料设备供应单位签订的合同。

（7）承揽加工合同　即施工单位将建筑构配件等的加工任务委托给加工承揽单位而签订的合同。

（8）运输合同　施工单位与材料设备运输单位签订的合同。

（9）租赁合同　在施工过程中需要许多施工机械、周转材料，当自己单位不具备某些施工机械，或周转材料不足，自己购置需要大量资金，今后这些东西可能不再需要或使用效率较低时，施工单位可以采用租赁方式，与租赁单位签订租赁合同。

第二节　工程总承包招标与合同管理

《房屋建筑和市政基础设施项目工程总承包管理办法》明确规定，建设单位依法采用招标或者直接发包等方式选择工程总承包单位，项目范围内的设计、采购或者施工中，有任一项属于依法必须进行招标的项目范围且达到国家规定规模标准的，应当采用招标的方式选择工程总承包单位。因而，采用招标方式确定工程总承包单位，是工程总承包项目发包的一种重要方式。

一、工程总承包招标

（一）资格预审文件

资格审查分为资格预审和资格后审两种方式，工程总承包由于对投标人资格条件要求复杂，一般应采用资格预审方式。资格预审文件的内容一般包括投标人的资质条件、业绩、财务状况、信誉、项目管理机构及其投入人员的资格能力，招标人针对招标项目提出的其他要求。在对投标人的资质要求上，房屋建筑和市政基础设施项目的工程总承包单位应同时具备设计和施工资质或由设计和施工单位组成联合体；对于能源、交通、水利等项目的工程总承包单位可以要求具有工程总承包设计或施工资质，也可以要求二者同时具备以及其他条件，也可采用联合体形式参与投标。资格预审一般按以下程序进行：

1）根据项目特征，编制资格预审文件。

2）资格预审公告发布。

3）资格预审文件发售。

4）接受资格预审申请人的质疑（如有）。

5）资格预审文件的澄清、修改。

6）资格预审申请人编制并递交资格预审申请文件。

7）招标人依法组建资格审查委员会。

8）资格预审文件评审，编写评审报告。

9）招标人资格评审报告并备案，确定资格预审合格申请人。

10）向通过资格预审的申请人发出投标邀请书（代资格预审合格通知书），并向未通过资格预审的申请人发出资格预审结果的书面通知。

（二）招标文件

《房屋建筑和市政基础设施项目工程总承包管理办法》中要求，建设单位应当根据招标项目的特点和需要编制工程总承包项目招标文件，主要包括以下内容：

1）投标人须知。

2）评标办法和标准。

3）拟签订合同的主要条款。

4）发包人要求，列明项目的目标、范围、设计和其他技术标准，包括对项目的内容、范围、规模、标准、功能、质量、安全、节约能源、生态环境保护、工期、验收等的明确要求。

5）建设单位提供的资料和条件，包括发包前完成的水文地质、工程地质、地形等勘察资料，以及可行性研究报告、方案设计文件或者初步设计文件等。

6）投标文件格式。

7）要求投标人提交的其他材料。

建设单位可以在招标文件中提出对履约担保的要求，依法要求投标文件载明拟分包的内容；对于设有最高投标限价的，应当明确最高投标限价或者最高投标限价的计算方法。

（三）工程总承包招标文件的编写应注意的问题

1. 编制招标文件时，建设项目的要求和特点应在招标文件中体现

在编制招标文件时，专业内容比较广泛地被涉及，而且具有明显的差异性和多样性，因此，编写一套具体工程的招标文件，需要编制者具有丰富的实践经验和扎实的专业知识，还要准确把握项目专业特点。在编制招标文件时，必须要了解建设项目的要求和特点，包括项目概况、审批或核准情况、性质、评标方法、合同类型、资格审查方式、进度实践节点要求等，并充分反映在招标文件中。

2. 提供完善、充分的设计依据资料

为提高投标人的投标效率，减少无效劳动，减少投标人在数据调整时出现偏差，招标人在招标文件及其附件中应尽可能为投标人提供充分、完善的设计基础资料和数据。

3. 招标文件要遵循"专业性、准确性、全面性、灵活性"的原则

文字表达应力求专业、准确，设计任务的要求应做到全面、不遗漏；从而为投标人发挥其灵活性和创造能力留下广阔的空间。

4. 招标文件中应明确哪些内容需要投标人实质性响应

投标文件必须完全响应招标文件，完全按照招标文件的规定和要求编制，如果投标人没有完全响应招标文件的实质性内容，或者即使响应但不完全，都可能导致投标失败。所以，招标文件中涉及的需要投标人做出实质性响应的内容，都需要以醒目的方式提示，避免使用原则性的、模糊的或者容易引起歧义的词句。

5. 招标文件中应避免出现歧视性和违法的条款

在招标文件的编制前必须事先熟悉和遵守招标投标的法律法规，并且随时掌握最新的技术标准和相关规定，按照守法、公平、公正的原则。严格防范招标文件中出现违法、歧视、倾向性条款限制、排斥或保护潜在投标人，并要公平合理划分招标人和投标人的风险责任。只有招标文件客观与公正才能保证整个招标投标活动的客观与公正。

二、工程总承包投标

（一）总承包项目的投标工作流程

工程的投标流程与传统模式的投标流程基本相同，但由于工程涉及专业较多，较为复杂，并且在工程工期和质量方面有比较严格的要求，此外工程的合同种类和报价方式较多，因此总承包项目投标人必须组建一支业务精能力强的投标队伍准备投标文件，而且还必须有充足的时间对招标文件进行分析和理解。工程的投标工作一般分为投标前期准备、编制标书、完善与递交标书三个阶段。

1. 投标前期准备

前期准备的主要工作包括资格预审文件的准备、对招标文件进行研究、决定投标的总体实施方案、选定分包商、确定主要采购计划、参加现场勘查与标前会议。

2. 编制标书

编制标书是投标准备最为关键的阶段，投标小组主要完成的工作有：标书总体规划、技术方案准备、设计规划与管理、施工方案制订、采购策略、管理方案准备、总承包管理计划、总承包管理组织和协调、总承包管理控制、分包策略、总承包经营策略、商务方案准备、成本分析、价值增值分析、风险评估、标高金决策即建立报价模型。

3. 完善与递交标书

主要工作包括检查与修改标书、办理投标保函保证金业务、呈递标书等。

（二）工程总承包项目投标的资格预审

由于能否成功实施工程总承包项目关系到业主的社会影响和经济利益，因此在进行工程总承包商选择时，业主都是比较谨慎的，在资格预审的准备阶段业主就会设置全面考核机制，主要从承包商的能力和资历两个方面来进行考核，确定其可否参与项目的投标。

在业主对项目进行资格预审前，承包商如果与业主有过非正式性的商业接触，并给业主留下了良好的印象，这将对承包商顺利通过资格预审很有帮助。在与业主接触之前，投标人员要准备一份针对本项目的营销和宣传资料，资料中要包含本公司的总承包能力的优势、资源优势、资金优势等内容以及如何与业主进行沟通等。

（三）前期准备

工程总承包项目中，投标人的前期准备是投标的基础。通过资格预审后对业主招标文件的深入分析将为接下来的所有投标工作提供实施依据。工程总承包项目招标文件主要内容之前已详细介绍过，而对投标人比较重要的主要有投标人须知、合同条件、项目业主要求等部分。

投标人要重点阅读和分析"投标人须知"中的内容：关于招标范围、资金的来源以及关于投标人资格等方面的内容在"总述"部分中；关于投标文件组成、投标报价与可替代方案的内容、报价分解等内容在"标书准备"中；有关标书初评、标书的评价和比较以及相关优惠政策内容在"开标与评标"中。投标须知中的内容与传统模式招标文件中虽也有对应，但是在内容上有很大的不同，应成为项目投标小组特别关注的内容。

"合同条件"的内容，由于业主采用的合同范本不同而不尽相同。但是不管采用哪个合同范本，最重要的是通过对一般及特别合同条件的通读分析，而明确了合同的当事人的责任与义务、设计要求、检验和测试、缺陷责任、变更和索赔、支付和风险条款的具体规定，归纳出容易被忽视的问题清单。

总承包投标准备过程中最重要的文件是"业主要求"，因此投标小组要反复研究，将业主要求进行系统的归类和总结，并逐一制订对应的解决方案，然后融会到下一阶段。

承包商在对招标文件进行研究之后，需要制订报价策略，选择分包商，确定主要采购计划。总承包项目的总体实施方案的制订，包括总体实施方案、设计方案的选择和相关资源配置和预算估计等，都需要大量的有经验的项目管理人员参与。

投标团队根据业主的设计要求、提供的设计参数，要尽快决定设计方案，制订出下一步的技术方案、管理和业务计划的总体规划。同时还要给评价人员留出充分的时间进行方案的成本预算。项目管理人员及评估人员根据不同的方案进行比较和分析，主要包括工作量的规模大小、方案概述和操作顺序、对资源的需求、日常运营开支与设备利用率的预算、成本与现金流的预估、风险评估等。

（四）编制投标文件

投标人获取招标文件之后，首先要成立投标研究小组，对招标文件要进行详细的研究并针对招标文件的要求对本单位的人员进行分工，组织项目的各个专业人员准备投标文件。投标人员要完成的工作有：投标文件的总体规划、技术方案准备、设计方案、施工方案、采购方案、管理方案准备、总承包管理计划、总承包管理组织和协调、总承包管理控制、分包计划和管理、商务方案准备、成本分析、风险分析、投标报价分析及策略等。

（五）工程总承包项目投标的关键点分析

1. 技术方案的分析

技术方案的内容主要包括总承包设计、施工、采购三方面的方案。设计方案中除了提供满足设计深度的各种设计构想和必要的基础技术资料并达到业主的要求外，还要提供投标报价时使用的工程量估算清单；施工方案主要是对施工组织设计进行描述，阐述主要采用的施工技术和各种资源安排的进度计划等；采购方案主要是对拟用材料、仪器和设备的用途、采购途径、采购计划进行说明以及对本项目的适应程度等。承包商在进行技术方案的编制时需要有针对性地对方案中的各项内容的合理性和对业主招标文件的响应程度做深入分析，在如何在技术方案上突出公司在总承包实施方面的竞争优势上下大力气进行研究。

（1）设计方案　在编制设计方案之前，首先应设立编制设计方案的资源配置并明确编制设计方案的主要任务。设计资源配置就是要对相关设计人员、资料提供和设计期限上做出安排。设计资源的配置是针对投标阶段而言的，根据业主要求的设计深度和总承包项目的设计难度而定，并且要区别于中标后的设计资源安排。在投标阶段，由于投标的总承包公司多数是以施工为主导，而设计任务需要再分包，因此投标工作中应安排设计分包商的关键设计人员介入，这样有助于承包商更充分地领会业主的设计意图和设计要求深度，以便承包商在较短的时间内拿出一个合理的方案。我国的总承包项目开始招标时，业主往往已经完成了初步设计，设计图纸和相关技术参数都提供给投标者，因此在投标阶段的方案设计基本是对业主的初步设计的延伸。

（2）施工方案　总承包项目与传统模式下的项目的施工方案内容很相似，这里所指的施工方案更偏重从技术角度描述，投标阶段总承包项目编写的施工方案要说明使用何种施工技术手段来实现设计方案中的种种构想。

（3）采购方案　制订采购方案之前要对采购范围进行识别，要弄清楚业主提供的设备有哪些，总承包负责采购的设备有哪些。在招标文件中业主的供货范围会详细列出，投标小组需要明确业主供货的清单。除此之外，对于业主特别要求的特殊材料设备或指定制造厂商，为避免因盲目估价而造成的失误，投标小组必须在制订采购方案之前就提早进行相关的市场调查，尤其对采购的价格信息要尽早掌握。

2. 管理方案的策略分析

（1）总承包商的经验策略　经验策略是承包商争取投标时间，降低投标风险的最重要手段。如果公司过去曾经有过类似项目的参与经验，这些经验都将使承包商中标的概率增加。由于曾经有过类似项目实施的经验和教训，所以在风险识别上会比初次参与的承包商具有更好的洞察力，可以很客观地对项目的宏观环境进行评价。

（2）总承包项目的管理计划　总承包项目的管理计划在投标阶段，主要是从设计、采购和施工三个方面的计划来准备，简明扼要地将总承包商在该项目管理计划上做的周密安排进行描述，尽量让业主认为总承包商已经为未来的工程做好充分的准备。总承包商的投标小组应对计划做出层次性的层层划分，首先是一个总体的计划，然后是分述各个不同的计划。具体包括设计管理计划、施工管理计划、采购管理计划等。

（3）总承包项目组织机构　在介绍项目组织时，按照由上而下、由总至分的顺序，先描述总承包项目总的组织结构，然后分别描述设计、采购及施工的项目组织子结构。各组织结构以结构图的形式展现，并配有各职位的职责说明，这样更方便业主理解。

（4）总承包项目协调与控制　总承包项目的协调和控制措施应尽量使用数据、程序或实例说明总承包商在未来项目的协调控制上具有很强的实力，有足够的能力为业主提供公司对内、外部协调、过程控制以及纠偏措施。

设计的内部协调与控制措施是以设计管理计划和设计方案为基础的。设计的内部协调与控制措施要说明在设计管理计划的引导如何按时完成既定的设计方案构想，最主要是如何控制设计投资、计划进度和设计质量的程序制订上。采购内部的协调与控制措施主要是对项目建设过程中的材料、设备的采购如何进行保障，一出现了偏差后，承包商会采用什么样的高效措施来保证项目的建设继续进行。

3. 商务报价策略分析

（1）成本分析　投标小组在对报价进行估算之前，必须选择优秀的有丰富报价经验的造价师主持报价工作，并制订相应的造价师职责。

工程总承包项目的成本费用的组成有两种归类方式：一种是由直接设备材料费用、施工费用、分包合同费用、公司本部费用、调试开车服务费和其他费用组成；另一种是由勘察设计费用、采购费用和施工费用组成。

在计算各种成本费用时都应遵循市场依据，以市场价格为基础进行编制，如果由于种种原因无法分解细目进行计算而需要以某一费用为基础乘以相应的费率来计算时，为了保证其合理性，需要对费率取定进行论证，特别重要的费率都要由公司决策层进行讨论决定。

（2）标高金分析　承包商的投标小组在工程总承包项目的成本估算完成后，将对标高金进行计算和相关决策。标高金主要由管理费、利润和风险费用三个部分组成。其中管理费与前述的公司本部费用有所不同，这里所提到的管理费属于总部的日常开支在该项目上的摊销。管理费用的划分由公司根据公司实际情况自行决定，没有统一的定义标准。

管理费率和利润率的确定是一个复杂、矛盾的多目标决策过程。一方面从公司的角度考虑，为了盈利目标和公司的长远发展，这两个费率定得越高越好，但是另一方面从业主的角度，业主对期望中标价是有一定上限的，不可能定得太高，同时由于工程承包市场的投标的竞争程度和供需变化将对利润率产生一定的浮动区间，因此投标小组在确定费率大小时，需要结合投标环境和市场环境对目标费率进行选择。

风险费率是确定风险费的核心，由于风险因素对总承包项目的影响大、产生的随机性强，因此，风险费率确定后一般有两种可能性：第一种是预计的风险没有全部发生，则预留的风险费会有剩余，也就是项目的盈余额有所增加；另一种是对风险的估计不足，即实际发生的风险没有估计到，这样承包商只能用利润来补贴，盈余额自然就减少，甚至可能会导致项目的亏损。

三、工程总承包合同管理

（一）国内外工程总承包合同文本简介

（1）国际工程总承包合同文本简介　随着工程总承包模式的快速发展，国际上许多咨询组织都制定了工程总承包标准合同文本。

1）FIDIC工程总承包合同文本。FIDIC在1995年出版的《设计建造与交钥匙工程合同条件》（橘皮书），适用于设计施工总承包以及交钥匙工程总承包模式；1999年出版的《生产设备和设计—施工合同条件》（新黄皮书），适用于设计施工工程总承包模式；1999年出版的《设计采购施工（EPC）/交钥匙工程合同条件》（银皮书）适用于EPC总承包及交钥匙工程总承包模式。

2）JCT工程总承包合同文本。早在1981年英国合同审定委员会就出版了适用工程总承包模式的《承包商负责设计的标准合同格式》（JCT81），1998年在其基础上重新出版了新的版本（简称WCD98）。2005年，JCT出版了最新版本（简称JCT2005），其中适用于工程总承包的合同文本是《设计—施工合同》。

3）ICE 工程总承包合同文本。英国土木工程师学会在 1993 年 3 月出版了 NEC 合同条件第 1 版，1995 年出版了"新工程合同"第 2 版（简称 ECC），2005 年在 1995 年版的基础上出版了第 3 版"新工程合同"（简称 NEC3）。其中该体系中《设计—施工合同条件》适用于承包商承担设计责任的工程总承包项目。

4）AIA 工程总承包合同文本。美国建筑师学会在 1985 年出版了第 1 版《设计—建造合同条款》，并于 1997 年进行了修订，合同条件的核心是 A201（《建设合同通用条件》），与设计—建造模式相对应的 3 个文本是：《业主与 DB 承包商之间标准协议书》（A191）、《DB 承包商与施工承包商之间标准协议书》（A491）、《DB 承包商与建筑师之间标准协议书》（B901）。

5）AGC 工程总承包合同文本。美国总承包商协会在 1993 年出版了《设计—建造标准合同条件》（简称 AGC400 系列），并于 2000 年进行了修订。

（2）我国工程总承包合同文本简介 我国工程总承包合同范本制定较晚，一直到 2011 年由住房和城乡建设部和国家工商总局联合制定并发布了我国第一部适用工程总承包模式的《建设项目工程总承包合同示范文本（试行）》（GF—2011—0216），其适用于所有行业的工程总承包项目。该示范文本严格遵循了我国有关法律、法规和规章，并结合工程总承包的特点，按照公平、公正原则约定合同条款，总体上体现了合法性、适宜性、公平性、统一性、灵活性原则。鉴于工程总承包模式较多，该合同文本将一些工作内容设置独立条款，发包人可根据实施阶段和工作内容进行取舍。

随后在 2012 年，我国九部委联合颁发了我国第一部适合工程总承包模式的《标准设计施工总承包招标文件》（第四章为合同条款及格式），适用范围也包括所有行业的工程总承包项目。该招标文件从名称上看只有设计和施工（DB），实际文件内容包含有设备采购，因此既适用于 DB 模式，也适用于 EPC 模式。

（二）合同文件组成和优先解释顺序

1.《建设项目工程总承包合同示范文本（试行）》（GF—2011—0216）

合同文件相互解释，互为说明，除专用条款另有约定外，组成本合同的文件及优先解释顺序如下：

1）合同协议书。

2）合同专用条款。

3）中标通知书。

4）招标投标文件及其附件。

5）合同通用条款。

6）合同附件。

7）标准、规范及有关技术文件。

8）设计文件、资料和图纸。

9）双方约定构成合同组成部分的其他文件。

双方在履行合同过程中形成的双方授权代表签署的会议纪要、备忘录、补充文件、变更和洽商等书面形式的文件构成本合同的组成部分。

2. 设计采购施工（EPC）/交钥匙工程合同条件

银皮书第 1.5 款文件优先次序规定，构成合同的文件要认为是互相说明的，为了解释的目的，文件的优先次序如下：

1）合同协议书。

2）专用条件。

3）通用条件。

4）雇主要求。

5）投标书和构成合同组成部分的其他文件。

（三）项目实施主要阶段的合同管理

1. 总承包招标或竞争性谈判阶段合同管理的主要内容

（1）对总承包商进行资格审查 总承包商承担的工作范围广，包括设计、采购、施工等，甚至还包括前期的规划与勘察等工作内容。因此，业主对总承包商的要求较高。在选择潜在投标者时，应考虑的内容有：投标人财务与担保能力；投标人承担类似项目的经验；过去的设计表现与技术特长；职员的经验；承担工程总承包项目的经验；投标人的组织与管理计划的完善性；投标人质量和进度管理计划的完善性；投标人过去控制项目预算的表现；投标人过去控制质量和工期的表现等。

（2）做好项目招标管理工作 无论是招标还是谈判，项目的业主在前期都需要编制一些文件，作为招标或谈判的基础。谈判项目，业主前期文件编制工作相对较少，但后期谈判过程较为复杂。对于招标的项目，招标文件编制相对完整，而后期合同谈判则相对简单些。项目招标文件通常包括投标人须知、通用合同条件、专用合同条件、业主的要求、投标函和附录格式、建议书格式、各类范例格式、各类明细表、图纸与相关项目资料。

（3）选择最佳的评标因素与标准 在总承包模式下工程质量、造价、工期、安全、环境保护目标是通过承包商来实现的，业主通过招标方式评选出能够达到这些目标的承包商。一般情况下，业主招标时评标因素有承包商的商务指标、技术指标及其管理水平等。商务指标的评价以控制业主投资为目的，因此投标报价是业主评审的重要因素。对于工程总承包项目，承包商的投标报价可能基于不同的设计方案，因此业主不仅需要考虑投标报价，还应考虑整个项目寿命周期成本。此外，业主还应分析投标报价组成是否合理，如承包商是否在设计、采购、施工费用上采用不平衡报价。

总承包项目技术指标分为设计、设备、施工三部分，其评审的主要因素有设计方案、采购方案、施工方案的完整性是否符合要求，以及拟采用的新技术、新工艺、专利技术；拟用施工设备和仪器与工程项目的适应性；设备及仪器的先进性和适用性；项目以后运行期间所需的备品备件的易购性及维修服务等。

总承包商的管理水平决定了项目能否按要求顺利完成，管理水平主要体现在项目成员设置的合理性、项目各种计划及控制方法，具体包括项目主要管理人员的管理经验；各项计划的周密性；质量管理体系与HSE体系的完善性。

（4）做好谈判和签约工作 总承包合同谈判过程较为复杂，每次谈判都要做好充分的准备，包括谈判的目的；谈判的目标；确定合适的谈判人选、地点和时间；制订谈判方案；谈判计划；谈判日程安排。在每次谈判的过程中，业主都尽可能按照谈判日程控制好谈判的节奏，把握好谈判的时机。谈判结束时，应及时形成谈判会议纪要，对达成共识以及不同意见进行记录，并双方签字确认。

2. EPC 合同履约阶段合同管理的主要内容

（1）业主的义务 业主主要义务包括支付工程款、提供现场资料以及工程资料数据、给予合作以及及时下达指令、答复和告知等。若业主违反义务，承包商有权提出工期或费用索赔。

1）支付义务。业主应建立完善的付款审批手续，把握好支付的合理性，这样才能确保项目取得较好的经济效益。若业主没有履行合同支付义务，则承担违约责任的同时，总承包商有减慢工程进度或暂停工作的权利，甚至有权终止合同。

2）现场的征地。业主在征地后，应按照合同约定，将现场用地向承包商移交，同时赋予承包商进入现场的通行权。若业主违反征地义务，承包商就有可能在延长工期、追加费用、补偿利润方面提出索赔。

3）向承包商提供实施项目需要的基础数据和资料，其中有些需要由业主提供，例如：现场的地勘、水文、环境等资料。

4）给予承包商必要的协助，主要包括协助承包商获得其需要的各类许可证和批复等。

5）除了以上业务外，业主还有及时答复义务、告知义务、任命业主代表义务。

（2）设计管理 对于业主来说，采用总承包模式最大的优点就是减少了管理负担和风险，但同时对设计的控制有所降低。由于设计工作优劣直接影响到工程质量、进度及费用，在实践中，总承包合同往往对设计工作应遵守的技术标准都有严格的规定。

1）业主有权对设计文件、图纸等资料进行审查并提出建议。

2）业主组织设计审查并承担会议费用以及上级单位、政府部门参加设计审查的费用。

3）业主向承包商提供设计审查会议文件供承包商修改、补充和完善。

（3）采购管理 合同中物资采购规定既是总承包商开展物资采购工作的前提，也是业主验收的依据。合同中通常有下列规定：

1）业主审批总承包商编制和提交的总体采购进度计划，采购计划符合项目总体进度要求。

2）业主应确保承包商所采购的主要材料和设备来源于供应商短名单或经业主批准的供应商。

3）业主有权对现场或制造地的设备和材料进行检查。

4）业主要重点关注关键设备采购管理，参加重要设备制造过程的各类检查和检验。

5）业主有权查阅总承包商提供的无标价采购合同，包括合同技术附件等。

（4）施工管理 关于施工规定，一般是分散在合同条件、业主的要求、技术规程等合同文件中，所涉及的方面包括施工总体管理、质量管理、进度管理、安全管理等。合同中通常有下列规定：

1）业主有权对承包商约定提交的总体施工组织设计进行审查并提出意见。

2）业主应在规定的时间提供施工场地、完成进场道路、用地许可、拆迁及补偿等工作。

3）业主办理开工等批准手续。

4）业主负责提供与施工场地有关的建筑物、构筑物、设施的坐标位置。

5）业主有权审查总承包商提交的"职业健康、安全、环境保护"管理计划并予以确认。

6）业主或委托第三方对总承包商的施工工作进行现场检查和试验，对检查不合格的工作，有权拒绝验收并命令返工。

7）业主审核总承包商提交的进度计划并提出审核意见，检查计划值与实际值偏差比较，并提出整改意见。

（5）分包管理 一个工程承包企业不可能具备实施总承包项目要求的一切工作的能力，且目前国内大部分总承包为设计单位或施工总承包单位，若要获得总承包项目并顺利完成合同，都必须借助外部资源和力量。理论上讲，由于总承包商对整体工程负责，业主应采用严格目标管理、放松对实施过程中具体工作的管理方式，尤其按照 FIDIC 银皮书合同条件，只要不全分包出去，业主基本不干预。但在工程实践中，业主对分包的控制往往比合同要严格得多。分包单位是否有资质和能力承接工程，若把关不严就会直接影响到工程的质量、工期等，而且还会产生不必要的纠纷。所以业主需要采取有效措施加强分包商的管理，有以下做法：

1）业主审查分包单位是否具有相应资质和能力，是否在合同约定或经业主同意的短名单内。

2）为确保项目保质完成，业主应严格审查并确保承包商无违法分包和转包情况。

（6）合同风险与保险管理 在总承包模式下，项目本身面临的风险较大，然而业主通过总承包合同将此风险大部分转移给了总承包商，但仍有一些风险是不可以转移或规避的，业主需自己承担的风险主要有：项目定义或提供资料不准确；选择总承包商不当；工程建设过程中的风险。业主应对以上风险的措施有：

1）准确定义项目及预期目标并准确提供相关资料，使得总承包商准确理解业主要求并提交满足各项要求的方案。

2）业主从总承包商的技术水平、以往类似工程的业绩、财务状况、设计能力、采购能力、项目管理能力和经验、投标报价、现有的工作负荷等因素综合选择一家合适的承包商。

3）业主应严格按照合同约定执行，同时应减少因自身原因而造成的费用增加或工期延长，以确保能够完成预期质量、投资、进度目标。

保险是风险转移的一个主要手段，工程投保人在合同中一般规定为承包商，被保险人同时为业主和承包商。除以上工作外，业主在合同的履约阶段还应按照合同约定做好竣工试验、工程接收和竣工后试验及试运行考核、竣工结算等工作。

第三节 工程总承包管理

一、工程总承包管理的内容和程序

（一）工程总承包管理的内容

工程总承包管理包括项目部的项目管理活动和工程总承包企业职能部门参与的项目管理活动。工程总承包管理的范围由合同约定。根据合同变更程序提出并经批准的变更范围，也应列入项目管理的范围。

工程总承包管理的主要内容包括项目启动，任命项目经理，组建项目部，编制项目计划；实施设计管理，采购管理，施工管理，试运行管理；进行项目范围管理，进度管理，费用管理，质量管理，安全、职业健康和环境保护管理，人力资源管理，风险管理，沟通与信息管理，材料管理，资金管理，合同管理，现场管理，项目收尾等。

（二）工程总承包管理的程序

工程总承包项目管理的基本程序应体现工程项目生命周期发展的规律。其基本程序如下：

1）项目启动：具体包括在工程总承包合同条件下，任命项目经理，组建项目部。

2）项目初始阶段：主要内容包括进行项目策划，编制项目计划，召开开工会议；发表项目协调程序，发表设计基础数据；编制设计计划、采购计划、施工计划、试运行计划、质量计划、财务计划，确定项目控制基准等。

3）设计阶段：编制初步设计文件，进行初步设计审查，编制施工图设计文件。

4）采购阶段：采买、催交、检验、运输；与施工办理交接手续。

5）施工阶段：检查、督促施工开工前的准备工作，现场施工，竣工试验，移交工程资料，办理管理权移交，进行竣工结算。

6）试运行阶段：对试运行进行指导与服务。

7）合同收尾：取得合同目标考核合格证书，办理决算手续，清理各种债权债务；缺陷通知期限满后取得履约证书。

8）项目管理收尾：办理项目资料归档，进行项目总结，对项目部人员进行考核评价，解散项目部。

9）设计、采购、施工、试运行各阶段，应组织合理的交叉，以缩短建设周期，降低工程造价，获取最佳经济效益。

二、工程总承包项目目标控制管理

（一）工程项目目标控制的概念

工程项目目标控制是指在实现工程建设前期确定的目标过程中，项目部在目标执行过程中难免会遇到各种干扰，项目部通过对项目执行状态的检查，以及及时地收集实施状态的信息，并通过与原先目标的比较，发现偏差原因。最后通过采取相应的纠偏措施纠正偏差，从而使工程建设目标按原计划实施，并达到预定的目标。

（二）工程项目目标动态控制的工作程序

1）将工程项目目标进行层层分解，并设定计划值。

2）在实施过程中收集目标实际值，如实际成本、实际工期等。定期（如每周）进行项目目标的计划值和实际值的比较。如有偏差，则采取相应的纠偏措施进行纠偏。

3）如有必要对工程项目的目标计划值进行调整，调整后回到第一步。

（三）工程项目目标动态控制的纠偏措施

工程项目目标动态控制的纠偏措施主要包括：

（1）组织措施　组织措施是指从目标控制的组织管理方面采取的措施，如安排目标控制的组织架构和人员，明确各目标控制工作人员的责权利及分工，改善工作流程等。

（2）经济措施　经济措施是工程项目的保证，是目标控制的基础，目标控制中的资源配置和动态管理，劳动分配和物质激励，都对目标控制产生作用。

（3）技术措施　技术措施不仅对解决工程实施过程中的技术问题是不可缺少的，而且对纠正目标偏差也有相当重要的作用。

（4）合同措施　由于成本、质量、进度的控制均以合同为依据，因此合同措施显得尤为重要。对于合同措施，除了解决拟定合同条款、合同谈判、合同执行过程中出现的问题、防止和处理索赔等措施之外，还要分析不同合同之间的工作界面以及相互联系影响，对每一个合同做总体和具体分析等。

三、工程总承包管理的组织

工程总承包企业应建立与工程总承包项目相适应的项目管理组织，并行使项目管理职能，实行项目经理负责制。工程总承包企业宜采用项目管理目标责任书的形式，并明确项目目标和项目经理的职责、权限和利益。工程总承包企业承担建设项目工程总承包，宜采用矩阵式管理。项目部应由项目经理领导。项目部在项目收尾完成后工程总承包企业批准解散。

（一）项目部的设立

1. 项目经理的任命

工程总承包企业应在工程总承包合同生效后，任命项目经理，并由工程总承包企业法定代表人签发书面授权委托书。

2. 项目部的设立应包括的内容

1）根据工程总承包企业管理规定，结合项目特点，确定组织形式，组建项目部，确定项目部的职能。

2）根据工程总承包合同和企业有关管理规定，确定项目部的管理范围和任务。

3）确定项目部的组成人员、职责和权限。

4）工程总承包企业与项目经理签订项目管理目标责任书。

（二）项目部岗位设置及管理

根据工程总承包合同范围和工程总承包企业的有关管理规定，项目部可在项目经理以下设置控制经理、设计经理、采购经理、施工经理、试运行经理、财务经理、质量经理、安全经理、商务经理、行政经理等职能经理和进度控制工程师、质量工程师、安全工程师、合同管理工程师、费用估算师、费用控制工程师、材料控制工程师、信息管理工程师和文件管理控制工程师等管理岗位，同时应明确所设置的岗位职责。

（三）项目经理

1. 项目经理能力要求

《建设项目工程总承包管理规范》对项目经理提出了如下要求：

1）取得工程建设类注册执业资格或高级专业技术职称。

2）具备决策、组织、领导和沟通能力，能正确处理和协调与项目发包人、项目相关方之间及企业内部各专业、各部门之间的关系。

3）具有工程总承包项目管理及相关的经济、法律法规和标准化知识。

4）具有类似项目的管理经验。

5）具有良好的信誉。

《房屋建筑和市政基础设施项目工程总承包管理办法》对项目经理做出了更为具体的规定：

1）取得相应工程建设类注册执业资格，包括注册建筑师、勘察设计注册工程师、注册建造师或者注册监理工程师等；未实施注册执业资格的，取得高级专业技术职称。

2）担任过与拟建项目相类似的工程总承包项目经理、设计项目负责人、施工项目负责人或者项目总监理工程师。

3）熟悉工程技术和工程总承包项目管理知识以及相关法律法规、标准规范。

4）具有较强的组织协调能力和良好的职业道德。

另外，工程总承包项目经理不得同时在两个或者两个以上工程项目担任工程总承包项目经理、施工项目负责人。

2. 项目经理的职责

1）执行工程总承包企业的管理制度，维护企业的合法权益。

2）代表企业组织实施工程总承包项目管理，对实现合同约定的项目目标负责。

3）完成项目管理目标责任书规定的任务。

4）在授权范围内负责与项目干系人的协调，解决项目实施中出现的问题。

5）对项目实施全过程进行策划、组织、协调和控制。

6）负责组织项目的管理收尾和合同收尾工作。

四、项目设计管理

工程总承包项目的设计应由具备相应设计资质和能力的企业承担。设计标准和深度应满足合同约定的技术性能、质量标准和工程的可施工性、可操作性及可维修性的要求。设计管理由设计经理负责，并适时组建项目设计组，在项目实施过程中，设计经理应接受项目经理和工程总承包企业设计管理部门的管理。

（一）设计执行计划

1. 设计执行计划的编制

设计执行计划由设计经理或项目经理负责组织编制，经过工程总承包企业有关职能部门评审后，由项目经理批准实施。

2. 设计执行计划编制的依据

1）合同文件。

2）本项目的有关批准文件。

3）项目计划。

4）项目的具体特性。

5）国家或行业的有关规定和要求。

6）工程总承包企业管理体系的有关要求。

3. 设计执行计划的内容

1）设计依据。

2）设计范围。

3）设计的原则和要求。

4）组织机构及职责分工。

5）适用的标准规范清单。

6）质量保证程序和要求。

7）进度计划和主要控制。

8）技术经济要求。

9）安全、职业健康和环境保护要求。

10）与采购、施工和试运行的接口关系及要求。

（二）设计控制

1. 设计进度的控制点

1）设计各专业间的条件关系及其进度。

2）初步设计完成和提交时间。

3）关键设备和材料请购文件的提交时间。

4）设计组收到设备、材料供应商最终技术资料的时间。

5）进度关键线路上的设计文件提交时间。

6）施工图设计完成和提交时间。

7）设计工作结束时间。

2. 设计质量的控制点

设计质量应按项目质量管理体系要求进行控制，并制订控制措施。设计经理及各专业负责人应填写规定的质量记录，并向工程总承包企业职能部门反馈项目设计质量信息。设计质量控制点应包括下列主要内容：

1）设计人员资格管理。

2）设计输入的控制。

3）设计策划的控制。

4）设计技术方案的评审。

5）设计文件的校审与会签。

6）设计输出的控制。

7）设计确认的控制。

8）设计变更的控制。

9）设计技术支持和服务的控制。

五、项目采购管理

项目采购管理由采购经理负责，并应当适时组建项目采购组，在项目实施过程中，采购经理接受项目经理和工程总承包企业采购管理部门的管理。采购工作应按项目的技术、质量、安全、进度和费用要求，获得所需的设备、材料及有关服务。

（一）采购工作程序

1）根据项目采购策划，编制项目采购执行计划。

2）采买。

3）对所订购的设备、材料及其图纸、资料进行催交。

4）依据合同约定进行检验。

5）运输与交付。

6）仓储管理。

7）现场服务管理。

8）采购收尾。

（二）采购执行计划

采购执行计划由采购经理负责组织编制，并经项目经理批准后实施。

1. 采购执行计划的编制依据

1）项目合同。

2）项目管理计划和项目实施计划。

3）项目进度计划。

4）工程总承包企业有关采购管理程序和规定。

2. 采购执行计划的主要内容

1）编制依据。

2）项目概况。

3）采购原则，包括标包划分策略及管理原则，技术、质量、安全、费用和进度控制原则，设备、材料分交原则等。

4）采购工作范围和内容。

5）采购岗位设置及其主要职责。

6）采购进度的主要控制目标和要求，长周期设备和特殊材料专项采购执行计划。

7）催交、检验、运输和材料控制计划。

8）采购费用控制的主要目标、要求和措施。

9）采购质量控制的主要目标、要求和措施。

10）采购协调程序。

11）特殊采购事项的处理原则。

12）现场采购管理要求。

（三）采买

采买工作应包括接收请购文件、确定采买方式、实施采买和签订采购合同或订单等内容，采购组应按批准的请购文件和采购执行计划确定的采买方式组织采买。

（四）催交与检验

采购经理应组织相关人员，根据设备、材料的重要性划分催交与检验等级，确定催交与检验方式和频度，制订催交和检验计划并组织实施。催交方式应包括驻厂催交、办公室催交和会议催交等。

（五）运输与交付

采购组应依据采购合同约定的交货条件制订设备、材料运输计划并组织实施。运输计划内容包括运输前的准备工作、运输时间、运输方式、运输路线、人员安排和费用计划等。对超限和有特殊要求设备的运输，采购组应制订专项运输方案，可委托专门运输机构承担。对国际运输，应依据采购合同约定、国际公约和惯例进行，做好办理报关、商检及保险等手续。

设备、材料运至指定地点后，接收人员应对照送货单清点、签收、注明设备和材料到货状态及其完整性，并填写接收报告并归档。

（六）仓储管理

项目部应在施工现场设置仓储管理人员，具体负责仓储管理工作，仓储管理工作包括物资接收、保管、盘库和发放，以及技术档案、单据、账目和仓储安全管理等。仓储管理应建立物资动态明细台账，所有物资应注明货位、档案编号和标识码等信息，仓储管理员应登账并定期核对，使账物相符。

设备、材料正式入库前，依据合同约定应组织开箱检验，开箱检验合格的设备、材料具备规定的入库条件后，提出入库申请，办理入库手续；采购组应制订并执行物资发放制度，根据批准的领料申请单发放设备、材料，办理物资出库交接手续。

六、项目施工管理

（一）施工执行计划

施工执行计划由施工经理负责编制，经项目经理批准后组织实施，并报项目发包人确认。施工执行计划一般包括工程概况、施工组织原则、施工质量计划、施工安全、职业健康和环境保护计划、施工进度计划、施工费用计划、施工技术管理计划、资源供应计划、施工准备工作要求等内容。施工采用分包时，项目发包人应在施工执行计划中明确分包范围，项目分包人的责任和义务。

（二）施工进度控制

施工组根据其编制的施工进度计划，对施工进度建立跟踪、监督、检查和报告的管理机制，通过检查施工进度计划中的关键路线、资源配置的执行情况，并提出施工进展报告。可以采用赢得值等技术，测量施工进度，分析进度偏差，预测进度趋势，采取纠正措施。

（三）施工费用控制

施工组应根据项目施工执行计划，估算施工费用，确定施工费用控制基准。施工组可以采用赢得值等技术，测量施工费用，分析费用偏差，预测费用趋势，采取纠正措施。

（四）施工质量控制

施工组应监督施工过程的质量，并对特殊过程和关键工序进行识别与质量控制，并保存质量记录；对所需的施工机械、装备、设施、工具和器具的配置以及使用状态进行有效性和安全性检查，必要时进行试验。操作人员应持证上岗。按操作规程作业，对施工过程的质量控制绩效进行分析和评价，明确改进目标，制订纠正措施，进行持续改进。当实行施工分包时，项目部应依据施工分包合同约定，组织项目分包人完成并提交质量记录和竣工文件，并进行评审。

七、工程总承包项目进度控制管理

（一）工程项目进度控制的概念

建设项目进度控制是指工程建设项目参建各方对于工程建设各阶段的工作内容、工序、工作时间和前后逻辑关系编制计划，同时按照计划实施，在实施过程中实时检查实际进度是否满足计划要求，对出现的偏差进行原因分析，通过原因的分析采取纠偏措施或者调整原计划，直至项目竣工验收、交付使用。

（二）工程项目进度控制的任务

1）业主方的进度控制任务是从工程建设项目总工期目标出发，从而控制项目实施各阶段的进度，主要包括项目前期准备进度、设计进度、施工进度、材料设备采购进度。

2）设计方的进度控制任务是根据设计合同对设计工作进度的要求去控制设计进度。

3）施工方的进度控制任务是根据施工合同对施工进度的要求控制施工进度。在进度计划编制这一方面，施工单位应视项目的难点、特点和施工进度的需要，编制深度不同的进度控制目标（一级、二级、三级、四级进度计划），以及按不同计划时期（年度、季度、月度和周）的施工计划等，将编制的各项计划付诸实施并控制其执行。

4）供货方的进度控制任务是依据供货合同对供货的要求控制供货进度。

八、工程总承包项目质量控制管理

（一）项目质量的影响因素

影响项目质量的因素主要包括人、材、设备、方法和环境。对这五方面因素的控制，是保证项目质量的关键。

（1）人的控制　包括各类管理人员、技术人员和劳务人员等，通过对人员的管理，尽可能地避免人为错误，同时要充分调动人的积极性，发挥人的主观能动性。

（2）原材料的控制　控制对象主要包括原材料、成品、半成品、零部件及配件等。通过对材料的严格检查验收，技术资料的收集，运输储存等环节的管理，杜绝不合格材料在工程上的使用。

（3）设备控制　设备包括使用机械设备、工具、仪器等。设备的控制应根据项目的不同特点，合理地选择、使用、管理和维护。

（4）方法控制　这里指的方法，包括项目实施方案、过程、组织设计、技术手段等。控制的方法主要是通过合理的选择、动态管理等方面来实现的。

（5）环境控制　环境因素对项目的质量产生较大的影响，具体有项目技术环境，如项目实现的各种技术和过程；项目管理环境，如质量保证体系、管理制度等；工作环境，如工作场所等。

（二）总承包项目质量控制管理的方法

（1）统计调查表法　是利用统计表对数据收集整理的一种方法。

（2）排列图法　是利用排列图寻找影响质量主次因素的一种方法。

（3）因果分析图法　也称为鱼骨图，是利用分析图来整理某个质量结果，鱼骨图是一种发现问题根本原因的方法，它也可以称为因果图。其特点是简便实用，深入直观。它看上去有点像鱼骨，问题或缺陷（即后果）标在"鱼头"外。

（4）直方图法　是将数据进行整理，绘制成分布直方图，来描述质量分布状态的一种分析方法。

九、工程总承包项目成本控制管理

项目成本管理就是在保证项目进度和质量的前提下，利用组织、经济、技术、合同措施把成本控制在计划目标内。项目成本管理的主要内容包括成本预测、成本计划、成本控制、成本核算、成本分析、成本考核等。

（一）项目成本预测

项目成本预测是指通过对项目成本情况和项目信息的具体分析，运用特定的办法，对项目运行过程的成本做出科学的估算。

（二）项目成本计划

项目成本计划是以货币形式编制建设项目在计划期内生产成本和为降低成本采取的主要措施，它是建立项目成本管理责任制，进行成本控制和核算的基础。

（三）项目成本控制

项目成本控制是指在施工管理过程中，采取各种有效的措施来加强对影响项目成本的各种因素的管理，将项目实施过程中实际发生的费用控制在计划成本范围以内，随时予以检查，对于偏差的原因进行分析和总结，避免施工过程的浪费。

（四）项目成本核算

项目成本核算是指按照规定范围对项目总体费用进行归集，计算实际发生的费用，并根据成本考核内容，采用合适的办法，计算出项目的总成本和单位成本。

（五）项目成本分析

项目成本分析主要是对成本过程的分析和对比总结。它贯穿于整个项目成本管理的全过程，主要通过项目成本资料与计划成本、预算成本及类似的项目实际成本等进行对比，以此来了解成本的变化情况。

（六）项目成本考核

项目成本考核是指在项目完成后，对项目成本的各责任人，按项目成本目标的有关规定，评定项目成本目标的完成情况和各责任人的业绩，并据此给予相应的奖惩。

十、工程总承包风险管理

（一）风险识别

风险识别就是对存在于工程项目的各种风险根源或是不确定性因素按其产生的背景原因、表现特点和预期后果进行定义、识别，对所有的风险进行科学的分类，以便采取不同的分析方法进行评估，由此制订出对应的风险管理措施。应对风险进行分类，通过风险分类能加深对风险的认识和理解，有助于制订风险管理的目标。风险分类有多种方法，一般依据风险产生的原因分为以下六大类：

（1）政治风险　由于国家、地区政局不稳定，出现动乱、政变、战争，由此影响了建设工程项目的实施。

（2）经济风险　如国家、地区经济政策的变换、产业结构调整、物价上涨、汇率变化、金融风波等。

（3）社会风险　主要是指项目所在地的社会技术、经济发展水平、稳定性、劳动者文化素质水平及社会风气等。

（4）自然风险　主要是指自然灾害，还包括不良地质情况等。

（5）技术风险　主要是指人为的风险，由于人的知识、经验水平不一，在进行项目预测、评估及各种技术方案选择时会产生不同后果。

（6）管理风险　由于管理原因产生了安全、质量、责任事故等风险，合同条款的不完善或受到合同欺诈而导致履行困难或无效合同等。

《房屋建筑和市政基础设施项目工程总承包管理办法》明确了建设单位承担的风险，主要包括：

1）主要工程材料、设备、人工价格与招标时基期价相比，波动幅度超过合同约定幅度的部分。

2）因国家法律法规政策变化引起的合同价格的变化。

3）不可预见的地质条件造成的工程费用和工期的变化。

4）因建设单位原因产生的工程费用和工期的变化。

5）不可抗力造成的工程费用和工期的变化。

风险识别技术方法有很多，关键是在建设项目中能够找到影响项目风险的方法，常用风险识别方法有以下四种方法。

（1）专家打分法　主要包括头脑风暴法和德尔菲法。头脑风暴法是通过召集专家开会，发挥专家的预测和识别未来信息的一种直观预测和识别方法，然后归纳，整理分析。德尔菲法是采用问卷调查收集与该项目有关领域的专家意见，然后由管理人员加以整理，再匿名反馈给各位专家，再次征询意见。

（2）因果分析法　其主干是风险的后果，分枝是风险因素和风险事件。用其来分析风险，可以从后果中找出风险诱发的原因，也可以从原因上预见后果。

（3）模拟分析法　根据风险发展趋势的多样性，通过对系统内外相关因素的系统模拟分析，设计出多种可能的后果，对风险的发展趋势进行模拟的判别和预测。

（4）经验数据法　根据已建的各类工程项目与风险有关的统计数据、资料来识别在建工程项目的风险。

（二）风险分析与评估

风险识别只是解决了工程项目是否有风险事件的问题。风险事件发生的可能性、风险事件发生后的结果和对工程项目影响的范围、大小等问题需要待进一步去分析、评价。

风险分析是指应用各种风险分析的技术，用定性、定量或两者结合的方式处理不确定性的过程，其目的是评价风险对建设工程项目的可能影响。在项目寿命期内全过程中，会出现各种不确定性，这些不确定性将对项目目标的实现产生积极或消极影响，项目风险分析就是对将会出现的各种不确定性及其可能造成的各种影响、影响程度和影响频率进行科学分析和评估。

建设工程项目风险错综复杂，可以从项目政治经济背景、周围环境及主体结构等因素的不同侧面进行分析、分类，确定哪些风险可以做定性分析，哪些风险可以做定量分析，哪些既可做定性分析又可做定量分析，以便为不同风险的处置采取相应的对策。工程项目合同中包含着多种难以界定的变量因素，这些变量因素都能构成工程项目的风险。从性质上分析，合同风险属于非技术性风险，但工程合同中又包含着大量的技术性条款，因此对工程合同应做到定性分析与定量分析相结合。

风险分析的定量方法有敏感性分析、概率分析、决策树分析、影响图分析、灰色系统理论外推法、模糊数学法等；风险分析的定性方法有头脑风暴法、德尔菲法和层次分析法等。

风险分析包括以下三个必不可少的主要步骤：

（1）采集数据　这些数据可以从投资者或承包商过去类似项目经验的历史记录中获得。所采集的数据必须是客观、可统计的。

（2）完成不确定性模型　以已经得到的有关风险信息为基础，对风险发生的可能性和可能结果给以明确的定量化。通常用概率来表示风险发生的可能性，可能的结果体现在项目现金流表上，用货币表示。

（3）对风险影响进行评价　不同风险事件的不确定性模型化后，接着就要评价这些风险的全面影响，通过评价把不确定性与可能结果结合起来。风险评估是采用科学的评估方法将辨识并经分类的风险进行评估，再根据其评估值大小予以排队分级，为有针对性、有重点地管理好风险提供科学依据。评估工程项目或经营活动所面临的各种风险后，应分别对各种风险进行衡量，从而进行比较，以确定各种风险的相对重要性。

评估风险潜在损失的最重要方法是研究风险的概率分布。这也是当前国际工程风险管理最常用的方法之一。概率分布不仅能使人们比较准确地衡量风险，还可能有助于选定风险管理决策。经过风险评估，将风险分为重大风险、一般风险、轻微风险几类。对重大风险还要进一步分析其产生和发生条件，采取严格的控制措施或将其风险全部转移；对于一般风险，只要采取必要措施，给予足够重视即可；对于轻微风险按正常管理程序进行就可以了。

（三）风险处置

《房屋建筑和市政基础设施项目工程总承包管理办法》规定，建设单位和工程总承包单位应当加强风险管理，合理分担风险，鼓励建设单位和工程总承包单位运用保险手段增强防范风险能力，具体风险分担内容由双方在合同中约定。

风险处置是根据风险分析、风险评估的结果，预测工程项目可能发生各种风险的概率及危害的程度，确定项目的风险等级，从而决定采取什么样的措施。风险处置措施上主要有风险回避、风险控制、风险转移、风险自留等方式。

1. 风险回避

风险回避主要是对损失大、概率大的风险，可以考虑回避、放弃或终止该项目，中断风险源，使其不发生或遏制其发展，在风险发生之前，将风险因素完全消除，从而消除由于这些风险造成的各种损失。这种手段主要包括以下两种。

（1）拒绝承担风险　采取这种手段有时可能不得不做出一些必要的牺牲，但较之承担风险，这些牺牲比风险真正发生时可能造成的损失要小得多，甚至微不足道。例如投资人因选址不慎而在河谷建造工厂，而保险公司又不愿意为其承担保险责任。当他意识到在河谷建厂将不可避免要受到洪水威胁，且又别无防范措施时，他只好放弃该厂项目。虽然他在建厂准备阶段耗费了不少投资，但与其厂房建成后被洪水冲毁，不如及早改弦易辙，另谋理想的厂址。

（2）放弃已经承担的风险以避免更大的损失　实践中这种情况经常发生，事实证明这是紧急自救的最佳办法。作为工程承包人，在投标决策阶段难免会因为某些失误而铸成大错，如果不及时采取措施，就会蒙受更大的损失。

回避风险虽然是一种风险防范措施，但回避风险是一种比较消极的风险处置防范，因为风险即使概率再大也有可能不会发生，因此有可能失去一次实施项目可能带来的利益，也就失去了一次机会。处处回避，事事回避，其结果只能是停止发展。如果想生存图发展，又想回避其预测的某种风险，最好的办法是采用除回避以外的其他手段。

2. 风险控制

对于损失较小、概率大的风险，可以采取有效的控制措施来预防或减少风险发生的概率。使得风险因素可能产生的损失降低到最小，因此，在建设工程项目实施中应增加各阶段人员风险意识和风险教育，同时采取各种有效的控制风险的措施，使风险发生概率降至接近零，这是一种积极、有效的处置方式，不仅可以有效地减少项目由于风险因素多造成的损失，而且可使整个社会的物质财富少受损失。

3. 风险转移

对于损失大、概率小的风险，可以通过合同条款和保险措施将损失转移。风险转移是利用合同或协议，在风险事故发生时将损失的一部分或全部转移给有相互经济利益关系的另一方。风险转移的方式主要有保险风险转移和非保险风险转移。

保险风险转移是指通过购买保险的办法将项目风险转移给保险公司或保险机构，是风险转移的重要方式。

非保险风险转移是指通过保险以外的手段将项目风险转移出去或部分转移出去。其主要采用的方式有：担保合同、租赁合同、委托合同、分包合同、合资经营及股份制等。风险转移的手段常用于工程承包中的分包和转包、技术转让或财产出租。合同、技术或财产的所有人通过分包或转包工程、转让技术或合同、出租设备或房屋等手段将应由其自身全部承担的风险部分或全部转移至他人，从而减轻自身的风险压力。

通过风险转移，风险本身没有减少，只是风险事故的承担者发生了变化，风险事故让最有能力的承担者承担，使工程项目的意外损失降低。保险和担保是风险转移最常用、最有效的方法，是建设工程项目合同履约风险管理的重要手段，也符合国际工程项目惯例的做法。

4. 风险自留

风险自留即是将风险留给自己承担，不予转移，这种手段有时是无意识的，即当初并不曾预测到，不曾有意识地采取某种有效措施，以致最后只好由自己承担，但有时也可以是主动的，即经营者有意识、有计划地将若干风险主动留给自己，这种情况下，风险承担人通常已做好了处理风险的准备。主动或有计划的风险自留是否合理、明智取决于风险自留决策的有关环境，风险自留在一些情况下是唯一可能的对策，有时企业不能预防损失，回避又不可能，且没有转移的可能性，企业别无选择，只能自留风险。

（四）工程总承包合同的风险防范

1. 加强谈判前合同风险的审核

1）工程范围技术性比较强，必须首先审核合同文件是否规定了明确的工程范围，注意承包商的责任范围与业主的责任范围之间的明确界限划分。

2）关于合同价款，重点应审核以下两个方面：首先，合同价款的构成和计价货币。此时应注意汇率风险和利率风险，以及承包商和业主对汇率风险和利率风险的分担办法。其次，合同价款的调整办法。

3）支付方式。首先，如果是现汇付款项目（由业主自筹资金加上业主自行解决的银行贷款），应当重点审核业主资金的来源是否可靠，自筹资金和贷款比例是多少等。其次，如果是延期付款项目应当重点审核业主对延期付款提供什么样的保证，是否有所在国政府的主权担保、商业银行担保、银行备用信用证或者银行远期信用证，注意审核这些文件草案的具体条款。

4）法律适用条款和争议解决条款。法律适用条款通常均规定适用项目所在国的法律，不能适用项目所在国以外的外国法律为合同的准据法。

2. 合同谈判阶段的审核

1）仔细复核合同文件。工程总承包一般使用总价合同，构成合同文件多，涉及的内容也很多，而且业主在合同中只给出基础性和概念性的要求。因此，合同中的疏漏和一些内容相互不一致的情况在所难免。在一般的 EPC 合同中都规定承包商有复核合同的义务，在详细设计中复核合同的一些数据、参数等，而且，如果合同中存在某些错误、疏漏以及不一致，承包商还有修正这些错误、疏漏和不一致的义务。即使合同中没有规定，在国际合同实务中往往视这项内容为承包商的默认义务。

2）仔细审核合同价款。承包商应仔细审核合同价款的构成和计价货币。此时应注意汇率风险和利率风险，以及承包商和业主对汇率风险和利率风险的分担办法。此外，应审核合同价款的分段支付是否合理。还要注意，合同的生效，或者开工的生效，必须以承包商收到业主的全部预付款为前提，否则承包商承担的风险极大。

3）注意合同文件的缺陷。合同要求承包商对合同文件中业主提供的资料的准确性和充分性负责。也就是说，如果合同文件中存在错误、遗漏、不一致或相互矛盾等，即使有关数据或资料来自业主方，业主也不承担由此造成的费用增加和工期延长的责任。应在竞标阶段就组织商务和专业人员查找招标文件中的缺陷，要求业主给予书面澄清，或在报价中予以考虑。承包商的建议书将构成合同文件的一部分，因此建议书中要避免向业主做出在数量、质量等方面太笼统的承诺。

十一、工程总承包分包管理

工程实施阶段可以分为设计、采购、施工、项目管理四个模块，对于总承包商而言，上述四个模块的工作均可以部分或者全部进行分包，工程的分包管理主要包括以下内容。

（一）确定分包合作对象

分包管理的关键是分包合作对象的确定，选择的标准或考虑因素可以分为硬件和软件两个方面：硬件是指可以量化和可比较的条件，包括企业资质、业绩、人员、设备、财务能力、报价等；软件则是指难以进行量化和比较的条件，包括业内名声、合作意愿、自我管理能力、团队协作的态度、组织文化等。目前国内参与总承包的企业一般都具备一定的硬件实力，因此软件方面的条件应该是选择分包合作对象时作为重点考虑的因素。根据总承包商的企业管理制度，选择分包合作对象的程序与方式不尽相同。

为了实现长期的合作关系，需要对已经合作过的分包商进行履约评估和重新选择。通过建立短名单、长名单、黑名单等分类、分级方式，可以为总承包商选择分包合作对象提供参考。

（二）分包合同管理

分包合同是分包管理的重要依据，分包合同管理包括两个方面的内容。一是分包合同模式的选择与设计，分包合同模式是分包合作关系及管理模式的直接表现，根据总承包商的企业管理模式、项目性质、项目实施环境、潜在分包商的特点等因素而有所不同。分包合同应条款清晰、责权明确、内容齐全严密，价格、安全、质量和工期目标明确，尽量与总承包合同的条款一致，以有效转移总承包商的风险。二是合同执行过程中的履约管理，履约管理的最终目标是短期实现总承包合同义务的交付，长期实现分包合作关系的延续，履约管理包括日常监控、定期评估、考核分类等环节，通过平时监控分包合同义务的履行

情况，对资源配置、服务质量、内部自我管理、合作态度等方面做出评估，随时判断可能影响项目顺利实施的因素并采取应对措施，保证总承包合同义务的交付并甄选出较好的分包合作对象。

（三）分包质量管理

工程总承包中的质量管理贯穿于设计、施工、采购等各环节，可能涉及不同的分包商。首先需要建立健全质量管理程序与制度，明确各方的工作流程与责任；由总承包商建立质量控制组织机构，编制质量控制计划，提升各方的质量意识。对人员资格、设计深度、材料检测、工序质量等全过程进行监控，同时配合业主及工程师等多方进行定期检查，对不符合的项目立即采取措施进行纠正。分包商的质量管理行为与质量交付成果要作为定期评估与考核分类的重要因素。

十二、项目安全、职业健康与环境管理

项目安全管理是指对项目实施全过程的安全因素进行管理。包括制订安全方针和目标，对项目实施过程中与人、物和环境安全有关的因素进行策划和控制。

项目职业健康管理是指对项目实施全过程的职业健康因素进行管理。包括制订职业健康方针和目标，对项目的职业健康进行策划和控制。

项目环境管理是指在项目实施过程中，对可能造成环境影响的因素进行分析、预测和评价，提出预防或减轻不良环境影响的对策和措施，并进行跟踪和监测。

（一）安全管理

项目经理应为项目安全生产主要负责人，并承担相应职责。项目部应根据项目的安全管理目标，制订项目安全管理计划，并按规定程序批准实施。项目安全管理必须贯穿于设计、采购、施工和试运行各阶段。在分包合同中，项目承包人应明确相应的安全要求，项目分包人应按要求履行其安全职责。

（二）职业健康管理

项目部应按工程总承包企业的职业健康方针，制订项目职业健康管理计划，项目职业健康计划一般包括项目职业健康管理目标、项目职业健康管理组织机构和职责、项目职业健康管理的主要措施等内容。

项目部应为实施、控制和改进项目职业健康管理计划提供必要的资源，进行职业健康的培训，对项目职业健康管理计划的执行进行监督和测量，动态识别潜在的危险源和紧急情况，采取措施，预防和减少伤害。

（三）环境管理

项目部应根据批准的建设项目环境影响评价文件，编制项目环境保护计划，并按规定程序批准实施。项目环境保护计划主要包括：

1）项目环境保护的目标及主要指标。

2）项目环境保护的实施方案。

3）项目环境保护所需的人力、物力、财力和技术等资源的专项计划。

4）项目环境保护所需的技术研发和技术攻关等工作。

5）项目实施过程中防治环境污染和生态破坏的措施，以及投资估算。

项目部应对项目环境保护计划的实施进行管理，为实施、控制和改进项目环境保护计

划提供必要的资源，进行环境保护的培训，对环境保护计划的执行进行监督和测量，动态识别潜在的环境因素和紧急情况，采取措施，预防和减少对环境产生的影响，同时还应落实环境保护主管部门对施工阶段的环保要求，以及施工过程中的环境保护措施，对施工现场的环境进行有效控制，建立良好的作业环境。

十三、项目收尾

项目收尾是指项目被正式接收并达到有序的结束。项目收尾包括合同收尾和项目管理收尾。

（一）项目收尾工作的主要内容

1）依据合同约定，项目承包人向项目发包人移交最终产品、服务或成果。

2）依据合同约定，项目承包人配合项目发包人进行竣工验收。

3）项目结算。

4）项目总结。

5）项目资料归档。

6）项目剩余物资处置。

7）项目考核与审计。

8）对项目分包人及供应商的后评价。

（二）考核与审计

在项目收尾阶段，工程总承包企业依据项目管理目标责任书对项目部进行考核，项目部依据项目绩效考核和奖惩制度对项目团队成员进行考核，另外，项目部依据工程总承包企业对项目分包人及供应商的管理规定对项目分包人及供应商进行后评价。同时，项目部应依据工程总承包企业有关规定配合项目审计。

第四节　工程总承包案例分析

【案例 1】

2013 年合肥市拟通过招标方式确定包河区兰州路公租房、蜀山产业园三期、四期公租房设计—施工一体化单位。招标划分为三个包：即包河区公租房 1000 套，建筑面积 6 万 m^2 为第一包，概算 2.6341 亿元；蜀山区三期公租房 1000 套，建筑面积 8.33 万 m^2 为第二包，概算 3.6571 亿元；蜀山区四期公租房 4000 套，建筑面积 26.67 万 m^2 为第三包，概算 11.7088 亿元（具体规模、指标以规划局批准的规划方案为准）。

一、投标人资格

1）符合《政府采购法》第二十二条规定。

2）具有建筑设计甲级资质和施工总承包一级资质。

3）具有有效的安全生产许可证。

4）须已在合肥设立住宅产业化预制构件生产基地，产能满足项目建设需要并具备相应的建筑施工（装配式施工）能力；建筑采用预制装配式结构的比例不低于 30%。

5）本项目接受联合体投标。

二、招标范围

招标投标范围仅限于房屋建筑，不含室外总体。

三、装修标准

合肥市 2013 年市本级投资公租房项目建设及装修标准如下：

（一）建筑部分

公共租赁房按《安徽省保障性住房建设标准》DB 34/1524—2011：容积率宜控制在 3.0 以下；住宅建筑净密度控制在 20%～30%；绿地率新区≥30%；公共绿地指标组团≥0.5m²/人，小区≥1m²/人；机动车停车位≥0.2 辆/100m²；机动车地面停车率≤30%；非机动车停车位 2 辆/户；标准层使用面积系数≥70%；装修率 100%；无障碍住房比例≥5%。

公共租赁房分为宿舍类公共租赁房和住宅类公共租赁房（可在一栋楼中按配比设置）。宿舍类公共租赁房应符合《宿舍建筑设计规范》；住宅类每套应设卧室、起居室（厅）、厨房、卫生间等基本空间，套型建筑面积应在 60m² 以下，可选择 30 型、40 型、50 型三种类型设计（参见 DB 34/1524—2011，6.2.2 图表），并应满足每套最小使用面积（参见 DB 34/1524—2011，6.2.7 图表）。

（二）设备部分（水、电、燃气每户各设表以分户计量）

1）卫生间应设坐便器、洗脸盆、淋浴器。

2）厨房应设洗涤盆；不具备安装太阳能热水器的户型应设燃气热水器；预留油烟机排气管。

3）户内应预留洗衣机给水接口及洗衣机专用地漏。

4）各居住空间应预留分体空调室外机位置和穿墙预留管。

5）有线电视、电话通信、网络、楼宇对讲系统应安装至套内。

6）根据合建〔2012〕39 号文要求设计安装太阳能热水系统。

7）空调电源插座、普通电源插座与照明回路应分路设计，电负荷标准等应符合 DB 34/1524—2011 的要求。厨房、卫生间插座为防水型，并设漏电保护。（强弱电插座位置及规格详见公租房水电详图和系统图）

8）用水器具应为节水器具，灯具选用节能灯具。

（三）装修部分（基本装修到位）

公共部分：

门厅、电梯厅、公共走道：

顶棚——白色乳胶漆

墙面——白色乳胶漆，电梯厅：瓷砖（600mm×600mm）

地面——普通耐磨防滑地砖（600mm×600mm）

灯具——节能型吸顶灯

踢脚——普通地砖踢脚

楼梯间：

顶棚、墙面——白色乳胶漆

地面——水泥砂浆地面

灯具——节能型吸顶灯

楼梯栏杆——按图集设计施工

踢脚——水泥踢脚

起居室、餐厅、卧室：

顶棚、墙面——白色乳胶漆

地面、踢脚——普通耐磨防滑地砖（600mm×600mm）

灯具——节能型吸顶灯

厨房、卫生间：

顶棚——扣板吊顶（铝合金）

墙面——普通瓷砖到顶（厨房墙面有橱柜部分可不施工墙砖）

地面——普通防滑地砖（300mm×300mm）

灯具——节能型吸顶灯

厨房设备——洗涤盆、节水型龙头、燃气灶、整体橱柜（上下柜体、人造石台面）、脱排油烟机、排烟孔及插座

卫浴器具——洗脸盆、节水型龙头、节水型坐便器、节水型淋浴器、毛巾杆、盥洗镜、浴帘杆及浴帘

阳台：（全封闭）

顶棚——白色乳胶漆

墙面——白色乳胶漆

地面——普通防滑地砖（300mm×300mm）

灯具——普通节能型吸顶灯

晾衣杆——成品晾衣杆

门窗：

户门——钢制防火安全门

房间门——木质门

厨卫门——木质门或安全玻璃门

阳台门——安全玻璃门（框料同外窗）

外窗、封阳台窗——塑钢中空玻璃窗（须满足节能计算要求），首层防盗窗设金属栏杆

单元门：电子对讲防盗保温门

其他：

窗帘杆——成品窗帘杆

洗衣机——设置专用地漏。配置洗衣机龙头、带开关防溅型电源插座

分体空调——室外机位及护栏、冷凝水排水管，预留室内机位及孔洞

储藏空间——储物柜或吊柜

地下室：

地面：细石混凝土地面

墙面、顶棚：白色防霉涂料

踢脚：水泥踢脚

另：除住宅楼（包括地下室）外，其他配套建筑设施均按毛坯房设计、施工。

四、主要材料设备推荐品牌

原则：1）本地品牌或国产品牌。

2）中等档次或二线品牌。

主要材料设备：

1）防水材料：快可美

2）热镀锌管：天津友发、天津君诚、江苏国强

3）电管（KBG）：河北成龙、河北华熙、河北辛利

4）水管（PPR）：金德、顺达、联迅

5）电线电缆：安徽绿宝、安徽伟光、安徽长江

6）卫生洁具（成套）：箭牌、安华、惠达

7）地砖、墙砖：马可波罗、蒙娜丽莎、诺贝尔

8）进户防盗门：新多、星月神、飞云

9）塑钢门窗：海螺、国风、实德

10）涂料：华润、紫荆花、嘉宝莉

11）开关插座：TCL、西门子、鸿雁、飞雕、西蒙

12）燃气灶：火王、华帝、方太、万和

五、项目前期工作及费用

在项目招标前已完成项目地质勘探，由一家勘察设计单位负责三个项目的地质勘探，价格按招标投标中心设计定点招标费率（甲级）计算，列入工程招标内容，由本次招标的中标人支付；可研、初步设计评审、施工图审查、消防审查、排水审查、地震安全评价、人防施工图审查、项目环评报告书（表）等的编制、评审及相关批复由本次招标的中标人负责，费用包含在中标价内。

六、招标控制价

招标控制价按 2012 年度公租房平均招标控制价确定，同时考虑基础结构、层数、电梯等因素，并结合已开工住宅产业化工程合同价格。

合同按中标人的投标价格签订，中标价格不得高于招标控制价。本次招标的设计施工总承包招标上限控制价为 2267 元/m²。包含勘察，设计，图纸审批，消防审查，桩基基础、地库、框架结构的施工及验收，装饰装修、消防备案及资料备案等全部应有费用。

七、相关要求

1）投标单位须根据批准的规划方案编制住宅产业化设计方案及工程量清单和造价，并针对各自的方案提供相应的设计、生产、施工和验收标准。

2）设计内容包括但不限于以下部分：可研、初步设计、单体施工图设计、人防方案及施工图设计、室外园林绿化施工图设计、室外道路附属工程图等设计、小区交通标识设计、

小区室外综合管线设计。

3）项目的建筑单体 PC 率不低于 30%。根据《关于公租房预制装配率与工程造价关系的测算报告》，评标时，PC30%~60%部分，评标价格按 PC 率每增加 1%、每平方米造价扣减 M_1 计算，$M_1=8.5$ 元/m^2；PC 超过 60%部分，评标价格按 PC 率每增加 1%、每平方米造价扣减 M_2 计算，$M_2=6$ 元/m^2。项目决算时，工程实际 PC 率低于投标承诺 PC 率的，按 PC 率每降低 1%、合同价格每平方米扣减 $2M$ 计算。即 PC 率在 60%及以下的（最低不得低于 30%），每个百分点造价折算为 8.5 元；超过 60%的，每个百分点造价折算为 6 元。工程决算时，各项目的实际 PC 率须经市城乡建委审核，PC 率在 30%~60%的，实际 PC 率低于企业投标承诺的，每降低一个百分点，按 17 元/m^2 扣罚；PC 率在 60%以上的，每降低一个百分点，按 12 元/m^2 扣罚。

评标时的具体扣减计算说明举例如下：

假设有甲、乙、丙、丁四个有效投标人，投标情况分别是：投标人甲所报 PC 率为 70%，投标单价为 2180 元/m^2；投标人乙所报 PC 率为 65%，投标单价为 2200 元/m^2；投标人丙所报 PC 率为 58%，投标单价为 2160 元/m^2；投标人丁所报 PC 率为 35%，投标单价为 1950 元/m^2。评标价格扣减计算如下：

投标人甲所报 PC 率超过 60%，评标单价扣减计算为（70%-60%）×6元×100+（60%-30%）×8.5 元×100=315 元；评标价格为 2180-315=1865（元/m^2）。

投标人乙所报 PC 率超过 60%，评标单价扣减计算为（65%-60%）×6元×100+（60%-30%）×8.5 元×100=285 元；评标价格为 2200-285=1915（元/m^2）。

投标人丙所报 PC 率未超过 60%，评标价格扣减计算为（58%-30%）×8.5 元×100=238 元；评标价格为 2160-238=1922（元/m^2）。

投标人丁所报 PC 率未超过 60%，评标价格扣减计算为（35%-30%）×8.5 元×100=42.5 元；评标价格为 1950-42.5=1907.5（元/m^2）。

按有效评标价由低到高排序应为：投标人甲，投标人丁，投标人乙，投标人丙。

八、初审和评审指标

初审和评审指标见表 6-1。

表 6-1　包河区兰州路公租房、蜀山产业园三期、四期公租房设计—施工一体化评审表

投标人：

一、初审指标

序号	指标名称	指标要求	是否通过	投标文件格式及提交资料要求
1	营业执照	年检有效		提供通过有效年检的营业执照和税务登记证的复印件或影印件,应完整地体现出营业执照和税务登记证的全部内容,特别是营业执照年检情况部分
2	税务登记证	合法有效		
3	投标函	符合招标文件要求		
4	投标授权书	原件,符合招标文件要求		法人代表参加投标的无须此件,提供身份证明复印件即可。社保证明要求参照投标格式规定

（续）

投标人：

一、初审指标

序号	指标名称	指标要求	是否通过	投标文件格式及提交资料要求
5	报名情况	未在报名截止时间前完成招标文件规定报名手续的,投标无效(核查报名手续)		
6	投标保证金	符合招标文件要求		第二部分第五章投标人须知19条
7	开标一览表	格式、填写要求符合招标文件规定并加盖投标人公章		第二部分第七章投标文件格式一
8	资质证明	符合招标公告要求		提供复印件或影印件,原件携带备查
9	本地化服务	符合招标公告要求		
10	标书规范性	符合招标文件要求;封装符合要求;投标文件数量符合招标文件规定。无严重的编排混乱、内容不全或字迹模糊辨认不清、前后矛盾情况,对评标无实质性影响的		
11	标书响应情况	投标PC率响应、设计响应、质量及工期响应、项目管理及其他响应等		
12	其他要求	招标公告或招标文件列明的其他要求:联合体投标的投标人应提交各方共同签署的联合体协议等		

初审指标通过标准:投标人必须通过上述全部指标

二、评审指标

序号	指标名称	指标要求	是否通过	理由及原因
1	项目前后期管理协调方案	对总承包管理的组织,项目策划,项目进度管理,项目质量管理,项目费用管理,安全、职业健康与环境保护管理,项目资源管理,项目沟通与信息管理,项目合同管理等科学合理,满足招标要求		
2	设计文件及承诺	本项目设计思路清晰,设计构思与创意新颖,结构布局科学合理,与周边环境协调,PC率、控制单价与投资估算的合理、完整性,相关承诺明确		
3	施工组织设计和安装方案	对编制说明、编制依据、施工现场招标方配合项目、施工主要技术要求、保证工程质量的措施、保证安全施工的措施、工程施工应遵循的技术标准、施工机械和施工人员配置等是否合理		
4	设计费报价	符合规定,计算依据正确		
5	工程施工报价	符合规定,计算依据正确		
6	全费用报价	符合招标文件规定		
7	项目验收方案	满足招标文件要求		
8	质保承诺	服务管理制度、保障措施、维保方式、维保内容及期限、质保期满后的维保费用、时间保证等承诺情况		

【案例分析】

　　本项目招标结果较为理想，项目实施效果良好，作为合肥市早期开展工程总承包实践，本项目的成功实践为后续其他项目的陆续开展起到一定的示范作用。就本项目而言，其成功和不足之处，主要表现为以下方面：

1）确定了比较明确的功能要求和主要参数，这为后续的招标和设计提供了重要的参考依据。

2）在招标文件设置中，初步明确了业主方和中标人的责任范围，减少了项目招标环节中的不确定性因素。

3）总承包和装配式是本项目的两大亮点，这有利于中标企业增强企业业绩和总承包经历，也有利于吸引符合条件的投标人参与竞标。

4）在投标人资格条件设置中，要求投标人同时具备建筑设计甲级资质和施工总承包一级资质的要求，使一部分具备总承包能力的企业被排除在外。

【案例2】

L国L项目是该国最大的水利灌溉项目。Z公司为EPC总承包商，具有丰富的海外EPC工程经验。Z公司自身的项目部主要负责外围协调，分别将项目管理、设计、采购施工分包给了国内的三家专业公司A、B、C。这三家分包商的国际工程经验相对较少。项目管理A公司与设计分包B公司与Z公司均为战略合作伙伴关系，在主合同签订之前即协助Z公司参与了市场调查与投标工作，使得各方对业主需求与项目情况都有充分了解，项目启动与实施阶段的工作进展较为顺利。

分包合同均采用了双方以往长期使用过的合同文本，避免了烦琐的合同谈判环节，实施阶段对各自的权利义务也很少存在争议。在项目的实施过程中，因为合同各方具有长期合作的意愿以及对于合作分包模式的认可，项目管理进行得比较成功。施工分包C公司具有丰富的灌溉项目施工经验，合作意愿较强，团队协作态度好，与Z公司之间彼此愿意长期合作。该项目竣工后，三家专业公司A、B、C依然愿意与Z公司继续合作，且依然处于Z公司的分包合作参考对象长名单内。

该项目采取的分包合作模式在实施过程中有两个亮点：①分包合同管理到位。首先是分包合同基于分包模式进行设计，三个模块的分包合同互相联系互相补充，合同内容齐全、合同条款清晰、权利责任明确、项目目标一致；在履约过程中注重对分包商内部自我管理的监控，做好定期的评估与考核，为选择优秀的长期合作伙伴提供重要参考依据。②合作机制运行良好。在各方进场之后，项目管理方对各方分包合同进行了解读与宣讲，进一步明确各方权利与责任，强调分工合作机制，统一合作意愿与合作步调，减少履约过程中的争议与纠纷。基于项目前期的磨合与了解，实施中各方都能互相信任，从项目整体利益出发互相协作，真正实现项目各方共赢，项目建设顺利。

第七章　建设工程招标投标

第一节　建设工程招标投标基本规定

一、建设工程招标投标的相关法律法规

（一）建设工程招标投标的法律

1.《中华人民共和国招标投标法》（以下简称《招标投标法》）

《招标投标法》分总则，招标，投标，开标，评标和中标，法律责任，附则共6章68条。第一章总则主要规定了《招标投标法》的立法宗旨、适用范围、必须招标的范围、准备投标活动应遵循的基本原则及对招标投标活动的监督；第二章招标，具体规定了招标人的定义，招标项目的条件，招标方式，招标代理机构的地位、成立条件，招标公告和投标邀请书的发布，对潜在投标人的资格要求，招标文件的编制、澄清或修改等内容；第三章投标具体规定了参加投标的基本条件和要求、投标人编制投标文件应当遵循的原则和要求、联合体投标，以及投标文件的递交、修改和撤回程序等内容；第四章开标、评标和中标，具体规定了开标、评标和中标环节的行为规则和时限等内容；第五章法律责任，规定了违反《招标投标法》规定的基本程序、行为规则和时限要求应承担的法律责任；第六章附则，规定了《招标投标法》的例外适用情形及生效日期。

（1）适用范围　地域范围是指中华人民共和国境内。主体范围是只要在我国境内进行的招标投标活动的所有主体，一类为国家机关，也包括国有企事业单位、外商投资企业、私营企业及其他各类经济组织，同时还包括允许个人参与招标投标活动的公民个人。另一类是在我国境内的各类外国主体，即在我国境内参与招标投标活动的外国企业，或外国企业在我国境内设立的能够独立承担民事责任的分支机构。例外情形是按照《招标投标法》第六十七条规定，使用国际组织或者外国政府贷款、援助资金的项目进行招标，贷款方、资金提供方对招标投标的具体条件和程序有不同规定的，可以适用其规定，但违背中华人民共和国的社会公共利益的除外。

（2）基本原则　招标投标活动应当遵循公开、公平、公正和诚实信用的原则。

1）公开原则。该原则即"信息透明"，要求招标投标活动必须具有高度的透明度，招标程序、投标人资格条件、评标标准、评标方法、中标结果等信息都要公开，使每个潜在投标人或投标人能够及时获得有关信息，平等地参与竞争，依法维护自己的合法权益。同时也为当事人和社会公众的监督提供了重要条件。也就是说，公开是公平、公正的基础和前提。

2）公平原则。该原则即"机会均等"，要求招标人一视同仁地给予所有投标人平等的机会，使其享有同等的权利并履行相应的义务，不歧视或排斥任何一个投标人。因此招标人不得在招标文件中要求或标明特定的生产或供应者以及含有倾向性或排斥潜在投标人的内容，不得以不合理的条件限制或排斥潜在投标人，不得对潜在投标人实行歧视性待遇。

3）公正原则。该原则即"程序规范，标准统一"，要求所有招标投标活动，必须按照规定的时间和程序进行，以尽可能保障招标投标各方的合法权益，做到程序公正；评标标准应当具有唯一性，对所有投标人实行同一标准，确保标准公正。

4）诚实信用原则。该原则即"诚信原则"，是民事活动的基本原则之一，这是市场经济中商业道德法制化的产物，是以善意真诚、守信不欺、公平合理为内容的强制性法律原则。也就是要求招标投标当事人不能故意隐瞒真相或弄虚作假，应平等互利，从而保证交易安全。

（3）基本程序　招标投标活动具有严格规范的程序。按照《招标投标法》的规定，一个完整的招标投标程序必须包括招标、投标、开标、评标、中标和签订合同六大环节。

2. 其他相关法律

（1）《中华人民共和国民法总则》（以下简称《民法总则》）　由中华人民共和国第十二届全国人民代表大会第五次会议于 2017 年 3 月 15 日通过，自 2017 年 10 月 1 日起施行。《民法总则》共 11 章 206 条。其组成有：第一章基本规定、第二章自然人、第三章法人、第四章非法人组织、第五章民事权利、第六章民事法律行为、第七章代理、第八章民事责任、第九章诉讼时效、第十章期间计算、第十一章附则。《民法总则》是民法典的总则编，规定了民事活动的基本原则和一般规定，在民法典中起统领性作用，集中规定民法的最一般问题，具有高度的涵盖性和抽象性。民法是社会生活的百科全书，是市场经济的基本法，是人民生活基本行为规范，是法官裁判民商事案件的基本依据，在一国的法律体系中占据举足轻重的地位。

（2）《中华人民共和国合同法》（以下简称《合同法》）　由中华人民共和国第九届全国人民代表大会第二次会议于 1999 年 3 月 15 日通过，自 1999 年 10 月 1 日起施行，共 23 章 428 条。在我国《合同法》是调整平等主体之间交易关系的法律，它主要规定了合同的订立、合同的效力及合同的履行、变更、解除、保全、违约责任等。

（3）《中华人民共和国建筑法》（以下简称《建筑法》）　由 1997 年 11 月 1 日第八届全国人民代表大会常务委员会第 28 次会议通过；根据 2011 年 4 月 22 日第十一届全国人民代表大会常务委员会第 20 次会议《关于修改〈中华人民共和国建筑法〉的决定》修正。《建筑法》分总则、建筑许可、建筑工程发包与承包、建筑工程监理、建筑安全生产管理、建筑工程质量管理、法律责任、附则，共 8 章 85 条，自 1998 年 3 月 1 日起施行。

（二）建设工程招标投标的法规及规章

1. 建设工程招标投标的法规

《中华人民共和国招标投标法实施条例》（以下简称《实施条例》），2011 年 11 月 30 日国务院第 183 次常务会议通过，国务院令第 613 号公布，自 2012 年 2 月 1 日起施行。根据 2017 年 3 月 1 日国务院令第 676 号《国务院关于修改和废止部分行政法规的决定》第一次修订。根据 2018 年 3 月 19 日国务院令第 698 号《国务院关于修改和废止部分行政法规的决定》第二次修订。根据 2019 年 3 月 2 日《国务院关于修改部分行政法规的决定》第三次修订。《实施条例》共7章85条，第一章总则，第二章招标，第三章投标，第四章开标、评标和中标，第五章投诉与处理，第六章法律责任，第七章附则。

《招标投标法》颁布12年后，我国招标投标事业取得了长足的发展，但随着招标投标实践的不断深入，招标投标领域出现了许多新情况、新问题。《实施条例》在总结12年招标投标实践经验的基础上，对上位法的规定做了进一步补充和细化，并针对新情况、新问题做了相应的制度调整，不断增强招标投标制度的可操作性和前瞻性，切实维护招标投标市场秩序，促进招标投标市场健康发展。

（1）立法目的和依据 《实施条例》第一条明确了其立法目的："为了规范招标投标活动，依据《招标投标法》，制定本条例。"

（2）工程建设项目定义 "《招标投标法》第三条所称工程建设项目，是指工程以及与工程建设有关的货物、服务。前款所称工程，是指建设工程，包括建筑物和构筑物的新建、改建、扩建及其相关的装修、拆除、修缮等；所称与工程建设有关的货物，是指构成工程不可分割的组成部分，且为实现工程基本功能所必需的设备、材料等；所称与工程建设有关的服务，是指为完成工程所需的勘察、设计、监理等服务。"

（3）强制招标范围和规模标准 "依法必须进行招标的工程建设项目的具体范围和规模标准，由国务院发展改革部门会同国务院有关部门制定，报国务院批准后公布施行。"

（4）串通投标 串通投标一般分为投标人串通投标、招标人与投标人串通投标。

投标人串通投标：《实施条例》规定了属于和视为两种情形：

1）属于投标人相互串通投标五种：①投标人之间协商投标报价等投标文件的实质性内容；②投标人之间约定中标人；③投标人之间约定部分投标人放弃投标或者中标；④属于同一集团、协会、商会等组织成员的投标人按照该组织要求协同投标；⑤投标人之间为谋取中标或者排斥特定投标人而采取的其他联合行动。

2）视为投标人相互串通投标六种：①不同投标人的投标文件由同一单位或者个人编制；②不同投标人委托同一单位或者个人办理投标事宜；③不同投标人的投标文件载明的项目管理成员为同一人；④不同投标人的投标文件异常一致或者投标报价呈规律性差异；⑤不同投标人的投标文件相互混装；⑥不同投标人的投标保证金从同一单位或者个人的账户转出。

招标人与投标人串通投标：有下列情形之一的，属于招标人与投标人串通投标：①招标人在开标前开启投标文件并将有关信息泄露给其他投标人；②招标人直接或者间接向投标人泄露标底、评标委员会成员等信息；③招标人明示或者暗示投标人压低或者抬高投标报价；④招标人授意投标人撤换、修改投标文件；⑤招标人明示或者暗示投标人为特定投标人中标提供方便；⑥招标人与投标人为谋求特定投标人中标而采取的其他串通行为。

2. 建设工程招标投标相关法规

建设工程招标投标相关法规有《注册建筑师条例》（1995年）《建设工程质量管理条例》（2000年）《建设工程勘察设计管理条例》（2000年）《建设工程安全生产管理条例》（2003年）等。

3. 建设工程招标投标及其相关规章

（1）建设工程招标投标的规章 国家部委和地方政府关于建设工程招标投标的规章数量较多，内容涵盖也较广，此处选择了部分国家部委与建设工程招标投标有关的规章，并做简要介绍。

1)《招标公告和公示信息发布管理办法》（国家发展和改革委员会第 10 号令）。自 2018 年 1 月 1 日起施行。该办法所称招标公告和公示信息，是指招标项目的资格预审公告、招标公告、中标候选人公示、中标结果公示等信息。

2)《必须招标的工程项目规定》（国家发展和改革委员会第 16 号令）自 2018 年 6 月 1 日起施行。该规定共 6 条。第一条是制定依据，即根据《招标投标法》第三条的授权制定。第二条定义了全部或者部分使用国有资金投资或者国家融资的项目，即：使用预算资金 200 万元人民币以上，并且该资金占投资额 10% 以上的项目；使用国有企业事业单位资金，并且该资金占控股或者主导地位的项目。第三条定义了使用国际组织或者外国政府贷款、援助资金的项目，即：使用世界银行、亚洲开发银行等国际组织贷款、援助资金的项目；使用外国政府及其机构贷款、援助资金的项目。第四条对不属于第二条、第三条规定情形的大型基础设施、公用事业等关系社会公共利益、公众安全的项目，必须招标的具体范围，由国家发展和改革委员会制定报国务院批准。第五条规定，第二条至第四条规定范围内的项目，其勘察、设计、施工、监理以及与工程建设有关的重要设备、材料等的采购达到下列标准之一的，必须招标：施工单项合同估算价在 400 万元人民币以上；重要设备、材料等货物的采购单项合同估算价在 200 万元人民币以上；勘察、设计、监理等服务的采购，单项合同估算价在 100 万元人民币以上。对同一项目中可以合并进行的勘察、设计、施工、监理以及与工程建设有关的重要设备、材料等的采购，合同估算价合计达到前款规定标准的，必须招标。

3)《工程建设项目勘察设计招标投标办法》（国家发展和改革委员会等八部委第 2 号令），自 2003 年 8 月 1 日起施行。该办法共 6 章 60 条，由国家发展和改革委员会、信息产业部、建设部、交通部、铁道部、水利部、广播电影电视总局、中国民用航空总局联合发布。根据 2013 年《关于废止和修改部分招标投标规章和规范性文件的决定》（国家发展和改革委员会令第 23 号）进行修改。在中华人民共和国境内进行工程建设项目勘察设计招标投标活动，适用该办法。

4)《工程建设项目施工招标投标办法》（国家发展和改革委员会等七部委第 30 号令）自 2003 年 5 月 1 日起施行。该办法共 6 章 92 条，由国家发展和改革委员会、建设部、铁道部、交通部、信息产业部、水利部、中国民用航空总局联合发布。根据 2013 年《关于废止和修改部分招标投标规章和规范性文件的决定》（国家发展和改革委员会令第 23 号）对《工程建设项目施工招标投标办法》做出修改。该办法适用于在中华人民共和国境内工程建设项目施工招标投标活动。

5)《工程建设项目货物招标投标办法》（国家发展和改革委员会等七部委第 27 号令）自 2005 年 3 月 1 日起施行。该办法共 6 章 64 条，由国家发展和改革委员会、建设部、铁道部、交通部、信息产业部、水利部、中国民用航空总局联合发布。根据 2013 年《关于废止和修改部分招标投标规章和规范性文件的决定》（国家发展和改革委员会令第 23 号）对《工程建设项目货物招标投标办法》做出修改。该办法适用于在中华人民共和国境内工程建设项目货物招标投标活动。

6)《评标委员会和评标方法暂行规定》（国家发展和改革委员会等七部委第 12 号令）自 2001 年 7 月 5 日起施行。该规定共 7 章 62 条，由国家发展和改革委员会、建设部、铁道部、交通部、信息产业部、水利部、中国民用航空总局联合发布。根据 2013 年《关于废止和修改部分招标投标规章和规范性文件的决定》（国家发展和改革委员会令第 23 号）对《评标委员会和评标方法暂行规定》做出修改。该规定适用于依法必须招标项目的评标活动。评标活动遵循公平、公正、科学、择优的原则。

7）《房屋建筑和市政基础设施工程施工招标投标管理办法》（建设部第 89 号令）自2001 年 6 月 1 日起施行。该办法共 6 章 60 条，由住房和城乡建设部 2018 年 9 月 19 日修改。该办法适用于依法必须进行招标的房屋建筑和市政基础设施工程的施工招标投标活动。

8）《电子招标投标办法》（国家发展和改革委员会等八部委第 20 号令），2013 年 5 月 1日颁布实施，由国家发展和改革委员会、工业和信息化部、住房和城乡建设部等八部委联合发布。该办法对电子化环境下的招标投标规则进行了明确，进一步推动了电子招标投标事业的发展。

（2）建设工程招标投标相关规章　国家部委和地方政府关于建设工程招标投标的相关规章数量更多，这里简单介绍国家部委主要的相关规章。

1）《建筑业企业资质管理规定》（住房和城乡建设部第 22 号令），自 2015 年 3 月 1 日实施。该规定共 6 章 42 条，由住房和城乡建设部 2018 年 12 月 22 日修改，适用于在中华人民共和国境内申请建筑业企业资质，实行对建筑业企业资质监督管理。

2）《注册建造师管理规定》（建设部第 153 号令），自 2007 年 3 月 1 日实施。该规定共6 章 41 条，适用于中华人民共和国境内注册建造师的注册、执业、继续教育和监督管理。

二、建设工程招标投标程序

建设工程招标投标具体程序有：招标准备、组织资格审查、编制发售招标文件、现场踏勘、投标预备会、编制递交投标文件、组建评标委员会、开标、评标、中标和签订合同等。

以公开招标方式为例，招标投标具体程序如图 7-1 所示。

（一）招标准备

招标准备工作包括判断招标人资格能力、制订招标工作总体计划、确定招标组织形式、落实招标基本条件和编制招标采购方案。

1. 判断招标人的资格能力条件

招标人是提出招标项目，发出招标要约邀请的法人或其他组织。招标人是法人的，应当有必要的财产或者经费，有自己的名称、组织机构和场所，具有民事行为能力，且能够依法独立享有民事权利和承担民事义务的机构，包括企业、事业、政府机关和社会团体法人。招标人若是不具备法人资格的其他组织的，应当是依法成立且能以自己的名义参与民事活动的经济和社会组织，如合伙型联营企业、法人的分支机构、不具备法人资格条件的中外合作经营企业、法人依法设立的项目实施机构等。

招标人的民事权利能力范围受其组织性质、成立目的、任务和法律法规的约束，因而招标人享有民事权利的资格也受到这些因素的影响和制约。自行组织招标的招标人还应具备《招标投标法》及其《实施条例》、《工程建设项目自行招标试行办法》等规定的能力要求。

2. 制订招标工作总体计划

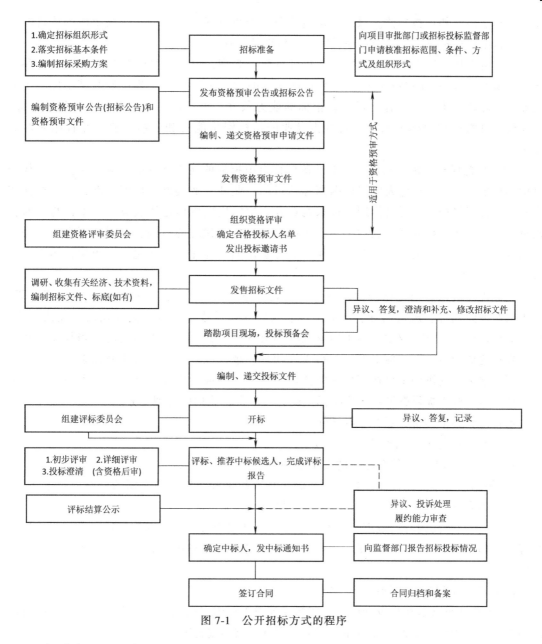

图 7-1 公开招标方式的程序

根据政府、企业采购需要或项目实施进度要求制订项目招标采购总体计划，明确招标采购内容、范围和时间。

3. 确定招标组织形式

（1）自行组织招标 招标人如具有与招标项目规模和复杂程度相适应的技术、经济等方面的专业人员，经审核后可以自行组织招标。根据《招标投标法》的相关规定，《工程建设项目自行招标试行办法》第 4 条对招标人自行办理招标事宜组织工程招标的资格条件具体解释为五个方面：①具有项目法人资格（或法人资格）；②具有与招标项目规模和复杂程度相适应的工程技术、概预算、财务和工程管理等方面专业技术力量；③有从事同类工程建设项目招标的经验；④设有专门的招标机构或者拥有 3 名以上专职招标业务人员；

⑤熟悉和掌握《招标投标法》及有关法规规章。经审批或核准的依法必须招标的项目的招标人自行组织招标时，应当经过项目审批、核准部门核准。

自行组织招标便于招标人对招标项目进行协调管理，但容易受到招标人认识水平和法律、技术专业水平的限制而影响、制约招标采购的"三公"特性、规范性及其招标竞争的成效。因此即使招标人具有自行组织招标的能力条件，也可优先考虑选择委托代理招标。招标代理机构相对招标人来说，具有更专业的招标资格能力和业绩经验，并且相对客观公正。

（2）委托代理招标　招标人如不具备自行组织招标的能力条件的，应当委托招标代理机构办理招标事宜。招标人应该根据招标项目的行业和专业类型、规模标准，自主选择相应的招标代理机构，委托其代理招标采购业务。招标代理机构是依法成立，不得与政府行政机关存在隶属关系或其他利益关系，按照招标人委托代理的范围、权限和要求，依法提供招标代理的相关咨询服务，并收取相应服务费用的专业化、社会化中介组织，属于企业法人。

招标代理机构应当遵循依法、科学、客观、公正的要求，遵守招标投标的法律法规，坚决抵制虚假招标、规避招标、串标围标、倾向或排斥投标人以及商业贿赂等违法行为，依法保护招标人的合法权益，维护国家和社会公共利益，不损害投标人的正当权益。在招标人委托的范围内承担招标事宜，不得无权代理、越权代理，不得明知委托事项违法而进行代理。招标代理机构不得在所代理的招标项目中投标或者代理投标，也不得为所代理的招标项目的投标人提供咨询；未经招标人同意，不得转让招标代理业务。

项目招标必须具备必要的基本条件。

（1）项目招标的共同条件　一般包括：

1）项目招标人应当符合相应的资格条件。

2）根据项目本身的性质、特点应当满足项目招标和组织实施必需的资金、技术条件、管理机构和力量、项目实施计划和法律法规规定的其他条件。

3）项目招标的内容、范围、条件、招标方式和组织形式已经有关项目审批部门或招标投标监督部门核准，并完成法律、法规、规章规定的项目规划、审批、核准或备案等实施程序。

（2）项目工程施工招标的特别条件　主要包括：

1）工程建设项目初步设计或工程招标设计或工程施工图设计已经完成，并经有关政府部门对立项、规划、用地、环境评估等进行审批、核准或备案。

2）工程建设项目具有满足招标投标和工程连续施工所必需的设计图样及有关技术标准、规范和其他技术资料。

3）工程建设项目用地拆迁、场地平整、道路交通、水电、排污、通信及其他外部条件已经落实。

（3）项目工程总承包招标的特别条件　按照工程总承包不同开始阶段和总承包方式，应分别具有工程可行性研究报告或实施性工程方案设计或工程初步设计已经完成等相应的条件。

（4）项目货物招标的特别条件　工程使用的货物（简称"工程货物"）采购招标条件与工程施工招标基本相同；非工程货物的采购招标，应具有满足采购招标的设计图样或技术规格，政府采购货物的采购计划和资金已经有关采购主管部门批准。

（5）项目服务招标的特别条件　实践中，特许经营权和融资、工程勘察设计、工程建设监理和建设项目管理、科技研究等服务项目经常采用招标方式选择服务对象。

4．编制招标方案

为有序、有效地组织实施招标采购工作，招标人应在上述准备工作的基础上，根据招标项目的特点和自身需求，依据有关规定编制招标方案，确定招标内容范围、招标组织形式、招标方式、标段划分、合同类型、投标人资格条件，安排招标工作目标、顺序和计划，分解落实招标工作任务和措施。

（二）组织资格审查

为了保证潜在投标人能够公平地获取投标竞争的机会，确保投标人满足招标项目的资格条件，同时避免招标人和投标人不必要的资源浪费，招标人应当对投标人进行资格审查。资格审查分为资格预审和资格后审两种。

（1）资格预审　是指招标人在投标前按照有关规定程序和要求公布资格预审公告和资格预审文件，对获取资格预审文件并递交资格预审申请文件的申请人组织资格审查，确定合格投标人的方法。

（2）资格后审　是指开标后由评标委员会对投标人资格进行审查的方法。采用资格后审办法的，按规定要求发布招标公告，并根据招标文件中规定的资格审查方法、因素和标准，在评标时审查确认满足投标资格条件的投标人。

采用邀请招标的项目，招标人也可以根据项目的需要，对潜在投标人进行资格预审，并向通过资格审查的三个以上潜在投标人发出投标邀请书。

（三）编制发售招标文件

（1）编制招标文件　按照招标项目的特点和需求，调查收集有关技术、经济和市场情况，依据有关规定和标准文本编制招标文件，并可以根据有关规定报招标投标监督部门备案。

（2）发售招标文件　按照投标邀请书或招标公告规定的时间、地点发售招标文件。

（3）编制招标控制价或标底　招标人根据招标项目的技术经济特点和需要编制招标控制价（最高投标限价），对于非国有资金的项目可以自主决定是否编制标底。

（四）现场踏勘

招标人可以根据招标项目的特点和招标文件的约定，要求投标人对项目实施现场的地形地质条件、周边和内部环境进行实地踏勘了解。潜在投标人应自行负责据此做出的判断和投标决策。

（五）投标预备会

投标预备会是招标人为了澄清、解答潜在投标人在阅读招标文件和现场踏勘后提出的疑问，按照招标文件规定时间组织的投标预备会议。但所有的澄清、解答均应当以书面方式发给所有购买招标文件的潜在投标人，并属于招标文件的组成部分。

（六）编制递交投标文件

1）投标人在阅读招标文件中产生疑问和异议的可以按照招标文件约定的时间书面提出澄清要求，招标人应当及时书面答复澄清，对于投标文件编制有影响的，应该根据影响的时间延长相应的投标截止时间。投标人或其他利害人如果对招标文件的内容有异议，应当在投标截止时间 10 日前向招标人提出。

2）潜在投标人应严格依据招标文件要求的格式和内容，编制、签署、装订、密封、标识投标文件，按照规定的时间、地点、方式递交投标文件，并根据招标文件规定的方式和金额提交投标保证金。

3）投标人在提交投标截止时间之前，可以撤回、补充或者修改已提交的投标文件。

（七）组建评标委员会

招标人应当在开标前依法组建评标委员会。依法必须进行招标的项目，评标委员会由招标人及其招标代理机构熟悉相关业务的代表和不少于成员总数 2/3 的技术、经济等方面的专家组成，成员人数为 5 人以上单数。依法必须进行招标的一般项目，评标专家可以从依法组建的评标专家库中随机抽取；特殊招标项目可以由招标人从评标专家库中或库外直接确定。

（八）开标

招标人及其招标代理机构应按招标文件规定的时间、地点主持开标，邀请所有投标人派代表参加，并通知监督部门，开标应如实记录全过程情况。除非招标文件或相关法律法规另有规定，否则投标人不参加开标会议并不影响投标文件的有效性。

（九）评标

评标由招标人依法组建的评标委员会负责。评标委员会应当在充分熟悉、掌握招标项目的主要特点和需求，认真阅读研究招标文件及其相关技术资料、评标方法、因素和标准、主要合同条款、技术规范等，并按照初步评审、详细评审的先后步骤对投标文件进行分析、比较和评审，评审完成后，评标委员会应当向招标人提交书面评标报告并推荐中标候选人。

（十）中标

（1）公示　依法必须进行招标的项目，招标人应当自收到评标报告之日起 3 日内在国家指定媒体公示中标候选人，公示期不得少于 3 日。投标人或者其他利害关系人对依法必须进行招标项目的评标结果有异议的，应当在中标候选人公示期间提出。招标人应当自收到异议之日起 3 日内做出答复；做出答复后，才能进行下一步招标投标活动。

机电产品国际招标评标报告应在公示期内送招标投标行政监督部门备案。属于利用国际金融组织或外国政府贷款的招标项目，还应向贷款人申请核准评标报告。

（2）履约能力审查　中标候选人的经营、财务状况发生较大变化或者存在违法行为，招标人认为可能影响其履约能力的，应当在发出中标通知书前由原评标委员会按照招标文件规定的标准和方法审查确认。

（3）定标　招标人按照评标委员会提交的评标报告和推荐的中标候选人以及公示结果，根据法律法规和招标文件规定的定标原则确定中标人；政府采购项目的中标结果应在指定媒体上发布中标公告。

（4）发出中标通知书　招标人确定中标人（或依据有关规定经核准、备案）后，向中标人发出中标通知书，同时将中标结果通知所有未中标的投标人。

（5）提交招标投标情况书面报告　招标人在确定中标人的 15 日内应该将项目招标投标情况书面报告提交招标投标有关行政监督部门。

（十一）签订合同

招标人与中标人应当自中标通知书发出之日起 30 日内，依据中标通知书、招标文件、投标文件中的合同构成文件签订合同。一般经过以下步骤：

1）中标人按招标文件要求向招标人提交履约保证金。

2）双方签订合同，如法规规定需向有关行政监督部门备案、核准或登记的，应办理相关手续。

3）招标人退还投标保证金及利息，投标人退还招标文件约定的设计图样等资料。

第二节　建设工程常用评标办法

一、建设工程招标投标评标办法的内容

建设工程评标办法包括评标方法、评标因素和标准、评标程序，以及推荐中标候选人的要求等内容。

评标方法是招标人根据招标项目的特点和要求，在招标文件中规定的评标委员会对投标文件进行评价和比较的方法。

评标因素和标准是指评标需要考量的各项因素及其具体标准、评标中具体问题的处理方法（如报价范围不一致的处理、否决投标的情形、投标报价低于成本价的判定等）。评标因素和标准一般以表格的形式将各项评审因素、评审依据、评审标准明确列出。

评标程序是指评标的过程和具体步骤，包括初步评审、详细评审、澄清、推荐中标候选人、编写评标报告等。

评标中经常使用的各种表格。以综合评估法评标为例，评标表格通常包括形式评审表、资格评审表、响应性评审表、投标报价评审表、综合评分表、评分汇总表、排序一览表等。

二、建设工程招标投标评标办法的分类

常用的评标方法分为经评审的最低投标价法和综合评估法两大类。

经评审的最低投标价法是以价格为主导考量因素，对投标文件进行评价的一种评标方法。采用经评审的最低投标价法评标的，中标人的投标应当能够满足招标文件的实质性要求，并且经评审的投标报价最低，但是投标报价低于成本价的除外。政府采购货物和服务招标采用的最低评标价法以及全寿命周期成本计算法都属于经评审的最低投标价法。

综合评估法是以价格、商务和技术等方面为考量因素，对投标文件进行综合评价的一种评标方法。采用综合评估法评标的，中标人的投标文件应当能够最大限度地满足招标文件中规定的各项综合评价标准。世界银行、亚洲开发银行贷款项目和机电产品国际招标项目采用的最低评标价法、政府采购货物和服务招标采用的性价比法都属于综合评估法的类型。

三、建设工程招标投标评标办法的应用

（一）经评审的最低投标价法

1. 建设工程项目经评审的最低投标价法

经评审的最低投标价法一般适用于技术、性能规格通用化、标准化，没有特殊性、技术管理以及其他综合性要求的招标项目。采用经评审的最低投标价法评标，应首先审查投

标文件在商务和技术上对招标文件的满足程度；对于满足招标文件各项实质性要求的投标，则按照招标文件中规定的方法，对投标文件的价格要素做必要的调整，以便使所有投标文件的价格要素按统一的口径进行比较。价格要素可能调整的内容包括投标范围偏差、投标缺漏项（或多项）内容的加价（或减价）、付款条件偏差引起的资金时间价值差异、交货期（工期）偏差给招标人带来的直接损益、国外货币汇率转换损失，以及虽未计入报价但评标中应当考虑的税费、运输保险费及其他费用的增减。应区分招标文件的原因和投标人的原因，分别按规定办法增减。经过以上价格要素调整后的价格即为经评审的投标价，该价格最低者为最优。

采用经评审的最低投标价法评标，对于实质上响应招标文件要求的投标进行比较时只需考虑与投标报价直接相关的量化折价因素，而不再考虑技术、商务等与投标报价不直接相关其他因素。

2. 政府采购项目的最低评标价法

政府采购货物和服务招标项目采用的最低评标价法，是在投标全部满足招标文件实质性要求的前提下，依据统一的价格要素对投标报价进行调整，经调整后价格最低的投标人为中标人的评标方法。由于这种评标方法对超出招标要求的商务、技术和服务等响应要素不进行量化折价，所以这种评标方法应归属于经评审的最低投标价法。

3. 栅栏评标法

栅栏评标法是特许经营融资项目评标经常使用的一种评标方法。栅栏评标法采用两阶段评标。第一阶段对融资方案、技术和管理方案、项目协议响应方案等投标内容进行评审，各部分都超过最低要求的投标被认为是合格投标，进入第二阶段评审。第二阶段只对投标报价进行比较，投标报价最低的投标人被推荐为中标候选人。

栅栏评标法既不对融资方案、技术和管理方案、项目协议响应方案等技术因素进行价格折算，也不对商务因素进行价格调整。对招标文件的响应被视为一道"栅栏"，通过这道栅栏的只要价格最低就可中标，因此被形象地称为栅栏评标法。

4. 全寿命周期成本计算法

全寿命周期成本计算法是将工程或货物的建设、采购、安装、运行、维修服务、更新改造，直至报废（废弃成本）的全寿命周期成本进行合并计算并折算为现值比较的评标方法。全寿命周期成本计算法可以全面反映一次采购的全寿命成本，使采购的决策不仅仅考虑初始采购成本，还综合考虑项目的长期经济成本，使采购决策更加科学和客观。采用全寿命周期成本计算法仅考虑工程或货物的各项财务成本，而不考虑技术、品牌、人员、资质、业绩等因素。

采用全寿命周期成本计算法评标，应首先审查投标文件在商务和技术上是否满足招标文件的规定。对于满足招标文件各项实质性要求的投标，则按照招标文件中规定的方法，对投标文件规定的各项成本折算为评标时的合计现值，然后进行比较。这种评标方法适用于工程和货物的采购，尤其适用于后期使用成本对采购决策起关键作用的工程和货物采购。如打印机、复印机等耗材价值明显超过采购货物价值的货物，采用全寿命周期成本计算法进行采购能够更真实地反映采购的真正成本。

采用全寿命周期成本计算法时，招标文件中应当规定各项折算因素以及折现率，作为对各项成本进行折现计算的依据。

5. 合理低价法

合理低价法是以价格因素为主导，以最接近合理低价（评标基准价）的价格为最优的评标方法，属于经评审的最低投标价法类型，采用合理低价法评标时，应首先审查投标文件在商务和技术上对招标文件的满足程度；对于满足招标文件各项实质性要求的投标，则按照招标文件中规定的办法，对投标报价进行计算和比较。首先按照招标文件规定的办法计算合理的评标基准价，然后以最接近评标基准价的得分最高的投标报价为最优。投标价计算得分相等时，以投标报价低的优先。合理低价法具有简单、易用的特点，一般适用于具有通用技术、性能标准，没有特殊性、单一性要求，但价格过低会影响合同履行或工程质量的招标项目。

[例]　投标报价折算为评分值，以合理评标基准价为满分，得分最高者最优。

设定价格评分为 100 分。设定评标基准价，为各投标人评审后价格的平均值下浮 2%。再计算各投标报价与评标基准价的偏差率。每负偏差 1 个百分点，在 100 分的基础上扣 1 分；每正偏差 1 个百分点，在 100 分的基础上扣 2 分。中间值按插入法计算。

（二）综合评估法

1. 建设工程项目综合评估法

一般情况下，不宜采用经评审的最低投标价法的招标项目，尤其是除价格因素外技术、商务因素影响较大的招标项目，都可以采用综合评估法。综合评估法是综合衡量价格、商务、技术等各项因素对招标文件的满足程度，按照统一的标准（分值或货币）量化后进行比较的评标方法。采用综合评估法评标时，可以把以上各项因素折算为货币、分数或比例系数等，再做比较。能够最大限度地满足招标文件中规定的各项综合评价因素的投标被确定为最优投标，其投标人被推荐为中标候选人。

另外除建设工程项目外，包括世界银行、亚洲银行和机电产品国际招标的综合评价法、政府采购的综合评分法等评标方法都属于综合评估法。

相对于经评审的最低投标价法，综合评估法综合考虑了各项投标因素，可以适用于所有招标项目。

（1）采用货币进行比较的综合评估法　综合评估法采用货币进行比较时，其比较的是评审后的价格。评审后的价格的计算公式为：

$$P = P_1 + P_2 + \cdots + P_n$$

式中　　　　P——评审后的价格；

P_1，$P_2 \cdots P_n$——价格、商务、技术等各项偏差调整额。

（2）采用分值进行比较的综合评估法　综合评估法采用综合得分进行比较时，综合得分计算公式如下：

$$F = F_1 A_1 + F_2 A_2 + \cdots + F_n A_n$$

式中　　　　F——评标总得分；

F_1，$F_2 \cdots F_n$——各项评分因素的评分值；

A_1，$A_2 \cdots A_n$——各项评分因素所占的权重（$A_1 + A_2 + \cdots + A_n = 1$）。

《标准施工招标文件》提供了经评审的最低投标价法和综合评估法两种评标方法供选择。按照规定，依法必须招标的工程施工招标项目必须使用《标准施工招标文件》文本。其中的综合评估评标办法已做规定，工程货物招标项目及其他招标项目也可参照该标准文本选择和设置适合具体项目要求的评标办法。

[**例**]　某招标项目采用综合评估法评标，以价格、技术和商务因素综合得分最高为最优。价格因素为 40 分，评审后的投标报价最低的得分为 40 分，最高的得分为 10 分，投标报价为中间值的按照线性插值法计算价格得分；技术因素和商务因素最高得分分别为 50 分和 10 分。

2. 性价比法

性价比法是政府货物和服务招标项目采用的一种评标方法，是对投标的商务和技术等价格以外的因素进行综合评价，然后以分数的形式进行量化，再把量化后的累计分数除以其投标报价，计算出该投标的性价比进行比较，性价比最高的推荐为中标候选人，属于综合评估法的一种。性价比法与综合评价法和综合评分法对商务和技术等因素的评价方法是一样的，区别仅在于性价比法不需把价格量化为分数。

性价比法计算性价比的公式如下：

$$F = K(F_1 A_1 + F_2 A_2 + \cdots + F_n A_n)/P$$

式中　　　F——性价比；

　　　　　K——放大倍数（根据投标报价确定，使计算结果便于比较）；

　　　　　P——投标报价；

F_1，$F_2 \cdots F_n$——各项评分因素的汇总得分；

A_1，$A_2 \cdots A_n$——除价格因素外的各项评分因素所占的权重（$A_1 + A_2 + \cdots + A_n = 1$）。

性价比法的评分经常采用百分制。在投标报价较高时，计算的性价比数值往往很小。为了方便对性价比进行比较，通常在性价比的基础上乘以适当的放大倍数，以便使性价比可以比较。

除政府采购货物和服务招标项目外，其他项目也经常采用性价比法评标，且对性价比的计算方法也可根据定义进行调整。

3. 投票法

投票法是工程建设项目方案设计招标常用的一种评标方法，评标委员会成员对实质性响应招标要求的投标方案经过综合评审，通过投票方式排出名次。投票可以采用记名或不记名的办法，一般实行一人一票制，按照招标文件事先约定的规则确定中标候选方案。

投票法简单易行，但较难对各投标人的投标进行客观的量化，评标结果受主观影响较大，一般在难以量化比较的概念性方案、实施性方案设计招标项目的评审中采用。

4. 排序法

排序法也是常用于工程建设项目方案设计招标的一种特殊评标办法。排序法的做法是由评标委员会成员对实质性响应招标要求的投标方案各自按照评价的优劣顺序进行排序，并按照招标文件规定的赋分办法（如第一名得 5 分，第二名得 3 分，第三名得 1 分）给每个投标方案赋予分数。最后，将每个投标方案和每个评标委员会成员评价的分值分别汇总后排出最终排名顺序。

四、建设工程招标投标评审因素及标准

（一）评审因素

招标项目的评审因素一般包括价格因素、商务因素和技术因素。除此之外其他因素如售后服务、国产化率等都可以归入商务或技术因素。

1. 评标价格计算

评标价格是评标中进行价格比较和价格评分的基础，经评审的最低投标价法和综合评估法都需要计算评标价格。计算评标价格需要考虑报价范围完整性、报价的一致性和付款进度等因素。

（1）报价范围完整性　报价范围完整性主要考量报价范围是否包含了招标文件要求的各项内容。对于报价中的缺漏项内容或超出项内容区分招标人或投标人的不同原因需要进行加价或减价调整，以便各个报价在同样的标准下进行比较。

（2）报价的一致性　报价的一致性是为了使不同条件下的报价统一为口径一致的价格术语进行比较。对于报价中没有包含的进口环节税、运输费、保险费、杂费等需要招标人另行支付的各种费用，应当按照统一的标准加在报价中，以使价格可以进行比较。

（3）付款进度　招标文件一般都对付款进度做了规定。有些情况下，招标文件允许投标人提出修改的付款进度。对于与招标文件要求不一致的付款进度，评标时应当考虑资金的时间价值。一般以合同生效时的资金现值为基准，对投标报价支付进度款的差异部分进行折现计算。

将未来需要支付的资金折算为当期价值（现值）的计算称为折现。评标时对付款差异进行折现计算，通常分为以下两种情况：

1）一次支付情况下的折现。对于一定时间后将要发生的一次性资金支付，将其折现为现值，称为一次支付情况下的折现。

一次支付现值计算公式如下：

$$P = F\left[(1+i)-n\right]$$

式中　P——现值；

　　　F——终值；

　　　i——折现率；

　　　n——折现期数。

公式中 $(1+i)-n$ 称为一次支付现值系数。将 $(1+i)-n$ 用符号 $(P/F, i, n)$ 表示，以上公式也可表示为：

$$P = F(P/F, i, n)$$

为了计算方便，经常将常用的一次支付现值系数计算后列为表格，见表7-1。

表 7-1　一次支付现值系数表

$(P/F, 1\%, n)$	0.99	0.98	0.971	0.962	0.952	0.942
$(P/F, 2\%, n)$	0.98	0.961	0.943	0.925	0.907	0.89
$(P/F, 3\%, n)$	0.971	0.943	0.915	0.888	0.863	0.837

[例]　某施工招标项目投标报价为600万元，合同生效时支付100万元，合同生效三个月时支付300万元，合同生效六个月时支付200万元。假设银行月息为1%，请计算各次付款折现为合同生效时的现值。

答：$P = 100 + 300 \times (1+1\%)^{-3} + 200 \times (1+1\%)^{-6} = 579.59$（万元）

或者：$P = 100 + 300 \times 0.971 + 200 \times 0.942 = 579.59$（万元）

2) 多次等额支付情况下的折现。对于一定时间后将要发生的相同金额的多次资金支付，将其折现为现值，称为多次等额支付情况下的折现。

多次等额支付的折现计算公式如下：

$$P = A \frac{(1+i)^n - 1}{i(1+i)^n}$$

式中　P——现值；

　　　A——每次等额支付的金额（或称为年金）；

　　　i——折现率；

　　　n——年金次数。

以上公式中 $\frac{(1+i)^n - 1}{i(1+i)^n}$ 称为等额系列现值系数，用符号 $(P/A, i, n)$ 表示。以上公式也可表示为：

$$P = A(P/A, i, n)$$

为了计算方便，经常将常用的等额系列现值系数计算后列为表格，见表7-2。

表7-2　等额系列现值系数表

n	1	2	3	4	5	6	7	8
$(P/A, 1\%, n)$	0.99	1.97	2.941	3.902	4.853	5.3795	6.728	7.625
$(P/A, 10\%, n)$	0.909	1.736	2.487	3.17	3.791	4.355	4.868	5.335

[例]　某施工招标项目投标报价为1000万元，合同当月末生效并支付300万元，其余部分从次月末开始，分为7个月等额支付，每个月末分别支付100万元。假设银行月息为1%，请计算各次付款折现为合同生效时的现值。

答：$P = 300 + 100 \times [(1+1\%)^7 - 1] / [1\% \times (1+1\%)^7]$

$\qquad = 300 + 672.82 = 972.82$（万元）

或者：$P = 300 + 100 \times 6.728 = 972.8$（万元）

（4）评标价格　经过对投标报价完整性、一致性和付款进度等因素的评审和计算，得出的是评审后的投标价格（即评标价格）。采用经评审的最低投标价法评标时，只对评标价格进行比较，评标价格最低的可推荐为中标候选人。采用综合评估法评标时，评标价格作为价格评分的依据，除此之外还需要对技术、商务等因素进行评审。

2. 综合评估法和合理低价法的价格评分。

价格评分一般以评标价格为基础计算得分。有些评标方法规定价格得分以评标价格与评标基准价的偏差率为依据计算，则需要确定评标基准价。

（1）评标基准价的确定　常用的确定评标基准价的方法有：以所有评标价格最低值为评标基准价、以所有评标价格平均值为评标基准价、对所有评标价格平均值调整一定额度为评标基准价。以所有评标价格最低值为评标基准价的价格评分方法称为低价优先方法。政府采购货物、服务招标项目和机电产品国际招标项目采用综合评估法评标时，规定必须采用低价优先方法。

（2）价格评分　主要方法有公式法和区间法两种。

1) 公式法。公式法是用数学计算公式计算价格得分的评分方法。计算价格得分的公式有很多种。比较常用的有以下三种。

① 基准价中间值法公式：

$$F_1 = F - \frac{|D_1 - D|}{D} \times 100 \times E$$

式中　F_1——价格得分；

　　　F——价格分值权重；

　　　D_1——投标价格；

　　　D——评标基准价；

　　　E——减分系数，即评标价格高于或低于评标基准价一个百分点应该扣除的分值。

一般为了体现对低价的优惠，$D_1 \geq D$ 时的 E 值可比 $D_1 < D$ 时的 E 值大。

基准价低价优先法公式以评标价格等于评标基准价时为最高分，评标价格高于评标基准价和低于评标基准价的都要在价格分值权重的基础上相应减分（图7-2）。基准价低价优先法公式多用于鼓励合理投标价格中标的工程施工和服务招标项目。货物招标一般不使用这种公式。

图 7-2　基准价中间值法价格得分曲线

② 线性插值法公式：

$$F_1 = F_2 + \frac{F_3 - F_2}{D_3 - D_2} \times (D_1 - D_2)$$

式中　F_1——价格得分；

　　　F_2——设定的最低价格得分；

　　　F_3——设定的最高价格得分；

　　　D_2——设定的最低评标价格；

　　　D_3——设定的最高评标价格；

　　　D_1——投标价格。

使用线性插值法公式时，应对评标价格的变化区间有比较准确的预见（图7-3）。根据预计的评标价格，在招标文件中提前设定最低评标价格和最高评标价格及其得分。实际评标价格按照插值法计算实际得分。

③ 基准价低价优先法公式：

$$F_1 = \frac{D}{D_4} F \times 100$$

式中　F_1——价格得分；

　　　F——价格分值权重；

　　　D_4——评标价格；

　　　D——评标基准价。

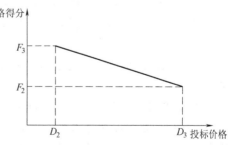

图 7-3　线性插值法价格得分曲线

基准价低价优先法公式以评标价格的最低值为评标基准价，得价格分满分（图7-4）。评标价格高于评标基准价的都要在价格分值权重的基础上相应减分。基准价低价优先法公式多用于鼓励低价中标的招标项目。

2）区间法。区间法是将评标价格与确定的评标基准价的偏差率及其设定的得分按照一定的对应关系制作成为对照表，在一定区间范围的偏差率对应一个确定的得分。采用区间法时需要特别注意区间设置要全面、连续。临界数值应明确是否包含本数。用数学式表示偏差率（%）时，1（不含）~2（含）应表示为（1，2]。

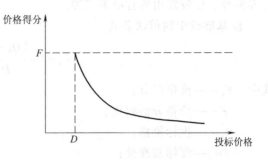

图 7-4　基准价低价优先法价格得分曲线

[**例**]　某工程招标评标办法规定，价格得分按照评标价格与评标基准价的偏差率，查照表 7-3 确定。

表 7-3　偏差率与得分表

偏差率(%)	≤-6	(-6,-5]	(-5,-4]	(-4,-3]	(-3,-2]	(-2,-1]	(-1,0]
得分	10	25	30	34	36	38	40
偏差率(%)	(0,1]	(1,2]	(2,3]	(3,4]	(4,5]	>5	
得分	37	34	30	25	20	10	

当评标价格与评标基准价偏差率为-2%、4.3%和6.8%时，请查表 7-3 确定价格得分。

答：分别为36、20和10分。

3）商务因素。采用经评审的最低投标价法时，商务因素评审合格即可，不对商务因素进行评分。采用综合评估法时，商务因素评审合格后，还需进行评分。商务因素一般包括投标人资质、投标人业绩、投标人管理水平、投标人履约信誉、投标人财务状况和资金动员能力、合同条款的响应和服务承诺等内容。

① 投标人资质。投标人的资质包括资质类别和资质等级，可以反映投标人的基本资格和能力。投标人资质等级高，代表着投标人综合能力较强。

② 投标人业绩。投标人业绩包括投标人已完成的既往业绩和正在执行的项目业绩。投标人已完成的既往业绩反映了投标人的经验，业绩越多则越有经验。正在执行的项目业绩一方面可以反映投标人的市场认可度，另一方面也可以反映投标人剩余的可动员资源。

③ 投标人管理水平。投标人管理水平可以通过投标人采用的管理体系或管理制度反映。

④ 投标人履约信誉。可通过用户评价、以往项目验收报告、行业证明及社会评价等方式考察。

⑤ 投标人财务状况和资金动员能力。投标人的财务状况决定了投标人的履约能力，因此在评标过程中要予以充分考虑。一般通过财务报表、银行资信证明、银行存款证明、银行信贷证明等予以证明。具体因素包括投标人注册资本、资产负债率、盈利情况、净资产、流动资金数额、银行授信额度等财务指标。

⑥ 合同条款的响应。投标人应对合同条款做出实质性响应。一般情况下，除招标文件明确投标人可以提出修改意见的内容外，投标人不得对招标文件的合同条款进行修改。

⑦ 服务承诺。投标人应按照招标文件的要求，对其完成的工程和提供的货物和服务提

供售后服务承诺。售后服务承诺的内容应包括对用户人员的培训计划、服务方式、服务响应时间、服务人员安排、费用承担等内容。

4）技术因素。与商务因素一样，采用经评审的最低投标价法时，技术因素评审合格即可，不再进行评分。采用综合评估法时，技术因素评审合格后需要对技术因素评分。工程、货物和服务评标考虑的技术因素区别较大。

① 工程招标的技术因素。工程招标评标时考虑的技术因素通常包括：

A. 施工组织设计。施工组织设计的内容包括：a. 施工部署的完整性、合理性；b. 施工方案与方法的针对性、可行性；c. 工程质量管理体系与措施的可靠性；d. 工程进度计划与措施的可靠性；e. 安全管理体系与措施的可靠性；f. 环境管理体系与措施；g. 施工机械设备配置的数量、性能、匹配性；h. 劳动力配置的适应性；i. 其他技术支持体系。

B. 项目管理机构。项目管理机构的内容包括：a. 项目经理任职资格与业绩；b. 技术负责人任职资格与业绩；c. 其他人员的任职资格、业绩与专业结构。

② 货物招标的技术因素。货物招标的技术一般因素包括货物的质量性能、技术经济指标、配套性和兼容性、使用寿命、营运的节能和环保指标等内容。

A. 货物的质量性能。货物的质量性能优劣直接决定货物的使用效率状况，评标办法应选取重要的质量性能指标作为货物项目的实质性要求和主要评标因素。招标文件一般应该说明货物质量性能指标必须满足的保证值。投标文件的质量性能指标如不能满足招标文件的实质性要求，通常将作为符合性不合格的拒绝投标处理；当质量性能指标优于要求值时，通常有两种处理方式：一是不再考虑货物的质量性能优势，即不再量化和评价这个优势的质量性能指标；二是量化这个性能指标，并折算为分数或货币进行评价。

B. 货物的技术经济指标。例如能耗、材料消耗、效率等决定货物的运行成本和整个项目的经济效益。某投标货物的运行效率低于其他货物，那么必然要消耗较多的能源和材料才能够达到运行效率较高的其他货物的工作效果。因此货物的技术经济指标应作为评标的重要技术因素，评标中通常需要按照这些指标对货物设计寿命内运行成本的影响进行量化评价。

C. 货物的配套性和兼容性。货物与其他货物的配套性和兼容性也是综合评标的一个重要因素。如果货物的配套性和兼容性不好，可能导致招标货物无法使用。还可能会影响其他货物的采购和使用性能、效率，以及整个工程的质量、进度和投资。为此，应将货物的配套性和兼容性指标作为实质性要求，并根据具体情况对货物配套性和兼容性指标进行量化评价。

D. 货物的使用寿命。货物的使用寿命直接影响货物的使用效益，也是评标的重要因素之一，投标货物的使用寿命未达到招标文件约定要求的应该作废标处理，使用寿命优于招标文件要求的投标可根据具体情况量化评价。

E. 货物营运的节能和环保指标。现在，能源和环境问题越来越突出，评标必须重视节能和环保问题，货物营运的能耗和环保指标应该作为评标衡量货物优劣的指标之一。国家法律法规或行业标准对货物的能耗和环保指标有强制要求者，如果投标货物无法满足这些要求，应作废标处理；如果允许一定范围的偏离，则应对投标货物的能耗和环保指标进行量化评价。例如，为了解决城市中心的供电负荷，越来越多的城市变电站建设在城市中心区域，非常靠近城市居民的居住、生活场所，因此变电站内的设备采购必须考虑设备运行时的噪声和电磁干扰给周边带来的影响；再如车辆采购时，车辆使用的噪声和油耗都将成为选择的重要指标。

F. 其他技术因素。除上述常用技术因素外，招标文件还可根据项目具体情况考虑其他技术因素，如设备先进性和成熟性、零配件供应及售后服务维修情况以及原材料的质量技术等。

③ 服务招标的技术因素。服务招标涉及的内容多种多样，评标时考虑的技术因素也各不相同。特许经营项目融资招标、工程设计招标、监理招标等评标应根据其特点考虑技术因素。

（3）商务和技术评价标准 商务和技术评分（或货币化）方法主要有两类。即客观评分法和主观评分法。

1）客观评分法。客观评分法是对各项评价因素，按照统一的方法进行评分的方法。采用客观评分法时，不同的人对于同一个指标的评分应当是一致的。常用的客观评分法包括排除法、区间法、排序法、公式计算法等。

① 排除法。只需要判定是否符合招标文件要求或是否具有某项功能的指标，可以规定符合要求或具有功能即获得相应分值，反之则不得分。

[例] 有 ISO 9001 认证的得 3 分，没有的得 0 分。

② 区间法。与投标报价得分计算的区间法类似，是将某个商务或技术指标及其得分按照一定的对应关系制作成对照表，在一定区间范围的商务或技术指标数对应一个确定的得分。

[例] 系统工作效率为 90（不含）~ 100（含）的得 3 分，75（不含）~ 90（含）的得 2 分，在 60（不含）~ 75（含）的得 1 分，0（含）~ 60（含）的得 0 分，见表 7-4。

表 7-4　系统效率得分表

系统效率(%)	[0,60]	(60,75]	(75,90]	(90,100]
得分	0	1	2	3

③ 排序法。对于可以在投标人之间具体比较的评价因素，通过对投标人指标的比较和排序，按照排序确定相应得分。

[例] 按照质保期长短排序，最长的得 3 分，其次得 2 分，再次得 1 分，其余得 0 分。按故障维修响应时间排序，故障维修响应时间最快的得 2 分，最慢的得 0 分，其他得 1 分。

④ 公式计算法。按照算术公式计算某些指标的相应得分。

[例] 电耗最低者得 4 分，以电耗最低者为基准，电耗每增加 10% 减 1 分，不足 10% 的部分按照 10% 计算，减完为止。开箱合格率得分 = 开箱合格率×100÷12。废气回收率达到 97% 得 2 分，每增加 0.5% 加 0.5 分（如 97.5% 得 2.5 分，98% 得 3 分，以此类推，在两个值的区间内的，以线性插值法计算）。

2）主观评分法。主观评分法是由评标委员会成员按照自己的主观判断，在设定的范围内自主评价打分的方法。采用主观评分法时，由于主观判断的差异，不同的人对于同一个指标的评分可能会出现不一致的情况。

主观评分法可进一步分为一步法和两步法。一步法是由评标委员会成员根据投标文件对评价因素的响应直接评出分数（表 7-5）。两步法是先由评标委员会成员对评分因素进行等级评价，将所有成员对该项因素的等级评价综合后得出该项因素的最终等级；第二步再由评标委员会成员在该项等级对应的分数区间内打分。

[例] 一步法：

表 7-5 直接评分

百公里油耗/(L/100km)	[0,10]	(10,12]	(12,15]	≥15
得分	[5,4]	(4,3]	(3,0]	0

汽车百公里油耗指标为 8L，评标委员会成员可直接在 4~5 分自主决定得分。

[例] 两步法：

系统设计方案为 10 分，采用两步法主观评价。等级评价满分为 4 分，[3~4] 分评价为优，[2~3) 分评价为良，[1~2) 分评价为一般，[0~1) 分评价为差；等级评价为优的得 [9~10] 分，等级评价为良的得 [7~9) 分，等级评价为一般的得 [5~7) 分，等级评价为差的得 [0~5) 分。

五个评标委员会成员的等级评价分分别为 3、3.5、3.2、2.8、2.6，平均为 3.02，等级评价为优。系统设计方案得分应为 9~10 分，由评标委员会成员自由裁量。

从此例可见，采用两步法评审，评标委员会成员的自由裁量权受到一定的限制。虽然有两位评委认为该投标人该项评审因素应为良，但综合五位评委的意见为优，因此这两位评委也必须在优的分数区间内进行评分。两步法可以避免出现少数评委意见主导最终结果或个别评委恶意评分的情况。

第三节 建设工程投标技术解析

一、建设工程投标中投标人的权利和义务

投标人是响应招标，按照招标文件的规定参加投标竞争的法人或其他社会经济组织，依法招标的科研项目允许个人参加投标的，自然人也可以参加投标，投标的个人适用有关投标人的规定。

建设工程招标投标中，国家对相关组织进行资质管理的，投标人必须首先具备资质。具备圆满履行合同的能力和条件，包括与招标文件要求相适应的人力、物力和财力，以及招标文件要求的资质、工作经验与业绩等。

投标人享有的权利和义务按招标、投标、开标、评标、中标和签订合同的程序及顺序一般主要包括：

（一）投标人权利

1. 平等地获得招标信息的权利

招标信息的传递是通过招标公告、招标文件的澄清和修改、开标、中标公示的形式进行的，投标人通过以上形式，可以平等地获得招标信息。根据招标投标的"公开"原则，公开招标项目须发布招标公告。《招标公告和公示信息发布管理办法》规定了招标公告发布的内容、发布媒介和在不同媒介发布确保内容一致。招标投标过程中，招标人发出的与招

标有关的信息材料均应以书面形式发出。以上规定就是为了保证投标人平等地获得招标信息。

2. 是否参与开标会的权利

在以纸质文件进行投标的过程中，在招标文件规定的投标截止时间前，将投标文件送达开标地点的投标人，是否参与开标会是投标人的权利。因为《招标投标法》规定"开标由招标人主持，邀请所有投标人参加"，招标人只有邀请权。但投标人不参加开标会，也意味着其失去了对开标过程异议的权利，同时也面临着招标文件约定的其他不利后果的风险。

3. 要求对招标文件澄清说明的权利

对招标文件的内容，投标人经过阅读招标文件、现场踏勘、投标预备会等方式，对不明确或不一致的疑问，可以要求招标人澄清。招标人需要发出澄清的，澄清须以书面形式通知所有获取招标文件的潜在投标人或投标人。

4. 异议和投诉的权利

投标人在招标文件发出后的法定时间内、开标现场、中标候选人公示的法定时间内，认为招标过程存在违法行为，可以依据合法获得的证据，向招标人进行异议，如招标人不做答复或答复投标人认为不符合法律规定，可以向行政监督部门投诉。

（二）投标人义务

1. 保证所提供的投标文件的真实性

招标投标原则中的"诚实信用"是市场经济和招标投标"公开、公平、公正"的基石。如果投标人提供的投标文件不真实，将影响其信用，严重的可能面临法律制裁。

2. 按要求对投标文件澄清说明

评标过程中，按《招标投标法》规定"评标委员会可以要求投标人对投标文件中含义不明确的内容做必要的澄清或者说明"，因此投标人有义务对提出澄清的要求，在规定的时间内进行澄清或说明，澄清或者说明不得超出投标文件的范围或者改变投标文件的实质性内容，拒绝澄清或说明的将承担相应的后果，可能造成投标被拒绝。

3. 签订并履行合同

投标人的投标被接受，收到中标通知书后，有权按中标通知书规定的时间内与招标人签订合同，所签订的合同应当以招标文件中提供的合同为基础，合同的实质性内容应与招标文件要求和投标文件承诺一致。

二、建设工程投标中编制投标文件应关注的事项

投标人制作投标文件是投标、中标的前提，投标人应对自己的投标材料和行为负责，投标文件编制中包括但不限于以下关注主要事项。

（一）资格文件

资格审查是全部条款必须完全满足或者满足且优于的，一旦出现问题或瑕疵将可能导致投标无效，投标人要严格按照招标文件要求提供，因此必须仔细阅读招标文件中的每一个文字。在编制投标书的过程中，如发现有不清楚，一定及时向招标人提出书面的澄清要求。

① 对提供的营业执照、资质证书等所有资质类文件应在有效期内；对于有认证范围的，需要核查是否在认证范围。

② 法人身份证明及法人授权函：招标文件中对给出的模板，请务必按照模板要求提供。法人签字必须是法人代表本人签字，或者投标人公司经过备案的法人签字章，不得使用代签等方式。

③ 业绩证明材料应按要求完整提供。合同签字盖章必须齐全。其他有需要签字盖章的，也保证签字盖章齐全。

④ 投标文件所提供的资质、业绩等材料均须为投标人的材料，存在母子公司关系者资质、业绩不得通用。

（二）报价文件

报价文件是投标文件的核心内容，与合同签订及执行紧密联系，因此报价文件编制应充分认识其重要性

① 投标报价不能超过最高限价，注意最高限价是否含税。

② 报价文件是投标的核心文件，所以对签字盖章要充分重视，一定按要求进行。

③ 投标函、开标一览表中的金额、报价汇总表金额、报价明细表金额及计算必须正确，包含小数点后保留位数、大小写必须一致。

④ 投标文件中已标价的工程量清单，投标人不可修改招标文件所提供的工程量，因为量的风险由招标人承担。

（三）技术文件

建设工程投标文件的技术文件应根据项目的特点编制，特别注意在应用以前投标文件模板时，一定要根据招标项目特点认真修改。货物、服务投标时应对具体的技术要求进行响应。

三、建设工程投标中防止被拒绝投标

投标被拒绝，大致可以分为三类：资格性条款、形式性条款和响应性条款。投标人一定要按照招标文件中的投标文件格式要求编制投标文件。保证材料真实，文字、图片等清楚可辨，签署符合要求，文件前后逻辑一致、完整。如果提供材料不真实、不清楚、不一致或不完整，导致评标委员会评审为不符合要求，导致投标被拒绝的后果，只能由投标人承担。

为了避免投标文件被拒绝，投标人制作完投标文件后，应当进行认真检查，检查的内容包括但不限于以下关注主要事项。

① 检查投标文件中资格、形式、响应性是否符合招标文件的要求。

② 检查投标价的计算，避免出现计算错误。同时也要运用经验对投标价格进行检验、对比。

③ 检查投标文件前后的一致性，投标文件中，有很多内容是前后相关的，应保持一致。因此，在投标文件编制完成后，检查有关内容的前后一致性非常重要。

④ 检查投标文件的完整性，在开始投标文件的印刷、装订前，检查投标文件的完整性十分重要。只有投标文件完整无缺，且符合招标文件的格式性要求，才能确保不出现投标被拒绝的情况。

⑤ 检查签字和盖章的符合性、完整性，投标文件签署和盖章完成后，要一一进行检查，避免应该签名和盖章的文件缺少签名盖章。

第四节 建设工程招标投标实例

一、背景

某股份制企业，其中国有资本占总股本的 51%，计划投资 3000 万元人民币，拟新建一座综合办公楼，建筑面积 8620m²，地下 1 层，地上 6 层，工程基础垫层面标高-4.26m，檐口底高 21.18m，为全现浇框架结构。地质情况为地下曾是暗河，施工中需考虑施工保证措施。新建办公楼在老厂区，施工场地相对狭小。招标人已完成项目前期工作，设计图样已齐备。研究决定采用委托招标形式进行公开招标确定工程施工承包人。

二、招标过程情况

（一）招标委托

招标人本次服务预算不超过 25 万元，按照企业内部管理规定，对拟委托的招标代理机构进行谈判采购。经谈判确定招标代理机构，并与其签订招标代理合同，约定了双方的权利、义务、违约责任和合同有效期。

（二）招标策划

招标人与招标代理机构签订合同后，招标代理机构提供本次招标的《招标策划》，收集相关资料，确定了招标代理项目组管理及人员配备，本次招标项目实施建议、保证措施及风险分析，需要招标人配合的有关工作。

（三）招标文件

招标代理机构根据项目相关资料和自身专业知识，拟定招标文件初稿后，向招标人进行汇报说明，招标人按内部管理程序研究同意后，最终确定招标文件。其中主要内容有：

1. 资格审查

该项目建设中技术难度不大，采用资格后审方式组织本次招标。

2. 投标报价

项目投资 3000 万元人民币，工期 385 日历天，由于工期不长采用固定总价合同，根据图样和招标文件，编制了工程量清单。关于合同风险，招标文件约定如下：

1）投标价格采用固定总价方式，即投标人所填写的单价和合价，在合同实施期间不因市场变化因素而变动，投标人在计算报价时可考虑一定的风险系数。

2）计取包干费时，应考虑其包干范围为材料、人工、设备在 10% 以内的价格波动，工程量误差在 3% 以内的子目，以及已提供的合同条款明示或暗示的其他风险。

3）施工人员住宿自行解决，因场地狭小而发生的技术措施费在投标报价中应需充分考虑。

3. 评标标准和方法

本项目虽然技术不复杂，但地质情况特殊可能存在施工安全风险，场地狭小，施工组织和措施有一定特殊技术要求，采用综合评估法，评审标准为初步评审标准和详细评审标准两部分。

（1）初步评审标准 分为形式、资格和响应性三部分。

1）形式评审标准见表7-6。

表7-6 形式评审标准

评审因素	评审标准
投标人名称	与营业执照、资质证书、安全生产许可证一致
投标函及投标函附录	有法定代表人或其委托代理人签字或加盖单位公章,委托代理人签字的,其法定代表人授权委托书由法定代表人签署
投标文件格式及签章	投标文件格式和签字、盖章符合招标文件要求
联合体投标	不接受联合体投标
报价唯一性	只能有一个有效报价
其他	法律法规的其他要求

2）资格评审标准见表7-7。

表7-7 资格评审标准

评审因素	评审标准
营业执照	具备有效的营业执照
安全生产许可证	具备有效的安全生产许可证
资质等级	具备房屋建筑工程施工总承包三级以上资质
财务状况	财务状况良好,上一年度资产负债率小于95%
项目经理	具有建筑工程专业二级建造师执业资格,近三年组织过同等建设规模的项目施工
技术负责人	具有建筑工程相关专业工程师资格,近三年组织过同等建设规模的项目施工的技术管理
项目部其他人员	岗位人员配备齐全,具备相应岗位从业人员职业/执业资格
信用	近三年履约合法,不是"信用中国"的失信被执行人,没有骗取中标被行政主管部门通报
其他	法律法规规定的其他资格条件

3）响应性评审标准见表7-8。

表7-8 响应性评审标准

评审因素	评审标准
投标内容	与招标文件"投标人须知"中招标范围一致
投标报价	投标函报价与已标价工程量清单汇总结果一致
工期	符合招标文件"投标人须知"中工期规定
工程质量	符合招标文件"投标人须知"中质量要求
投标有效期	符合招标文件"投标人须知"对投标有效期的规定
投标保证金	符合招标文件"投标人须知"对投标保证金的规定
权利义务	符合招标文件"合同条款及格式"对权利义务的规定
已标价工程量清单	符合招标文件"工程量清单"中给出的范围及数量
技术标准和要求	符合招标文件"技术标准和要求"的规定
施工组织设计	满足工程组织需要
其他	法律法规的其他要求

（2）详细评审标准　其评审对象为通过初步评审的有效投标文件。详细评审采用百分制评分方法，小数点后保留两位，第三位四舍五入。综合评分标准见表7-9。

表7-9　综合评分标准

评审因素	标准分		评审标准
工期	2分		工期等于招标文件中计划工期为0分,在招标文件中计划工期基础上提前一天加0.1分,最高2分
施工重难点	3分		对本项目施工重难点的措施可行得3分,较可行得2分,基本可行得1分,没有或不可行不得分
投标报价	综合单价	25分	每个子目综合单价最高者扣0.5分,扣完为止。如无子目综合单价最高者得25分
	投标总价	70分	当偏差率<0时:得分=70-2×|偏差率|×100 当偏差率=0时:得分=70 当偏差率>0时:得分=70-3×|偏差率|×100 偏差率=100%×(投标人报价-评标基准价)/评标基准价 评标基准价为各有效投标报价的算数平均值(有效投标报价数量大于5时,去掉一个最高报价和一个最低报价后,计算算数平均值)

（四）发布公告

招标公告于××××年9月30日在"中国招标投标公共服务平台"和项目所在地"招标投标公共服务平台"发布，规定时间内共有8个投标人购买了招标文件。

（五）开标

招标文件规定的投标截止时间及开标时间是××××年11月2日上午9：00。在规定的投标截止时间前，有8个投标人按要求递交了投标文件，并参加了开标会。开标记录见表7-10。

表7-10　开标记录表

投标人	投标报价/万元	工期/日历天	质量等级	投标保证金
A	2680.00	365	合格	有
B	2672.00	365	合格	有
C	2664.00	365	合格	有
D	2653.00	365	优良	有
E	2652.00	365	合格	有
F	2650.00	365	合格	有
G	2630.00	365	合格	有
H	2624.00	365	合格	有

（六）评标

1. 评标委员会

招标人依法组建了评标委员会，评标委员会由5人组成，其中招标人代表一人，由该省组建的综合专家库中随机抽取的技术、经济专家4人，其中施工技术3人，工程造价1人。

2. 初步评审

评标委员会对 8 个投标人的投标文件首先进行了初步评审，经评审投标人 D 承诺质量标准为"优良"，现行的质量检验与评定标准中没有该等级，经评委会讨论，认为其没有响应招标文件要求的"合格"标准，拒绝其投标，其余投标人通过了初步评审。

3. 详细评审

对通过初步评审的投标人，评标委员会对其工期、施工重难点的措施、报价及已标价工程量清单进行了详细评审，其中 A、B、C、E、F、G、H 分别有 45、20、5、4、7、13、2 项综合单价位于最高。经计算评审结果见表 7-11。

表 7-11　详细评审结果表

投标人	工期	重难点	综合单价	投标总价	总分	排名
A	2	3	2.50	66.97	74.71	7
B	2	3	15.00	67.87	87.87	6
C	2	2	22.50	66.77	95.27	3
E	2	1	23.00	69.92	95.92	2
F	2	3	21.50	69.76	96.26	1
G	2	2	18.50	68.26	90.76	5
H	2	1	24.00	67.80	94.80	4

4. 推荐中标候选人

评标委员会按照招标文件中的评标标准和方法，对各投标人的投标文件进行了评审，依次推荐投标人 F、E、C 为中标候选人，并出具了《评标报告》。

5. 公示评标结果

依据《评标报告》对推荐的中标候选人，在发布招标公告的同一媒体，进行了评标结果公示，公示期无异议。

（七）中标签订合同

招标人收到《评标报告》后，对《评标报告》和投标人 F 的合同履约能力进行了审查，对评标委员会的评审无异议，认为投标人 F 具有合同履约能力，于××××年 11 月 8 日向其发出《中标通知书》，随后按招标文件和其投标文件签订了施工承包合同。

三、实例分析评价

从以上实例可以看出，该项目按照国家发展和改革委员会第 16 号令，属于依法必须招标的项目，虽然技术不算复杂，但地质情况特殊可能存在施工安全风险，场地狭小，施工组织和措施有一定特殊技术要求，因此采用综合评估法。对于一些潜在投标人普遍掌握的施工技术，且合同风险相对较低的项目，也可以采用最低投标价法。

第八章　全过程工程咨询

2017年2月，国务院办公厅印发《关于促进建筑业持续健康发展的意见》（国办发〔2017〕19号），要求完善工程建设组织模式，培育全过程工程咨询。这是我国在建筑工程全产业链中首次明确提出"全过程工程咨询"这一概念，旨在适应发展社会主义市场经济和建设项目市场国际化需要，提高工程建设管理和咨询服务水平，保证工程质量和投资效益。本章主要介绍全过程工程咨询的概念、内容及方法。

第一节　全过程工程咨询概述

一、全过程工程咨询的基本概念

全过程工程咨询是受客户委托，在规定时间内，充分利用准确、适用的信息，集中专家的群体智慧和经验，运用现代科学理论及工程技术、工程管理等方面的专业知识，对工程建设项目前期研究、决策，以及工程项目实施和运行（或称运营）的全生命周期提供包含设计、规划在内的涉及组织、管理、经济和技术等各有关方面的工程咨询服务。采用多种服务方式组合，为项目决策、实施和运营持续提供局部或整体解决方案以及管理服务。

全过程工程咨询是一种创新咨询服务组织实施方式，大力发展以市场需求为导向，满足委托方多样化需求的全过程工程咨询服务模式。

全过程工程咨询与传统的建设模式咨询的区别：

全过程工程咨询涉及建设工程全生命周期内的策划咨询、前期可研、工程设计、招标代理、工程造价咨询、工程监理、施工前期准备、施工过程管理、竣工验收以及运营保修等各个阶段的管理服务。传统的建设模式咨询采取分阶段或分项进行专业咨询。

相比于传统建设模式咨询，全过程工程咨询有利于增强建设工程内在联系，强化全产业链整体把控，减少管理成本，让业主得到完整的建筑产品和服务。

二、全过程工程咨询的原则和特点

（一）全过程工程咨询的原则

1. 独立

独立是全过程工程咨询的第一属性，即工程咨询专业人员独立于客户而展开工作。独立性是社会分工要求咨询行业必须具备的特性，是其合法性的基础。咨询单位或个人不应隶属或依附于客户，而是独立自主的，在接受客户委托后，应独立进行分析研究，不受外界的干扰或干预，向客户提供独立、公正的咨询意见和建议。

2. 科学

科学是指以知识和经验为基础，为客户提供解决方案。全过程工程咨询所需的是多科专业知识和大量的信息资料，包括自然科学、社会科学、工程技术等专业知识。多种知识的综合应用是全过程工程咨询科学化的基础。同时，经验是实现全过程工程咨询科学性的重要保障。知识、经验、能力和信誉是全过程工程咨询科学性的基本要素，其科学性不仅在于业务本身符合工程技术客观规律的要求，而且要求业务符合政策规定，遵循经济规律，满足客户的需求。

3. 公正

公正是指全过程工程咨询应该维护全局和整体利益，具有宏观意识和坚持可持续发展的原则。要求在调查研究、分析问题、做出判断和提出建议的时候客观、公平、公正，遵守职业道德，坚持全过程工程咨询的独立性和科学性。

（二）全过程工程咨询的特点

（1）全过程　贯穿项目全生命周期，持续提供工程咨询服务。

（2）集成化　整合投资咨询、勘察、设计、招标代理、造价、监理、项目管理等业务资源，充分发挥各自专业能力，实现项目组织、管理、技术、经济等全方位一体化。

（3）多方案　采用多种组织模式，为项目提供局部或整体多种解决方案。

三、建设项目与全过程工程咨询

（一）建设项目

1. 建设项目的含义

建设项目是指按一个总体设计进行建设的各个单项工程所构成的总体，在我国又称为基本建设项目或工程建设项目，也有简称"项目"的。凡属于一个总体设计中分期分批进行建设的主体工程和相应的附属配套工程、综合利用工程、供水供电工程等作为一个建设项目；凡是不属于一个总体设计，经济上分别核算，工艺流程上没有直接联系的几个独立工程，应分别列为几个建设项目。

建设项目是一个建设单位在一个或几个建设区域内，根据批准的计划任务书和总体设计、总概算书，经济上实行独立核算，行政上具有独立的组织形式，严格按照建设程序实施的建设工程。一般是指符合国家总体建设规划，能独立发挥生产功能或满足生活需要，其项目建议书经批准立项和可行性研究报告经批准的建设任务。如民用建设中的一个居民区、一幢住宅、一所医院，工业建设中的一座工厂、一座矿山等均为一个建设项目。包括基本建设项目（新建、扩建等工程建设项目）和技术改造项目。

2. 建设项目的组成

一个建设项目由若干个单项工程组成，其中一个单项工程，又由若干个单位工程组成，单位工程又包括若干个分部工程或分项工程。

3. 建设项目的特点

（1）具有明确的建设目标　每个项目都具有确定的目标，包括对功能性要求和对项目的约束、限制，如时间、质量、投资等。

（2）具有特定的对象　任何项目都具有具体的对象，它决定了项目的最基本特征，是项目分类的依据。

（3）一次性　项目都具有特定目标的一次性任务，有明确的起点和终点，任务完成即告结束，所有项目没有重复。

（4）生命周期性　项目的一次性决定了项目具有明确的起止点，也就是项目的生命周期。

（5）有特殊的组织和条件　项目的参与单位之间主要以合同作为纽带相互联系，并以合同作为分配工作和责任划分的依据。项目参与各方通过合同、法律法规等作为条件完成项目的整个建设。

（6）涉及面广　一个建设项目涉及建设规划、土地、金融、税务、设计、施工、材料供应、交通运输、建设管理等诸多部门，因而项目组织者需要做大量的协调工作。

（7）建设周期长，环境因素制约多　建设项目的建设周期长，影响面大，受建设地点的气候条件、水文地质、地形地貌等多种环境因素的制约。

（二）项目建设程序

项目建设程序是指工程项目从策划、评估、决策、设计、施工到竣工验收、投入生产或交付使用的整个建设过程中，各项工作必须遵循的先后工作次序。工程项目建设程序是工程建设过程客观规律的反映，是建设工程项目科学决策和顺利进行的保证。工程项目建设程序是人们长期在工程项目建设实践中得出来的经验总结，不能任意颠倒，但可以合理交叉。

工程项目建设程序可分为以下几个阶段：

1. 策划决策阶段

策划决策阶段又称为建设前期工作阶段，主要包括编报项目建议书和可行性研究报告两项工作内容。

（1）项目建议书　项目建议书应提出拟建项目的轮廓设想，论述项目的必要性、主要建设条件和获利的可能性等，以判定项目是否需要进一步开展可行性研究工作，但并不表明项目非上不可，项目建议书不是项目的最终决策。

（2）可行性研究　可行性研究是在项目建议书被批准后，对项目在技术上和经济上是否可行所进行的科学分析和论证。

根据《国务院关于投资体制改革的决定》（国发〔2004〕20号），对于政府投资项目须审批项目建议书和可行性研究报告。

《国务院关于投资体制改革的决定》指出，对于企业不使用政府资金投资建设的项目，一律不再实行审批制，区别不同情况，实行核准制和登记备案制。

对于《政府核准的投资项目目录》以外的企业投资项目，实行备案制。

2. 勘察设计阶段

（1）勘察过程　复杂工程分为初勘和详勘两个阶段。勘察主要是为设计提供实际依据。

（2）设计过程　一般分为初步设计阶段和施工图设计阶段，对于大型复杂项目，可根据不同行业的特点和需要，在初步设计后增加技术设计阶段。

初步设计是设计的第一步，如果初步设计提出的总概算超过可行性研究报告投资估算的10%以上或其他主要指标需要变动时，要重新报批可行性研究报告。

初步设计经主管部门审批后，建设项目被列入国家固定资产投资计划，方可进行下一步的施工图设计。

施工图设计一经审查批准，不得擅自进行修改，否则必须重新报请原审批部门，由原审批部门委托审查机构后再批准实施。

3. 项目实施准备阶段

项目实施准备阶段主要内容包括组建项目法人、落实资金、征地、拆迁、"三通一平"乃至"七通一平"，组织材料、设备采购；办理建设工程质量监督手续；准备必要的施工图样；组织招标（包括施工、监理等）；办理施工许可证等。

4. 施工阶段

建设项目具备了开工条件，并取得施工许可证后方可开工。项目新开工时间，按设计文件中规定的任何一项永久性工程作为第一次正式破土开槽时间。无须开槽的以正式打桩作为开工时间。

5. 生产准备阶段

对于生产性建设项目，在其竣工投产前，建设单位应适时地组织专门班子或机构，有计划地做好生产准备工作，包括招收、培训生产人员，组织有关人员参加设备安装、调试、工程验收，落实原材料供应；组建生产管理机构，建立健全生产规章制度等。

6. 竣工验收阶段

竣工验收阶段包括联动试车、指标考核、竣工验收等。建设项目竣工验收要按照设计文件，有关技术经济要求，检验工程是否达到了设计的要求，是否可以移交生产运营。验收合格后，建设单位编制竣工决算，项目正式投入使用。

7. 项目后评价阶段

建设项目后评价是工程项目竣工投产、生产运营一段时间后，在对项目的立项决策、设计施工、竣工投产、生产运营等全过程进行系统评价的一种技术活动，也是固定资产管理的一项重要内容。

（三）建设项目全过程工程咨询业务范围

1. 传统的全过程工程咨询业务范围

根据《工程咨询业管理暂行办法》（国家计划委员会第2号令）的规定，建设项目全过程工程咨询业务范围如下：

（1）投资前期阶段的咨询 包括投资机会研究、项目建议书和可行性研究报告的编制或评估等。

（2）建设准备阶段的咨询 包括工程勘察、工程设计、招标投标咨询等。

（3）实施阶段的咨询 包括设备材料采购咨询、合同管理咨询、施工监理咨询、生产准备咨询、人员培训咨询、竣工验收咨询等。

（4）生产阶段的咨询 包括后评价等。

2. 现代的全过程工程咨询业务范围

1）全过程各专业咨询服务内容包括以下组合：

① 项目策划。

② 工程设计。

③ 招标代理。

④ 造价咨询。

⑤ 工程监理。

⑥ 项目管理。

⑦ 其他工程咨询服务。如规划咨询、工程勘察等涉及组织、管理、经济和技术等有关方面的工程咨询服务。

2) 全过程工程咨询根据咨询服务合同的相应范围界定全过程工程咨询服务范围，业主根据自身的能力，合理选择合同服务范围。

3) 项目策划、工程设计、招标代理、造价咨询、工程监理、项目管理等各专业基本业务范围如下，具体内容、方法与管理见本章第二节、第三节。

① 项目策划：编制投资策划书、项目建议书、可行性研究报告、项目申请报告、资金申请报告、环境影响评价、社会稳定风险评估、职业健康风险评估、交通评估、节能评估等工作。

② 工程设计：根据项目实施过程包括项目方案设计、初步设计、技术设计、施工图设计及施工阶段、竣工验收阶段设计服务。其主要设计内容（以房建为例）包括土建设计（建筑、结构）、机电设计（给水排水、电器、暖通）、智能化设计、景观设计、内装设计、幕墙设计、变配电设计、人防设计、泛光照明设计等。

③ 招标代理：投标单位的资格预审，招标文件的编制、发售、澄清或者修改，组织现场踏勘、收取投标保证金，接受投标文件，组织开标、评标，履行中标公示，公布中标结果，采购管理等。

④ 造价咨询：投资估算的编制与审核，经济评价的编制与审核，设计概算的编制、审核与调整，施工图预算的编制与审核，工程量清单的编制与审核，最高投标限价的编制与审核，工程计量支付的确定，审核工程款支付申请，提出资金使用计划建议，施工过程的工程变更、工程签证和工程索赔的处理，工程结算的编制与审核，工程竣工决算的编制与审核，全过程工程造价管理咨询，工程造价鉴定，方案比选、限额设计、优化设计的造价咨询，合同管理咨询，建设项目后评价，工程造价信息咨询服务，其他合同约定的工程造价咨询工作。

⑤ 工程监理：编制监理规划及监理实施细则，全过程咨询服务工程的质量、造价、进度控制，以及对工程变更、索赔及施工合同争议的处理，监理文件资料管理，设备采购及设备安装的监理。

⑥ 项目管理：项目行政审批管理、合同管理、设计管理、进度管理、质量管理、成本管理、安全生产管理、绿色建造与环境管理、资源管理、信息与知识管理、沟通管理、风险管理、收尾管理等内容。

四、全过程工程咨询服务主体及对象

（一）全过程工程咨询服务主体

基于目前的全过程工程咨询概念和业务范围，我国现阶段全过程工程咨询服务是指采用多种组织方式，为项目决策、实施和运营持续提供局部或整体解决方案。无论何种方式，提供全过程工程咨询服务的机构均为企业单位，且受委托人委托，在委托人授权范围内对建设项目实行全过程专业化管理咨询服务。

目前我国对提供全过程工程咨询服务的企业尚未严格规定，但对全过程工程咨询服务机构有要求，委托人派驻工程负责履行全过程工程咨询服务合同的组织机构，包括工程设计、工程监理、招标代理、造价咨询、项目管理等一个或多个法人单位组成的对项目进行全过程工程咨询服务的机构。咨询服务机构应具备适应委托工作的设计、监理、造价咨询等资质中的一项或多项；当不具备工作内容的相应资质可分包给具有相应资质的服务企业。

从事工程咨询服务业务的专业技术人员应以单位名义开展咨询服务工作。

1. 全过程工程咨询服务总负责人（项目总咨询师）

项目总咨询师是指由受托的全过程工程咨询服务机构（联合体单位组成的机构需由各联合体单位共同授权）的法定代表人书面授权，全面负责履行合同，主持全过程工程咨询服务机构工作。全过程工程咨询项目总咨询师执业资格要求：原则上应当取得工程建设类注册执业资格（如具有注册造价工程师、注册监理工程师、注册建造师、注册建筑师、勘察设计注册工程师）或具有工程类、工程经济类高级职称，并具有类似工程经验人员承担，如果国家有相关规定的从其规定。

2. 全过程工程咨询服务专业负责人

专业负责人是指由受托人的法定代表人委派，主持相应专业咨询服务工作，具备相应资格和能力，在全过程工程咨询服务总负责人（项目总咨询师）的管理协调下，开展全过程工程咨询服务相关专业咨询的专业人士（或简称专业咨询师，如设计咨询师、造价咨询师、监理咨询师、投资咨询师等）。全过程工程咨询服务专业负责人主要包括但不限于以下专业人士：具有注册造价工程师、注册监理工程师、注册建造师、注册建筑师、勘察设计注册工程师或具有国家法律法规规定的相关职业资格人员。

国际上把从事工程咨询业务为职业的工程技术人员和其他专业（如经济、管理）人员统称为咨询工程师，担当咨询总负责人的咨询工程师称为总咨询师。1990 年国际咨询工程师联合会（FIDIC）在其出版的《业主/咨询工程师标准服务协议书条件》（简称"白皮书"）中已用"Consultant"取代了"Consulting Engineer"。Consultant 一词可译为咨询人员或咨询专家，但我国对"白皮书"的翻译仍按原习惯译为咨询工程师。

（二）全过程工程咨询服务对象

全过程工程咨询服务对象主要为项目业主或建设方。大多为各级政府、企事业单位，也可为金融机构或其他组织等。

五、全过程工程咨询服务费用计算

（一）全过程工程咨询服务收费规定

国家发展和改革委员会、住房和城乡建设部《关于推进全过程工程咨询服务发展的指导意见》（发改投资规〔2019〕515 号）第五条第二款规定，全过程工程咨询服务酬金可在项目投资中列出，也可根据所包含的具体服务事项，通过项目投资中列支的投资咨询、招标代理、勘察、设计、监理、造价、项目管理等费用进行支付。全过程工程咨询服务酬金可按各专项服务酬金叠加后再增加相应统筹管理费用计取，也可按照人工成本加酬金方式计取。鼓励投资者或建设单位根据咨询服务的节约投资额对咨询服务单位予以奖励。

（二）全过程工程咨询服务的要点

全过程工程咨询模式是 1+N+X，1 代表项目管理，N 代表自行实施的专项服务，X 代表不自行实施但应协调管理的专项服务。

1）标准的全过程工程咨询应包括项目管理和至少一项自行实施的专项服务，其他专项服务应协调或控制，即：1＝项目管理，$N \geq 1$，$X \geq 1$。

2）标准的代建应包括项目管理，不自行实施任何专项服务，协调或控制其他所有专项服务，即：1＝项目管理，$N=0$，$X \geq 5$。

3）标准的项目管理仅做项目管理，不自行实施任何专项服务，也不协调和控制其他所有专项服务，相当于建设单位的建设项目管理职责，即：1＝项目管理，$N=0$，$X=0$。

4）如果设计院做全过程工程咨询，$N=$勘察＋设计＋…，这里的勘察设计就是绘出勘察、设计文件。如果造价咨询单位做全过程工程咨询，则 $X=$勘察＋设计＋…，这里的勘察设计就是造价咨询单位协调的内容。

5）全过程工程咨询的费用应包括独立的项目管理费、叠加收取的自行实施的专项服务费，再加1%的不自行实施的协调管理的专项服务的统筹管理费用。

（三）不同地区全过程工程咨询服务收费标准

目前全国尚无统一的全过程工程咨询服务收费标准，各地区（不同省、市）收费标准不一，见表8-1。

表8-1 不同地区全过程工程咨询收费标准

序号	地区	计费方式
1	江苏省	1. 分项计算后叠加 2. 建设单位对项目管理咨询企业提出并落实的合理化建议，应当按照相应节省投资额或产生的效益的一定比例给予奖励，奖励比例在合同中约定
2	浙江省	1. 各项专业服务费用可分别列支 2. 以基本酬金加奖励的方式，鼓励建设单位对全过程工程咨询企业提出并落实的合理化建议按照节约投资额的一定比例给予奖励，奖励比例由双方在合同中约定 3. 全过程工程咨询服务费的计取应尽可能避免采用可能将全过程工程咨询企业的经济利益与工程总承包企业的经济利益一致化的计费方式
3	福建省	1. 分项计算后叠加 2. 可探索基本酬金加奖励的方式，鼓励建设单位按照节约投资额的一定比例对全过程工程咨询单位提出的合理建议给予奖励
4	广东省	1. 根据委托的内容分项叠加计算 2. 可探索基本酬金加奖励
5	四川省	1. 分项计算后叠加；或采用人工计时单价取费 2. 对咨询企业提出并落实的合理化建议，建设单位应当按照相应节省投资额或产生的经济效益的一定比例给予奖励

第二节 全过程工程咨询的内容

全过程工程咨询内容覆盖整个建设项目，贯穿项目全寿命周期，包括建设项目策划咨询、项目前期可行性研究咨询、工程设计咨询、工程招标咨询、工程造价咨询、工程监理咨询、施工前期准备咨询、施工过程管理咨询、竣工验收阶段咨询、运营保修咨询等。本节将介绍上述几个主要咨询内容。

一、项目策划咨询

（一）项目策划定义

项目策划是指在建设领域内项目策划人员根据建设业主总的目标要求，从不同的角度出发，通过对建设项目进行系统分析，对建设活动的总体战略进行运筹规划，对建设活动的全过程做预先的考虑和设想，以便在建设活动时间、空间、结构三维关系中选择最佳的结合点，重组资源和展开项目运作，为保证项目在完成后获得满意可靠的经济效益、环境效益和社会效益而提供科学的依据。

（二）项目策划分类

项目策划按其范围可分为工程项目总体策划和局部策划。工程项目总体策划一般是在项目决策阶段进行的全面策划，局部策划是指对全面策划分解后的一个单项或专业问题的策划。

项目策划按其程序可分为建设前期工程项目构思策划和工程项目实施策划。

1. 工程项目构思策划

工程项目构思策划是在项目决策阶段所进行的总体策划，它的主要任务是提出项目的构思，进行项目的定义和定位，全面构思一个待建工程项目。项目构思策划必须以国家及当地法律法规和有关方针政策为依据，并结合国际国内社会经济的发展趋势和实际的建设条件进行。

项目构思策划的主要内容：

1）工程项目构思的提出。

2）工程项目在社会经济发展中的地位、作用和影响力的策划。

3）工程项目性质、用途、建设规模、建设标准的策划。

4）工程项目的总体功能、项目系统内各单项、单位工程的构成以及各自的功能和相互关系，项目内部系统与外部系统的协调和配套的策划。

5）与工程项目实施及运行相关的重要环节的策划。

2. 工程项目实施策划

工程项目实施策划是指为使构思策划成为现实可能性和可操作性，而提出的带有策略性和指导性的设想。实施策划一般包括以下几种：

（1）工程项目组织策划　根据国家规定，对大中型项目应实行项目法人责任制。这就要求按照现代企业制度的要求设置组织结构，即按照现代企业组织模式组建管理机构和人事安排。这既是项目总体构思策划的内容，也是对项目实施过程产生重要影响的实施策划内容。

（2）工程项目融资策划　资金是实现工程项目的重要物质基础。工程项目投资大，建设周期长，不确定性大，因此资金的筹措和运用对项目的成败关系重大。建设资金的来源广泛，各种融资手段具有不同的特点和风险因素，项目融资策划就是选择合理的融资方案，以达到控制资金的使用成本，降低项目投资风险的目的。影响项目融资的因素较多，这就要求项目融资策划有很强的政策性、技巧性和策略性，它取决于项目的性质和项目实施的运作方式。

（3）工程项目控制策划　项目控制策划是指对项目实施系统及项目全过程的控制策划。

包括项目目标体系的确定、控制系统的建立和运行的策划。

（4）项目管理策划 项目管理策划是指对项目实施的任务分解和分项任务组织工作的策划。它主要包括合同结构策划、项目招标策划、项目管理机构设置和运行机制策划、项目组织协调策划、信息管理策划等。项目管理策划应根据项目的规模和复杂程度，分阶段分层次地展开，从总体的战略性策划到局部的实施性、详细性策划逐步进行。项目管理策划重点在提出行动方案和管理界面设计。

二、项目前期可行性研究咨询

（一）项目前期可行性研究阶段的划分

可行性研究工作是一个由粗到细的分析过程，主要包括四个阶段：机会研究、初步可行性研究、详细可行性研究、评价和决策阶段。

1. 机会研究

投资机会研究又称投资机会论证。这一阶段的主要任务是提出建设项目投资方向建议，即在一个确定的地区和部门内，根据自然资源、市场需求、国家产业政策和国际贸易情况，通过调查、预测和分析研究，选择建设项目，寻找投资的有利机会。机会研究要解决两个方面的问题：一是社会是否需要；二是有没有可以开展项目的基本条件。

该阶段工作成果为项目建议书，一般应包括以下内容：

1）建议项目提出的必要性和依据，引进技术和进口设备的，还需说明国内外技术差距概况和进口的理由。

2）产品方案、拟建规模和建设地点的初步设想。

3）资源情况、建设条件、协作关系等的初步分析。

4）投资估算和资金筹措设想。

5）项目的进度安排。

6）经济效益和社会效益的估计。

2. 初步可行性研究

初步可行性研究又称预可行性研究，是经过投资机会研究认可的建设项目，需继续研究，它作为投资项目机会研究与详细可行性研究的中间性或过渡性研究阶段。该阶段的主要目的有：

1）确定项目是否还要进行详细可行性研究。

2）确定哪些关键问题需要进行辅助性专题研究。

3. 详细可行性研究

详细可行性研究又称技术经济可行性研究，是建设项目投资决策的基础，也为项目的具体实施提供科学依据。该阶段的主要目标有：

1）提出项目建设方案。

2）效益分析和最终方案选择。

3）确定项目投资的最终可行性和选择依据标准。

4. 评价和决策阶段

评价是由投资决策部门组织有关专家对建设项目可行性研究报告进行全面的审核和再评价。其内容包括：

1）全面审核可行性研究报告中反映的各种情况是否属实。

2）分析项目可行性研究报告中各项指标计算是否正确。

3）从企业、国家和社会等方面综合分析和判断工程项目的经济效益和社会效益。

4）分析判断项目可行性研究的可靠性、真实性和客观性，对项目做出最终的投资决策。

5）最后写出项目评估报告。

（二）可行性研究各阶段要求

一般来说，可行性研究各阶段的内容由浅入深，项目投资和成本估算的精度要求也由粗到细，研究工作量由小到大，研究目标和作用逐步提高，具体各阶段要求见表8-2。

表8-2 可行性研究各阶段要求

工作阶段	机会研究	初步可行性研究	详细可行性研究	评价和决策阶段
工作性质	项目设想	项目初步选择	项目拟定	项目评估
工作内容	鉴别投资方向和目标，选择项目，寻找投资机会，提出项目投资建议	对项目初步评价做出专题辅助研究，广泛分析、筛选方案，鉴定项目的选择依据和标准，研究项目的初步可行性，决定是否需要进一步做详细可行性研究或否定项目	对项目进行深入细致的技术经济论证，重点对项目进行财务效益和经济效益分析评价，多方案比选，提出结论性意见，确定项目投资的可行性和选择依据标准	综合分析各种效益，对可行性研究报告进行评估和审查，分析判断项目可行性研究的可靠性和真实性，对项目做出最终决定
工作成果及作用	编制项目建议书作为判定经济计划和编制项目建议书的基础，为初步选择投资项目提供依据	编制初步可行性报告，判定是否有必要进行下一步详细可行性研究，进一步判明建设项目的生命力	编制可行性研究报告，作为项目决策的基础和重要依据	提出项目评估报告，为投资决策提供最后决策依据，决定项目取舍和选择最佳投资方案
估算精度	±30%	±20%	±10%	±10%
研究费用占投资的百分比(%)	0.2%～1.0%	0.25%～1.25%	大项目 0.2%～1.0% 小项目 1.0%～3.0%	—
需要时间/月	1～3	4～6	8～12	—

（三）可行性研究报告内容

可行性研究报告主要有以下内容：

1）总论。综述项目概况，包括项目的名称、主办单位、承担可行性研究的单位，项目提出的背景、投资的必要性和经济意义、投资环境，提出项目调查研究的主要依据、工作范围和要求，项目的历史发展概况，项目建议书及有关审批文件，可行性研究的主要结论概要和存在问题与建议。

2）产品的市场需求和拟建规模。

3）资源、原材料、燃料及公用设施情况。

4）建厂条件和场址选择。

5）项目设计方案。

6）环境保护、劳动安全、卫生与消防。

7）组织机构与人力资源配置。

8）项目实施进度。

9）投资估算和资金筹措。

10）项目的经济评价。

11）综合评价与结论、建议。

三、工程设计咨询

建设项目的工程设计阶段是决定建筑产品价值形成的关键阶段，它对建设项目的建设工期、工程质量、工程造价以及建成后能否产生较好的经济效益和使用效益，起到决定性的作用。

（一）工程设计阶段的划分

工程设计阶段可分为方案设计阶段、初步设计阶段、技术设计阶段、施工图设计阶段。

1. 方案设计阶段

这个阶段咨询人帮助业主考虑工程与周围环境之间的关系，对工程的主要内容的安排进行布局设想，结合项目特点，拟定出最为合理的方案。

2. 初步设计阶段

本阶段是设计阶段的一个关键性阶段，也是整个设计构思基本形成的阶段。

初步设计是根据选定的设计方案进行更具体更深入的设计。

初步设计经批准后，一般不得随意修改、变更，如有重大变更时，须报原审批者重新批准。

3. 技术设计阶段

技术设计阶段是初步设计的具体化，也是各种技术问题的定案阶段。针对技术上复杂或有特殊要求而又缺乏设计经验的建设项目而增设的一个设计阶段，用于解决初步设计阶段一时无法解决的一些重大问题。如初步设计中采用的特殊工艺流程需经试验研究，设备需经试制及确定，大型建筑物、构筑物的关键部位或特殊结构需经试验研究落实，建设规模及重要的技术经济指标需进一步论证等。

4. 施工图设计阶段

施工图设计阶段是设计工作和施工工作的桥梁。施工图设计是在初步设计、技术设计的基础上进行详细、具体的设计，以指导建筑安装的施工，非标准设备的现场加工制造。

（二）工程设计阶段的要求和内容

1. 方案设计

方案设计的内容和深度应符合国家规定要求，内容如下：

（1）设计说明

1）设计依据说明：包括说明撰写所依据的批准文号、可行性研究报告、土地使用合同书、规划设计要点、设计任务书等。

2）总图设计说明：包括建筑使用功能要求、总体布局、功能分区、内外交通组织、环保、节能措施、总用地面积、总建筑面积、道路绿化面积等。

3）建筑设计的构思、造型及立面处理、建筑消防安全措施、建筑物技术经济指标及建筑设计特点等说明。

4）结构设计依据的条件、风荷载、地震基本烈度、工程地质报告、地基处理及基础形成、结构造型及结构体系简要说明。

5）给水排水、暖通、电气等专业设计说明，主要由各专业设计依据说明、水源、总用水量、给水方式、生活、生产、消防供水的组合，污水排水的排放条件，环保要求等说明；供暖通风要求，选用设备等说明；电源、电压、容量、供电配电系统说明；建筑防雷、弱电设施等说明。

（2）建设方案设计图样

1）总平面图：用地红线标注建筑物位置、城市道路消防车道、车辆出入口、停车场布置、绿化设施、总平面设计技术经济指标。

2）单体建筑平面图：标注轴线尺寸、总尺寸；内外门、窗、楼面、电梯、阳台、各房间名称及特殊要求；建筑剖面、室外室内设计标高，楼层层高；立面图、透视图；建筑模型，根据需要绘制的鸟瞰图等。

（3）工程估价 大型及重要工程项目，需提供工程估算书及编制说明。

2. 初步设计

初步设计是在论证技术可能性、经济合理性的基础上提出设计标准、基础形式、结构方案以及水、电、暖等各专业的设计方案。设计文件由设计总说明书、设计图样、主要设备和材料表、工程概算书四部分组成，一般包括设计的依据和指导思想、建筑规模、产品方案、原材料、燃料和动力的需用量与来源；工艺流程、主要设备选型和配备；主要建筑物、构筑物、公用和辅助设施、生活区建设；占地面积和土地使用情况；总图运输；外部协作配合条件；消防设施、环保措施和抗震设防等；生产组织、劳动定额和主要技术经济指标及分析；建设进度和期限；工程总概算等内容。

初步设计的深度应达到土地使用、投资目标的确定，主要设备和材料订货、施工图设计和施工组织规划的编制、施工准备和生产准备等要求。

3. 技术设计

技术设计较之初步设计阶段，需要更详细的勘察资料和技术经济计算加以补充修正。技术设计的详细程度应能满足确定设计方案中重大技术问题和有关试验、设备选择等方面的要求，应能够保证在建设项目采购过程中确定建设项目建设材料采购清单。

技术设计是根据批准的初步设计进行的，其具体内容视工程项目的具体情况、特点和要求确定，其深度以能解决重大技术问题，指导施工图设计为原则。

技术设计阶段在初步设计总概算的基础上编出修正总概算，技术设计文件要报主管部门批准。

4. 施工图设计

施工图设计的深度应满足设备材料的选择与确定、非标准设备的设计与加工制作，施工图预算的编制、建筑工程施工和安装的要求。

施工图设计的主要内容如下：

（1）全项目性文件 设计总说明、总平面布置和说明，各专业全项目的说明及室外管线图，工程总概算。

（2）各建筑物、构筑物的设计文件 建筑、结构、水暖、电气、热机等专业图样及说明，以及公用设施、工艺设计和设备安装、非标准设备制造详图、单项工程预算等。

四、工程招标咨询

工程招标是指招标人（业主）为购买物资、发包工程或进行其他活动，根据公布的标准和条件，公开或书面邀请投标人前来投标，以便从中择优选定中标人的单方行为。

实行建设工程招标，业主要根据建设目标，对特定工程项目的建设地点、投资目的、建设数量、质量标准及工程进度等予以明确，通过发布公告或发出邀请函的形式，使自愿参加投标的承包人按业主的要求投标，业主根据其投标报价的高低、技术水平、人员素质、施工能力、工程经验、财务状况及企业信誉等方面进行综合评价和全面分析，择优选择中标者并与之签订合同。

相对于工程招标，就有工程投标，它是指符合招标文件规定资格的投标人，按照招标文件的要求，提出自己的报价及相应条件的书面问答行为。

招标投标过程是要约和承诺的实现过程，是当事人双方合同法律关系产生的过程。

工程招标咨询内容包括建设工程招标方式、招标范围、招标条件、招标工作的组织方式和各招标类型，以及相应招标程序的确定。招标咨询工作的重点难点是招标文件的编制，不同项目的招标，其招标文件的组成与内容都不尽相同，要视项目具体情况而定。一般来说招标文件的组成与内容有投标须知、合同主要条款、投标文件格式、评标标准和方法、工程量清单、技术条款、设计图样和投标辅助材料等。

五、工程造价咨询

工程造价咨询是接受委托方的委托，运用工程造价的专业技能，为建设项目决策、设计、发承包、实施、竣工等各个阶段工程计价和工程造价管理提供的服务。按照委托内容划分，工程造价咨询分为全过程工程造价咨询和某个单项工程造价咨询，前者为整个建设项目建设过程中涉及的造价业务，后者属项目建设中某项造价业务，如工程量清单编制，则为单项工程造价咨询。

（一）项目决策阶段造价咨询

项目决策阶段需进行的造价咨询，有投资估算的编制与审核，项目经济评价。

1. 投资估算编制与审核

投资估算按内容可分为建设项目投资估算、单项工程投资估算、单位工程投资估算。投资估算的准确与否，不仅影响到可行性研究工作的质量和经济评价结果，而且直接关系到下一阶段设计概算和施工图预算的编制，以及建设项目的资金筹措方案。

投资估算的建设项目总投资应由建设投资、建设期利息、固定资产投资方向调节税和流动资金组成。建设投资应包括工程费用、工程建设其他费用和预备费。工程费用应包括建筑工程费、设备购置费、安装工程费。预备费应包括基本预备费和价差预备费。建设期利息应包括支付金融机构的贷款利息和为筹集资金而发生的融资费用。

投资估算应依据建设项目的特征、设计文件和相应的工程造价计价依据或资料对建设项目总投资及其构成进行编制，并应对主要技术经济指标进行分析。

投资估算成果文件包括投资估算书封面、编制说明、投资估算汇总表和单项工程投资估算表等。投资估算汇总表纵向应分解到单项工程费用，并应包括工程建设其他费用、预备费、建设期利息等，若为生产经营性项目还应包括流动资金。投资估算汇总表横向应分解到建筑工程费、设备购置费、安装工程费和其他费用。

2. 项目经济评价

项目经济评价包括财务评价和国民经济评价。目前，在我国建设项目中绝大多数进行项目经济评价，即财务评价。财务评价就是通过有关指标的计算，进行项目盈利能力、偿还能力等分析，得出经济评价结论。

盈利能力分析应通过编制全部现金流量表、自有资金现金流量表和损益表等基本财务报表，计算财务内部收益率、财务净现值、投资回收期、投资收益率等指标进行定量判断。

清偿能力分析应通过编制资金来源与运用表、资产负债表等基本财务报表，计算借款偿还期、资产负债率、流动比率、速动比率等指标进行定量判断。

（二）设计阶段造价咨询

工程设计是具体实现技术与经济对立统一的过程。拟建项目经决策确定后，设计就成了工程建设和控制工程造价的关键。初步设计基本上决定了工程建设的规模、产品方案、结构形式和建筑标准及使用功能，形成了设计概算，确定了投资的最高限额。施工图设计完成后，编出施工图预算，准确地计算出工程造价。

1. 设计概算编制

设计概算的建设项目总投资应由建设投资、建设期利息、固定资产投资方向调节税及流动资金组成。建设投资应包括工程费用，工程建设其他费用和预备费。工程费用应由建筑工程费、设备购置费、安装工程费组成。

设计概算可分为建设项目的设计概算、单项工程设计概算、单位工程设计概算及调整概算。单位工程设计概算费用由分部分项工程费和措施项目费组成。一般由若干个建筑工程、设备及安装工程单位工程设计概算组成单项工程设计概算（或为综合概算），若干个单项工程设计概算汇总形成建设项目设计总概算。

设计总概算成果文件包括设计概算书封面、编制说明、设计总概算表、其他费用表、综合概算表、单位工程概算表等。设计总概算表纵向应分解到单项工程费，并应包括工程建设其他费用、预备费、建设期利息等，若为生产经营性项目还应包括流动资金，对铺底流动资金有要求的，应按国家或行业的有关规定进行估算。设计总概算表横向应分解到建筑工程费、设备购置费、安装工程费和其他费用。

2. 施工图预算编制

施工图预算费用由分部分项工程费、措施项目费组成。分部分项工程费应由各子目的工程量乘以各子目的综合单价汇总而成，其中各子目的工程量应按预算定额的项目划分及其工程量计算规则计算而得，各子目的综合单价应包括"人工费、材料费、机械费、管理费、利润、规费和税金"。措施项目费由可计量的措施项目费和综合计取的措施项目费组成。

施工图预算成果文件包括施工图预算书封面、编制说明、单位工程施工图预算汇总表、单位工程施工图预算表等。施工图预算汇总表纵向应按土建和安装两类单位工程进行汇总，也可按照建设项目的各单项工程构成进行汇总。单位工程施工图预算表纵向按照预算定额的定额子目划分，细分到预算定额子目层级。横向可分解到序号、定额编号、工程项目（或定额名称）、单位、数量、综合单价、合价等项目。

施工图预算包括单位工程预算、单项工程预算和建设项目总预算。若干个单项工程预算汇总形成建设项目总预算，若干个单位工程预算汇总形成单项工程预算。关键是单位工程预算的编制准确与否，对建设项目投资影响较大，单位工程预算是根据单位工程施工图设计文件，现行预算定额、费用标准及人工、材料、设备、机械台班等预算价格资料，以一定方法编制而成。

（三）施工前期准备阶段造价咨询

施工前期准备阶段涉及造价咨询主要是为工程招标投标活动创造条件。此阶段造价咨询主要有工程量清单编制和最高投标限价编制。

1. 工程量清单编制

工程量清单是表现拟建工程的分部分项工程项目、措施项目、其他项目名称和相应数量的明细清单。它是按照招标要求和施工图样将拟建招标工程的全部项目和内容，依据统一的工程量计算规则、统一的工程量清单项目编制规则要求，计算出分部分项工程数量，并按规定编制出的项目清单表。

工程量清单是招标文件的组成部分，是由招标人发出的一套注有拟建工程各实物工程名称、特征、单位、数量等相关表格的文件。工程量清单描述对象是拟建工程，其内容涉及清单项目的名称、特征、工程数量及单位等，并以表格为主要表现形式。工程量清单由分部分项工程量清单、措施项目清单、其他项目清单以及零星工作项目表组成。

2. 最高投标限价的编制

最高投标限价是由招标人按照国家及省级建设行政主管部门发布的计价依据，根据拟定的招标文件，结合工程常规施工方案编制的，体现工程所在地平均造价水平的工程价格，是限定招标工程的投标最高造价。一般适用于使用国有资金的建设工程招标，对于非国有资金的建设工程招标，招标人可设置招标最高投标限价，也可设置招标标底。

对于一个工程只能编制一个最高投标限价。最高投标限价具有权威性、完整性、合理性，应与招标文件的内容相一致。公布的最高投标限价应当包括总价、各单位工程分部分项工程费、措施项目费、不可竞争费、其他项目费和税金。

3. 施工合同类型的选择

施工合同类型的选择对工程建设是否顺利实施，有着至关重要的意义。分为总价合同、单价合同和成本加酬金合同三种类型，选择何种类型是件重要工作。

（1）总价合同 是指在合同中确定一个完成项目的总价，承包单位据此完成项目全部内容的合同。这类合同仅适用于工程量不太大，工期较短，技术不复杂，风险不大的项目。

（2）单价合同 是指承包单位在投标时，按照招标文件就分部分项工程能够列出的工程量表确定各分部分项工程量费用的合同类型。这类合同使风险得到合理分摊，还能鼓励承包单位通过提高工效、降低成本，从而提高利润。该合同执行时，注意的问题是合同双方对工程量计量的确认。

（3）成本加酬金合同 是指由业主向承包单位支付工程项目的实际成本，并按事先约定的某种方式支付酬金的合同类型。这类合同承包单位无风险，但利润较低，同时业主对造价不易控制。

建设工程合同类型的选择应考虑的因素有：项目规模和工期长短、项目的竞争情况、项目的复杂程度、项目的单项工程的明确程度、项目准备时间的长短和项目的外部环境因素等。

（四）施工阶段造价咨询

1. 工程计量与支付

根据合同，双方对承包方完成的分部分项工程获得质量验收合格以后，结合图样对照实际发生的工程量予以确定，并据此作为工程价款支付的依据。对于隐蔽工程，其工程量应事先做出预测，对照实际进行核算，双方对其结果予以确认。

2. 工程变更

工程变更是合同实施过程中由发包人提出或由承包人提出，经发包人批准的对合同工程的工作内容、工程数量、质量要求、施工顺序与时间、施工条件、施工工艺或其他特征及合同条件等的改变。工程变更指令发出后，应尽快落实，并修改相关各种文件。

3. 工程索赔

工程索赔是指在工程合同履行过程中，当事人一方因非己方原因而遭受经济损失或工期延误，按照合同约定或法律规定，应由对方承担责任，而向对方提出工期和（或）费用补偿要求的行为。在实际工作中"索赔"是双向的，既包括承包人向发包人提出的索赔，也包括发包人向承包人提出的索赔。

（五）竣工验收阶段造价咨询

1. 竣工结算编制与审核

工程竣工结算是指工程项目完工并经竣工验收合格后，发承包双方按照施工合同的约定对所完成的工程项目进行合同价款的计算、调整和确认。工程竣工结算分为单位工程竣工结算、单项工程竣工结算和建设项目竣工结算。

竣工结算一般由施工单位编制，建设单位审核同意后，按合同规定签字盖章，最后通过相关银行办理工程价款的支付。竣工结算审核成果文件包括竣工结算审核书封面、审核报告、竣工结算审核签署表、竣工结算审核汇总对比表、单项工程竣工结算审核汇总对比表、单位工程竣工结算审核汇总对比表等。

2. 竣工决算的编制与审核

竣工决算是以实物数量和货币指标为计量单位，综合反映竣工项目从筹建开始到项目竣工交付使用为止的全部建设费用、建设成果和财务情况的总结性文件。竣工决算包括从筹划到竣工投产全过程的全部实际费用，即包括建筑工程费用、安装工程费用、设备工器具购置费用和工程建设其他费用以及预备费等。

竣工决算由竣工决算报表和竣工决算说明两部分组成。竣工决算报表主要为财务报表，包括基本建设项目概况表、竣工财务决算表、项目交付使用资产总表、项目交付使用资产明细表。竣工决算说明应包括项目概况、会计账务的处理、财产物资情况及债权债务的清偿情况、结余资金等分配情况、项目管理及决算中存在的问题及建议，主要技术经济指标的分析等。

六、工程监理咨询

工程监理咨询主要为建筑产品生产实现过程中管理工作。这个阶段是施工实施阶段，也是调动消耗资源较多、受外界环境干扰较大、组织协同管理较为复杂的产品生产关键阶段。咨询的主体为工程监理企业，监理企业在建筑生产活动的现场，代表业主与各个不同阶段提供不同咨询服务的供应商发生关联，通过协同各方资源，管理建筑产品生产过程，确保建筑产品最终质量。

（一）监理工作依据

1）监理大纲。

2）监理合同。

3）施工承包合同。

4）《建设工程监理规范》（GB/T 50319—2013）。

5）《建筑工程施工质量验收统一标准》（GB 50300—2013）。

6）该工程设计图纸、设计变更、洽商及有关的设计文件。

7）该工程地质勘查资料。

8）国家和地方其他有关施工质量验收标准、规范、规程和规定等。

（二）监理工作大纲的内容

监理工作大纲是工程监理单位实施项目监理的技术指导性文件。监理工作大纲内容主要有：

1. 编制依据

监理工作大纲所采用的技术标准、规范以及有关规定等。

2. 工程概况及特点分析

工程概况及特点分析主要包括工程概论，工程特点分析，监理范围、内容及目标，监理工作内容等。

3. 工程监理重点难点分析及针对性解决方案

工程监理重点难点分析及针对性解决方案内容包括超深基坑、钢结构质量监理的重点难点分析及针对性解决方案，以及工期管理、安全管理、工程环境管理、造价控制、总承包管理等。

4. 针对本工程合理化建议

针对本工程合理化建议的内容有：前期组织设计优化工作、设计总承包、施工总承包、投资控制、项目进度、室外配套工程的启动等方面的建议。

5. 监理工作策划

监理工作策划内容包括监理工作依据，监理工作指导思想，监理工作总体方案，监理部组织机构、拟派人员、岗位职责及制度，监理办公设备、检测仪器、其他办公设施安排，监理工作计划等。

6. 监理工作前期准备及开工前监理工作

监理工作前期准备及开工前监理工作主要包括监理前期准备及开工前工作，施工准备阶段监理工作程序。

7. 监理工作内容及总工作流程

监理工作内容及总工作流程应结合工程实际而制订。

8. 三大控制

（1）工程进度控制 包括工程进度控制依据、工程进度控制原则、工程进度控制的总体思路、进度目标、目标分解和关键控制点，工程工期控制重点难点针对性措施，工程进度监理控制主要工作方法，工程进度风险分析及控制措施，工程进度控制程序。

（2）工程质量控制 质量控制目标，质量控制的依据，质量控制的原则，针对工程质量控制的重点监理措施，质量控制方法和措施，质量控制点的设置和控制措施，工程创精品监理管理措施。

（3）工程造价控制 确定造价控制目标、目标分解和风险分析，工程投资依据，投资控制的任务，投资控制的原则，投资控制的监理程序，工程投资控制的特点、重点及针对性控制措施，工程量计量控制方法，支付控制方法，工程竣工结算方法，审批工程变更方案及价款确定方法，工程量清单计价的造价控制与管理。

9. 合同管理

合理管理包括合同管理的内容，合同管理的重点、难点，合同签订前、后管理，承包商违约情况下的合同纠纷解决程序，合同有关事项的具体管理方法，监控发生合同纠纷的针对性措施等。

10. 信息管理

信息管理包括信息及资料管理的原则、依据、方法和管理的措施等。

11. 组织协调工作

组织协调工作包括组织协调工作的原则，工程监理协调工作重点及针对性措施，施工监理阶段主要协调工作，监理与有关各方的协调，监理单位对现场资源的协调，工程所采用的主要协调手段，现场组织协调工作的注意事项。

12. 监理对施工资源的控制措施。

监理对施工资源的控制措施主要是指对施工队伍、施工机具的控制，以及对工程用材料、设备的控制。

13. 安全及文明施工管理

安全及文明施工管理内容包括安全管理目标，安全管理原则，安全管理组织、职责与分工，安全管理特点及重点，安全管理主要工作内容，安全管理执行程序，安全管理工作措施，安全监督、检查、控制要点，危险性较大的分部分项工程安全管理，对于突发安全事故的处理预案，文明施工监理工作。

14. 绿色环保施工监理措施

绿色环保施工监理措施包括绿色环保施工监理工作指导思想，绿色环保施工监理工作依据、人员组织、事前控制措施和事中控制措施等。

15. 消防安全监理

消防安全监理包括消防安全监理工作内容，重点部位的防火监督重点，干燥季节或冬季防火监控等。

第三节 全过程工程咨询的方法与管理

一、全过程工程咨询常用的方法

（一）项目评价法

1. 财务评价方法

投资项目财务评价是项目投资决策的基本方法。它包括财务盈利能力评价和债务清偿能力及财务可持续能力评价。

（1）投资项目的财务盈利能力评价　是在编制现金流量表和损益表的基础上，计算财务内部收益率、财务净现值、投资回收期等指标。其方法包括静态评价方法和动态评价方法两大类。

1）静态评价方法：计算资本收益率、投资回收期法。

2）动态评价方法：根据资金时间价值理论，利用折现分析的方法，计算投资项目的财务内部收益率、财务净现值等指标的分析方法。

（2）投资项目债务清偿能力及财务可持续性评价

1）债务清偿能力评价：可以通过计算利息备付率、偿债备付率和借款偿还期等指标进行分析评价。

2）财务可持续性评价：是项目寿命周期内企业的财务可持续性评价，是对整个企业财务质量及其持续能力的整体评价，是在偿债能力评价基础上的更大范围的评价，不仅要评价企业借款的还本付息能力，而且还要分析企业的整个财务计划现金流量状况、资产负债结构及流动状况，是财务评价的重要内容。

2. 国民经济评价

国民经济评价是从宏观经济的战略高度来评价投资项目对整个国民经济活动带来的影响及整个国民经济为投资项目付出的代价。国民经济评价有以下三种方法：

（1）影响法　是以项目对国民经济的影响来评价项目的经济合理性。

基本思路：分析项目的投入产出，对国民经济的初次影响和二次影响，计算出项目引起的国内增加产值。初次影响是指由于项目的上马，引起的对于投入物的需求增加对国民经济的影响。二次影响是指项目产出的国民经济净增值的分配和使用对国民经济的影响。此方法的不足之处在于局限性投入、产出因素的分类不够清晰、计算时容易造成重复或遗漏、部分因素量化困难。

（2）"有无法"和"前后法"

"有无法"是指根据"有项目"和"无项目"的费用，效益差异分析项目的经济合理性。

"前后法"是指根据"建成项目前"和"建成项目后"的费用，效益差异分析项目的经济合理性。

在分析新建项目时，两者是一致的，但在分析改扩建项目时"前后法"会存在一些问题，故一般情况下不要用"前后法"。

（3）费用效益分析法　是指从国家宏观利益出发，通过识别项目的经济效益和经济费用，求得项目的经济净收益，判断项目经济可行性的过程。

费用效益分析的关键：

1）准确划分项目造成的经济效益和经济费用。

2）确定影响价格等国民经济评价的重要参数。

3. 方案比较法

方案比较法又称"技术经济比较法"。它是对同一工程项目的几个技术经济方案，通过反映技术经济效果的指标体系，进行计算、比较、分析和论证，选择经济合理的最佳技术方案的方法。这是一种传统的常用的技术经济分析评价方法，由于此法较为成熟又简单易行，有一套比较完整的程序，因而在工程咨询中被广泛应用。运用此法需要满足两方面要求：一是对比技术方案应满足经济衡量标准，即有规定的标准定额指标，如基准投资收益率、标准投资效果系数和定额投资回收期等；二是对比技术方案要满足经济评价的可比原则，即具有共同的可比条件。因此，这个比较法实际上就是把技术方案的经济衡量标准和经济比较原理两者结合起来进行具体计算、比较和分析的方法。

方案比较法具体步骤：第一步在所有的厂址方案中，选择两三个比较合适的方案，作为分析、比较的对象；第二步计算每一种方案的投资费用和经营费用。一般情况下，应选择基本的投资、经营费用项目并列表；第三步利用计算的数字，分析和确定最优厂址方案。当一个厂址技术条件好，而建设费用、经营费用都比较少，且投资回收期较短，即为最优方案。

方案比较法在实际分析、计算时有静态分析法和动态分析法，即不考虑资金时间价值的静态分析法，考虑资金时间价值的动态分析法。动态分析法主要包括差额投资内部收益率法、现值比较法、年值比较法、最低价格法、效益/费用法。

（二）价值工程法

价值工程（Value Engineering，简称 VE）又称为价值分析（Value Analysis，简称 VA），是由美国通用电气公司的迈尔斯在 1947 年首创的一种管理方法，也是一种对产品（或作业）有组织地进行功能分析和研究，用最低的成本，使产品（或作业）达到必要的功能，从而获得最大经济效益的一种技术经济分析技术，它以分析功能为中心，鉴定并剔除不必要的费用，使产品、工程、劳务、系统能以尽量低的总成本向用户提供所需的功能，是现代管理的重要手段之一。

所谓价值工程是指通过集体智慧和有组织的活动对产品或服务进行功能分析，使目标以最低的总成本（寿命周期成本），可靠地实现产品或服务的必要功能，从而提高产品或服务价值。价值工程主要思想是通过对选定研究对象的功能与费用分析，提高对象的价值。这里的价值是指反映费用支出与获得之间的比例，用数学比例式表达如下：价值＝功能/成本。

提高价值的基本途径：

1）提高功能，降低成本，大幅度提高价值。

2）功能不变，降低成本，提高价值。

3）功能有所提高，成本不变，提高价值。

4）功能略有下降，成本大幅度降低，提高价值。

5）适当提高成本，大幅度提高功能，从而提高价值。

价值工程的运用，主要在项目评价或工程设计方案比较中。它是评价某一工程项目的功能与实现这一功能所消耗费用之比合理程度的尺度。并不是所有内容都必须进行价值工程分析，而是有选择性地选择某个对象进行价值分析。其对象的选择方法有 ABC 法、比较法、经验分析法等。

（三）方案综合评价法

方案综合评价就是在建设项目各方案的各部分、各阶段、各层次评价的基础上，谋求建设方案的整体优化，而不是谋求某项指标或几项指标的最优值，为决策者提供所需的信息。

1. 传统的综合评价方法

传统的综合评价方法是列出建设项目的各项技术经济指标值以及反映其他效果的非数量指标，由专家们论证后再由决策者决定或不经论证直接由决策者决定建设项目的优劣。

2. 现代综合评价方法

现代综合评价方法遵循一定的工作程序，即先确定目标、评价范围、评价指标体系、指标权重，再确定综合评价的依据，最后选择综合评价方法，做出评价结论。

（1）现代综合评价方法的分析方法　该方法主要包括主成分分析法、数据包络分析法、模糊评价法等。

1）主成分分析法：主成分分析是多元统计分析的一个分支。是将其分量相关的原随机向量，借助于一个正交变换，转化成其分量不相关的新随机向量，并以方差作为信息量的测度，对新随机向量进行降维处理。再通过构造适当的价值函数，进一步做系统转化。

2）数据包络分析法：是创建人以其名字命名的 DEA 模型—CR 模型。DEA 法不仅可对同一类型各决策单元的相对有效性做出评价与排序，而且还可进一步分析各决策单元非 DEA 有效的原因及其改进方向，从而为决策者提供重要的管理决策信息。

3）模糊评价法：奠基于模糊数学。它不仅可对评价对象按综合分值的大小进行评价和排序，而且还可根据模糊评价集上的值按最大隶属度原则去评定对象的等级。

（2）构成综合评价的要素

1）评价者：可以是某个人或团体。评价目的给定、评价指标的建立、评价模型的选择、权重系数的确定都与评价者有关。

2）被评价对象：随着综合评价技术理论的开展与实践活动，评价的领域也从最初的各行各业经济统计综合评价拓展到后来的技术水平、生活质量、社会发展、环境质量、竞争能力、综合国力、绩效考评等方面。这些都能构成被评价对象。

3）评价指标：评价指标体系是从多个视角和层次反映特定评价客体数量规模与数量水平的。它是一个"具体—抽象—具体"的辩证逻辑思维过程，是人们对现象总体数量特征的认识逐步深化、求精、完善、系统化的过程。

4）权重系数：相对于某种评价目的来说，与评价指标相对重要性是不同的。权重系数确定的合理与否，关系到综合评价结果的可信程度。

5）综合评价模型：所谓多指标综合评价就是指通过一定的数学模型将多个评价指标值"合成"一个整体性的综合评价值。

（3）步骤

1）确定综合评价指标体系，这是综合评价的基础和依据。

2）收集数据，并对不同计量单位的指标数据进行同度量处理。

3）确定指标体系中各指标的权数，以保证评价的科学性。

4）对经过处理后的指标再进行汇总计算出综合评价指数或综合评价分值。

5）根据评价指数或分值对参评单位进行排序，并由此得出结论。

（4）计算方法　主要有打分综合法、打分排队法、综合指数法、功效系数法等。

综合评价法适用范围很广，更多地用于建设项目评价、决策、建设方案确定、设计方案、施工方案、招标评标、施工管理及竣工验收、后评价等。

（四）概率分析法

概率分析法是通过研究各种不确定性因素发生不同变动幅度的概率分布及其对项目经济效益指标的影响，对项目可行性和风险性以及方案优劣做出判断的一种不确定性分析法。常用于对大中型重要项目的评估和决策。

1. 概率分析的概念

概率分析又称风险分析，通过计算项目目标值（如净现值）的期望值及目标值大于或等于零的累积概率来测定项目风险大小，为投资者决策提供依据。

2. 指标和方法

（1）指标

1）经济效益的期望值。

2）经济效益的标准差。

（2）概率分析的方法　进行概率分析具体的方法有期望值法、效用函数法和模拟分析法等。

1）期望值法：在项目评估中应用最为普遍，是通过计算项目净现值的期望值和净现值大于或等于零时的累计概率，来比较方案优劣，确定项目可行性和风险程度的方法。

2）效用函数法：所谓效用是指对总目标的效能价值或贡献大小的一种测度。在风险决策的情况下，可用效用来量化决策者对待风险的态度。通过效用这一指标，可将某些难以量化、有质的差别的事物（事件）给予量化，将要考虑的因素折合为效用值，得出各方案的综合效用值，再进行决策。

效用函数反映决策者对待风险的态度。不同的决策者在不同情况下，其效用函数是不同的。

3）模拟分析法：就是利用计算机模拟技术，对项目的不确定因素进行模拟，通过抽取服从项目不确定因素分布的随机数，计算分析项目经济效益评价指标，从而得出项目经济效益评价指标的概率分布，以提供项目不确定因素对项目经济指标影响的全面情况。

3. 步骤

1）列出各种欲考虑的不确定因素。例如销售价格、销售量、投资、经营成本等。注意的是，所选取的几个不确定因素应是互相独立的。

2）设想各个不确定因素可能发生的情况，即其数值发生变化的几种情况。

3）分别确定各种可能发生情况产生的可能性，即概率。各不确定因素的各种可能发生情况出现的概率之和必须等于1。

4）计算目标值的期望值。可根据方案的具体情况选择适当的方法。假如采用净现值为目标值，则一种方法是将各年净现金流量所包含的各不确定因素在各可能情况下的数值与其概率分别相乘后再相加，得到各年净现金流量的期望值，然后求得净现值的期望值。另一种方法是直接计算净现值的期望值。

5）求出目标值大于或等于零的累计概率。对于单个方案的概率分析应求出净现值大于或等于零的概率，由该概率值的大小可以估计方案承受风险的程度，该概率值越接近1，说明技术方案的风险越小，反之方案的风险越大。可以列表求得净现值大于或等于零的概率。

概率分析是根据不确定因素在一定范围内的随机变动，分析并确定这种变动的概率分布，从而计算出其期望值及标准偏差为项目的风险决策提供依据的一种分析方法。

（五）概预算法

全过程工程咨询中涉及工程造价内容多用概预算法。目前我国各种概预算方法虽有一定的差异，但大体归纳为两类：一是定额计价法；二是工程量清单计价法。

1. 定额计价法

定额计价法是指根据工程设计图样（一般为施工图）或工程资料（招标项目还应依据招标文件），按照国家和省、市等有关部门发布的建设工程计价定额设置的项目、工程量计算规则和发布的人工工日单价、机械台班单价、材料及设备价格以及同期的市场价格，直接计算出工程量和直接工程费，再按规定的工程造价计算程序计算出间接费、利润、税金和工程造价。

2. 工程量清单计价法

工程量清单计价法是指先由招标单位依据工程设计图样和招标文件，按照国家发布的建设工程工程量清单计价规范的规定编制工程量清单，再由投标人据此清单，结合拟建工程和企业自身情况进行投标报价，经过开标评标定标，以中标人的投标报价作为合同价款的基础和依据，最后据此合同价款进行工程造价的结算、决算。

二、全过程工程咨询服务程序

（一）一般程序

全过程工程咨询服务由业务准备、业务实施、业务终结三个阶段组成。一般程序如下：

1) 为取得全过程工程咨询项目开展的有关工作，包括获取业务信息、接受委托人的邀请或通过公开招标活动而中标等。

2) 签订全过程工程咨询合同，明确咨询标的、目的、服务范围、工作方式、时间、收费及相关事项。

3) 接受并收集全过程工程咨询所需的资料、踏勘现场、了解情况。

4) 制订全过程工程咨询管理规划大纲和管理实施规划。

5) 全过程工程咨询服务团队开展咨询服务工作。

6) 形成全过程工程咨询初步成果，并征求各方意见。

7) 通过修改或会议审查形成正式咨询成果。

8) 咨询成果交付与资料交接。

9) 咨询成果资料的整理与归档。

10) 咨询业务服务回访与总结。

（二）准备阶段

1. 签订全过程工程咨询服务合同

签订统一格式的全过程工程咨询服务合同，明确合同标的、服务内容、范围、期限、方式、目标要求、资料提供、协作事项、收费标准、违约责任等。

2. 制订全过程工程咨询服务管理规划大纲

全过程工程咨询服务管理规划大纲应是全过程工程咨询服务管理工作中具有战略性、全局性、宏观性的指导文件，它应包括以下内容：

1) 建设项目概况。

2) 全过程工程咨询服务范围管理、内容管理、管理目标、管理组织架构及组织责任管理流程。

3）全过程工程咨询服务项目策划管理、工程设计管理、工程监理管理。

4）全过程工程咨询服务招标采购管理、进度管理、质量管理、成本管理、安全生产管理、资源管理、信息管理、风险管理。

5）不同工程咨询业务集成的技术措施和管理制度。

全过程工程咨询服务管理规划大纲由项目总咨询师主持编制，并经全过程工程咨询单位总咨询师审定批准后实施。

3. 制订全过程工程咨询服务管理实施规划

全过程工程咨询服务管理实施规划应对全过程工程咨询服务管理规划大纲的内容进行细化。主要依据现行国家法律法规、标准、项目的咨询合同、管理规划大纲、项目特点与情况以及咨询的条件和团队情况编制。主要内容如下：

1）项目概况。

2）项目总体工作安排和组织方案。

3）设计与技术措施。

4）项目策划计划、工程设计计划、工程监理计划。

5）进度计划、质量计划、成本计划、安全生产计划、资源需求与采购计划、信息管理计划、风险管理计划。

6）全过程工程咨询服务目标控制计划。

7）技术经济指标。

4. 制订全过程工程咨询服务管理配套策划

全过程工程咨询服务管理配套策划应是与全过程工程咨询服务管理规划相关联的全过程工程咨询服务管理策划过程。该策划应包括下列内容：

1）确定全过程工程咨询服务管理规划的编制人员、方法选择、时间安排。

2）安排全过程工程咨询服务管理规划各项规定的具体落实途径。

3）明确可能影响全过程工程咨询服务管理实施绩效的风险应对措施。

4）保证策划有效性的基础工作：积累以前项目管理经验，制订有关人员配置要求，编制全过程工程咨询服务管理各种设施配置参数，建立工作流程和相应的协调方式，配置专用软件，建立全过程工程咨询服务信息数据库，进行全过程工程咨询服务团队建设。

5. 咨询资料的收集整理

1）全过程工程咨询单位根据合同明确的标的内容，开列由委托人（即项目建设方、业主或有权限的主管部门）提供的资料清单。

提供的资料应符合下列要求：

① 资料的真实性：委托人对所提供资料的真实性、可靠性负责。

② 资料的完整性：委托人对所提供项目资料应满足全过程工程咨询业务需要，资料的内容充分完整。

③ 资料内容确认：凡从第三方取得的全过程工程咨询资料内容，必须经委托人确认认可。

2）咨询业务操作人员在项目总咨询师安排下，收集整理全过程工程咨询服务所需要的其他资料。

（三）实施阶段

建设项目全过程工程咨询业务具体实施，主要包括启动、策划、执行、监控等过程，在实施各个过程中需要项目管理、项目策划、工程设计、招标代理、造价咨询、工程监理等其中的一个或多个专业团队相互配合才能完成，各个过程实施中各专业团队之间相互独立、又相互联系。

1. 启动

启动过程应明确全过程工程咨询服务概念，初步确定全过程工程咨询服务范围，识别影响全过程工程咨询服务最终结果的内外部相关方。

2. 策划

策划过程应明确全过程工程咨询服务范围，协调全过程工程咨询服务相关方期望，优化全过程工程咨询服务目标，为实现全过程工程咨询服务目标进行管理规划与管理配套策划，在此期间涉及的相应专业团队有项目策划、项目管理、工程设计、造价咨询等相关方。

3. 执行

执行过程应按全过程工程咨询服务管理策划要求组织人员和资源，具体实施，完成全过程工程咨询服务管理策划中确定的工作；在此期间应以项目管理团队为主导，其他管理团队为辅，共同完成项目咨询的具体工作。

4. 监控

监控过程应对照全过程工程咨询服务管理策划，监督全过程工程咨询服务活动，分析其进展情况，识别必要的工作需求并实施调整，监控过程由项目总咨询师负责，相关专业团队负责人根据团队内部事务进展实行跟进。

（四）终结阶段

全过程工程咨询服务终结阶段主要包括咨询成果文件的交付、咨询资料整理与归档、咨询服务回访与总结。

1. 咨询成果文件的交付

全过程工程咨询成果文件均应以书面形式体现，其中间成果文件及最终成果文件须按规定签字盖章后才能交付。所交付的咨询成果文件的数量、规格、形式等应满足咨询合同的约定。

2. 咨询资料的整理与归档

全过程工程咨询资料应在项目总咨询师主持下，按照国家及行业部门的规定和合同的约定进行整理，并装订成册进行归档。

3. 咨询服务回访与总结

全过程工程咨询服务回访由项目总咨询师负责组织有关人员进行，回访对象主要是全过程工程咨询业务的委托人，必要时也可包括使用咨询成果资料的项目相关参与单位。回访要做好记录，并经本单位领导审阅后留存归档。

全过程工程咨询服务总结应在完成回访后进行，全面归纳分析咨询服务的优缺点和经验教训，将存在的问题纳入质量改进目标，提出解决措施和方法，并形成总结报告，经本单位领导审阅后作为单位交流材料。

三、全过程工程咨询服务组织模式及人员配置

（一）全过程工程咨询服务组织模式和机构

1. 全过程工程咨询服务组织模式

全过程工程咨询可采用以下组织模式：

1）采用一体化全过程工程咨询提供商，以某家企业作为集成化服务提供商。

2）采用联合体形式，多家工程咨询机构基于项目签订联营合同，以一家作为牵头企业。

3）采用局部解决方案，由业主或业主委托的一家咨询单位负责总体协调，由多家咨询单位分别承担各自的咨询服务。

2. 业主选择不同组织模式考虑的因素

业主在选择不同组织模式时须考虑以下因素：

1）项目资金来源。

2）业主自身的管理能力。

3）项目类型及复杂程度。

4）咨询市场中全过程工程咨询企业的能力等。

3. 全过程工程咨询服务机构

全过程工程咨询服务机构应承担全过程工程咨询服务的管理任务和实现目标的责任，它应由项目总咨询师（即总负责人）管理，接受咨询单位的指导、监督、检查、服务和考核，负责对全过程工程咨询服务资源进行合理使用和动态管理。

全过程工程咨询服务机构应在项目启动前建立，在项目完成后或按咨询合同约定解体。

（二）全过程工程咨询服务机构主要管理人员配置

1. 全过程工程咨询管理机构组织架构

全过程工程咨询管理机构组织架构，如图8-1所示。

图 8-1 全过程工程咨询管理机构组织架构

说明：以上仅为全过程工程咨询管理机构示例，适用于采用一体化全过程工程咨询提供商的服务组织模式。如其他组织模式的咨询管理机构的架构应做相应修改与调整。

2. 全过程工程咨询服务机构主要管理人员职责

1）全过程工程咨询项目总负责人（即项目总咨询师）负责全过程工程咨询服务项目

所有事务，对全过程工程咨询服务团队建设和管理负责，组织制订明确的团队目标、合理高效的运行程序和完善的工作制度，定期评价团队运作绩效。同时应负责与业主及相关部门的协调工作。

2）全过程工程咨询专业负责人（专业咨询师）在全过程工程咨询总咨询师的带领下组织工作，根据需要建立工作团队负责相应专业团队相关服务工作。

四、全过程工程咨询服务管理

（一）全过程工程咨询服务管理制度

全过程工程咨询服务管理制度应包括以下内容：

1）规定工作内容、范围和工作程序、方式的规章制度。

2）规定工作职责、职权和利益的界定及其关系的责任制度。

全过程工程咨询服务机构应根据所咨询管理范围确定管理制度，在服务管理各个过程规定相关管理要求，并形成文件。

（二）全过程工程咨询服务系统管理

全过程工程咨询服务机构应确定全过程工程咨询服务系统管理方法，其方法主要包括系统分析、系统设计、系统实施、系统综合评价。这些方法应用必须符合下列规定：

1）在综合分析全过程工程咨询服务项目策划、工程设计、工程监理、招标代理、造价咨询、项目管理之间内在联系的基础上，结合各个目标的优先级，分析和论证全过程工程咨询服务目标，在全过程工程咨询服务目标策划过程中兼顾各个目标的内在需求。

2）对整个项目的投资决策、招标投标、设计、采购、施工、试运行进行系统整合，在综合平衡各专业团队之间关系的基础上，实施系统管理。

3）对全过程工程咨询服务实施过程中的变更风险进行管理，兼顾相关过程需求，平衡各种管理关系，确保全过程工程咨询服务偏差的系统控制。

第九章　BIM 技术应用

第一节　BIM 技术概述

一、BIM 技术的基础知识

(一) BIM 技术的起源

BIM（Building Information Modeling）是"建筑信息模型"的简称，最初发源于 20 世纪 70 年代的美国，美国佐治亚理工大学建筑与计算机学院 Charles Eastman（Chuck）博士发表了以"建筑描述系统（Building Description System）"的课题，他阐述了现今 BIM 理念，此处 BIM 对应解释为"Building Information Model"，因此 Charles Eastman 被称为"BIM 之父"。20 世纪 80 年代后，欧洲（以芬兰学者为首）称这种方法为"Product Information Models"。目前通俗的术语 BIM（Building Information Modeling）是欧特克公司（Autodesk）副总裁 Phil G. Bernrstein 在 2002 年年初收购 RTC 公司（Revit Technology Corporation）后所给出的。2009 年，美国麦克劳—希尔建筑信息公司（McGraw-Hill Construction）在一份名为"BIM 的商业价值（The Business Value of BIM）"的调研报告中对 BIM 做了如下定义："BIM is defined as：The process of creating and using digital model for design，construction and/or operations of projects."可大致翻译为：BIM 是创建、应用数字化模型对项目进行设计、施工和运营的过程。

(二) BIM 技术应用现状

1. BIM 技术国外应用现状

BIM 的概念起源于美国，2002 年正式进入工程领域，目前 BIM 技术已经成为美国建筑业中具有革命性的力量。

美国总务管理局（General Services Administration，GSA）于 2003 年推出了国家 3D-4D-BIM 计划，并陆续发布了一系列 BIM 指南。

美国联邦机构美国陆军工程兵团（United States Army Corps of Engineers，USACE）在 2006 年制定并发布了一份 15 年（2006—2020 年）的 BIM 路线图。

美国建筑科学研究院于 2007 年发布 NBIMS，旗下的 Building SMART 联盟（Building SMART Alliance，BSA）负责 BIM 应用研究工作。2008 年年底，BSA 已拥有 IFC（Industry Foundation Classes）标准、NBIMS、美国国家 CAD 标准（United States National CAD Standard）等一系列应用标准。

美国 University of Illinois 的 Golparvar-Fard，Mani，Savarese，Silvio 等学者，将 BIM 技术

和影像技术相结合，建立模型后输入计算机中进行工程可视化施工模拟，将三维可视化模拟的最优成果作为实际施工的指导依据。

美国 Harvard University 的 Lapierre. A，Cote. P 等学者提出了数字化城市的构想，他们认为实现数字化城市的关键在于能否将 BIM 技术与地理信息系统 GIS（Geographic Information System）相结合。BIM-GIS 的联合应用，BIM 可视化技术拟建工程内部各类对象，GIS 技术弥补 BIM 在外部空间分析的弱势，也是当下建筑产业具有极高探索、应用价值的环节。

在欧洲，2011 年 5 月，英国内阁办公室发布了"政府建设战略（Government Construction Strategy）"文件，其中有整个章节关于建筑信息模型（BIM），这章节中明确要求，到 2016 年，政府要求全面实施 BIM。英国在 CAD 转型至 BIM 的过程中，AEC（英国建筑业 BIM 标准委员会）提供了许多可行的方案措施，例如模型命名、对象命名、构件命名、建模步骤、数据交互、可视化应用等。

在亚洲，诸如日本等国在 BIM 技术的研究与应用程度并不低。2010 年，日本国土交通省宣布推行 BIM，并且选择一项政府建设项目作为试点，探索 BIM 在可视化设计、信息整合的实际应用价值及方式。日本建筑学会于 2012 年 7 月发布了日本 BIM 指南，其内容大致为：为日本的各大施工单位、设计院提供在 BIM 团队建设、BIM 设计步骤、BIM 可视化模拟、BIM 前后期预算、BIM 数据信息处理等方向上的指导。

2. 国内施工企业 BIM 技术应用现状

在 BIM 技术全球化的影响下，我国从 2003 年开始引入 BIM 技术的概念，早期国内 BIM 的应用主体主要为设计单位，应用项目主要为空间建模和碰撞检测，这些应用只涉及 BIM 的冰山一角。在 2010 年，清华大学通过研究，参考 NBIMS，结合调研提出了中国建筑信息模型标准框架（Chinese Building Information Modeling Standard，简称 CBIMS），并且创造性地将该标准框架分为面向 IT 的技术标准与面向用户的实施标准。

2011 年 5 月，住建部发布的《2011—2015 建筑化信息发展纲要》中，明确指出：在施工阶段开展 BIM 技术的研究与应用，推进 BIM 技术从设计阶段向施工阶段的应用延伸，降低信息传递过程中的衰减；研究基于 BIM 技术的 4D 项目管理信息系统在大型复杂工程施工过程中的应用，实现对建筑工程有效的可视化管理等。通过对建筑信息模型的建立收集整合，不仅对单体建筑的全生命周期设计、施工、运营阶段中节约资源和时间的投入，更在建筑形成集群后，提高城市的建设和运营管理水平和效率。

2016 年 12 月 2 日，住建部正式发布了我国第一个 BIM 国家标准《建筑信息模型应用统一标准》（GB/T 51212—2016），自 2017 年 7 月 1 日起开始实施。2016 年 12 月 5 日，安徽省住房和城乡建设厅、安徽省质量技术监督局发布了第一个地方 BIM 标准《民用建筑设计信息模型（D-BIM）交付标准》（DB34/T 5064—2016），自 2017 年 3 月 1 日起实施。

2017 年 2 月底，国务院办公厅印发《关于促进建筑业持续健康发展的意见》（国办发〔2017〕19 号），意见指出："加快推进建筑信息模型（BIM）技术在规划、勘察、设计、施工和运营维护全过程的集成应用，实现工程建设项目全生命周期数据共享和信息化管理，为项目方案优化和科学决策提供依据，促进建筑业提质增效。"

2017 年 5 月 4 日，住建部又发布了我国第二个 BIM 国家标准《建筑信息模型施工应用标准》（GB/T 51235—2017），自 2018 年 1 月 1 日起实施。这是面向施工和监理企业，规定其在施工过程中该如何使用 BIM 模型中的信息，以及如何向他人交付施工模型信息，它包括深化设计、施工模拟、预加工、进度管理、成本管理等方面。2017 年 12 月 25 日，安徽省住房和城乡建设厅印发了《安徽省建筑信息模型（BIM）技术应用指南》。2018 年 12 月 26 日，住建部发布了第三个 BIM 国家标准《建筑信息模型设计交付标准》（GB/T 51301—2018），自 2019 年 6 月 1 日起实施。

（三）BIM 技术的特点及应用价值

1. BIM 技术的八个特点

（1）可视化　可视化即"所见所得"的形式，BIM 提供了可视化的思路，将以往的线条式的构件形成一种三维的立体实物图形展示在人们的面前，在 BIM 建筑信息模型中，由于整个过程都是可视化的，所以可视化的结果不仅可以用来效果图的展示及报表的生成，更重要的是，项目设计、建造、运营过程中的沟通、讨论、决策都在可视化的状态下进行。

（2）协调性　BIM 建筑信息模型可在建筑物建造前期对各专业的碰撞问题进行协调，生成协调数据。它还可以解决例如电梯井布置与其他设计布置及净空要求之协调，防火分区与其他设计布置之协调，地下排水布置与其他设计布置之协调等。

（3）模拟性　模拟性并不是只能模拟设计出的建筑物模型，还可以模拟不能够在真实世界中进行操作的事物，具体表现在设计阶段，可以对设计所需数据进行模拟试验，例如节能模拟、日照模拟等；在招标投标和施工阶段，可以进行 4D 模拟（3D 模型加入项目的发展时间），也就是根据施工的组织设计模拟实际施工，确定合理的施工方案来指导施工；同时还可以进行 5D 模拟（基于 3D 模型的造价控制），从而实现成本控制；后期运营阶段，可以对突发紧急情况的处理方式进行模拟，例如模拟地震中人员逃生及消防人员疏散等。

（4）优化性　整个设计、施工、运营的过程就是一个不断优化的过程，当然优化和 BIM 也不存在实质性的必然联系，但在 BIM 的基础上可以做更好的优化。现代建筑物的复杂程度大多超过参与人员本身的能力极限，BIM 及与其配套的各种优化工具提供了对复杂项目进行优化的可能。基于 BIM 可以在项目方案上进行优化，如把项目设计和投资回报分析结合起来，设计变化对投资回报的影响可以实时计算出来；在特殊项目的设计上进行优化，例如裙楼、幕墙、屋顶、大空间到处可以看到异形设计，这些内容看起来占整个建筑的比例不大，但是占投资和工作量的比例和前者相比却往往要大得多，而且通常也是施工难度比较大和施工问题比较多的地方，对这些内容的设计施工方案进行优化，可以带来显著的工期和造价改进。

（5）可出图性　BIM 可以自动生成常用的建筑设计图纸及构件加工图纸。通过对建筑物进行了可视化展示、协调、模拟和优化，还可以生成图纸如：综合管线图（经过碰撞检查和设计修改，消除了相应错误以后）；综合结构留洞图（预埋套管图）；碰撞检查侦错报告和建议改进方案等。

（6）信息的一致性　在建筑生命期的不同阶段模型信息是一致的，同一信息无须重复输入，而且信息模型能够自动演化，模型对象在不同阶段可以简单地进行修改和扩展而无须重新创建，避免了信息不一致的错误。

（7）信息的关联性　信息模型中的对象是可识别且相互关联的，系统能够对模型的信息进行统计和分析，并生成相应的图形和文档。如果模型中的某个对象发生变化，与之关联的所有对象都会随之更新，以保持模型的完整性。

（8）信息的完备性　除了对工程对象进行 3D 几何信息和拓扑关系的描述，还包括完整的工程信息描述，如对象名称、结构类型、建筑材料、工程性能等设计信息；施工工序、进度、成本、质量以及人力、机械、材料资源等施工信息；工程安全性能、材料耐久性能等维护信息；对象之间的工程逻辑关系等。

2. BIM 技术的优势

CAD 技术的出现是建筑业的第一次革命，而 BIM 模型是一种包含建筑全生命周期中各阶段信息的载体，实现了从二维到三维的跨越，因此 BIM 也被称为是建筑业的第二次革命。BIM 技术与 CAD 技术比较，其优势见表 9-1。

表 9-1　BIM 技术与 CAD 技术的优势比较表

类别面向对象	CAD 技术	BIM 技术
基本元素	基本元素为点、线、面，无专业意义	基本元素如墙、窗、门等，不但具有几何特征，同时还具有建筑物理特征和功能特征
修改图元位置或大小	需要再次画图或通过拉伸命令调整大小	所有图元均为参数化建筑构件，附有建筑属性；在"族"的概念下，只需要更改属性，就可以调整构件的尺寸、样式、材质、颜色等
各建筑元素间的关联性	各个建筑元素之间没有相关性	各个构件是互相关联的，例如：删除一面墙，墙上的窗和门自动删除；删除一扇窗，墙上原来的窗的位置就会自动恢复为完整的墙
建筑物整体修改	需要对建筑物各投影面依次进行人工修改	只需进行一次修改，则与之相关的平面、立面、剖面、三维视图、明细表等自动修改
建筑信息的表达	提供的建筑信息非常有限，只能将纸质图纸电子化	包含了建筑的全部信息，不仅提供形象可视的二维和三维图纸，而且提供工程量清单、施工管理、虚拟建造、造价估算等更加丰富的信息

3. BIM 技术的应用价值

（1）规划阶段　BIM 技术具有可视化、模拟性、优化性等特点，可以为业主提供各种概念模型及周围环境模型，进行多种方案可视化的模拟比选与优化，为业主提供最优、最合适的方案，节省大量的时间、金钱与精力等。

（2）设计阶段　在设计阶段，由于 BIM 模型其真实的三维特征和可视化，使得设计师对于自己的设计思想既能够做到"所见即所得"，而且能够让业主捅破技术壁垒的"窗户纸"，随时了解到自己的投资可以收获什么样的成果；也使得施工过程中可能发生的问题，提前到设计阶段来处理，减少了施工阶段的反复，不仅节约了成本，更减少了建设周期；BIM 技术还有助于设计对防火、疏散、声音、温度、日照等分析。

（3）施工阶段　可以实现集成项目交付管理；建筑作为一个系统，当完成建造过程准备投入使用时，首先需要对建筑进行必要的测试和调整，以确保它可以按照当初的设计来运营。在项目完成后的移交环节，物业管理部门需要得到的不只是常规的设计图纸、竣工图纸，还需要能正确反映真实的设备状态、材料安装使用情况等与运营维护相关的文档和资料。可以实现动态、集成和可视化的 4D 施工管理：将建筑物及施工现场 3D 模型与施工进度相链接，并与施工资源和场地布置信息集成一体，建立 4D 施工信息模型。实现建设项目施工阶段工程进度、人力、材料、设备、成本和场地布置的动态集成管理及施工过程的可视化模拟。可实现项目各参与方协同工作：项目各参与方信息共享，基于网络实现文档、图档和视档的提交、审核、审批及利用。项目各参与方通过网络协同工作，进行工程洽商、协调，实现施工质量、安全、成本和进度的管理和监控。

（4）运营阶段 在 BIM 模型中，项目施工阶段做出的修改将全部实时更新并形成最终的 BIM 竣工模型，该竣工模型将作为各种设备管理的数据库为系统的维护提供依据。建筑物的结构设施（如墙、楼板、屋顶等）和设备设施（如设备、管道等）在建筑物使用寿命期间，都要不断得到维护。BIM 模型恰恰可以充分发挥数据记录和空间定位的优势，通过结合运营维护管理系统，制订合理的维护计划，实现建筑物业管理与楼宇设备的实时监控相集成的智能化和可视化管理，及时定位故障点。结合运营阶段的环境影响和灾害破坏，针对结构损伤、材料老化及灾害破坏等，进行建筑结构安全性、耐久性分析与预测。

二、BIM 技术的应用软件

在欧美国家 BIM 技术应用软件普遍使用 Autodesk 公司的 Revit 系列、Benetly 公司的 Building 系列、Nemetschek/Graphisoft 公司的 ArchiCAD 以及 Dassault 公司的 CATIA 产品等。目前尚缺乏完全适应建筑全生命周期各阶段要求的 BIM 技术应用软件，常用的 BIM 技术应用软件见表 9-2。

表 9-2 常用的 BIM 技术应用软件

软件工具		设计阶段			施工阶段				运维阶段		
公司	软件	方案设计	初步设计	施工图设计	施工投标	施工组织	深化设计	施工管理	设施维护	空间管理	设备应急
Trimble	SketchUp	●	●								
	TeklaStructure		●	●	●	●	●				
RobertMCNeel	Rhino	●	●				○				
Autodesk	Revit	●	●	●	●	●	●				
	NavisWorks		●	●	●	●	●	●	○	○	○
	EcotectAnalysis		●								
	RobotStructuralAnalysis		●	●							
	AdvanceSteel		●	●	●		●				
	Inventor						●				
	InfraWorks	●	●								
	Civil3D		●	●	●	●					
Graphisoft	ArchiCAD	●	●	●			●				
广联达	MagiCAD		●	●	●		●				
	BIM5D				●	●	●	●			
Bentley	AECOsimBuildingDesigner	●	●	●	●	●	●				
	AECOsimEnergySimulator		●	●							
	Hevacomp		●	●							
	STAAD. Pro		●	●							
	ProSteel			●							
	Navigator		●	●	●		●	●			

（续）

软件工具		设计阶段			施工阶段				运维阶段		
公司	软件	方案设计	初步设计	施工图设计	施工投标	施工组织	深化设计	施工管理	设施维护	空间管理	设备应急
Bentley	ConstructSim				●	●					
	FacilityManager								●	●	
FORUM8	UC-Win/Road	●	●		●	●			●		●
ArchiBus	ArchiBus								●	●	●
鲁班	鲁班 BIM 系统				●	●	●				
RIB 集团	iTWO				●	●	○				
建研科技	PKPM		●	●							
盈建科	YJK		●	●							
探索者	探索者系列		●	●							

注：表中"●"为主要或直接应用，"○"为次要应用或需要定制、二次开发。

在软件选用上建议如下：

1）单纯民用建筑（多专业）设计，可选用 Autodesk Revit 系列。

2）工业或市政基础设施设计，可选用 Bentley 或 Revit 系列。

3）建筑师事务所，可选用 ArchiCAD、Revit 或 Bentley 系列。

4）所涉及项目严重异形、购置预算又比较充裕的，可选用 CATIA。

另外，国内软件厂商基于上述软件做了大量地本地化 BIM 软件二次开发，极大地推动了我国 BIM 技术应用的发展，主要厂商有盈建科、探索者、鲁班、博超等。

三、BIM 技术的硬件要求

BIM 硬件包括客户端（台式、笔记本等个人计算机、手持移动终端等）、服务器、网络及存储设备等。在确定所选用的 BIM 软件系统以后，根据现有的硬件资源配置及其组织架构，整体规划并建立适应 BIM 技术需要的硬件要求。

从现有成功的 BIM 技术应用案例以及未来 BIM 技术应用的发展方向，建议参考以下四种 BIM 硬件环境类型：

（一）个人计算机

BIM 技术应用最基本的要求是建模应用，对个人计算机运行要求性能较高，包括数据运算能力、图形显示能力、信息处理能力等各方面。如有渲染、高性能计算等特殊需求，可考虑选用图形工作站。BIM 技术应用个人计算机选择可参考表 9-3。

表 9-3　BIM 技术应用个人计算机选择

运行要求	低配	中配	高配
BIM 应用	1）局部设计建模 2）模型构件建模 3）专业内冲突检查	1）多专业协调 2）专业间冲突检查 3）常规建筑性能分析 4）精细渲染	1）高端建筑性能分析 2）超大规模集中渲染

（续）

运行要求		低配	中配	高配
配置需求	操作系统	Microsoft Windows 10,64 位	Microsoft Windows 10,64 位	Microsoft Windows 10,64 位
	CPU	单核或多核 Intel-Pentium、Xeon 或 i-Series 处理器或性能相当的 AMDSSE2 处理器	多核 IntelXeon 或 i-Series 处理器或性能相当的 AMDSSE2 处理器	多核 IntelXeon 或 i-Series 处理器或性能相当的 AMDSSE2 处理器
	内存	8GB RAM	16GB RAM	32GB RAM
	显卡	1GB 显存,支持 DirectX10 及 ShaderModel3 显卡	4GB 显存,支持 DirectX10 及 ShaderModel3 显卡	4GB 显存,支持 DirectX10 及 ShaderModel3 显卡

注：鉴于个人计算机硬件配置升级更新较快，此表配置仅供参考。

（二）BIM 云应用一体机

BIM 云应用一体机的基本思路是将 BIM 技术应用软硬件均统一设置并部署在一台或多台具有 GPU 云桌面的云计算服务器上，用户只通过 Web 页面或客户端软件访问并操作 BIM 云应用一体机上的 BIM 应用软件，而相关所有模型和数据也均存放在 BIM 云应用一体机上，此时 BIM 软件运行在 BIM 云应用一体机上，依赖 BIM 云应用一体机上的图形处理能力，而在本地无须安装任何 BIM 软件也无须复杂的图形处理能力，仅仅是低端的硬件配置如客户机、笔记本/计算机、PAD、手机等各种终端或一个 Web 浏览器即可实现 BIM 技术应用，同时保障了企业数据安全。

BIM 云应用一体机可以布置在企业办公区域，也可以布置在施工现场办公区域，即开即用，特别适合于施工企业在工地开展 BIM 技术应用。

（三）BIM 云计算数据中心

对于考虑实施或开展使用虚拟化及云计算的大中型企业，可考虑建设或租用 BIM 云计算数据中心，将 BIM 技术应用软件、信息化管理系统统一部署云计算数据中心，通过局域网或互联网，来实现 BIM 技术的全员高效应用。

（四）BIM 协同平台

BIM 应用全过程实施宜在协同平台中进行，根据项目需要独立搭建平台，也可利用参与方已有的协同平台。BIM 实施应设定协同标准作为基本工作规则，规范生产活动。协同标准的内容宜包括协同平台功能介绍、协同工作方法的具体要求、协同工作角色的职责与义务、相关辅助工具的使用说明。BIM 项目协同平台应具有良好的兼容性，能够实现数据和信息的有效共享。

四、BIM 技术的人员要求

（一）BIM 人员分类

1. 根据应用领域分类

根据应用领域不同，可将 BIM 人员分为 BIM 标准管理类、BIM 工具研发类、BIM 工程应用类、BIM 教育类等，如图 9-1 所示。

2. 根据应用程度分类

根据 BIM 应用程度，设计企业一般分为：BIM 总负责人、BIM 项目经理、BIM 专业负责人、BIM 专业工程师、BIM 建模员。

图 9-1　BIM 人员分类图

施工企业一般分为：BIM 战略总监、BIM 项目经理、BIM 技术主管、BIM 操作人员等。

（1）BIM 战略总监（BIM 总负责人）　即负责企业 BIM 技术总体发展战略制订、企业 BIM 资源协调、企业 BIM 建设，属于企业级的职位，可以是企业技术负责人兼任，是 BIM 人员职业发展的高级阶段。

（2）BIM 项目经理　负责 BIM 项目的策划、协调、监控等管理，保质保量实现 BIM 技术应用目标，属于项目级的职位，可以由熟悉 BIM 项目管理的注册建造师人员兼任，是 BIM 人员职业发展的高级阶段，也是注册建造师未来担任项目经理的基本素质要求。

（3）BIM 技术主管（BIM 专业负责人）　即在 BIM 项目实施过程中，负责技术指导及监督人员，属于专业级的职位，可以是专业技术人员担任，是 BIM 人员职业发展的中级阶段。

（4）BIM 操作人员（BIM 专业工程师、BIM 建模员）　即在 BIM 项目实施过程中，实际 BIM 建模及分析人员，属于专业级的职位，可以是专业技术人员担任，是 BIM 人员职业发展的初级阶段。

（二）BIM 人员职业素质要求

不同应用程度 BIM 人员的岗位职责及能力素质要求见表 9-4。

表 9-4　不同应用程度 BIM 人员的岗位职责及能力素质要求

岗位职责	岗位	能力素质
负责企业 BIM 发展战略制订	BIM 战略总监（BIM 总负责人）	宏观把控 BIM 发展方向及应用价值
负责 BIM 项目管理	BIM 项目经理	熟悉 BIM 项目管理
负责 BIM 技术指导及分配	BIM 技术主管（BIM 专业负责人）	熟悉 BIM 技术及应用
负责 BIM 软件操作	BIM 操作人员（BIM 专业工程师、BIM 建模员）	熟练操作 BIM 软件

1. BIM 战略总监（BIM 总负责人）

岗位职责：负责制订企业 BIM 技术总体发展战略，研究 BIM 对企业的质量和经济效益作用；制订企业 BIM 实施计划，制订 BIM 激励政策，监督、检查执行情况；批准有关 BIM 的重大投资，协调 BIM 资源；确定团队规模、确定技术路线等；组织制订企业 BIM 标准。

能力素质要求：了解国家相关政策，了解 BIM 行业动态，具备工程建筑设计、IT 等相关专业背景，具有丰富的建筑行业管理经验，了解一系列 BIM 建模及专业软件，具有良好的组织能力及沟通能力。

2. BIM 项目经理

岗位职责：负责 BIM 项目的策划、协调、监控等管理，保质保量实现 BIM 技术应用目标；负责参与企业 BIM 项目决策，制订 BIM 工作计划；建立并管理项目 BIM 团队，确定各角色人员职责与权限，并定期进行考核、评价和奖惩；负责设计环境的保障监督，监督并协调 IT 服务人员完成项目 BIM 软硬件及网络环境的建立；确定项目中的各类 BIM 标准及规范，如大项目切分原则、构件使用规范、建模原则、专业内协同设计模式、专业间协同设计模式等；负责对 BIM 项目进度的管理与监控；组织、协调人员进行各专业 BIM 模型的搭建、性能分析、二维出图等工作；负责各专业的综合协调工作（阶段性管线综合控制、专业协调等）；负责 BIM 交付成果的质量管理，包括阶段性检查及交付检查等，组织解决存在的问题；负责对外数据接收或交付，配合业主及其他相关合作方检验，并完成数据和文件的接收或交付。

能力素质要求：具备工程建筑领域相关专业背景，具有丰富的建筑行业实际项目的设计与管理经验、独立管理大型 BIM 建筑工程项目的经验，熟悉 BIM 建模及专业软件；具有良好的组织能力及沟通能力等。

3. BIM 技术主管

岗位职责：负责项目实施过程中 BIM 技术指导及监督；负责 BIM 模型审核，保证项目按质、按时、按量实施；负责协调各 BIM 操作人员工作；组织编制、审定、提交项目全过程完整资料。

能力素质要求：具备工程建筑领域相关专业背景，具有丰富的 BIM 技术应用实践经验，能独立指导 BIM 项目实施技术问题，具有良好的组织能力及沟通能力等。

4. BIM 操作人员（BIM 专业工程师、BIM 建模员）

岗位职责：负责创建 BIM 模型，基于 BIM 模型进行性能分析及计算，创建二维视图以及添加完善 BIM 信息；配合项目需求，负责绿色建筑设计、可视化展示、虚拟施工、工程量统计等相关 BIM 技术应用。

能力素质要求：具备工程建筑领域相关专业背景，能熟练掌握企业 BIM 软件的使用以及二维制图软件的使用。

第二节　施工过程 BIM 技术应用

一、施工过程 BIM 技术应用特点

施工过程 BIM 技术应用能够有效地实现制订资源计划、控制资金风险、节省能源、节约成本、降低污染及提高效率。它优化了传统的项目管理理念，引领项目管理走向更高层次，从而提高建筑管理的集成化程度，它具有以下特点：

1）BIM 模型含有大量信息，可以在一个平台上实现数据共享，其可视化特点使业主、

设计方、施工方等各相关方沟通更为便捷、高效，协同更为紧密，能够对设计、施工全过程进行形象控制，从而使精细化管理成为可能，弥补传统的项目管理模式的不足。

2) BIM 模型工程量可实时精准统计，BIM 技术能够保证模型数据动态调整，"一处修改，处处修改"，可实现全过程对资金风险以及盈利目标的预控。

3) 能够对投标书、进度审核预算书、结算书进行统一管理，并形成数据对比。

4) 能够对施工合同、支付凭证、施工变更等工程附件进行统一管理，并对成本测算、招标投标、签证管理、支付等全过程造价进行管理。

5) 基于 BIM 的 4D 虚拟建造技术，可以展现形象进度，为领导层充分地调配资源、进行决策提供有利条件。也能够优化进度计划和施工方案，并说明存在问题，提出相应的方案用于指导实际项目施工。

6) 基于 BIM 的 4D 虚拟建造技术，还可以提前发现在施工阶段可能出现的问题，及时修改，提前制订应对措施。

7) 能够使标准操作流程可视化，随时查询物料及产品质量等信息。

8) 利用 BIM 竣工模型和虚拟现实技术，实现对资产、空间、设备管理，对突发事件进行快速应变和处理，快速准确掌握建筑物的运营情况，如对火灾、漏水等隐患进行及时处理，减少不必要的损失，从而实现运维阶段的有效管理。

二、BIM 技术应用策划

成功应用 BIM 技术，为项目带来实际效益，项目团队应该事先制订详细和全面的策划。像其他新技术一样，如果应用经验不足，或者应用策略和计划不完善，项目应用 BIM 技术可能带来一些额外的实施风险。实际工程项目中，确实存在因没有规划好 BIM 应用，导致增加建模投入、由于缺失信息而导致工程延误、BIM 应用效益不显著等问题。所以，成功应用 BIM 技术的前提条件是事先制订详细、全面的策划，策划要与实际业务紧密结合。

基于工程项目的个性化，并没有一个适用于所有项目的最优方法或计划。每个施工团队需根据项目需求，有针对性地制订一个 BIM 技术应用策划。在项目全生命周期的各个阶段都可以应用 BIM 技术，但必须考虑 BIM 应用的范围和深度，特别是当前的 BIM 支持程度、施工团队自身的技能水平、BIM 应用的成本等，这些对 BIM 应用的影响因素都应该在 BIM 策划中充分考虑。

BIM 应用前期策划应该在施工过程的早期制订，并描述整个施工期间直至竣工的 BIM 应用整体构想。全面的 BIM 应用前期策划应该包括确定 BIM 应用目标、约定 BIM 模型标准、确定 BIM 应用范围、构建 BIM 组织架构、BIM 应用的详细流程、确定不同参与者之间的信息交互方式等内容。

(一) 项目 BIM 团队的组建

1. 组织机构

项目 BIM 团队应根据合同规定或项目需求来确定，推荐设立 BIM 项目经理、BIM 技术主管、各专业 BIM 工程师等岗位。项目 BIM 应用工作的开展应由项目经理统一协调管理，项目技术主管负责 BIM 应用的实施，其他部门应配合 BIM 团队开展工作，方便 BIM 团队为各职能部门提供技术支持，共同推进项目 BIM 技术应用的有序开展。下面给出某施工企业在某施工项目中组建的 BIM 团队案例，如图 9-2 所示。

图 9-2　项目 BIM 团队组织机构图

2. 团队职责

项目 BIM 主要部门及岗位的工作职责见表 9-5。

表 9-5　项目 BIM 主要部门及岗位的工作职责

岗位/部门	BIM 工作及责任
项目经理	负责 BIM 项目的策划、协调、监控等管理,保质保量实现 BIM 技术应用目标
BIM 技术主管	负责项目 BIM 技术应用,在 BIM 项目实施过程中,负责技术指导及监督,对阶段性 BIM 成果、BIM 实施方案、实施计划等组织审核及验收
技术部 (总包 BIM 团队)	BIM 模型创建、运用、维护、管理,各专业协调配合,基于模型输出深化设计图纸,利用模型优化施工方案,配合其他部门输出 BIM 成果
工程部	配合 BIM 团队审核模型,反馈施工现场问题,利用深化图纸指导施工
安全部	通过 BIM 可视化开展安全教育、危险源识别及预防防控,指定针对性应急措施
材料部	利用 BIM 模型生成料单,审批、上报准备的材料计划
质量部	通过 BIM 进行技术交底,优化检验批划分、验收
预算部	确定预算 BIM 模型建立的标准,利用 BIM 模型实现对内、对外的商务管控和内部成本管控
土建 BIM 团队	确定土建专业施工图设计模型。利用 BIM 解决可能存在的设计问题、碰撞、施工关键工艺问题等隐患,并进行校核和调整。在项目全生命期内配合总包 BIM 团队完成相关 BIM 工作
机电安装 BIM 团队	确定机电专业施工图设计模型。基于施工图设计模型,向总包 BIM 团队提交相关碰撞检查报告、机电管线综合优化报告。结合项目需求,开展机电深化设计工作,并出具深化模型及深化图至总包 BIM 团队。在项目全生命期内配合总包 BIM 团队完成相关 BIM 工作
钢结构 BIM 团队	确定钢结构专业施工图设计模型。结合项目需求,开展钢结构节点深化,并将成果文件提交至总包 BIM 团队。在项目全生命期内配合总包 BIM 团队完成相关 BIM 工作
其他专业 BIM 团队	确定各自专业施工图设计模型,并在施工过程中及时更新,保持适用性。向总包 BIM 团队提交自身合约范围内的施工深化设计模型和施工过程模型。在项目全生命期内配合总包 BIM 团队完成相关 BIM 工作

（二）项目 BIM 应用环境的配置

1. 软件配置

配置 BIM 软件是 BIM 应用的重要环节。在实际操作中，则要根据项目的特点和 BIM 团队的实际能力，正确配置适合自己使用的 BIM 软件。BIM 软件众多，通常在同一个 BIM 应用项目中需要多个 BIM 软件，因此，围绕项目的 BIM 实施目标选择合理的软件配置需重点考虑以下几个方面：

（1）统一软件版本　BIM 软件中存在低版本打不开高版本文件的情况，因此，在项目开始时，必须与项目各方沟通，确定统一使用的软件版本。

（2）确定数据传递格式　在 BIM 协同中，需充分考虑不同软件在数据传递时信息的保留与传递问题，同时需考虑数据转换的效率及文件大小的问题。

根据工程特点，可参考本章第一节"二、BIM 技术的应用软件"的内容进行配置。

2. 硬件配置

根据工程项目特点，可参考本章第一节"三、BIM 技术的硬件要求"内容进行配置。根据施工企业特点，项目硬件配置建议选用 BIM 云应用一体机模式，可减少正版软件投入，高性能工作站资源共享，客户端可以是台式计算机、笔记本计算机，也可以是平板计算机等移动终端；同时，可以部署在施工现场办公区域，即开即用，特别适合于施工企业在工地开展 BIM 技术应用。

3. 协同平台

根据工程项目特点，选择或搭建 BIM 协同平台，有关要求参见本章第一节"三、BIM 技术的硬件要求"。

（三）项目 BIM 应用实施方案的制订

一个详细全面的项目 BIM 应用实施方案，可使项目参与者清楚地认识到各自责任和义务。BIM 应用实施方案制订之后，项目 BIM 团队就能根据此方案将 BIM 融合到施工相关的工作流程中，并正确实施和监控，为工程施工带来效益。

此外业主和设计单位对 BIM 应用的支持非常重要，这是项目全生命周期延续和应用 BIM 效益的关键。因此如果由业主牵头并得到设计单位的支持，为整个工程项目制订一个全生命周期 BIM 应用实施方案，那么施工 BIM 团队可据此制订施工 BIM 应用实施方案，并与项目其他方（特别是分包、业主和设计）互相融合。

BIM 应用实施方案内容包括：

1）项目 BIM 应用概述：阐述 BIM 应用实施方案制订的总体情况。

2）项目信息：阐述项目关键信息如建筑面积、建筑高度等；项目位置、项目描述、特殊要求、关键的时间节点等。

3）BIM 应用目标：确定应用 BIM 技术达到的目标和效益。

4）各参与方的 BIM 实施职责及团队配置要求。

5）BIM 应用范围及应用流程：确定 BIM 应用范围、应用点、流程以及 BIM 的实施要点。以流程图的形式清晰地展示 BIM 的整个应用过程。

6）配置 BIM 应用环境：确定拟使用的软件及其版本、硬件、协同平台、网络等基础条件要求。

7）统一技术规定：详细描述 BIM 项目组遵守原则及标准规范，例如：命名规则、模型结构、坐标系统、建模标准、文件结构和操作权限等，以及关键的协同会议日程和议程。

8）BIM应用进度计划：确定BIM应用节点、控制内容，以进度安排方式有效控制BIM应用的节点及内容。

9）质量保证程序和要求：详细描述为确保BIM技术应用需要达到的质量要求，以及对项目参与者的监控要求。

10）成果交付：确定项目交付内容、深度以及格式。

在编制BIM应用实施方案时，可以参照以下方法来逐步明确：

1. 确定BIM应用目标

BIM策划制订的第一步，也是最重要步骤，就是确定BIM应用的总体目标，这些BIM目标必须是具体的、可衡量的，以及能够提升项目施工效益。

2. 确定BIM应用点

根据BIM应用目标，要明确项目实施的BIM应用点。例如：深化设计建模、4D进度管理、5D成本管理、专业协调等。

1）罗列BIM技术应用点。项目BIM团队应明确可能的BIM技术应用点，并将其罗列出来，备选BIM应用点，见表9-6。

表9-6　施工阶段BIM技术应用点

阶段	BIM技术应用点
施工准备	施工深化设计
	施工平面布置模拟
	施工进度模拟
	重点施工方案模拟
施工实施	施工技术管理—图纸会审
	施工技术管理—设计变更
	施工技术管理—作业指导书
	施工技术管理—施工测量
	施工进度管理
	施工质量管理
	施工安全管理
	设备与材料管理
	施工成本管理
	构件预制加工
竣工验收	模型数据/信息管理
	竣工工程量统计
	竣工模型交付

2）确定每项备选BIM应用点的责任方。为每项备选BIM应用点至少确定一个责任方，主要负责主体放在第一位，便于后期管控。

3）标示每项BIM应用点各责任方需具备的条件。确定责任方应用BIM所需的条件，一般的条件包括人员、软件、软件培训、硬件等。如果已有条件不足，需额外补充时，应详细说明，如：需购买软硬件。

4）确定责任方应用 BIM 所需的能力水平。项目 BIM 团队需知道 BIM 应用的细节，及其在特定项目中的实施方法。如果已有能力不足，需额外培训时，应详细说明。

5）标示每项 BIM 应用的额外应用点价值和风险。施工团队在清楚每项 BIM 应用点价值的同时，也要清楚可能产生的额外项目风险。

3. 明确 BIM 应用范围

施工团队应该详细讨论每项 BIM 技术应用的可能性，确定某项 BIM 技术应用是否适合项目和团队的特点。在考虑所有因素之后，施工团队需做出是否应用各项备选 BIM 的决定。当项目 BIM 团队决定某项 BIM 应用点时，判断是否应用其他 BIM 就变得很简便。

BIM 应用目标与 BIM 应用之间没有严格的一一对应关系。在定义 BIM 应用目标的过程中可以用优先级表示某个 BIM 技术应用目标对施工的重要性。不同层次的 BIM 应用目标将直接影响 BIM 的策划和准备工作，某项目施工 BIM 技术应用目标案例见表 9-7。

表 9-7　某项目施工 BIM 技术应用目标案例

优先级	BIM 技术应用目标	BIM 应用点
高	控制成本	5D 建模和分析、材料管理、工程结算
低	提升深化设计效率	深化设计、设计审核、管线综合
高	审核施工过程	施工模拟、施工场地规划
中	提高施工效率	施工进度管理、施工模拟、质量安全管理
中	消除专业冲突	专业协调、碰撞检测

4. 选用项目 BIM 应用标准

为了能有效地利用 BIM 技术，在项目开始阶段选用针对性强的国家级、地方级或建立企业级或项目级 BIM 标准、规范或规定等技术管理文件，全面指导项目 BIM 工作的开展。

如针对 BIM 项目实施中一些共性的技术规定，可以先制定《BIM 技术应用统一规定》，其内容包括构件命名规则、模型拆分原则、建模标准、文件结构、颜色显示规定等；还可以制定《BIM 构件库及模型库管理规范》《BIM 项目实施指南》《BIM 模型审核与优化标准》等企业级的标准和规范。

目前国家已经发布了《建筑信息模型应用统一标准》（GB/T 51212—2016），自 2017年 7 月 1 日起开始实施和《建筑信息模型施工应用标准》（GB/T 51235—2017），自 2018 年 1 月 1 日起实施，可以直接选用。

2017 年 12 月 25 日，安徽省住房和城乡建设厅印发了《安徽省建筑信息模型（BIM）技术应用指南》，对施工企业 BIM 技术应用有较强的指导意义，可直接选用。

5. 约定项目 BIM 基准模型

在 BIM 应用过程中，BIM 基准模型是最基础的技术资料，所有的操作和应用都是在 BIM 基准模型基础上进行的。施工 BIM 前期策划的首要工作就是创建 BIM 基准模型。下面将具体介绍 BIM 基准模型的来源、模型划分及其要求和规范。

（1）BIM 基准模型的来源　BIM 基准模型一般有三个主要来源，如图 9-3 所示。

1）外部提供。以业主提供的招标模型或由设计单位完成的施工图设计阶段模型为基础，施工企业结合现场状况对模型进行细化、完善，并根据施工要求对相应构件或构件组进行重构、调整等处理，使之成为可以现场实施的施工深化模型。施工单位在接收外部提供的 BIM 模型时，应按照一定的验收标准对模型进行验收。外部模型需完整、按结构分层，且设计模型必须考虑施工要求。

图 9-3　BIM 基准模型的主要来源

2）施工单位自建。施工单位根据设计施工图，组织人员自行创建 BIM 模型。自建优势是施工单位的建模人员更了解施工需求，并对工程特别是细部情况掌握得十分清楚，因而创建的 BIM 模型更容易满足施工应用的需求。

3）设计施工单位联合建模。施工单位在项目设计早期阶段就提前介入，根据施工需求对设计内容的表达方式和深度提出具体要求，并参与部分设计建模工作；或在施工图设计阶段的 BIM 模型创建完成后，紧接着完成深化设计建模。

采用这种方式应具备几个必要的前提条件：

① 设计和施工双方应预先确定统一的建模要求，规定模型提交的深度和细度，制订满足设计施工 BIM 集成应用的建模规程，包括创建模型应考虑施工分区及作业流水段划分。

② 应明确模型构件之间的关系，使其符合施工作业的业务逻辑。

③ 应建立统一的模型构件库，保证构件的名称、表示及信息准确统一等。

模型的质量直接决定 BIM 应用的优劣，无论以上哪种渠道的模型，都需要在 BIM 建模规则和操作标准上事先达成统一的约定，以执行手册的形式确定下来，在建模过程中贯彻执行，建模完成后应严格审核。

（2）施工图设计模型划分　对于 BIM 模型由设计单位进行构建的情况，施工阶段的施工图设计模型沿用设计模型的划分方式。对于施工单位自行建模的情况，施工单位应考虑不同的建模软硬件环境对于模型的处理能力会有不同，模型划分也没有硬性的标准和规则，需根据实际情况灵活处理。以下是实际项目操作中比较常用的模型划分。模型划分的主要目的是协同工作，以及降低由于单个模型文件过大造成的工作效率降低。通过模型划分主要是实现多用户访问和多专业协作，提高大型项目的操作效率。模型划分时采用的方法，应尽量考虑所有相关 BIM 团队（包括内部和外部的 BIM 团队）的需求。一般按建筑、结构、水暖电专业组织模型文件，建筑模型包含建筑相关信息（对于复杂幕墙建议单独建立幕墙模型），结构模型包含结构相关信息，水暖电专业要视使用的软件和协同工作模式而定，以 Revit 为例。

1）运用工作集模式，则水、暖、电各专业都在同一模型文件里分别建模，以便于专业协调。

2）运用链接模式，则水、暖、电各专业分别建立各自专业的模型文件，相互通过链接的方式进行专业协调。

典型超高层的模型划分方法见表 9-8。

表 9-8　典型超高层的模型划分方法

专业	区域拆分	模型界面划分
建筑	主楼、裙房、地下结构	按楼层划分;按建筑分区划分;按施工缝划分
结构	主楼、裙房、地下结构	按楼层划分,再按钢结构、混凝土结构、剪力墙划分
幕墙(如果是独立建模)	主楼、裙房	按建筑立面划分;按建筑分区划分
机电	主楼、裙房、地下、市政管线	按楼层划分;按建筑分区划分;按施工缝划分;按系统划分
总图	道路、室外总体、绿化	按区域划分;按系统划分

（3）施工图设计模型要求　不同的 BIM 应用，相应 BIM 模型要求也不同。BIM 应用的模型需在施工图设计模型的基础上，根据施工阶段管理目标增加包括进度、成本、施工方案、质量、安全等信息。施工图设计模型的模型深度宜不低于 G3，并需遵循以下原则：

1）一致性原则。模型应包含 2D 图纸中的数据参数，模型中无多余、重复、冲突构件。在项目施工阶段，模型要根据深化设计及时更新。模型反映对象名称、材料、型号等关键信息。

2）符合性原则。模型要符合实际情况，例如，施工阶段应用 BIM 时，模型需分层建立并加入楼层信息，不允许出现一根柱子从底层到顶层贯通等与实际情况不符的模型。

3）准确性原则。模型应保证准确性，例如梁、墙构件横向起止坐标必须按实际情况设定，避免出现梁、墙构件与柱重合情况。

6. 编制项目 BIM 进度控制计划

BIM 项目应充分考虑与传统项目在进度上的区别，尤其在 BIM 应用的初级阶段，应考虑新增加的 BIM 工作内容及团队人员应用软件的熟练程度。BIM 人员在项目协同管理平台或共享文件夹应适时更新模型、整合模型，项目经理、技术负责人通过可视化、模拟模型装配过程掌握 BIM 应用形象进度情况。

BIM 项目经理应组织检查 BIM 实施方案的执行情况，分析进度偏差，制订有效措施。

BIM 进度的主要控制点应包括：

1）BIM 总包及各分包的条件关系及其进度。

2）确保各施工节点前一个月完成专项 BIM 模型，并初步完成方案会审。

3）各专业分包投标前一个月完成分包所负责 BIM 模型工作，用于工程量分析，招标准备。

4）各专项工作结束后一个月完成竣工模型以及相应信息的三维交付。

5）工程整体竣工后针对物业进行三维数据交付。

7. 编制项目 BIM 模型质量控制计划

BIM 模型质量也应严格按企业质量管理体系要求进行控制。BIM 项目经理及 BIM 各级人员明确填写规定的质量记录，并向企业职能部门、项目团队提交 BIM 模型质量信息。

（1）BIM 设计质量控制点　BIM 设计质量控制点主要包括：

1）BIM 模型要求的控制与评审。

2）BIM 策划的控制（组织、技术、条件接口）。

3）BIM 应用点实施方案的评审。

4）BIM 模型及其数据信息的校审。

5）BIM 交付文件的控制。

6）BIM 模型变更的控制。

（2）BIM 模型质量控制标准和要求

1）建模标准：应明确规定各施工阶段、各专业、各构件的内容深度、几何精度、信息深度、坐标系统、基点等。

2）模型规定：应明确规定各施工阶段、各专业的模型技术规定，例如：构件及系统的命名规则、颜色规定、链接关系、文件结构和操作权限等。

3）模型审核方式：应明确规定各施工阶段、各专业的模型审核的内容及方式，重点审查模型与图纸的一致性。

4）模型交付要求：应明确规定各专业需提交的多项 BIM 成果交付要求、文件格式等。

5）模型变更：应明确规定当设计发生变更时，先修改 BIM 模型，从模型中生成图纸，模型升版应与图纸版次相关联，或有相关记录说明。

8. 制订项目 BIM 应用协同管理规定

BIM 模型在创建过程和应用中，不仅需要处理总包和分包方模型整合，还需处理发现的问题，如管线碰撞等，相比于传统的工作方式，有更多的 BIM 技术问题要解决，有更多管理问题要面对。所以需要重新定义和规范新的沟通流程和协作模式。要求项目经理编制适合本项目的协同流程或规程，保证基于 BIM 的施工过程运转顺畅，从而提高施工效率，保证施工水平和产品质量，降低施工成本。

（1）选择协同技术方案　目前协同软件较多，首先应选择协同软件及平台。主要考虑以下几个方面：

1）协同软件。应选择同系列、同版本 BIM 软件，便于开展各专业的并行建模和整合模型，例如选择以 Revit、Bentley 为主的 BIM 软件。各专业建模人员可使用各自专业软件完成本专业建模及计算，在与其他专业协同时，应通过格式转换满足协同要求。

2）协同管理软件。在并行建模和整合模型的同时，对模型进行协同管理，如碰撞检查、方案评审、项目进度浏览等，这时可以选择轻量化协同管理软件，如 Autodesk Navis-Works，Bentley Navigator，Tekla BIMsight。

3）协同平台。应根据项目的要求选择合理的协同平台。

（2）编制协同流程　不同项目的 BIM 目标和要求，会产生不同的协同流程。项目经理应在项目开始前，编制适合本项目的协同流程。

（3）编制协同原则

1）确定项目基点。为保证项目的并行建模及协同要求，项目开始时，需明确项目基点。

2）确定拆分原则。单个模型文件大小建议不要超过 300MB；项目专业之间采用链接模型的方式进行协同；项目同专业采用工作集或链接的方式进行协同；建议不要在协同建模的过程中做机电的深化设计；项目模型的工作分配最好由一个人整体规划并进行拆分。

3）模型交互规定。需明确模型交互引用时的格式、模型等级、模型信息等一系列规定。

4）模型更新频率。需明确模型同步、上传、更新的频率，提高协同效率。

5）确定关键进度节点协同会议时间及周期。定期召开协同工作会议，保留会议记录。

9. 明确项目 BIM 应用的多方管理

业主、设计方、施工方、监理方、政府等多方参与的 BIM 项目，需明确规定各方职责、权利、义务、工作内容等，及在协同平台及协同管理过程中对项目的管理、参与、干涉等操作权限。项目多方管理是对项目参与各方进行沟通与协作，以满足其需求及期望，解决实际出现的问题，促进各方合理参与项目活动，促使项目沿预期轨道行进，而不会因未解决的项目问题而脱轨。

通常，由项目经理负责项目多方管理，应做到以下几点：

1）工作分析。应分析项目各方的利益、需求及在项目中的影响力。

2）明确责、权、利。需明确项目各方的职责、权利、义务及工作内容。

3）沟通管理。指定各方沟通负责人及联系人，明确沟通方式，确定关键的协同会议日程和议程，组织沟通会议。

4）权限分配。完成协同平台各位参与人员的权限分配，提交协同平台管理员完成设定。

5）记录与反馈。每次重要沟通都应有沟通记录，通告相关各方，并对结果反馈。

10. 明确项目 BIM 应用的总结要求

BIM 项目完成后，BIM 项目经理应组织 BIM 团队人员对成果进行整理，对 BIM 进行总结与评价，确定是否达到预期目标，分析项目成败的原因，分析项目的经济效益以及顾客满意情况，分析项目管理方案、流程是否有效，本项目使用了哪些新技巧、新方法、新技术、新软件或新功能等，编制项目 BIM 技术应用总结报告。

BIM 技术应用总结工作要求：

1）明确项目文件归档内容。如管理文件、模型文件、交付文件等要求。

2）明确项目构件库归档要求。为提高复用率和设计效率，在 BIM 设计项目结束时，应规定项目样板文件、项目族库、企业构件库的归档要求。

3）明确项目标准归档要求。为提高类似项目的设计效率，在 BIM 设计项目结束时，应要求组织人员从项目中总结归纳出项目标准，形成项目标准文件或企业标准文件。

4）明确项目总结及宣传要求。完成项目的各类总结、论文、宣传视频等要求。

三、BIM 技术应用实施

本节根据表 9-6 施工阶段 BIM 技术应用点，阐述施工过程 BIM 技术应用实施要点，供二级注册建造师们参考，为推进施工过程 BIM 技术应用提供解决思路。

（一）施工深化设计

在施工过程管理中，主要的 BIM 模型分为 BIM 基准模型（设计企业称为施工图设计模型）、施工图深化设计模型、施工管理应用模型。BIM 基准模型主要分为上游设计院提供模型和基于施工图创建模型。施工图深化设计模型是以 BIM 基准模型为基础，在不改变原设计技术性能及使用功能的前提下，进行空间布局、优化协调、设计校核，并添加材料和设备技术参数、制作安装要求、施工规范、施工工艺等信息，形成施工图深化设计模型及图纸等成果文件。此成果文件应具备施工可行性及合理性，符合相关设计规范和施工规范，并满足相关的应用需求。施工管理应用模型是在施工图深化设计模型基础上为满足施工信息化管理目标的需要，继续补充施工进度、成本等详细的几何和非几何信息的模型。其中，施工图深化设计模型主要包括土建、机电、钢结构等专业。

1. 土建深化设计

基于 BIM 的土建深化设计主要目的是提升 BIM 模型深化设计的准确性、可校核性。将土建施工操作规范与施工工艺融入施工图设计模型，形成施工深化设计模型，并满足施工作业指导的要求，减少施工阶段存在的错误从而避免返工，加快施工进度、降低建造成本。

施工图深化设计 BIM 应用流程图如图 9-4 所示。

图 9-4 施工图深化设计 BIM 应用流程图

实施要点如下：

1）深化设计依据准备。如工程设计文件；合同文件中规定的与 BIM 建筑结构模型相关的技术要求；施工组织设计及重大施工方案；工程造价相关文件（项目工程量清单等）；相关建筑施工规范等。

2）模型准备。模型深度应根据项目性质和业主要求确定。模型单元命名规则及模型单元内容及信息要求，见表 9-9 及表 9-10。

3）施工单位依据设计单位提供的施工图和施工图设计模型，以及自身施工图特点及现场情况，完善建立设计模型。该模型应该根据实际采用的材料设备、实际产品的基本信息构建模型和深化模型。

表 9-9　模型单元命名规则

类别	模型单元名称
支护	地下连续墙、锚杆、土钉、钢筋混凝土支撑、钢支撑等
基础	垫层、独立基础、桩承台基础、设备基础、条形基础、基础主梁、有梁式筏板、无梁式筏板、集水井、电梯井壁、电梯井底、圆桩、方桩等
梁	圈梁、过梁、矩形梁、有板梁、连梁、楼梯梁、异形梁、弧形梁等
板	悬挑板、有梁板、无梁板、拱形板、平板、阳台板、其他板、薄壳板等
柱	暗柱、构造柱、柱帽、框架柱、梯柱等
墙	填充墙、幕墙、直形墙、砌体墙、弧形墙、挡土墙、女儿墙等
门窗	门、门联窗、窗等
栏杆扶手	栏杆、扶手等
楼梯	梯段、楼梯等
后浇带	后浇带墙、后浇带梁、后浇带板、后浇带筏板、后浇带条基等
其他	栏板、压顶、砖砌台阶、混凝土台阶、坡道、散水、沟槽、雨篷板、挑檐/天沟、砖模、现浇混凝土其他构件等

表 9-10　土建模型单元内容及信息要求

类别	模型单元内容		模型单元信息
	一类	二类	
基础	垫层、带形基础、独立基础、满堂基础、桩承台基础、设备基础	包含所有现浇混凝土基础	构件名称、项目名称、几何尺寸、标高、材料信息、所属分区、所属楼层、所属专业、所属图纸
柱	矩形柱、构造柱、异形柱	包含所有现浇混凝土柱	
梁	基础梁、矩形梁、异形梁、弧形、拱形梁	圈梁、过梁	
墙	直形墙、弧形墙、短肢剪力墙、挡土墙	包含所有现浇混凝土墙	
板	包含所有现浇混凝土板	薄壳板、空心板	
楼梯	直形楼梯、弧形楼梯	包含所有现浇混凝土楼梯	
其他构件	散水、坡道、台阶、扶手、化粪池、检查井、其他构件	室外地坪、压顶	
后浇带	后浇带		
砌筑	砌筑工程所包含的各类砖墙、砖柱、砖检查井、零星砌砖、砌块墙、砌块柱	砖基础、砖砌挖孔桩护壁、砖散水、地坪、砖地沟、明沟、各类石砌体	构件名称、项目名称、几何尺寸、标高、材料信息、所属楼层、所属专业、所属图纸
金属结构	金属结构工程中所包含构件类别均为二类		
模架	脚手架工程、混凝土模板及支架均属二类		
门窗	门窗工程所包含的所有门窗	门窗套、窗台板	构件名称、项目名称、几何尺寸、标高、材料信息、所属楼层、所属专业（门可不添加项目名称）、所属图纸

注：一类模型单元作为常规施工图深化设计模型必须包含内容，二类模型单元应根据项目深化设计要求选择添加。

4）BIM 技术人员结合自身专业经验或与施工技术人员配合，对建筑信息模型的施工合理性和可行性进行甄别和优化，同时实施碰撞检测。

5）施工图深化设计模型通过建设方、设计方、相关顾问单位的审核确认，最终导出可指导施工的三维图形文件及二维深化施工图、节点图。

6）施工图深化设计模型：模型应包含工程实体的基本信息，并清晰表达关键节点施工方法。

7）施工图深化设计图宜由施工图深化设计模型输出，满足施工条件，并符合政府、行业规范及合同的要求。

2. 钢结构深化设计

钢结构深化设计也称为钢结构二次设计，是以设计院的施工图、计算数据及其他相关资料（包括招标文件、答疑补充条件、技术要求、制造厂制造条件、运输条件、现场拼装与安装方案、设计分区及土建条件等）为依据，依托专业深化设计软件平台，建立三维实体模型，开展施工过程仿真分析，进行施工过程安全验算，计算节点坐标定位调整值，并生成结构安装布置图、零构件图、报表清单等的过程。

（1）解决思路　钢结构深化设计 BIM 应用流程图，如图 9-5 所示。

图 9-5　钢结构深化设计 BIM 应用流程图

（2）实施要点

1）深化设计依据准备。如业主提供的最终版设计施工图及相关设计变更文件；钢结构材料采购、加工制作及预拼装、现场安装和运输等工艺技术要求；其他相关专业配合技术要求；国家、地方现行相关规范、标准、图集等。

2）数据编码准备。编制钢结构 BIM 模型的编码规则，根据每个工程的特点，制订专用编号规则。制订的原则是要区分构件、状态、区域等基本信息，以便于施工管理。每个工程的编号规则制订后应组织评审，且需安装施工方认可。深化设计建模时，根据编号规则将钢构件编码输入到构件属性信息中。

3）软件应用及模型数据准备。如统一软件平台及版本号，设计过程中不得更改；同一工程宜在同一设计模型中完成，若模型过大需要进行模型分割，分割数量不宜过多，同时需注意模型分割面处的信息处理；零构件号与零构件要一一对应；当零构件的尺寸、重量、材质、切割类型等发生变化时，需赋予零构件新的编号，以避免零构件的模型信息冲突报错；在 Tekla 中，深化设计模型中每一种截面的材料都会指定唯一的截面类型与之对应，保证材料在软件内名称的唯一性。

4）对于钢结构工程而言，零件数量繁多，相应的截面信息匹配工作量也会非常繁重，为减少模型截面数据输入的工作量，需要制订统一的截面代码规则，使 Tekla 建模时选用的截面类型规范统一。参照《热轧 H 型钢和剖分 T 型钢》（GB 11263）等现行相关规范，一般在深化设计前与业主、设计等单位沟通确定截面表示方式。

5）模型材质匹配。深化设计模型中每一个零件都有其对应的材质，为保证模型数据的准确，应根据相关国家钢材标准指定统一的材质命名规则，可参考现行标准有：《碳素结构钢》（GB/T 700）《低合金高强度结构钢》（GB/T 1591）《高层建筑结构用钢板》（YB 4104）《建筑结构用钢板》（GB/T 19879）《厚度方向性能钢板》（GB/T 5313）等。深化设计人员在建模过程中需保证使用的钢材牌号与国家标准中的钢材牌号相同。对于特殊的钢材，应根据相应的设计说明或其他材料标准建立相应的材质库，标识相应的钢材牌号。

6）施工方依据设计方提供的施工图或施工图设计模型，根据自身施工图特点、现场情况及钢结构制造厂家的审查意见，编制钢结构深化设计方案。

7）创建深化设计模型。根据钢结构设计施工图进行放样，对模型中的杆件连接节点、构造、加工和安装工艺细节进行安装和处理，按照项目批次和工期要求开展深化设计工作。模型建立需要考虑每个节点如何装配，工厂制作条件、运输条件，现场拼装、安装方案及土建条件等情况。

8）碰撞校核。由审核人员对模型进行整体校核、审查，检查出设计人员在建模过程中的误差，以便设计人员去核实更正。通过多次校核流程的执行，从而减少钢结构详图设计的误差。同时，对优化后的模型与其他专业 BIM 模型进行协调并实施碰撞检测，生成碰撞检测报告。

9）基于模型开展指定区域的钢材工程量统计，并按照构件类别、材质、构件长度进行归并和排序，同时还输出构件数量、单重、总重及表面积等统计信息。

10）绘制深化施工详图。基于最终的施工图深化设计模型生成焊接通图、二维平立面布置图等深化图，并经建设方、设计方、相关顾问单位审核确认后，交付施工方，指导现场施工。

11）施工图深化设计模型应包含工程实体的基本信息，并清晰表达关键节点施工方法。

12）完成的钢结构深化设计图在理论上是没有误差的，可以保证钢构件精度达到理想状态。

13）提交碰撞检测报告。

14）提交钢结构工程量清单。

3. 机电安装深化设计

机电安装深化设计是指工程实施过程中以招标文件及设计图纸为基础，并结合机电设备选型、机电安装工序和施工现场状况进行细化、补充和完善，使之成为可现场实施的技术指导和依据。

（1）解决思路　机电安装深化设计 BIM 应用流程图如图 9-6 所示。

图 9-6　机电安装深化设计 BIM 应用流程图

（2）实施要点

1）机电深化设计依据准备。如建筑相关国家、行业及地方设计标准、施工验收规范及制图标准；工程施工合同和招标投标文件；工程设计文件（如施工设计图纸）；业主或相关方对深化设计的进度、质量等要求。

2）模型准备。机电模型可以分为给水排水、暖通、电气等专业模型，借助 BIM 协同作业的方式分配给不同的 BIM 专业工程师同步建造模型，BIM 专业工程师可以通过各项系统和建筑结构模型之间的参考链接方式进行模型问题检查。其中，模型深度应根据项目性质和业主要求确定。模型单元分类及模型单元信息要求详见表 9-11 及表 9-12。

表 9-11　各专业模型单元分类表

专业	类型	模型单元内容
给水排水	一类	锅炉、冷冻机、换热设备、水箱水池等主要设备；消火栓、水泵接合器等次要设备；给水排水管道、消防水管道等管路\管件；阀门、计量表、开关等主要附件
	二类	除一类设备外的其他相关设备、套管、用水器具、喷头、仪表、支架等
暖通	一类	冷水机组、新风机组、空调器、通风机、散热器、水箱等主要设备；补偿器、减压装置、消声器等次要设备；暖通风管、暖通水管、风口等传输单元；阀门、计量表、开关、传感器等主要附件
	二类	除一类设备外的其他相关设备、仪表、支架等

（续）

专业	类型	模型单元内容
电气	一类	发电机、机柜、变压器、二级以上配电箱等主要设备;电缆桥架、母线槽、桥架配件等
	二类	除一类设备外的其他相关设备、开关、插座、线管、灯具、仪表、支架、其他末端设备等

注：一类单元作为常规深化设计模型必须包含的单元内容，二类单元应根据项目深化设计要求选择添加。

表 9-12 各专业模型单元信息

专业	模型单元	主要信息	附加信息
给水排水	设备	单元名称、位置(所属楼层等)、尺寸、标高、设备编号、型号	技术要求、工作参数、使用说明、施工工艺或安装要求等
	管道	单元名称、所属系统、位置(所属楼层等)、尺寸、坡度、标高、材质、保温隔热层尺寸、保温隔热层材质	设计参数、接口形式、材质属性、敷设方式、施工工艺或安装要求等
	管件	单元名称、所属系统、位置(所属楼层等)、尺寸、标高、材质、保温隔热层尺寸、保温隔热层材质	连接形式、材质属性
	附件	单元名称、所属系统、位置(所属楼层等)、尺寸、标高、型号、保温隔热层尺寸、保温隔热层材质	设计参数、材质属性、连接形式、施工工艺或安装要求等
	支架	单元名称、支架编号、位置(所属楼层等)、尺寸、标高、材质	设计参数、材质属性、安装要求等
暖通	设备	单元名称、位置(所属楼层等)、尺寸、标高、设备编号、型号	技术要求、工作参数、使用说明、施工工艺或安装要求等
	暖通风管	单元名称、所属系统、位置(所属楼层等)、尺寸、标高、材质、保温隔热防火层尺寸、保温隔热层材质	设计参数、材质属性、敷设方式、施工工艺或安装要求等
	暖通水管	单元名称、所属系统、位置(所属楼层等)、尺寸、坡度、标高、材质、保温隔热防火层尺寸、保温隔热层材质	设计参数、材质属性、敷设方式、施工工艺或安装要求等
	管件	单元名称、所属系统、位置(所属楼层等)、尺寸、标高、材质、保温隔热防火层尺寸、保温隔热层材质	连接形式、材质属性
	附件	单元名称、所属系统、位置(所属楼层等)、尺寸、标高、型号、保温隔热防火层尺寸、保温隔热层材质	设计参数、材质属性、安装要求、连接形式等
	风口	单元名称、所属系统、位置(所属楼层等)、尺寸、标高、型号	设计参数、安装要求等
	支架	单元名称、支架编号、位置(所属楼层等)、尺寸、标高、材质	设计参数、材质属性、安装要求等
电气	设备	单元名称、位置(所属楼层等)、尺寸、标高、设备编号、型号	技术要求、工作参数、使用说明、施工工艺或安装要求等
	电缆桥架	单元名称、位置(所属楼层等)、尺寸、标高、材质	设计参数、材质属性、线路走向、回路编号、敷设方式、施工工艺或安装要求
	桥架配件	单元名称、位置(所属楼层等)、尺寸、标高、材质	设计参数、材质属性、连接形式、施工工艺或安装要求等
	母线槽	单元名称、位置(所属楼层等)、尺寸、标高、型号	设计参数、材质属性、线路走向、回路编号、敷设方式、施工工艺或安装要求
	线管	单元名称、位置(所属楼层等)、尺寸、标高、材质	设计参数、材质属性、安装要求、连接形式等
	支架	单元名称、支架编号、位置(所属楼层等)、尺寸、标高、材质	设计参数、材质属性、安装要求等

注：主要信息作为常规深化设计模型必须包含的内容，附加信息应根据项目深化设计要求选择添加。

3）施工现场条件及设备选型。收集各专业设备资料，明确安装方式、安装空间、维修空间、接口方式，进行分类整理，为施工图深化设计提供支持；加强与精装修单位的协调，确定各区域的吊顶标高、吊顶布置及安装方法，为深化设计做好准备；根据项目情况收集现场土建已施工状况资料，重点是土建预留预埋情况资料，以便综合深化设计的正确布置，避免返工。

4）施工方依据设计方提供的施工图或施工图设计模型，根据自身施工图特点、现场情况及钢结构制造厂家的审查意见，编制机电深化设计方案。

5）创建深化设计模型。根据施工图设计模型及工程设计文件，对模型中的设备信息、系统名称和安装工艺细节进行虚拟建造。深化设计模型应清楚反映所有安装部件的尺寸标高、定位及有关与结构及装饰的准确关系。

6）模型综合。利用BIM软件，结合各专业管线的布置原则及各技术规范要求，进行各专业机电管线综合深化设计。

7）碰撞检测。将各专业模型分别导出相应兼容格式文件，并将此叠加，结合现场测绘得出的数据比对分析进行碰撞检测，并生成碰撞检查分析报告。

8）模型校审。由审核人员对模型进行整体校核、审查，以检查出各专业工程师在模型综合及碰撞检查过程中的误差，以便各专业工程师去核实更正。通过多次校核流程的执行，最终消除机电深化设计过程中的误差。

9）基于模型开展指定区域的机电工程量统计，并按照构件类别、材质、构件长度进行归并和排序，同时还输出构件数量、表面积等统计信息。

10）综合图、机电专业施工深化图等各类深化图，经建设方、设计方、相关顾问单位的审核确认后，交付施工方，指导现场施工。

11）提交碰撞检查分析报告。

12）施工图深化设计模型应包含工程实体的基本信息，清晰表达关键节点施工方法。

13）提交工程量清单。

14）施工图深化设计图宜由深化设计模型输出，满足施工条件，并符合政府、行业规范及合同的要求。

（二）施工应用模型

施工组织设计和施工方案确定后，为实现施工技术、工期、安全、质量、生产要素、成本等管理目标，需要进一步分析和优化施工模型和模型构件，采用专业适用软件，在施工模型和模型构件上加载并显示几何信息和非几何信息，包括各分项工程的参数、工艺要求、质量标准、安全防护设置、施工资源信息、成本费用指标等目标管理信息，生成施工管理应用模型。指导现场施工作业，协调各专业工序，减少施工作业面干扰，减少人、机闲置现象，防止各种危险发生，保障施工顺利。

模型构件的信息对应建筑实体的详细几何特征及精确尺寸，可表现细部特征和内部组成；模型构件的规格类型参数满足主要技术指标、主要性能参数和施工管理要求。

1. 解决思路

施工管理应用模型流程图如图9-7所示。

2. 实施要点

1）数据准备。经过审定的施工组织设计和施工方案；施工前经过深化的施工图设计模

图 9-7　施工管理应用模型流程图

型；施工图纸（含建筑实体的详细几何特征及精确尺寸，可表现细部特征和内部组成）；模型构件几何信息（几何尺寸、样式等形状信息，平面位置、标高等现场信息）；施工项目模型构件的非几何信息（规格型号、材料和材质、技术参数、施工组织区段、施工工法、施工工艺、连接方式、生产要素等与施工技术、工期、安全、质量、生产要素、成本等管理目标相关的信息）；施工现场条件等。

2）施工方依据审定后的施工组织设计和施工方案，结合施工项目现场实际情况，继续完善深化施工模型和模型构件。

3）依据专业经验，甄别建筑信息模型的施工合理性，调整并优化模型和构件，满足施工管理需要。

4）应用专业适用软件或管理平台，生成指导施工生产的技术交底文件、构件加工数据、工程数量统计文档等。

5）深化生成施工管理应用模型及其构件的详图。

3. BIM 模型管理

在施工过程管理中，主要的 BIM 模型分为施工基准模型，施工图深化设计模型，施工管理应用模型。一般管理流程如下：

1）收集各专业施工基准模型。

2）各专业完成施工图深化设计模型的构建，并进行碰撞检查。

3）监理方协调各专业深化设计模型的整合，再通过设计方和业主方的审核后，生成最终施工图深化设计模型。

4）基于施工图深化设计模型，施工方组织实施施工平面、进度、方案模拟，并生成相关施工模拟文件。

5）经过施工单位内部审核，生成施工管理应用模型。

BIM 模型管理流程图如图 9-8 所示。

图 9-8　BIM 模型管理流程图

（三）施工组织管理

利用 BIM 技术对施工平面布置、施工进度计划、重点工程施工方案的三维模拟，可以直观地展示施工活动的实施过程。运用 BIM 模型信息与相关应用环节的信息关联，可生成人、材、机、资金的曲线，动态显示不同施工阶段的资源需求，为后期项目的技术、安全、质量、进度、成本等管理提供数字化的依据。

1. 施工平面布置模拟

在工程项目开工前的准备阶段，施工平面布置作为施工组织设计的一个重要部分，对项目建设有着重要作用。施工平面布置模拟是对施工各阶段的场地地形、既有建筑设施、周边环境、施工区域、临时道路、加工区域、材料堆场、临水临电、施工机械、安全文明施工设施等临时设施进行模拟布置和优化，以实现施工平面的科学布置。

（1）解决思路　依据施工组织设计或施工方案对施工总平面图的要求，建立并完善施工平面规划，实现施工设备及现场临时设施的精细化布置，以便于施工平面布置图的输出和施工材料或设备数据的提取。运用 BIM 技术模拟比选多种施工平面布置模型，确定科学合理的施工平面布置计划，具体流程图如图 9-9 所示。

（2）实施要点

图 9-9 施工平面布置模拟 BIM 应用流程图

1）前期准备。根据现场平面布置需要，完善预制构件厂、材料堆场、临时道路、安全文明设施、环境保护等常用的施工设备及施工现场临时设施模型。

2）场地建模。建立场地周边模型，包括周边道路、绿化、已有建筑、待拆建筑等；根据已完成的结构和建筑模型，绘制地坪模型，放置临时设施。

3）平面布置计划。统计工程项目的钢筋用量、混凝土量、钢结构构件数量，考虑大宗物资、大型机械设备等平面占用或运输路线需求，编制现场施工材料堆场和运输道路的初步计划。

4）施工临时道路设计：建立道路模型，对临时道路的转弯角度、坡度、整体路线等进行计划分析与设计。

5）现场供水设计：根据现场实际情况和原设计结构模型设计现场临时用水管道。

6）快速比对已计划的方案模型，选定较合理的施工平面布置方案。

7）出图并统计。根据施工总平面布置模型输出平面图，显示临设的主要位置和尺寸参数。

8）建立临时设施模型库。包括详细布置围墙、大门、办公室、生活宿舍、材料堆场、材料加工场、塔式起重机、电梯、待建建筑、场地周边建筑、道路等相关临时设施模型。

9）生成施工总平面布置 BIM 模型。模型可实现动画展示或虚拟现实场景，动态模拟施工过程中的场地地形、周边环境、既有构筑物、临时设施等。

10）生成场地总平面布置图。通过效果图渲染，可用于安全文明施工宣传。

11）施工总平面管理计划方案。计划方案满足经济技术分析、性能分析、安全及环境保护评估等需求。

2. 施工进度模拟

项目开工前的准备阶段，基于 BIM 技术可虚拟不同施工方案的施工进度，通过不同施工方案的比对，找出差异，分析原因，优化施工进度方案，实现科学决策与控制。

（1）解决思路 施工进度模拟 BIM 技术应用流程图如图 9-10 所示。

图 9-10 施工进度模拟 BIM 技术应用流程图

（2）实施要点 通过 BIM 技术的施工进度虚拟，分析多种施工方案在组织机构、资源配置、实施环境等条件影响下的模拟进度，科学合理地选择最优或适用的施工进度方案。

1）数据准备。收集施工图深化设计模型；编制施工进度计划的资料及依据，确保数据的准确性。

2）将施工活动根据工作任务分解结构（WBS）要求，分别列出各进度计划的活动内容；根据施工方案确定各施工流程及逻辑关系，制订初步施工进度计划。

3）将初步施工进度计划与施工图深化设计模型关联生成施工进度模拟模型。

4）利用施工进度模拟模型进行可视化施工模拟，检查施工进度计划是否满足约束条件、是否达到最优状况。不满足则进行优化调整，优化后的进度计划可用于指导项目施工。

5）施工进度模拟模型应准确表达构件几何信息、施工工序、施工工艺等。

6）优选施工进度方案。

3. 重点施工方案模拟

重点及关键控制性工程的施工方案涉及大量施工资源的调用，直接影响工程项目管理效果。在施工图设计模型或施工图深化设计模型的基础上附加施工过程中的活动顺序、相互影响、紧前紧后关系、施工资源及措施等信息，可视化模拟施工过程，充分利用建筑信息模型对方案进行分析和优化，提高重点施工方案审核的准确性。

（1）解决思路 施工方案BIM应用流程图如图9-11所示。

图9-11 施工方案BIM应用流程图

（2）实施要点 施工方案模拟主要是在施工图深化设计模型基础上附加建造过程、施工顺序等信息，可视化模拟施工过程，实现施工方案可视化交底和审核。

1）数据准备。施工图深化设计模型；收集并编制施工方案文件和资料，具体包括工程项目设计施工图纸、工程项目施工进度要求、可调配施工资源情况、施工现场自然条件和技术经济资料等。

2）根据工程施工方案文件和资料，在技术、管理等方面定义施工过程附加信息并添加到施工图深化设计模型中，构建施工过程演示模型。该演示模型应当表示工程实体和现场施工环境、施工机械的运行方式、施工方法和顺序、所需临时及永久设施安装的位置等。

3）结合工程项目施工工艺流程，对施工图深化设计模型进行施工模拟、优化，选择最优施工方案，生成模拟演示视频并提交施工部门审核。

4）针对重点、难点施工方案模拟，生成施工方案模拟报告，并与相关参与方协调，优化施工方案。

5）提交施工模拟演示模型、施工方案可行性报告。

（四）施工技术管理

施工技术管理一般的BIM技术应用点有：图纸会审；作业指导书（技术交底）；施工测量；设计变更。

1. 图纸会审

传统的图纸会审主要依据各专业人员发现图纸中的问题，建设方汇总相关图纸问题，召集监理、设计、施工方对图纸进行审查，针对图纸中出现的问题进行商讨修改，形成会审纪要。应用 BIM 技术进行图纸会审可提高审查的效率和准确性。

BIM 图纸会审实施要点：

1）依据施工图纸创建施工图设计模型，在创建模型的过程中，发现图纸中隐藏的问题，并将问题进行汇总，在完成模型创建之后通过软件的碰撞检查功能，进行专业内以及各专业间的碰撞检查，发现图纸设计中的问题，这项工作与深化设计工作可以合并进行。

2）在多方会审过程中，将三维模型作为多方会审的沟通媒介，在多方会审前将图纸中出现的问题在三维模型中进行标记。在会审时，对问题进行逐个的评审并提出修改意见，可以提高沟通效率。

3）在进行会审交底过程中，通过三维模型向各参与方展示图纸中某些问题的修改结果并进行技术交底。

2. 设计变更

传统的设计变更主要是由变更方提出设计变更报告，提交监理方审核，监理方提交建设方审核，建设方审核通过再由设计方开具变更单，完成设计变更工作。采用 BIM 模型进行变更管理，用 BIM 模型的参数化、可视化功能，直观、快速地体现变更内容，并通过 BIM 平台三方协同，快速完成设计变更。

（1）解决思路。设计变更 BIM 应用流程图如图 9-12 所示。

图 9-12　设计变更 BIM 应用流程图

（2）实施要点

1）基于 BIM 的设计变更，在审核设计变更时，依据变更内容，在模型上进行变更形成相应的变更模型，在变更审查时，为监理和业主方提供变更前后直观的模型对比。

2）基于 BIM 的设计变更，在设计变更完成之后，利用变更后 BIM 模型可自动生成并导出施工图纸，用于指导下一步的施工。

3）基于 BIM 的设计变更，利用软件的工程量自动统计功能，可自动统计变更前和变更后以及不同的变更方案所产生的相关工程量的变化，为设计变更的审核提供参考。

4）基于 BIM 的设计变更，提高设计变更的效率。比如通过在设计变更报告中插入 BIM

模型截图，表达变更意图及变更前后设计方案的差异，其直观性提高了沟通效率。

3. 技术交底

应用施工图深化设计模型，以施工工艺的技术指标、操作要点、资源配置、作业时长、质量控制为核心，以工艺流程为主线，施工方编制 3D 作业指导书。通过现场远程方式，采用 3D 可视化技术，结合二维码技术、虚拟现实等技术展示和技术交底，使施工相关参与方充分理解各项施工要求，达到可视化指导现场施工。3D 作业指导书易于学习掌握，方便现场作业人员使用，实现协同管理，保证施工成果符合管理目标要求。

（1）解决思路 作业指导书 BIM 应用流程图如图 9-13 所示。

图 9-13 作业指导书 BIM 应用流程图

（2）实施要点

1）依据作业指导书的内容选择相应的模型，利用系统提供的功能，导入 BIM 模型并对模型进行归类和提取使文档和模型快速形成关联。

2）在完成 3D 作业指导书的编制后，系统自动向复核人、审核人发送短信消息，提醒相关人员按照要求对 3D 作业指导书进行复核和审核，待审核通过后，系统管理员可对 3D 作业指导书进行发布。

3）利用 BIM 的可视化制作模拟动画进行技术交底。

4. 施工测量

将准确的 BIM 模型数据导入 BIM 放线机器人中，直接在模型中进行三维数据的可视化放样，设站完毕后，仪器自动跟踪棱镜，无须人工照准对焦，快速高效地完成测量放样作业，最终输出多种形式的测量报告，实现设计模型与现场施工无缝连接。采用 BIM 放线机器人放线，不仅提高放线效率，减少人工操作误差，还提高了测量精度，减少返工并缩短工期。

（1）解决思路　施工测量放样 BIM 应用流程图如图 9-14 所示。

图 9-14　施工测量放样 BIM 应用流程图

（2）实施要点

1）收集准确的数据，包括施工图深化设计模型导出的放样数据及现场施工控制网规划。

2）制作施工测量控制网。

3）施工放样规划。规划放样仪器定位点和放样控制点之间的关系，编制放样点编号。

4）依据控制网，根据放样数据进行现场精确放样。

5）生成现场测量报告和精确定位放样报告。

（五）施工进度管理

工程项目开工实施阶段，运用施工进度模拟模型，结合施工现场实际情况，进一步附加建造过程、施工工法、构件参数等信息，应用 BIM 技术实现施工进度计划的动态调整和施工进度控制管理。

1. 解决思路

施工进度管理 BIM 应用流程图如图 9-15 所示。

2. 实施要点

主要应用内容包括进度计划编制中的 WBS 完善、资源配置、实际进度与计划进度对比分析，进度的调整、进度计划审批等工作，实现施工进度的动态管理。

1）数据准备，收集施工准备阶段的施工进度模拟模型和进度计划资料，确保数据准确性。

2）在选用的进度管理软件系统中输入实际进度信息，比较虚拟计划与实际进度，按照

图 9-15　施工进度管理 BIM 应用流程图

施工的关键线路与非关键线路发出不同的预警，发现偏差，分析原因。

3）对进度偏差进行变更优化，更新进度计划。优化后的计划作为正式施工进度计划。

4）变更施工计划经建设方和工程监理审批，生成进度控制报告，用于项目实施。

5）施工进度管理模型准确表达构件几何信息、施工工序、施工工艺及施工信息等。

6）生成施工进度报告。

（六）施工质量管理

基于 BIM 技术的施工质量管理，主要是依据施工流程、工序验收、工序流转、质量缺陷、证明文档等质量管理要求，结合现场施工情况与施工图深化模型比对，提前发现施工质量的问题或隐患，避免现场质量缺陷和返工，提高质量检查的效率与准确性，实现施工项目质量管理目标。

1. 解决思路

施工质量管理 BIM 应用流程图如图 9-16 所示。

2. 实施要点

1）收集数据，并确保数据的准确性。

2）在施工图深化设计模型的基础上，根据施工质量方案、质量验收标准、工艺标准，生成施工质量管理信息模型。

3）利用施工质量管理信息模型的可视化功能准确、清晰地向施工人员展示及传递建筑设计意图。同时，通过可视化设备在交流屏幕上讲解 BIM 三维模型，帮助施工人员理解、

图 9-16　施工质量管理 BIM 应用流程图

熟悉施工工艺和流程，避免由于理解偏差造成施工质量问题。

4）根据现场施工质量管理情况的变化，实时更新施工质量管理信息模型。通过现场图像、视频、音频等方式，把出现的质量问题关联到建筑信息模型相应的构件与设备上，记录问题出现的部位或工序，分析原因，进而制订并采取解决措施。累计在模型中的质量问题，经汇总收集后，总结对类似问题的预判和处理经验，形成施工安全分析报告及解决方案，为工程项目的事前、事中、事后控制提供依据。

（七）施工安全管理

基于 BIM 技术，通过现场施工信息与模型信息比对，采用自动化、信息化、远程视频监测等技术，可以生成危险源清单，显著减少深基坑、高大支模、临边防护等危及安全的现象，提高安全检查的效率与准确性，有效控制危险源，进而实现项目安全可控的目标。主要包括施工安全设施配置模型、危险源识别、安全交底、安全监测、施工安全分析报告及解决方案。

1. 解决思路

施工安全管理 BIM 应用流程图如图 9-17 所示。

2. 实施要点

1）收集数据，并确保数据的准确性。

2）建立危险源防护设施模型和典型危险源信息数据库。

3）在施工图深化设计模型的基础上，在施工前对施工面的危险源进行判断，快速地在

图 9-17 施工安全管理 BIM 应用流程图

危险源附近进行防护设施模型布置，生成施工安全设施配置模型，直观地排查和处理安全死角，确保安全管理的目标。

4）利用施工图深化设计模型的可视化功能准确、清晰地向施工人员展示及传递建筑设计意图。帮助施工人员理解、熟悉施工工艺和流程，实现可视化交底，提高施工项目安全管理效率。

5）根据现场施工安全管理情况的变化，实时更新施工安全设施配置模型。通过现场图像、视频、音频等方式，把出现的安全问题关联到建筑信息模型相应的构件与设备上，记录问题出现的部位或工序，分析原因，进而制订并采取解决措施。累计在模型中的安全问题，经汇总收集后，总结对类似问题的预判和处理经验，形成施工安全分析报告及解决方案，为工程项目的事前、事中、事后控制提供依据。

（八）设备材料管理

设备与材料管理的 BIM 应用主要是设备、材料工程量的统计、复核，现场定位与信息输出，达到按施工作业面匹配设备与材料的目的，实现施工过程中设备、材料的有效控制，提高工作效率，减少不必要的材料浪费和设备闲置。

1. 解决思路

设备与材料管理 BIM 应用流程图如图 9-18 所示。

2. 实施要点

1）数据准备。施工图深化设计模型和设备与材料信息。

图 9-18　设备与材料管理 BIM 应用流程图

2）在施工图深化设计模型中添加构件信息、进度表等设备与材料信息。建立可以实现设备与材料管理和施工进度协同的建筑信息模型。

3）按作业面划分，从模型输出相应设备、材料信息，通过内部审核后，提交给施工部门审核。

4）根据工程进度实时输入变更信息，包括工程设计变更、施工进度变更等。输出所需设备与材料信息表，并按需要获取已完工程消耗的设备与材料信息和后续阶段工程施工所需设备与材料信息。

5）利用适用软件进行构件的分析统计，根据优化的动态模型实时获取成本信息，动态合理地配置施工过程中所需构件、设备和材料。

6）基于施工作业面的设备与材料表，其建筑信息模型可按阶段性、区域性、专业类别等方面输出不同作业面的设备与材料表。

（九）成本控制管理

基于 BIM 的施工过程成本管理，是将施工图设计深化模型与工程成本信息相结合，运用专业适用软件，实现模型变化与工程量变化同步，充分利用模型进行施工成本管理。主要工作是工程量的管理。施工过程中，依据与施工成本有关的信息资料拆分模型或及时调整模型，实现原施工图工程量和变更工程量快速计算；计算与统计招采管理的材料与设备数量，提供制订资源计划的精准数量；结合时间和成本信息，实现成本数据可视化分析、无纸化数据存储等，提高施工实施阶段工程量计算效率和准确性，实现施工过程动态成本管理与应用。

1. 解决思路

工程量统计 BIM 应用流程图如图 9-19 所示。

图 9-19　工程量统计 BIM 应用流程图

2. 实施要点

1) 收集施工工程量计算需要的模型和资料数据，并确保数据的准确性。

2) 形成施工成本管理模型：在施工图设计深化模型基础上，根据施工实施过程中的计划与实际情况，结合工程量的输出格式和内容要求，将模型和构件分解到相应的明细程度，同时在构件上附加"成本"和"进度"等相关属性信息，生成施工成本管理模型。

3) 变更设计模型：根据经确认的设计变更、签证、技术核定单、工作联系函、洽商纪要等过程资料，对施工成本管理应用的模型进行定期的调整与维护，确保施工成本管理模型符合应用要求；对于在施工过程中产生的新类型的分部分项工程按前述步骤完成工程量清单编码映射、完善构件属性参数信息、构件深化等相关工作，生成符合工程量计算要求的构件。

4) 施工成本管理工程量计算：利用施工成本管理模型，按"时间进度""形象进度""空间区域"实时获取工程量信息数据，并进行"工程量报表"的编制，完成工程量的计算、分析、汇总，导出符合施工过程管理要求的工程量报表和编制说明。

5) 施工过程成本动态管理：利用施工成本管理模型，进行资源计划的制订与执行，动态合理地配置项目所需资源。同时，在招采管理中高效获取精准的材料设备等数量，与供应商洽谈并安排采购，实现所需材料的精准调配与管理。

6) 施工成本管理模型应正确体现计量要求，可根据空间（楼层）、时间（进度）、区域（标段）、构件属性参数（尺寸、材质、规格、部位、特殊说明、经验要素、项目特征、工艺做法），及时、准确地统计工程量数据；模型应准确表达施工过程中工程量计算的结果与相关信息，可配合施工工程成本管理相关工作。

7）编制说明应表述每次计量的范围、要求、依据以及相关内容。

8）获取的施工成本管理工程量报表应准确反映构件工程量的净值（不含相应损耗），并符合行业规范与计量工作要求，作为施工过程动态管理的重要依据。

（十）预制加工管理

预制构件加工是通过产品工序化管理，将图纸、模型信息、材料信息和进度信息转化为数字化加工信息，利用智能加工设备、物联网等先进技术，实现预制构件的数字化加工。

施工方将施工模型提供给加工厂，导入数控机床的专业适用软件中，采用数字化加工，可直接进行板材切割，减少人工排板不合理，降低下料时的材料消耗，提高构件加工精度和施工效率。

1. 解决思路

构件预制加工管理 BIM 应用流程图如图 9-20 所示。

图 9-20　构件预制加工管理 BIM 应用流程图

2. 实施要点

1）收集数据：收集加工构件或零件的模型和资料数据，并确保数据的准确性。

2）形成施工管理应用模型：在施工图设计模型和施工图深化设计模型的基础上，根据施工实施过程中的实际情况，结合构件或零件的加工要求，补充构件或零件的加工信息，生成施工管理应用模型。

3）导入数控机床加工：将施工管理应用模型导入数控机床，完成放样、套料、生成数控程序，由各种数控切割机实现工程构件或零件的线切割作业等数控加工。

4）数字化加工结果的反馈：根据实际使用的数控设备将数字化加工结果反馈到施工管理应用模型，进一步完善模型的施工信息。为构件施工的进度管理、质量管理、物料管理、成本管理完善信息，实现所需材料的精准调配与管理，同时生成数字化加工构件报表。

5）施工管理应用模型应正确体现零件的相关信息，如长度、宽度等零件的结构信息；材质、截面类型、重量、零件号等零件的属性信息；符合加工精度要求的尺寸、开孔情况等零件可加工信息。注：根据加工厂产能、设备、管理模式等条件，施工管理应用模型的数据输入时需考虑数据编码与管理模式相适应；数据的采集符合施工工序管理的需要。

6）数字化加工构件精度满足工程实体构件的需求，符合工程建造和构件安装要求。

7）数字化加工构件报表生成生产批次所有构件的详细清单报表，包括构件号、材质、数量、净重、图纸号、表面积等信息。

（十一）施工竣工验收

基于 BIM 的施工竣工验收管理，注重在施工过程中将工程信息实时录入协同管理平台，并关联 BIM 模型相关部位，根据项目实际情况进行修正，最终形成与实际工程一致、包含工程信息的竣工模型。采用全数字化表达方式进行竣工模型的信息录入、集成及提交，对工程进行详细的分类梳理，建立可视化、结构化、智能化、集成化的工程竣工信息资料，并按民用建筑工程建设产权移交的规定办理工程信息模型交验相关手续，保证信息安全。

1. 解决思路

竣工验收 BIM 应用流程图如图 9-21 所示。

图 9-21 竣工验收 BIM 应用流程图

2. 实施要点

1）模型数据与资料分类。对于 BIM 竣工模型，其数据不仅包括建筑、结构、机电等各专业模型的基本几何信息，同时还应该包括与模型相关联的、在工程建造过程中产生的各种文件资料，其形式包括文档、表格、图片等。

2）通过将竣工资料整合到 BIM 模型中，形成整个工程完整的 BIM 竣工模型。BIM 竣工模型中的信息，应满足国家现行标准《建筑工程资料管理规程》（JGJ/T 185）《建筑工程施工质量验收统一标准》（GB 50300）中要求的质量验收资料信息及业主运维管理所需的相关资料。

3）竣工验收阶段产生的所有信息应符合国家、行业、企业相关规范、标准要求，并按照合同约定的方式进行分类。竣工模型的信息管理与使用宜通过定制软件的方式实现，其信息格式宜采用通用且可交换的格式，包括文档、图表、表格、多媒体文件等。

4）竣工模型数据及资料包括但不限于以下：

① 各专业施工过程 BIM 模型。

② 施工管理资料。

③ 施工技术资料。

④ 施工测量记录。

⑤ 施工物资资料。

⑥ 施工记录。

⑦ 施工试验资料。

⑧ 过程验收资料。

⑨ 竣工质量验收资料。

5）对竣工模型有运维需求的项目，还应包含设备材料信息、系统调试记录等。

6）BIM 竣工模型中的信息，应满足国家、地方及行业现行标准中对质量验收资料的要求。如涉及运维部分，应满足业主运维管理所需资料及信息要求。

7）模型资料交付前，必须进行内部审核，录入的资料、信息必须经过检验，并按接收方的需求进行过滤筛选，不宜包含冗余信息。

8）模型及附属信息应标注信息的录入者、录入时间、应用软件及版本、编辑权限，针对不同的信息接收方进行权限分配，保证信息的安全性。

9）相关任务方需设置专人对信息进行管理维护，保证信息的及时更新。

10）相关管理系统信息数据宜采取数据库存储的方式与 BIM 信息模型关联，以便相关任务方直接调取。

11）施工单位应在施工过程模型基础上进行模型补充和完善。

12）预验收合格后，将工程预验收形成的验收资料与模型进行关联。

13）竣工验收合格后，将竣工验收形成的验收资料与模型关联，形成竣工验收模型。

14）将竣工验收相关信息和资料附加或关联到竣工验收模型，并与工程实测数据对比。

15）竣工模型应当准确表达构件的外表几何信息、材质信息、厂家信息以及施工安装信息等。其中，对于不能指导施工、对运营无指导意义的内容，不宜过度建模。

16）竣工验收资料应当通过模型输出，包含必要的竣工信息，作为政府竣工资料的重要参考依据。

第三节 BIM技术应用案例

一、某体育中心项目BIM技术应用

(一)项目背景

该项目施工内容包括三馆一场和室外工程;占地面积为13.7万m^2;建筑面积为3.24万m^2;工程造价约2.11亿元;结构形式为框架剪力墙结构+管桁架/网架,如图9-22所示。

图9-22 体育中心项目施工内容

体育馆屋盖系统为桁架、网架、拉索等多结构体系组成的组合结构体系,并且空间安装定位难度大,安装方案选择及优化为本工程的难点。

本项目为综合性工程,专业之间易发生错、漏、碰、缺等现象,使用传统二维图纸与业主、设计单位沟通不易表达、效率低。

(二)BIM技术应用策划

1. 应用目标

1) 提高深化设计质量和效率。

2) 提高施工方案的合理性与科学性。

3) 提高各专业沟通效率。

4) 实现构件加工、存储、运输全程信息化跟踪。

5) 探索应用新科技与BIM技术的融合,拓展BIM应用范围。

2. 软件配置

项目BIM应用软件的配置如图9-23所示。

3. 硬件配置

项目BIM应用硬件的配置如图9-24所示。

4. 应用标准

1) 编制BIM实施专项方案,建立统一的土建、钢结构、机电等专业建模标准。

图 9-23　项目 BIM 应用软件的配置

图 9-24　项目 BIM 应用硬件的配置

2）建立并管理 BIM 标准构件库，如图 9-25 所示。

图 9-25　BIM 标准构件库

5. 应用范围及流程

项目 BIM 应用范围及解决方案如图 9-26 所示。

（三）BIM 技术应用实施

1. 钢结构专业 BIM 技术应用

图 9-26　项目 BIM 应用范围及解决方案

1）施工方案比选。经过屋盖钢结构施工方案优化，方案二比常规方案一施工工期缩短约 24 天，施工成本降低约 66 万元，同时安全风险大大降低，如图 9-27 所示。

图 9-27　施工方案比选

2）施工方案模拟，如图 9-28 所示。

图 9-28　施工方案模拟

2. 土建专业 BIM 应用

1）施工总平面布置。利用 BIM 技术对施工现场中的临设、生产加工区域、大型设备安装，以动态的方式进行合理布局，为后续施工奠定基础，提高施工效率及质量，从而做到绿色施工、节能减排，如图 9-29 所示。

图 9-29　施工总平面布置

2）体育馆结构整合模型，如图 9-30 所示。

图 9-30　体育馆结构整合模型

3）体育馆混凝土工程模型算量。经过两款软件相互校验，工程量计算偏差在 3% 以内，为项目材料备量提供了准确依据，同时提高了土建算量的效率和准确性，如图 9-31 所示。

序号	项目名称	工程量/m³			
		GCL 工程量	Revit 工程量	量差	量差百分比
1	砌块墙	1361.5	1451.6	90.1	1.06%
2	矩形柱	586.59	571.91	-14.68	0.97%
3	基础梁	377.15	392.4	15.25	1.04%
4	直形墙	491.7	490	-1.7	0.99%
5	有梁板	937.35	949.2	11.85	1.01%

图 9-31　体育馆混凝土工程模型算量

4）三维技术交底，如图 9-32 所示。

图 9-32　三维技术交底

3. 机电专业 BIM 应用

1）机电管线综合模型，如图 9-33 所示。

图 9-33　机电管线综合模型

2）管线碰撞检查，如图 9-34 所示。

图 9-34　管线碰撞检查

3）管线综合优化，如图 9-35 所示。

图 9-35　管线综合优化

4）指导管线洞口预留预埋，如图 9-36 所示。

图 9-36　管线洞口预留预埋

5）综合支吊架设计，如图 9-37 所示。

图 9-37　综合支吊架设计

4. 幕墙及装饰专业 BIM 应用

1）场馆幕墙及装饰模型，如图 9-38 所示。

图 9-38　场馆幕墙及装饰模型

2）玻璃幕墙深化。游泳馆玻璃幕墙为曲面，采用以直代曲的方式，通过 Revit 软件将玻璃幕墙分成一个一个小的平面，然后拼接成曲面，形成最终的幕墙放样模型，如图 9-39 所示。

图 9-39　游泳馆玻璃幕墙深化

3）石材幕墙深化设计，如图 9-40 所示。

图 9-40　石材幕墙深化设计

4）屋面板深化，如图 9-41 所示。

体育馆屋面檐口区域采用不规则的双曲面铝板，必须通过异形曲面建模软件进行放样和加工

在屋脊位置结构复杂，依靠二维图样无法明确表达外观效果，只有通过BIM技术，才能解决铝板放样安装和美观效果问题

图 9-41　屋面板深化

5. 3D 打印技术

3D 打印技术是通过配套的机械设备实现建筑构件成型的一种新技术，其核心特点是通过机械喷头在软件数字化控制下，经过一层一层的添加建筑材料并经过自然堆积成型，如图 9-42 所示。

图 9-42　3D 打印柱脚节点

6. 无人机航拍建模技术

采用倾斜摄影技术，其流程为倾斜摄影系统→倾斜拍照→生成三维实景模型→土方计算等应用，如图 9-43 所示。

项目鸟瞰　　　　　　项目部模型

游泳馆基坑　　　　　体育场土方测量

图 9-43　倾斜摄影应用

7. BIM+VR 应用

BIM+VR 是基于虚拟现实引擎技术来承载 BIM 模型及其数据，并利用虚拟现实引擎的特性实现 BIM 信息交互、BIM 协同工作、虚拟漫游等 BIM 应用。采用的软件及设备如图 9-44 所示。

Fuzor软件兼容性

虚拟现实设备

图 9-44　BIM+VR 应用软件及设备

1）关键应用点，如图 9-45 所示。

2D-3D实时对照

碰撞检测

临边安全分析

二维自动测量

净高分析

启用剖切

图 9-45　BIM+VR 关键应用点

2）移动端支持。借助 Fuzor 强大的移动端支持，将 BIM 模型带入现场，在移动设备中查看模型，对比现场实际情况，如图 9-46 所示。

3）虚拟现实漫游。沉浸式虚拟现实体验，可以检查设计管线净空高度是否合理，管线走向是否正确，确保施工前消除设计中的错漏碰撞，如图 9-47 所示。

图 9-46　移动端支持

图 9-47 沉浸式虚拟现实体验

（四）案例总结

（1）社会效益 通过 BIM 技术智能化、数字化管理工地，创建成为现代化安全文明标准工地，得到了当地政府极大的认可。

（2）经济效益 使用 BIM 技术应用于深化设计、制造加工、指导施工等方面，降低材料损耗，节约施工成本约 182 万元，缩短工期约 94 天。

（3）技术创新 在钢结构提升方案优化和双曲面异形屋面放样加工等方面引入 BIM 技术解决了传统二维方式无法解决的问题；利用 3D 打印技术结合三维技术交底，以三维模型与实体模型的方式，直观交底，杜绝了文字交底的模糊性。

（4）管理创新 企业研发的二维码物料管理系统，真正意义上解决了钢构件材料加工、运输、入库、使用的管理混乱问题，为物料的管理提供了有力的数据支持。

（5）人才培养 开阔企业人才技术能力范围，传授先进技术知识，形成完备的 BIM 技术应用规范，坚持 BIM 技术应用培训，累计培训员工 100 余人。

二、某市全地埋式净水厂 PPP 项目 BIM 技术应用

（一）项目背景

项目采用全地埋式设计，地上布置为景观绿地，日处理污水 20 万 m^3，出水严于 GB 18918—2002 一级 A 标准。商业模式为 PPP 项目，该项目占地面积 47846m^2（合 71.77 亩），其中地下箱体占地面积 37807m^2（合 50.71 亩），在地下净水厂上面打造开放式文教类体验公园景观。

项目特点：

1）节省占地。污水处理区采用全地下（共两层）、组团式布置方式，占地面积为同等规模地面式水厂的 1/3。

2）环境影响小。主要处理设施布置在地下，厂区环境噪声低；污水处理过程中产生的污浊气体全部通过除臭系统处理。

3）美化城市区域环境。全部采用社会资本来投资，出水水质用于洗车、绿化浇水，设计日处理规模 20 万 t，项目建成后，地面上看不到翻滚着臭气的污水，取而代之的是园林绿化，呈现一个市民休闲广场，如图 9-48 所示。

图 9-48 全地埋式净水厂效果图

与传统污水处理厂相比，全地埋式污水处理厂具有独特的特点，如图 9-49 所示。同时在设计、建设、运营阶段面临以下难点：

1）在设计过程中：水厂工艺要求高、用地紧张、结构紧凑、地下设施结构设计复杂、装置布置设备选型要求高。

2）在建设过程中：施工材料耐久性要求高、机械设备受限制、埋深大、施工难度大、施工现场紧凑。

3）在运营阶段：设备配置高、对运维人员综合素质要求高、空间受限、设备检修维护较困难、除臭及通风要求高、突发事件安全应急要求高。

为了解决地埋式污水处理厂设计及建设运营中遇到的难题，引入 BIM 精细化先进管理方式，解决各种问题。

图 9-49 项目特点

（二）BIM 技术应用策划

1. 应用目标

通过本项目分析，急需解决 BIM 技术应用六大攻关点：

1）BIM 团队：如何适应设计、施工、运维等阶段变化？

2）管理模式：传统管理模式如何向全员 BIM 技术应用管理模式平稳过渡？

3）协同方式：如何实现从设计全过程协同到施工全过程协同？

4）模型审核：如何消除模型—图纸—管理记录"三层皮"？

5）图纸表达：如何解决项目中 BIM 软件与 CAD 软件使用字体不统一、不规范、不符合国标带来质量、沟通和效率问题？

6）BIM 与云：如何解决云端 BIM 模型轻量化带来信息损失？

2. 软件配置

1）建模软件：Autodesk Revit 2016、BIMSpace 2016、盈建科。

2）浏览审批：Autodesk NavisWorks 2016。

3）协同平台：Autodesk Vault Professional 2016。

4）BIM 表达：Lumion 2016、AutoCAD 2016。

5）模拟分析：Phoenics、CadnaA、PathFinder、盈建科。

6）其他软件：Inventor。

软件与协同平台关系如图 9-50 所示。

图 9-50 软件与协同平台关系

3. 硬件配置

项目 BIM 应用硬件的配置如图 9-51 所示。

1）Vault 协同平台服务器（1 台）：至强 CPUx5690×2/DDR3 64GB 内存/128GB 固态+1TB 硬盘。

2）BIM 云一体机（2 台）：至强 CPUx5690×2/DDR3 256GB 内存/8GB 图形显卡/256GB 固态+1TB 硬盘×2。

3）BIM 客户端（20 台）：普通 PC（i5，4GB 内存）、联想笔记本（i5，2GB 内存）、Suface Pro 4（i7，4GB 内存）。

4）BIM 表达工作站（1 台）：HP Z800：至强 CPUx5690×2/DDR3 64GB 内存/8GB 图形显卡/128GB 固态+2TB 硬盘。

4. 团队建设

根据多个项目 BIM 技术应用实践，在本项目管理模式上进行大胆改革尝试，将相对独立的项目团队和 BIM 团队进行渗透融合，很好适应了从咨询、设计、施工、运维等项目全

图 9-51　项目 BIM 应用硬件的配置

生命周期人员组织机构变化，便于实现项目全员、全过程、全专业 BIM 技术应用，如图 9-52 所示。

图 9-52　项目团队与 BIM 团队融合管理模式

5. 应用标准

根据本企业三标管理体系和项目管理体系，按照工程咨询、工程设计、工程总承包及施工总承包等产品实现过程，制订企业级或项目级 BIM 技术标准程序和作业文件，将 BIM 实施过程控制与三标管理体系中一一对应，避免管理"两层皮"，向全员、全过程、全专业 BIM 技术应用平稳过渡。

（三）BIM 技术应用实施

1. BIM 全生命周期协同平台

在本项目中充分挖掘 Autodesk Vault 数据管理平台，将其打造成 BIM 全生命周期协同平台，其亮点如下：①与三标管理体系结合，避免管理"两层皮"，所有管理记录可追溯、可归档、可快速查找和重用；②与设计管理、施工管理、PPP 项目管理结合，可以轻松实现可视化进度管控、BIM 全生命周期协同、项目文档管理、项目 BIM 移交；③与企业信息系统结合，从 Vault 中提取相关 BIM 信息，可进行 BIM 大数据挖掘分析再利用；④与云计算技术结合，可以实现模型按需分级浏览、审核，减少轻量化带来信息数据损失和信息安全性问题。

（1）与三标管理体系结合要点　按质量管理体系和项目管理体系建立本项目文件管理结构：

1）与新版 ISO 9000 质量管理体系标准一致，避免管理"两层皮"，所有管理记录可追溯、可归档、可快速查找和重用。

2）与传统管理习惯兼容，便于 BIM 技术在质量管理体系控制下推广。

3）可根据项目实际情况适时优化。

（2）与设计管理结合要点　本项目设计阶段协同，需按以下五大步骤实施：

1）BIM 策划。在现有设计策划基础上，根据各专业特点进行模型文件拆分，按样板文件创建一个个最小单元"空"模型文件，按管理体系结构（含文档结构、空模型装配结构、空图纸文件目录等）导入 Vault 中。

2）模型装配。采用 Vault 插件对空模型文件进行链接，实现"协同前"装配。

3）权限设置。根据岗位、角色、项目文件夹及其文件作用等设置权限。

4）模型完善。设计人员按策划从 Vault 获取自己的工作文件，从零绘制，适时上传，Vault 将记录整个工作进程，同时管理人员通过装配模型完善度，可视化监控设计进度。

5）协同设计。浏览上级（装配）文件，同步查看与相关专业的协同关系，直接在设计过程中沟通、调整、优化，提前规避碰撞，实现真正的协同和适时协同。

（3）与施工管理结合要点　本项目施工管理协同，需按以下五大步骤实施：

1）BIM 策划。在设计 BIM 模型基础上，根据施工要求进行模型拆分。拆分模型文件按管理体系结构（含文档结构、模型装配结构等）导入 Vault 中，如图 9-53 所示。

设计模型 7 块————————→施工模型 11 大区————————→施工模型 65 个单元

图 9-53　模型拆分

2）模型装配。采用 Vault 插件对模型文件进行链接，实现施工"协同前"装配。

3）权限设置。根据岗位、角色、项目文件夹及其文件作用等设置权限。

4）模型完善。BIM 工程师按策划从 Vault 获取自己的工作文件，对模型进行拆分或深化，适时上传。Vault 将记录整个工作进程，同时管理人员通过装配模型完善度，可视化地监控施工模型深化进度，通过 Navisworks 可进行施工计划模拟、施工安装模拟等 BIM 技术应用。

5）协同管理。项目相关方通过浏览施工模型文件、项目文档文件、设计变更、施工记录等，在施工管理过程中沟通、调整、优化，实现真正的项目协同管理。

（4）BIM 数据整体移交　采用独立 Vault 数据库，方便项目 BIM 数据整体移交。

（5）多方协同　细化外部接口，对接每个相关单位或人员，可浏览、审批 BIM 轻量化模型，而外部接口中的 BIM 模型，只是内部 BIM 模型的一个映射。内部模型及其信息安全得到保障。

（6）施工交底、指导　可现场与后方互动，实现小前端大后端服务模式。设计模型、施工模型可适时进行可视化评审，发现问题可在后端及时修改，并及时反映到现场得到评审人员确认，如图 9-54 所示。

图 9-54　BIM 模型多方评审

（7）并行审核　Vault+BIM 软件结合实现了并行设计和审核，如图 9-55 所示。

审核流程设计
BIM审核流程需充分利用各软件优势，同时在Revit、Vault、NavisWorks等多软件中设计一整套连续的工作流程，才能实现并行式审核

设计人员
设计过程中定期上传Vault更新文件，分阶段提出审核要求，收到审核结果后及时修改直到完成设计

并行审核

质量管理体系
审核记录与模型、图样保存在同一文件中，打破二维时代审核记录与设计文件"两层皮"的情况，提升企业管理水平

审核人员
通过Vault，提前介入设计审核，从模型到施工图分阶段审核，在Revit模型文件中建立审核子项，留下审核意见，同时不影响设计进程

图 9-55　并行审核思路

（8）Vault+"云"实现无损移动协同　各类终端通过"云"技术均可直接访问 Vault 数据。Revit 文件、Navisworks 文件等都可以轻松操作。可以实现内、外部协同，所有数据均在服务器上，有安全保障，文件传递在储存或服务器之间，速度快。模块化虚拟化应用主机，可以随项目应用情况增减、拆分、组合，实现了低成本重度虚拟化应用，如图 9-56 所示。

2. BIM 设计阶段技术应用

1）人员疏散模拟。使用 Pathfinder 软件导入 Revit 信息模型，对设计方案进行疏散模拟。以负二层为例，模拟结果为：在 140s 内分布在负二层各个工作岗位的 105 人全部撤离，符合相关规范要求，说明疏散口及疏散楼梯设计是合理的，如图 9-57 所示。

图 9-56 Vault+ "云"架构

图 9-57 人员疏散模拟

2）碰撞检查。利用 BIM 技术可视化、辅助智能等特性进行管线碰撞检查、辅助预留孔洞，专业间配合更直观、高效、准确，如图 9-58 所示。

图 9-58 碰撞检查

3）辅助预留孔洞，如图 9-59 所示。

图 9-59 辅助预留孔洞

4）造价算量。通过基于 Revit 的斯维尔插件→模型映射 SFC→导入斯维尔 BIM 三维算量，实现造价算量，如图 9-60 所示。

图 9-60 造价算量流程

3. BIM 施工阶段技术应用

（1）模拟巡视检查 在 Revit 软件中建立基坑支护及锚索模型，通过 NavisWorks 检查支护桩是否到达设计所需标高，确保开挖设计的安全性、合理性，如图 9-61 所示。

图 9-61 支护桩桩底标高巡视检查

（2）施工安装模拟　利用 BIM 模型模拟施工及设备安装过程，将施工、设备安装过程通过三维方式直观地展现给现场管理人员，提前做出判断，有利于对安装过程的理解，如图 9-62 所示。

（3）基于 BIM 技术的施工交底　利用 Lumion 软件快速表达 BIM 模型，可以加快沟通，达到充分交底的目的。

1）BIM 模型景观展现，如图 9-63所示。

图 9-62　施工安装模拟

图 9-63　BIM 模型景观展现

2）BIM 模型与施工现场的对比，如图 9-64 所示。

图 9-64　BIM 模型与施工现场的对比

（四）案例总结

1. 管理升级

BIM 技术应用只有借助三标管理体系，提升管理水平，才能真正落地，实现全员应用推广。

2. 协同创造

BIM 技术应用必须建立在协同平台上才能真正体现 BIM 的价值。并行设计、大后端支持、BIM 模型快速表达，有效节省沟通时间 1 倍以上，快速响应时间提高 2 倍。

3. 工程语言

BIM 是一种工程"语言"，无须花哨和华而不实，只需简单、实用，表达到位，易于沟通即可。

4. 流程再造

BIM 的出现解决了数据创建、计算、分析、管理、共享和协同困难，同时提供了实现精细化管理的方法，这必将对传统流程进行再造，冲破了从设计到施工过程中信息交流的壁垒。

第三篇

专业新技术

第十章　绿色建筑新技术

第一节　绿色建筑概述

一、绿色建筑内涵

我国2019年发布实施的《绿色建筑评价标准》（GB/T 50378—2019）对绿色建筑的定义是"在全寿命期内，节约资源、保护环境和减少污染，为人们提供健康、适用和高效的使用空间，最大限度地实现人与自然和谐共生的高质量建筑。"

绿色建筑是一个广泛的概念，并不意味着高价和高成本。

绿色建筑比节能建筑的含义更广泛，绿色建筑建设基于安全耐久、健康舒适、生活便利、资源节约、环境宜居等五类技术，以"四节一环保"为基本约束，涵盖规划设计、施工、运维等的同阶段的技术要求。它除了强调节能，还提出绿色建筑的舒适性，以及绿色应以人、建筑和自然环境的协调发展为目标，体现人居环境的可持续发展要求，并将其贯穿到建筑的规划设计、建造和运行管理的全寿命期的各个环节中。

综上所述，绿色建筑有如下几个内涵：

（1）"建筑全寿命期"的概念　即整体地审视建筑在物料生产、建筑规划设计、施工、运营维护、拆除及回收过程中对生态、环境的影响，强调的是全过程的绿色。建筑全寿命期图如图10-1所示。

图 10-1　建筑全寿命期图

（2）坚持节地、节能、节水、节材的原则　尽可能节约土地，包括合理布局、合理利用旧有建筑、合理利用地下空间；尽可能降低能源消耗，一方面着眼于减少能源的使用，另一方面利用低品质能源和再生能源（如太阳能、地热能、风能、沼气能等）；尽可能节水，包括对生活污水进行处理和再利用、采用节水器具；尽可能降低建筑材料消耗，发展新型、轻型建材和循环再生建材，促进工业化和标准化体系的形成，实现建筑部品通用化。

（3）以人为本，注重舒适性　绿色建筑将环保技术、节能技术、信息技术、控制技术渗透入人们的生活与工作，在确保节能性的同时，达到居住舒适性的要求。绿色建筑发展的目标是：节能、省钱、环境友好、舒适、高品质。

（4）绿色建筑要与当地自然环境、文化环境和谐共生　这是绿色建筑的价值理想。绿色建筑要充分体现建筑物完整的系统性与环境的亲和性，以及城市文化的传承性，创造与自然、与文化相和谐统一的建筑艺术。

（5）发展绿色建筑的基本原则是因地制宜　我国不同地区的气候条件、物质基础、居住习惯、社会风俗等方面存在较大的差异。对各个城市的资源环境特点也不同，绿色建筑发展中的政策法规需要与当地及发展阶段相适应，绿色建筑设计方法中需要具体问题分析，采用不同的技术方案，体现地域性和创新性。

二、绿色建筑的发展概况

（一）国外绿色建筑发展现状及特点

20 世纪 60 年代，美籍意大利建筑师保罗·索勒瑞把生态学（ecology）和建筑学（architecture）两个单词合并为"arology"，首次提出了"生态建筑"的概念。这被认为是绿色建筑理论史的开端。20 世纪 70 年代，伴随着中东石油危机的出现，牺牲生态环境为代价的所谓"文明"难以为继，建筑节能被提上了议事日程，低能耗建筑先后在世界各国出现。1992 年巴西里约热内卢"联合国环境与发展大会"的召开，标志着"可持续发展"这一重要思想在较大范围内达成共识。

1990 年世界首个绿色建筑标准在英国发布，1998 年美国绿色建筑协会颁布了绿色建筑评价标准 LEED（全称"Leadership in Energy and Environmental Design"），这些都是绿色建筑发展史上里程碑式的事件。

21 世纪以来，西方发达国家相继建立绿色建筑评价体系，并及时更新以适应新的需求。依赖于不断完善的评价体系和市场机制，推动产生了众多的绿色建筑项目，传播了绿色建筑的理念，反过来又促进了评价体系和市场机制的成熟。

构建符合时代需求、行业需求的绿色建筑评价标准，是推动本国绿色建筑发展的有效途径。许多国家都有自己的绿色建筑评价体系，部分国家主要绿色建筑评价体系见表 10-1，包含被大家所熟知的英国的 BREEAM 评估体系与美国的 LEED 评估体系。

（1）英国绿色建筑评估体系—BREEAM　BREEAM（Building Research Establishment Environmental Assessment Method）体系是世界上第一个绿色建筑评估体系，由英国建筑研究院于 1990 年推出。BREEAM 体系的目标是减少建筑物的环境影响，体系涵盖了包括从建筑主体能源到场地生态价值的范围。

BREEAM 主要关注建筑项目的节能性能、运营管理、健康和福利、交通便利性、节水、建材使用、垃圾管理、土地使用和生态环境保护，以此综合评价建筑的可持续性。

表 10-1　部分国家主要绿色建筑评价体系

评价体系	评价体系 LOGO	研发国家及地区	研发时间	评估对象	评价结果等级	评估内容
BREEAM	BREEAM	英国	1990	办公建筑、学校、医卫建筑、监狱、工业建筑、零售商店等	通过、好、很好、优秀	管理、能源、交通、污染、材料、水资源、土地使用、生态价值、身心健康
LEED		美国	1995	新建建筑、核心和外壳、既有建筑、商业内部、住宅、学校、社区等	认证级、银级、金级、铂金级	场地设计、水资源、能源与环境、材料与资源、室内环境质量和创新设计
CASBEE		日本	2003	计划、新建、既存、改建	根据环境性能效率指标 BEE，给予评价，表现为 QL 二维图	能源消耗、资源再利用、当地环境、室内环境

BREEAM 体系的特点：

1）考察建筑全生命周期。

2）定量化的指标保证客观性。

3）以第三方评价加 BRE 监督的管理体制保证可靠性。

4）以政府的强力支持为依托拥有很高的市场占有率。

5）与绿色建筑政策法规紧密相连，保持更新引领绿色建筑市场。

（2）美国绿色建筑评估体系—LEED　是 Leadership in Energy & Environmental Design Building Rating System 的简称，是能源与环境设计先导绿色建筑评估体系，也是目前世界上运作最成功的绿色建筑评估体系。其认证分类及权重如图 10-2、图 10-3 所示。

图 10-2　LEED 认证分类

LEED 认证适用于所有民用建筑，包括了公共建筑以及住宅建筑。在建筑的全寿命周期内 LEED 都具有重要作用，建筑设计、建筑施工、建筑运营与维护、针对出租的建筑以及

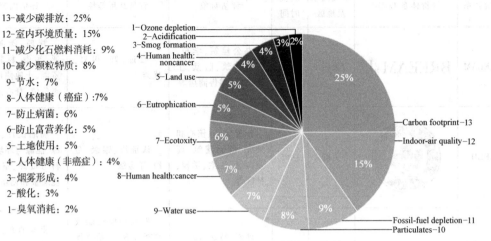

13项环境指标权重

- 13-减少碳排放：25%
- 12-室内环境质量：15%
- 11-减少化石燃料消耗：9%
- 10-减少颗粒特质：8%
- 9-节水：7%
- 8-人体健康（癌症）：7%
- 7-防止病菌：6%
- 6-防止富营养化：5%
- 5-土地使用：5%
- 4-人体健康（非癌症）：4%
- 3-烟雾形成：4%
- 2-酸化：3%
- 1-臭氧消耗：2%

图 10-3　LEED 认证体系分数权重分布

租用的建筑等都可利用合适的 LEED 认证体系作为指导。

LEED 体系的特点：

1）在世界各国的各类建筑环保评估、绿色建筑评估以及建筑可持续性评估标准中，被认为是最完善、最有影响力的评估标准。

2）采用第三方认证机制，保证了该体系的公正性和公平性，因而增加了其信誉度和权威性，形成政府、市场、第三方机构共同推进绿色建筑实施的有效机制。

3）评估标准分门别类，专业性极强，包括新建建筑、既有建筑、建筑结构、商业装修、社区开发、学校、零售、医疗、实验室等标准。

4）评价体系定时更新，以便及时反映建筑技术和政策的变化，并修正原来体系中不合理的部分。

5）美国绿色建筑委员会还对 LEED 认证咨询师实行资格证考试制度，目前全球已有 20 万专业人士获得 LEED AP 证书。

6）LEED 十分值得称道的是其市场推广力度，目前 LEED 项目遍及全球 135 个国家，其中登记注册的项目中 40% 的建筑面积来自美国以外的地区。为适应全球市场的迅速发展，LEED 在过去两年采取了多项措施，以满足美国以外的会员和项目团队的需求。

（3）日本绿色建筑评估体系—CASBEE　日本的建筑物综合环境性能评价体系（Comprehensive Assessment System for Built Environment Efficiency，简称 CASBEE），于 2004 年推出。该体系采用生命周期评价法，从建筑的设计、材料的制造、建设、使用、改建到报废的整个过程的环境负荷进行评价。先后颁布了针对既有建筑、改建建筑、新建独立式住宅、城市规划、学校以及热岛效应、房地产评价等评价标准，评价标识分为 CASBEE-计划、CASBEE-新建、CASBEE-既存和 CASBEE-改建四部分，如图 10-4 所示。

日本许多地方政府颁布了建筑物综合环境评价制度，并推行 CASBEE 评价认证和评审专家登记制度。

CASBEE 体系的特点：

图 10-4　CASBEE 评估体系

1）简便易懂。可将评价结果用几种简单的图形表示在一张纸上，直观可视、简明易懂。

2）综合性强。建筑环境性能分为内（环境品质 Q）、外（环境负荷 L）两个方面，用雷达图、BEE 指标等进行综合评价。在评价时更加看重对环境相关各方面的综合考虑而求得均衡，不过于强调某个方面做得出色。

3）可信度高。CASBEE 认证制度是（财团法人）建筑环境节能机构（IBEC）作为第三方以注册评价员所评结果资料为依据，审查其是否属实、妥当并加以确认的制度，认证后颁发证书并在网上公布，具有更高的可信度。

（二）国内绿色建筑发展现状

自 1992 年巴西里约热内卢"联合国环境与发展大会"以来，我国政府开始大力推动绿色建筑的发展，颁布了若干相关纲要、导则和法规。初步建立起以节能 50% 为目标的建筑节能设计标准体系，制定了包括国家和地方的建筑节能专项规划和相关政策规章。我国绿色建筑发展路线如图 10-5 所示。

2004 年 9 月建设部"全国绿色建筑创新奖"的启动，标志着我国的绿色建筑发展进入了全面发展阶段。2006 年，"第二届国际智能、绿色建筑与建筑节能大会"

图 10-5　我国绿色建筑发展路线

在北京召开，住建部在大会上正式颁布了《绿色建筑评价标准》（GB/T 50378）。2007 年 8 月，建设部出台了《绿色建筑评价技术细则（试行）》和《绿色建筑评价标识管理办法》，开始建立起适合中国国情的绿色建筑评价体系。2008 年 4 月 14 日，绿色建筑评价标识管理办公室正式设立。2009 年 7 月 20 日，中国城市科学研究会绿色建筑研究中心成立。

在专业标准制定方面，2010 年，住建部组织编制了《民用建筑绿色设计规范》，其后，相继编制了《绿色工业建筑评价导则》《绿色办公建筑评价标准》《绿色商店建筑评价标准》《绿色饭店建筑评价标准》《绿色医院建筑评价标准》《绿色博览建筑评价标准》等绿色建筑标准，印发《绿色超高层建筑评价技术细则》。

2012 年 4 月 27 日，财政部和住建部联合发布《关于加快推动我国绿色建筑发展的实施意见》，意见中明确将通过多种手段，全面加快推动我国绿色建筑发展。

2013 年 1 月 1 日，国务院办公厅以国办发〔2013〕1 号转发国家发改委、住建部制定的《绿色建筑行动方案》。提出"十二五"期间，要完成新建绿色建筑 10 亿 m²；到 2015 年末，20%的城镇新建建筑达到绿色建筑标准要求。

2013 年 4 月，《"十二五"绿色建筑和绿色生态城区发展规划》（以下简称《规划》）正式发布。《规划》提出，"十二五"期间，将新建绿色建筑 10 亿 m²，完成 100 个绿色生态城区示范建设；从 2014 年起，政府投资工程要全面执行绿色建筑标准；从 2015 年起，直辖市及东部沿海省市城镇的新建房地产项目力争 50%以上达到绿色建筑标准。

截至 2016 年底，全国城镇新建建筑全面执行节能强制性标准，累计建成节能建筑面积超过 150 亿 m²，节能建筑占比 47.2%，其中 2016 年城镇新增节能建筑面积 16.9 亿 m²。

截至 2016 年底，全国累计竣工强制执行绿色建筑标准项目超过 2 万个，全国城镇累计建设绿色建筑面积 12.5 亿 m²，其中 2016 年城镇新增绿色建筑面积 5 亿 m²。全国累计有 7235 个建筑项目获得绿色建筑评价标识，建筑面积超过 8 亿 m²；其中，2016 年获得绿色建筑评价标识的建筑项目 3164 个，建筑面积超过 3 亿 m²。25 个省（区、市）已发布地方绿色建筑评价标准。

第二节 建筑节能技术

建筑建造与使用过程中所消耗的能量，即通常所说的建筑能耗，在社会总能耗中占很大的比例，接近 27%。而且社会经济越发达，生活水平越高，这个比例越大。节约能源是建设资源节约型社会的重要组成部分，建筑的运行能耗大约是全社会商品用能的 1/3，是节能潜力最大的用能领域。节能不能简单地认为只是少用能，节能的核心是提高能源效率。从能源消费的角度来讲，建筑节能是提高建筑使用过程中的能源效率。

绿色建筑评价标准中将节能与能源利用项作为标准体系中的重要组成部分，绿色建筑中节能与能源利用主要通过被动式节能、主动式节能以及充分利用可再生能源等方法加以实现。因此，推进建筑节能是绿色建筑所追求的主要目标之一。

本节重点介绍建筑节能中围护结构节能相关的技术。

一、建筑形体设计

建筑的形体主要包括建筑的朝向、建筑的体形系数、建筑的窗墙比等，合理地设计建筑形体，可以从根本上减少建筑的能耗需求，是建筑被动式节能设计理念的有效体现。

被动式建筑节能的设计理念在我国是被大力提倡的，建筑形体优化设计是建筑被动式节能的主要实现方式之一。对处于夏热冬冷地区的安徽省，更是非常适用。

（一）建筑朝向

建筑的总平面布置和设计需要以当地的气候特征为依据，充分考虑采光、通风等影响，宜利用冬季日照并避开冬季的主导风向，利用夏季自然通风，改善室内的环境质量，从而实现节约能源的目的。

建筑的主要朝向宜选择本地区最佳朝向或接近最佳朝向。以合肥市为例，该地区的最佳朝向为南偏东5°至15°，适宜朝向为南偏东15°至南偏西5°，不宜朝向西。

（二）建筑体形系数

建筑体形系数是指建筑物与室外大气接触的外表面积与其所包围的体积之比，即单位建筑体积所占有的外表面积，其中外表面积中不包括地面面积。从降低建筑能耗的角度出发，应该将体形系数控制在一个较低的水平上，有关研究表明，当建筑物的体形系数为0.15时最为节能。但是，体形系数不仅影响外围护结构的传热损失，它还与建筑造型、平面布局、采光通风等紧密相关。体形系数过小，将制约建筑师的创造性，造成建筑造型呆板，平面布局困难，甚至损害建筑功能。

（三）建筑窗墙比

每个朝向窗墙面积比是指每个朝向外墙面上的窗、阳台门及幕墙的透明部分的总面积与所在朝向建筑的外墙面的总面积（包括该朝向上的窗、阳台门及幕墙的透明部分的总面积）之比。窗墙面积比的确定要综合考虑多方面的因素，其中最主要的是不同地区冬、夏季日照情况（日照时间长短、太阳总辐射强度、阳光入射角大小）、季风影响、室外空气温度、室内采光设计标准以及外窗开窗面积与建筑能耗等因素。一般普通窗户（包括阳台门的透明部分）的保温隔热性能比外墙差很多，窗墙面积比越大，供暖和空调能耗也越大。因此，从降低建筑能耗的角度出发，必须限制窗墙面积比。

建筑每个朝向的窗（包括透明幕墙）墙面积比均不应大于0.70。当窗（包括透明幕墙）墙面积比小于0.40时，玻璃（或其他透明材料）的可见光透射比不应小于0.4。当不能满足规定时，必须按规定进行权衡判断。

【案例】

安徽合肥某公建项目，在设计之初充分考虑建筑形体设计，其建筑朝向、建筑体形系数、建筑窗墙面积比的设计均较为合理。

建筑朝向：本项目建筑朝南，属于该地区的适宜建筑朝向，能够充分利用自然通风和自然采光。

建筑体形系数：本项目体形系数为0.28，项目地点在合肥市，公共建筑节能设计标准中并未对处于夏热冬冷地区建筑的体形系数进行强制要求，本项目的体形系数为0.28满足要求，即便本项目处于严寒或者寒冷地区，项目的体形系数也能够满足标准规定的不高于0.40的要求。

建筑窗墙面积比：本项目的窗墙面积比的设计合理，均满足标准的要求，具体数值见表10-2。

表 10-2 窗墙面积比达标判断表

名称	建筑朝向	设计值	标准限值	达标判断
窗墙比	东向	0.14	0.7	√
	南向	0.33	0.7	√
	西向	0.04	0.7	√
	北向	0.13	0.7	√

二、围护结构保温隔热

就人体保温而言，建筑是人类的第三层皮肤，良好的围护结构可以防止建筑内部能量的损失，阻止建筑外部热量的侵入。在夏季降低室内墙体的内表面温度，减轻因墙体辐射和传热给室内带来的多余热量；减少冬季室内的热量散发和外漏，同时保证墙体内表面的温度高于室内空气的露点温度，防止墙体结露以及随之带来的发霉、渗水等不良现象。

建筑围护结构是建筑节能的重要组成部分，其各部分节能技术的结合运用是能否达到节能标准的关键，也是降低空调系统能耗的关键。建筑围护结构保温主要包括建筑墙体保温、屋面保温、外窗及幕墙系统保温。

（一）墙体保温

墙体保温的方法有很多，比较常用的是外墙外保温。相对于其他保温方式，外墙外保温适用范围广，可保护主体结构，延长建筑物寿命，可有效地消除热桥影响并避免墙体潮湿，有利于维持室温稳定，而且不影响室内使用面积。常用的外保温材料有高密度 EPS 板、XPS 板、聚氨酯硬泡材料和保温板、半硬质矿（岩）棉板及玻璃棉板、憎水膨胀珍珠岩及制品、泡沫玻璃保温板、膨胀玻化微珠保温及制品、现浇发泡混凝土和全轻混凝土等。

目前，在安徽省应用比较普遍的外墙外保温系统如图 10-6 所示，主要包括石墨模塑聚苯板建筑保温系统、难燃型硬泡聚氨酯（PUR）复合板建筑保温系统、难燃型模塑聚苯板（EPS）建筑保温系统、岩棉板外墙外保温系统、匀质改性防火保温板建筑保温系统、膨胀珍珠岩保温板建筑外保温系统、反射隔热涂料复合保温外墙外保温系统、发泡水泥板涂料饰面外墙外保温系统、带饰面干作业外墙外保温系统、干挂式外墙外保温装饰一体化系统等。

外墙内保温系统如图 10-7 所示，也是一种传统的保温方式，做法简单且造价较低，但在热桥的处理上容易出现问题，处理不好内表面容易出现结露问题。外墙内保温与外墙外保温的构造非常类似。外墙内保温常用到的材料主要包括膨胀珍珠岩板、水泥聚苯板、加气混凝土块、EPS 板、水泥保温砂浆、石膏聚苯复合板、岩棉轻钢龙骨纸面石膏板等。

复合墙体一般用块体材料或钢筋混凝土作为承重结构，与保温隔热材料复合，或在框架结构中用薄壁材料加以保温、隔热材料作为墙体。目前建筑用保温、隔热材料主要有岩棉、矿渣棉、玻璃棉、聚苯乙烯泡沫、膨胀珍珠岩、加气混凝土等。复合保温墙体如图 10-8 所示。

涂料保温墙体如图 10-9 所示，是将具有高光反射率，对阳光中最易转化为热能的红外光和超短波有强烈反射作用的涂料使用于建筑表面，将易发热的光波反射出去，达到降低表面温度、保温隔热的效果。

图 10-6　外墙外保温系统

图 10-7　外墙内保温系统

图 10-8　复合保温墙体

图 10-9　高反射涂料保温墙体

（二）外窗及幕墙系统保温

　　外窗（包括幕墙透明部分）造成的冷热负荷约占建筑空调系统总负荷的 50%，虽然现在外窗的节能效果在不断提高，但是与墙体相比，其保温性能还是不如人意。外窗作为建筑节能的薄弱环节，其绿色设计显得尤为重要。因此安徽地区的外窗节能主要从控制建筑的窗墙比着手，提高窗户的保温隔热性能、气密性能和遮阳性能。在设计中，应选用保温、隔热好的窗框材料，如塑料、断热铝合金型材等。对于玻璃的选择也很重要，可采用中空、镀膜、热反射贴膜等节能型玻璃材料。

　　目前较为常用的保温性能较好的窗框是断桥铝合金窗框和塑料型材窗框。由于各窗框厂家的做法不同，通常含金属型材的断热窗框的传热系数在 $4 \sim 5W/(m^2 \cdot K)$，而塑钢型材窗框的传热系数在 $2 \sim 4W/(m^2 \cdot K)$。

对保温隔热有较高要求的建筑，玻璃幕墙和门窗往往采用中空玻璃，即在两片玻璃之间有一干燥的空气层或惰性气体层。空气层或惰性气体层的存在，使得中空玻璃的传热系数比普通单层玻璃大大降低。目前常用的几种玻璃为：普通中空玻璃、中空百叶玻璃及Low-E 玻璃，见表10-3。

表 10-3　各种玻璃参数传热系数

窗的类型		传热系数/W/(m² · K)
单层单框双玻	单层铝窗	6.0
	单框双玻铝窗	4.0
中空玻璃窗	白玻中空玻璃铝窗	4.2
	断热型材中空玻璃	3.6
	Low-E 中空玻璃铝窗	3.6
	断热型材 Low-E 中空玻璃	3.0
	白玻中空玻璃 PVC 窗	2.7
镀膜窗	热反射镀膜玻璃铝窗	6.0
	热反射镀膜玻璃 PVC 窗	4.7

（三）屋面保温

架空通风屋面如图10-10所示，为用混凝土制成的薄型制品，覆盖在屋面防水层上并架设一定高度的空间，起到隔热作用。其隔热原理是：一方面利用架空的面层遮挡直射阳光；另一方面架空层内被加热的空气与室外冷空气产生对流，将层内的热量排走。

图 10-10　架空通风屋面

屋顶绿化已成为改善城市环境的有效措施，已有成熟的绿色屋面技术，适宜不同条件、不同植物的生长构造。例如在通常条件下，可种植一些易成活、成本低、无须管理的植物，如草类、苔藓类植物；或种植观赏效果好、需定期维护且对土壤厚度要求较高的植物，使其随季节变化形成不同的景观效果，同时有效地改善了屋面的热岛效应，降低建筑能耗及顶层室内舒适度。屋顶绿化是一项投资少、节约土地，开拓城市绿色生态空间，在有限的城市空间里提高绿地面积的有效措施，也是美化城市，活跃景观的一种好办法。具有保护生态环境、调节气候、净化空气、遮阴吸热、降低"热岛效应"、节水节能的作用，如图10-11 所示。

图 10-11　屋面绿化示意图

浅色屋面是指在建筑屋面采用浅色铺装材料或者涂刷浅色涂料,如图 10-12 所示。浅色屋顶要比深色屋顶更能有效反射太阳热量。在夏季,浅色屋顶的楼房更凉快,对空调的需求也较少,从而更加节省能源。与浅色屋顶相比,深色屋顶不仅吸收大量热量,而且还在夜间将热量释放到大气层,最终导致温室效应加剧。

图 10-12　浅色屋面效果分析示意图

【案例】

合肥市某住宅项目,在设计之初充分考虑建筑围护结构保温,对于墙体、屋顶、门窗等围护结构均采用了保温隔热设计,因此本项目的围护结构热工设计经过权衡计算后可以满足《合肥市居住建筑节能设计标准》(DB34/T 5059—2016) 的基本要求。

本项目的围护结构的具体做法见表 10-4。

表 10-4　围护结构的具体做法

屋面类型(自上而下):细石混凝土(内配筋)(40.0mm)+水泥砂浆(20.0mm)+挤塑聚苯板(80.0mm)+陶粒混凝土找坡层(30.0mm)+钢筋混凝土(120.0mm)+水泥砂浆(20.0mm)

外墙类型(由外至内)(默认外墙):耐碱玻纤网布抗裂砂浆(6.0mm)+岩棉板(幕墙饰面)(40.0mm)+水泥砂浆(15.0mm)+煤干石空心砖(200.0mm)+水泥砂浆(20.0mm)

底面接触室外空气的架空或外挑楼板(自外至内):细石混凝土(内配筋)(60.0mm)+挤塑聚苯板(20.0mm)+钢筋混凝土(120.0mm)+岩棉板(涂料饰面)(40.0mm)+耐碱玻纤网布抗裂砂浆(6.0mm)

分户墙类型:水泥砂浆(20.0mm)+蒸压加气混凝土(B06)(200.0mm)+水泥砂浆(20.0mm)

分户楼板类型:细石混凝土(内配筋)(60.0mm)+挤塑聚苯板(20.0mm)+钢筋混凝土(120.0mm)+水泥砂浆(20.0mm)

楼梯间隔墙、封闭外走廊隔墙 1:水泥砂浆(20.0mm)+煤干石空心砖(200.0mm)+水泥砂浆(20.0mm)

楼梯间隔墙、封闭外走廊隔墙 2:水泥砂浆(20.0mm)+蒸压加气混凝土(B06)(200.0mm)+水泥砂浆(20.0mm)

凸窗不透明上顶板、下底板和侧板类型:水泥砂浆(20.0mm)+钢筋混凝土(120.0mm)+岩棉板(涂料饰面)(40.0mm)+抗裂砂浆(6.0mm)

通往封闭空间户门类型:多功能户门(具有保温、隔声、防盗等功能),传热系数 1.40W/(m² · K)

通往非封闭空间或户外户门类型:多功能户门(具有保温、隔声、防盗等功能),传热系数 1.40W/(m² · K)

外窗类型:金属隔热型材隔热条高度 24mm(K=2.9)[6 中透光 Low-E+12 空气+6(K=1.8)],传热系数 2.40W/(m² · K),玻璃遮阳系数 0.65,气密性为 6 级,可见光透射比 0.60

凸窗类型:金属隔热型材隔热条高度 26mm(K=2.8)[6 中透光 Low-E+19 空气+6(K=1.6)],传热系数 2.20W/(m² · K),玻璃遮阳系数 0.65,气密性为 6 级,可见光透射比 0.60

外窗传热系数判定表见表10-5。

表 10-5 外窗传热系数判定表

朝向	立面	规格型号	外窗面积 /m²	传热系数 /W/(m²·K)	立面窗墙比 (包括透光幕墙)	加权传热系数 /W/(m²·K)	传热系数限值 /W/(m²·K)
东	立面1 (正东)	金属隔热型材隔热条 高度24mm(K=2.9) 6中透光 Low-E+12 空气+6(K=1.8)	27.00	2.40	0.05	2.4	≤2.4
		该朝向立面外窗加权传热系数满足《合肥市居住建筑节能设计标准》(DB34/T 5059—2016)第4.2.6-2条的要求					
南	立面2 (正南)	金属隔热型材隔热条 高度24mm(K=2.9) 6中透光 Low-E+12 空气+6(K=1.8)	144.00	2.40	0.48	2.4	≤1.8
		该朝向立面外窗加权传热系数不满足《合肥市居住建筑节能设计标准》(DB34/T 5059—2016)第4.2.6-2条的要求					
西	立面3 (正西)	金属隔热型材隔热条 高度24mm(K=2.9) 6中透光 Low-E+12 空气+6(K=1.8)	27.00	2.40	0.05	2.4	≤2.4
		该朝向立面外窗加权传热系数满足《合肥市居住建筑节能设计标准》(DB34/T 5059—2016)第4.2.6-2条的要求					
北	立面4 (正北)	金属隔热型材隔热条 高度24mm(K=2.9) 6中透光 Low-E+12 空气+6(K=1.8)	189.02	2.40	0.27	2.4	≤2.4
		该朝向立面外窗加权传热系数满足《合肥市居住建筑节能设计标准》(DB34/T 5059—2016)第4.2.6-2条的要求					

通过建筑围护结构热工参数达标判断表（见表10-6），对围护结构热工参数进行达标判断。

表 10-6 建筑围护结构热工参数达标判断表

建筑构件	是否达标
体形系数满足《合肥市居住建筑节能设计标准》(DB34/T 5059—2016)第4.2.1-2条的标准要求	√
屋面的热工值满足《合肥市居住建筑节能设计标准》(DB34/T 5059—2016)第4.2.6-2条的标准要求	√
全楼加权外墙平均传热系数满足《合肥市居住建筑节能设计标准》(DB34/T 5059—2016)第4.2.6-2条的要求	√
底面接触室外空气的架空或外挑楼板满足《合肥市居住建筑节能设计标准》(DB34/T 5059—2016)第4.2.6-2条的标准要求	√
分户墙满足《合肥市居住建筑节能设计标准》(DB34/T 5059—2016)第4.2.6-2条的标准要求	√
楼梯间隔墙、封闭外走廊隔墙满足《合肥市居住建筑节能设计标准》(DB34/T 5059—2016)第4.2.6-2条的标准要求	√

（续）

建筑构件	是否达标
分户楼板满足《合肥市居住建筑节能设计标准》（DB34/T 5059—2016）第4.2.6-2条的标准要求	√
凸窗不透明的上顶板、下底板和侧板的传热系数满足《合肥市居住建筑节能设计标准》（DB34/T 5059—2016）第4.3.1-4条的标准要求	√
通往封闭空间户门满足《合肥市居住建筑节能设计标准》（DB34/T 5059—2016）第4.2.6-2条的标准要求	√
通往非封闭空间户门满足《合肥市居住建筑节能设计标准》（DB34/T 5059—2016）第4.2.6-2条的标准要求	√
立面窗墙比不满足《合肥市居住建筑节能设计标准》（DB34/T 5059—2016）第4.2.2-2条的标准要求	×
立面外窗传热系数不满足《合肥市居住建筑节能设计标准》（DB34/T 5059—2016）第4.2.6-2条的要求	×
立面凸窗传热系数不满足《合肥市居住建筑节能设计标准》（DB34/T 5059—2016）第4.3.1-4条的要求	×
立面外窗综合遮阳系数不满足《合肥市居住建筑节能设计标准》（DB34/T 5059—2016）第4.2.6-2条的要求	×
外门窗遮阳系数及遮阳设置要求满足《合肥市居住建筑节能设计标准》（DB34/T 5059—2016）第4.3.3条的要求	√
窗可开启面积占地面面积的比值满足《合肥市居住建筑节能设计标准》（DB34/T 5059—2016）第4.3.1-5条的要求	√
外窗的气密性满足《合肥市居住建筑节能设计标准》（DB34/T 5059—2016）第4.2.3条的标准要求	√

通过判断，本项目的规定性指标不满足《合肥市居住建筑节能设计标准》（DB34/T 5059—2016）要求，需要进行权衡计算。本项目的权衡计算结果见表10-7。

表10-7 本项目的权衡计算结果

根据《合肥市居住建筑节能设计标准》（DB34/T 5059—2016）第5章的要求，并参照本标准规定进行计算，本建筑的建筑累计负荷如下：

建筑类别\负荷种类	空调累计负荷 Q_C/kWh	供暖累计负荷 Q_H/kWh
设计建筑	32657.89	33204.64
参照建筑	35576.98	30678.46

根据《合肥市居住建筑节能设计标准》（DB34/T 5059—2016）第5章的要求，设计建筑和参照建筑的供暖、空调年耗电量的计算应符合下列规定：

(1) 整栋建筑每套住宅室内计算温度，冬季全天按18℃取值，夏季全天按26℃取值

(2) 供暖计算期应为当年12月1日至次年2月28日，空调计算期应为当年6月15日至8月31日

(3) 室外气象计算参数应采用本地典型气象年

(4) 被动建筑冬季、夏季和集中供暖系统的主动建筑夏季室内换气次数按1.0次/h取值

(5) 主动建筑冬季集中供暖时，室内新风量按2m³/（m²·h）取值；集中空调系统的主动建筑夏季集中空调时，室内新风量按3m³/（m²·h）取值

(6) 供暖、空调设备为家用空气源热泵空调器，制冷时额定能效比取3.1，供暖时额定能效比取2.5

(7) 室内平均得热强度取4.3W/m²

(8) 建筑面积和体积应按本标准附录B计算

依据以上建筑全年累计负荷计算结果与所给参数，计算得到该建筑物的全年空调和供暖耗电量见表10-8：

表10-8 全年空调和供暖耗电量表

建筑类别\耗电量种类	全年空调耗电量/kWh	全年供暖耗电量/kWh
设计建筑	13063.15	15076.60
参照建筑	14230.79	13929.58

本建筑的单位面积空调和供暖耗电量结果如下：

计算结果	设计建筑单位面积耗电量/（kWh/m²）	参照建筑单位面积耗电量/（kWh/m²）
全年耗电量	10.21	10.22

三、遮阳系统

建筑能耗中 50% 以上是空调能耗，空调能耗的一半是因为外窗（包括透明幕墙）的损耗，因此建筑外窗合理设置外遮阳是非常有意义的。太阳辐射通过窗户进入室内，是夏季房间过热、构成空调负荷的主要原因。

设置遮阳是减少太阳辐射进入室内的一个有效措施，其形式大体可分为选择性透光和遮挡式两种。选择性透光遮阳是利用某些对阳光具有选择性吸收、反射（折射）和透射特性的特殊材料与玻璃复合，来实现对太阳辐射进行控制的一种遮阳方式。遮挡式遮阳就是用各种遮阳构件阻挡阳光直接照射在建筑物上或射入室内的做法。

建筑遮阳按安装方法分可以分为固定式、活动式遮阳。

固定外遮阳有水平遮阳、垂直遮阳、挡板遮阳三种基本形式。①水平遮阳，能够遮挡从窗口上方射来的阳光，适用于南向外窗。②垂直遮阳，能够遮挡从窗口两侧射来的阳光，适用于东北、北和西北向附近的窗口。竖向垂直遮阳作为公共建筑项目的应用已越来越广泛，实际应用中更应重视遮阳、采光、降噪、遮挡视线等综合性考虑。③挡板遮阳，能够遮挡平射到窗口的阳光，适用于接近于东西向外窗。实际中可以单独选用或者进行组合，常见的还有综合遮阳、固定百叶遮阳、花格遮阳等。固定遮阳不可避免地会带来与采光、自然通风、冬季供暖、视野等方面的矛盾。

活动遮阳既可满足冬季采光、得热，又可满足夏季遮阳与节能。采用可调节活动遮阳，可以兼顾夏季遮阳隔热、冬季透光增热两方面，适当的组合可以达到最大的节能效果，使室内拥有良好的热舒适性。采用可调节外遮阳措施时需要考虑与建筑的一体化，并综合比较遮阳效果、自然采光和视觉影响等因素。

活动遮阳可以根据使用者因环境变化和个人喜欢，自由地控制遮阳系统的工作状况。安徽省节能标准规定居住建筑东、南、西向外门窗宜设外遮阳，东、西向的外门窗宜设置挡板式遮阳或可以遮住窗户正面的活动外遮阳；南向外门窗宜设置水平遮阳或活动外遮阳；当单一开间外门窗窗墙比大于 0.45 时，应设置建筑外遮阳。

可调节活动外遮阳可选用以下几种形式，如织物遮阳、卷帘遮阳、百叶窗遮阳、铝合金机翼遮阳、其他遮阳（中置及内置遮阳）等。

1. 织物遮阳、铝合金百叶帘

铝合金百叶帘和织物遮阳等遮阳系统具有良好的遮阳隔热效果，且自然通风及自然采光效果较好，但是一般不宜用于高层建筑，当需要安装时，宜采用电动控制方式，同时配置风、光、雨感应控制装置，避免因气象发生较大变化时，百叶帘或帘布没有及时收回卷帘盒中，造成对遮阳系统的破坏。图 10-13 为织物遮阳、铝合金百叶帘外遮阳效果。

2. 卷帘遮阳

卷帘遮阳系统中，铝合金遮阳拥有良好的保温系统，易于检修维护与保养，使用寿命长。应用于 35m 以上高层建筑时，卷帘盒应予暗装，并应进行专业抗风压设计；应用于 60m 以上时，宜加大帘片以增强抗风能力。图 10-14 为卷帘遮阳效果。

3. 铝合金机翼遮阳

铝合金机翼遮阳和遮阳格栅（主要为挡板式格栅）具有较为丰富的建筑装饰效果，夏季遮阳效果良好，但因不能完全收起，会影响冬季被动供暖，且综合造价较高，一般适用于要求较高的公共建筑。图 10-15 为铝合金机翼遮阳效果。

图 10-13 织物遮阳、铝合金百叶帘外遮阳效果

图 10-14 卷帘遮阳效果

图 10-15 铝合金机翼遮阳效果

4. 其他遮阳

为避免外遮阳对于建筑造型装饰的影响，可以采用内置遮阳百叶中空玻璃、玻璃幕墙中置遮阳百叶等遮阳一体化外窗形式，具有良好的保温及遮阳性能。屋顶绿化和墙面垂直绿化也是一种非常有效的自然遮阳形式，可降低外围护结构表面温度，直接减少了对室内的温差传热，提高了室内舒适度。另外，充分发掘多功能的建筑遮阳构件是未来的发展趋势，如太阳能集热板和太阳能电池板除进行光热和光伏转换外，还能遮挡阳光，起到遮阳隔热的作用。

第三节 建筑雨水利用

水资源作为自然资源的重要组成部分之一，其可持续利用是促进可持续发展的基本资源保证。我国属于水资源缺乏的国家，是世界上 26 个最缺水的国家之一，人均年占有量只有 $2250m^3$，为世界人均值的 1/4。建筑在开发和维护、使用过程中消耗水资源的量是相当惊人的，约占水资源量的 50%。因此，水资源的节约更加重要。

国内外绿色建筑将"开源节流"作为建筑节水及水资源利用的设计原则和理念，提高用水效率和效益，同时充分利用天然雨水，并进行中水回收利用，以达到节约、利用水资

源和保护环境的目的。

对于绿色建筑，在开始阶段即应制订水系统规划方案，统筹、综合利用各种水资源，并设置合理、完善、安全的供水、排水系统，在此基础上，实现建筑给水排水系统良好的节水性能。水系统规划方案包含但不限于以下内容：当地水资源现状分析、项目用水概况、用水定额、给水排水系统设计、节水器具、设备和系统、非传统水源综合利用方案、用水计量等方面。

一、建筑雨水利用概述

"开源、节流"是绿色建筑水系统规划的两个方面。其中，水资源的"开源"具有很大的潜力，可以采取的措施主要是对非传统水源的利用。该"非传统水源"是指不同于传统地表水供水和地下水供水的水源，包括再生水、雨水、海水等。安徽省位于内陆地区，对于非传统水源的利用主要是指雨水和再生水的利用。

建筑雨水收集系统根据雨水源不同，可分为屋顶雨水收集、地面雨水收集两类。

屋面雨水收集利用主要适用于独立的住宅或公共建筑，通过屋面收集的雨水比较清澈，污染程度轻，雨水的 pH 值呈中性，含盐量很少，硬度很低，无需进行软化，可直接回用于浇灌花草、冲洗厕所、洗车等，节约了城市自来水的使用量，缓解了城市水资源短缺难题。

地面雨水收集可采用下凹式绿地收集、地面雨水渗透、道路雨水收集等措施。下凹式绿地集水通过草沟等形式收集场地中的径流雨水，当雨水流过地表浅沟，污染物在过滤、渗透吸及及生物降解的联合作用下被去除，植被同时也降低了雨水流速，使颗粒物得到沉淀，达到控制雨水径流的目的。

雨水利用不应只是场地内雨水的收集回用，而是雨水入渗系统、收集回用系统、调蓄排放系统的综合设计。场地开发应遵循低影响开发原则，合理利用场地空间设置绿色雨水基础设施，实现对场地雨水的综合利用。绿色雨水基础设施包括雨水花园、下凹式绿地、屋顶绿化、植被浅沟、雨水管截留（又称断接）、渗透设施、雨水塘、雨水湿地、景观水体、多功能调蓄设施等。

在场地内通过绿色雨水基础设施建立蓄、滞、排相结合的排涝及雨水收集回用的综合利用体系，场地内的年径流总量控制率在 55%~85%，以自然的方式控制城市雨水径流、减少城市洪涝灾害、控制径流污染、保护水环境，生态效益显著。《海绵城市建设技术指南》未对年径流总量控制率提出统一的要求，将我国地区大致分为五个区，并给出了各区年径流总量控制率 α 的最低和最高限值，即 I 区（85% ≤ α ≤ 90%）、II 区（80% ≤ α ≤ 85%）、III 区（75% ≤ α ≤ 85%）、IV 区（70% ≤ α ≤ 85%）、V 区（60% ≤ α ≤ 85%），各地应参照此限值，因地制宜地确定本地区径流总量控制目标。

二、建筑雨水利用适用范围

雨水入渗系统可涵养地下水，但在地下水位高、土壤渗透能力差或雨水水质污染严重等条件下雨水渗透技术会受到限制，但同时雨水入渗系统在降雨量相对少而集中、蒸发量大、地下水利用比例较大的地区更能凸显其优势。

对于降雨量在 800mm 以上的多雨但缺水地区，除雨水入渗系统外，还应结合当地气候和场地地形、地貌等特点，建立完善的雨水调蓄、收集、处理、回用等配套设施。收集的雨水经处理后可回用于景观补水、绿化浇洒、道路冲洗、冷却水补充、洗车用水、冲厕等非饮用水水源。其中，对于养老院、幼儿园、医院建筑，不建议使用非传统水源作为冲厕用水。

由表 10-9 可知，安徽省内行政分区的降雨量均在 800mm 以上，全省年平均降雨量约为 1173mm。因此，安徽省内各城市均可结合当地的气候条件及场地情况进行雨水综合利用的合理规划。

表 10-9　安徽省各行政分区的年降雨量

行政分区	年降雨量/mm	行政分区	年降雨量/mm
合肥市	952	巢湖市	1120
淮北市	880	芜湖市	1278
亳州市	825	宣城市	1446
宿州市	838	铜陵市	1391
蚌埠市	876	池州市	1609
阜阳市	884	安庆市	1394
淮南市	886	黄山市	1819
滁州市	955	六安市	1182
马鞍山市	1063	全省	1173

注：数据来自 2009 年 5 月安徽省水利厅发布的"安徽省水资源公报（2008 年）"。

三、建筑雨水利用技术措施

从区域角度看，雨水的过量收集会导致原有水体的萎缩或影响水系统的良性循环。应合理规划地表与屋面雨水径流，对场地雨水实施外排总量控制。在自然地貌或绿地的情况下，径流系数通常为 0.15 左右，因此建议根据项目情况，控制场地内的年径流总量控制率在 55%~85%。对于场地占地面积超过 $10hm^2$ 的项目，应进行雨水专项规划设计，小于 $10hm^2$ 的项目可不做雨水专项规划设计，但也应根据场地条件合理采用雨水控制利用措施，编制场地雨水综合利用方案。

（一）雨水入渗

根据《建筑与小区雨水利用工程技术规范》（GB 50400），雨水入渗系统宜设雨水收集、入渗等设施。可采用绿地入渗、透水铺装地面入渗、浅沟与洼地入渗、浅沟渗渠组合入渗、渗透管沟、入渗井、入渗池、渗透管−排放系统等方式。

在绿色建筑中，自然裸露地、公共绿地、绿化地面和面积大于等于 40% 的镂空铺地（如植草砖）等室外透水地面设计较多。此外，透水铺装也可有效改善地面透水性能，建议在硬质地面中进行推广使用。"透水铺装"是指既能满足路用及铺地强度和耐久性要求，又能使雨水通过本身与铺装下基层相通的渗水路径直接渗入下部土壤的地面铺装。如透水沥青、透水混凝土、透水地砖等。当透水铺装下方为地下室顶板时，应使得地下室顶板上覆土深度满足当地园林绿化部门的要求，如覆土厚度达不到要求，则需在地下室顶板上方设置疏水板及导水管等可将渗透雨水导入周边与地下室顶板接壤的实土中。图 10-16 为洼地入渗系统。

渗井、渗沟、渗池等这些设施占地面积小，可因地制宜地修建在楼前屋后。

（二）雨水收集回用

雨水收集回用系统应优先收集屋面雨水，不宜收集机动车道路等污染严重的下垫面上的雨水。收集的雨水经净化处理后应首先考虑应用于景观用水、绿化、道路冲洗，如水量有富足，也可用作车库冲洗、洗车、冷却水补水或冲厕用水等非饮用水水源。一般雨水收集回用流程如图 10-17 所示。

图 10-16　洼地入渗系统

图 10-17　雨水收集回用流程

雨水收集回用系统的设计范围包括初期雨水的弃流装置、雨水储水模块；回用系统的取水井、水泵坑、水泵及附件、控制箱；初期弃流井与雨水模块之间的雨水管道连接，包括初期雨水弃流管出弃流井、弃流井与雨水模块之间的构筑物和管道、雨水模块的溢流管道出模块，回用管道出泵坑。

（1）**雨水系统管道设置**　雨水回收系统设置两套雨水管道：一套为雨水收集回用管道；一套为雨水收集排放管道。屋面雨水经雨水管道收集后，排向室外雨水收集回用管道，经室外初期雨水弃流井完成初期雨水弃流后，进入一般设在地下室内的雨水收集模块池。雨水收集回用系统弃流的初期雨水、超过雨水收集系统能力的溢流雨水均由室外雨水收集排放管道收集；雨水收集排放管道收集的雨水，最终排入市政雨水管道。

（2）**初期雨水弃流**　初期径流弃流量应按照下垫面实测收集雨水的 COD、SS、色度等污染物浓度确定。当无资料时，屋面弃流可采用 $2 \sim 3mm$ 径流厚度，地面弃流可采用 $3 \sim 5mm$ 径流厚度。雨水收集利用系统对初期弃流装置的要求：智能流量计具有累计流量计量、信号转换和远传功能，并能在设定的复位时间打开电动阀，使雨水初期弃流装置复位。

（3）**雨水储存**　雨水储存设施（蓄水池）的有效储水容积不宜小于集水面重现期 $1 \sim 2$

年的日雨水设计径流总量，扣除设计初期弃流流量。

雨水在蓄水池的停留时间较长，一般为 1~3 天或更长，具有较好的沉淀去除效率，蓄水池的设置应充分发挥其沉淀功能，雨水在进入蓄水池前，应考虑格栅拦截固体杂物。

雨水储存可采用钢筋混凝土水池、塑料模块组合水池等。其中塑料模块组合水池的材质为聚丙烯塑料（此类模块简称"pp 储水模块"），模块外部包裹防渗不透水土工布保水，其相对钢筋混凝土水池，更便于安装，施工周期大大缩短，且 pp 储水模块还可回收使用。

pp 储水模块的技术要点如下：①水池的平面布置宜采用 I 形、F 形、E 形。②水池的最大高度 4.5m，覆土高度 0.5~1.5m。允许承重荷载应经结构计算确定。③水池建于停车场地面下时，单台机动车的重量不应大于 25t。④入渗池的底面与地下水的距离不小于 1m。⑤入渗池的侧面与建筑物基础边缘不小于 10m，并对其他建筑物和管道基础不产生影响。⑥在非自重湿陷性黄土地区，应建于建筑物防护区之外，并不影响小区道路的路基。⑦储水池应做抗浮计算，必要时采取抗浮措施。

（4）雨水处理工艺　雨水水质较为洁净，主要污染物为 COD 和 SS，可生化性很差，且水源不稳定，因此推荐雨水处理采用物理、化学处理等便于适应季节间断运行的技术。

雨水回用水经初期弃流后的雨水在储水模块池内有充分的时间完成沉淀作用，沉淀处理的雨水经简单消毒后完全可达到回水用水质标准，一般不需要做深度处理。《建筑与小区雨水利用工程技术规范》（GB 50400）中推荐的屋面雨水处理工艺流程如下：

屋面雨水→初期径流弃流→景观水体。

屋面雨水→初期径流弃流→雨水蓄水池沉淀→消毒→雨水清水池。

屋面雨水→初期径流弃流→雨水蓄水池沉淀→过滤→消毒→雨水清水池。

现雨水处理系统多为集成式处理设备，内含絮凝、过滤、消毒等处理单元。

考虑到降雨随意性大，回收水源不稳定，处理设施经常闲置。因此，如项目中同时设有中水处理系统，则可考虑将雨水与中水处理系统合理组合，减少设备闲置。图 10-18 为某项目中水雨水联合处理工艺流程。

图 10-18　某项目中水雨水联合处理工艺流程

（三）调蓄排放

雨水调蓄即雨水调节和储存的总称。雨水调蓄属于雨水利用系统，一般在雨水利用系统中以调蓄池的形态存在，雨水调蓄不仅仅可储存雨水，在对雨水的收集上，也起到相应的作用。在进行雨水调蓄设计时，需进行水量平衡分析并防止雨水对原水体的面源污染。图 10-19 为某小区内调蓄水池。

图 10-19　某小区内调蓄水池

利用场地的河流、湖泊、水塘、湿地、低洼地作为雨水调蓄设施，或利用场地内设计景观（如景观绿地和景观水体）来调蓄雨水，可达到有限土地资源多功能开发的目标。能调蓄雨水的景观绿地包括下凹式绿地、雨水花园、树池、干塘等。

在进行雨水管道设计时，可把雨水径流的高峰流量暂存在这些自然水体中，待洪峰径流量下降后，再从调节池中将水慢慢排出。由于调蓄池调蓄了洪峰流量，削减了洪峰，这样就可以大大降低下游雨水干管的管径，对降低工程造价和提高系统排水的可靠性很有意义。

当需要设置雨水泵站时，在泵站前设置调蓄池，可降低装机容量，减少泵站的造价。此类雨水调蓄池的常见方式有溢流堰式或底部流槽式等。

【案例】

六安市某公建项目，区域年降雨量以 1184.4mm 计算，宜充分利用雨水资源。其雨水利用工程为透水地面入渗和雨水收集回用相结合。

（1）雨水入渗　本项目透水地面包括 727.26m² 的绿地和 41.25m² 的植草砖，室外透水地面面积比 45%。

（2）雨水收集回用　收集大部分面积的屋面雨水、道路雨水以及绿化雨水，经净化处理后回用于室内冲厕、室外绿化浇灌以及景观水池补水。

雨水收集量 4399.32m³/年；可利用雨水量 1613.7m³/年。

蓄水池为 pp 雨水模块，取 3 天储存水量，考虑余量，大小设置为 32m³，设置在地下室。

雨水处理选用一体化处理设备，净化能力为 10t/h；供水能力：5t/h，40m。雨水处理工艺流程图如图 10-20 所示。其出水水质可满足《城市污水再生利用城市杂用水水质》（GB/T 18920）。

根据水量平衡计算，雨水年可收集回用量 1613.7m³，本项目整套雨水处理设备总造价为 15.3 万元，以办公商业水费 2.5 元/m³ 计算得知，采用雨水系统每年可节约水费约 4000 元。

图10-20 雨水处理工艺流程图

第四节 太阳能与建筑一体化技术

可再生能源是指自然界中可以不断利用、循环再生的一种能源，具有自我更新、复原的特性，是可持续利用的一次能源。可再生能源包括太阳能、水能、地热能、生物质能、风能、波浪能、潮汐能等。可再生能源种类很多，根据不同种类的能源利用技术成熟度和各地的环境资源，可再生能源的应用有所不同。

太阳能是最清洁的能源之一，每年到达地球表面上的太阳辐射能约相当于 130 万亿 t 标准煤，其总量属于现今世界上可以开发的最大能源，且与煤炭、石油、天然气、核能等矿物燃料相比，太阳能具有的明显优点是普遍、无害、巨大、长久。

地球轨道上的平均太阳辐射强度为 1369W/m^2，地球表面某一点 24h 的年平均辐射强度为 0.20kW/m^2，相当于有 102000TW 的能量。太阳辐射到地球大气层的能量仅为其总辐射能量的 22 亿分之一，每秒照射到地球的能量则为 $1.465×10^{14}$J，相当于 500 万 t 标准煤。

一、太阳能资源分布

我国幅员广大，有着十分丰富的太阳能资源。据估算，我国陆地表面每年接受的太阳辐射能约为 $50×10^{18}$kJ，全国各地太阳年辐射总量达 335~837kJ/（cm^2·年），中值为 586kJ/（cm^2·年）。

从全国太阳年辐射总量的分布来看，西藏、青海、新疆、内蒙古南部、山西、陕西北部、河北、山东、辽宁、吉林西部、云南中部和西南部、广东东南部、福建东南部、海南岛东部和西部以及台湾省的西南部等广大地区的太阳辐射总量很大。尤其是青藏高原地区最大，那里平均海拔高度在 4000m 以上，大气层薄而清洁，透明度好，纬度低，日照时间长。例如被人们称为"日光城"的拉萨市，1961 年至 1970 年的平均值，年平均日照时间为 3005.7h，相对日照为 68%，年平均晴天为 108.5 天，阴天为 98.8 天，年平均云量为 4.8，太阳总辐射为 816kJ/（cm^2·年），比全国其他省区和同纬度的地区都高。全国以四川和贵州两省的太阳年辐射总量最小，其中尤以四川盆地为最，那里雨多、雾多、晴天较少。例如素有"雾都"之称的成都市，年平均日照时数仅为 1152.2h，相对日照为 26%，年平均晴天为 24.7 天，阴天达 244.6 天，年平均云量高达 8.4。其他地区的太阳年辐射总量居中。

按接受太阳能辐射量的大小，全国大致上可分为五类地区：

一类地区：全年日照时数为 3200~3300h，辐射量在 670~837×10^4kJ/（m^2·年）。相当于 225~285kg 标准煤燃烧所发出的热量。主要包括青藏高原、甘肃北部、宁夏北部和新疆南部等地。这是我国太阳能资源最丰富的地区，与印度和巴基斯坦北部的太阳能资源相当。特别是西藏，地势高，太阳光的透明度也好，太阳辐射总量最高值达 921kJ/（cm^2·年），仅次于撒哈拉大沙漠，居世界第二位，其中拉萨是世界著名的阳光城。

二类地区：全年日照时数为 3000~3200h，辐射量在 586~670×10^4kJ/（m^2·年），相当于 200~225kg 标准煤燃烧所发出的热量。主要包括河北西北部、山西北部、内蒙古南部、宁夏南部、甘肃中部、青海东部、西藏东南部和新疆南部等地。此区为我国太阳能资源较丰富区。

三类地区：全年日照时数为 2200~3000h，辐射量在 $502~586×10^4kJ/(m^2 \cdot 年)$，相当于 170~200kg 标准煤燃烧所发出的热量。主要包括山东、河南、河北东南部、山西南部、新疆北部、吉林、辽宁、云南、陕西北部、甘肃东南部、广东南部、福建南部、江苏北部和安徽北部等地。

四类地区：全年日照时数为 1400~2200h，辐射量在 $419~502×10^4kJ/(m^2 \cdot 年)$。相当于 140~170kg 标准煤燃烧所发出的热量。主要是长江中下游、福建、浙江和广东的一部分地区，春夏多阴雨，秋冬季太阳能资源还可以。

五类地区：全年日照时数为 1000~1400h，辐射量在 $335~419×10^4kJ/(m^2 \cdot 年)$。相当于 115~140kg 标准煤燃烧所发出的热量。主要包括四川、贵州两省。此区是我国太阳能资源最少的地区。

一、二、三类地区，年日照时数大于 2000h，辐射总量高于 $586kJ/(cm^2 \cdot 年)$，是我国太阳能资源丰富或较丰富的地区，面积较大，占全国总面积的 2/3 以上，具有利用太阳能的良好条件。四、五类地区虽然太阳能资源条件较差，但仍有一定的利用价值。

安徽省太阳能资源属于三类地区，资源分布较为丰富。省内各地太阳能年总辐射量在 $4540~5460MJ/m^2$，地理分布为北多南少，平原、丘陵多，山区少。淮北地区年总辐射量在 $5030~5460MJ/m^2$；江淮之间在 $4950~5210MJ/m^2$，江南在 $4540~4930MJ/m^2$；黄山周围为全省最低值区域。总辐射的时间分布是夏季最多，春季次之，秋季较少，冬季最少。全省各地最大值出现在 6 月或 7 月，最小值在 12 月。

安徽省全年年太阳能总日照时数在 1600~2300h，空间分布与总辐射相似，北多南少，平原、丘陵多，山区少。沿淮淮北年日照时数超过 2000h，江淮 1900~2000h，江南大多在 1900h 以下，黄山周围是最少区。日照时数的时间分布与总辐射也相似，夏季多，冬季少，春秋季居中。

二、太阳能建筑一体化含义

太阳能与建筑一体化是将太阳能利用设施与建筑有机结合，利用太阳能集热器作为建筑的一部分，替代屋顶覆盖层或替代屋顶保温层，或作为建筑物外墙面。既消除了太阳能对建筑物形象的影响，又避免了重复投资，降低了工程成本，是未来太阳能技术发展的方向。

其特点：

1）把太阳能的利用纳入环境的总体设计，把建筑、技术和美学融为一体，太阳能设施成为建筑的一部分，相互间有机结合，取代了传统太阳能的结构所造成的对建筑外观形象的影响。

2）利用太阳能设施完全取代或部分取代屋顶覆盖层，可减少成本，提高效益。

3）可用于平屋顶或斜屋顶，一般对平屋顶而言用覆盖式，对斜屋顶用镶嵌式。

主要适用建筑对象：

1）适用于城市建筑较严格，要求安装规范、美观、不损害市容市貌的单位、集体、小区等。

2）适用于在建筑设计之初，就将太阳能作为建筑的一部分考虑在内，与建筑一同设计。

3）适用于各种形式的建筑，例如住宅小区、高层楼群、别墅等。

4）单台集体购买统一安装，该种形式主要适合于新建住宅小区和旧房改造。

三、太阳能光热建筑一体化

太阳能热水系统是吸收太阳辐射来加热水的整套装置。由于太阳能热水系统在全年运行中受天气的影响很大，其独立应用存在间歇性、不稳定性和地区差异性，在太阳能热水系统中，除太阳能集热器外，还应采取热水保障系统（辅助加热系统）和储热措施来确保太阳能热水系统全天候稳定供应热水。因此，太阳能热水系统包括太阳能集热装置、储热水箱、连接管路、辅助加热器、控制器等部件。相对其他可再生能源利用技术，太阳能热水系统较为廉价，经济效益高。

太阳能热水系统对于安徽省内各地的居住建筑以及设有集中热水系统的公建均适用。

太阳能热水系统设计流程包括确定设计条件、选定太阳能热水系统、估算集热器面积、初步投资回收分析等。其中，太阳能热水系统的选定主要从以下几方面考虑：集热器类型、传热类型、运行方式、集热器与水箱的放置关系、辅助热源、能源组合方式、热水供应方式等。

此处主要介绍集热器类型、太阳能热水系统运行方式、热水供应方式等的选择。

（一）集热器类型

太阳能热水系统集热器的基本类型有：平板型集热器、真空管式集热器、热管式集热器、U形管式集热器等，其各自的特点及利弊介绍详见表10-10。

表10-10 太阳能集热器类型

集热器类型	特点	应用形式	结构形式
平板型集热器	承压力强；吸热率高；传递性好 易建筑一体化设计 集热器效率在春夏秋高，冬季低	适用于环境温度高于5℃、日照时数在3000h左右的地区使用。适宜用在夏热冬暖地区，用于制取中、低温热水的建筑。平板型集热器每排并联数目不宜超过16个	
真空管式集热器	透光性好、集热效率高、热损小、热膨胀系数低、抗化学腐蚀性较强 承压力差，易碎；当环境温度低于-15℃时，管易裂；一旦一根管破裂，整个集热器性能会降低，甚至不能工作，需做好保温	适用范围较广，在管路做好保温的前提下，能够在低于-10℃的地区使用，在安徽省内具有普遍适用性。在同一斜面上多层布置东西向放置的全玻璃真空管集热器，串联的集热器不宜超过3个	

（续）

集热器 类型	特点	应用形式	结构形式
热管式 集热器	集热快、热损小、热稳定性高、热膨胀系数低 　造价高、总量重、管内温度低于+15℃	适用于安徽北方寒冷地区,特别适用于安徽北方冬季环境温度低于 0℃ 以下,日照时数在 1400h 以上的地区。适用于承压的闭式系统	
U 形管式 集热器	安装简单、热效率高、可水平安装、热损小、热稳定性高、热膨胀系数低 　运行稳定性高,由于管内不走水,一个真空管破损,不影响整个系统运行		

（二）太阳能热水系统运行方式

太阳能热水系统按运行方式可分为自然循环系统、强制循环系统和直流式系统（表10-11）。其中，按太阳能热水系统内有无换热器可分为直接循环系统和间接循环系统。表10-12 为太阳能热水系统设计选用表。

表 10-11　太阳能热水系统运行方式

系统名称	系统特点	适用范围
强制循环间接加热系统(双储水装置)	集热系统采用强制循环、间接加热方式加热,与辅助热源分置,太阳能预热。采用闭式水罐作为储热水箱,闭式水罐(或小型热水机组)供热水。辅助热源采用外置加热系统,并配备智能化的控制系统,保证合理使用辅助热源。设置防过热措施。采用防冻工质防冻方式,冬季运行可靠	适用于对建筑美观要求高,供热水规模较大、供热水要求高的建筑
强制循环间接加热系统(单储水装置)	集热系统采用强制循环、间接加热方式加热。采用承压水箱或闭式水罐,依靠给水系统压力供热水,水加热器可根据建筑需要灵活设置,辅助热源采用内置加热系统,当水箱或水加热器内设定水位的水温低于设定值时,开启辅助热源加热。一般采用防冻工质防冻方式	适用于对建筑美观要求高、供热水规模小、供热水要求高的建筑
强制循环直接加热系统(双储水装置)	集热系统采用强制循环、直接加热方式加热。采用非承压水箱或闭式水罐作为储热水箱,闭式水罐(或小型热水锅炉)供热水。辅助热源采用外置加热系统,并配备智能化的控制系统,保证合理使用辅助热源。设置防过热措施。可以采用排回防冻措施,冬季运行可靠	适用于对建筑美观要求高、供热水规模大、供热水要求高的建筑

（续）

系统名称	系统特点	适用范围
强制循环直接加热系统（单储水装置）	集热系统采用强制循环、直接加热方式加热。采用非承压水箱或承压水罐。水箱设置灵活，可在高位依靠水箱与用水点的高差供热水；也可在低位，增设一套加压设备供热水。辅助热源采用内置加热系统，当储热水箱内设定水位的水温低于设定值时，开启辅助热源加热。寒冷地区可采用排回防冻措施	适用于对建筑美观要求高、供热水规模小、供热水要求不高的建筑
直流式系统	集热系统采用定温放水方式，当集热器放水点温度高于设定温度时，温控阀开启将热水放入储热水箱。采用非承压水箱。当采用高位水箱时需依靠水箱与最不利用水点的高差供热水，采用低位水箱时需增设热水泵供热水。热水与空气接触，应采取保证水质的措施。辅助热源可以采用内置也可采用外置加热系统	适用于供热水规模小、用水时间固定、用水量稳定的建筑，如洗衣房、公共浴池
自然循环系统	集热系统仅利用被加热液体的密度变化来实现自然循环；系统简单、成本低；热水箱位置必须高于集热器；单个系统的规模不宜太大。采用非承压水箱，依靠水箱与最不利用水点的高差供热水，水箱中水有过热危险，只能采用冬季排空方式防冻，即冬季无法使用	适用于供热水规模小、用热水要求不高、冬季无冰冻地区的建筑。自然循环系统，每个系统全部集热器的数目不宜超过 24 个

注：1. 当原水总硬度<150mg/L 时，集热系统可采用直接加热系统。

2. 当原水总硬度≥150mg/L 时，集热系统宜采用间接加热系统。

表 10-12　太阳能热水系统设计选用表

建筑物类型			居住建筑			公共建筑及其他		
			低层	多层	中高、高层	宾馆、医院	游泳馆	公共浴室
太阳能热水系统类型	集热与供热水范围	集中供热水系统	●	●	●	◎	◎	●
		集中—分散供热水系统	●	●	●	◎	◎	◎
		分散供热水系统	●	●	●	◎	◎	◎
	系统运行方式	自然循环系统	●	●	●	●	●	●
		强制循环系统	●	●	●	●	●	●
		直流式系统	◎	●	●	●	●	●
	集热器内传热工质	直接系统	●	●	●	●	◎	●
		间接系统	●	●	●	●	●	●
	辅助能源加热设备安装位置	内置加热系统	●	●	●	◎	◎	◎
		外置加热系统	●	●	●	●	●	●
	辅助能源加热设备启动方式	全日自动启动系统	◎	◎	◎	◎	◎	◎
		定时自动启动系统	●	●	●	◎	●	●
		按需手动启动系统	●	●	●	◎	●	●

注：1. 表中"●"为可选用项目，"◎"为不宜选用项目。

2. 有热水需求的工业及其他建筑参照表中公共建筑选用。

（三）热水供应方式

按照太阳能热水系统在建筑上的供热水范围分为集中供热水系统，集中集热、分散供热水系统和分散供热水系统，见表 10-13。

表 10-13　太阳能热水供应方式

应用形式	特点	适用范围	系统示意图
集中供热水系统	优点:集热器和储热容积的共享,可以使同一单元的热水使用峰值下降,均衡度提高。有利于提高系统的经济效益。供水的温度和水量保证率高。类似于集中热水系统 缺点:有收取热水费的管理问题,若不采用集中辅助加热的形式,系统内各用户用热量不均衡难以控制。若采用集中辅助加热的形式,收取水费及维护管理比较复杂	水点多且分布较密集的建筑,如居住建筑、餐饮、洗浴、宾馆、商业等服务性建筑,医院、院校等公共建筑,游泳馆等体育建筑	
集中集热、分散供热水系统	优点:一般采用双循环方式,太阳能热源部分与室内热水系统完全独立。互不干扰和依存。不受室内给水系统的压力分区影响。有效防止冬季的管道冻裂和水质较硬时管道结垢 缺点:必须每户设温度传感器和可靠的电磁阀控制热媒流量,以保证各户储热水箱中的热量倒流至管网。加热采用间接换热的方式,有一定的热损失	多层以下居住建筑	
分散供热水系统	优点:使用上互不干涉,责任和权益明确。物业管理相对简单,开发商愿意接受 缺点:管道数量很多,屋面和竖向管道的布置困难。集热器收集的太阳能资源不能共享,调节余缺,不利于提高太阳能热水系统的总体效益	适用于用水量不大的场合,只能对一个或几个用水点供应热水。如多用于独立式住宅、底层联排住宅、多层公寓住宅、中高层住宅和高层以上住宅等居住建筑	

【案例】

芜湖市某公建项目,设计集中热水系统,供应客房、厨房和公共卫生间盥洗等部位的卫生热水。

卫生热水供应热媒由太阳能与自备燃气锅炉或地源热泵联合供应。太阳能供应不足时采用燃气锅炉辅助加热或地源热泵辅助加热。

在建筑屋顶布置平板式太阳能集热器,太阳能集热板面积 $S=800m^2$,每个热水供水分区设置一个容积式换热器,转换并储存太阳能,每个换热器容积 $V=8m^3$。太阳能热水系统设置储热水箱,储存太阳能热水。

本项目集中热水系统采用全日制机械循环,循环系统保持配水管网温度在最不利处不低于 $45℃$,当温度低于 $45℃$,循环泵开启,当温度上升至 $55℃$,循环泵停止,温控点设在二次循环泵吸入口处。

项目太阳能热水系统年可供应热水约 $22034m^3$,约占项目总热水供应量的 75.56%。

项目电费按 0.87 元/度计算,太阳能热水系统每年约可节省电费 34.06 万元。

四、太阳能光电建筑一体化

太阳能光电建筑一体化是太阳能光伏发电的一种应用方式。太阳能光伏发电是利用半导体界面产生的光伏效应而将光能直接转变为电能的一种技术。太阳能光伏发电系统的运行方式基本上可以分为两类:独立光伏发电系统(离网型系统)和并网光伏发电系统。

在安徽省内太阳能光伏技术具有一定适用性,但是太阳能光伏发电技术种类较多,光伏技术方案的确定需依据建筑规模、用电情况、城市经济发展、供电政策等统筹考虑选择适宜的技术。

进行光伏发电系统设计,需根据建筑用电情况、建筑特点、区域供电政策等选择适宜的光伏发电系统及其与建筑的结合形式。

(一)独立光伏发电系统

独立光伏发电系统的主要设备有光伏组件、控制器、蓄电池组、逆变器、直流负载和交流负载。独立光伏发电系统示意如图 10-21 所示。

图 10-21 独立光伏发电系统示意

独立光伏发电系统一般应用于远离公共电网覆盖的区域,如山区等边远地区,独立光伏发电系统的安装容量(包括储能设备)需满足用电力负荷的需求。

(二)并网光伏发电系统

并网光伏发电系统包括光伏组件、控制器、并网逆变器、电网接入计量、交流负载,如图 10-22 所示。

并网光伏发电系统适用于当地已存在公共电网的区域,并网光伏发电系统可将发出的

图 10-22　并网光伏发电系统示意

电力直接送入公共电网，也可就地送入用户侧的供电系统，由用户直接消纳，不足部分再由公共电网作为补充。

　　并网光伏发电系统按其在电网中的并网位置可分为集中并网系统和分散并网系统。集中并网光伏系统的特点是系统所产生的电能被直接输送到当地公共电网，由公共电网向区域内电力用户供电。此种系统一般为大型光伏电站，规模大、投资大、建设周期长。由于上述条件的限制，目前集中并网光伏系统的发展受到一定的限制。分散并网光伏系统由于具备规模小、占地面积小、建设周期短、投资相对较少等特点而发展迅速。

　　（三）光伏发电系统选型

　　太阳能光伏发电系统按交直流输出方式又可分为交流系统、直流系统、交直流混合系统；按是否带有储能装置又可分为带有储能装置系统和不带储能装置系统。光伏发电系统的选型应根据应用环境、负载性质等因素综合考虑。

　　（四）光电一体化系统形式

　　太阳能光电建筑一体化系统（BIPV）是光电技术的发展方向。即把太阳能光伏系统作为建筑节能技术的新元素，在满足建筑屋顶、幕墙功能的同时，实现节能和发电功能的新建筑。在民用（特别是大型公共建筑、政府办公建筑、医院、学校、大型工矿等）建筑中，将光伏发电产品及系统设计、制造技术与建筑设计紧密结合，充分利用建筑物的受光面资源，使建筑物最大限度地利用太阳能产生的电力，以减少建筑能耗。

　　光电建筑一体化可以节约输变电建设成本，缓解高峰电力需求，与此同时不占用土地，节约土地资源，是具有非常大发展潜力的可再生能源利用技术。从目前来看，光伏与建筑的结合，主要有两种形式：一种是建筑与光伏系统相结合；另一种是建筑与光伏组件相结合。

　　1. 建筑与光伏系统相结合

　　建筑与光伏系统相结合即采用光伏支架形式将光伏组件安装在建筑屋顶或屋面上的光伏系统，再与逆变器、蓄电池、控制器、负载等装置相连。光伏系统也可以通过并网逆变器与公共电网连接。平面屋顶上的光伏支架做法如图 10-23 所示。

　　2. 建筑与光伏组件相结合

　　建筑与光伏组件相结合可分为普通型光伏构件和建材型光伏构件。

（1）普通型光伏构件　以标准普通光伏组件或根据建筑要求定制的光伏组件与建筑构件在一起或独立成为建筑构件的光伏构件。故光伏组件与屋顶构成一体，或构成雨篷构件、遮阳构件、栏板构件等。图 10-24 为光伏车棚。

图 10-23　平面屋顶上的光伏支架做法　　　　　图 10-24　光伏车棚

（2）建材型光伏构件　建材型光伏构件是指将太阳能电池材料与瓦、砖、卷材、玻璃等建筑材料复合在一起成为不可分割的建筑构件或建筑材料，如光伏瓦、光伏砖、光伏屋面卷材、玻璃光伏幕墙、光伏采光顶等。光伏瓦或光伏砖可适用于坡屋面，光伏屋面卷材可铺设在平屋顶上，玻璃光伏幕墙和光伏采光顶直接代替玻璃幕墙或采光玻璃。图 10-25 为光伏幕墙和光伏瓦示意。

图 10-25　光伏幕墙（左）和光伏瓦（右）示意

但是，这种结合对于光伏组件提出了更高的要求。其在可发电的同时，还同时需具备建材所需要的隔热保温、防水防潮、机械强度、电气绝缘等性能，并要考虑安全可靠、便于施工、立面美观等因素。

太阳能光伏发电还可以用在一些民用及市政设施中，如太阳能路灯、太阳能庭院灯、草坪灯、太阳能交通信号灯、太阳能广告灯箱、景观照明、装饰照明等。

对于光电一体化系统形式，需结合建筑情况，综合考虑发电量需求、投资效益、运营维护等因素选择适宜的系统形式和系统规模。

光伏发电系统还应根据当地公共电网条件和供电部门要求配置的光伏发电系统自动控制、通信和电能计量装置，应与光伏发电系统工程同时设计、同时建设、同时验收、同时投入使用。

【案例】

合肥市某公建项目采用了光伏技术。在屋面铺设了太阳能光伏板，光伏系统装机容量为 45.92kW，多晶硅太阳能电池组件数量为 1504 块。

根据合肥市的地理位置，考虑最佳倾角铺设，综合屋顶情况，南区 1000 块电池板采用 32°倾角铺设，北区 504 块采用 25°倾角铺设，光伏阵列方位均为正南，综合考虑光伏阵列间可能产生的阴影影响，对于太阳能电池板等遮挡物阴影的长度，一般原则是冬至日上午 9:00 至下午 3:00，太阳能电池组件不应被遮挡，考虑现场实际情况，并经计算后确定，本项目光伏阵列行距为 1.4m。

本项目光伏系统采用并网运行方式，系统将采用分块发电、一次升压、集中并网的设计方案，将系统分为 3 个 115kW 并网发电单元，配置 3 台 100kW 并网逆变器，光伏发电系统的输出电量由电网自行分配。

本项目的光伏年发电量约为 29.34 万度，占项目总用电量的 5.7%。电价取 0.87 元/度，则光伏发电每年可直接节约电费 25.53 万元。另可省燃油 26284L 或节省标准煤 105.624t，这也意味着少排放 291t 的二氧化碳、3.45t 的二氧化硫和 1.26t 氮氧化物。减少因火力发电产生的 79.38t 粉尘，节约 1167833.5L 水，具有良好的社会效益和节能环保效益。

第五节　建筑噪声及控制

噪声是一种无规律的，具有局部性、暂时性和多发性的无形的环境污染。随着人的意识和环境需求的逐步加强，人们对居住环境的要求也越来越高，而建筑中的噪声污染是影响居住环境的一个重要因素。

从物理学的角度来看，噪声是发声体做无规则振动时发出的声音，在一定环境中不应有而有的声音。泛指嘈杂、刺耳的声音。从环境保护的角度看，凡是妨碍到人们正常休息、学习和工作的声音，以及对人们要听的声音产生干扰的声音，都属于噪声。从通信领域的角度看，干扰信号传输的能量场，称为噪声，这种能量场的产生源可以来自内部系统，也可以产生于外部环境。

一、建筑噪声分类与危害

噪声按物理特性、时间特性以及频率成分分布等方式进行分类。

1. 按噪声源的物理特性分类

(1) 气体动力噪声　叶片高速旋转或高速气流通过叶片，会使叶片两侧的空气发生压力突变，激发声波，如通风机、鼓风机、压缩机、发动机迫使气体通过进、排气口时发出的声音即为气体动力噪声。

(2) 机械噪声　物体间的撞击、摩擦、交变的机械力作用下的金属板，旋转的动力不平衡，以及运转的机械零件轴承、齿轮等都会产生机械性噪声。

(3) 电磁性噪声　由于电动机等的交变力相互作用产生的声音。如电流和磁场的相互作用产生的噪声，发动机、变压器的噪声均属此类。

2. 按噪声源的时间特性分类

（1）稳态噪声　是指噪声声压级的变化较小（一般不大于 3dB），且不随时间有大幅度的变化，如电动机、风机及其他电磁噪声，固定转速的摩擦、转动等噪声。

（2）非稳态噪声　是指噪声强度随时间而有起伏波动（声压变化大于 3dB）。有的呈周期性噪声，如锤击；有的呈无规律的起伏噪声，如交通噪声。

（3）脉冲噪声　是指持续时间小于 1s 的单个或多个突发声组成的噪声，声压级原始水平升至峰值又回至原始水平所需的持续时间短于 500ms，其峰值声压级大于 40dB。脉冲噪声往往是突发的高强噪声，如爆破、火炮发射等所产生的噪声。

3. 按噪声的频率成分分布分类

按照噪声的频率成分分布可将噪声分为低频噪声（主频率低于 300Hz）、中频噪声（主频率在 300~800Hz）、高频噪声（主频率高于 800Hz）。也可分为宽频带噪声（从低频到高频较为均匀的噪声）、窄频带噪声（主要成分集中分布在狭窄的频率范围内的噪声）、有调噪声（既有连续噪声，又有离散频率成分存在的噪声）。

4. 噪声的来源

噪声一般可以分为工业噪声、交通噪声、建筑施工场界噪声和社会生活娱乐噪声。

（1）工业噪声　是指在工业生活活动中使用固定设备等产生的、在厂界处进行测量和控制的干扰周围生活环境的噪声。其特点：①噪声大：对于某些行业，特别是重工业，噪声产量特别大，有的设备阶段性噪声可达 200dB；②不可避免：工业往往关乎一个地区的经济发展状况，甚至对于国民经济都是非常重要的，因此是不可能避免的；③持续性：工厂一旦选址确定往往需要运营数十年，因此工业噪声对局部地区来说是持续性的。

（2）城市道路交通噪声　是指城市道路交通中各种机动车来往产生的交通噪声。其特点是具有上述不可避免性以外，还具有阶段性：交通流时间上具有的特性，在一定时间段内呈现出远高于平时的特点。

（3）建筑施工场界噪声　是指在建筑施工过程中产生的，在限定的建筑施工场地最外面的边界线上进行测量和控制的干扰周围生活环境的噪声。建筑活动也属于工业活动之一，但和一般的工业活动相比，有所不同。一是时间相对较短，建筑活动一般持续一两年，因此布局有持续型；二是可控程度较大，当因特殊原因时，可以联系施工单位进行噪声控制。

（4）社会生活娱乐噪声　是指家庭日常生活与营业性文化娱乐场所和商业经营活动中使用的设备、设施产生的噪声。其特点一是源头多：有家用电器噪声、餐饮厨房噪声、娱乐活动噪声、商铺门面经营产生的噪声。二是外界影响因素大：因为这些都是人的活动，受外界影响因素大。如天气好，跳广场舞的人多，天气冷，没有人出来吃露天烧烤等。三是噪声相对较小：相对于工业噪声和交通噪声，此种噪声的强度小得多。

5. 噪声的危害

噪声的危害可分为对人的危害、对动物的危害、对仪器设备和建筑结构的危害。

噪声对人体的危害是全身性的，既可以引起听觉系统的变化，也可以对非听觉系统产生影响，其中对听觉系统的危害是最大的。这些影响的早期主要是生理性改变，长期接触比较强烈的噪声，可以引起病理性改变。此外，作业场所中的噪声还可以干扰语言交流，影响工作效率，甚至引起意外事故。

（1）噪声对听觉系统的影响　噪声对听觉器官的影响是一个从生理移行至病理的过程，

造成病理性听力损伤必须达到一定的强度和接触时间。长期接触较强烈的噪声引起听觉器官损伤的变化一般是从暂时性听阈位移逐渐发展为永久性听阈位移。

噪声对听觉系统的影响可分为暂时性听觉位移、永久性听觉位移、耳蜗形态学的改变。

1）暂时性听觉位移。暂时性听阈位移是指人或动物接触噪声后引起暂时性的听阈变化，脱离噪声环境后经过一段时间听力可恢复到原来水平。

2）永久性听觉位移。永久性听阈位移是指噪声或其他有害因素导致的听阈升高，不能恢复到原有水平。出现这种情况是听觉器官具有器质性的变化。永久性听阈位移又可分为听力损失、噪声性耳聋以及爆震性声损伤。

3）耳蜗形态学的改变。噪声引起的听觉系统损伤是物理（机械力学）、生理、生化、代谢等多因素共同作用的结果。在这些因素的共同作用下，可使听觉毛细胞受损伤，严重时 Corti 器（柯替氏器）全部消失或破坏。损伤部位常发生在距前庭窗 9~13mm 处。

（2）噪声对神经系统的危害　噪声对神经系统的影响与噪声的性质、强度和接触时间有关。噪声反复长时间的刺激，超过生理承受能力，就会对中枢神经系统造成损害，使脑皮层兴奋与抑制平衡失调，导致条件反射的异常，使脑血管功能紊乱，脑电位改变，从而产生神经衰弱综合征，可出现头痛、头昏、耳鸣、易疲倦以及睡眠不良等表现，还可以引起暴露者记忆力、思考力、学习能力、阅读能力降低等神经行为效应。在强声刺激下可引起交感神经紧张，引起呼吸和脉搏加快、皮肤血管收缩、血压升高、发冷、出汗、心律不齐、胃液分泌减少、抑制胃肠运动、影响食欲。

（3）噪声对体内功能系统的危害　噪声可通过下丘脑—垂体系统，促使促肾上腺皮质激素、肾上腺皮质激素、性腺激素以及促甲状腺激素等分泌的增加，从而引起一系列的生化改变。噪声对心血管系统的影响主要表现为交感神经兴奋，心率、脉搏加快，噪声越强，反应也越强烈，导致心输出量显著增加，收缩压有某种程度的升高。但随噪声作用时间的延长，机体这种"应激"反应逐渐减弱，继而出现抑制，心率、脉搏减缓，心输出量减少，收缩压下降。一般认为，心血管系统改变的程度与噪声的性质、参数以及接触时间的长短有关。在噪声的长期作用下，可引起胃肠功能紊乱，表现为食欲不振、恶心、消瘦、胃液分泌减少、胃蠕动无力、胃排空减慢等。

（4）噪声对睡眠和休息的危害　噪声会影响人的睡眠质量，强烈的噪声甚至使人无法入睡，心烦意乱或使人多梦、惊醒，而老年人和病人对噪声的干扰更为敏感。强噪声引起的心理影响主要是烦恼，使人激动、易怒，甚至失去理智。噪声也容易使人疲劳，因此往往会影响精力集中和工作效率，尤其是对一些做非重复性动作的劳动者，影响更为明显。

（5）噪声是特色危害　特强噪声对一起设备和建筑结构的危害，会损伤仪器设备，甚至使仪器设备失效。噪声对仪器设备的影响与噪声强度、频率以及仪器设备本身的结构与安装方式等因素有关。

二、噪声控制标准要求

《中华人民共和国建筑法》第四十一条规定，建筑施工企业应当遵守有关环境保护和安全生产的法律、法规的规定，采取控制和处理施工现场的各种粉尘、废气、废水、固体废物以及噪声、振动对环境的污染和危害的措施。

《声环境质量标准》（GB 3096—2008）的相关环境噪声限值要求见表 10-14。

表 10-14　环境噪声限值　　　　　　　　　　　　　　　　[单位：dB（A）]

声环境功能区类别		昼间	夜间	声环境功能区类别包含区域
0 类		50	40	是指康复疗养区等特别需要安静的区域
1 类		55	45	是指以居民住宅、医疗卫生、文化教育、科研设计、行政办公为主要功能,需要保持安静的区域
2 类		60	50	是指以商业金融、集市贸易为主要功能,或者居住、商业、工业混杂,需要维护住宅安静的区域
3 类		65	55	是指以工业生产、仓储物流为主要功能,需要防止工业噪声对周围环境产生严重影响的区域
4 类	4a 类	70	55	是指交通干线两侧一定距离之内,需要防止交通噪声对周围环境产生严重影响的区域,包括 4a 类和 4b 类两种类型。4a 类为高速公路、一级公路、二级公路、城市快速路、城市主干路、城市次干路、城市轨道交通(地面段)、内河航道两侧区域;4b 类为铁路干线两侧区域
	4b 类	70	60	

注：根据《中华人民共和国环境噪声污染防治法》,"昼间"是指 6:00 至 22:00 的时段;"夜间"是指 22:00 至次日 6:00 的时段。

《建筑施工场界环境噪声排放标准》（GB 12523—2011）中的规定见表 10-15。

表 10-15　建筑施工场界环境噪声排放限值　　　　　　　[单位：dB（A）]

昼间	夜间
70	55

《民用建筑隔声设计规范》（GB 50118—2010）对墙体的隔声指标规定见表 10-16。

表 10-16　墙体的隔声指标

建筑类型	墙体类型	计权隔声量/dB		
		高要求住宅	普通住宅	
住宅建筑	分户墙	>50	>45	
	户内卧室墙	≥35		
学校建筑	语言教室、阅览室的隔墙	>50		
	普通教室与各种产生噪声的房间之间的隔墙	>50		
	普通教室之间的隔墙	>45		
	音乐教室、琴房之间的隔墙	>45		
		高要求标准	低限标准	
医院建筑	病房与产生噪声的房间之间的隔墙	>55	>50	
	手术室与产生噪声的房间之间的隔墙	>50	>45	
	病房之间及病房、手术室与普通房间之间的隔墙	>50	>45	
	诊室之间的隔墙	>45	>40	
		特级	一级	二级
旅馆建筑	客房之间的隔墙	>50	>45	>40
	客房与走廊之间的隔墙	>45	>45	>40
	客房外墙(含窗)的隔墙	>40	>35	>30

三、建筑场地噪声

绿色建筑要求其场地周边的噪声需符合国家标准《声环境质量标准》（GB 3096）中对于不同声环境功能区噪声标准的规定。对场地周边的噪声现状以及规划实施后的环境噪声均应进行预测，必要时采取有效措施改善环境噪声状况，使之符合现行国家标准《声环境质量标准》（GB 3096）中对于不同声环境功能区噪声标准的规定。当拟建噪声敏感建筑不能避免临近交通干线，或不能远离固定的设备噪声源时，需要采取措施降低噪声干扰。

场地噪声控制技术对于公共建筑及住宅建筑均适用。尤其适用于建筑场地内含有噪声源或场地临近噪声源，如交通干线等情况。

1. 远离噪声源

在进行建筑用地选择时，应避免临近交通干线，远离固定的设备噪声源，控制外界噪声源。

2. 隔离噪声源

当建筑周边环境不满足《声环境质量标准》（GB 3096）中相关要求时，可在建筑周边设置隔声绿化带、安装隔声窗、室内绿化等减少周边噪声源对建筑内的影响。图 10-26 为隔声毡和减振隔声板，图 10-27 为水泥木丝吸声板。

图 10-26 隔声毡和减振隔声板

图 10-27 水泥木丝吸声板

四、建筑室内隔声

(一) 建筑隔声含义

隔声指的是声波在空气中传播过程中，用各种易吸收能量的物质来消耗声波的能量，使声能在传播途径中受到阻挡损失能量而不能直接全部通过的措施。与隔声相对应的是传声，传声指的是当建筑物的围蔽结构在受到外部声场作用或者被物体撞击发生振动后，向建筑空间内部传递声能，于是空间外部的声音就通过围蔽结构传到建筑空间中来。在这个过程中，传进来的声能总是会小于外部的声音或撞击的能量，因为围蔽结构在此过程中总会消耗掉一部分能量，消耗掉的这部分能量就称为隔声量。传声和隔声只是一种现象从两种不同角度推理出的两种相反的概念，它们的和为总的外部的隔声量。空气声隔绝指的是当围蔽结构隔绝的是外部空间声场的声能；而固体声或撞击声隔绝则是使撞击的能量辐射到建筑空间中的声能有所减少。这和隔振的概念不同，前者最终的是到达接受者的空气声，后者最终的是接受者感受到的固体振动。但采取隔振措施，减少振动或撞击源对围蔽结构（如楼板）的撞击，可以降低撞击声本身，从而达到隔声的目的。

隔声构件按照不同的结构形式，有不同的隔声特性。对于隔墙（分户墙）设计上的措施，理论上采用高声阻、刚性、匀质密实的围护结构，如砖、混凝土等，其质量越大则振动越小，惰性抗力越大，使传声减小到最低程度，因而，密实而重质的材料隔声性能较好。

在不同频率时（低频、中频、高频），影响隔声性能的劲度、阻尼、质量控制现象。在很低的频率时，劲度起主要控制作用，隔声量随频率的降低而增大。随着频率的增高，质量效应增大，在某些频率处，可能出现劲度和质量效应相抵消而产生的构件共振现象。

（二）建筑布局隔声

建筑要按照有关的卫生标准要求控制室内的噪声水平，保护工作人员的健康和安全，还应创造一个能够最大限度提高员工效率的工作环境，声环境质量是其中主要评价指标之一。建筑在设计之初，充分考虑建筑的平面布局及功能布局，可以从根本上提升建筑室内的声环境质量。建筑平面合理布局，能够减少排水噪声、管道噪声，减少相邻空间的噪声干扰；同时，空间功能安排合理能够有效减少外界噪声对室内的影响。

合理地进行建筑布局设计是每一个建筑项目需要设计的主要元素之一，对于我国的任何地区、任何类型的建筑项目均适用。

1. 建筑内部平面、空间布局合理

在建筑设计过程中需要考虑建筑平面和空间功能的合理安排，从建筑设计上将对噪声敏感的房间远离噪声源，如在公共建筑中，主要办公区域应远离变配电房、水泵房、空调机房等设备用房，如将噪声相对较大的设备用房的位置设于地下专门空间；对于住宅建筑而言，不应放在住宅的正下方，以免影响住户的休息。

2. 建筑外部布局合理

在建筑规划设计过程中，建筑内部的功能房间需要结合建设项目所在地的噪声情况进行合理布局，对于噪声敏感的房间应远离室外的噪声源，如室内的主要办公区域应远离室外的主要交通干道，同时在建筑主要交通干道内侧设置绿化、隔声屏障等，减少外部噪声对建筑物的影响。

（三）建筑围护结构隔声

建筑室内的声环境质量的改善，其中一个主要的实施途径就是提升建筑围护结构的隔声性能，要求主要功能房间的外墙、隔墙、楼板和门窗的隔声性能优于现行国家标准《民用建筑隔声设计规范》（GB 50118）中的低限要求标准。

《民用建筑隔声设计规范》（GB 50118）将住宅、办公、商业、旅馆、医院、学校等类型建筑的墙体、门窗、楼板的空气声隔声性能以及楼板的撞击声隔声性能分"低限标准"

和"高要求标准"两档列出。居住建筑、办公、宾馆、商业、医院、学校建筑应满足《民用建筑隔声设计规范》（GB 50118）中围护结构隔声标准的高要求标准，但是办公建筑的开放式办公空间除外。对于《民用建筑隔声设计规范》（GB 50118）没有涉及的类型建筑的围护结构空气声隔声要求或撞击声隔声要求，可对照相似类型建筑的要求参考执行。

围护结构隔声是对于建筑围护结构设计的基本要求，也是《民用建筑隔声设计规范》（GB 50118）中的基本规定，对于任何一个绿色建筑均需要满足要求。围护结构隔声优化可以有效地改善室内的声环境质量，该技术措施适用于任何地区的建筑项目。

主要隔声技术措施有：

（1）优化围护结构隔声量　对于外墙和隔墙的空气隔声量、门和窗空气声隔声量、楼板空气声隔声量的设计应至少高于低限要求和高要求标准的平均数值，如果有条件应以高要求标准的数值进行设计，甚至高于高要求标准的数值。

对于楼板撞击声隔声量设计应至少低于低限要求和高要求标准的平均数值，如果有条件应以高要求标准的数值进行设计，甚至低于高要求标准的数值。

（2）采用围护结构隔声材料　不同的围护结构构造的隔声性能差异较大，在建筑设计过程中应选择合理的墙体、楼板材料，增加墙体密度，并合理控制墙体等的孔隙缝、空洞大小等。在噪声要求严格的功能空间，应合理选取隔声材料和吸声材料（图10-28），比如采用带空气层的双层墙结构，在楼板中铺设隔声垫等，以达到隔声效果。

图 10-28　吸声材料

如图 10-29 所示，隔声门窗是以塑钢、铝合金、碳钢、冷轧钢板建筑五金材料，经挤出成型材，然后通过切割、焊接或螺接的方式制成门窗框扇，配装上密封胶条、毛条、五金件、玻璃、PU、吸声棉、木质板、钢板、石棉板、镀锌薄钢板等环保吸隔声材料等，同时为增强型材的刚性，超过一定长度的型材空腔内需要添加钢衬（加强筋），这样制成的门和窗。针对不同的噪声源，系统考虑影响隔声效果的所有因素，有针对性地选用不同的型材与特殊工艺组合，将隔声门窗有效地应用到建筑中来，可极大地降低噪声影响。

（四）设备隔声减振

室内声环境是指通过控制室内自身声源和建筑外部的噪声源的影响，使室内噪声等级满足《民用建筑隔声设计规范》（GB 50118）的要求。常用的技术有加强墙体、楼板、门窗的隔声性能，以及减少室内通风空调设备、日用电器和周边交通各噪声源等产生的影响。

墙体、楼板等的隔声以及设备的减噪及减振等均可以选用相应的隔声材料和吸声材料，通过优化设计使主要功能空间的室内噪声满足要求。这些技术均适用于安徽地区。

主要隔声技术措施有：

钢龙骨

12厚石膏板

耐火石膏板

隔声板458

密度隔声棉

油灰

6厚玻璃

附加玻璃

吸声材料
角钢

图 10-29　墙体、窗户隔声

1. 设备隔声减噪减振技术

1) 通风空调设备应尽量布置在远离要求安静的房间，噪声标准要求相差大的房间最好不要共用一个系统。冷冻机房、水泵房宜布置在建筑底层（地下室），空调处理设备放置于专门的机房中。

2) 选用噪声低的通风空调设备，比如通风机在满足风量风压的前提下，尽量选择低转速的风机。

3) 对噪声大的设备如空气处理机组需设消声器和静压箱，同时对水泵等设备设减振基座，对所有的连管及支架均采取减振措施。

2. 管道减振技术

1) 水泵、冷水机组等设备进出水口与管道连接处采用橡胶软接，在管道弯头上部增加不锈钢金属软接，使设备运行时产生的振动不会通过管道传递出去，起到隔断振动传递的作用。

2) 机房管道支架必须与地面接触时采用 SD 型橡胶减振垫，尽量减少支架支设在楼板上，如果需要应在机房主梁间铺设槽钢或工字钢使支架敷设在其上，减少振动的传递。

3) 机房管道吊架全部采用 SD 型橡胶减振垫把吊架与管道隔离。

例如某项目主要噪声污染源为辅助设备噪声，其中包括备用发电机、冷水机组、变压器、冷却塔、水泵、风机等机电设备运行时噪声。在设备隔声减振方面主要采用了如下处理技术：

1）备用柴油发电机进行隔声、减振、消声、吸声综合处理。

2）水泵、变压器设置在密闭的设备房内并进行基础减振处理。

3）冷水机组、冷冻（却）水泵等分别安装在专用设备用房内，通过封闭隔声、基础减振处理后，设备噪声对周围环境基本无影响。

4）冷却塔进行减振、景观处理；风机经过隔声、减振处理，排风系统进行适当消声处理。

五、建筑噪声控制

建筑噪声伤害了我们，也污染了环境。为了营造舒适、宁静的生活空间，目前我国已有相关的法律对噪声进行管制与防治，其中《中华人民共和国环境噪声污染防治法》已有较为严格的规定。针对建筑噪声的特点，著名声学家马大猷教授曾总结和研究了国内外现有各类噪声的危害和标准，提出了三条建议：

1）为了保护人们的听力和身体健康，噪声的允许值在 75~90dB。

2）保障交谈和通信联络，环境噪声的允许值在 45~60dB。

3）对于睡眠时间建议在 35~50dB。

控制建筑噪声，除了考虑人的因素之外，还须兼顾经济和技术上的可行性。充分的噪声控制，必须考虑噪声源、传声途径、受声者所组成的整个系统。建筑噪声控制的内容包括：

（1）控制噪声源 降低声源噪声，可以选用低噪声的生产设备和改进生产工艺，或者改变噪声源的运动方式（如用阻尼、隔振等措施降低固体发声体的振动）。

（2）阻断噪声传播 在传声途径上降低噪声，（在传播过程中）控制噪声的传播，改变声源已经发出的噪声传播途径，如采用吸声、隔声、声屏障、隔振、多栽树等措施，以及合理规划城市和建筑布局等。

（3）减弱人耳处噪声 受声者或受声器官的噪声防护，在声源和传播途径上无法采取措施，或采取的声学措施仍不能达到预期效果时，就需要对受声者或受声器官采取防护措施，如长期职业性噪声暴露的工人可以戴耳塞、耳罩或头盔等护耳器。

第六节　绿色建筑案例

一、绿地合肥滨水花都一期住宅（1、3~9号楼）项目

（一）项目简介

绿地合肥滨水花都一期住宅位于合肥市包河区宿松路与慈光路交口西南角。住宅区东侧为宿松路，隔宿松路为空地，再往东约 100m 为京台高速公路，西侧为滨湖时光住宅小区，南侧约 150m 处为卫店庄居民区，西南约 200m 处为合肥市第六十中学，北侧为慈光路。本项目为高层住宅建筑，工程总投资约 22489.80 万元，申报用地面积 4.47 万 m²，建筑总面积 14.03 万 m²，地下建筑面积 15768.2m²。建筑采用钢筋混凝土剪力墙结构。一期

1、3~9 号楼住宅项目为居住建筑二星设计标识项目，效果图如图 10-30 所示。

（二）项目亮点技术

本项目定位为绿色建筑二星级，合理运用了绿色生态技术，主要包括节能高效照明、太阳能热水、雨水收集回用、节水喷灌、土建装修一体化施工等技术措施。其中，项目的主要绿色建筑技术有：

图 10-30 绿地合肥滨水花都建筑效果图

1）景观绿化设计合理，环境优美，绿地率为 46.04%，人均公共绿地面积达到 1.52m²。景观设计采用乔、灌、草结合的复层绿化。

2）采用雨水回收利用系统，收集屋面、绿化区域和地面的雨水，处理后用于绿化浇洒、道路冲洗等。

3）透水地面面积比例达到 38.64%，改善土地涵养情况。

4）建筑钢混主体结构为 HRB400 级（或以上）钢筋作为主筋，用量为 5758.47t。

5）采用太阳能热水器，为小区建筑一半以上的住户提供热水，合理利用地区日照，降低建筑能耗，使用户数占总户数的比例达 50.5%。

（三）项目技术指标（见表 10-17）

表 10-17 绿地合肥滨水花都一期住宅（1、3~9 号楼）项目技术指标

指标	单位	数值
地下面积比	%	251
透水地面面积比	%	38.64
建筑总能耗	MJ/年	3358785.71
单位面积能耗	kWh/(m²·年)	23.94
节能率	%	63.68
非传统水量	m³/年	5976.00
用水总量	m³/年	176533.20
非传统水源利用率	%	3.4
建筑材料总重量	t	134293.74
可再循环材料重量	t	16162.48
可再循环材料利用率	%	12.04
绿地率	%	46.4
可再生能源使用比例（太阳能热水使用户数）	%	50.5x

（四）绿色施工管理

在绿色建筑的施工管理中，项目首先组建完善的管理组织，其次建立环境保护管理体

系、绿色施工动态评价体系和人员安全与健康管理制度。

（1）组建施工管理团队　项目部建立以项目经理为第一负责人的绿色施工领导小组，明确绿色施工管理人员。明确绿色施工管理控制目标，并分解到各阶段和相关管理人员。明确绿色施工管理控制目标，并分解到各阶段和相关管理人员。编制绿色施工专项方案，或在施工组织设计中独立成章，详述"四节一环保"的相关管理制度和实施策略。以《建筑工程绿色施工评价标准》（GB/T 50640）为依据，进行了绿色施工评价。

（2）建立环境保护管理体系　施工单位建立施工现场环境保护管理体系，责任落实到人，形成从项目经理到施工操作人员的环保网络。施工单位运用 ISO 14000 环境管理体系、ISO 9001 质量管理体系，提高施工环保水平，把绿色施工创建标准分解到环境管理体系目标中去，认真实施。

（3）建立绿色施工动态评价　施工单位项目部研究制订绿色施工动态评价指标体系，从事前控制、事中控制、事后控制三个方面对绿色施工活动进行评价，加强施工过程中环境影响评价和资源、能源耗用效率评价。依据《建筑工程绿色施工评价标准》（GB/T 50640）《绿色施工评价标准》（ZJQ 08—SGJB 005），通过开展绿色施工评价，为施工单位建立绿色施工的行为准则。

（4）建立人员安全与健康管理制度　制订施工防尘、防毒、防辐射等职业危害的措施，保障施工人员的长期职业健康。合理布置施工场地，保护生活及办公区不受施工活动的有害影响。施工现场建立卫生急救、保健防疫制度，在安全事故和疾病疫情出现时提供及时救助。提供卫生、健康的工作与生活环境，加强对施工人员的住宿、膳食、饮用水等生活与环境卫生管理，明显改善施工人员的生活条件。

二、安徽建筑大学实验综合楼

（一）项目简介

安徽建筑大学实验综合楼项目位于合肥市经济技术开发区安徽建筑大学南校区紫云路南大门东侧，该项目规划总建筑面积约 39000m^2，主楼高 21 层。建筑功能主要为学院实验室用房和部分学校、学院行政办公用房。效果图如图 10-31 所示。

图 10-31　建筑效果图

安徽建筑大学实验综合楼按公共建筑二星级绿色建筑设计建造，整栋建筑主楼和裙楼有机统一，却又被拆分为两个独立的体量，分别是实验室裙楼（包含了校史馆、报告厅和档案馆以及多层实验庭院）以及行政办公主楼。主楼一层在北侧道路东西两侧各设置一个出入口，分别为行政办公人员与学生实验出入口。两出入口连接两个主要出入口，分别对应行政组团和实验组团。两个庭院间通过架空处理达到隔而不断，融为一体。其中行政组团庭院处底层组织有单独的校史馆入口和学术报告厅入口。

（二）绿色建筑特点

安徽建筑大学实验综合楼以绿色公共建筑二星级为目标，通过与校园环境相结合，力求创造一座绿色、节能、环保、舒适的办公实验场所，以达到绿色建筑可持续发展的要求。

本项目是与外界环境共同构成的系统，具有系统的功能和特征，构成系统的各相关要素需要关联耦合、协同作用以实现高效、可持续发展。设计、建设与使用过程中加强对原生生态系统的保护，避免和减少对生态系统的干扰和破坏。通过对建筑室外环境营造和室内环境调控，构建有益于人的生理舒适健康的建筑热、声、光和空气质量环境，以及有益于人的心理健康的空间场所和氛围。

一是结合了大学园林综合设计。安徽建筑大学南校区总体布局外紧内松，东侧有一约占校区面积六分之一的人工湖将宿舍区与教学楼隔开。宿舍楼和教学楼组团均呈南北行列式布局，严谨规整。易海湖边则点缀学生活动中心、图书馆等圆弧形轮廓平面建筑与湖面曲线相呼应。一座九孔桥如一长堤横卧湖面，既增加了联系，也增添了景致。种种特征使得安徽建筑大学南校区与中国传统园林形成异质同构。实验综合楼恰巧同时位于外"紧"和内"松"两处之间——既在南侧紧邻校区边界，又在北侧临湖。

二是体现了徽派文化元素。安徽建筑大学是安徽省唯一一所以土建类学科专业为特色的多科性本科高校。建筑大学的新建建筑的设计有责任有义务在其中适当地体现本省特有的徽派元素。有着华东高校第一门称号的"徽弘门"采用了黑白灰、正负形轮廓等手法明确地提示了牌坊和马头墙意象，对徽派形式符号进行了比较恰当的归纳总结；那么，在实验综合楼里"徽派"元素应该如何体现？答案是不仅要借鉴形式符号，也要重视空间体验，更应把握精神实质。

安徽建筑大学南校区现状校园内以多层建筑物为主。建筑高度较为平均，仅主轴线端点处教学主楼平面体量较大，且较其他建筑略高。主入口"徽弘门"综合了牌坊和马头墙意象，对徽派元素符号是一个较恰当的点题，2013年学校更名时"徽弘门"被设计入校徽图案，是校园名副其实的标志性构筑物。

三是综合了校园环境特色。当前，学校建筑普遍在运行管理上都与校园其他建筑作为总体进行综合考虑。安徽建筑大学实验综合楼，在雨水收集上结合校园易海进行，节能监测上基于高校能耗监测平台开展，暖通空调系统结合办公实验功能选择分体变频空调。

（三）项目技术指标（见表10-18）

表10-18 安徽建筑大学实验综合楼项目技术指标

指标	单位	数值
申报建筑面积	万 m^2	3.95
人均用地面积	m^2	—
容积率	%	2.00
地下建筑面积	m^2	5998.00
地下面积比	%	5.50
透水地面面积比	%	40.50

（续）

指标	单位	数值
可再生能源发电量	万 kWh/年	12.20
建筑用电量	万 kWh/年	553.20
可再生能源产生发电比例	%	2.20
非传统水量	m³/年	3979.48
用水总量	m³/年	8227.65
非传统水源利用率	%	48.67
建筑材料总重量	t	79640.39
可再循环材料重量	t	5410.15
可再循环材料利用率	%	6.79

（四）主要绿色建筑技术

安徽建筑大学实验综合楼二星级绿色建筑由安徽建筑大学节能研究院设计，绿色施工由安徽华力建设集团有限公司承担，采用主要绿色建筑技术如下：

1）项目主楼屋顶采用太阳能光伏系统，系统总安装面积约 $800m^2$，总发电量为 76kW。太阳能光伏如图 10-32 所示。

图 10-32　安徽建筑大学实验综合楼太阳能光伏

2）项目主楼北侧广场设置 $200m^3$ 雨水收集系统，主要用于屋面雨水收集经过滤、消毒等简单处理进入一体化雨水回收设备，再利用系统变频水泵加压后，以供室外及屋面绿化用水。

3）项目水、电计量采用能耗监控系统，对各区域、各楼层用电、用水的能耗数据进行时时监测，分项计量，设置 82 套智能电表数据采集器和 2 套智能水表数据采集器，然后通过采集器各区域水、电能耗数据时时上传到本地和上一级能耗计费管理平台。雨水系统施工图如图 10-33 所示。

图 10-33　安徽建筑大学实验综合楼雨水系统施工图

4）项目南北立面外窗系统采用断热铝低辐射中空玻璃（Low-E）、型号为 6+12A+6，具有较低的透光性，传热系数 2.30W/（m² · K），自身遮阳系数 0.57，气密性为 7 级，可见光透射比为 0.60。

5）项目外墙保温系统采用膨胀珍珠岩，燃烧性能为 A 级，屋面采用 140mm 厚膨胀珍珠岩板，架空屋面板采用 40mm 岩棉板，外墙采用 50mm 膨胀珍珠岩板。安徽建筑大学实验综合楼外墙保温施工如图 10-34 所示。

6）本项目东西裙楼屋顶采用种植土屋顶绿化景观设计，采用屋顶花园技术、海面生态技术与景观设计相结合而构成的绿色生态空间，屋顶绿化种植面积约为 5000m²。

 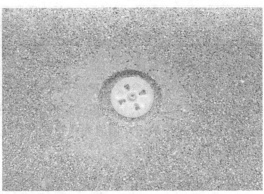

图 10-34　安徽建筑大学实验综合楼外墙保温施工图

第十一章　装配式建筑技术

第一节　装配式建筑概述

一、建筑产业化及其特点

（一）建筑产业化含义

建筑产业化是指运用现代化管理模式，通过标准化的建筑设计以及模数化、工厂化的部品生产，实现建筑构部件的通用化和现场施工的装配化、机械化。建筑产业现代化是以绿色发展为理念，以住宅建设为重点，以新型建筑工业化为核心，广泛运用现代科学技术和管理方法，以工业化、信息化的深度融合对建筑全产业链进行更新、改造和升级，实现传统生产方式向现代工业化生产方式转变，从而全面提高建筑工程的效率、效益和质量。

建筑产业化与建筑工业化是两个不同的概念，产业化是整个建筑产业链的产业化，工业化是生产方式的工业化。工业化是产业化的基础和前提，只有工业化达到一定程度，才能实现产业化。产业化高于工业化，建筑工业化的目标是实现建筑产业化。因此，实现建筑产业现代化的有效途径是新型建筑工业化。推动建筑产业现代化必须以新型建筑工业化为核心。

（二）建筑产业化的特点

建筑产业化具有下列特点：

（1）设计简化　当所有的设计标准、手册、图集建立起来以后，建筑物的设计不再是像现在一样要从宏观到微观对所有细节进行逐一计算、画图，而是可以像机械设计一样尽量选择标准件满足功能要求。

（2）施工速度快　由于构配件采用工厂预制的方式，建筑过程可以同时在现场和工厂展开，大部分工作已经在工厂完成，现场安装的时间短。尤其是对天气依赖较大的混凝土施工过程，工厂化预制混凝土构件生产采用快速养护方法，一般只需要十几个小时，而现浇混凝土现场养护一般需要14天以上，时间上大大缩短。有经验表明，预制装配式建造方式与现浇方式相比，节约工期30%以上。

（3）施工质量提高　工厂化预制生产的构配件，设备精良、工艺完善、工人熟练、质控容易，施工质量大大提高。例如：一般现浇混凝土结构的尺寸偏差会达到8~10mm，而预制装配式混凝土结构的施工偏差在5mm以内。再比如：外墙装饰瓷砖如果采用现场粘贴的方式，粘结强度很难保证，尤其是有外保温层的时候，耐久性差，而如果采用预制外墙板，瓷砖通过预制混凝土粘结，粘结强度比现场粘贴成倍提高，耐久性也大大提高。

（4）施工环境改善　由于大部分工作在工厂完成，因此现场施工环境大大改善，噪声、垃圾、粉尘等污染大大降低，既保护了工程施工人员，也保护了工地周围的人员。预制工厂生产也非常有利于环境保护。

（5）劳动条件改善　工厂劳动条件比现场条件好。由于机械化、自动化程度提高，建筑工人的劳动强度降低，劳动条件显著提高。

（6）资源能源节约　据有关统计数据显示，与传统施工方式相比，工业化方式每平方米建筑面积的水耗降低 64.75%，能耗降低 37.15%，人工减少 47.35%，垃圾减少 58.89%，污水减少 64.75%。其他统计数据显示，工业化建造方式比传统方式减少能耗 60%以上，减少垃圾 80%以上，对资源节约的贡献非常显著。

（7）可持续性提高　由于质量提高，房屋使用过程中的防水、保温、表面老化等维护成本降低；构配件可以一次制造，广泛应用。全寿命周期的资源和能源消耗降低，可持续性提高。

二、装配式建筑形成与发展

装配式建筑最早可以追溯到 17 世纪向美洲移民时期所建造的木构架拼装房屋。后来由于工业革命及第二次世界大战后引发的房屋需求，促进了装配式建筑的发展。工业革命带来了城市的发展，大批农民向城市集中，导致城市住宅日益紧缺。

第二次世界大战后，由于战争造成大量房屋破坏，以及大批军人复员等原因，住宅的需求量急剧增加，房屋供需矛盾愈加尖锐，迫切需要提供大量住宅以解决"房荒"这一严重的社会问题。在这种情况下，一批现代派建筑大师开始考虑以工业化的方式生产住宅。如法国的现代建筑大师勒·柯布西耶就曾构想房子也能够像汽车底盘一样工业化成批生产。他的著作《走向新建筑》奠定了工业化住宅、居住机器等最前沿建筑理论的基础。20 世纪五六十年代，欧洲各国开始采用工业化的生产方式大量建造住宅，这时的工业化的实现途径主要是预制装配式，并形成一套完整的预制装配式住宅建筑体系。以预制装配式进行住宅工业化建筑，大大提高了生产效率，房屋生产速度大幅提高。这种预制装配式的工业化房屋建筑模式和体系一直延续至今。

法国是世界上推行建筑工业化最早的国家之一。从 20 世纪 50 年代到 70 年代走过了一条以全装配式大板和工具式模板现浇工艺为标志的建筑工业化道路，有人把它称为第一代建筑工业化，主要是通过"样板住宅体系"来实现工业化。1972~1975 年，法国通过设计竞赛等方法，确定了约 25 种样板住宅，建立了以户型和单元为标准模块的标准化体系。其中，DM73 样板住宅基本单元为 L 形，使用面积为 69.08m²，设备管井位于中央，基本单元可以加上附加模块 A 或 B，并采用石膏板隔墙灵活分割室内空间，从而可以灵活组成 1~7户，不同楼层之间也可以根据业主需求灵活布置。规划总平面中，这些基本单元可以组成 5~15 层的板式、锯齿式、转角式建筑，或者 5~21 层的点式建筑，或者低层的连排式住宅。这一阶段进行了大规模成片住宅建设，在城市周围建成了许多新居住区，解决了住房有无问题，如图 11-1 所示。

样板住宅实质上就是标准化住宅，"样板住宅体系"实质上也就是由许多类标准化住宅对应的各类专用建筑体系构成的体系。由于不同专用建筑体系出自不同厂商，各建筑体系的构件互不通用。到 20 世纪 70 年代，住房供需矛盾有所缓和，工程规模缩小，建造量分散，原有构件厂开工率不足，再加上工业化住宅暴露出的千篇一律、外形呆板等缺点，迫使法国去寻求建筑工业化的新途径。为适应建筑市场的需求，迫切需要发展"建筑通用体系"，实现第二代建筑工业化。为发展建筑通用体系，法国于1977年成立构件建筑协会，作为推动第二代建筑工业化的调研和协调中心。1978年该协会制定尺寸协调规则。同年，住房部门提出以推广"构造体系"作为向通用建筑体系过渡的一种手段。构造体系是以尺寸协调规则为基础，由施工企业或设计事务所提出主体结构体系，每一种主体结构体系由一系列可以装配的定型构件构造而成，并形成构件目录。建筑师可以从

图 11-1　法国 DM73 样板住宅实例图

目录中选择构件，像搭积木一样组成多样化的建筑（积木式体系）。可以说构造体系实际上是以构配件为标准单元的标准化体系，提高了设计师的主动性和灵活性。

构造体系要求建筑师必须采用构件目录中的构件，并遵循相应的设计规则，当然在建筑艺术上也会受到一定的限制。所以，法国在全国不是只使用一种构造体系，而是提出若干种构造体系供业主挑选。到1981年，全国已选出25种构造体系，年建造量约为1万户。在选出的25种构造体系中，除少部分是木结构和钢结构外，绝大部分是混凝土预制体系，多户住宅体系略多于独户住宅体系。构造体系具有以下主要特点：①为使住宅的室内设计灵活自由，结构较多采用框架或板柱体系，墙体承重体系向大跨发展。②为加快现场施工速度，创造良好的施工环境，结构构件之间采用焊接和螺栓等干作业法连接。③结构构件与设备、装修工程分开，减少预埋，在主体结构交工后再进行设备安装和装修工程，前者为后者提供理想的工作环境。④建筑设计灵活多样，这也是构造体系最突出的优点。作为一种设计工具，构造体系仅向建筑师提供一系列构配件及其组合规律，至于设计成什么样的建筑，建筑师有较大的自由。

构造体系虽然遵循尺寸协调规则，但规则本身较灵活，允许不同的协调方式。但各体系的结构及节点也不一致，不同体系的构件一般不能通用，所以构造体系仍属专用体系范畴。1982年，法国政府调整了技术政策，推行构件生产与施工分离的原则，发展面向全行业的通用构配件的商品生产。当然，要求所有构件都做到通用是不现实的，因此法国在通用化上做了些让步，认为一套构件目录只要与某些其他目录协调，并组成一个构造逻辑系统即可，这一组合不仅在技术上、经济上可行，还应能组成多样化的建筑。每个构造逻辑系统形成一个软件，用计算机进行管理，不仅能进行辅助设计，而且可快速提供工程造价。通过推行"建筑通用体系"，法国装配式建筑得到了大发展。

德国最早的预制混凝土板式建筑是1926～1930年在柏林利希藤伯格—弗里德希菲尔德

（Berlin-Lichtenberg，Friedrichsfelde）建造的战争伤残军人住宅区。该项目共有138套住宅，为2~3层建筑。如今该项目的名称是施普朗曼（Splanemann）居住区，如图11-2所示。该项目采用现场预制混凝土多层复合板材构件，构件最大质量达到7t。

图11-2 德国最早的预制混凝土建筑——柏林施普朗曼居住小区

第二次世界大战结束以后，由于战争破坏和大量战争难民回归本土，德国住宅严重紧缺。德国用预制混凝土大板技术建造了大量住宅建筑。1953年民主德国地区在柏林约翰尼斯塔（Johannisthal）进行了预制混凝土大板建造技术第一次尝试。1957年在浩耶斯韦达市（Hoyerswerda）第一次大规模采用预制混凝土构件施工。此后，民主德国用预制混凝土大板技术大量建造预制板式居住区。1972~1990年民主德国开展大规模住宅建设期间，预制混凝土大板技术体系成为最重要的建造方式。预制混凝土大板技术建造的工业化住宅，功能基本合理，拥有现代化的供暖和生活热水系统，独立卫生间，比未更新改造的20世纪初期建造的老住宅舒适。由于得到民主德国政府的大量财政补贴，因而这种工业化住宅租金并不很高，受到当地居民的欢迎。20世纪80年代以后，民主德国政府开始在一些城市的重要地区，尝试从规划和城市空间塑造方面，借鉴传统城市空间布局与建筑设计，打破单调的大板建筑风格，如图11-3所示。联邦德国地区第二次世界大战后也用混凝土预制大板技术建造了大量的住宅建筑，主要用于社会保障性住宅。1957年联邦德国政府通过了《第二部住宅建设法》（Ⅱ.WoBauG），将短期内建设满足大部分社会阶层居民需求的、包括具有适当面积、设施、可承受租金的住宅，作为住宅建设的首要任务。混凝土预制大板技

图11-3 罗斯托克市中心带有传统红砖哥特风格的预制大板式建筑

术因其建设速度快等优点得到了大面积应用。

目前，德国的公共建筑、商业建筑、集合住宅项目大都因地制宜、根据项目特点，选

择现浇与预制构件混合建造体系或钢混结构体系建设实施，并不追求高装配率，而是通过策划、设计、施工各个环节的精细化优化过程，寻求项目的个性化、经济性、功能性和生态环保性能的综合平衡。随着工业化进程的不断发展，BIM 技术的应用，建筑业工业化水平不断提升，德国在建筑上采用工厂预制、现场安装的建筑部品越来越多，占比也越来越大。住宅建设方面，装配式建筑占比最高，2015 年达到 16%。2015 年 1~7 月开工建设的住宅中，预制装配式建筑为 8934 套。这一期间独栋或双拼式住宅新开工建设总量较 2014 年同期增长 1.8%，而预制装配式住宅同比增长 7.5%，显示出在这一领域装配式建筑受到市场的认可和欢迎。总之，欧洲国家对于装配式建筑的认识起步较早，通过不断的科学发展和技术创新，在施工方法上也有了较为完善的思路，积累了较多的经验，并编制了一系列装配式建筑的工程标准和应用手册，其对装配式建筑的发展具有重要的推动作用。

　　美国的装配式建筑起源于 20 世纪 30 年代汽车拖车式的、用于野营的汽车房屋，如图 11-4 所示。最初汽车房屋主要是为选择迁移、移动生活方式的人提供一个住所。但是在 20 世纪 40 年代，也就是第二次世界大战期间，野营的人数减少了，旅行车被固定下来，作为临时的住宅。第二次世界大战结束以后，政府担心拖车造成贫民窟，不许再用其来做住宅。20 世纪 50 年代后，人口大幅增长，军人复员，移民涌入，同时军队和建筑施工队也急需简易住宅，美国出现了严重的住房短缺。这种情况下，许多业主又开始购买旅行拖车作为住宅使用。于是政府又放宽了政策，允许使用汽车房屋。同时，受它的启发，一些住宅生产厂家也开始生产外观更像传统住宅，但是可以用大型的汽车拉到各个地方直接安装的装配式住宅。可以说，汽车房屋是美国装配式住宅的雏形。随着经济的发展和人民生活水平的提高，原先的简易房屋已经不能满足需要，人们开始追求面积更大、功能更全的住宅。1976 年，美国国会通过了国家工业化住宅建造及安全法案（National Manufactured Housing Construction and Safety Act），同年开始由 HUD 负责出台一系列严格的行业规范标准，一直沿用到今天。除了注重质量，更加注重提升美观、舒适性及个性化，许多工业化住宅的外观与非工业化住宅外观差别无几。同时由于新的技术不断出现，节能方面也是新的关注点。美国的工业化住宅经历了从追求数量到追求质量的转变。当然，这种转变是以其发达的工业化水平为基础的，美国的住宅用构件和部品的标准化、系列化、专业化、商品化、社会化程度很高，几乎达到 100%。这不仅反映在主体结构构件的通用化上，而且特别反映在各

图 11-4　美国早年的汽车房屋

类制品和设备的社会化生产和商品化供应上。除工厂生产的活动房屋和成套供应的木框架结构的预制构配件外，其他混凝土构件和制品、轻质板材、室内外装修以及设备等产品十分丰富，品种达几万种，用户可以通过产品目录，从市场上自由买到所需的产品。这些构件的特点是结构性能好、用途多、有很大通用性，也易于机械化生产。美国住房主要结构有三种，即木结构、混合结构和轻钢结构。美国西部地区的房子以木结构为主，以冷杉木为龙骨架，墙体配纸面石膏隔声板。混合结构的墙体多用混凝土砌块承重，屋顶、楼板采用轻型结构。轻钢结构是以部分型钢和镀锌轻钢作为房屋的支承和围护，是在木结构的基础上的新发展，具有极强的坚实、防腐、抗震性以及更好的抗风、防火性。以钢材为屋架，以木材或复合材料等轻型平板作墙板。先将钢梁安装焊接好，再把木板或复合板裁成一定的规格，再拼装起来。这种房屋不仅美观、重量轻，而且施工方便、省时、省工、经济。

我国2015年末发布《工业化建筑评价标准》，决定2016年全国全面推广装配式建筑，并取得突破性进展；2015年11月14日住建部出台《建筑产业现代化发展纲要》，计划到2020年装配式建筑占新建建筑的比例20%以上，到2025年装配式建筑占新建建筑的比例50%以上；2016年2月22日国务院出台《关于大力发展装配式建筑的指导意见》，要求要因地制宜发展装配式混凝土结构、钢结构和现代木结构等装配式建筑，力争用10年左右的时间，使装配式建筑占新建建筑面积的比例达到30%；2017年2月24日国务院出台《国务院办公厅关于促进建筑业持续健康发展的意见》，提出推广智能和装配式建筑，不断提高装配式建筑在新建建筑中的比例。2017年3月23日住房和城乡建设部出台《"十三五"装配建筑行动方案》、《装配式建筑示范城市管理办法》和《装配式建筑产业基地管理办法》，目的是为了促进装配式建筑全面发展。

三、装配式建筑介绍

（一）装配式建筑特点

装配式建筑是用预制部品部件在工地装配而成的建筑。装配式建筑主要构件实行工厂化制作，制作速度快，提高了生产效率；制作精度高，提高了产品的质量；具有生产及工作环境良好等特点。装配式建筑是解决建筑工程质量、安全、效益、节能、环保和低碳等一系列重大问题的根本途径；是解决房屋设计、生产、施工和管理之间相互脱节、生产方式落后等问题的有效途径；是解决当前建筑业劳动成本提高、劳动力和技术工人短缺以及提高建筑工人素质的必然选择。发展装配式建筑是建造方式的重大变革，是推进供给侧结构性改革和新型城镇化发展的重要举措，有利于节约资源能源、减少施工污染、提升劳动生产效率和质量安全水平。

（二）装配式建筑类型

装配式建筑按照建筑材料不同，主要可分为装配式混凝土建筑、装配式钢结构建筑和装配式木结构建筑，其中装配式混凝土建筑是装配式建筑的主要形式。

装配式混凝土建筑是指建筑的结构系统由混凝土部件（预制构件）构成的装配式建筑。装配式混凝土建筑应采用系统集成的方法统筹设计、生产运输、施工安装，实现全过程的协同。设计应按照通用化、模数化、标准化的要求，以少规格、多组合的原则，实现建筑及部品部件的系列化和多样化。部品部件的工厂化生产应建立完善的生产质量管理体系，设置产品标识，提高生产精度，保证产品质量。应综合协调建筑、结构、设备和内装修等专业，制订相互协同的施工组织方案，并应采用装配式施工，保证工程质量，提高劳动效率。应实现全装修，内装修系统应与结构系统、外围护系统、设备与管线系统一体化设计建造。宜采用建筑信息模型（BIM）技术，实现全专业、全过程的信息化管理。宜采用智能化技术，提升建筑使用的安全、便利、舒适和环保等性能。

（三）装配式建筑评价

住房和城乡建设部于 2018 年 1 月颁布了《装配式建筑评价标准》（GB/T 51129—2017）。该标准根据装配率将我国装配式建筑划分为 A 级、AA 级和 AAA 级三个级别，装配率为 60%~75% 时，评价为 A 级装配式建筑；装配率为 76%~90% 时，为 AA 级装配式建筑；装配率为 91% 及以上时，为 AAA 级装配式建筑。装配式建筑设计阶段宜进行预评价，并应按设计文件计算装配率，项目竣工验收后，应按竣工验收资料计算装配率和确定评价等级。

装配率是指单体建筑室外地坪以上的主体结构、围护墙和内隔墙、装修和设备管线等采用预制部品部件的综合比例。装配率的计算和装配式建筑等级评价应以单体建筑作为计算和评价单元。单体建筑应按项目规划批准文件的建筑编号确认；建筑由主楼和裙房组成时，主楼和裙房可按不同的单体建筑进行计算和评价；单体建筑的层数不大于 3 层，且地上建筑面积不超过 500m² 时，可由多个单体建筑组成建筑组团作为计算和评价单元。装配率应根据表 11-1 中评价项分值按式（11-1）计算。

表 11-1　装配式建筑评分表

评价项		评价要求	评价分值	最低分值
主体结构 （50分）	柱、支撑、承重墙、延性墙板等竖向构件	35%≤比例≤80%	20~30*	20
	梁、板、楼梯、阳台、空调板等构件	70%≤比例≤80%	10~20*	
围护墙和 内隔墙 （20分）	非承重围护墙非砌筑	比例≥80%	5	10
	围护墙与保温、隔热、装饰一体化	50%≤比例≤80%	2~5*	
	内隔墙非砌筑	比例≥50%	5	
	内隔墙与管线、装修一体化	50%≤比例≤80%	2~5*	
装修和 设备管线 （30分）	全装修	—	6	6
	干式工法楼面、地面	比例≥70%	6	
	集成厨房	70%≤比例≤90%	3~6*	—
	集成卫生间	70%≤比例≤90%	3~6*	
	管线分离	50%≤比例≤70%	4~6*	

注：表中带"＊"项的分值采用"内插法"计算，计算结果取小数点后1位。

$$P = \frac{Q_1 + Q_2 + Q_3}{100 - Q_4} \times 100\% \tag{11-1}$$

式中　P——装配率；

Q_1——主体结构指标实际得分值；

Q_2——围护墙和内隔墙指标实际得分值；

Q_3——装修和设备管线指标实际得分值；

Q_4——评价项目中缺少的评价项分值总和。

柱、支撑、承重墙、延性墙板等主体结构竖向构件主要采用混凝土材料时，预制部品部件的应用比例应按式（11-2）计算：

$$q_{1a} = \frac{V_{1a}}{V} \times 100\% \qquad (11\text{-}2)$$

式中　q_{1a}——柱、支撑、承重墙、延性墙板等主体结构竖向结构件中预制部品部件的应用比例；

V_{1a}——柱、支撑、承重墙、延性墙板等主体结构竖向结构件中预制混凝土体积之和；

V——柱、支撑、承重墙、延性墙板等主体结构竖向结构混凝土总体积。

当符合下列规定时，主体结构竖向构件间连接部分的后浇混凝土可计入预制混凝土体积计算：

1）预制剪力墙板之间宽度不大于 600mm 的竖向现浇段和高度不大于 300mm 的水平后浇带、圈梁的后浇混凝土体积。

2）预制框架柱和框架梁之间柱梁节点区的后浇混凝土体积。

3）预制柱间高度不大于柱截面较小尺寸的连接区后浇混凝土体积。

梁、板、楼梯、阳台、空调板等构件中预制部品部件的应用比例应按式（11-3）计算：

$$q_{1b} = \frac{A_{1b}}{A} \times 100\% \qquad (11\text{-}3)$$

式中　q_{1b}——梁、板、楼梯、阳台、空调板等构件中预制部品部件的应用比例；

A_{1b}——各楼层中预制装配梁、板、楼梯、阳台、空调板等构件的水平投影面积之和；

A——各楼层建筑平面总面积。

预制装配式楼板、屋面板的水平投影面积包括：

1）预制装配式叠合楼板、屋面板的水平投影面积。

2）预制构件间宽度不大于 300mm 的后浇混凝土带水平投影面积。

3）金属承重板和屋面板、木楼盖和屋盖及其他在施工现场免支模的楼盖和屋盖的水平投影面积。

非承重围护墙中非砌筑墙体的应用比例应按式（11-4）计算：

$$q_{2a} = \frac{A_{1a}}{A_{w1}} \times 100\% \qquad (11\text{-}4)$$

式中　q_{2a}——非承重围护墙中非砌筑墙体的应用比例；

A_{1a}——各楼层非承重围护墙中非砌筑墙体的外表面积之和，计算时可不扣除门、窗及预留洞口等的面积；

A_{w1}——各楼层非承重围护墙外表面总面积，计算时可不扣除门、窗及预留洞口等的面积。

围护墙采用墙体、保温、隔热、装饰一体化的应用比例应按式（11-5）计算：

$$q_{2b} = \frac{A_{2b}}{A_{w2}} \times 100\% \qquad (11\text{-}5)$$

式中　q_{2b}——围护墙采用墙体、保温、隔热、装饰一体化的应用比例；

A_{2b}——各楼层围护墙采用墙体、保温、隔热、装饰一体化的墙面外表面积之和，计算时可不扣除门、窗及预留洞口等的面积；

A_{w2}——各楼层围护墙外表面总面积，计算时可不扣除门、窗及预留洞口等的面积。

内隔墙中非砌筑墙体的应用比例应按式（11-6）计算：

$$q_{2c} = \frac{A_{2c}}{A_{w3}} \times 100\%$$ （11-6）

式中 q_{2c}——内隔墙中非砌筑墙体的应用比例；

A_{2c}——各楼层内隔墙中非砌筑墙体的墙面面积之和，计算时可不扣除门、窗及预留洞口等的面积；

A_{w3}——各楼层内隔墙墙面总面积，计算时可不扣除门、窗及预留洞口等的面积。

内隔墙采用墙体、管线、装修一体化的应用比例应按式（11-7）计算：

$$q_{2d} = \frac{A_{2d}}{A_{w3}} \times 100\%$$ （11-7）

式中 q_{2d}——内隔墙采用墙体、管线、装修一体化的应用比例；

A_{2d}——各楼层内隔墙采用墙体、管线、装修一体化的墙面面积之和，计算时可不扣除门、窗及预留洞口等的面积。

干式工法楼面、地面的应用比例应按式（11-8）计算：

$$q_{3a} = \frac{A_{3a}}{A} \times 100\%$$ （11-8）

式中 q_{3a}——干式工法楼面、地面的应用比例；

A_{3a}——各楼层采用干式工法楼面、地面的水平投影面积之和。

集成厨房的橱柜和厨房设备等应全部安装到位，墙面、顶面和地面中干式工法的应用比例应按式（11-9）计算：

$$q_{3b} = \frac{A_{3b}}{A_k} \times 100\%$$ （11-9）

式中 q_{3b}——集成厨房干式工法的应用比例；

A_{3b}——各楼层厨房墙面、顶面和地面采用干式工法的面积之和；

A_k——各楼层厨房的墙面、顶面和地面的总面积。

集成卫生间的洁具设备等应全部安装到位，墙面、顶面和地面中干式工法的应用比例应按式（11-10）计算：

$$q_{3c} = \frac{A_{3c}}{A_b} \times 100\%$$ （11-10）

式中 q_{3c}——集成卫生间干式工法的应用比例；

A_{3c}——各楼层卫生间墙面、顶面和地面采用干式工法的面积之和；

A_b——各楼层卫生间墙面、顶面和地面的总面积。

管线分离比例应按式（11-11）计算：

$$q_{3d} = \frac{L_{3d}}{L} \times 100\%$$ （11-11）

式中 q_{3d}——管线分离比例；

L_{3d}——各楼层管线分离的长度，包括裸露于室内空间以及敷设在地面架空层、非承重墙体空腔和吊顶内的电气、给水排水和供暖管线长度之和；

L——各楼层电气、给水排水和供暖管线的总长度。

装配式建筑应同时满足下列要求：

1）主体结构部分的评价分值不低于 20 分。

2）围护墙和内隔墙部分的评价分值不低于 10 分。

3）采用全装修。

4）装配率不低于 50%。

第二节　装配式混凝土结构建筑构件

一、装配式混凝土结构建筑构件类型介绍

1. 墙板

（1）按安装位置分类　装配式混凝土结构建筑墙板按照安装位置可分为内墙板和外墙板，其中内墙板又可分为空心板、实心板和隔墙板。

1）外墙板。外墙板是工业化生产的大幅面外挂墙板，采用干法安装施工，耐久性好，维护成本低，集外墙保温与装饰功能于一体，符合建筑节能"模块化"技术发展方向，是目前我国建筑墙体外保温技术领域大力推广的一项先进技术，如图 11-5 所示。

外墙板主要特性如下：

① 保温性。保温芯材的热导率均可控制在 0.021~0.041W/(m·K)，可满足国家标准建筑节能 65% 以上的设计规范要求，同时可根据地域选用不同厚度的芯材。

② 装饰性。外墙外表面可仿天然石材、金属铝塑板、铝单板、饰面瓷砖等，具有多种装饰效果，可满足高档外观装饰要求，同时具有足够的安全性和可靠性。

图 11-5　外墙板

③ 经济性。根据国家对建筑物外墙外保温节能的标准要求，外墙板与其他同类保温产品相比，具有较高的性价比。

④ 轻质性。预制保温墙板中的保温芯材只有传统外墙外保温材料面密度的 50%，每平方米的质量只有 4~8kg，降低了建筑物外墙结构自重。

⑤ 便捷性。外墙板可在工厂将保温芯材以及外装饰层镶嵌于混凝土墙体，形成集保温装饰于一体的墙板构件，具有干作业、无污染、施工快、效果好等特点。

2）内墙板。装配式混凝土结构建筑的内墙板多为钢筋混凝土实心板或空心板。隔墙板用于建筑物内部隔墙的墙体预制板条，包括玻璃纤维增强水泥条板、玻璃纤维增强石膏空心条板、钢丝网增强水泥条板、轻混凝土条板、复合夹芯轻质条板等。建筑物隔墙用轻质

条板是一般工业建筑、住宅建筑和公共建筑工程非承重内隔墙的主要材料。

（2）按板材所用材料分类 装配式混凝土墙板按照板材所用材料可分为粉煤灰矿渣混凝土墙板、钢筋混凝土墙板、轻骨料混凝土墙板和加气混凝土轻质墙板等。

1）粉煤灰矿渣混凝土墙板。这种墙板原材料全部或大部分用工业废料，是一种环保型板材，如图 11-6 所示。

2）钢筋混凝土墙板。采用钢筋混凝土材料制成，是房屋建筑及各种工程结构中的基本构件，如图 11-7 所示。

图 11-6 粉煤灰矿渣混凝土墙板

图 11-7 钢筋混凝土墙板

3）轻骨料混凝土墙板。采用轻质材料或轻型构造制作，两侧面设有榫头、榫槽及接缝槽等，面密度不大于标准规定值，如 90mm 厚板不大于 $90kg/m^2$，120mm 厚板不大于 $110kg/m^2$ 等的板，如图 11-8 所示。

4）加气混凝土轻质墙板。由水泥和含硅材料经过磨细并加入发气剂和其他材料按比例配合，再经加工工序制成的一种轻质多孔建筑板材，如图 11-9 所示。

图 11-8 轻骨料混凝土墙板

图 11-9 加气混凝土轻质墙板

2. 楼板

装配式建筑楼板分为现浇钢筋混凝土楼板、预制钢筋混凝土楼板以及叠合楼板等。现浇钢筋混凝土楼板一般多用于卫生间及住宅中的厨房等处。预制钢筋混凝土楼板又分为预应力和非预应力两种。其中，叠合楼板是由预制钢筋混凝土板和现浇钢筋混凝土层叠合而成，如图 11-10 所示。叠合楼板的预制板既是楼板结构的组成部分，又是现浇钢筋混凝土叠合层的永久性模板，现浇叠合层内可敷设水平设备管线。叠合楼板整体性好，刚度大，可节省模板，而且板的上下表面平整，便于饰面层装修，适用于对整体刚度要求较高的高层和大开间装配式建筑。

图 11-10　钢筋混凝土叠合楼板下层预制板

3. 楼梯

钢筋混凝土装配式建筑的楼梯一般均采用预制，如图 11-11 所示。

图 11-11　钢筋混凝土预制楼梯

二、装配式混凝土结构建筑预制构件制作

装配式混凝土结构建筑预制构件制作一般包括模具组装、钢筋加工及安装、混凝土浇筑及养护等内容。

1. 模具组装

模具组装流程如图 11-12 所示。

（1）模具清理　模具清理主要用钢丝球或刮板将模具内腔残留混凝土及其他杂物清理干净，使用压缩空气将模具内腔吹干净，以用手擦拭手上无浮灰为准。所有模具拼接处均

图 11-12 模具组装流程

用刮板清理干净，保证无杂物残留。

（2）模具组装 模具组装应选择正确型号侧板进行拼装，拼装时不许漏放紧固螺栓或磁盒。在拼装部位要粘贴密封胶条，密封胶条粘贴要平直、无间断、无褶皱，胶条不应在构件转角处搭接。各部位螺栓校紧，模具拼接部位不得有间隙，确保模具所有尺寸偏差控制在误差范围以内。组模时应仔细检查模板是否有损坏、缺件，损坏、缺件的模具应及时维修或更换。

（3）涂刷界面剂 需要涂刷界面剂的模具应在绑扎钢筋笼之前涂刷，严禁将界面剂涂刷到钢筋笼上。界面剂涂刷之前，保证模具干净。涂刷厚度不少于2mm，且需涂刷2次，2次涂刷时间间隔不少于2min。界面剂必须涂刷均匀，严禁有流淌、堆积的现象。涂刷完的模具要求涂刷面水平向上放置，20min后方可使用。

（4）涂刷隔离剂 隔离剂必须采用水性隔离剂，且需保证抹布（或海绵）及隔离剂干净、无污染。用干净抹布蘸取隔离剂，拧至不自然下滴为宜，均匀涂抹在底模和模具内腔，保证无漏涂。涂刷隔离剂如图 11-13 所示。

（5）模具固定 将模具、钢筋骨架对照画线位置进行调整，控制模具组装尺寸。模具与底模紧固，下边模具和底模用紧固螺栓连接固定，上边模具靠花篮螺栓连接固定，侧模和窗口模具采用磁盒固定。模具固定如图 11-14 所示。

图 11-13 涂刷隔离剂

图 11-14 模具固定

2. 钢筋加工及安装

钢筋加工及安装包括调直、切断、钢筋网或骨架焊接、钢筋网或骨架绑扎及安装等工作。钢筋加工及安装大部分工艺方法和现浇钢筋混凝土的类似，这里不再赘述。

3. 混凝土浇筑及养护

混凝土浇筑工艺流程如图 11-15 所示。

混凝土第一次浇筑及振捣如图 11-16 所示。混凝土浇筑前应检查坍落度是否符合要求，

图 11-15　混凝土浇筑工艺流程

振捣时尽量避开预埋件，以免使预埋件移位。浇筑时应控制混凝土厚度，当达到设计要求厚度时停止下料。安装连接附件，将连接附件通过用挤塑板预先加工好的通孔插入到混凝土中，确保混凝土对连接附件握裹严实。

图 11-16　混凝土第一次浇筑及振捣

　　混凝土二次浇筑及振捣应采用布料机自动布料，振捣时采用振捣棒人工振捣或机械振动底模台座振动，直至混凝土表面无明显气泡，如图 11-17 所示。

　　当混凝土二次浇筑及振捣完成后，应采用振动棒对混凝土表面进行振动赶平，如图 11-18 所示。

图 11-17　混凝土二次浇筑及振捣　　　　　图 11-18　预制构件混凝土赶平

　　混凝土构件养护如图 11-19 所示。为了使已成型的混凝土构件尽快获得脱模强度，以加速模板周转，提高劳动效率，需要采取加速混凝土硬化的养护措施。常用的养护方法为蒸汽养护，其分为常压、高压和无压三类，常压蒸汽养护应用最广。

图 11-19　混凝土构件养护

第三节　装配式建筑施工

装配式建筑施工主要包括现场施工场地布置、构件进场堆放、构件吊装、节点连接等结构施工主要内容，防水、防腐和装饰等建筑施工主要内容，以及相应的质量、安全管理措施等。本节主要介绍装配式建筑结构施工主要内容。

一、装配式混凝土结构施工介绍

装配式混凝土结构（Precast Concrete Structure）简称"PC"结构，是由预制混凝土构件通过可靠连接而形成的混凝土结构。与传统的现浇混凝土结构相比，装配式混凝土结构存在大量的预制混凝土构件。预制混凝土构件一般均在工厂加工制作，利用运输车辆运到施工现场。然后，利用吊装机械吊装就位，并进行可靠连接，形成整体结构。因此，装配式混凝土结构施工包含大量的吊装、节点连接和接缝处理等工作内容，对现场施工场地布置、支撑维护等赋予了独特内容及要求。

1. 现场施工场地布置

预制装配式混凝土结构现场施工场地布置以方便吊装为原则，做到分类堆放。预制构件堆场应结合现场及周边环境进行具体安排。一般应考虑施工现场出入口及其与社会道路的衔接，场内道路布置，预制构件、钢筋加工、模板及临时材料等的堆场，起重设备停放位置及作业半径，塔式起重机位置及作业半径，其他必要设施和设备布置位置等。由于预制构件多采用大型车辆进行运输，进入施工现场后再由起重机械卸下并在堆放场地进行堆放，现场出入口要求方便运输车辆的出入，场内运输道路要求坚实，方便运输车辆行驶。预制构件场内堆放场地位置一般应根据塔式起重机位置确定，以减少二次搬运。堆放场地地面应该平整坚实，利于排水，一般应为混凝土地面。

2. 预制混凝土构件进场及堆放

预制混凝土构件进场要进行检查验收工作，检查验收内容包括构件的类型、规格、数量、外观、尺寸、预埋件和特殊部位处理等。检查验收方法应根据相关规范、规程以及标准等进行。

预制混凝土构件堆放应根据品种、规格和吊装顺序分别设置堆垛，并且还要根据构件类型采用直立堆放、平卧堆放等形式。堆放时应注意预制构件边角的保护，避免碰撞损坏构件，连接止水条、高低口、墙体转角等薄弱部位，应采用定型保护垫块或专用式套件作加强保护。预制构件的堆放应使预埋吊件向上，标志向外。

在底部设置柔性垫块，如橡胶垫块等，垫块数量及位置符合设计或构件受力要求，避免损伤构件边角，防止伸出的预埋钢筋和构件棱角等伤人。预制柱、预制梁、预制楼板、预制楼梯、预制阳台等一般平卧堆放，底部设置柔性垫块，如木方等。为减少堆放占地面积，可采用叠层堆放，并应根据预制构件、垫块等的受力情况及堆垛的稳定性确定堆垛的层数。预制墙板一般采用直立堆放，采取专门制作的钢制堆放架系统，保证堆放稳定。

堆放时还需注意以下相关事项：

1）预制柱堆放时，高度不宜超过 2 层，且不宜超过 2.0m，同时应在两端（0.2～0.25）L 处放置方木垫，如图 11-20 所示。上层柱起吊前仍需水平移至地面，方可起吊，不可直接从堆放的下层柱上起吊。

图 11-20 预制柱堆放示例

2）预制梁堆放时，高度不宜超过 2 层，且不宜超过 2.0m。实心梁应在两端（0.2～0.25）L 处放置方木垫，如图 11-21 所示。薄壳梁堆放时应将方木垫于实心处，不可让薄壳端受力。

3）预制楼板堆放时高度不宜超过 6 层，且不宜超过 2.0m，并应在两端（0.2～0.25）L 处放置方木垫，如图 11-22 所示。

4）预制外墙板一般直立堆放，宜采用插放或靠放，如图 11-23 所示。堆放架应具有足够的强度和刚度，并放置平稳。外墙板底部与堆放架支承处，以及墙板侧面与堆放架接触处应设置橡胶垫块。采用靠放时，宜对称放置，与地面倾斜角度宜大于 80°。宜将相邻堆放架连接成整体，以提高稳定性。

5）楼梯或阳台一般平卧堆放，若需要堆置 2 层时，必须考虑支撑牢固，且不可堆置过高，必要时应设计堆置工作架以保障堆置安全。

3. 预制混凝土构件吊装

装配式混凝土结构的主要预制构件包括预制柱、预制梁、预制（叠合）楼板、预制外墙板板、预制楼梯和预制阳台等。装配式混凝土结构根据结构形式不同，可分为装配整体

图 11-21 预制梁堆放示例

图 11-22 预制楼板堆放示例

式框架结构、装配整体式剪力墙结构和装配整体式框架—现浇剪力墙结构等。预制外墙板体系又可分为全预制外墙板和部分预制部分现浇的 PCF 外墙板形式。不同结构体系涉及的预制构件种类不尽相同，吊装施工既有共性又有区别，因此，应根据具体结构形式合理选择吊装施工工艺和方法。预制混凝土构件吊装施工内容一般包括吊装机械和吊具的选择确定、吊装方法和吊装工艺顺序选择及实施等。

（1）吊装机械和吊具 装配式混凝土结构多采用汽车式起重机和塔式起重机相结合的吊装施工方式。

汽车式起重机主要用于预制构件进场验收合格后的卸货以及场内水平运输，也可用于底层预制构件的吊装施工，如图 11-24 所示。应根据预制构件的规格尺寸和重量选择合适的汽车式起重机。保证卸货时汽车式起重机支撑脚具有足够的伸开空间，相应的地面应具有足够的强度和平整度，以确保汽车式起重机起吊时受力均衡和起重设备的稳定性。保证回转半径空间范围内没有障碍物，以免发生碰撞。汽车式起重机场内行驶道路应平整坚实，排水通畅。

图 11-23 预制外墙板堆放示例

图 11-24 汽车式起重机

塔式起重机专门用于装配式结构预制构件的吊装施工，同时也用于其他材料和构配件的吊装运输。应根据工程特点、塔式起重机性能和现场施工场地等实际情况进行塔式起重机选型。应根据塔式起重机吊装半径合理布置塔式起重机位置及数量，确保所有预制构件都在安全的吊装范围之内。塔式起重机一般需要每隔一定高度设置附墙杆，以保证塔式起重机的稳定性，但由于风荷载及吊装施工时，塔臂旋转等可能引起塔身位移、变形和振动等，因此，塔式起重机位置布置时还需要考虑这些因素通过附墙杆对结构安全产生一定程度的影响。对于装配式混凝土结构由于预制外墙板和预制（叠合）楼板的设置，以及施工过程中这些预制构件连接整体性与现浇混凝土结构有所不同，不仅影响塔式起重机附墙杆与结构的连接方式，而且影响附墙杆的数量和布置位置。对于采用多台塔式起重机吊装施工，需要根据起吊半径合理安排各个塔式起重机的吊装时间顺序，避免碰撞。

　　装配式混凝土结构预制构件吊装，一般采用专门的吊索具，如图 11-25 所示。由于吊索具使用频繁，容易磨损，因此需要对吊索具定期及不定期地进行检查，发现问题及时更换。

套管挤压吊索　　　　　　　　　　链条吊索

环眼吊钩　　　　　　　　　　U形吊钩

图 11-25　吊索具

　　预制梁、柱、墙板和楼梯等大型构件，一般都需要使用起吊横梁，如图 11-26 所示，横梁上吊点位置及吊索长度需要根据预制构件中预埋吊环间距及起吊时预制构件受力情况等进行计算确定。

图 11-26　起吊横梁

　　（2）吊装方法和工艺顺序　预制构件吊装主要依靠预先设计预埋于构件中的吊点进行吊装施工，严禁用绷带或绳索直接绑扎构件进行吊装。根据预制构件类型采用两点或四点吊装，预制柱、梁、墙板采用两点吊装，预制楼梯、楼板采用四点吊装。吊索与吊装预制构件的夹角一般应控制在45°和60°之间。预制构件吊装应采用慢起、快升、缓放的操作方式。预制构件吊装工艺顺序主要包括吊装准备、吊装就位、支撑安装、预制构件垂直度调整、支撑系统锁定、吊钩脱钩等环节。其中，吊装准备主要包括预制构件混凝土外观、预埋钢筋、连接套筒质量检查，预留孔道清理，下层预埋连接钢筋位置及垂直度调整，预制构件就位处底部混凝土清理找平，预制构件安装位置放样弹线，粘贴预制外墙板就位处外侧橡胶泡沫条，另外还包括支撑等工器具准备到位等。吊装就位主要是使预制构件下部预埋套筒与底面预埋的续接钢筋对正插入到位，对于预制外墙板吊装就位还包括使用标高调节装置调节标高符合设计要求。预制构件吊装就位后需要进行临时支撑，对于预制梁、楼板、楼梯、阳台等水平构件，采用竖直支撑系统，与传统的现浇混凝土相应构件模板竖直支撑类似，预制楼梯可采用专门的支撑架，预制阳台应设置防倾覆支撑架。对于预制柱、墙等竖直构件，采用斜撑系统。斜撑系统一般由两端可旋转的撑脚，以及可调节长度的撑杆组成，一般应使支撑杆与水平方向夹角在45°和60°范围内，斜撑系统安装一般按照先下节点后上节点的顺序进行连接施工。首先，将撑杆下端撑脚孔穿插在底部楼地面的预埋螺栓中，调整好撑杆方向，接着拧紧预埋螺栓的螺母。其次，将撑杆上端撑脚对正预制构件连接预埋件或预埋螺孔处，调整支撑杆长度，接着拧紧相应螺栓或螺母，调整预制构件垂直度至符合设计要求，固定撑杆长度，锁定支撑系统。

1) 预制柱吊装。预制柱吊装前应做好下列准备工作：柱续接下层钢筋位置、高程复核，底层混凝土面清理干净，预制柱吊装位置测量放样及弹线；对预制柱进行外观质量检查，尤其要对主筋续接套筒质量进行检查及预留孔道内部的清理；备齐安装所需的设备和器具，如斜撑、固定用铁件、螺栓、柱底高程调整铁片、起吊工具及垂直度测设仪器设备等；在预制柱顶部设置预制梁的位置应进行放样并做好明晰的标记，放置柱头第一根箍筋；确认预制柱的编号、吊装方向、水电预埋管、吊点与构件重量等。

预制柱吊装并就位后，应对柱位置及标高进行复核与调整；然后设置斜撑，如图11-27所示，并进行垂直度调整；最后锁定斜撑，吊钩脱钩。每根柱至少在三个不同侧面设置斜撑，通过可调节装置进行垂直度调整，直至垂直度满足要求后，再进行斜撑锁定。

a)　　　　　　　　　　　　　　　　b)

图 11-27　预制竖向构件斜撑系统

a) 预制墙板支撑系统　b) 预制柱支撑系统

2）预制梁吊装。预制梁吊装前的准备工作包括架设支撑系统，并使其标高符合设计及精度要求；预制梁支承柱的顶标高检查复核；大梁钢筋、小梁结合剪力榫位置、方向、编号检查。

预制次梁吊装一般应在一组（2根以上）预制主梁吊装完成后进行。预制梁吊装完成后应及时用水泥砂浆充填其连接接头。

预制梁吊装流程如图11-28所示。

图11-28 预制梁吊装流程

3）预制剪力墙板吊装。预制剪力墙板吊装前应做好下列主要准备工作：预制剪力墙续接下层钢筋位置、高程检查复核；下层混凝土表面应清理干净，预制剪力墙安装位置弹线；粘贴预制外墙板就位处外侧橡胶泡沫条；预制剪力墙质量检查，包括注浆孔质量检查及清理；备好预制剪力墙斜撑、就位调整工具器具等。

预制剪力墙板吊装流程如图11-29所示。

4）预制外挂墙板吊装。预制外挂墙板吊装前应检查复核下层预埋件位置及标高；准备好标高调节装置及斜撑系统；准备好外墙板接缝防水材料等。

预制外挂墙板吊装就位后，通过带有标高调节装置的斜撑对其进行临时固定。待外墙板全部接缝防水嵌缝施工结束后，将预埋在外墙板上的预埋铁件与吊装用的标高调节铁盒用焊接或螺栓拧紧，形成一个整体。

预制外挂墙板吊装流程如图11-30所示。

5）预制叠合楼板吊装。预制叠合楼板吊装应事先设置临时支撑；测设控制好水平标高；吊点不应少于4个，如图11-31所示。应在后浇混凝土强度达到设计要求后，方可拆除支撑。

6）预制楼梯吊装。预制楼梯吊装前相应支撑系统架设完毕；完成楼梯位置及标高控制放弹线及检查复核；完成预制楼梯质量及编号等检查复核。预制楼梯吊装如图11-32所示。

图 11-29 预制剪力墙板吊装流程

图 11-30 预制外挂墙板吊装流程

图 11-31 叠合楼板吊装

a）

b）

图 11-32 预制楼梯吊装

a）起吊 b）就位

采用预留锚固钢筋锚固的预制楼梯吊装就位后，应待楼层现浇混凝土强度达到设计要求后，方可拆除支撑。

7）其他预制构件吊装。预制悬挑阳台吊装应设置防倾覆支撑架，并应在结构楼层混凝土达到设计强度要求后方可拆除；预制阳台板预留锚固钢筋应伸入现浇结构内，并应与现浇混凝土结构连成整体；预制阳台板与侧板采用灌浆连接方式时，阳台预埋锚固钢筋应插入孔内后进行灌浆处理。预制阳台吊装如图 11-33 所示。

预制空调板吊装时应采取临时支撑措施；预制空调板与现浇结构连接时，预埋的锚固

图 11-33 预制阳台吊装

钢筋应伸入现浇结构内，并应与现浇结构连成整体。

4. 节点连接

装配式混凝土结构预制构件吊装完成后，通过节点连接形成整体结构。装配式结构节点连接包括预制构件与预制构件之间的节点连接以及预制构件与现浇构件之间的连接。节点连接施工内容包括钢筋连接、现浇构件模板支立、灌浆及浇筑混凝土等。钢筋连接方式主要有传统的绑扎、焊接、直螺纹连接。竖向预制构件钢筋与底部结构连接常采用套筒灌浆连接。套筒连接就是将预制构件一端的预留钢筋插入另一端预留的套筒内，钢筋与套筒之间通过预留的灌浆孔灌注高强无收缩水泥砂浆，即完成钢筋的续接。套筒灌浆前需要对连接节点接缝采用模板或专用封堵砂浆进行封堵，使用灌浆机进行无收缩砂浆灌浆。套筒灌浆质量好坏将直接影响主体结构的安全性，灌浆应从预留在构件底部的灌浆孔注入，由设置在构件上部的出浆孔呈圆柱状的注浆体均匀流出后，方可塑料塞塞紧。套筒灌浆连接施工流程如图 11-34 所示。

图 11-34　套筒灌浆连接施工流程

5. 防水

装配式混凝土结构比现浇混凝土结构有更多的防水薄弱部位，包括预制外墙板之间的竖向及底部水平向接缝部位，采用外挂架时预制外墙板中的脚手眼部位，预制屋面板拼接缝部位等。为避免这些部位出现渗漏，首先，要设计制作合理的预制构件防水节点构造，并避免运输吊装时损坏。其次，使用合适的防水胶泥进行封堵。装配式混凝土结构房屋卫生间地板现仍多采用现浇混凝土，其防水和传统做法类似。

6. BIM 吊装施工仿真

装配式混凝土结构预制构件吊装施工，是一个涉及多道工序的复杂的动态工作，往往有多种不同的吊装方案，此时，可以利用 BIM 可视化的特点，进行预制构件吊装施工仿真模拟，通过对不同吊装施工方案的仿真模拟比较，从而获得最优吊装方案。另外，通过 BIM 技术模拟吊装施工，获得全面直观的质量及安全影响因素，从而可以更好地做到事前控制，减少实际吊装施工时预制构件损坏、返工和安全隐患。

二、装配式钢结构施工

装配式钢结构施工和装配式混凝土结构类似，钢结构构件加工在工厂完成，施工现场则以吊装为主。装配式钢结构施工技术一般包括钢结构加工工艺、钢结构的拼装与连接、钢结构安装等。钢结构安装宜采用塔式起重机、履带式起重机、汽车式起重机等定型产品。选用非定型产品作为起重设备时，应编制专项方案，并应经评审后再组织实施。钢结构吊装作业必须在起重设备的额定起重量范围内进行。用于吊装的钢丝绳、吊装带、卸扣、吊钩等吊具应经检查合格，并应在其额定使用荷载范围内使用。

钢结构安装现场应设置专门的构件堆场，并应采取防止构件变形及表面污染的保护措施。钢结构安装应根据结构特点按照合理顺序进行，并应形成稳固的空间刚度单元，必要时应增加临时支承结构或临时措施。钢结构安装校正时应分析温度、日照和焊接变形等因素对结构变形的影响。钢结构吊装宜在构件上设置专门的吊装耳板或吊装孔。设计文件无特殊要求时，吊装耳板和吊装孔可留在构件上，需去除耳板时，可采用气割或碳弧气刨方式在离母材 3~5mm 位置切除，严禁采用锤击方式去除。

钢结构安装前应对建筑物的定位轴线、基础轴线和标高、地脚螺栓位置等进行检查，并应办理交接验收。当基础工程分批进行交接时，每次交接验收不应少于一个安装单元的柱基基础，并且基础混凝土强度应达到设计要求，基础周围回填土应夯实完毕，基础的轴线标志和标高基准点应准确、齐全。基础顶面直接作为柱的支承面、基础顶面预埋钢板（或支座）作为柱的支承面时，其支承面、地脚螺栓（锚栓）的允许偏差应符合表 11-2 的规定。钢柱脚采用钢垫板作支承时，应符合下列规定：①钢垫板面积应根据混凝土抗压强度、柱脚底板承受的荷载和地脚螺栓（锚栓）的紧固拉力计算确定；②垫板应设置在靠近地脚螺栓（锚栓）的柱脚底板加劲板或柱肢下，每根地脚螺栓（锚栓）侧应设 1~2 组垫板，每组垫板不得多于 5 块；③垫板与基础面和柱底面的接触应平整、紧密，当采用成对斜垫板时，其叠合长度不应小于垫板长度的 2/3；④柱底二次浇筑混凝土前垫板间应焊接固定。锚栓及预埋件安装宜采取锚栓定位支架、定位板等辅助固定措施；锚栓和预埋件安装到位后，应可靠固定；当锚栓埋设精度较高时，可采用预留孔洞、二次埋设等工艺；锚栓应采取防止损坏、锈蚀和污染的保护措施；钢柱地脚螺栓紧固后，外露部分应采取防止螺母松动和锈蚀的措施；当锚栓需要施加预应力时，可采用后张拉法，张拉力应符合设计文件的要求，并应在张拉完成后进行灌浆处理。

表 11-2 支承面、地脚螺栓（锚栓）的允许偏差 （单位：mm）

项目		允许偏差
支承面	标高	±3.0
	水平度	1/1000
地脚螺栓（锚栓）	螺栓中心偏移	5.0
	螺栓露出长度	±30.0 0
	螺纹长度	±30.0 0
预留孔中心偏移		10.0

钢柱安装时，锚栓宜使用导入器或护套。首节钢柱安装后应及时进行垂直度、标高和轴线位置校正，钢柱的垂直度可采用经纬仪或线锤测量。校正合格后钢柱应可靠固定，并应进行柱底二次灌浆，灌浆前应清除柱底板与基础面间的杂物。首节以上的钢柱定位轴线应从地面控制轴线直接引上，钢柱校正垂直时，应确定钢梁接头焊接的收缩量，并应预留焊缝收缩变形值。倾斜钢柱可采用三维坐标测量法进行测校，也可采用柱顶投影点结合标高进行测校，校正合格后宜采用刚性支撑固定。

钢梁安装时，宜采用两点起吊。当单根钢梁长度大于 21m，采用两点吊装不能满足构件强度和变形要求时，宜设置 3~4 个吊装点吊装或采用平衡梁吊装，吊点位置应通过计算确定。钢梁可采用一机一吊或一机串吊的方式吊装，就位后应立即临时固定连接。钢梁面的标高及两端高差可采用水准仪与标尺进行测量，校正完成后应进行永久性连接。

支撑安装应符合下列规定：

1）交叉支撑宜按从下到上的顺序组合吊装。

2）无特殊规定时，支撑构件的校正宜在相邻结构校正固定后进行。

3）屈曲约束支撑应按设计文件和产品说明书的要求进行安装。

桁架（屋架）安装应在钢柱校正合格后进行。钢桁架（屋架）可采用整榀或分段安装。钢桁架（屋架）应在起板和吊装过程中防止产生变形。单榀钢桁架（屋架）安装时，应采用缆绳或刚性支撑增加侧向临时约束。

钢板剪力墙吊装时，应采取防止平面外的变形措施。钢板剪力墙的安装时间和顺序应符合设计文件要求。

关节轴承节点应采用专门的工装进行吊装。轴承总成不宜解体安装，就位后应采取临时固定措施。连接销轴与孔装配时应密贴接触，宜采用锥形孔、轴，应采用专用工具顶紧安装。安装完毕应做好成品保护。

钢铸件或铸钢节点安装前，应检查出厂时的安装基准标记是否清晰。现场焊接应严格按焊接工艺专项方案施焊和检验。

由多个构件在地面组拼的重型组合构件吊装时，吊点位置和数量应经计算确定。

后安装构件应根据设计文件或吊装工况的要求进行安装，其加工长度宜根据现场实际测量确定。当后安装构件与已完成结构采用焊接连接时，应采取减少焊接变形和焊接残余应力措施。

当钢结构工程施工方法或施工顺序对结构的内力和变形产生较大影响，或设计文件有特殊要求时，应进行施工阶段结构分析，并应对施工阶段结构的强度、稳定性和刚度进行验算，验算结果应满足设计要求。施工阶段的临时支承结构和措施应按施工状况的荷载作用，对构件进行强度、稳定性和刚度验算，对连接节点进行强度和稳定验算。当临时支承结构作为设备承载结构时，应进行专项设计；当临时支承结构或措施对结构产生较大影响时，应提交原设计单位确认。临时支承结构的拆除顺序和步骤应通过分析和计算确定，并应编制专项施工方案，必要时应经专家论证。对吊装状态的构件或结构单元，宜进行强度、稳定性和变形验算，动力系数宜取 1.1~1.4。支承移动式起重设备的地面或楼面，应进行承载力和变形验算。当支承地面处于边坡或临近边坡时，应进行边坡稳定验算。

钢结构施工详图应根据结构设计文件和有关技术文件进行编制，并应经原设计单位确认；当需要进行节点设计时，节点设计文件也应经原设计单位确认。施工详图设计应满足钢结构施工构造、施工工艺、构件运输等有关技术要求。施工详图应包括图纸目录、设计总说明、构件布置、构件详图和安装节点详图等内容。

第四节 装配式混凝土结构建筑案例

一、装配式混凝土结构建筑案例介绍

合肥市滨湖润园项目主要为装配式混凝土结构高层住宅建筑，其中一标段项目由中国建筑一局（集团）有限公司施工总承包，PC构件由长沙远大住宅工业安徽有限公司生产。

1. 工程概况

滨湖润园一标段项目，建设用地位于合肥市滨湖新区迎淮路与天津路交口。本项目是以装配式高层住宅楼20#~34#共计15栋单体为主体，辅以传统建筑形式的商业楼、幼儿园、地库等大型民生工程和重点项目，总建筑面积26.7万 m^2，如图11-35所示。各类建筑构件的耐火等级为二级，屋面防水等级为一级，抗震设防烈度为七度。建筑的合理使用年限为50年。项目实行设计、施工一体化模式，为单体交钥匙工程。

图11-35　滨湖润园一标段项目效果图

高层住宅楼20#~34#主要为装配整体式混凝土剪力墙结构，连接方式采用钢筋套筒灌浆连接技术。层数分别为18~33层不等。

2. 现场布置

由于项目规模大，单体建筑多，结构工程施工时采用划分区域和划分流水段的流水施工方法组织施工。由于预制构件运输及吊装工作量大，现场共布置15台塔式起重机，塔式起重机型号主要有TC6517（$R=30m$）、TC7030B（$R=35m$）、TC7030B（$R=40m$）型等，另外采用20~130t不同型号的汽车式起重机配合施工。施工现场环形主道路为12m，其他道路为4m，道路基础回填300mm砖渣，100mm碎石，分段浇筑200mmC20混凝土。施工总平面布置图如图11-36所示。

二、预制构件吊装施工

滨湖润园项目主体结构采用的是目前国内较为成熟的工业化技术体系——装配式叠合楼盖预制剪力墙体系。该项目主要预制构件类型如图11-37所示。

1. 施工准备

（1）预制构件准备　吊装工作开始后，对工厂生产的预制构件需求量大、物流能力要求高。为保证预制构件的及时供应，工厂已经先于工地施工进度对各种构件进行了生产，储备了大量所需的各类预制构件。以满足工地实际吊装的需求，且构件进场前须验收合格。

图 11-36　施工总平面布置图

图 11-37　项目主要预制构件类型

（2）预制构件运输　预制混凝土构件运输选用低平板车，并采用专用托架，构件与托架绑扎牢固，外墙板宜采用竖直立放运输，如图 11-38 所示。预制叠合楼板、阳台板宜采用平放运输，堆放层数均不超过 6 层，如图 11-39 所示。搬运托架、车厢板和预制混凝土构件间应放入柔性材料，构件应用钢丝绳或夹具与托架绑扎，构件边角或锁链接触部位的混凝土应采用柔性垫衬材料保护。

构件运输到现场后，应按照型号、构件所在部位、施工吊装顺序分别设置存放场地，存放场地应在塔式起重机工作范围内。

（3）预制构件堆放　预制构件运输到现场后，按照型号、构件所在部位、施工吊装顺序分别设置存放场地，存放场地应在塔式起重机工作范围内。水平分层堆放时，按型号码垛，每垛不准超过 6 块，根据各种板的受力情况选择支垫位置，最下边一层垫木必须是通长的，层与层之间垫平、垫实，各层垫木必须在一条垂直线上。采用插放或靠放，支架应有足够的刚度，并需支垫稳固，防止倾倒或下沉。采用插放架时，将相邻插放架连成整体，如图 11-40 所示。采用靠放架时，如图 11-41 所示，应对称靠放，外饰面朝外，倾斜度保持在 5°~10°。堆垛之间宜设宽度为 0.8~1.2m 的通道。

图 11-38　墙板立式运输

图 11-39　叠合楼板运输

图 11-40　预制墙板插放堆放

图 11-41　预制墙板靠放堆放

2. 吊装

（1）预制墙板吊装　根据构件形式及重量选择合适的吊具，当墙板与钢丝绳的夹角小于 45°时或墙板上有四个（一般是偶数个）或超过四个吊钉的应采用起吊横梁吊装，如图 11-42 所示。当塔式起重机或其他起重机把外墙板吊离地面时，检查构件是否水平，各吊钉的受力情况是否均匀，使构件达到水平，各吊钩受力均匀后方可起吊至安装位置。

在距离安装位置 50cm 高时停止起重机下降，检查墙板的正反面是否和图纸正反面一致，检查地上所示的垫块厚度与位置是否与实际相符。根据楼面所弹放的墙板位置线控制外墙板就位。安装斜支撑，根据垂直度靠尺调整墙板垂直度符合要求后锁紧斜撑。

（2）叠合楼板吊装

1）搭设支撑架。支撑架采用碗扣式或轮扣式脚手架，立杆间距小于 1500mm×1500mm。立杆距叠合板端不应大于 500mm，且立杆与立杆必须有可靠的连接，设置不少于一道双向连接杆。钢管上端设置顶托，顶托上放置 100mm×100mm 的木方。叠合楼板支撑架如图 11-43 所示。

图 11-42 预制墙板吊装　　　　　　　　图 11-43 叠合楼板支撑架

2）吊装。根据构件形式及重量选择合适的吊具，采用起吊横梁吊装，如图 11-44 所示。将构件吊离地面，观测构件是否基本水平，各吊钉是否受力，构件基本水平、吊钉全部受力后起吊就位。检查复核叠合板位置和标高，符合要求后吊钩脱钩。

（3）楼梯吊装　根据构件形式选择合适的吊具，因楼梯为倾斜放置构件，采用 4 点起吊，如图 11-45 所示。

图 11-44 叠合楼板吊装　　　　　　　　图 11-45 楼梯吊装示意图

梯段就位前休息平台叠合板须安装完成。梯段就位后用钢管加顶托在梯段底部加支撑，如图 11-46 所示。根据测设的标高、轴线等标线精确调节楼梯位置，符合要求后吊钩脱钩。

3. 钢筋套筒灌浆连接

钢筋套筒灌浆连接工艺流程如图 11-47 所示。

1）塞缝。预制墙板校正完成后，使用塞缝料（塞缝料要求早强、塑性好、干硬性水泥砂浆进行周边坐浆密封）将墙板与楼面间的缝隙填嵌密实。

2）拌制灌浆料。灌浆应使用灌浆专用设备，并严格按设计规定配合比方法配比灌浆料。将配比好的水泥浆料搅拌均匀后倒入灌浆专用设备中，保证灌浆料的坍落度。灌浆料拌合物应在制备后 0.5h 内用完。

3）浆料检测。检查拌和后的浆液流动度，保证流动度不小于 300mm。

图 11-46 楼梯支撑示意图

图 11-47 钢筋套筒灌浆连接工艺流程

4）灌浆。将拌和好的浆液导入灌浆泵，启动灌浆泵，待灌浆泵嘴流出浆液成线状时，将灌浆嘴插入预制剪力墙预留的下方孔洞里，按中间向两边扩散的原则开始灌浆。

5）封堵出浆孔。当出浆孔逐个漏出浆液，并待浆液成线状流出时，立即塞入专用橡胶塞堵住孔口，持压 30s 后抽出下方灌浆孔里的喷管，同时快速用专用橡胶塞堵住灌浆口。

6）试块留置。灌浆作业应及时做好施工质量检查记录，留存影像资料，与灌浆套筒匹配的灌浆料，按照每个施工段的所需试块组要求留置试块，以进行抗压试验检验灌浆质量。

第十二章　建筑工程新技术

第一节　建筑业 10 项新技术简介

近年来建筑业新技术水平突飞猛进，主要表现在信息化、机械化、工业化、专业化等水平的提高，模板、脚手架、预应力、抗震加固、安装工程技术有了长足发展，地下空间、钢筋混凝土结构、钢结构和装饰工程（建造）技术等不断优化创新，同时关于建筑节能和绿色施工等低碳环保建筑理念越来越得到重视。

一、建筑业 10 项新技术背景

1994 年，建设部首次印发《关于建筑业 1994 年、1995 年和"九五"期间重点推广应用 10 项新技术的通知》，提出通过建立示范工程促进新技术推广应用的思路，充分发挥典型示范作用。并于 1998 年、2005 年和 2010 年，适时总结提炼最具代表性、推广价值的共性技术和关键技术，对《建筑业 10 项新技术》进行过 3 次修订，使其技术内涵不断更新、提升和发展。

2016 年 3 月，住房和城乡建设部工程质量安全监管司正式启动第五次修订工作，组织国内建筑行业权威专家，通过广泛调查、系统研究，深入总结近年建筑业新技术发展成果，坚持新技术的通用性和扩大行业覆盖面，充分考量每项技术的适用性、成熟性和可推广性。于 2017 年 10 月 25 日正式发布《建筑业 10 项新技术（2017）》。

二、《建筑业 10 项新技术（2017）》特点

1）贯彻《国务院办公厅关于促进建筑业持续健康发展的意见》（国办发［2017］19号）等国家发展战略要求，注重跟进绿色化、工业化、信息化等相关需求。

2）加强建筑业重点、热点领域的技术应用，尤其突出了装配式建筑、抗震、节能、信息化等热点领域和前沿技术。新增"装配式混凝土结构技术"章节；升级更新绿色建筑、建筑防灾减灾、建筑节能、建筑信息化等相关内容；"绿色施工技术"中新增施工噪声控制技术、建筑垃圾减量化与资源利用、绿色施工在线监测及量化评价等新技术。

3）全面升级、优化基础性技术。对旧版重新梳理、吐故纳新，共删减、合并了 58 项，修改、拆分了 8 项，新增了 65 项，其中对地基基础和地下空间、机电安装、模板脚手架等技术均进行了大幅更新和补充。将"混凝土技术"和"钢筋及预应力技术"合并为"钢筋与混凝土技术"；将"防水技术"扩充为"防水技术与围护结构节能"技术。

4）2017 版的内容包括 10 个大项 107 项技术，适用范围以建筑工程应用为主，还增加

了水利、铁路、交通等领域的新技术推广应用，每项技术具有一定适用性、成熟性和可推广性。

5）重视单项技术的确切定义和描述，明确技术内容、技术指标和适用范围。图文并茂，以便新技术的推广应用和评价。

6）所采用技术都经过工程实践检验，至少有三个以上工程实施；对于符合国家导向的新技术要求至少在一项工程中有实际应用。

三、《建筑业 10 项新技术（2017）》主要内容

（一）地基基础和地下空间工程技术

在地基基础与地下空间工程提倡采用地基加固和暗挖等施工方法，主要包括灌注桩后注浆技术、长螺旋钻孔压灌桩技术、水泥土复合桩技术、混凝土桩复合地基技术、真空预压法组合加固软基技术、装配式支护结构施工技术、型钢水泥土复合搅拌桩支护结构技术、地下连续墙施工技术、逆作法施工技术、超浅埋暗挖施工技术、复杂盾构法施工技术、非开挖埋管施工技术和综合管廊施工技术等 13 项技术。

（二）钢筋与混凝土技术

为提高钢筋混凝土结构总体技术水平、建筑结构使用寿命和高性能材料的应用，钢筋与混凝土技术包括：高耐久性混凝土技术、高强高性能混凝土技术、自密实混凝土技术、再生骨料混凝土技术、混凝土裂缝控制技术、超高泵送混凝土技术、高强钢筋应用技术、高强钢筋直螺纹连接技术、钢筋焊接网应用技术、预应力技术、建筑用成型钢筋制品加工与配送技术、钢筋机械锚固技术共 12 项技术。

（三）模板脚手架技术

模板脚手架技术以确保施工过程安全和满足构件成型条件为目标，以模架实现高度工具化为原则，积极推广使用新型模架体系。本项技术包括：销键型脚手架及支撑架、集成附着式升降脚手架技术、电动桥式脚手架技术、液压爬升模板技术、整体爬升钢平台技术、组合铝合金模板施工技术、组合式带肋塑料模板技术、清水混凝土模板技术、预制节段箱梁模板技术、管廊模板技术、3D 打印装饰造型模板技术共 11 项技术。

（四）装配式混凝土结构技术

装配式混凝土结构是由预制混凝土构件通过可靠的连接方式装配而成的混凝土结构，并采用系统化设计、模块化拆分、工厂制造、现场装配的方式进行建造。本技术包括：装配式混凝土剪力墙结构技术、装配式混凝土框架结构技术、混凝土叠合楼板技术、预制混凝土外墙挂板技术、夹心保温墙板技术、叠合剪力墙结构技术、预制预应力混凝土构件技术、钢筋套筒灌浆连接技术、装配式混凝土结构建筑信息模型应用技术、预制构件工厂化生产加工技术共 10 项技术。

（五）钢结构技术

钢结构技术旨在推进钢结构制作和安装技术进步，包括：高性能钢材应用技术、钢结构深化设计与物联网应用技术、钢结构智能测量技术、钢结构虚拟预拼装技术、钢结构高效焊接技术、钢结构滑移及顶（提）升施工技术、钢结构防腐防火技术、钢与混凝土组合结构应用技术、索结构应用技术、钢结构住宅应用技术共 10 项技术。

（六）机电安装工程技术

围绕设备管线高效精确制作、定位、连接、安装、调试等施工内容，机电安装工程技术包括：基于BIM的管线综合技术、导线连接器应用技术、可弯曲金属导管安装技术、工业化成品支吊架技术、机电管线及设备工厂化预制技术、薄壁金属管道新型连接安装施工技术、内保温金属风管施工技术、金属风管预制安装施工技术、超高层垂直高压电缆敷设技术、机电消声减振综合施工技术、建筑机电系统全过程调试技术共11项技术。

（七）绿色施工技术

开展以"四节一环保"为核心内容的绿色施工，已经成为推动施工行业技术进步的强大动力。需要针对工程特点进行研究，对拟采用的传统工艺技术进行绿色甄别、改良和改造，并对影响绿色施工的关键环节进行技术开发，打通制约绿色施工推进的技术瓶颈。本大项技术包括：封闭降水及水收集综合利用技术、建筑垃圾减量化与资源化利用技术、施工现场太阳能、空气能利用技术、施工扬尘控制技术、施工噪声控制技术、绿色施工在线监测评价技术、工具式定型化临时设施技术、垃圾管道垂直运输技术、透水混凝土与植生混凝土应用技术、混凝土楼地面一次成型技术、建筑物墙体免抹灰技术共11项技术。

（八）防水技术与围护结构节能

建筑防水工程需从建筑材料上和构造上采取有效技术措施，使建筑物（构筑物）的地下室、墙地面、墙身、屋顶等部位在设计耐久年限内防止雨水及生产、生活用水的渗漏和地下水的侵蚀。围护结构节能主要推广应用高效、经济的保温、隔热材料及切实可行的墙体、屋面、地面以及门窗构造技术，以提高围护结构的保温、隔热性能和密闭性能，减少围护结构的能量损失。

本项技术包括防水卷材机械固定施工技术、地下工程预铺反粘防水技术、预备注浆系统施工技术、丙烯酸盐灌浆液防渗施工技术、种植屋面防水施工技术、装配式建筑密封防水应用技术、高性能外墙保温技术、高效外墙自保温技术、高性能门窗技术、一体化遮阳窗技术共10项技术。

（九）抗震、加固与监测技术

对建（构）筑物进行可靠性鉴定基础上进行地基基础或结构加固改造，不仅可以延长建筑物寿命，而且可以完善和提高建筑物的使用功能、抗震性能、安全等级等；对结构、地基、基础、深基坑及周边环境等进行检测监测，是确保施工和使用安全的重要技术手段。

本项技术包括消能减震技术、建筑隔震技术、结构构件加固技术、建筑移位技术、结构无损性拆除技术、深基坑施工监测技术、大型复杂结构施工安全性监测技术、爆破工程监测技术、受周边施工影响的建（构）筑物检测监测技术、隧道安全监测技术共10项技术。

（十）信息化技术

推动企业和项目层面实施信息化管理和信息化施工进程，建立企业物流、人流及资金流协同管理的信息化工作平台及数据库系统，对于促进建筑施工企业科技进步和管理水平提高意义重大。相比2010版，信息化技术整个大项都是新增技术，包括：基于BIM的现场施工管理信息技术、基于大数据的项目成本分析与控制信息技术、基于云计算的电子商务采购技术、基于互联网的项目多方协同管理技术、基于移动互联网的项目动态管理信息技术、基于物联网的工程总承包项目物资全过程监管技术、基于物联网的劳务管理信息技术、基于 GIS 和物联网的建筑垃圾监管技术、基于智能化的装配式建筑产品生产与施工管理信息技术共 9 项技术。

第二节 建筑工程新材料

尽管传统的土、石等材料的主导地位已逐渐被新型材料所弱化，但水泥混凝土、钢材、钢筋混凝土仍是不可替代的结构材料；新型合金、陶瓷、玻璃、有机材料、其他人工合成材料及各种复合材料等在建筑工程中占有越来越重要的位置。

一、高强度材料

一般高强度材料包括高强混凝土、高强度钢筋和高强度钢。

（一）高强度混凝土

一般把强度等级为 C60 及以上的混凝土称为高强混凝土，C100 强度等级以上的混凝土称为超高强混凝土。高强混凝土作为一种新的建筑材料，以其抗压强度高、抗变形能力强、密度大、孔隙率低的优越性，在大型复杂结构中得到广泛的应用。高强混凝土最大的特点是抗压强度高，为普通强度混凝土的 4~6 倍，故可减小构件的截面尺寸。在一定的轴压比和合适的配箍率情况下，高强混凝土框架柱具有较好的抗震性能，而且柱截面尺寸的减小，减轻了自重，对结构抗震有利，也可提高经济效益。

1. 优越性

1）在一般情况下，混凝土强度等级从 C30 提高到 C60，受压构件可节省混凝土 30%~40%；受弯构件可节省混凝土 10%~20%。

2）高强混凝土比普通混凝土成本上要高一些，但由于减少了截面尺寸，结构自重减轻，这对自重占荷载主要部分的建筑物具有特别重要意义。由于梁柱截面尺寸缩小，在建筑上改变了肥梁胖柱的不美观问题，还增加了使用面积。以深圳贤成大厦为例，该建筑原设计用 C40 混凝土，改用 C60 混凝土后，其底层面积增大了 1060m²，经济效益十分显著。

3）由于高强混凝土的密实性能好，抗渗、抗冻性能均优于普通混凝土。因此，国外高强混凝土除应用于高层和大跨度工程外，还大量用于海洋和港口工程，它们耐海水侵蚀和海浪冲刷的能力大大优于普通混凝土，提高了工程使用寿命。

4）高强混凝土变形小，从而使构件的刚度得以提高，大大改善了建筑物的变形性能。

2. 配置要求

1）配制高强混凝土应采用具有较高的 C_3S 含量和细度（表面积 3500~4000m²）特性的硅酸盐水泥、普通硅酸盐水泥或火山灰质硅酸盐水泥，水泥强度等级应是相对应的混凝土强度等级的 0.9~1.5 倍，且水泥用量必须控制在一定范围内。

2）配制高强混凝土必须采用强度指标大于 2.0 的表面粗糙、干净无粉尘的立方体碎石，最好采用密致的花岗石、辉绿石、大理石等骨料，粒径必须坚实并带有棱角，粒径必须在 10~35mm。

3）配制高强混凝土，必须采用细度模数为 2.5~3.0 洁净的砂，并尽可能降低含水率。

4）配制高强混凝土必须采用 pH>4 的干净水，水灰比必须在 0.28~0.35。

5）配制高强混凝土应采用 NNO、MF 等高效减水剂。

总之，配置高强混凝土要注意：①要精选水泥、骨料等各项原材料；②必须要掺用高效减水剂，以降低用水量和水灰比；③要掺用优质的矿物掺合料，以改善水泥石和界面区的微结构，提高致密性和胶结强度；④要仔细选择配合比，确定合理的砂率和水灰比，以降低水泥用量并提高混凝土的强度；⑤严格控制施工质量，做好早期养护，才可能实现高强混凝土的有效配制。

3. 养护

高强混凝土浇筑成型后，应及时用塑料薄膜等对混凝土暴露面进行覆盖，防止表面水分损失。混凝土初凝前，应掀起覆盖物，用抹子抹压表面至少两遍，平整后再次覆盖。

高强混凝土的潮湿养护方式包括蓄水、浇水、喷淋洒水或覆盖、充水、保湿等，养护水温与混凝土表面温度之差不宜大于 20℃；潮湿养护时间不宜少于 10 天。

（二）高强钢筋

高强钢筋用于钢筋混凝土和预应力钢筋混凝土，包括光圆钢筋、带肋钢筋、扭转钢筋，其强度等级为 400MPa 和 500MPa，甚至更高。

高强钢筋常见种类如下：

（1）微合金热轧带肋钢筋　通过添加钒（V）、铌（Nb）等合金元素，可以显著提高钢筋的屈服强度和极限强度，同时延性和施工适应性能得到提高。缺点是由于加入了合金元素，回炉后，钢水中含有大量合金，二次使用时轧制质量不稳定，分离合金技术不成熟，分离成本高。

（2）高延性冷轧带肋钢筋　热轧圆盘条经冷轧成型及回火热处理获得的具有较高延性的冷轧带肋钢筋。其生产工艺增加了回火热处理过程，有明显的屈服点，强度和伸长率指标均有显著提高，可加工性能良好，而价格较低。其用作板类构件的受力钢筋和分布钢筋以及梁、柱中的箍筋、构造钢筋，既可减少钢筋用量，又可降低造价，社会效益和经济效益均十分明显。

（3）余热处理钢筋　在轧钢时进行淬水处理并利用芯部的余热对钢筋的表层实现回火，提高了钢筋强度并避免脆性，余热处理钢筋的牌号为 RRB。因为只需在轧钢最后过程中以淬水方式进行热处理，所以其成本最低，而强度能达到高强钢筋的要求，只是延性、可焊性及施工适应性相对较差。

（4）细晶粒热轧带肋钢筋　通过轧钢进行淬水处理并利用芯部的余热对钢筋的表层实现回火，以提高强度避免脆性的热轧带肋钢筋。该工艺既能提高强度又保持了较好的延性，达到了混凝土结构中使用高强钢筋的要求。细晶粒钢筋的牌号为 HRBF。缺点是需要较大的设备投入与较高的工艺要求，可焊性一般。

（5）牌号带后缀"E"的热轧带肋钢筋　有较高抗震性能的热轧带肋钢筋，如 HRB400E、HRB500E、HRBF400E 和 HRBF500E 等。其抗拉强度实测值与屈服强度实测值的比值不应小于 1.25，屈服强度实测值与屈服强度标准值的比值不应大于 1.3，且钢筋在最大力下的总伸长率（均匀伸长率）实测值不应小于 9%。

为落实国务院关于节能减排的工作部署，住建部、工业和信息化部联合出台《关于加快应用高强钢筋的指导意见》，要求在建筑工程中加速淘汰 335MPa 的钢筋，优先使用 400MPa 的钢筋，积极推广 500MPa 的钢筋。

（三）高强度钢

高强度钢的定义是相对于时代要求的技术进步程度而在变化的。一般讲，屈服强度在 1370MPa（140kgf/mm^2）以上，抗拉强度在 1620MPa（165kgf/mm^2）以上的合金钢称高强度钢。

按其合金化程度和显微组织分为低合金钢、中合金钢、高合金钢、超低碳钢和半奥氏体。

低合金钢：通过真空熔炼降低钢中杂质元素含量，改善钢的横向塑性和韧性，由于钢中合金元素含量较低，成本低，生产工艺简单。

中合金钢：在高温回火状态下有很高的强度和较满意的塑性和韧性，抗热性好，组织稳定等。

高合金钢：是在具有高韧性、低脆性转变温度的 9%Ni 型低温钢的基础上发展起来的。这类钢综合力学性能高。抗腐蚀性好，具有良好的工艺性能和焊接性能，广泛用于航空、航天和潜艇壳体等产品上。

超低碳钢：这类钢具有良好的成形性能、塑性、焊接性能和尺寸稳定性，热处理工艺也较简单，再加热时不出现像在低碳马氏体中发生的回火现象，用于航空、航天器构件和冷挤、冷冲压模具等。

区别于普通强度钢材，由于高强度钢材的屈服平台长度较短、屈服强度比较高，而无法达到抗震规范的要求，其变形能力的验证更加重要，随着高强度钢材在工程领域的逐渐推广应用，对其结构的承载能力、延性和抗震性能应该进行严格的计算。

二、高性能混凝土

高性能混凝土是一种新型高技术混凝土，是在大幅度提高普通混凝土性能的基础上采用现代混凝土技术制作的混凝土，它以耐久性作为设计的主要指标，并要保证其耐久性、工作性、适用性、强度、体积稳定性以及经济合理性。

高性能混凝土在配制上的特点是低水胶比，除选用优质原材料，如水泥、骨料外，还必须掺加足够数量的矿物细掺料和高效外加剂。

与普通混凝土相比，高性能混凝土具有如下独特的性能。

（1）高耐久性　其配置过程中与高效减水剂和矿物质超细粉配合使用，能够有效地减少用水量，减少混凝土内部的空隙，使混凝土结构安全可靠地工作 50~100 年以上。

（2）高工作性　高性能混凝土具有良好的流动性，不泌水，不离析，能在正常施工条件下保证混凝土结构的密实性和均匀性，所以也具有较优异的填充性。有些配合比恰当的大流动性高性能混凝土也有较好的自密实性。

（3）高强的力学性能　水灰比是影响混凝土强度的主要因素，高性能混凝土中掺入的高效减水剂可大幅度降低混凝土单方用水量，掺入矿物超细粉可以填充水泥颗粒之间的空隙，改善界面结构，提高混凝土的密实度和强度。

（4）低收缩　高性能混凝土的总收缩量与强度成反比。但早期收缩率随着早期强度的提高而增大；其体积稳定性较高，具有高弹性模量、低收缩与徐变、低温度变形。相对湿度和环境温度，仍然是影响高性能混凝土收缩性能的两个主要因素。

三、复合材料

复合材料是由两种或两种以上不同性质的材料，通过物理或化学的方法，在宏观（微观）上组成具有新性能的材料。各种材料在性能上互相取长补短，产生协同效应，使复合材料的综合性能优于原组成材料而满足各种不同的要求。复合材料是一种混合物，在很多领域都发挥了很大的作用，代替了很多传统的材料。按其结构特点分为如下四种。

（1）纤维增强复合材料　将各种纤维增强体置于基体材料内复合而成。如纤维增强塑料、纤维增强金属等。

（2）夹层复合材料　由性质不同的表面材料和芯材组合而成。通常分为实心夹层和蜂窝夹层两种。面材强度高、薄；芯材质轻、强度低，但具有一定刚度和厚度。

（3）细粒复合材料　将硬质细粒均匀分布于基体中，如弥散强化合金、金属陶瓷等。

（4）混杂复合材料　由两种或两种以上增强相材料混杂于一种基体相材料中构成。分为层内混杂、层间混杂、夹芯混杂、层内/层间混杂和超混杂复合材料。与普通单增强相复合材料比，其冲击强度、疲劳强度和断裂韧性显著提高，并具有特殊的热膨胀性能。

（一）纤维增强复合材料

纤维增强复合材料（Fiber Reinforced Polymer，或 Fiber Reinforced Plastic，简称FRP）是由增强纤维材料，如玻璃纤维、碳纤维、芳纶纤维等，与基体材料经过缠绕、模压或拉挤等成型工艺而形成的复合材料。根据增强材料的不同，常见的纤维增强复合材料分为玻璃纤维增强复合材料（GFRP）、碳纤维增强复合材料（CFRP）和芳纶纤维增强复合材料（AFRP），如图12-1所示。

a）　　　　　　　　　　　b）　　　　　　　　　　　c）

图 12-1　纤维增强复合材料
a）碳纤维　b）玻璃纤维　c）芳纶纤维

碳纤维是由有机纤维经过一系列热处理转化而成，含碳量高于90%的无机高性能纤维。具有优异的力学性能，既有碳材料的固有本性，又兼具纺织纤维的柔软可加工性，是新一代增强纤维。

碳纤维的比重不到钢的1/4。碳纤维树脂复合材料的抗拉强度一般都在3500MPa以上，是钢的7~9倍，抗拉弹性模量为23000~43000MPa，亦高于钢。碳纤维还具有出色的耐热性，可耐受2000℃的高温，具有低热膨胀系数和出色的抗热冲击性。

玻璃纤维增强复合材料以及芳纶纤维增强复合材料都具有独特的特性和作用。

纤维增强复合材料具有如下特点：

1）比强度高，比模量大。

2) 材料性能具有可设计性。

3) 抗腐蚀性和耐久性能好。

4) 热膨胀系数与混凝土的相近。

这些特点使得 FRP 材料能满足现代结构向大跨、高耸、重载、轻质高强以及在恶劣条件下工作的需要，同时也能满足现代建筑施工工业化发展的要求。

（二）新型水泥基复合材料

新型水泥基复合材料是以硅酸盐水泥为基体，以耐碱玻璃纤维、通用合成纤维、各种陶瓷纤维、碳和芳纶等高性能纤维、金属丝以及天然植物纤维和矿物纤维为增强体，加入填料、化学助剂和水经复合工艺构成的复合材料。常用的有纤维改性水泥基复合材料、地聚合物水泥基复合材料和环境友好水泥基复合材料，如图 12-2 所示。

a)   b)

图 12-2 纤维水泥材料

a) 纤维水泥 b) 碳纤维加固的楼板

（1）纤维改性水泥基复合材料 由砂、石、水泥水化产物组成的复合材料是一个非均质体系。其抗拉强度小、韧性差、耐化学腐蚀能力弱，为改善这些性能，可在拌制水泥基复合材料中加入少量纤维，制成纤维改性水泥基复合材料（FRC）。因此改善了抗拉性能，提高了抗折强度，韧性呈数量级增加，减少了收缩和收缩裂纹，也减小了截面尺寸，使构件轻型化。

根据加入成分不同，常用的纤维改性水泥基复合材料有钢纤维改性水泥基复合材料、玻璃纤维增强水泥基复合材料、碳纤维增强水泥基复合材料和聚丙纤维增强水泥基复合材料。

1）钢纤维改性水泥基复合材料具有抗裂、韧性和冲击较好的优良特性。

2）玻璃纤维增强水泥基复合材料广泛应用于非承重或半承重制品，特别适用于包裹钢结构来提高其防火性能。玻璃纤维增强水泥基复合材料可抑制开裂，配置在玻璃纤维改性水泥基复合材料中的高强钢筋，能够有效地避免锈蚀。可用于受动力作用的领域，如设备基础、海上构筑物等。此外，玻璃纤维网格布在保温系统中起着重要的结构作用，主要防止裂缝的产生，在保温系统中起到"软钢筋"的作用。

3）碳纤维增强水泥基复合材料抗碱性能好、质量轻、耐高温、耐磨损、导电和导热性好、具有优良的生物稳定性。碳纤维增强水泥基复合材料主要应用于高层建筑、大桥、码头、河坝、耐火、防震、静电屏蔽、导电以及波吸收等。常用于结构的加固。

4）聚丙纤维增强水泥基复合材料应用于无筋水泥混凝土、钢筋混凝土、加气水泥混凝土、喷射水泥混凝土、码头、防波堤桥墩的维护和修复。

（2）地聚合物水泥基复合材料　地聚合物中加入适量的碱性激活剂、促硬剂以及其他外加剂便得到新的一种无机胶凝材料——地聚合物水泥。

地聚合物水泥基复合材料具有优良的耐久性和低收缩性能，耐高温且隔热效果好，并且生产耗能低，生产原料来源广，基本不排放二氧化碳，是相当环保的一种新型材料。其还具有快硬高强的特性，可用于机场跑道、通信设施、道路桥梁、军事设施的抢修抢建。由地聚合物抢修的路面，1 小时可步行，4 小时可通车，6 小时可供飞机起降。

（3）生态种植水泥基复合材料　生态种植水泥基复合材料是指能够适应绿色植物生长，又具有一定防护功能的混凝土及其制品。

生态种植水泥基材料的结构如图 12-3 所示，由 3~6cm 厚的表土层和约 30cm 厚的多孔混凝土组成。用单一粒径骨料、河沙、石膏等作为混凝土原料，并把保水材料和肥料填充入多孔混凝土的孔隙中。用泥煤作保水材料，把肥料、水、增黏剂一起做成泥水液，使其流入孔隙；用锯末、活性炭和水的混合物填充载体。

图 12-3　生态种植水泥基复合材料结构图

生态种植混凝土的结构必须有连续的孔隙，孔隙率为 20%~30%，孔径为 8~10mm，便于植物生长。其含植物生长所需的水分、肥料以及适合植物的酸碱度。生态种植混凝土既能固化边坡又能美化环境，还有很多环境友好的水泥基材料，例如海洋生物适应性水泥基材料、用于水质净化的水泥基材料、透水性能的水泥基材料、声音屏蔽的水泥基材料、光催化的水泥基材料等。

新型水泥基复合材料比一般混凝土的性能有所提高，已广泛用于公路路面、机场道面、桥面、防水屋面、工业地坪，以及水工、港口、海洋工程、隧道、涵洞、建筑结构、抗震及节点工程、国防抗爆与弹道工程等。

四、绿色环保建筑材料——绿色混凝土

绿色环保建筑材料是指绿色天然、环保安全的建筑材料，在原料选取、产品制造、使用或者再循环以及废料处理等环节中，对地球环境负荷最小和有利于人类健康的材料，也称之为"环境调和材料"。

绿色混凝土是指既能减少对地球环境的负荷，又能与自然生态系统协调共生，为人类构造舒适环境的混凝土材料。与传统的混凝土材料相比具有更优秀的强度和耐久性，与自然环境有很好的协调性，能减轻对地球环境系统的负荷，能够为人类提供温和、舒适、便捷的生存环境。

绿色混凝土主要分为绿色高性能混凝土、再生骨料混凝土、机敏型混凝土等。

（一）绿色高性能混凝土

绿色高性能混凝土种类繁多，常见的有纳米混凝土和自密实性混凝土。其配制过程中使用各种化学、矿物质外加剂，尽量多用工业废料而尽量减少水泥熟料的应用。如北京 T3 航站楼结构部分由大量的 C60 清水混凝土浇筑的约 3 万 m^3 的清水柱、清水箱梁，拆模后混凝土外观光滑，颜色均一，极少有气泡，产品性能的稳定性得到了一致认可。

（二）再生骨料混凝土

再生骨料混凝土是指以废混凝土、废砖块、废砂浆作骨料，加入水泥砂浆拌制的混凝土。可节省建筑原材料的消耗，保护生态环境，有利于混凝土工业的可持续发展。

再生骨料与天然骨料相比，孔隙率大、吸水性强、强度低，因此再生骨料混凝土与天然骨料配置的混凝土的特性相差较大，这是应用再生骨料混凝土时需要注意的问题。所以要控制再生细骨料的掺入比例，采用预湿再生细骨料控制混凝土坍落度损失，其次还要注意水胶比的问题。

（三）机敏型混凝土

机敏型混凝土是在传统水泥基复合材料的基础上复合智能型组分，如把传感器、驱动器和微处理器等置入水泥基复合材料中，使水泥基复合材料成为既承受荷载又具有自感知和记忆、自适应、自修复等特定功能的多功能材料。

机敏型混凝土包括自诊断智能混凝土、自调节智能混凝土和自修复机敏混凝土，如图 12-4、图 12-5 所示。

图 12-4 自修复机敏混凝土

图 12-5 自诊断智能混凝土

1）自诊断智能混凝土具有压敏性和温敏性等性能。在混凝土基材中掺入部分导电相组分制成的复合混凝土，可具备自感应性能。目前常用的导电组分可分为 3 类：聚合物类、碳类和金属类，而最常用的是碳类和金属类。碳类导电组分包括石墨、碳纤维及炭黑；金属类材料则有金属微粉末、金属纤维、金属片及金属网等。

2）自调节机敏混凝土具有电力效应和电热效应等性能。自调节机敏混凝土的力电效应、电力效应是基于电化学理论的可逆效应，因此可以在一定范围内对它们实施变形调节。例如，对于平整度要求极高的特殊钢筋混凝土桥梁，可通过机敏混凝土的电热和电力自调节功能进行调节由于温度自重所引起的蠕变。

3）混凝土结构在使用过程中，大多数结构是带裂缝工作的。含有微裂纹的混凝土在一定的环境条件下是能够自行愈合的，但自行愈合有其自身无法克服的缺陷，受混凝土的龄期、裂纹尺寸、数量和分布以及特定的环境影响较大，而且愈合期较长。国外研究混凝土裂缝自愈合的方法是在水泥基材料中掺入特殊的修复材料，使混凝土结构在使用过程中发生损伤时，自动利用修复材料（胶粘剂）进行恢复甚至提高混凝土材料的性能。

五、建筑装饰材料

（一）液体壁纸

液体壁纸是一种新型艺术涂料，是集壁纸和乳胶漆特点于一身的环保水性涂料。液体壁纸无毒无味、绿色环保、有极强的耐水性和耐酸碱性、不褪色、不起皮、不开裂，确保使用十五年以上。具有以下的优点：

（1）光泽度好　采用高新技术和独特的材料，做出的图案不仅色彩均匀、图案完美，而且极富光泽。无论是在自然光下，还是在灯光下，都能显示其卓越不凡的装饰效果，这是同类产品所不能及的。

（2）施工简便迅速　最新研制的模具和施工方法，产品的施工速度更快、效果更好、材料更省。尤其是独创的印花施工方法。

（3）产品系列齐全　产品有印花、滚花、夜光、变色龙、浮雕五大产品系列、上千种图案及专用底涂供顾客选择，花色不仅有单色系列、双色系列，还有多色系列。能够最大限度满足不同顾客的需求。

（4）产品别具特色　新换代的印花壁纸漆图案效果栩栩如生，市场上绝无仅有。独特的滚花系列不仅图案更美、品质更优，而且施工更快，模具无损耗，能为代理商节约不少成本。

（5）易清洗　液体壁纸不容易刮坏、易清洗、防潮和不开裂。

液体壁纸采用丙烯酸乳液、钛白粉、颜料及其他助剂制成。胶粘剂选用无毒、无害的有机胶体，是真正天然、环保的产品。液体壁纸是水性涂料，因此也具有良好的防潮、抗菌性能，不易生虫，不易老化等众多优点。

（二）无水型粉刷石膏

无水型粉刷石膏是粉刷石膏的一种，它是用天然无水石膏为原料添加一定量的辅助原料制作而成。该产品具有呼吸功能，能巧妙地将室内湿度控制在适宜范围之内；又是理想的防火材料，能有效地阻止火焰的蔓延，防火能力可达 4 小时以上，具有出色防火性能；施工后的墙面可以隔声 20~52dB，同时也是一种良好的吸声材料；产品作为室内建筑装饰装修材料，具有良好的保温性能；施工效率高，易于机械化施工。

粉刷石膏是一种白色粉末状气硬性材料，遇水后能在空气中很好硬化，且硬化后具有一定的强度，是一种适用于内墙抹灰的胶凝材料，具有良好的物理性和可操作性，使用时无须界面处理，落地灰少，抹灰效率高、节省工时、抹灰综合造价低，可有效防止灰层空鼓、开裂、脱落，具有优良的性价比。

（三）软石地板

软石地板是新型建筑装饰材料的新宠，是以天然大理石粉及多种高分子材料合成的新一代高档建筑装饰材料。从结构上分为同质透心片材、半同质透心片材和多层复合片材，如图 12-6 所示。

图 12-6　软石地板

软石地板采用天然的大理石粉构成高密度、高纤维网状结构的坚实基层，表面覆以超强耐磨的高分子耐磨层，经上百道工序加工而成。它既有天然大理石的纹理，又有特殊的图案。质量合格的软石地板防火指标可达 B1 级，仅次于石材。由于其主要成分是乙烯基树脂，防潮作用显著；此外，软石地板表层的耐磨层还有特殊的防滑、耐用、耐磨等性能，是绿色环保的新型地面装饰材料。

第三节　深基础施工新技术

一、深基坑工程施工技术

（一）型钢水泥土复合搅拌桩支护技术（SMW 工法）

1. 技术优势

型钢水泥土复合搅拌桩支护技术又称加筋水泥地下连续墙工法，较传统深层搅拌桩，采用多轴深层搅拌桩机（SMW 搅拌桩机）施工，具有成桩桩体强度高，桩身均匀性、垂直性好，防水性能优良等优势，且通过在水泥土连续墙中插入型钢形成复合墙体，又改善了墙体受力性能。与常用的地下连续墙和钻孔灌注桩等施工方法相比具有挡水性强，周围环境影响小，工期短，造价低等优势。

2. 工艺原理

首先利用特制的多轴深层搅拌机（SMW 搅拌桩机）将施工场地原位土体切碎，然后从搅拌头处将水泥浆灌入土体并进行均匀搅拌，再通过连续的重叠搭接施工形成水泥土地下连续墙，最后在水泥土凝结硬化前将型钢插入墙体中形成复合墙体。

3. 技术要点

1）施工现场应先进行场地平整，清除搅拌桩施工区域的表层硬物和地下障碍物。现场道路的承载能力应满足桩机和起重机平稳行走的要求。

2）型钢的插入应符合下列要求：

① 必须采用牢固的定位导向架，在插入过程中应采取措施保证型钢垂直度，并与已插好的型钢可靠连接。

② 型钢宜依靠自重插入，当型钢插入有困难时可采取辅助措施下沉。严禁采用多次重

复起吊型钢并松钩下落的插入方法。

③ 当采用振动锤插入时，应通过监测以检验其对环境的影响。

④ 型钢的插入施工不应在六级及以上风力时进行。

3）型钢的拔除与回收应符合下列要求：

① 型钢拔除前水泥土搅拌墙与主体结构地下室外墙之间的空隙必须回填密实，并宜采用液压千斤顶配以起重机进行。

② 当基坑内外水头差不平衡时，不得拔除。

③ 周边环境条件复杂、环境保护要求高、拔除对其影响较大时，型钢不宜回收。

④ 回收型钢施工，应编制包括浆液配比、注浆工艺、拔除顺序等内容的施工安全方案。

4）采用型钢水泥土搅拌墙作为基坑支护结构时，基坑开挖前应检验水泥土搅拌桩的桩身强度，强度指标未达到设计要求时，应采取相应措施。

（二）冻结排桩法基坑支护技术

1. 技术优势

冻结排桩法是以含水地层冻结形成的隔水帷幕墙为基坑封水结构，在通过基坑内排桩支撑系统为抵抗水土压力的受力结构，将冻结施工技术与排桩支护技术科学合理地结合起来，充分发挥各自优势，以满足大基坑围护要求。一般适用于大体积深基础开挖施工、含水量高的地基基础和软土地基基础以及地下水丰富的地基基础施工。

2. 工艺原理

冻结排桩法施工通过在基坑开挖前，根据基坑开挖深度利用钻孔灌注桩技术沿基坑四周超前施工一排灌注桩，并用现浇钢筋混凝土梁把排桩顶端固定在一起使排桩形成支撑结构体系，并在排桩外侧按设计要求施做一排冻结孔，同时在冻结孔外侧距其中心一定位置处插花布设多个泄压孔，然后利用人工冻结技术形成冻土墙隔水帷幕，与超前施做的排桩支护结构体系形成一临时支护结构，在此支护结构的保护下进行基坑开挖，并随着开挖深度的增加支设内支撑以保证结构稳定，最后浇筑垫层混凝土。

3. 技术要点

冻结过程中土体体积膨胀将对排桩产生较大的水平冻胀压力；排桩靠基坑内侧基坑在开挖过程中与空气接触后，温度将急剧升高，而另外一侧与冻土墙体接触温度较低，将因此产生温度应力；针对上述问题应加强工程检测，以保证安全。

（三）逆作法施工技术

1. 技术内容

逆作法是施工高层、超高层建筑、多层地下室或其他多层地下结构的一种施工方法。其通过先沿建筑物地下室外墙轴线施工地下连续墙，或沿基坑的周围施工其他临时围护墙，同时在建筑物内部的有关位置浇筑或打下中间支承桩和柱，作为施工期间于底板封底之前承受上部结构自重和施工荷载的垂直承重构件；然后施工逆作层的梁板结构，作为地下连续墙或其他围护墙的水平支撑，随后逐层向下开挖土方和浇筑各层地下结构，直至底板封底；同时，由于逆作层的楼面结构先施工完成，可采用地上与地下结构同时施工或由上而下分布依次开挖和构筑地下结构体系，主要适用于建筑群密集、相邻建筑物较近、地下水位较高、地下室埋深大和施工场地狭小的高层、超高层建筑。按围护结构的支撑方式逆作法又可分为全逆作法、部分逆作法和分层逆作法。

2. 施工要求

1）逆作法施工前应对场地进行岩土工程勘察，对周边相邻建筑物（构筑物）、地下管线进行调查，取得相关技术资料。

2）地下连续墙单元槽段长度应根据槽壁稳定性及钢筋笼起吊能力划分，宜控制在 4～8m；施工前宜进行成槽试验，确定施工工艺流程和槽段长度、泥浆比重、混凝土配合比、导管内初存混凝土量、导管内混凝土控制高度等各项技术参数。

3）排桩可采用人工、机械等多种工艺成孔，宜采取间隔法施工。

4）排桩的钢筋笼在绑扎、吊装和安放时，应保证钢筋笼的安放方向与设计方向一致；在冠梁施工前，应将地下连续墙或排桩上部的混凝土浮浆凿除。

5）土方开挖宜采用小型挖土机与人工挖土相结合，地下连续墙与中间支撑柱周边的土方应采用人工挖土；土方运输宜采用传送带或小型提升设备；在开挖时，地下水应降至开挖面 0.5m 以下。

6）土方开挖时应根据柱轴网轴线和实际情况设置足够通风口及地下通风、换气、照明和用电设备。

7）梁板下土方应在混凝土的强度达到设计要求后开挖，挖出的土应及时运走，禁止堆放在楼板上以及基坑周边。

8）水平结构施工时应优先利用土胎模，当土质不能满足要求时，应采用其他支撑方式浇筑梁板水平结构，并应复核围护结构在此工况下的稳定性和安全性。

9）当采用型钢或钢管柱做支撑时，支撑柱与梁之间的连接可采用钻孔法。钻孔法施工时每穿过一根钢筋应立即将孔的双面满焊封严，然后在钻下一个孔、穿筋；当采用钢板传力法连接时，钢板与型钢宜采用竖向焊接，焊缝应满足设计要求，梁的钢筋与传力钢板之间的焊接件应进行抗拉强度试验。

（四）装配式支护结构施工技术

1. 技术内容

装配式支护结构是以预制构件为主体，现场装配成为支护结构。与常规支护手段相比，具有造价低、工期短、质量易于控制等特点，大大降低了能耗、减少了建筑垃圾，有较高的社会效益、经济效益与环保作用。市场上较为成熟的装配式支护结构有：预制桩、预制地下连续墙结构、预应力鱼腹梁支撑结构等。

预制桩作为基坑支护结构使用时，主要是采用常规的预制桩施工方法，如静压或者锤击法施工，还可以采用插入水泥土搅拌桩，TRD 搅拌墙或 CSM 双轮铣搅拌墙内形成连续的水泥土复合支护结构。

预制地下连续墙技术即按照常规的施工方法成槽后，在泥浆中先插入预制墙段、预制桩、型钢或钢管等预制构件，然后以自凝泥浆置换成槽用的护壁泥浆，或直接以自凝泥浆护壁成槽插入预制构件，以自凝泥浆的凝固体填塞墙后空隙和防止构件间接缝渗水，形成地下连续墙。采用预制的地下连续墙技术施工的地下墙面光洁、墙体质量好、强度高，并可避免在现场制作钢筋笼、浇筑混凝土和处理废浆。

预应力鱼腹梁支撑技术，由鱼腹梁、对撑、角撑、立柱、横梁、拉杆、三角形节点、预压顶紧装置等标准部件组合并施加预应力，形成平面预应力支撑系统与立体结构体系。支撑体系的整体刚度高、稳定性强。本技术能够提供开阔的施工空间，使挖土、运土和地下结构施工便捷，不仅显著改善地下工程的施工作业条件，而且大幅减少支护结构的安装、拆除、土方开挖和主体结构施工的工期和造价。

2. 施工要求

（1）预制桩

1）宜采用静压、植入、中掘法施工。当局部静压法施工困难或邻近建构筑物基础、管线对挤土效应影响敏感时，可采用引孔施工工艺，并采用间隔成桩的施工工序，其中引孔孔径不应大于桩直径或边长0.8倍。

2）桩位偏差不应大于50mm，垂直度偏差不应大于1/100，桩底标高应符合设计要求。

3）接桩宜采用套箍连接或焊接后再套箍连接方法。

4）施工前应检查预制桩外观质量、校核桩位；施工中应检查焊接质量、垂直度；施工后应检测桩身完整性。

（2）预制地下连续墙

1）通常预制墙段厚度较成槽机抓斗厚度小20mm左右，常用的墙厚有580mm、780mm。一般适用于9m以内的基坑。

2）应根据运输及起吊设备能力、施工现场道路和堆放场地条件，合理确定分幅和预制件长度，墙体分幅宽度应满足成槽稳定性要求。

3）成槽顺序宜先施工L形槽段，再施工一字形槽段。

4）相邻槽段应连续成槽，幅间接头宜采用现浇接头。

（3）预应力鱼腹梁支撑

1）型钢立柱的垂直度控制在1/200以内；型钢立柱与支撑梁托座要用高强螺栓连接。

2）施工围檩时，牛腿平整度误差要控制在2mm以内，且不能下垂，平直度用拉绳和长靠尺或钢尺检查，如有误差则进行校正，校正后采用焊接固定。

3）整个基坑内的支撑梁要求必须保证水平，并且支撑梁必须能承受架设在其上方的支撑自重和来自上部结构的其他荷载。

4）预应力鱼腹梁支撑的拆除是安装作业的逆顺序。

二、桩基施工技术

（一）灌注桩后注浆技术

1. 技术优势

灌注桩后注浆是在灌注桩成桩后一定时间，通过预设在桩身内的注浆导管及与之相连的桩端、桩侧处的注浆阀以压力注入水泥浆的一种施工工艺，通过浆液对桩端沉渣和桩端持力层及桩周泥皮起到渗透、填充、压密、劈裂、固接等作用来增强桩侧土和桩端土的强度，从而达到提高桩基极限承载力，减少桩基沉降的目的。在优化注浆工艺参数的前提下，可使单桩竖向承载力提高40%以上，桩基沉降减小30%左右；灌注桩后注浆施工技术主要有桩底后注浆、桩侧后注浆、复式注浆（桩底和桩侧同时后注浆）三类，通常复式注浆效果高于桩底、桩侧后注浆。其适用于除沉管灌注桩外的各类泥浆护壁和干作业的钻、挖、冲孔灌注桩。当桩端及桩侧有较厚的粗粒土时，后注浆提高单桩承载力的效果更为明显。

2. 工艺流程

灌注桩后注浆的施工流程：①灌注桩施工，同时埋设后注浆管；②注浆设备选型及加筋软管与桩身注浆管连接安装；③打开排气阀并开泵放气调试；④关闭排气阀压清水开塞；⑤按设计水灰比拌制水泥浆液，待注浆管道通畅后压注水泥浆液；⑥施工质量检测。

3. 技术要点

（1）注浆管与管阀埋设　注浆管应沿钢筋笼周围对称布置，根数需根据设计及桩径大小确定，随同钢筋笼一起沉入钻孔。为保证管阀顺利进入桩底持力层，管阀应超出引导注浆管钢筋笼底端一定长度。

（2）浆液制备　采用与灌注桩水泥同强度等级的普通硅酸盐水泥与清水拌制成水泥浆液，浆液的水灰比应根据土的饱和度、渗透性设计确定。

（3）注浆　开塞后应立即注浆，且应连续进行，压力由小到大逐级增加。

（4）施工质量检测　注浆后桩通常要求保养至少25天，以便桩底浆液凝固，方可按规定采用弹性波反射法进行桩基检测。

（二）钻孔注浆桩技术

1. 技术优势

较传统桩基施工方法，钻孔注浆桩具有振动小、噪声低的施工特点，并且由于钻孔后的土柱和钻杆是被孔底的高压水泥浆置换后提出孔外，所以能在流沙、淤泥、砂卵石等地质条件下，采用水泥浆护壁顺利成桩。施工过程中的高压注浆又对周围土体有加固挤密作用，还解决了断桩、缩颈等问题。

与普通水下灌注桩施工工艺相比，钻孔注浆桩施工，不需要泥浆护壁，无泥皮，无沉渣，无泥浆污染，施工速度快，造价较低。适用于地下水位较高，易塌孔，且长螺旋钻孔机可以钻进的地层。

2. 工艺流程

钻孔注浆桩通过长螺旋钻机钻孔至设计标高，利用混凝土泵将超流态细石混凝土从钻头底压出，边压灌混凝土边提升钻头直至成桩，混凝土灌注至设计标高后，再借助钢筋笼自重或利用专门振动装置将钢筋笼一次插入混凝土桩体至设计标高，形成钢筋混凝土灌注桩。后插入钢筋笼的工序应在压灌混凝土工序后连续进行。该工艺还可根据需要在钢筋笼上绑设桩端后注浆管进行桩端后注浆，以提高桩的承载力。

3. 技术要点

1）注浆泵的工作压力应根据地质条件确定，首次注浆压力一般为4~8MPa，二次补浆压力一般为2~4MPa。

2）制备浆液用的水泥宜采用强度等级不低于32.5的硅酸盐水泥或普通硅酸盐水泥，不宜使用矿渣水泥。

3）钻孔注浆桩的施工顺序应根据桩间距和土层渗透情况按编号顺序跳跃进行，或采用凝固时间间隔进行，桩孔间应防止窜浆。

（三）沉管灌注桩技术

1. 技术优势

沉管灌注桩是指利用锤击打桩法或振动打桩法，将带有活瓣式桩尖或预制钢筋混凝土桩靴的钢套管沉入土中，然后边浇筑混凝土（或先在管内放入钢筋笼）边锤击或边振动边拔管而成桩。前者称为锤击沉管灌注桩，后者称为振动沉管灌注桩。与预制桩相比，沉管灌注桩可节约钢材，有效降低成本，减少噪声污染，与灌注桩相比，施工工艺相对简单，施工效率高。

2. 工艺流程

沉管灌注桩主要施工顺序为：桩机就位，锤击（振动）沉管，上料，边锤击（振动）边拔管，继续浇筑混凝土，下钢筋笼，继续浇筑混凝土及拔管，最后成桩。

3. 技术要点

1）振动沉管灌注桩还可采用反插法施工以提高桩混凝土浇筑质量。反插法施工时，在桩管灌满混凝土后，先振动再开始拔管，桩管每拔升 0.5m，再下沉 0.3m 或每提升 1m，再下沉 0.5m，如此反复，直至桩全部拔出地面。此方法宜在较差的软土地基上应用，在坚硬土层中易损坏桩尖。

2）锤击沉管灌注桩劳动强度大，需特别注意安全，一般适用于黏性土、淤泥、淤泥质土、稍密的砂土和杂填土，不适于密实的中粗砂、砂砾石、飘石层。

3）振动沉管灌注桩适用范围除与锤击沉管灌注桩相同外，还可用于湿陷性黄土地基，但在坚硬砂土、碎石土中，即有坚硬夹层的土层中，因易损坏桩尖而不宜采用。

（四）螺杆桩技术

1. 技术优势

螺杆桩是采用螺杆桩机施工形成的一种桩身全部或部分带有螺牙的组合式灌注桩。其桩体采用了变截面的构造形状，在成孔过程中桩侧土体受到挤压、加密，桩的承载力由直杆段的侧阻力、螺纹段的抗剪力和桩端的端承载力组成，而螺纹段的抗剪力远远大于同等条件下的侧阻力，满足了附加应力的分布规律、应力分担比和刚度变化的要求，调整了土与桩之间的作用，使桩身受力和土体受力协调一致。螺杆桩一般适用于黏性土、粉土、砂土、碎（卵）石土、强风化岩层等地层，但不宜在软土和不稳定土层中使用。与预制桩相比，施工噪声低，无振动，对已施工的桩无影响；与传统灌注桩相比，无泥浆污染和弃土问题，如图 12-7 所示。

图 12-7 螺杆桩构造示意图

2. 工艺流程

螺杆桩主要施工顺序：桩位测量放线——桩机就位——钻机下钻——浇筑混凝土、提钻——安装钢筋笼——成桩——凿除桩头。

3. 技术要点

1）施工准备阶段应进行成桩工艺试验，以确定钻进速度、钻杆提升速度、混凝土坍落度、泵送速度、钢筋笼沉放工艺等工艺参数，且试桩数量不宜少于 3 根。

2）测量定位放线应按要求进行每处桩位的场地标高抄测工作，并应按设计要求做好桩顶标高的控制工作。

3）桩机就位后，应校正位置，钻杆垂直度允许偏差为桩长的 0.5%。

4）钻孔开始时，应关闭钻头阀门，向下移动钻杆至钻头触及地面时，启动电动机钻进。

5）螺杆桩成孔到达设计标高后，停止钻进，开始泵送混凝土，当钻杆芯管充满混凝土后，螺杆桩机反向旋转提升钻杆，提钻过程中应严格控制钻杆提升速度和旋转速度。与此同时高压泵送的细石混凝土应迅速填充由于钻杆同步旋转提升所产生的螺纹段空间。当钻杆提升至螺纹段顶面的设计高度时，钻杆应再次正向旋转或直接提升产生直桩，直至桩顶设计标高；在桩顶超灌量不宜小于50cm。

6）钢筋笼宜采用后置式安装。当钻头提至孔口时应停止泵送混凝土，将钻头提出，安放钢筋笼，并借助钢筋笼顶部的振动器，使钢筋笼下沉到预定深度。

7）所有螺杆桩达到设计强度后，宜使用风镐凿除桩头浮渣，直至新鲜混凝土为止，并应达到桩顶设计标高。

（五）竹节桩技术

1. 技术优势

先张法预应力混凝土竹节桩是桩身沿轴线方向有等间隔竹节状（环状）突起的环形截面的先张法预应力混凝土桩，简称竹节桩。竹节桩可分为普通强度竹节桩和高强度竹节桩。竹节桩通过对桩身截面进行变化，使桩身与土体接触更加紧密，提高了桩身侧摩擦力和桩基承载力，且施工方便，具有较好的经济性。

2. 工艺流程

1）在施工准备阶段应进行试沉桩，试沉桩数量不宜少于工程桩总数的1%且不得少于3根；对于场地较小，地层单一的工程，试沉桩数量不应少于2根。

2）应根据设计要求、岩土特性、施工场地周边环境，选择合适的沉桩工艺，如锤击法或静压法。

3）上、下节桩拼接成整桩时，可采用承插式连接、抱箍式连接或端板焊接等方式。

4）当采用静压法成桩时，应符合下列要求：

① 首节桩插入时，垂直度允许偏差为0.5%。

② 压桩时压桩机应保持水平。

③ 宜连续一次性将桩沉到设计标高，宜缩短中间停顿时间，应避免在接近持力层时接桩。

④ 终压标准应根据工程地质条件、设计承载力、设计标高、桩型及载荷试验成果等综合确定；在无试桩终压力与静载试验资料的情况下，终压力不宜小于2倍的桩承载力特征值。

5）当采用锤击法沉桩时，应符合下列要求：

① 桩锤和桩帽与桩圆周的间隙应为5~10mm。

② 桩锤和桩帽（送桩器）与桩顶面之间应加设弹性衬垫，衬垫厚度应均匀，且经锤击压实后的厚度不宜小于60mm，在打桩期间应经常检查，并及时更换和补充。

③ 首节桩打入时，垂直度允许偏差为0.5%，桩锤、桩帽或送桩器应与桩身在同一中心线上。

④ 宜连续一次性将桩沉到设计标高，确需停锤时尽量减少停锤时间，停歇时间不得超过30min。

⑤ 沉桩时，桩顶应有排气孔，当管内充满水时应先排水后才能继续施工，管内大量涌土时应采取相应处理措施。

6）施工完成后的桩应采取措施封住管口；送桩遗留的孔洞，应立即回填或覆盖。

7）禁止采用将上下节桩轴线形成夹角的方法调整上节桩的垂直度。

第四节　模板脚手架施工新技术

一、模板工程施工新技术

（一）铝合金模板技术

1. 技术特点

铝合金模板是由铝合金材料制作而成的模板，包括平面模板和转角模板等。与钢模板相比自重轻、减轻了工人劳动强度，安装拆除速度快；承受压力的条件好，周转次数多，大大提升了施工进度；模板之间是用销钉固定连接，拼装拆除方便快捷；铝合金模板在拆除后混凝土表面成型质量很好，容易达到免抹灰甚至清水混凝土效果，有效防治了墙面抹灰空鼓、裂缝的质量通病；铝合金模板标准板和局部非标准板可定型化设计及在工厂工业化生产加工，旧模板废料回收再加工价值高，均摊成本优势明显，符合建筑产业化和绿色施工要求。

2. 工艺原理

铝合金模板支撑系统采用铝合金型材做背楞，模板之间利用专用销钉和螺栓等组件固定连接，立杆可采用普通扣件式或碗扣式钢管脚手架。本模板体系经专业排板设计，在工厂按图生产并进行预拼装，依靠模板系统的支撑、连接装置，将各单件、定型铝合金模板按方案组装成主体结构混凝土构件成型所需形状的、稳定可靠的模板系统；利用可调斜撑调整模板的垂直度、竖向可调支撑调整模板的水平标高，穿墙对拉螺栓及背楞保证模板体系的刚度及整体稳定性，满足混凝土结构构件浇筑成型需要。

3. 技术要点

1）根据设计图纸深化设计铝合金模板制作及装配图，并在楼层标明模板编号及位置。模板运至施工现场后，应全面核对模板及异型构件铝模板编号。

2）铝合金模板安装前应涂刷铝合金模板专用脱模剂。

3）铝合金模板支撑系统可采用带有早拆头的可调支撑作为立杆，实现部分水平构件模板可提前拆除。

4）内墙柱模板并不直接与下部混凝土楼板接触，应在其离板面约 10mm 空隙垫木方或用水泥砂浆找平，防止底部漏浆烂根，影响混凝土成型质量。

5）墙柱模板应从外围阴、阳角部位开始安装，先装外墙、再装内墙，先装角模，后装大面，单元板与单元板、单元板与边角板等构件之间采用钢插销连接牢固，模板内侧应紧靠限位钢筋并与墙柱边线对齐。

6）在安装外墙模板时，先将外围导墙板安装固定在混凝土结构上，使外墙模板的重量支撑在导墙板上。墙模板安装完毕后，安装斜向支撑，对墙模板的水平标高及垂直度进行调整，最后拧紧穿墙螺栓。

7）梁板铝合金模板的安装：墙柱模板垂直校正后，根据梁的位置和跨度，按设计图纸的要求安装梁底模板、模板顶撑。将梁底模板支撑在墙柱模板预留的梁缺口上，梁底支撑随梁底模安装，并连接可靠，然后安装梁侧模并校正侧模垂直度；随后安装墙顶边模和梁角模，再开始安装板顶支撑、楼面龙骨，楼面模板，平行逐件排放，先用销子临时固定，最后统一拧紧。对跨度不小于 4m 的梁、板，其模板起拱高度宜为梁、板跨度的 1/1000～3/1000。板顶模板安装后，用水平仪检测梁板模板的平整度，不平的地方通过调节顶撑的高度使模板的水平度在允许范围内。

8）铝合金模板安装完成后，加强对所有墙柱、梁板模板的平整度与垂直度的校核工作。校核完成后，在墙柱模板上加背楞以及在转角处设置直角背楞，并用高强螺栓固定，确保墙身对拉螺栓拧紧。

（二）钢筋桁架楼承板技术

1. 技术特点

钢筋桁架楼承板是属于无支撑压型组合楼承板的一种。实现了工厂工业化生产，有利于钢筋排列间距均匀、混凝土保护层厚度一致，提高了楼板的施工质量。装配式钢筋桁架楼承板可显著减少现场钢筋绑扎工程量，加快施工进度，增加施工安全保证；装配式模板和连接件拆装方便，可多次重复利用，节约钢材，符合国家节能环保的要求，实现绿色施工。

2. 工艺原理

通过工厂设备将钢筋弯曲、焊接成钢筋桁架（由上弦、下弦和腹杆组成），通过可拆卸的弯钩连接件将钢筋桁架与冷轧或镀锌压型钢板底模连接，在施工现场将整体式的钢筋桁架楼承板铺设在钢梁上，通过铝拉铆钉将相邻底模连接，底模与边梁及立柱的连接则通过预埋构件或焊接构件铆钉固定，再将支座竖筋与预埋构件焊接，横向钢筋与立柱及剪力墙钢筋焊接，然后进行附加钢筋及管线的安装，便可浇筑混凝土，形成钢筋桁架混凝土现浇板，待混凝土强度达到要求后，取下弯钩连接件，便可取下钢筋桁架楼承板的底模，清理表面残渣及调整后，即可实现底模的重复使用。

底模可拆的钢筋桁架楼承板施工工艺流程如图 12-8 所示。

图 12-8 底模可拆的钢筋桁架楼承板施工工艺流程

3. 技术要点

1）检查进场钢筋桁架、底钢模、连接件及模板上小孔的外观质量、几何尺寸应符合相关要求。弯钩连接件应保证弯钩转动灵活，铆钉尾端应能自如张开翻卷，铆合后须保证扳手侧边平直，弯钩能灵活转动至装配位。

2）钢筋桁架楼承板组装。将钢筋桁架按设计要求的规格、间距、位置摆放在特制的压型钢板底模上，钢筋桁架下弦钢筋与钢底模上成排的预留钻孔准确对齐，再用专用弯钩工具逐个使弯钩连接穿孔后将腹杆钢筋与钢底模牢固钩住，形成钢筋桁架楼承板。装配完毕后应逐个检查连接件是否扣紧，保证装配质量可靠。

3) 在施工楼层钢筋混凝土梁侧模板安装前，将楼板钢筋桁架模板运输至安装位置，采用角钢或槽钢制作的专用吊架配合软带将钢筋桁架楼承板吊运到楼层就位，应轻起轻放、防止钢筋桁架楼承板受压碰撞变形。

4) 根据钢筋桁架楼承板安装方案，逐块铺设楼承板。应尽量将钢筋桁架的腹杆底脚放置于钢梁上翼缘，同时尽量保证底模板不搭接到钢梁上。钢筋桁架起始端和结束端深入钢梁的距离不小于 50mm。楼承板定位完成后随即将楼承板两端的下弦钢筋与钢梁面上的通长支座横筋点焊固定。在铺设过程中，每铺设一跨板都须按图标注尺寸校对，若有偏差须及时调整。

5) 楼承板板边之间的连接采用扣合搭接方式，搭接宽度为 10mm，板与板之间的拉钩连接应紧密，保证浇筑混凝土时不漏浆。

6) 钢柱角部、核心筒转角处、梁面衬垫连接板等平面形状变化处，可将板材两端切割，切割前应对要切割的尺寸进行放线并检查复核，切割后的板材端部仍需按照原来的要求焊接水平支座钢筋和竖向支座钢筋，若在节点中部切断，腹杆钢筋也需焊接在竖向钢筋上，就位后方可进行安装。

7) 在铺设一定面积后，应按设计要求设置楼板支座连接筋、加强筋和负筋等，并敷设楼板中管线。

8) 楼承板临时支撑系统。一般情况下，当楼板混凝土厚度不大于 150mm、楼板跨度不大于 2.0m 时，钢筋桁架楼承板仅需以两端简支的方式支撑即可，支点离墙（梁）约 20cm；否则，中部须增加一道临时支撑，各道支撑等间距排布。

9) 安装结束后、浇筑混凝土前，应对安装完毕的钢筋桁架楼承板进行验收，合格后方可浇筑混凝土。检查验收的主要内容有：①每个部位钢筋桁架模板的型号；②支座竖筋及板边是否与钢梁焊接；③支座竖筋是否与梁柱模板牢固连接；④桁架横向钢筋是否与梁柱钢筋焊接牢固；⑤钢筋长度及排列间距；⑥检验栓钉焊接质量、数量及间距；⑦板边是否有漏浆空隙；⑧钢筋桁架模板与剪力墙的连接；⑨临时支撑情况等。

（三）早拆模板施工技术

1. 技术特点

早拆模板施工技术是指利用早拆支撑头、钢支撑或钢支架、主次梁等组成的支撑系统。在底模拆除时的混凝土强度满足设计和相关规范要求时，保留一部分狭窄底模板、早拆支撑头和养护支撑，使拆除部分的构件跨度在规范允许范围内，实现大部分底模和支撑系统早拆的模板施工技术。

早拆模板技术大大减少了周转材料费用，降低施工成本，减少模板和木方的损耗，降低了对机械设备（塔式起重机等）以及其他辅助设备的依赖程度，缩短施工工期，提高了工程项目的模块化水平等，有着广阔的市场前景。

2. 工作原理

其工作原理就是"拆板不拆柱"，拆模时使原设计的楼板处于短跨（立柱状态小于2m）的受力状态，即保持楼板模板跨度不超过相关规范所规定的跨度要求，这样，只要当混凝土强度达到设计强度的 50% 时（约 3~4 天后）即可拆除楼板模板及部分支撑，而柱头顶板仍然支顶着现浇楼板；当混凝土强度达到设计要求时，再拆去全部竖向支撑。

模板早拆体系利用结构混凝土早期形成的强度、早拆装置及支架格构的布置，在缩小了的结构跨度内，实施两次拆除。第一次拆除部分模架，柱间、立柱及可调支座仍保持支撑状态，形成单向板或双向板支撑布局。

3. 主要技术内容

（1）早拆模板及支撑设计技术

1）早拆模板可以采用覆膜竹（木）胶合板模板、钢（铝）框胶合板模板、塑料模板和塑料（玻璃钢）模壳等。

2）支撑系统由早拆支撑头、钢支撑或钢支架、主次梁和可调底座等组成。

3）早拆柱头有螺杆式升降头、滑动式升降头和螺杆与滑动相结合的升降头三种形式，宜采用螺杆与滑动相结合的升降头。

4）主次梁可以选用木工字梁、工字形钢木组合梁、矩形钢木组合梁、几字形钢木组合梁、矩形钢管和冷弯型钢等。

5）支撑系统可以采用独立式钢支撑、插接式支架、盘销式支架、门式支架等。

（2）早拆模板施工技术

1）应根据工程结构平面设计图进行配模设计，编制模板工程施工组织设计和施工图，并对模板和主次梁的刚度和强度进行验算，对钢支撑或支架立杆的间距和稳定性进行计算。

2）计算出所需的模板、钢支撑或支架和主次梁的规格与数量。

3）制定确保质量和安全施工等有关措施。

4）制定支模和拆模工艺流程，早期拆模时间。

5）对面积较大的工程，可采取"小流水段"施工方法，提高模板使用效果。

（四）清水混凝土模板技术

1. 技术特点

清水混凝土是直接利用混凝土成型后的自然质感作为饰面效果的混凝土，可分为普通清水混凝土、饰面清水混凝土和装饰清水混凝土。清水混凝土表面质量的最终效果主要取决于清水混凝土模板的设计、加工、安装和节点细部处理。

清水混凝土模板是按照清水混凝土要求进行设计加工的模板技术；根据结构外形尺寸要求及外观质量要求，清水混凝土模板可采用大钢模板、钢木模板、组合式带肋塑料模板、铝合金模板及聚氨酯内衬模板技术等。根据工程对模板的平整度、光洁度、拼缝、孔眼、线条与装饰图案的要求，以及清水混凝土的饰面和质量要求，在使用清水混凝土模板时更应重视模板选型、模板分块、面板分割、对拉螺栓的排列和模板表面平整度等技术指标。

清水混凝土施工用的模板要求十分严格，需要根据建筑物进行设计定做，成本较高。

2. 工艺原理

清水混凝土模板先按照清水混凝土要求和施工工况进行专项设计，绘制模板图，由工厂或在现场专门进行材料选择、放样和模板制作，样板预拼装合格后进行安装、验收，清水混凝土浇筑完毕后及时养护，模板拆除过程中做好成品保护。

3. 主要技术内容

（1）清水混凝土制作

1）清水混凝土在配合比设计、制备与运输、浇筑、养护、表面处理、成品保护、质量验收方面都应按《清水混凝土应用技术规程》（JGJ 169—2009）的相关规定处理。

2）混凝土配合比设计和原材料质量控制每块混凝土所用的水泥配合比要严格一致，

砂、石的色泽和颗粒级配均匀。

3）新拌混凝土须具有极好的工作性和黏聚性，绝对不允许出现分层离析的现象。

4）对裸露的混凝土表面，应及时采用黏性薄膜或喷涂型养护膜覆盖，进行保湿养护。防止表面因失水而出现裂缝。

（2）清水混凝土模板设计

1）模板设计前应对清水混凝土工程进行全面深化设计，妥善解决好对饰面效果产生影响的关键问题，如明缝、蝉缝、对拉螺栓孔眼、施工缝、后浇带的处理等。

2）模板体系选择。选取能够满足清水混凝土外观质量要求的模板体系，具有足够的强度、刚度和稳定性；模板体系要求拼缝严密、规格尺寸准确、便于组装和拆除，能确保周转使用次数要求。

3）模板分块原则。在起重荷载允许的范围内，根据蝉缝、明缝分布设计分块，同时兼顾分块的定型化、整体化、模数化和通用化。

4）面板分割原则：应按照模板蝉缝和明缝位置分割，必须保证蝉缝和明缝水平交圈、竖向垂直。装饰清水混凝土的内衬模板，其面板的分割应保证装饰图案的连续性和施工的可操作性。

5）对拉螺栓孔眼排布。应达到规律性和对称性的装饰效果，同时还应满足模板受力要求。

6）节点处理。根据工程设计要求和工程特点合理设计模板节点。

（3）清水混凝土模板施工要点

1）模板安装时遵循先内侧、后外侧，先横墙、后纵墙，先角模、后墙模的原则。

2）吊装时注意对面板保护，保证明缝、蝉缝的垂直度及交圈；模板配件紧固要用力均匀，保证相邻模板配件受力大小一致，避免模板产生不均匀变形。

3）模板材料表面要平整光洁，强度高、耐腐蚀，并具有一定的吸水性。

4）门窗洞口模板宜采用木模板，支撑应稳固，周边应贴密封条，下口应设置排气孔，滴水线模板宜采用易于拆除的材料，门窗洞口的企口、斜坡宜一次成型。

5）施工中注意不撞击模板，施工后及时清理模板，涂刷隔离剂，并保护好清水混凝土成品。

（4）清水混凝土模板技术指标

1）饰面清水混凝土模板表面平整度 2mm。

2）普通清水混凝土模板表面平整度 3mm。

3）饰面清水混凝土模板相邻面板拼缝高低差 ≤0.5mm。

4）相邻面板拼缝间隙 ≤0.8mm。

5）饰面清水混凝土模板安装截面尺寸 ±3mm。

6）饰面清水混凝土模板安装垂直度（层高不大于 5m）3mm。

（五）液压爬升模板技术

1. 技术特点

液压爬升模板是依附在建筑结构上，利用自带的液压顶升系统随着结构施工而逐层爬升施工，不需要落地脚手架的一种模板施工技术。适用于高层、超高层建筑剪力墙结构、框架结构核心筒、桥墩、桥塔、高耸构筑物等现浇钢筋混凝土结构工程的液压爬升模板施工。

液压爬升模板按常规方法支模，配一层标准层模板，模板组装后一次到顶不落地；爬升稳定性好，可整体爬升，也可单体爬升；操作方便，安全性高，且可节省大量的工时和材料；爬升速度快，加快工程施工进度；一项工程完成后，模板、爬模装置和液压设备可继续在其他工程使用，周转次数多。

2. 工艺原理

液压爬升模板由模板系统、架体与操作平台系统、液压爬升系统、智能控制系统四部分组成。液压爬升模板装置通过承载体附着或支承在混凝土结构上，当新浇筑的混凝土脱模后，以液压油缸为动力，以导轨为爬升轨道，将爬模装置向上爬升一层，反复循环作业，如图12-9所示。

图 12-9　液压爬升模板
工作原理示意图

液压爬升系统有自动导向、液压升降、自动复位的锁定机构，能实现架体与导轨互爬的功能。

3. 主要技术内容

（1）液压爬升模板设计

1）采用液压爬升模板施工的工程，必须编制爬模安全专项施工方案，进行爬模装置设计与工作荷载计算。

2）根据工程具体情况，爬模技术可以实现墙体外爬、外爬内吊、内爬外吊、内爬内吊、外爬内支等爬升施工。

3）模板可采用组拼式全钢大模板及成套模板配件，也可根据工程具体情况，采用铝合金模板、组合式带肋塑料模板、重型铝框塑料板模板、木工字梁胶合板模板等；模板的高度为标准层层高。

4）模板采用水平油缸合模、脱模，也可采用吊杆滑轮合模、脱模，操作方便安全；钢模板上还可带有脱模器，确保模板顺利脱模。

5）爬模装置全部金属化，确保防火安全。

6）爬模机位同步控制、操作平台荷载控制、风荷载控制等均采用智能控制，做到超过升差、超载和失载的声光报警。

（2）液压爬升模板施工要点

1）爬模组装一般需从已施工2层以上的结构开始，楼板需要滞后4~5层施工。

2）液压系统安装完成后应进行系统调试和加压试验，确保施工过程中所有接头和密封处无渗漏。

3）混凝土浇筑宜采用布料机均匀布料，分层浇筑、分层振捣；在混凝土养护期间绑扎上层钢筋；当混凝土脱模后，将爬模装置向上爬升一层。

4）液压油缸额定荷载50kN、100kN、150kN，工作行程150~600mm，油缸机位间距不宜超过5m，当机位间距内采用梁模板时，间距不宜超过6m；油缸布置数量需根据爬模装置自重及施工荷载计算确定；油缸的工作荷载不应大于额定荷载的1/2。

5）爬模装置爬升时，承载体受力处的混凝土强度必须大于10MPa，并应满足爬模设计要求。

二、脚手架施工技术

(一)附着式升降脚手架

1. 技术特点

附着式升降脚手架是一种用于高层和超高层的外脚手架。只需搭设 4~5 层的脚手架并附着于工程结构上,依靠自身的升降设备和装置,可随主体结构施工逐层爬升,也可随装修作业逐层下降,具有防倾覆、防坠落和同步升降功能。附着式升降脚手架可按施工流水段进行分段分单元升降,便于流水交叉作业;依托主体结构安装,脚手承重架可在墙柱、楼板、阳台处连接,防坠落、防倾覆安全及导向装置完善,避免临空操作,安全可靠;4~5 层脚手架一次安装、一次拆除、多次进行循环升降,主体及装修均可使用,工效高、速度快,不需占用塔式起重机等垂直运输设备,节省人工、设备和材料,符合绿色施工要求;管理规范,可按设备进行管理,由专业公司和专业人员进行专业施工操作;液压或电动提升,可控性强。

2. 工艺原理及分类

附着式升降脚手架由架体结构、升降系统、动力设备、防倾装置、防坠装置及升降同步控制系统组成。附着式升降脚手架的基本原理是利用建筑物已浇筑混凝土的承载力将脚手架和专门设计的升降机构分别固定在建筑结构上,当升降时解开脚手架与建筑物的约束而将其固定在升降机构上,通过升降动力设备实现脚手架的升降,升降到位后,再将脚手架固定在建筑物上,解除脚手架与升降机构的约束。如此循环逐层升降。

按提升动力不同可分为电动式(低速环链电动提升机)、液压式两类;按架体结构和架体构架形式不同分为普通型、装配型两类;按防坠落方式不同分为格构式防坠、摩擦式防坠两类;按竖向主框架结构不同分为单片式竖向主框架、空间结构式竖向主框架两类。

3. 技术要求

1)构件可采用圆钢管、矩形钢管、型钢或铝合金制造;参与架体结构承力的附着装置、导轨、立杆、水平杆、主框架、水平桁架、上下吊点、防坠落装置等不宜采用强度低于 Q235 的钢材。防坠落装置的制动构件不得采用铸铁制造。

2)附着式升降脚手架架体结构、附着支承结构、防倾、防坠装置的承载能力应按概率极限状态设计法的要求采用分项系数设计表达式进行设计,并应进行以下设计计算。

① 竖向主框架构件强度和压杆的稳定计算。

② 水平支承桁架构件的强度和压杆的稳定计算。

③ 脚手架架体构架构件的强度和压杆稳定计算。

④ 附着支承结构构件的强度和压杆稳定计算。

⑤ 附着支承结构穿墙螺栓以及螺栓孔处混凝土局部承压计算。

⑥ 连接节点计算。

3)应设立可靠的防坠落、防倾覆和同步升降控制等装置确保附着式升降脚手架的安装、使用和拆除安全。防坠落装置能够在提升动力失效时迅速锁定在导轨或其他附墙点上;荷载控制系统或同步控制系统应采用无线控制技术。

4)附着式升降脚手架结构构造的尺寸要求。

① 架体高度不得大于 5 倍楼层高。

② 架体宽度不得小于 0.8m 且不得大于 1.2m。

③ 直线布置的架体支承跨度不得大于 7m，折线或曲线布置的架体，相邻两主框架支撑点处的架体外侧距离不得大于 5.4m。

④ 架体的水平悬挑长度不得大于 2m，且不得大于跨度的 1/2。

⑤ 架体全高与支承跨度的乘积不得大于 $110m^2$。

5）安装时应符合下列规定。

① 相邻竖向主框架的高差不应大于 20mm。

② 竖向主框架和防倾导向装置的垂直偏差不应大于 5‰，且不得大于 60mm。

③ 预留穿墙螺栓孔和预埋件应垂直于建筑结构外表面，其中心误差应小于 15mm。

④ 连接处所需要的建筑结构混凝土强度应由计算确定，但不应小于 C10。

⑤ 升降机构连接应正确且牢固可靠。

⑥ 安全控制系统的设置和试运行效果应符合设计要求。

⑦ 升降动力设备工作正常。

6）附着式升降脚手架每次升降前，应进行专项检查，经检查合格后，方可进行升降。升降操作应符合以下规定。

① 升降作业程序和操作规程。

② 操作人员不得停留在架体上。

③ 升降过程中不得有施工荷载。

④ 所有妨碍升降的障碍物应已拆除。

⑤ 所有影响升降作业的约束应已拆开。

⑥ 各相邻提升点间的高差不得大于 30mm，整体架最大升降差不得大于 80mm。

7）当采用环链葫芦作升降动力时，应严密监视其运行情况，及时排除翻链、铰链和其他影响正常运行的故障。当采用液压设备作升降动力时，应排除液压系统的泄漏、失压、颤动、油缸爬行和不同步等问题和故障，确保正常工作。

8）附着式升降脚手架应按设计性能指标进行使用，不得随意扩大使用范围；架体上的施工荷载应符合设计规定，不得超载，不得放置影响局部杆件安全的集中荷载。

9）螺栓连接件、升降设备、防倾装置、防坠落装置、电控设备、同步控制装置等应每月进行维护保养。

（二）承插型盘扣式钢管脚手架

1. 技术特点

1）安全可靠。立杆上的圆盘与焊接在横杆或斜拉杆上的插头锁紧，接头传力可靠；立杆与立杆的连接为同轴心承插；各杆件轴心交于一点。架体受力以轴心受压为主，由于有斜拉杆的连接，使得架体的每个单元近似于格构柱，因而承载力高，不易发生失稳。

2）搭拆快、易管理，横杆、斜拉杆与立杆连接，用一把铁锤敲击楔形插销即可完成搭设与拆除，速度快，功效高。全部杆件系列化、标准化，便于仓储、运输和堆放。

3）适应性强。除搭设一些常规架体外，由于有斜拉杆的连接，盘销式脚手架还可搭设悬挑结构、跨空结构、整体移动、整体吊装、拆卸的架体。

4）节省材料，绿色环保，杆件、配件定型化设计及在工厂工业化生产，施工中可减少连接扣件材料损耗等费用。

2. 工艺原理

承插型盘扣式钢管脚手架由立杆、水平杆、斜杆、插销、可调底座及可调托座等构配件构成。立杆采用套管或连接棒承插连接，水平杆和斜杆采用杆端扣接头卡入立杆上的连接盘，用楔形插销快速连接，形成结构几何不变体系的钢管脚手架。根据其用途可分为脚手架和支撑架两类，其中支撑架为浇筑混凝土构件或钢结构安装等而搭设的承力架体。

盘扣式钢管脚手架的立杆上每隔一定距离焊有圆盘，横杆、斜拉杆两端焊有插头，通过敲击楔形插销将焊接在横杆、斜拉杆的插头与焊接在立杆的圆盘锁紧。

承插型盘扣式钢管脚手架盘扣节点构造如图 12-10 所示。

图 12-10 盘扣节点图

1—连接盘 2—插销 3—水平杆杆端扣接头 4—水平杆 5—斜杆 6—斜杆杆端扣接头 7—立杆

3. 技术要求

1）承插型盘扣式钢管脚手架产品、施工及验收严格执行《建筑施工承插型盘扣式钢管支架安全技术规程》（JGJ 231—2010）的规定和要求。

2）承插型盘扣式钢管脚手架分为 $\phi60$ 系列重型支撑架和 $\phi48$ 系列轻型脚手架两种。

$\phi60$ 系列重型支撑架的立杆为 $\phi60 \times 3.2$ 焊管制成（材质为 Q345、Q235）；立杆规格有：1m、2m、3m，每隔 0.5m 焊有一个圆盘；横杆及斜拉杆均采用 $\phi48 \times 3.5$ 焊管制成，两端焊有插头并配有契形插销；搭设时每隔 1.5m 搭设一步横杆。

$\phi48$ 系列轻型脚手架的立杆为 $\phi48 \times 3.5$ 焊管制成（材质为 Q345）；立杆规格有：1m、2m、3m，每隔 1.0m 焊有一个圆盘；横杆及斜拉杆均为采用 $\phi48 \times 3.5$ 焊管制成，两端焊有插头并配有契形插销；搭设时每隔 2.0m 搭设一步横杆。

3）承插型盘扣式钢管支架主要构配件材质应符合表 12-1 要求。

表 12-1 承插型盘扣式钢管支架主要构配件材质

立杆	水平杆	竖向斜杆	水平斜杆	扣接头	连接套管	可调底座、可调托座	可调螺母	连接盘、插销
Q345A	Q235B	Q195	Q235B	ZG230-450	ZG230-450 或 20 号无缝钢管	Q235B	ZG270-500	ZG230-450 或 Q235B

4）水平杆和斜杆杆端扣接头与连接盘的插销连接应有可靠的防止退出、滑出和脱落措施。

5）承插型盘扣式钢管脚手架搭设高度不宜大于 24m。

（三）电动桥式脚手架技术

1. 技术特点

电动桥式脚手架是一种导架爬升式工作平台，沿附着在建筑物上的三角立柱支架通过齿轮齿条传动方式实现平台升降。

电动桥式脚手架可替代普通脚手架及电动吊篮，仅沿建筑物搭设一个立柱和可升降的操作平台，平台运行平稳，多重保险、使用安全可靠，装拆快速，可节约大量钢材，节省大量人工和材料。适用于建筑工程施工，特别适合装修作业。

电动桥式脚手架主要用于各种建筑结构外立面装修作业，已建工程的外饰面翻新，为工人提供稳定舒适的施工作业面；二次结构施工中围护结构砌体砌筑、饰面石材和预制构件安装，施工安全防护；玻璃幕墙施工、清洁和维护等。

2. 工艺原理

电动桥式脚手架由驱动系统、附着立柱系统和作业平台系统三部分组成。驱动系统由电动机、防坠器、齿轮驱动组、导轮组、智能控制器等组成；附着立柱系统由带齿条的立柱标准节、限位立柱节和附墙件等组成；作业平台由三角格构式横梁节、脚手板、防护栏、加宽挑梁等组成。如图 12-11 所示。

图 12-11 电动桥式脚手架示意图

3. 主要技术内容

（1）电动桥式脚手架设计

1）结合建筑物安装使用部位楼层结构线性特点、使用用途等进行专项配套设计。

2）底座地基应满足设计和设备使用承载力要求。

3）在每根立柱的驱动器上安装两台驱动电动机，负责电动施工平台上升和下降。

4）在每根立柱的驱动器上安装两台驱动电动机，负责电动施工平台的上升和下降；在每一个驱动单元上都安装独立的防坠装置，当平台下降速度超过额定值时，能阻止施工平台继续下坠，同时启动防坠限位开关切断电源。

5）当平台沿两个立柱同时升降时，附着式电动施工平台配有智能水平同步控制系统，控制平台同步升降。

6）电动桥式脚手架还采取最高自动限位、最低自动限位、超越应急限位等智能技术控制。

（2）电动桥式脚手架施工要点

1）根据工程结构图进行配置设计，绘制工程施工图，合理确定电动桥式脚手架的平面布置和立柱附墙方法，编制施工组织设计并计算出所需的立柱、平台等部件的规格与数量。

2）根据现场基础情况确定合理的基础加固措施，底座安装应牢固可靠。

3）平台自动调平系统应保证平台水平同步升降；平台工作面宽度为 1.35m，可伸长加宽 0.9m。

4）在整个机械使用期间严格按维修使用手册要求执行，如果出售、租赁机器，必须将维修使用手册转交给新的用户。

5）电动桥式脚手架维修人员需获得专业认证资格。

6）制定确保质量和安全施工等有关措施。

第五节　高层、超高层建筑施工技术

一、高层、超高层建筑施工新技术

（一）高层、超高层建筑施工测量技术

1. 技术特点

1）由于高层、超高层建筑层数多、高度高，其结构竖向偏差将直接影响工程受力和使用情况，因此在施工测量中要求竖向投测精度高。

2）高层、超高层建筑平面、立面和结构形式都较为复杂，故测量精度要求高，所需专用仪器性能要求高。

3）高层、超高层建筑工程量大、工期长，为保证工程的整体性和各局部施工的精度要求，在开工前要测设足够精度的场地平面控制网和标高控制网，并且由于施工现场布置变化较大，故也要求主要控制网点在整个施工期间能准确、牢固的保留至工程竣工，并交给建设单位继续使用。

4）由于高层、超高层建筑工期长，受环境、建筑材料性质、施工工艺、荷载变化等影响大，易产生变形，因此为了保证分部或结构整体竣工验收时达到规范要求，在施工测量中必须根据有关的规律预估和预留变形量，如测设标高时预留结构下沉量；控制高耸建筑物铅直度时，考虑日照变形影响等，对于特别重要的建筑可采用无线摄像监控方法，做到连续、全天候的观测，提供大容量的数据。

5）由于立体交叉作业，为保证施工工序之间的衔接与配合，施工测量工作要与设计、施工方面密切配合，事先充分准备，制定切实可行的测量方案。

2. 技术内容

（1）GPS测量技术　GPS系统是以24颗人造卫星和地面站为基础的无线电导航定位系统，它具有海、陆、空全方位实时三维导航和定位能力。其具有高精度、高效率、测站间无须通视、全天候作业、观测数据处理高度自动化、不存在误差积累等优势。GPS测量技术通过测量人员用GPS接收机在某一时刻同时接收三颗以上的GPS卫星信号，测量出测站点 P 至三颗以上GPS卫星的距离，并解算出该时刻GPS卫星的空间坐标，据此利用距离交会法解算出测站 P 的位置。需要注意的是，在GPS定位中，随着GPS卫星的高速运动，其坐标值随时间也在快速变化，因此需要实时地由GPS卫星信号测量出测站 P 至卫星之间的距离，实时地由GPS卫星的导航电文解算出卫星的坐标值，并进行测站点的定位。GPS测量技术依据定位测量方法的不同分为静态绝对定位和静态相对定位两种方法。

静态绝对定位方法是在接收机天线处于静止状态下，用以确定观测站绝对坐标的方法。这时由于可以连续地测定卫星至观测站之间的伪距，所以可获得充分的多余观测量，以便在测后通过数据处理提高定位精度。

静态相对定位方法是用两台接收机分别安置在基线的两端，同步观测相同的GPS卫星，以确定基线端点在协议地球坐标系中的相对位置或基线向量。同样，多台接收机安置在若干条基线的端点，通过同步观测 GPS 卫星可以确定多条基线向量。静态相对定位即设置在基线端点的接收机固定不动，通过重复观测取得充分的多余观测数据，以改善定位精度。静态相对定位一般均采用载波相位观测值为基本观测量，其测量精度能够基本满足施工控制网布设要求，被广泛用于大地测量、精密工程测量、地球动力学的研究和精密导航之中。

（2）智能全站仪技术 智能全站仪因其具有目标自动识别、精确瞄准目标、自动正倒镜测量、自动完成数据采录等也被称为测量机器人技术。智能全站仪可依靠机载软件自动观测记录水平角、垂直角和边长。依靠仪器的电动机驱动、自动识别并精确照准目标来实现控制网的自动观测，以减少人为因素引起的误差，在观测过程中程序自动判别归零差、2C 互差、指标差，同一方向各测回互差等测量数据是否超限。平面观测精度能够达到国家一等网，三角高程精度可代替国家二等水准测量。

（3）无人机技术 无人机系统全称无人机飞机系统能在最短的时间内获取最为全面、真实且准确的施工现场和周围测绘信息，具有灵活、高效、快速和成本低廉等特点。无人机技术的使用包括以下几个方面：施工现场像控点布设和测量、取得测区影像数据、空三加密以及数字测图。其中空三加密为内业，所输出内容为已经过加密处理的影像、记录影像大地坐标的文件资料。其使用步骤包括两个过程即遥感信息采集过程和遥感信息处理过程。遥感信息采集过程通过无人机遥感平台、飞行控制系统和地面监控系统实现机载飞控系统与数据链之间的链接功能，以在飞行过程中传递信息和数据。遥感信息处理系统通过对前期采集的遥感图像进行计算以最终建立三维立体模型。

（二）超高泵送混凝土施工技术

1. 技术特点

在建筑结构领域，通常将一次性泵送高度超过 200m 的混凝土泵送技术称为超高泵送混凝土技术。它具有工效高、劳动强度低和施工现场文明等特点，特别是近年来，随着高层、超高层建筑的增多，其得到了广泛运用。相对于中低层建筑，高层、超高层建筑因高度高、所需泵送压力大，所用混凝土强度高、黏度大造成泵送阻力大等原因，给混凝土泵送带来较大难度。因此，超高泵送混凝土技术是一项综合技术，包含混凝土制备技术、泵送参数计算、泵送设备选定与调试、泵管布设和泵送过程控制等内容。

2. 技术内容

（1）混凝土制备 超高层建筑用混凝土的配合比设计原则为在满足强度、耐久性要求下，做到经济合理并且具有良好的可泵性。因此在混凝土配合比设计时需考虑混凝土各组成材料与外加剂对于混凝土性能的影响。

1）水泥。水泥是混凝土材料的重要组成部分，其用量和等级直接影响混凝土各项性能，当水泥用量过大，会增加混凝土黏性，造成泵送阻力大，增加泵送难度；当水泥用量较少，则强度达不到要求。因此对于超高层混凝土应在满足强度设计要求下，尽量降低水泥用量，以增强混凝土的流动性，降低泵送难度，但减少量不宜过多，否则混凝土将离析和泌水造成堵管。

2）粗细骨料。粗骨料是混凝土中主要的受力材料，骨料的含泥量过大将导致混凝土流动性减弱，从而增大了混凝土与输送管的摩擦阻力，增大泵送难度。粗骨料应选择级配好的石子，并在设备选型时考虑与输送管的搭配，特别是要保证其最大直径与管道直径的比值小于 1∶5，否则易导致堵管；细骨料宜选用中砂，因为细砂会使混凝土变得黏稠，粗砂容易使混凝土离析。

3）坍落度。超高层混凝土为减小泵送难度，其坍落度宜大于 180mm，混凝土坍落度损失不应影响混凝土的正常施工，经时损失不宜大于 30mm/h，混凝土倒置坍落筒排空时间宜小于 10s。当泵送高度超过 300m，扩展度宜大于 550mm；泵送高度超过 400m，扩展度宜大于 600mm；泵送高度超过 500m 的，扩展度宜大于 650mm；泵送高度超过 600m，扩展度宜大于 700mm。

4）掺合料和外加剂。应采用性能优良的矿物掺合料，如矿粉、Ⅰ级粉煤灰、Ⅰ级复合掺合料或易流型复合掺合料、硅灰等，宜优先选用能降低混凝土黏性的矿物外加剂和化学外加剂，矿物外加剂可选用降黏增强剂等，化学外加剂可选用降黏型减水剂，可使混凝土获得良好的工作性；减水剂应优先选用减水率高、保塑时间长的聚羧酸系减水剂，必要时掺加引气剂，减水剂应与水泥和掺合料有良好的相容性。

（2）设备选型　混凝土泵送设备是超高层混凝土泵送施工的关键，其选取对超高层混凝土的施工起到至关重要的作用。泵送设备的选定应进行泵送参数的验算，包括混凝土输送泵的型号和泵送能力，水平管压力损失、垂直管压力损失、特殊管的压力损失和泵送效率等。对泵送设备与泵管的一般要求如下。

1）宜选用大功率、超高压的 S 阀结构混凝土泵，其混凝土出口压力满足超高层混凝土泵送阻力要求。

2）应选配耐高压、高耐磨的混凝土输送管道。

3）应选配耐高压管卡及其密封件。

4）应采用高耐磨的 S 管阀与眼镜板等配件。

5）混凝土泵基础必须浇筑坚固并固定牢固，以承受巨大的反作用力，混凝土出口布管应有利于减轻泵头承载。

6）输送泵管的地面水平管折算长度不宜小于垂直管长度的 1/5，且不宜小于 15m。

7）输送泵管应采用承托支架固定，承托支架必须与结构牢固连接，下部高压区应设置专门支架或混凝土结构以承受管道重量及泵送时的冲击力。

8）在泵机出口附近设置耐高压的液压或电动截止阀。

（3）管路布置　超高层泵送混凝土管路布置技术复杂，应根据施工现场情况和实际工程特点确定，并以减少软管和弯管用量、尽量缩短管线长度为布置原则。对于超高层建筑，由于泵送高度大，垂直输送管的用量较大，易于造成混凝土倒流现象，因此为减缓混凝土倒流影响，还应在垂直输送管道较多的部位配置相应长度的水平输送管。

根据输送管位置不同，管路布置方法可分为泵出口、垂直向上和水平管路布置。

泵出口管路布置通常有直接连接、U 形连接和 L 形连接三种方式。直接连接泵送阻力小，但随着高度增大，易造成混凝土倒流，因此不适合高度较大的建筑施工；U 形连接泵送阻力大，但混凝土倒流影响小，因此适用于高度较大建筑施工；L 形连接泵送阻力介于直接连接和 U 形连接之间，不过由于其在使用过程中会产生一个与泵机相互垂直的横向反力，所以其常用于水平泵送连接。

垂直向上与水平管路布置都应严格保证管路与混凝土结构间有可靠、牢固的连接，并应考虑施工便利减少对后续工作的影响。其中对于垂直向上管路布置还应每间隔一定距离设置混凝土泵管缓冲段，缓冲段可采用90°弯管组成，以减少混凝土对底部弯管的压力。对于水平管道，由于高压混凝土输送管道在工作完毕后不易拆除，故水平泵管应间隔一定距离布置活动管，以便于拆卸。

（4）施工要求 混凝土运输至现场时，应先对其可泵性是否良好进行试验判断，经检测合格后才可通过泵机进行泵送；泵送过程中，要实时检查泵车的压力变化、泵管有无渗水、漏浆情况以及各连接件的状况等，发现问题及时处理。泵送施工控制要求如下。

1）针对混凝土黏性好、凝结快的特点，应保持混凝土泵送的连续性，尽量使混凝土运输车的运输速度满足泵送要求，且混凝土由运输车向泵管中输送之前，应在车内反向高速旋转搅拌20~30s，以保证混凝土的均质性。

2）严格控制混凝土流动性及其经时变化值。

3）根据泵送高度适当延长初凝时间。

4）严格控制高压条件下的混凝土泌水率。

5）混凝土泵送速度应由慢到快，若泵机速度过快、油温升高且压力不稳定导致泵管剧烈晃动时，应立即停止泵送并查明原因，不得继续对其泵送，以免损坏泵机。

6）采取保温或冷却措施控制管道温度，防止混凝土摩擦、日照等因素引起管道过热。

7）弯道等易磨损部位应设置加强安全措施。

8）若堵管导致泵送困难，应立即进行短时间反泵，若反泵不能消除堵塞时，应立即停泵查找堵塞部位并清理。

9）泵管清洗时应妥善回收管内混凝土，避免污染或材料浪费。泵送和清洗过程中产生的废弃混凝土，应按预先确定的处理方法和场所，及时进行妥善处理，并不得将其用于浇筑结构构件。

（三）钢管混凝土结构施工技术

1. 技术特点

由不同力学性能的材料组成，在荷载作用下共同受力、变形协调的结构称为组合结构。钢管混凝土组合结构是指在钢管中填充混凝土而形成整体共同受力的结构形式，其较好地发挥了钢与混凝土两种材料优势，具有如下特点。

（1）组合构件承载力高 组合构件轴心受压时，由于紧箍效应，核心混凝土的强度大大提高，而钢管又能充分发挥强度作用，因而构件承载力提高。

（2）具有良好塑性和韧性 由于钢管的约束，扩大了核心混凝土弹性工作阶段，提高了破坏时塑性变形幅度。

（3）具有较好的经济效益 钢管混凝土组合构件相比于钢构件可节约钢材50%左右；与钢筋混凝土构件相比，在相同耗钢量下，可节约混凝土50%以上，减轻自重50%以上。

（4）施工方便，缩短工期 与钢构件比较，零部件少，钢管质量轻，可减少焊接工作量和焊接难度；与钢筋混凝土构件相比，可免除支模、绑扎钢筋和拆模等施工工序。

2. 技术内容

（1）钢管制作 钢管制作一般在工厂完成，钢管管肢选材优先考虑螺旋焊接管，也可采用滚床卷制的方法进行加工。当采用滚床卷制方法加工时，需要特别注意对焊缝的质量进行控制，最好采用自动焊。将钢管制成后，再进行与其余构件的拼装工作。

（2）管内混凝土施工 管内所用混凝土坍落度需根据混凝土浇筑工艺确定，对于C50

以上高强混凝土，当缺乏设计依据时，不应采用膨胀剂。管内混凝土浇筑可采用常规人工浇捣法、高位抛落无振捣法，以及泵送顶升法。

1）当采用人工浇捣法时，在浇筑混凝土前，应当首先浇筑一层水泥砂浆，用来封闭钢管管底，并且使自由下落浇筑的混凝土不致发生弹跳现象。当施工达到柱顶时，应使混凝土稍微溢出钢管，并迅速将留有排气孔的端板紧压在钢管管端，立即进行点焊，待混凝土硬化后再进行补充焊接。使用人工浇捣法时其一次浇筑高度不宜大于1.5m。

2）高位抛落无振捣法，是指将混凝土从高位顺钢管抛落，利用其动能达到振实混凝土的目的，免去了进行振捣的操作，其适用于管径不小于300mm，高度不小于4m的钢管混凝土构件浇筑。在采用此种方法施工之前，必须首先进行配比试验，以确定合理的配合比及水灰比，试验关键是要确保整个施工过程中混凝土都不会出现离析分层的现象。

3）混凝土泵送顶升浇筑法，是指在地面适当高度处安装进料支管，并将进料支管与混凝土泵的输送管相连，通过泵车供应混凝土，将其连续地、由下至上地筑入钢管的施工方式；采用这种方法进行施工，需要先在钢管管肢下端临时开设一个浇筑孔，并焊接一段短钢管，用于混凝土浇筑；另外，还需要在浇筑口部位设置"栅形阀"，目的是防止混凝土倒流。待浇筑混凝土终凝后，将浇筑口处的短钢管用火焰割去，将浇筑孔孔口处混凝土修整平滑，再喷水泥砂浆补强，并加贴盖板焊补完整。

管内混凝土的浇筑质量可用敲击钢管的方法检查。有穿心构件者应选取部分构件进行超声波检测。检测构件数不宜少于总构件数的25%，且不应少于3根。

（四）整体顶升钢平台模架体系

1．技术特点

整体顶升钢平台模架体系是指通过支承箱梁、顶升油缸及支承立柱支承在待浇筑混凝土楼层以下的结构上的模架平台，将挂架与模板悬挂在模架平台以下，用于混凝土墙体施工，其主要由支承系统、平台系统、动力系统、挂架系统及模板系统等装置组成，如图12-12所示。当本层结构施工完成后，通过大行程能力顶升油缸将模架整体顶升至上一层，进行上部楼层施工，依次反复循环作业。相对于传统模架体系如液压滑模体系、爬模体系、直接顶升模架体系，整体顶升钢平台模架体系具有施工效率高，材料垂直运输与周转效率好，模架体系对核心筒层高和竖向截面变化适应能力强等优势。其主要技术特点如下。

1）顶模支承在待浇筑混凝土楼层以下，混凝土强度高，承载力大，模架顶升基本不受混凝土强度龄期限制，施工速度大幅提升。

2）挂架系统和模板系统悬挂在平台系统下方，通过大行程高能力顶升油缸将模架整体顶升一个层高，进入上部楼层施工，无须塔式起重机反复装拆模板，也无须搭设操作架，施工效率更高，更加安全可靠。

3）平台上可设置材料堆场、布料机、操作室、焊机房、消防水箱、移动厕所、休息房等，随模架一起顶升。

4）挂架一般覆盖3~4个标准层高，可同时提供（钢板剪力墙吊装）钢筋绑扎、混凝土浇筑、混凝土养护的作业面，各工序有效搭接。

5）挂架与墙体之间设置翻板进行封闭，顶模顶升时翻板翻起，施工时打开，安全可靠，在挂架的最底层设置可靠的兜底防护，可有效防止高处坠落和高空坠物。

图 12-12　整体顶升钢平台模架体系示意图

6）整个施工过程模板都是悬挂在平台系统下方，现场无须模板堆放场地，便于现场文明施工的管理。

2. 技术内容

1）整体顶升钢平台模架体系安装基本流程：安装前准备；平台系统、挂架系统等构件预拼装；支承点位置进行清理，调整标高；下支承箱梁吊装就位；顶升油缸吊装就位；上支承箱梁吊装就位；支承立柱吊装就位；平台系统主受力构件吊装组拼；平台系统次受力构件吊装组拼；模板系统吊装就位；挂架系统安装；附属设施安装；动力系统安装与调试；预顶升及低位顶模装置整体验收。

2）在安装过程中，应严格控制伸缩牛腿支承位置混凝土的标高与平整度，标高误差宜控制在±3mm以内，平整度控制在3mm以内。

3）上、下支承箱梁吊装范围墙体垂直度偏差应小于8mm，支承箱梁吊装前应对该垂直度进行复核，清理障碍物。并且在吊装前应对上、下支承箱梁位置进行测量放线，重点控制定位轴线、标高，标识上、下支承箱梁伸缩牛腿就位中心线。

4）上、下支承箱梁吊装前应检查其伸缩牛腿伸出、收回动作灵活性，反复推拉3次以上。

5）吊装时应确保顶升油缸和支承立柱形心重合。

6）支承系统安装完成后应进行阶段验收，验收合格后方可进行平台系统安装。

7）平台安装时应重点对平台位置、平整度、立柱间挠度、悬挑挠度进行控制。安装误差调整至允许值范围内方可进行焊接、高强螺栓终拧。

8）挂架系统与模板系统滑梁安装前应在平台上标识出滑梁的定位线。

9）动力系统液压油管应与其线路上的支承系统、平台系统、挂架系统构件有效固定，并应做好防撞、防雨、防火、防踩踏、防污染保护措施。

10）动力系统安装完成后应进行系统调试和保压试验，保压12小时以上，所有接头和密封处无渗漏，顶升油缸无滑缸。

11）当模板系统先于平台系统安装时，应搭设架体或预留埋件承载模板重量。

二、工程案例——广州塔施工新技术

（一）工程概况

广州塔高600m，由454m高的主塔体和146m高的天线桅杆构成。其中，主塔体形为椭圆旋转体，底部椭圆尺寸为80m×60m，顶部椭圆尺寸为50m×40.5m，两椭圆夹角为45°，腰部椭圆尺寸仅为20.6m×27.5m，形成了独特的两头大、中间小的"小蛮腰"造型。广州塔总建筑面积10.2万 m^2，主塔面积3.8万 m^2，总用钢量约5.5万t。主塔体采用筒中筒结构体系，外筒为钢管混凝土斜交网格筒，由24根立柱、46组环梁和46圈斜撑组成，是主要承重及抗侧力结构。其中，斜撑与钢管柱斜交，46组环梁与水平面成15.5°夹角，并通过柱上外伸连接件与柱相连。广州塔核心筒为钢筋混凝土结构，内置14根型钢柱，随着高度增高核心筒壁厚由底部的1200mm逐渐缩减至顶部的400mm，其混凝土强度由C80逐渐变为C40。塔顶桅杆天线立于转换桁架上，转换桁架与核心筒顶部脱离，天线下部为格构式钢管柱，上部为全钢板焊接箱形截面，如图12-13所示。

图12-13 广州塔平、立面图

（二）技术特点

广州塔结构新颖，造型独特，其主要技术特点如下。

1）广州塔楼层结构不规则，测量通视条件差，施工测量要求高，难度大，塔体结构又纤细，受环境影响易晃动，对施工测量精度影响大。

2）基础底板面积大（约29200 m^2），混凝土强度等级高，整体性要求高，施工时混凝土浇筑量大，连续浇筑时间长，裂缝控制难度大，该工程最厚处底板厚度达2m，混凝土强度等级为C40。

3）塔体核心筒结构高，混凝土一泵到顶难度大；筒体形体复杂，支模难度大，且部分区段外露，工作环境差。

（三）主要技术内容

针对本工程异型、超高层建筑的特点，在实际施工过程中采取了先进的技术方案来克服前述一系列的施工难题。

1. 施工测量

结合该工程的特点，按测网级别的高低及具体在该工程不同部位的应用，该工程测量平面控制网共设置三级控制网，其中由五个外控点组成的首级平面控制网采用 GPS 卫星定位技术并辅助于高精度智能全站仪进行复核建立。

（1）平面控制点的选取　外控点应选择较稳定的地面或楼龄 5 年以上并且楼高在 50m以下的顶面布设观测墩或观测站；同时，能得到长期有效保护、便于观测和施工作业；点位附近视野开阔，高度角 15° 以上无障碍物；点位应远离无线电发射站、高压电线等其他干扰源。根据以上原则，选取如图 12-14 所示 5 个外控点，为便于智能全站仪的检测和应用，点与点之间应能通视。

图 12-14　首级测量平面控制点布置图

（2）平面控制网的观测　执行国家技术监督局《全球定位系统（GPS）测量规范》（GB/T 18314—2009）中 A、B 级网观测技术要求，首级 GPS 平面控制网观测时，联测国际IGS 站和广州市 GPS 首级控制点。

（3）平面控制网的数据处理　采用随机商用软件进行 GPS 基线向量的解算，在 GPS 基线向量解算合格的条件下，对 GPS 平面控制网进行平差计算，获取 GPS 平面控制点的坐标，再转换为施工坐标（广州坐标）。

（4）平面控制网的检核　在 5 个平面控制点上，用智能全站仪，应用边角测量的方法，测定 5 个平面控制点的相互关系，并在统一坐标系下与 GPS 测量结果进行比较，当两者相差满足限差要求时，认为测量成果合格。

2. 底板大体积混凝土施工

广州塔底板混凝土浇筑方量多，厚度变化大，易产生裂缝。因此在施工过程中基于先放后抗的原则，采用综合法进行混凝土裂缝的控制，在底板浇捣时从混凝土配合比设计、水化热的有限元的分析、浇捣工艺、施工组织、信息化施工及养护等方面进行全过程控制。

（1）施工准备　在底板浇捣前，采用有限元软件分别对基础深坑和大底板进行混凝土水化热有限元计算，优化并确定施工方案，如图 12-15 所示。

图 12-15　大体积混凝土有限元分析

（2）混凝土配合比设计

1）采用 42.5 级矿渣硅酸盐水泥或 42.5 级普通硅酸盐水泥、粗骨料选用粒径为 5～25mm 连续级配。细骨料选用细度模数 2.50 左右的中砂。严格控制粗细骨料的含泥量，石子含泥量控制在 1% 以下，黄沙含泥量控制在 2% 以下。

2）掺加粉煤灰和矿渣粉活性混合材料，替代部分水泥，能在保证混凝土强度的前提下，有效地减小水化热，延迟峰温出现的时间，减小大体积混凝土施工过程中冷接缝的可能性。

3）在高温季节，预冷却骨料，使混凝土拌合物保持较低的入模温度。

4）泵送混凝土砂率控制在 42%～45%，在满足可泵性的前提下，尽量降低砂率，坍落度在满足泵送条件下尽量选用小值，减少收缩变形。

具体施工时，在满足设计要求的前提下对某些材料可作适当的调整，以适应基础施工。

（3）测温控温方案　根据混凝土的浇捣方向和底板厚度来设置测温点，自混凝土入模至浇捣完毕的前 3 天内每 1 小时测温 1 次；第 4～6 天，每 2 小时测温 1 次；以后每 4 小时测温 1 次。在 10～14 天后，或温度梯度 <20℃ 时，可停止测温。每测温一次，应记录、计算每个测温点的升降值和温差值。

当混凝土中心温度差超过 22℃ 时，必须向现场施工管理人员报警。当超过 25℃ 时，现场施工方必须采取有效技术措施。当温度梯度小于 20℃ 时，施工现场可消除混凝土表面保温材料。

（4）温控措施　选用厚度 0.4mm 普通塑料薄膜一层和草包作为混凝土保温覆盖物。塑料薄膜覆盖应及时，在混凝土浇捣过程中逐步覆盖先浇捣完部分，平整后即先铺设；在铺完塑料簿后即可铺设草包，草包仅需覆盖一层。

3. 广州塔核心筒混凝土施工

塔体核心筒为钢筋混凝土结构，核心筒总高度为 436.75m。综合考虑各项施工因素和施工特点，将核心筒全高划分为三个施工阶段施工。其施工段划分和总工艺流程如图 12-16 所示。

施工段划分：

1）-18.00～-10.00m，核心筒箱形基础施工，箱形基础的模板工程采用 18mm 厚九夹

图 12-16 核心筒各阶段施工工序流程示意图

a) 工况一 箱形基础施工 b) 工况二 核心筒非标准段施工 c) 工况三 整体提升平台组装
d) 工况四 核心筒标准段施工 e) 工况五 核心筒结构到顶

板和木方组拼。

2) -10.00~+7.20m，非标准段核心筒结构施工，模板工程仍采用九夹板木方组拼施工。混凝土采用泵车固定输送浇筑，核心筒内部的水平结构层与墙体同步浇筑施工。

3) +7.20~436.75m，标准段核心筒结构施工，竖向结构模板采用与整体提升平台配套的全钢大模板，采用爬升工艺施工，用于支承提升平台的内核钢框架与周边劲性格构柱在+7.20m 标高开始安装，核心筒内部的水平结构层与墙体同步浇筑施工。

根据塔体核心筒的特点，结合目前已有超高层泵送设备性能及施工要求，选定三一重工的 HBT90CH-2135D 作为该工程的泵送设备，输送管道为内径 125mm、壁厚 9mm 的钢管，其材质为 45 号钢，管与管之间为 O 形密封圈结构，并采用活动法兰螺栓紧固结构连接。混凝土泵送方案采用二泵二管一次直接泵送到顶的方案。在 220m 以下采用二泵二管同时施工；220m 以上采用一泵一管浇筑，另一泵一管为备用设备。其泵送浇筑流程如下：泵送管沿竖直方向到达最顶层核心筒布料杆层后，连接到一个泵送分配器，分配器端口接两根水平泵管及一根竖向泵管。当关闭竖向管阀门时，混凝土由水平泵管输送至布料机，用于浇筑钢管混凝土及压型钢板楼层填充混凝土；待浇筑完毕后，打开竖向泵管阀门，关闭水平管阀门，混凝土沿竖管直达钢平台，采用布料机浇筑核心筒剪力墙及楼板。

第六节　大跨空间结构建筑施工技术

一、大跨空间结构种类

为了满足社会生活和居住环境的需要，人们需要更大的覆盖空间，如大型的集会场所、体育馆、飞机库等，跨度要求很高，达几百米或更大。而我们所熟知的平面结构钢架、桁架、拱、梁等，由于其结构形式的限制，很难跨越大的空间，为解决这一难题就需要大跨空间结构。大跨空间结构即指横向跨越 60m 以上空间的各类结构。常用的大跨空间结构形式包括折板结构、壳体结构、网架结构、悬索结构、充气结构等。大跨空间结构不仅仅依赖材料的性能，更重要的是依赖自身合理的结构形体，充分利用不同材料的特性，以适应不同建筑造型和功能的需要，跨越更大空间。

如果说超高层建筑解决了土地资源供应紧张的问题，使人们在有限的土地资源上获取了更多建筑空间，那么大跨度建筑则是实现建筑空间最大化的有效解决方案，它可以为人们提供广阔的室内无柱空间，满足集体活动需求。随着人类社会文明发展进程，群体活动越来越多，大跨度结构已成为当今社会不可或缺的建筑结构形式，其发展状况亦成为一个国家建筑科技水平的重要标志之一。

（一）大跨空间结构的分类及特点

空间结构体为三维受力体系，按照传统方法可分为薄壳结构、网架结构、网壳结构、悬索结构和膜结构五种基本结构类型，本节将介绍几种主要的大跨空间结构类型及特点。

1. 网架结构

按一定规律布置的杆件通过节点连接而形成的平板型或微曲面形空间杆系结构称为网架结构（图 12-17）。该结构可简化为空间铰接杆系结构进行分析计算，结构中杆件主要承受轴向力作用。网架结构最大的特点是杆件通过相互支撑作用，有规律地构成了稳定的、平板式的高次超静定空间受力体系，具有较高的安全储备。该体系刚度大、整体性好、抗震能力强、用料经济，而且能够承受由于地基不均匀沉降所带来的不利影响，即使个别杆件受到损坏，也可通过自动调节杆件内力，保持结构的安全。

图 12-17　网架结构

构成网架的基本单元主要有：三角锥、四角锥、正方体、截头四角锥等（图 12-18），由这些基本单元可组合成平面形状为三边形、四边形、六边形、圆形或其他任何形状的平板网架结构。

网架结构的形式有很多。按网架中弦杆的层数，可分为双层、三层网架或多层网架；按支承方式，可分为周边支承、点支承、树状支承和混合支承等形式；按网格构成，可分为交叉桁架体系、三角锥体体系、四角锥体体系等。

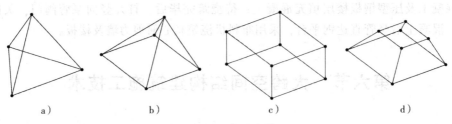

图 12-18　网架基本单元

a) 三角锥　b) 四角锥　c) 正方体　d) 截头四角锥

网架结构节点的设计应力求简单、受力合理、传力明确、制作容易、便于安装和节省材料，尽量使杆件重心线在节点处交汇于一点，以避免出现偏心的影响。除此之外，节点的构造和连接应具有足够的刚度和强度，尽量使节点构造与计算假定相符合，以减少和避免由于节点构造的不合理而使网架杆件产生次应力和引起杆件内力的变化。

网架的连接节点按其构造形式可分为焊接钢板节点、焊接空心球节点、螺栓球节点和钢管圆筒节点等，下面介绍几种常见的网架节点形式。

（1）螺栓球节点　螺栓球节点由螺栓、钢球、销子（或螺钉）、套筒和锥头或封板等零件组成（图 12-19），适用于连接钢管杆件。

（2）焊接空心球节点　焊接空心球节点由两块钢板经加热压成两个半球相焊而成，空心球分为不加肋（图 12-20）、加肋（图 12-21）两种形式。此节点构造简单，适用于连接钢管杆件。

图 12-19　螺栓球节点示意图

（3）焊接钢板节点　焊接钢板节点由十字节点板和盖板组成，适用于连接型钢杆件。

十字节点板宜由两块带企口的钢板对插焊成，也可由三块钢板焊成（图 12-22）。小跨度网架的受拉节点，可不设置盖板。

图 12-20　不加肋空心球　　　　图 12-21　加肋空心球

2. 网壳结构

网壳结构是一种与平板网架类似的空间杆系结构，以杆件为基础，按一定规律组成网格，按壳体结构布置的空间构架，它兼具杆系和壳体的性质。常用的网壳结构一般分为单

图 12-22　焊接钢板节点

层与双层两种。其中由梁单元按一定规律通过刚节点连接，并附加边界约束条件后构成的单层曲面几何稳定体系称为单层网壳结构；由杆单元按一定规律通过铰节点连接并附加边

界约束条件后形成的双层曲面几何稳定体系称为双层网壳结构。后者同网架结构一样可简化成空间铰接杆系结构进行分析计算，而前者则需要化成空间刚接梁系结构进行分析计算。网壳结构不仅仅依赖材料本身的强度，而是以曲面造型改变结构的受力，成为以薄膜内力为主要受力模式的结构形态，跨越更大跨度，适应各种复杂的建筑造型需求，优美的造型也激发了建筑师们的想象力，是一种应用广泛的结构形式。工程应用如图 12-23 所示。

图 12-23　网壳结构工程

　　网壳结构的形式很多，通常按照下列方式来进行分类：

　　按网壳的材料可分为钢网壳、木网壳、钢筋混凝土网壳等；按网壳的层数可分为单层网壳、双层网壳和局部双层（单层）网壳；按曲率外形可分为球面网壳、双曲面网壳、圆柱面网壳、双曲抛物面网壳四类。

　　深圳湾体育中心采用空间曲面单层网壳结构，东西跨度约 720m，南北跨度约 430m，悬挑高为 39m，是典型的网壳结构，如图 12-24 所示。

　　3. 管桁架结构

　　桁架结构即由上弦杆、腹杆与下弦杆构成的横截面为三角形或四边形的格构式桁架。桁架结构通常采用管桁架的形式，结构跨度可达 60m 以上。优点是杆件主要承受拉力或压力，可以充分发挥材料的作用；具有较大的平面外刚度，有利于吊装和使

图 12-24　深圳湾体育中心

用，节省支承措施；具有足够的侧向刚度与稳定性。桁架节点构造相对复杂，因此对焊缝的要求较高，且结构自重相对较大，在安装前通常需要进行预拼装。

　　管桁架结构应用广泛，在体育场馆、会展中心、交通站房等建筑结构中均有应用。武

汉国际博览中心展馆即采用了钢管立体桁架结构（图 12-25），单个展馆由 31 根（边馆为 39 根）钢管柱支撑钢结构屋盖，6 榀单跨度 72m、宽 6m、高 6m 的次桁架，桁架单榀最大重量约 37t。

图 12-25　武汉国际博览中心

4. 悬索结构

悬索结构是以一系列受拉的索作为主要承重构件，这些索按一定的规律组成各种不同形式的体系，并悬挂在边缘构件或支承结构上而形成的一种空间结构。悬索结构能充分利用高强材料的抗拉性能，可以做到跨度大、自重小、材料省、施工易。

悬索结构分类如下。

（1）单层悬索结构　单层悬索结构可分为单向单层悬索结构、辐射式单层悬索结构和双向单层悬索结构。单向单层悬索结构是由一系列平行的承重索（单索）构成的结构体系，适用于矩形平面的建筑屋盖。辐射式单层悬索结构由一系列沿径向辐射布置的承重索构成，形成一个下凹的正高斯曲率碟形屋面，适用于圆形平面的建筑屋盖。双向单层悬索结构由两个单向相交的同曲率方向的承重索系构成，适用于圆形、矩形等多种平面的建筑屋盖。华盛顿杜勒斯机场候机厅即为单层悬索结构，如图 12-26 所示。

图 12-26　华盛顿杜勒斯机场候机厅

（2）双层悬索结构　双层悬索结构的基本组成单元为索桁架。索桁架是由承重索、稳定索以及连系承重索和稳定索的撑杆构成。由于承重索和稳定索曲率相反，其预拉力可以相互平衡，因此索桁架中必须维持预应力。

1）单向双层预应力悬索结构，由一系列平行布置的索桁架构成。通常索桁架的承重索和稳定索位于同一竖向平面内。也有将承重索和稳定索交错布置的做法，这种处理能够提高屋盖的纵向整体刚度和稳定性。

2）辐射式双层预应力悬索结构，适用于圆形平面的屋盖，结构中部设置一刚性拉环，然后沿平面径向布置下承重索，上稳定索将中部拉环和周边支承构件连系起来，北京工人体育馆屋盖即采用这种形式，如图 12-27 所示。

3）双向双层预应力悬索结构，基本组成单元为索桁架，但索桁架交叉（或正交）布置。可适用于圆形平面的建筑屋盖，也可用于矩形平面的建筑屋盖，如浙江人民体育馆（图 12-28）。

图 12-27 北京工人体育馆

图 12-28 浙江人民体育馆

（3）预应力索网结构 索网结构即为同一曲面上两组曲率相反的单层悬索系统相交而成的网状悬索结构体系。其中下凹方向的索为承重索，上凸方向的索为稳定索。由于两向索系的曲率相反，索中预拉力可以相互平衡。该悬索体系通过预应力获得了较强的刚度，具有很好的稳定性。

悬索结构除了以上形式，还可以和其他结构形式进行组合而生成一些新型的结构体系，如劲性悬索结构、横向加劲单层悬索结构、预应力索拱体系和组合悬索结构等。

5. 膜结构

膜结构是由膜材及其支承构件组成的建筑物或构筑物。以建筑织物制成的薄膜结构自重轻，可以轻易地跨越较大的跨度，具有良好的抗震性能；膜材的裁剪、粘合等工作主要在工厂完成，运输方便，在施工现场主要是将膜成品张拉就位，与传统建筑相比，施工周期可大大缩短；膜材料一般均为阻燃材料或不可燃材料，不易造成火灾；膜材具有良好的透光性，透光率约 7%～16%，双层膜的透光率约 4%～8%；膜结构建筑造型丰富多彩、新颖独特，富有时代气息，打破了传统建筑形态的模式，给人耳目一新的感觉，为建筑师提供了更大的想象和创作空间。

然而，膜结构耐久性较差，膜材的使用寿命一般为 15～25 年；保温隔热性能不好，隔声效果较差，单层膜结构往往用于对隔声要求不是太高的建筑；抵抗局部荷载的能力较弱，屋面在局部荷载作用下会形成局部凹陷，造成雨水和雪的淤积，即产生所谓的"袋装效应"，可导致膜材的撕裂破坏。

膜结构的分类有很多，包括整体张拉式膜结构、骨架式膜结构、索系支承式膜结构和空气支承式膜结构等。

（1）整体张拉式膜结构 由桅杆等支承构件提供吊点，并在周围设置锚固点，通过预张拉而形成稳定的体系。整体张拉式膜结构分为悬挂张力膜结构和复合膜结构两种。

1）悬挂张力膜结构。悬挂张力膜结构以薄膜为主要受力构件，曲面形式一般为简单的鞍形或伞形，通常悬挂于桅杆或其他刚性支架（如拱）之下。由于膜材自身强度和支承结构形式的限制，支承结构间膜材不能承受过大的预应力，因此结构的跨度受到限制，其中索网式膜结构多用于 70m 以下中小跨度的体育设施，结构构造新颖、随意，不需要附加设备。威海体育场即为此种结构，如图 12-29 所示。

2）复合膜结构。复合膜结构由预应力索系与张拉薄膜共同工作组合而成。一般通过索系对整体结构施加预应力，这里预应力索系是主要受力结构，主要承受整体荷载，而膜材主要承受局部荷载。这类结构综合了索系结构与薄膜结构的特点，受力合理，适用于较大的跨度。美国丹佛国际机场即为此种结构，如图 12-30 所示。

图 12-29　威海体育场

图 12-30　美国丹佛国际机场

（2）骨架支承膜结构　由钢构件或其他刚性构件作为承重骨架，在骨架上布置按设计要求张紧的膜材而形成。以平板网架或曲面网壳作为支撑骨架而成的骨架支撑膜结构，不仅应用了已经成熟的网架、网壳设计技术，而且结构的构造也较简单，是一种很有推广价值的结构。

（3）索系支承式膜结构　由空间索系（如索穿顶、索网等）作为主要承重结构，在索系上布置按设计要求张紧的膜材而形成。美国佐治亚穿顶即为此种结构形式的膜结构。

（4）空气支承膜结构　是具有密闭充气空间，并设置维持内压的充气装置，借助内压保持膜材张力，并形成设计要求的曲面的结构形式。根据薄膜内外的压差大小，充气膜结构可分为气承式膜结构和气囊式膜结构。

1）气承式膜结构。气承式膜结构通过压力控制系统向建筑物室内充气，使室内保持一定的压力差，膜体产生一定的预张力从而保证体系的刚度。室内需设置气压自动调节系统，根据实际情况调整室内气压以适应外部荷载的变化。气承式膜结构的内外空气压差约为 $0.1\sim1.0\text{kN/m}^2$，属低压体系。1970 年大阪世界博览会美国馆采用了该结构形式，如图 12-31 所示。

2）气囊式膜结构。向单个膜构件（通常为管状构件）内充气，使其保持足够的内压，

图 12-31　大阪世界博览会美国馆

由多个膜构件进行组合形成一定形状的整体结构。气囊式膜结构的内外空气差约为 $20\sim70\text{kN/m}^2$，属高压体系，大阪博览会富士馆采用了该结构形式。

二、大跨空间施工技术介绍

（一）高处原位安装技术

为顺利进行大跨度钢结构的高处安装并保证其施工期间的安全性，在结构安装过程中，

需要根据结构的施工状态设置临时支承来承担施工期间的各种荷载和作用，待结构安装完毕后，进行卸载使结构达到设计状态。这种施工技术称为高处原位安装技术，是一种较为传统的施工工艺，简单易行，应用广泛。

高处原位安装技术按安装构件的形式（散件或分片组装单元）分为高处原位散件安装和高处原位单元安装两种。

1. 高处原位散件安装技术

高处原位散件安装技术又称为全支承安装技术，通常是在结构下部设置满堂支承（或满堂脚手架），利用其作为支承，在空中原位完成结构散件的拼装，福州海峡国际会展中心屋盖钢结构的安装即采用了高处原位散件安装技术。

高处原位散件安装适用于高度和跨度都不是很大、杆件数量较少的结构，优点是易于控制节点坐标、施工灵活、脚手架回收利用率高，安全系数比较大；缺点是支承使用量较大，搭设烦琐、高处作业多、工期较长、占用场地空间过大等。

2. 高处原位单元安装技术

高处原位单元安装技术是高处原位散件安装技术的一种改进，其施工顺序为：首先将结构合理分成各施工段，并将各施工段内的结构分为吊装单元，在地面将构件和节点组装成吊装单元；然后根据分段情况，在分段处设置施工支承体系；再利用起重设备将吊装单元吊装在施工支承体系上，并进行杆件补装；最后待结构形成完整的结构体系后，进行卸载作业，使结构达到设计状态。

高处原位单元安装的精度较高、施工速度较快、施工较为安全。与高处原位散件安装技术相比，以点式支承代替满堂支承，大量节省了施工支承，且大部分拼接工作在地面完成，质量易于控制、高处作业相对较少、施工效率高。

福州海峡奥林匹克中心工程作为第八届全国城市运动会主赛场，主体育场总建筑面积为 32.5 万 m^2，东西宽 285m，南北长 307.7m，上部钢结构屋面罩棚采用双向斜交斜放网架空间钢结构体系，悬挑长度达 71.2m，结构包括劲性柱、劲性梁、各类预埋件、罩棚结构支座和罩棚网架结构，安装即采用高处原位单元安装技术，如图 12-32、图 12-33 所示。

图 12-32 福州海峡奥林匹克中心

（1）吊装单元划分 吊装单元划分时应综合考虑技术、质量、安全、工期、经济等多方面因素，通常包括以下几个方面：

1）满足吊装设备的起重性能。吊装单元的划分应满足吊装设备的起重性能，设备起重量、起重高度、吊装半径等要素都需要认真核对，保证构件能够顺利吊装。

2）便于交通运输。构件运输时分段长度不宜大于 18m，高度不宜超过 3.5m，宽度不宜超过 4m。

3）便于吊装单元的地面拼装。吊装单元的划分应尽量减小地面拼装临时支承的高度，以减少其所需的措施量及高处作业量，并通过单元的合理划分减少高处散件补装。

4）利于临时支承系统的布置。应考虑分段处的临时支承基础位置，尽量将支承底座生根于结构柱或结构梁上，保证临时支承系统受力合理性。

5）在满足设备吊装和运输要求的基础上，尽可能大地划分吊装单元，以有利于缩短施工工期，减少支承用量。

（2）吊装单元拼装　吊装单元的现场地面拼装主要内容包括拼装方法、场地处理、精度控制及检验标准。

图 12-33　罩棚施工现场

1）拼装方法。一般对于较复杂的吊装单元，在进行地面拼装前应根据构件的空间位置进行相应的计算机实体模拟，建立拼装支承三维模型，定好拼装单元某点坐标后，依次推算其他各支承部位的空间坐标并根据模型进行 1∶1 放样，设置仿形拼装支承，根据构件形式，采用卧式或立式的拼装方式，将散件在支承上组成吊装单元。

2）场地处理。在支座拼装支承之前，要对拼装场地进行整平硬化处理，通常可采用素土夯实、浇筑混凝土，或者铺设钢板等方式（图 12-34），以避免外部环境对拼装精度产生不利影响。

a)　　　　　　　　　　　　　　b)

图 12-34　现场拼装场地图

a）现场素土夯实　b）混凝土拼装场地

3）精度控制及检验标准。拼装前需用水准仪测量平台基准面的标高，确定测量基准面，根据在工厂制作时的焊接工艺试验，预先留出各类收缩量，拼装完后进行检查，保证关键控制指标符合设计要求，为结构安装提供准确的定位信息，确保安装精度。拼装项目及允许偏差，见表 12-2、表 12-3。

（3）施工支承　高处原位单元拼装施工时常采用的施工支承形式包括型钢施工支承、装配格构式施工支承等。

1）型钢施工支承。当结构高度较低、自重不是很大时，可以考虑采用圆形钢管、矩形钢管等型钢作为施工支承，在施工支承底部通过设置预埋件、在中部及顶部位置设置水平连系杆以保证施工支承的稳定性。

表 12-2　拼装项目及允许偏差（一）

构件类型	项目	允许偏差/mm	检查方法
主杆件、次杆件	拼装单元总长	±5.0	用钢尺检查
	拼装单元弯曲矢高	不应大于 10.0	用拉线和钢尺检查
	接口错边	2.0	用焊缝量规检查
	拼装单元扭曲	不应大于 5.0	拉线、吊线和钢尺检查
	对口错边	不应大于 3.0	用焊缝量规检查
	坡口间隙	+2.0 / −1.0	
制作单元平面总体拼装	相邻梁与梁之间距离	±3.0	用钢尺检查
	结构面对角线之差	不应大于 5.0	
	任意两对角线之差	不应大于 8.0	

表 12-3　拼装项目及允许偏差（二）

项目		允许偏差/mm
搭接接头长度偏差		±5.0
对接接头错位	$t \leqslant 16mm$	1.5
	$16mm < t < 30mm$	$t/10$
	$t \leqslant 30mm$	3.0
对接接头间隙偏差	手工电弧焊	+4.0 / 0
	埋弧自动焊和气体保护焊	+1.0 / 0
对接接头直线度偏差		2.0
根部开口间隙偏差（背部加衬板）		±2.0
焊接组装构件端部偏差		3.0
加劲板或隔板倾斜偏差		2.0
连接板位置偏差		2.0

注：t——对接板材厚度。

2）格构式施工支承。当结构高度较高、自重较大时，应采用格构式施工支承。格构式施工支承由底座、支承节和顶部工装组成。随着施工工艺不断提高，格构式施工支承也由原先的"现做现用"，逐步发展为标准化形式，将施工支承设计成由若干标准节、调整节组合而成，运输方便、安装效率高、重复利用率高。

施工支承在设计时，需要计算的内容包括施工支承的整体稳定性计算、最大受力分肢稳定性计算、连系支撑或附着支撑稳定性计算及连接强度计算、地基承载力和底座与基础预埋件连接强度的计算。

当支承高度过高，必须对支承采取一些增加稳定性的措施。常用的方法有：底座固定、增设连系支撑、增设附着支撑及拉设缆风绳等。

（二）提（顶）升施工技术

1. 概述

当大跨度钢结构跨度较大，安装高度较高，现场不利于搭设施工支承或搭设量过大，或不利于起重机等起重设备使用时（如行走困难等），可采用提升、顶升技术进行施工。

大跨度结构提升技术是指将构件和节点在地面或适当的位置组装，然后采用多台提升机械将结构提升至设计位置的安装工艺，根据提升的部件不同，提升施工技术可分为整体提升、单元提升和累积提升等。目前运用最多的提升机械是液压提升器，对于规模较小的工程还可以使用传统的卷扬机组等设备。

液压同步提升技术如今已经被广泛应用于大跨度空间结构的安装，已成功应用于武汉保利文化广场空中连廊等工程。

提（顶）升施工技术具有如下优点：

1）通过提升设备扩展组合，提升质量、跨度及面积均不受限制。

2）采用柔性索具承重，只要有合理的承重吊点，提升高度与提升幅度不受限制，并且可以减少高处作业，减少措施量，提高作业安全性。

3）设备体积小，自重轻，承载能力大，适合在狭小空间进行大吨位构件安装，可节省大型起重机的投入。

与此同时，提（顶）升技术也有如下的限制条件，其仅适用于以下范围。

1）提升单元结构形式较规则。结构形状规则，有利于控制结构重心，保证提升结构的受力体系平衡。

2）提升单元强度和刚度较大。由于提升结构自重大，提升之后结构变形难以调整，因此需要提升单元具有较大的强度和刚度，减少结构的变形。

3）边界安装精度要求不高。如网架边界与钢柱采用销接时，会要求所有销轴顺利穿入，此时若采用液压同步提升技术，难度较大。

2. 工作原理

液压同步提升技术以立柱和钢绞线等为支承部件，以液压提升器为执行部件，以电气和计算机系统为控制部件。立柱作为承载提升器的基础，承担所有被提升结构和机具的重量；钢绞线作为提升索具，与提升器的夹片锚具配合传递提升力，实现提升过程中构件的升降和锁定；液压提升器由液压泵站提供动力，通过油缸的升缩和上下锚具的交替置换，实现提升动作；电气和计算机系统根据各类位置和荷载传感器的信号，结合同步（异步）或荷载控制的要求，下达各类作业命令，控制提升器的运作以及提升结构的姿态。

利用提升器提升时，上锚具夹紧钢绞线，下锚具松开（图12-35a），主油缸向上运动，将上锚具往上顶升，钢绞线随上锚具上行，重物随钢绞线被提升一个行程（图12-35b）；主油缸满行程后，下锚具夹紧钢绞线，使重物保持不动（图12-35c）；然后上锚具松开，随油缸缩回到起点位置（图12-35d），准备开始下一个提升行程。就这样，随着油缸伸缩、上下锚具的交替紧松，钢绞线逐步提升，整个重物也随之上升。

3. 系统组成

液压同步提升系统由钢绞线、液压提升器、液压泵站、传感检测器及计算机控制和远程监视系统组成。

液压提升器的选择以提升过程中各种不利工况和提升点的最大受力值为依据，各吊点

| a) | b) | c) | d) |

图 12-35　液压提升工作示意图

提升能力应不小于对应吊点荷载标准值的 1.25 倍。每个提升点的提升器可并联使用，但是宜采用同一规格的提升油缸。

液压泵站是提升系统的动力驱动部分，它的性能及可靠性是整个提升系统的关键。在不同的工程使用中，由于吊点的布置和液压提升器的配置都不尽相同，为了提高液压提升设备的通用性和可靠性，泵源液压系统的设计可采用模块化结构，根据提升重物吊点的布置、液压提升器数量和液压泵源流量，进行多个模块的组合，每一套模块以一套液压泵源系统为核心，可独立控制一组液压提升器，同时用比例阀块箱进行多吊点扩展，以满足各种类型提升工程的实际需要。

传感检测器主要用来获取提升油缸的位置信息、荷载信息和整个被提升构件的姿态信息，并将这些信息通过现场实施网络传输给主控计算机，主控计算机根据信息决定整个系统的同步调节量。

当提升结构重量不大时，可根据情况选用其他提升机械，如卷扬机等，在采用卷扬机进行提升时，提升物件重量一般不应大于 50t。

（三）滑移施工技术

1. 概述

当现场施工场地不便于吊装设备行走、安装位置不便于吊装，或采用常规吊装方法所用的设备型号过大时，可采用滑移施工技术。滑移施工技术是利用能够同步的牵引或顶推设备，将分成若干个稳定体的结构沿轨道由拼装位置水平移动到设计位置的施工工艺。

滑移施工技术的发展主要是同步控制技术的发展，在发展的过程中，经历了卷扬机牵引滑移、液压千斤顶牵引滑移和液压千斤顶夹轨顶推滑移三个阶段，如今夹轨式液压顶推千斤顶因其具有良好的滑移平顺性以及同步滑移可控性，已成为重大工程滑移的主流设备，该设备设置于轨道表面，利用轨道作为承力点，能够自行连续推进结构前移，具有体积小、推力大、同步控制精度高、受场地条件影响小，可在任意空间角度作业等优点，还可实现长距离遥控及超长距离的网络控制。

简而言之，滑移技术工艺的优点包括可加快施工进度、减少支承用量、节约大型设备、节约施工用地、可解决吊装设备无法辐射位置的结构安装难题。

该工艺的控制要点包括被滑移结构要有足够的刚度来满足施工滑移的要求；铺设强度及刚度均满足要求的滑移专用轨道；通过计算机控制系统实现多点牵拉（顶推）时的同步控制等。

2. 滑移方法

根据滑移主体的不同，滑移方法分为结构滑移、施工支承滑移。根据滑移路线的不同又可分为直线滑移和曲线滑移。

（1）结构滑移　结构滑移是指先将结构整体（或局部）在具备拼装条件的场地组装成型，再利用滑移系统将其整体移位至设计位置的一种安装方法，与原位安装法相比可减少支承措施与操作平台的用量，节约场地处理费用与管理成本。

结构滑移分为逐段滑移和累积滑移两种方式。逐段滑移是指逐段将拼装好的滑移段从组装位置直接滑移至设计位置，直至形成整体结构。累积滑移是指将拼装好的滑移段滑移一段距离后，所用措施继续用于下一段续拼，续拼好后再一起滑移一定距离，循环往复直至形成整体结构。

（2）施工支承滑移　施工支承滑移是指在结构的下方架设可移动施工支承与工作平台，分段进行屋盖结构的原位拼装，待每个施工段完成拼装并形成独立承载体系后，滑移施工支承体系至下一施工段再进行拼装，如此循环，直至结构安装完成为止。

此方法适用于结构体系高、大、复杂，施工现场不能提供拼装场地，屋盖结构本身不适合采取结构滑移的情况。

（3）曲线滑移　大跨度结构造型奇异多变，部分结构（如武汉国博会议中心，如图12-36所示）在平面上呈曲线形式，当采用滑移施工时，其滑移路线是一条曲线，我们将这种滑移称为曲线滑移。曲线滑移的主体可以是屋盖结构也可以是施工支承体系，其滑道为平行曲线。

图12-36　武汉国博会议中心

3. 滑移轨道

滑移轨道按照滑移过程中的摩擦方式可分为滚动式和滑动式，前者是在待滑移单元上安装滚轴（滚轮），通过与滑轨之间的滚动摩擦方式滑移，常采用钢轨式轨道；后者是将滑移单元搁置于滑块上，通过滑块在轨道中滑动进行滑移，常采用槽钢式轨道。

4. 顶推器工作原理

顶推器主要有夹轨式液压顶推器和顶紧式液压顶推器两种，前者一般适用于钢轨式轨道，靠楔形夹块与轨道咬合产生的摩擦反力实现滑移施工，滑移反力与该摩擦力大小一致；

后者一般适用于槽钢式轨道，需要在槽钢式轨道上按照设计要求焊接滑移挡板，利用顶推器后部的顶推支座与滑道挡板的反力实现滑移施工，滑移反力与实际所需的顶推力一致。

顶推器工作原理如下（图 12-37）。

图 12-37　顶推器工作原理图
a）步骤 1　b）步骤 2　c）步骤 3

步骤 1：顶推器夹紧装置中楔块与滑移轨道夹紧，顶推器液压缸前端活塞杆销轴与滑移构件（或滑靴）连接。顶推器液压缸伸缸一个行程，推动滑移构件向前滑移一个步距。

步骤 2：一个行程伸缸完毕，滑移构件不动，顶推器液压缸缩缸，使夹紧装置中楔块与滑移轨道松开，并拖动夹紧装置向前滑移。

步骤 3：顶推器一个行程缩缸完毕，拖动夹紧装置向前滑移一个步距。一个顶推推进行程完毕，再次执行步骤 1 的工序，如此往复使构件滑移至最终位置。

（四）卸载施工技术

1. 概述

大跨度钢结构施工的过程中，不可避免地会利用支承作为结构成型前的承载体系。由于结构体系和施工方法的不同，导致支承有时会承受巨大的荷载作用。当结构合拢成型后，需要将支承拆除，随后结构自重和外部荷载完全转移给完工的结构体系，这个过程称为卸载，采用的技术即为支承卸载技术。

2. 卸载原理

在有支承的状态下组装钢结构，结构自重由支承承受，此时结构构件的初始应力会很小。但在拆除支承时，结构自重会转由自身承受，杆件的应力会在瞬间发生较大增长。为安全起见，支承卸载应选用适当的工装，通过分级同步或无级同步控制结构的应力与变形缓慢变化，以保证支承与结构的安全。

分级同步卸载是将拆除支承导致的结构竖向位移分成多个行程，在每个行程同步将工装下落。分级同步可分为等距同步和等比同步，等距同步是指所有卸载点的下落行程等值，等比同步是指按每个卸载点的结构变形值按比例下落，即位移大的卸载点分级行程大，位移小的分级行程小；无级同步则是指所有卸载点的工装按结构的变形趋势随结构变形整体缓慢下落，无固定的分级行程。

3. 卸载方法

目前结构支承体系卸载的施工方法较多，较为常见的有切割卸载法、螺旋千斤顶卸载法、砂箱卸载法和计算机电控液压千斤顶卸载法。

（1）切割卸载法 结构支撑点采用型钢作为刚性支承，卸载时直接切割刚性支承，逐步脱开支承与结构体系之间的关系，使结构逐步转化为自身受力，完成卸载施工；该方法简单方便，易于操作，但由于其受切割位置、切割角度、切割方法、切割线路的影响，切割面易出现不平整的割痕，致使卸载位移同步控制精度很差，且需要在切割后对切割处进行打磨、涂补油漆，适用于结构跨度小、卸载点位少、卸载后变形小、单个卸载点反力小的工程。

（2）螺旋千斤顶卸载法 该卸载方法采用机械式螺旋千斤顶作为结构拼装和卸载设备。卸载时，按结构变形趋势，通过下摇千斤顶使结构按一定行程回落，以达到卸载的目的。该方法操作简便，投入较少。机械式螺旋千斤顶不存在液压千斤顶缓回油的情况，卸载千斤顶也可用作施工千斤顶，从结构拼装到卸载不用更换，但应注意调整行程。螺旋千斤顶是钢结构施工的常用小型设备，采购方便，可循环利用。但是承载力超过50t的螺旋千斤顶自重大，搬运不便，因此该工艺只适合卸载点支座反力较小的工况，对于卸载面积较大的工程而言，投入的人员较多，过多的人工操作会导致同步性不易保证，在工况验算时应注意将可能的不同步工况包括在内；该方法适用于单个卸载点反力较小、卸载后变形较为规律，且对卸载顺序无严格要求的工程。

（3）砂箱卸载法 按照砂漏的原理，制作砂箱作为卸载设备。砂箱分内外套筒，内筒嵌套在外筒内并与结构接触；外筒内灌注砂粒（为防止砂粒受潮结块，可采用钢砂），并在筒壁一侧或底端设置排砂口。当卸载时，打开外筒排砂口，结构通过内筒压迫外筒内的砂体使砂粒通过排砂口流出，从而使内筒与结构缓慢下落以达到卸载目的，如图12-38所示。砂箱内外筒壁厚与直径以及选用材料应根据不同受压情况计算确定。

该方法工艺简便，投入较少。工装一次投入，可循环利用，承载力较大。但是砂箱竖向为单向位移（只下不上），在结构施工时，向上调整标高需要其他工装。并且砂箱自重较大，有应急情况时搬运不方便；适用于单个卸载点反力大、卸载点量多面广、卸载时结构传力较为复杂的工程。

（4）计算机电控液压千斤顶卸载法 采用液压泵站控制液压千斤顶，计算机同步控制千斤顶回落，以达到卸载目的。该方法采用计算机联动同步控制，数据反馈准确，同步性好，卸载设备可循环利用。但是投入大，卸载设备租赁费用较高。有突发情况停止卸载时，须有其他工装结构进行支顶。适用于卸载点反力较大、卸载点量大面广，且对卸载施工同步性要求高的工程。

（五）施工监测技术

1. 概述

对于大跨钢结构而言，由于其结构施工过程庞大复杂，施工方法和施工工艺烦琐，在施工阶段出现风险概率要比其他结构高。而大型复杂结构一旦发生事故，会造成巨大的财

图 12-38　砂箱底部排砂卸载原理图

产损失、人员伤亡和严重的社会影响。

大跨空间结构的倒塌事故分析表明，除了极少的施工质量问题之外，人们对施工过程中结构的力学性能认识不足，相应的设计一般都是针对成型后的结构，荷载、结构的刚度、承载力等都是一次性施加的，但施工过程是逐步完成的，荷载也是逐步增加的，且随着结构形式的变化，施工顺序也会影响结构的受力状态。因此，研究大跨空间结构施工过程中力学性能的变化，并实时监测结构的形态，对于施工安全以及结构成型具有重要意义。

2. 施工监测基本原理

大跨钢结构施工监测的基本原理是指应用现代化的设备进行测量或通过安装在结构上的传感器来采集信息，对结构在施工中的重要部位进行数据监测，分析当前的实际施工现状，对施工中存在的技术问题以及安全隐患进行及时修正和控制，保证施工的顺利进行。一个较为完整的施工监测系统示意图如图12-39 所示。

图 12-39　施工监测系统示意图

3. 施工监测基本内容

（1）结构变形监测　在工程施工过程中，变形监测是对被监测的建筑物或构筑物进行测量，通过监测所得到的数据进行分析研究建筑物或构筑物的变形量是否在允许范围内。变形观测在具体实施过程中，主要是通过一些测量仪器进行监测，常用的测量仪器主要有水准仪、经纬仪、激光测距仪、全站仪和摄影测量设备等。随着技术的进步，电子技术的迅速发展，产生了一些新型的高科技测量设备。

（2）结构应力监测　应力监测在施工检测中是必须要监测的主要内容之一，应力监测是研究结构构件在受力过程中所承受荷载大小的情况分析。在施工过程中，钢结构构件的应力值随着工期的推进，其设计点的应力值也是在不断变化的，当达到某一关键值时要与理论分析值进行比较是否在安全值范围内。一旦监测数据出现了异常现象，应立刻停止施工，查找事件发生的原因，并采取有效的处理措施。

现在的钢结构大多都是一些大跨度工程，需要在结构的施工及使用寿命周期内对重要部位进行监测，例如：应力最大的点、应力会发生较大变化的点、施工中受力关键的点、能体现受外界环境影响变化较大的特征点。大跨钢结构工程的施工工期一般都相对比较长，施工监测也是一个较长时间的测量工作。应力监测有直接法和间接法两种方法。直接法是指利用应力传感器直接感知构件内部应力的一种测量方法；间接法是指首先利用各种应变传感器测量出构件的应变，再通过一定的换算方法转换为构件应力的一种测量方法。

第七节　减震控制建筑技术

一、概述

地震释放的能量以地震波的形式传到地面，引起结构发生震动。结构由地震引起的震动称为结构的地震反应，这种动力反应的大小不仅与地震动的强度、频谱特征和持续时间有关，而且还取决于结构本身的动力特性。地震时地面运动是一个随机过程，结构本身动力特性十分复杂，地震引起的结构震动，轻则产生过大变形影响建筑物正常使用，重则导致建筑物破坏造成人员伤亡和财产损失。因此，研究合理的结构体系，控制结构变形，降低建筑物破坏是一个十分重要而又令人关注的问题。

结构震动控制通过在结构上安装耗能减震装置减轻或抑制结构由于动力荷载引起的反应。该技术在机械、宇航、船舶等领域已得到广泛应用，而在土木工程界的研究则始于1972年美籍华裔学者姚治平对结构控制这一概念的首次提出。此后，结构震动控制技术得到了迅速发展，目前已经成为结构工程学科中一个十分活跃的研究领域。近50年的理论和实践表明，结构震动控制可以有效地减轻结构在风和地震作用下的反应和损伤，有效地提高结构的抗震能力和防灾性能。

传统的抗震策略是被动地依靠结构自身的抵抗能力，这必须以加大杆件截面、造成较多材料消耗为代价。由于地震作用的随机性，可能超出人们估计的范围而使结构产生严重破坏或倒塌。因此，合理有效的抗震途径是对结构采取震动控制技术，由控制机构与结构共同承受地震作用，以调谐和减轻结构的地震反应。结构震动控制主要有基础隔震、耗能减震、主动和半主动控制、混合控制以及近年来发展起来的智能控制。

二、结构隔震、减震技术

1. 隔震技术

传统的抗震设计方法把注意力放在结构自身上，依靠结构的强度、刚度和延性来抗御地震作用，称之为"抗震设计"。这种设计，结构处于被动承受地震作用的地位，是一种消极设计方法。随着社会的发展，对结构物提出了比以往更为严格的抗震安全性和适用性要求。传统的抗震设计方法通过发展延性消耗输入到结构内部的能量，会使结构产生过大变形并导致结构损伤或非结构构件的损坏，对于有严格要求的重要结构往往难以满足变形条件。为此，各国地震工程学者正在寻求和探索新的结构防震设计途径，近年来发展了一种积极抗震的设计方法，这就是以结构隔震、减震技术为特点的结构震动控制设计方法。

工程隔震是地震工程学中的一个分支，目前已发展了多种类型的隔震方式，以此来适应不同的工程要求。

随着多层橡胶支座于1970年后开发成功，南非和法国的一些核能电厂采用了多层橡胶支座；1982年在新西兰的一栋建筑上首次采用含铅芯的多层橡胶支座。世界上多个国家也将隔震设计纳入建筑设计规范中，在实际工程中的应用也得到了技术上的认可。

中国的隔震研究比国外较晚，开始于20世纪70年代，80年代开始真正用于工程上，基础隔震研究于90年代开始蓬勃发展，在国内具有广阔的应用前景，也是今后工程结构抵御地震的主要方向之一。

2. 减震技术

消能减震是工程减震控制技术中的一种被动控制技术，是指将结构物中的某些构件（如支撑、剪力墙等）设计成消能部件或在结构物的某些部位（节点或连接处）装设阻尼器。在小震和设计风荷载作用下，这些消能部件或阻尼器处于弹性状态，结构体系具有足够的抗侧刚度以满足正常使用要求；在中震、大震及强震作用下，消能部件或阻尼器率先进入非弹性状态，产生较大的阻尼，耗散地震输入结构的大部分能量，并迅速衰减结构的动力反应，使主体结构不出现明显的弹塑性变形，从而确保主体结构在强震作用下的安全。

消能减震结构体系不仅是一种非常安全可靠的结构减震体系，而且通过"柔性消能"的途径减少结构地震反应，改变了传统抗震结构中采用"硬抗"地震的方法，从而可以减少剪力墙的设置，减小构件断面，减少配筋，节约结构造价。此外，消能减震结构是通过设置消能构件或装置，使结构在出现变形时迅速消耗地震能量，保护主体结构的安全，从而结构越高、越柔，跨度越大，消能减震效果越明显。

（一）结构隔震技术介绍

结构隔震主要有基底隔震和悬挂隔震两种方法，其目的是减弱或改变地震动对结构的作用方式和强度，以减小主体结构的震动反应。结构物的破坏主要是由水平地震作用引起的，目前采用的隔震方法均用于隔离水平地震作用，接下来主要介绍基础隔震技术原理。

1. 基底隔震原理

基底隔震是指在结构物底部与基础顶面之间设置隔震消能装置，使之与固结于地基中的基础顶面分开，限制地震动向结构物传递，降低上部结构在地面运动下的放大效应，减轻建筑物的破坏程度。该方法大多用于多层或中高层结构，高度不超过40m，以剪切变形为主且质量和刚度沿高度分布比较均匀。基底隔震装置一般分为滑动方式和弹性支承方式两种，如图12-40所示；由图可见，滑动隔震方式比较简单，但在强震作用下建筑物会产生较大位移，适用性较差，因此隔震装置多以弹性支承方式为主。

基底隔震装置一般应具备以下三个条件。

1）隔震层能使结构在基础面上产生柔性滑移，以使结构体系的自振周期增大，远离场地卓越周期，从而能把地面运动隔开，有效降低上部结构的地震反应。

2）隔震装置具有足够的初始刚度，即在微震或风载作用下具有良好的弹性刚度，能满足正常使用要求，在强震作用下隔震装置能产生滑动，使体系进入耗能状态。

3）隔震装置应具有较大阻尼和较强的耗能能力，保证其荷载-位移曲线的包络图面积

图 12-40　基础隔震的两种支承方式
a）滑动方式　b）弹性支承方式

较大，以降低结构位移反应。

2. 基础隔震装置

隔震装置是由隔震器、阻尼器和复位装置组成。隔震器的作用是支承上部结构全部重量，延长结构自振周期，同时具有经历较大变形的能力；阻尼器的作用是消耗地震能耗，抑制结构可能发生的过大位移；复位装置的作用是提高隔震系统早期刚度使结构在微震或风载作用下，能够具有和普通结构相同的安全性；隔震器和阻尼器往往合二为一构成隔震支座，只有当隔震支座阻尼不足时，才另加阻尼器。

（1）隔震器　目前应用最多的隔震器是叠层橡胶支座，为了提高隔震器的垂直承载力和竖向刚度，支座一般由橡胶片与薄钢板交替叠合而成，钢板边缘缩入橡胶内，可防止钢板生锈，如图 12-41 所示。为了使建筑物的周期变长，就必须使叠层橡胶垫的水平刚度变小，这样，建筑物的加速度反应随之减小，而隔震装置以上部分的整体变形随之变大。除此之外，叠层橡胶垫必须有足够的变形能力，即在大变形的情况下也能支承上部建筑物的重量。叠层橡胶支座又可分为普通叠层橡胶支座、铅芯叠层橡胶支座和高阻尼叠层橡胶支座。

普通叠层橡胶支座中的橡胶为有添加剂的天然橡胶或氯丁二烯橡胶，其阻尼性能较差，只具备延长周期的功能，应用时必须同阻尼器配合作用；铅芯叠层橡胶支座比普通叠层橡胶支座多了一根铅芯，铅芯能起到增大阻尼作用，如图 12-42 所示，它集隔震器、阻尼器为一体，能提供饱满的荷载-位移滞回曲线；高阻尼叠层橡胶支座采用了高阻尼橡胶，这种支座同时兼有隔震器和阻尼器的作用。

（2）阻尼器　铅芯叠层橡胶支座、高阻尼叠层橡胶支座以及某些滑动支座都具有隔震系统所需要的阻尼。当隔震支座阻尼不足时，可另加阻尼器。常用的基底隔震阻尼器有钢棒阻尼器、黏滞阻尼器、摩擦阻尼器和铅阻尼器，各阻尼器特点如下。

1）钢棒阻尼器。利用钢材的弹塑性来吸收地震能量，特殊的钢棒与特殊的轴承组合可开发出 400mm 变形能力的高性能阻尼器。

2）黏滞阻尼器。利用黏性液体来吸收地震能量。这种阻尼器对于控制隔震层位移很有效。

3）摩擦阻尼器。又称为摩擦缓冲器，由三层钢板组成。中间板固定在建筑物一侧，两边板固定在基础一侧。地震时由于结构和基础之间的相对变形而使这些钢板发生回转运动，由于摩擦力的作用可以抑制这种运动并吸收部分地震能量。既可以安装在建筑物的基底，

图 12-41　叠层橡胶变形示意图　　　　　图 12-42　铅芯叠层橡胶支座

也可以安装在建筑物的某一层。

4）铅阻尼器。用铅制成的阻尼器可用来抑制结构的较大变形，并吸收地震能量。

（3）复位装置　为了防止建筑物在微震或风载作用下发生运动影响结构使用，便于建筑物在大震后及时复位，应设置微震和风反应控制装置或建筑物复位装置。前述的带有侧向限位的滚珠隔震支座、摩擦摆支座都具有复位功能，目前已应用的具有风稳定及复位功能的支座还有回弹滑动支座和螺旋弹簧支座。

（二）结构减震技术介绍

结构耗能减震是指通过采用附加子结构或在结构物的某些部位采取一定措施，以消耗地震传给结构的能量为目的的减震方法。例如，在结构物中设置耗能支撑或在结构物的某些部位（如节点）装设阻尼器。在小震或风载作用下，这些耗能子结构或阻尼器处于弹性工作状态，结构物具有足够的侧向刚度，其变形满足正常使用要求；在强烈地震作用下，随着结构受力和变形增大，这些耗能部位和阻尼器将率先进入非弹性变形状态，产生较大阻尼，大量消耗输入结构的地震能量，有效地衰减结构的地震反应，从而保护主体结构在强震中免遭破坏。

1. 消能减震技术特点及适用范围

消能减震结构体系与传统抗震结构体系相比，有以下特点。

（1）安全性　消能构件（或装置）具有较大的消能能力，在强震中能率先消耗地震能量，迅速衰减结构的地震反应，保护主体结构和构件免遭损坏。研究表明，与传统抗震结构相比，消能减震结构的地震反应能减少 40%~60%。

（2）经济性　消能减震结构通过"柔性消能"以减少结构的地震反应，区别于传统结构通过加大截面、增加配筋等途径来提高抗震性能，因而降低了造价。

（3）技术合理性　传统抗震结构通过加强结构以满足抗震要求，然而结构越强，刚度越大，所受的地震作用也越大，导致恶性循环，制约了超高层建筑及大跨度结构的发展。而消能减震结构体系则是通过增设消能构件（或装置），在结构出现较大变形时消耗地震能量，保证主体结构的安全，所以结构越高、越柔、跨度越大，消能效果越好。

目前，消能减震技术多应用于下述结构：①高层建筑，超高层建筑；②高柔结构，高耸塔架；③大跨度桥梁；④柔性管道、管线；⑤既有建筑物的抗震（或抗风）加固改造。

2. 消能减震装置介绍

结构消能减震体系由主体结构和消能构件（或装置）组成，可以按消能构件的构造形式或消能形式来分类。

（1）按消能构件的构造形式　可分为以下几种。

1）消能支撑。消能支撑可以代替一般的结构支撑，在抗震抗风中发挥支撑的水平刚度和消能减震作用。常见的有方框支撑、圆框支撑、交叉支撑、斜杆支撑、K形偏心支撑等，如图12-43所示。一般支撑杆件采用软钢制作，取材容易，屈服点适当，延性好。构件大都采用非弹性"弯曲"变形的消能形式或摩擦消能形式，具有较高的耗能能力。

图 12-43　常见消能支撑

a）方框支撑　b）圆框支撑　c）交叉支撑　d）斜杆支撑　e）K形支撑

2）消能剪力墙。消能剪力墙可以代替一般结构的剪力墙，在抗震抗风中发挥剪力墙的水平刚度和消能减震作用。通过在墙体或墙与结构间开消能缝、使用消能材料等手段形成各种消能墙体。如竖缝剪力墙、横缝剪力墙、斜缝剪力墙、周边剪力墙、黏弹性和黏滞阻尼墙等，如图12-44所示。

图 12-44　常见消能剪力墙

a）竖缝剪力墙　b）横缝剪力墙　c）斜缝剪力墙　d）周边剪力墙　e）整体剪力墙

3）消能节点。在结构的梁柱节点或梁节点处装设消能装置。当节点处产生角度变化、转动式错动时，消能装置即发挥减震作用，如图12-45所示。

4）消能连接。在结构的缝隙处或结构构件之间的连接处设置消能装置，当结构在缝隙或连接处产生相对变形时，消能装置即发挥减震作用。

5）消能支撑及悬吊构件。对于管道、线路等线结构，可设置各种支撑或悬吊消能装置。

（2）按消能装置的消能形式　可分为摩擦消能、钢件非弹性消能、材料塑形变形消能、材料黏弹性消能、液体阻尼消能和混合式消能等几类。

目前，根据不同的消能形式所研制开发的消能装置种类有很多，大体上可分为位移相关型、速度相关型和复合型三类。

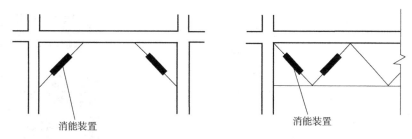

图 12-45　梁柱消能节点

位移相关型阻尼器如摩擦阻尼器、金属屈服阻尼器，主要是通过附加消能构件的滞回耗能来消耗地震输入能量，减轻地震作用。速度相关型阻尼器如黏弹性阻尼器、黏滞阻尼器，消能构件作用于结构上的阻尼力总是与结构速度方向相反，从而使结构在运动过程中消耗能量，达到消能减震的目的。下面主要对几种阻尼器进行介绍。

1）金属阻尼器。金属屈服阻尼器是用软钢或其他软金属材料做成的各种形式的阻尼耗能器。这种阻尼器利用软钢良好的塑性变形能力，将结构震动的部分能量通过金属的屈服滞回耗能耗散掉，从而达到消耗地震输入能量，减小结构地震反应的目的。目前常见的金属阻尼器有 X 形、三角形钢板阻尼器、铅阻尼器等，如图 12-46 所示。

a）　　　　　　　　　　　　　　　　b）

图 12-46　金属阻尼器

a）中空菱形阻尼器　b）X 形阻尼器

这类阻尼器具有滞回特性稳定、耗能能力大、长期性能可靠、对环境和温度的适应性强等特点，具有良好的发展前景。

2）摩擦阻尼器。摩擦阻尼器的原理是利用摩擦耗能支撑，将高强螺栓与钢板用于支撑节点，构成摩擦闸控制摩擦力的大小，如图 12-47 所示。在中、小地震和风载作用下，摩擦闸将杆件锁住；而在强烈地震作用下，杆件发生滑动，利用摩擦损耗能量，从而起到减震作用。摩擦耗能的效果取决于摩擦力与滑移量，当摩擦力很大时不发生滑移，当摩擦力很小时能量损耗很小。可以通过调整高强螺栓数量、接触面粗糙程度、接触面抗剪面积，预先控制作用于支撑上的地震作用大小，以适应不同烈度、不同频率特性结构物的要求。

3）黏弹性阻尼器。黏弹性阻尼器以夹层的方式将黏弹性材料和约束钢板组合在一起，通过黏弹性阻尼材料的剪切滞回变形耗散地震能量，如图 12-48 所示。

影响黏弹性阻尼器性能的主要因素是温度、频率和应变幅值，尤其是温度和频率的影响相对显著，对于该类阻尼器存在最优使用温度和最优使用频率。工程实践结果表明，黏

a）　　　　　　b）　　　　　　c）

图 12-47　摩擦阻尼器

a）Pall 摩擦耗能节点　b）摩擦耗能节点　c）摩擦阻尼器的设置

弹性阻尼器能有效地抑制结构的地震反应，增大结构的阻尼和刚度，从而改善结构的抗震性能。

4）黏滞阻尼器。黏滞阻尼器一般由缸筒、活塞杆、活塞头（阻尼通道）、阻尼介质（黏滞流体）等部分组成，如图 12-49 所示。当工程结构因震动而发生变形时，安装在结构中的黏滞阻尼器的活塞与缸筒之间发生相对运动，依靠活塞前后的压力差使黏滞流体从阻尼通道中通过，从而产生阻尼力，耗散外界输入结构的震动能量，达到减轻结构震动响应的目的。

图 12-48　黏弹性阻尼器

图 12-49　黏滞阻尼器

三、屈曲约束支撑技术

（一）屈曲约束支撑简介

在框架、排架结构中支撑可以提供很大的侧向刚度和承载力，采用支撑的结构体系在建筑结构中应用十分广泛。

普通支撑受压会产生屈曲现象，当支撑受压屈曲后，刚度和承载力急剧降低。在地震或风的作用下，支撑的内力在受压和受拉两种情况下往复变化。当支撑由压曲状态逐渐变至受拉状态时，支撑的内力以及刚度接近为零，因而普通支撑在反复荷载作用下的滞回性能比较差，不能有效地消耗输入结构的能量，为解决普通支撑受压屈曲以及滞回性能差的问题，在支撑外部设置套管，约束支撑的受压屈曲，构成屈曲约束支撑。

屈曲约束支撑（Bukling-Restrained-Brace）简称屈曲支撑（BRB），是一种在受拉和受压状态下均能达到屈服而不发生屈曲失稳的轴向受力构件。一般地，BRB 由三部分组成，即核心单元（芯材）、约束单元以及芯材和约束单元之间的无粘结材料组成，如图 12-50 所示。

屈曲约束支撑的核心单元构件是主要受力构件，由低强度钢板组成，常见的形状为十字形和一字形，约束单元提供侧向约束，防止芯材受压时发生屈曲失稳，目前常用的为钢管混凝土，无粘结材料包裹在核心单元的表面，用于消除核心单元与约束单元之间的摩擦力。

图 12-50 屈曲约束支撑构件组成示意图

（二）屈曲约束支撑特点及适用范围

与普通支撑相比，屈曲约束支撑具有以下特点。

1. 承载力高

与普通支撑相比，屈曲约束支撑在抗震设计中的轴向承载力仅需考虑钢材截面面积及其屈服强度标准值，无须考虑轴压构件稳定系数以及长细比，承载力得到较为显著的提高。

2. 延性与滞回性能好

屈曲约束支撑在弹性阶段工作时，就如同普通支撑可为结构提供很大的抗侧刚度，可用于抵抗小震以及风荷载的作用。屈曲约束支撑在弹塑性阶段工作时，变形能力强、滞回性能好，就如同一个性能优良的耗能阻尼器，可用于结构抵御强烈地震作用。

3. 保护主体结构

屈曲约束支撑具有明确的屈服承载力，在大震下可起到"保险丝"的作用，用于保护主体结构在大震下不屈服或者不严重破坏，并且大震后，经核查，可以方便地更换损坏的支撑。

4. 减少相邻构件受力

当支撑为人字形或 V 字形布置时，由于普通支撑受压屈曲，受拉与受压承载力差异可能很大，而普通支撑的截面由受压承载力控制，但支撑受拉时其内力最大可达到受拉承载力，故与支撑相邻构件的内力由支撑受拉承载力控制。如采用屈曲约束支撑，支撑受拉与受压承载力差异很小，可大大减小与支撑相邻构件的内力（包括基础），减小构件截面尺寸，降低结构造价。

屈曲约束支撑主要用于平面不规则结构、竖向不规则结构、大跨空间结构、铁路站房等结构，以及作为结构主要抗侧力体系应用和结构抗震加固等。

（三）工程应用

1. 人民日报社报刊综合楼

人民日报社报刊综合楼地上 33 层，地下 2 层，结构标高约 150m，共采用了屈曲约束支撑 890 根，其中最大屈服承载力为 6650kN，长度 5790mm，布置楼层为 1～33 层，如图 12-51 所示。采用屈曲约束支撑后，结构可看作竖向平面的桁架，结构的轴力效应更大。支撑作为第一道

图 12-51 人民日报社报刊综合楼

防线，先于主体结构屈服，有效保护主体结构，解决了剪力墙连梁、短墙肢超筋等问题。

2. 古北财富中心

上海古北财富中心结构方案考虑到结构抗震性能及建筑功能要求，设计采用了钢框架-屈曲约束支撑体系，如图 12-52 所示，支撑的布置范围受到了很大限制，集中在楼梯与电梯间周围，支撑布置形式为单斜撑，两端分别与梁柱节点和框架梁连接。屈曲约束支撑在保证了结构满足抗震设计的同时，也减少了一定的工程造价，改善了建筑物的经济性。

图 12-52 上海古北财富中心

参 考 文 献

[1] 柏昌利. 专业技术人员职业道德修养教程 [M]. 西安：电子科技大学出版社，2012.

[2] 刘杰，王要武. 中国建设教育发展年度报告（2016）[M]. 北京：中国建筑工业出版社，2017.

[3] 韩玉麒，余佳佳. 基于 SWOT 分析的建筑行业道德发展研究 [J]. 建筑工程技术与设计，2013（3）.

[4] 朱树英. 建筑工程施工转包违法分包等违法行为认定查处管理办法适用指南 [M]. 北京：法律出版社，2014.

[5] 吴静.《建设工程工程量清单计价规范》新旧版本对照与条文解读 [M]. 北京：中国建筑工业出版社，2013.

[6] 中国建设工程造价管理协会. 建设工程造价管理理论与实务（二）[M]. 北京：中国计划出版社，2010.

[7] 规范编制组. 2013 建设工程计价计量规范辅导 [M]. 北京：中国计划出版社，2013.

[8] 曹珊. 对新版《建设工程施工合同（示范文本）》的解读 [J]. 建筑时报，2017（11）.

[9] 何佰洲. 建设工程施工合同（示范文本）条文注释与应用指南 [M]. 北京：中国建筑工业出版社，2013.

[10] 周吉高. 建设工程施工合同（示范文本）应用指南与风险提示 [M]. 北京：中国法制出版社，2013.

[11] 朱树英. 应对新版合同重点在十二个问题 [J]. 建筑，2013（7）.

[12] 蔡祥，者丽琼. 建筑施工企业亟需破解的七大新风险 [J]. 中国建筑装饰装修，2013（7）.

[13] 孙杰，何佰洲. 建设工程契约信用制度研究 [M]. 北京：人民邮电出版社，2011.

[14] 王勇，刘自信. 建筑业信用体系建设研究 [J]. 建材世界，2009，30（4）.

[15] 张希舜. 太阳能与建筑一体化工程施工技术 [M]. 北京：中国建筑工业出版社，2013.

[16] 郭春梅，黄庆彪，孔令霞，等. 绿色建筑的噪声控制计算方法分析 [J]. 天津城建大学学报，2015，21（2）：134-138.

[17] 龙惟定，武涌. 建筑节能技术 [M]. 北京：中国建筑工业出版社，2011.

[18] 安徽省住房和城乡建设厅. 安徽省可再生能源与建筑一体化技术应用指南 [M]. 合肥：合肥工业大学出版社，2012.

[19] 杨维菊. 绿色建筑设计与技术 [M]. 南京：东南大学出版社，2011.

[20] 中国城市科学研究会. 中国绿色建筑 2017 [M]. 北京：中国建筑工业出版社，2017.

[21] 叶青. 绿色建筑 GPR-CN 综合性能评价标准与方法—中荷绿色建筑评价体系整合研究 [D]. 天津：天津大学，2016.

[22] 林佳瑞. 面向产业化的绿色住宅全生命期管理技术与平台 [D]. 北京：清华大学，2016.

[23] 周同. 美国 LEED-NC 绿色建筑评价体系指标与权重研究 [D]. 天津：天津大学，2014.

[24] 王安罗，赵骏. 推广绿色建筑推进建筑节能 [J]. 科技创新导报，2011（18）：25.

[25] 张建国，谷立静. 我国绿色建筑发展现状、挑战及政策建议 [J]. 中国能源，2012，34（12）：19-24.

[26] 徐晓萌. 绿色建筑在规划设计中的问题及解决措施 [J]. 建筑技术，2015，46（1）：83-85.

[27] 卢求. 德国装配式建筑发展研究 [J]. 住宅产业，2016（6）：25-35.

[28] 上海隧道工程股份有限公司. 装配式混凝土结构施工 [M]. 北京：中国建筑工业出版社，2016.

[29] 陈群，蔡彬清，林平. 装配式建筑概论 [M]. 北京：中国建筑工业出版社，2017.

[30] 王翔. 装配式混凝土结构建筑现场施工细节详解 [M]. 北京：化学工业出版社，2017.

[31] 国际咨询工程师联合会. 设计采购施工（EPC）/交钥匙工程合同条件 [M]. 北京：机械工业出版社，2002.

[32] 裔小秋. EPC总承包模式下的业主合同管理研究与实践 [D]. 郑州：郑州大学，2016（11）.

[33] 郑意叶. 工程总承包项目管理研究 [D]. 上海：华东理工大学，2016（3）.

[34] 谢能榕. 施工总承包合同管理研究与实践 [D]. 重庆：重庆大学，2006（10）.

[35] 尹润坪. 基于工程总承包的招标投标模式研究 [D]. 沈阳：沈阳建筑大学，2012（6）.

[36] 刘占省，赵雪峰. BIM技术与施工项目管理 [M]. 北京：中国电力出版社，2015.

[37] 刘占省，赵雪峰，周君，等. BIM技术概论 [M]. 北京：中国建筑工业出版社，2016.

[38] 刘占省，意明，徐端龙. BIM技术建筑设计、项目施工及管理中的应用 [J]. 建筑技术开发，2013，40（03）：65-71.

[39] 刘占省，王泽强，张桐睿，等. BIM技术全寿命周期一体化应用研究 [J]. 施工技术，2013，43（28）：85-91.

[40] 贺灵重. BIM在全球的应用现状 [J]. 工程质量，2013，31（03）：9-12.

[41] 祝连波，田云峰. 我国建筑业BIM研究文献综述 [J]. 建筑设计管理，2014（02）：33-37.

[42] 庞红，向往. BIM在中国建筑设计的发展现状 [J]. 建筑与文化，2015（01）：158-159.

[43] 柳建华. BIM在国内应用的现状和未来发展趋势 [J]. 安徽建筑，2014（06）：15-16.

[44] 龚彦兮. 浅析BIM在我国的应用现状及发展阻碍 [J]. 中国市场，2013（46）：104-105.

[45] 何清华，钱丽丽，段运峰，等. BIM在国内外应用的现状及障碍研究 [J]. 工程管理学报，2012，26（01）：2-16.

[46] 广东省建设执业资格注册中心. 二级建造师继续教育必修课教材之三：上册 [M]. 北京：中国环境出版社，2016.

[47] 游浩. 项目经理专业与实操 [M]. 北京：中国建材工业出版社，2015.

[48] 朱耀辉. 现代消防管理实用知识问答 [M]. 上海：上海科学技术出版社，2011.

[49] 公安部消防局. 中国消防手册：第一卷：总论·消防基础理论 [M]. 上海：上海科学技术出版社，2010.

[50] 杜文锋. 消防燃烧学 [M]. 北京：中国人民公安大学出版社，2006.

[51] 蔡云. 建设工程消防设计审核与验收实务 [M]. 北京：国防工业出版社，2012.

[52] 编委会. 大型设备吊装技术 [M]. 北京：石油工业出版社，2012.

[53] 沈苏彬，杨震. 物联网体系结构及其标准化 [J]. 南京邮电大学学报（自然科学版），2015，35（1）.

[54] 沈苏彬，毛燕琴，范曲立，等. 物联网概念模型与体系结构 [J]. 南京邮电大学学报（自然科学版），2010（30）4.

[55] 彭翔. 浅析FRP复合材料在土木工程中的实践效果 [J]. 四川水泥，2014（11）：166.

[56] 朱晶晶. 高性能混凝土与发展研究 [J]. 现代商贸工业，2011（14）.

[57] 韩建国，阎培渝. 绿色混凝土的研究和应用现状及发展趋势 [J]. 混凝土世界，2016（06）：33-42.

[58] 褚海林. 复合材料在土木建筑基础结构中的应用发展研究 [A]. 建材与装饰，2016（11）.

[59] 胡玉银. 超高层建筑施工 [M]. 北京：中国建筑工业出版社，2013.